Molekülspektroskopie

Ein Grundkurs

von
Colin N. Banwell, Tessé
und
Elaine M. McCash, University of York

Aus dem Englischen von
Welf A. Kreiner

Oldenbourg Verlag München Wien

Autorisierte Übersetzung der englischsprachigen Originalausgabe, erschienen im Verlag McGraw-Hill Book Company, unter dem Titel:
„Fundamentals of Molecular Spectroscopy“, Forth Edition.

Deutsche Übersetzung von Prof. Dr. Welf A. Kreiner, Ulm.

Die Deutsche Bibliothek - CIP-Einheitsaufnahme

Banwell, Colin N.:
Molekülspektroskopie : ein Grundkurs / von Colin N. Banwell und Elaine M. McCash. Aus dem Engl. von Welf A. Kreiner. – München ; Wien : Oldenbourg, 1999
Einheitssacht.: Fundamentals of molecular spectroscopy <dt.>
ISBN 3-486-24507-4

Rosenheimer Straße 145, D-81671 München
Telefon: (089) 45051-0, Internet: http://www.oldenbourg.de

Lektorat: Andreas Türk
Herstellung: Rainer Hartl
Umschlagkonzeption: Kraxenberger Kommunikationshaus, München
Gedruckt auf säure- und chlorfreiem Papier
Gesamtherstellung: R. Oldenbourg Graphische Betriebe GmbH, München

Professor Norman Sheppard, Fellow in the Royal Society,

gewidmet für seine Initiative, die diese Zusammenarbeit und damit das Entstehen dieses Werks ermöglichte, und für seine wegweisenden Leistungen auf dem Gebiet der Lehre und des Einsatzes spektroskopischer Methoden in der Chemie über einen Zeitraum, der an die vierzig Jahre umfasst.

Inhaltsverzeichnis

Vorwort

In ländlicher Zurückgezogenheit und Ruhe im Südwesten Frankreichs traf es mich wie ein Blitz aus heiterem Himmel, als mein Verleger mich recht eindringlich daran erinnerte, dass die wohl vertraglich vereinbarten acht Jahre seit der letzten Ausgabe dieses Buches verstrichen seien. Und was noch schlimmer war, meine einzigen Kontakte zur Spektroskopie hatten über viele Jahre lediglich darin bestanden, dass Frankreich jetzt die Kernresonanz routinemäßig in der Qualitätskontrolle von Wein einsetzt – eine etwas lockere, aber trotzdem ganz angenehme Art von Kontakt. Mit einigem Unbehagen ging ich deshalb auf den Vorschlag von McGraw-Hill ein, ein Mitautor – den ich aber noch finden müsste – könnte die anstehende Arbeit für mich übernehmen. Doch meine Befürchtungen waren absolut unbegründet – nicht nur, dass ich es als ausgesprochen angenehm empfunden habe, mit einem noch jungen und lebenssprühenden Kopf zusammenzuarbeiten, ich bin mir darüber hinaus auch noch sicher, dass wir ein sehr viel besseres Lehrbuch geschaffen haben. Von Vorteil war es auch, dass der Ehepartner meiner Mitautorin, ein Physiker, oft eine andere Sicht der Dinge mit in die Diskussionen einbringen konnte (was fast nie in Kontroversen endete) und uns auch auf mehreren Gebieten entscheidend in der Formulierung zu helfen vermochte.

Das am meisten ins Auge Fallende an dieser überarbeiteten Neuauflage ist ein völlig neuer Abschnitt zur Spektroskopie an Oberflächen und Festkörpern. Von den entsprechenden Messmethoden, die außerordentlich empfindliche Messgeräte einsetzen, haben sich erst in jüngster Zeit einige zu Routineverfahren weiterentwickelt; sie wurden hier berücksichtigt, da dieses Gebiet sicher ein gewisses Reifestadium erreicht hat und zunehmend an Bedeutung gewinnen wird. Viele unter ihnen beruhen auf dem Einsatz von Hochleistungsstrahlungsquellen, wie z.B. des Synchrotrons, oder auf Fourier-Transformmethoden. Diese wurden zwar schon in der letzten Auflage angesprochen, werden aber, ihrem nun deutlich breiteren Einsatzbereich entsprechend, in dieser Auflage in stärkerem Maß und auch in anderen Zusammenhängen berücksichtigt. Einige Abschnitte, die den experimentellen Teil betreffen, wurden im Hinblick auf neue Verfahren vollständig überarbeitet.

Viele Spektren, die als typische Beispiele in diesem Buch gebracht werden, wurden auf Geräten der jüngsten Generation neu aufgenommen, die damit gleichzeitig ihre höhere Empfindlichkeit und ihr besseres Auflösungsvermögen unter Beweis stellen. Außerdem wurden viele Bilder neu gezeichnet, jetzt durch viele anschauliche Details ergänzt, einerseits, weil es das größere und dafür günstigere Format zuließ, aber auch auf Vorschlag meiner Mitautorin, der gegenüber Studierende sich wohl unbefangener kritisch äußern als es mir gegenüber der Fall wäre. Das Wesentliche an der Spektroskopie ändert sich ja wohl nicht und so wurde recht wenig von der letzten Ausgabe weggelassen, es sei denn wirklich Veraltetes. Einiges wurde im Zusammenhang mit den neu aufgenommenen Abschnitten an anderer Stelle eingefügt und vieles wurde neu geschrieben.

Wer mit dem Buch schon vertraut ist, wird den Eindruck gewinnen, dass sich sein Charakter nicht geändert hat; unser Ziel ist nach wie vor ein Lehrbuch, das mit so wenig Mathematik wie möglich auskommt und doch die Studierenden in die Lage versetzt, das Wesentliche an der Spektroskopie zu erfassen und eine klare Vorstellung von den grundlegenden Zusammenhängen und Vorgängen zu gewinnen.

Wie stets, so wurden auch in dieser Auflage Ideen und Vorschläge von sehr vielen anderen mit aufgenommen, so dass es unmöglich wäre, jedem Einzelnen zu danken. Aber immer wieder und auch jetzt ist es Herr Professor Sheppard von der Universität East Anglia, der aus allen herausragt, der zahllose Vorschläge beigesteuert hat, stets freundlich und immer unweigerlich bei der Sache. Ohne das, was er mir während meiner Studentenzeit mitgegeben hat, hätte ich vor vielen Jahren nicht daran denken können, die erste Ausgabe dieses Lehrbuchs zu schreiben. Und seit dieser Zeit war er nie fern mit Rat und Tat. Möge es lang noch so bleiben.

C.N. Banwell
Tessé

Eines der allerersten Lehrbücher für Anfänger, die ich als junge Studentin erstand, war die zweite Auflage eines Buchs mit dem Titel *Fundamentals of Molecular Spectroscopy* von Colin Banwell. Ich habe dieses Buch seit damals ständig in Gebrauch und pflegte mich immer darauf zu beziehen, wenn ich Spektroskopie lehrte. Man kann sich deshalb meine Überraschung vorstellen, als Herr Professor Sheppard anrief und mich fragte, ob ich je schon dran gedacht hätte, ein Buch zu schreiben und dem Gedanken nähertreten könnte, Mitautorin der vierten Auflage zu sein. Er kann es mit leisem Schmunzeln zur Kenntnis nehmen, dass ich zum ersten Mal im Leben völlig sprachlos war.

Es ist ziemlich schwierig, ein Buch zu ändern, dem man wie einem alten Freund begegnet, aber nach einer Woche in den Weiten der französischen Landschaft, die nur nach außen wie Urlaub aussah, waren Colin und ich bereits auf dem besten Weg. Unser gemeinsames Ziel und unser Arbeitsplan, dazu noch die Großzügigkeit meines Mitautors, bildeten eine solide Grundlage für unsere Zusammenarbeit – stets effizient, sei es gemeinsam am selben Schreibtisch oder über eine Entfernung von 600 Meilen.

Ein ganz wichtiges Anliegen ist es mir, allen Bekannten und Kollegen zu danken, die Spektren zur Verfügung gestellt und ihre Vorschläge mit eingebracht, die mich aber auch in ideeller Weise während des Entstehens der vierten Auflage unterstützt haben. Besonderen Dank schulde ich Herrn Professor Michael Chesters (Universität Nottingham) und Dr. Elaine Seddon (SERC Daresbury Laboratory) für zahlreiche fachlich sehr aufschlussreiche Gespräche und meinen studentischen Mitarbeitern, die wesentlich mehr geleistet und auf sich genommen haben, als man es üblicherweise auf dieser Stufe ihrer Ausbildung erwarten darf. Mein Dank gilt auch den Studenten der unteren Semester in York und Cambridge, durch die ich doch einiges auf dem Gebiet der Spektroskopie gelernt habe. Und schließlich möchte ich auch noch der Gattin meines Mitautors danken für ihre beruhigende Art, wenn immer es notwendig war.

E.M. McCash
York

1 Einleitung

1.1 Die elektromagnetische Strahlung

Die Molekülspektroskopie untersucht die Wechselwirkung zwischen elektromagnetischen Wellen und der Materie. Im Verlauf des gesamten Buchs werden wir uns mit der Frage auseinandersetzen, was wir mit Hilfe der Spektroskopie über den Aufbau der Materie lernen können, und aus diesem Grund müssen wir uns im ersten Abschnitt kurz mit der elektromagnetischen Strahlung und ihren möglichen Wechselwirkungen befassen; in Umrissen werden wir auch gleich die experimentellen Verfahren der Spektroskopie skizzieren.

Elektromagnetische Strahlung, von der sichtbares Licht einen zwar auffallenden, aber insgesamt betrachtet nur sehr kleinen Teil ausmacht, kann man sich als ganz normale elastische Welle vorstellen, die sich von einer Quelle her geradlinig ausbreitet, wenn sie nicht gebrochen oder reflektiert wird. Das, was an dieser Welle schwingt – vergleichbar mit der mechanischen Auslenkung einer gespannten, schwingenden Saite oder der abwechselnden Verdichtung und Verdünnung der Luft im Verlauf einer Schallwelle – sind hier gekoppelte elektrische und magnetische Felder. Später wird sich dann herausstellen, dass es diese schwingenden Felder sind, die durch ihre Wechselwirkung mit der Materie das Spektrum erzeugen.

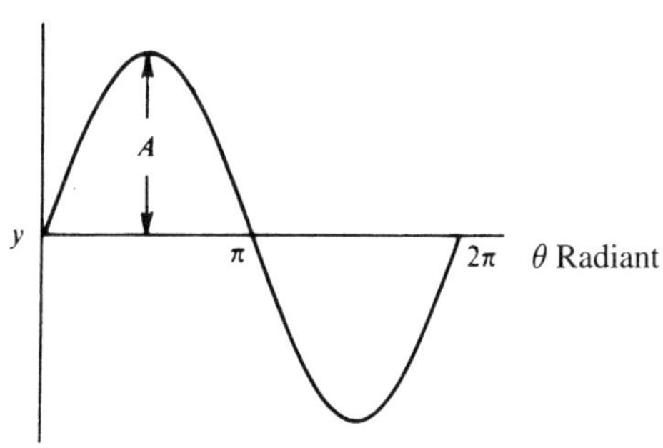

Bild 1.1: Die Funktion $y = A \sin\theta$

Es ist leicht zu zeigen, dass jede gewöhnliche harmonische Schwingung die Eigenschaften einer Sinusschwingung aufweist, wie sie durch $y = A\sin\theta$ definiert und in Bild 1.1 wiedergegeben ist. Dabei ist y die Auslenkung bis zum maximalen Betrag A, und θ ein Winkel, der Werte zwischen 0 und 360° (oder 0 und 2π rad) annehmen kann. Wie anschaulich diese Darstellung eine sich ausbreitende Welle beschreibt, sieht man am besten, wenn man die linke Seite von Bild 1.2 genau betrachtet. Ein Punkt P bewegt sich mit gleichförmiger Winkelgeschwindigkeit ω rad s^{-1} auf einer Kreisbahn mit dem Radius A; wir messen die Zeit von dem Augenblick an, in dem P durch O' läuft und stellen uns vor, P habe nach einer Zeit von t Sekunden den Winkel $\theta = \omega t$ rad überstrichen. In vertikaler Richtung hat er sich dann um die Strecke $y = A\sin\theta = A\sin\omega t$ verschoben und diese Auslenkung können wir nun, wie in Bild 1.2 rechts, gegen die Zeit auftragen. Nach einer Zeit von $2\pi/\omega$ Sekunden ist P wieder in O' angelangt und hat einen vollen Umlauf (Periode) ausgeführt. Bei jeder weiteren Kreisbewegung durchläuft er dieselbe Kurve und somit können wir seine vertikale Auslenkung graphisch wie in Bild 1.2 als stetige Funktion der Zeit wiedergeben.

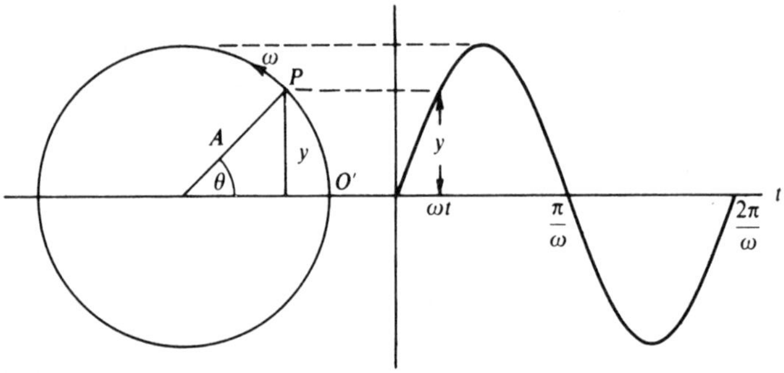

Bild 1.2: Darstellung einer Sinusfunktion, die die Bewegung eines Punktes P mit gleichförmiger Winkelgeschwindigkeit (rad s^{-1}) auf einer Kreisbahn wiedergibt.

Derselbe Kurvenverlauf wiederholt sich in einer Sekunde $\omega/2\pi$ Mal; diese Größe wird als Frequenz (ν) bezeichnet. Die SI Einheit der Frequenz ist Hertz (mit Hz abgekürzt) und hat die Dimension von eins durch Sekunde (abgekürzt s^{-1}). Wir können also schreiben:

$$y = A\sin\omega t = A\sin 2\pi\nu t \tag{1.1}$$

Bis jetzt haben wir die Auslenkung in Abhängigkeit von der Zeit betrachtet; um aber das Charakteristische einer sich ausbreitenden Welle zu erfassen, interessiert uns mehr, wie sich diese Auslenkung im Raum fortpflanzt. Dazu benötigen wir den folgenden grundlegenden Zusammenhang zwischen Weg und Zeit:

$$x = ct \tag{1.2}$$

in dem x die Entfernung ist, die in einer Zeit t bei einer Geschwindigkeit c zurückgelegt wird. Fassen wir (1.1) und (1.2) zusammen, so erhalten wir:

$$y = A\sin 2\pi\nu t = A\sin\frac{2\pi\nu x}{c}$$

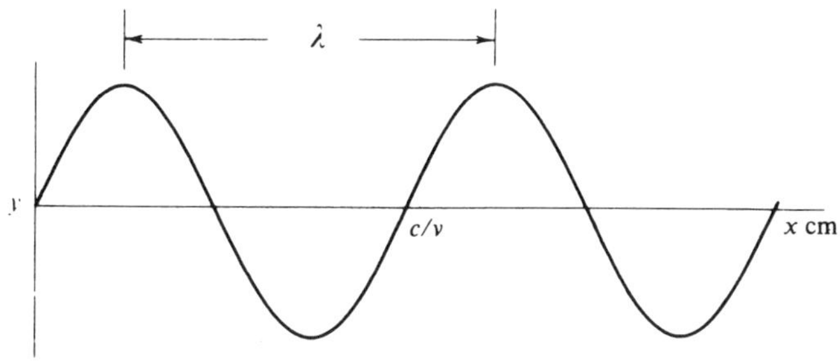

Bild 1.3: Eine sich ausbreitende Welle mit der Wellenlänge λ.

Die entsprechende Welle sehen wir in Bild 1.3. Außer der Frequenz ν taucht nun eine weitere für die Welle charakteristische Größe auf – nämlich ihre *Wellenlänge* λ, die gleich ist der Entfernung, die während einer vollständigen Schwingungsperiode zurückgelegt wird. Bei einer Geschwindigkeit von c Metern pro Sekunde und ν Schwingungsperioden pro Sekunde sind es offensichtlich ν Wellen auf c Meter oder

$$\nu\lambda = c \qquad \lambda = c/\nu \quad \text{Meter} \tag{1.3}$$

Das ergibt:

$$y = A \sin \frac{2\pi x}{\lambda} \tag{1.4}$$

Die Spektroskopie kennt für die Wellenlänge eine ganze Reihe von Einheiten, die immer gerade so gewählt sind, dass man bei der Angabe der Wellenlänge in den einzelnen Spektralbereichen (vgl. Bild 1.4) hohe Zehnerpotenzen vermeidet. So wird im Mikrowellengebiet λ in Zentimetern oder in Millimetern gemessen, während sie im Infraroten gewöhnlich in Mikrometern (μm) – mit der genauen Bezeichnung *Mikron* – angegeben wird:

$$1\ \mu\text{m} = 10^{-6}\ \text{m} \tag{1.5}$$

Im Sichtbaren und im UV (Ultraviolett) wird (üblicherweise in Nanometern (10^{-9} m)) gemessen, obwohl man gelegentlich noch immer das nicht zu den SI Einheiten gehörende Angström verwendet:

$$1\ \text{Å} = 10^{-10}\ \text{m} \qquad \text{oder} \qquad 1\ \text{nm} = 10^{-9}\ \text{m} = 10\ \text{Å} \tag{1.6}$$

Es gibt auch noch eine dritte Möglichkeit, durch die elektromagnetische Strahlung recht gut charakterisiert werden kann, und zwar die Wellenzahl $\bar{\nu}$. Sie wird definiert als reziproke Wellenlänge, ausgedrückt in *Zentimetern*:

$$\bar{\nu} = 1/\lambda \quad \text{cm}^{-1} \tag{1.7}$$

und somit gilt

$$y = A\sin 2\pi\bar{\nu}x \tag{1.8}$$

Es ist sicher von Vorteil, sich die Wellenzahl einfach als die Anzahl der ganzen Wellenlängen oder Schwingungsperioden vorzustellen, die in einem Zentimeter der abgestrahlten Welle enthalten sind.

Unglücklicherweise sind die für die Wellenzahl ($\bar{\nu}$) und die für die Frequenz (ν) üblichen Bezeichnungen sehr ähnlich; eine Verwechslung kann leicht vermieden werden, wenn man sich die jeweiligen Einheiten merkt, nämlich, dass die Wellenzahl stets in reziproken Zentimetern (cm^{-1}) und die Frequenz in Schwingungen pro Sekunde (s^{-1} oder Hz) ausgedrückt wird. Beide Größen sind sogar proportional zueinander: $\nu = c\bar{\nu}$, wobei die Proportionalitätskonstante die Lichtgeschwindigkeit ist, ausgedrückt in *Zentimeter* pro Sekunde (das sind $3 \cdot 10^{10}$ $cm\,s^{-1}$).

1.2 Quantisierung der Energie

Gegen Ende des 19. Jahrhunderts machte man bei einigen Experimenten Beobachtungen, die völlig unvereinbar waren mit der bis dahin allgemeingültigen Vorstellung, Materie würde Energie über einen stetig verlaufenden Vorgang aufnehmen. Im Jahr 1900 veröffentlichte Max Planck die bahnbrechende Idee, dass die Energie eines Oszillators nicht beliebig teilbar sein und man sich jede Änderung seiner Energie als sprungartigen Übergang von einem Energiezustand in einen anderen vorstellen müsse. Diese Vorstellung wurde später dann auch auf viele andere Energieformen der Materie übertragen.

Ein Molekül im freien Raum hat mehrere Möglichkeiten, Energie zu speichern; z.B. kann es Rotationsenergie besitzen, wobei es sich mit seiner ganzen Masse um den Schwerpunkt dreht; es kann Schwingungsenergie besitzen aufgrund der periodischen Auslenkung seiner Atome aus den Gleichgewichtslagen; es besitzt elektronische Energie aufgrund der ständigen Bewegung seiner Elektronen in den Atomen oder in den Bindungen, usw. Der Chemiker oder der Physiker, der früh vertraut wird mit den elektronischen Energiezuständen eines Atoms oder eines Moleküls, akzeptiert die Vorstellung, dass sich ein Elektron in einem von vielen separaten Energieniveaus aufhält: Er gewöhnt sich daran, von einer *Quantisierung* der Energie zu sprechen. In ganz ähnlicher Weise sind auch Rotations-, Schwingungs- und andere Energieformen eines Moleküls quantisiert – ein bestimmtes Molekül kann sich in einem von vielen Rotations- Schwingungs- usw. Energieniveaus aufhalten und in ein anderes Niveau nur durch einen Sprung übergehen, der mit einem ganz bestimmten, endlich großen Energiebetrag verknüpft ist.

Betrachten wir zwei Energiezustände eines Systems – zwei Rotationsenergieniveaus eines Moleküls, die im folgenden Diagramm z.B. mit E_1 und E_2 gekennzeichnet seien:

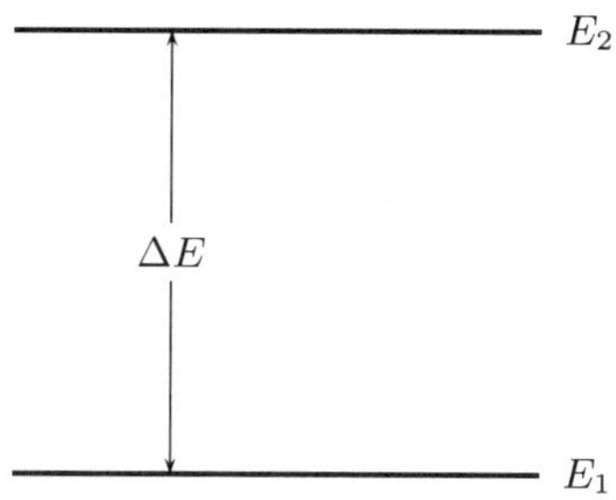

Die Indizes 1 und 2, die die beiden Niveaus kennzeichnen, sind in Wirklichkeit Quantenzahlen. Die tatsächliche Bedeutung der Quantenzahlen geht viel weiter als eine bloße Kennzeichnung – und zwar enthält, wie wir später noch genauer sehen werden, jede Formel für die Energienieveaus üblicherweise eine algebraische Funktion einer oder mehrerer Quantenzahlen. Übergänge zwischen den Niveaus E_1 und E_2 können stattfinden, wenn der dafür erforderliche Energiebetrag $\Delta E = E_1 - E_2$ vom System entweder absorbiert oder emittiert werden kann. Planck vermutete, dass diese Energie als elektromagnetische Strahlung absorbiert oder emittiert werde und die Frequenz dieser Strahlung einfach gegeben sei durch:

$$\nu = \Delta E/h \quad \text{Hz}$$

d.h.,

$$\Delta E = h\nu \quad \text{Joule} \tag{1.9}$$

wobei die Energie E in der Einheit Joule gemessen wird und h eine universelle Konstante ist – die Plancksche Konstante. Diese Vermutung wurde inzwischen durch eine große Zahl von Experimenten bestätigt.

Ihre Bedeutung liegt in Folgendem: Wenn wir auf ein Molekül im Zustand 1 Strahlung mit einer ganz bestimmten Frequenz ν einfallen lassen (monochromatische Strahlung mit $\nu = (E/h)$), dann wird Energie aus der Strahlung aufgenommen und das Molekül geht in den Zustand 2 über. Ein Detektor, der so angeordnet ist, dass er die Strahlung nach ihrer Wechselwirkung mit dem Molekül registriert, zeigt dann eine Abnahme ihrer Intensität an. Wird von dem eingestrahlten Licht ein größerer Bereich an Frequenzen abgedeckt, so zeigt sich, dass *nur* Energie mit der Frequenz $\nu = \Delta E/h$ absorbiert wurde und alle anderen Frequenzen in ihrer Intensität unverändert geblieben sind. So haben wir auf diese Weise ein Spektrum aufgenommen, nämlich ein *Absorptions*spektrum.

Genausogut kann das Molekül schon im Zustand 2 sein und nach Niveau 1 unter Emission von Strahlung zurückkehren. Ein Detektor würde uns anzeigen, dass diese Strahlung nur die Frequenz $\nu = \Delta E/h$ aufweist; das so aufgenommene *Emissions*spektrum ist das einfache Gegenstück zum Absorptionsspektrum von vorhin.

Die tatsächlichen Energieunterschiede zwischen den Rotations-, Schwingungs- und elektronischen Energieniveaus sind außerordentlich klein und können in Joule pro Molekül (oder pro Atom) gemessen werden. In den entsprechenden Einheiten beträgt die Plancksche Konstante:

$$h = 6{,}63 \cdot 10^{-34} \quad \text{Joule s Molekül}^{-1}$$

Manchmal interessiert uns die gesamte Energie, die umgesetzt wird, wenn ein ganzes Mol einer Substanz in einen anderen Zustand übergeht: Dazu multiplizieren wir mit der Avogadrozahl $N = 6{,}02 \cdot 10^{23}$.

Nun, der Spektroskopiker misst also die verschiedenen charakteristischen Größen der Strahlung, die während eines Übergangs zwischen Energieniveaus absorbiert oder emittiert wird und benutzt oft Frequenzen, Wellenlängen und Wellenzahlen in einer ziemlich unkritischen Art, so als seien sie alle Energieeinheiten. Wenn also jemand von „einer Energie von 10 cm^{-1}" spricht, so meint der Spektroskopiker damit „einen Abstand zwischen zwei Energieniveaus von einer bestimmten Größe, so dass die entsprechende Strahlung eine Wellenzahl von 10 cm^{-1} aufweist". Sich auf die erste Art auszudrücken ist so einfach und so praktisch, dass man sich unbedingt mit den Einheiten von Wellenzahl und Frequenz vertraut machen muss, will man die Sprache der Spektroskopiker verstehen. Überall im Verlauf des Buches werden wir das Zeichen ε verwenden, wenn wir die Energie in Einheiten von cm^{-1} meinen.

Es kann an dieser Stelle nicht deutlich genug auf die Tatsache hingewiesen werden, dass zwar ein Übergang zwischen Energieniveaus mit einer bestimmten Frequenz verknüpft ist, dass dies aber *nicht* bedeutet, dass der Übergang soundso oft pro Sekunde erfolgt. So kann zum Beispiel ein atomarer oder molekularer Übergang Strahlung mit einer Frequenz von etwa 10^{15} Hz absorbieren oder emittieren, aber das heißt nicht, dass der Übergang selbst 10^{15} Mal in einer Sekunde stattfindet. Das kann einmal pro Sekunde oder mehrmals der Fall sein und jedesmal wird ein Energiequant von dieser ganz bestimmten Frequenz absorbiert oder emittiert.

1.3 Die einzelnen Spektralbereiche

Bild 1.4 illustriert anhand von Zeichnungen die unterschiedlichen, eher willkürlich gegeneinander abgegrenzten Teilbereiche der elektromagnetischen Strahlung. Diese sind keineswegs scharf gegeneinander abgegrenzt, obwohl die diesen Bereichen entsprechenden molekularen Phänomene sich im Allgemeinen sehr wesentlich voneinander unterscheiden. Jeder der folgenden Abschnitte in diesem Buch befasst sich daher mit einem dieser Phänomene.

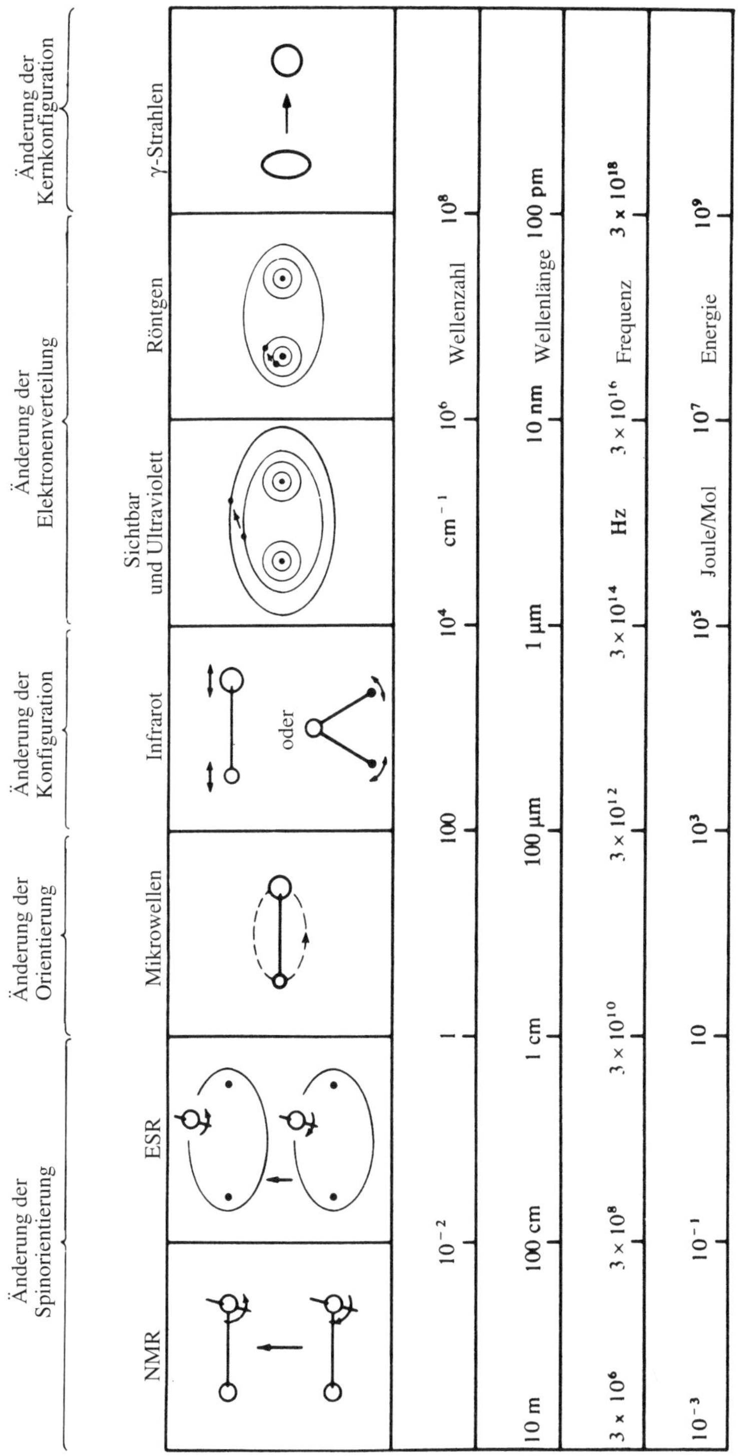

Bild 1.4: Die Teilbereiche des elektromagnetischen Spektrums

Nach der Frequenz geordnet handelt es sich um folgende Bereiche:

1. Radiofrequenzgebiet: $3 \cdot 10^6 - 3 \cdot 10^{10}$ Hz; 100 m – 1 cm Wellenlänge. Kernresonanz (NMR)- und Elektronenspinresonanz(ESR)spektroskopie. Der Energiebetrag, der dabei im Spiel ist, hat seine Ursache im Umklappen eines Kernspins oder des Spins eines Elektrons und liegt in der Größenordnung von 0,001 – 10 Joule/Mol (Kapitel 7).
2. Mikrowellengebiet: $3 \cdot 10^{10} - 3 \cdot 10^{12}$ Hz; 1 cm bis 100 μm Wellenlänge. Rotationsspektroskopie.

   Die Abstände zwischen den Rotationsniveaus der Moleküle sind in der Größenordnung von einigen hundert Joule pro Mol (Kapitel 2).
3. Infrarotgebiet: $3 \cdot 10^{12} - 3 \cdot 10^{14}$ Hz; 100 μm – 1 μm Wellenlänge. Schwingungsspektroskopie. Einer der wichtigsten Bereiche für den Chemiker. Die Abstände zwischen den Niveaus liegen bei einigen 10^4 Joule/Mol (Kapitel 3).
4. Sichtbarer und UV-Bereich: $3 \cdot 10^{14} - 3 \cdot 10^{16}$ Hz; 1 μm – 10 nm Wellenlänge. Elektronische (UV-)Spektroskopie. Die Differenzen zwischen den Energien der Valenzelektronen liegen bei einigen hundert Kilojoule pro Mol (Kapitel 5 und 6).
5. Röntgenbereich: $3 \cdot 10^{16} - 3 \cdot 10^{18}$ Hz; 10 nm – 100 pm Wellenlänge. An einer Änderung der Energie sind die inneren Elektronen eines Atoms oder Moleküls beteiligt, die deshalb in einer Größenordnung von zehntausend Kilojoule liegen kann (Kapitel 5).
6. Bereich der γ-Strahlung: $3 \cdot 10^{18} - 3 \cdot 10^{20}$ Hz; 100 pm – 1 pm Wellenlänge. Mit einer Änderung der Energie ist eine Umordnung der Teilchen im Kern verbunden, die bei Beträgen von $10^9 - 10^{11}$ Joule pro Grammatom liegt (Kapitel 9).

Ein weiteres Teilgebiet der Spektroskopie, nämlich das von Raman entdeckte und auch nach ihm benannte, wird in Abschnitt 4 behandelt. Wie wir dort sehen werden, erhält man damit Daten ähnlich denen aus Mikrowellen- und Infrarotbeobachtungen, obwohl das experimentelle Verfahren so ausgelegt ist, dass die Beobachtung im Sichtbaren erfolgen kann. Voraussetzung für eine Wechselwirkung zwischen der vorhandenen Strahlung und den in Bild 1.4 angedeuteten Vorgängen an Kernen, Molekülen oder Elektronen ist, dass gerade diese Vorgänge einen elektrischen oder magnetischen Effekt hervorrufen, an dem das elektrische oder magnetische Feld der Strahlung angreifen kann. Dazu gibt es mehrere Möglichkeiten:

1. *Radiofrequenzgebiet.* Wir können uns den Kern und das Elektron als winzige geladene Teilchen vorstellen. Daraus ergibt sich, dass mit einem Spin das Auftreten eines sehr kleinen magnetischen Dipols verbunden ist. Klappt nun der Spin um, so dreht sich auch die Raumrichtung des Dipols um und diese Bewegung kann mit dem magnetischen Anteil einer elektromagnetischen Strahlung geeigneter Fre-

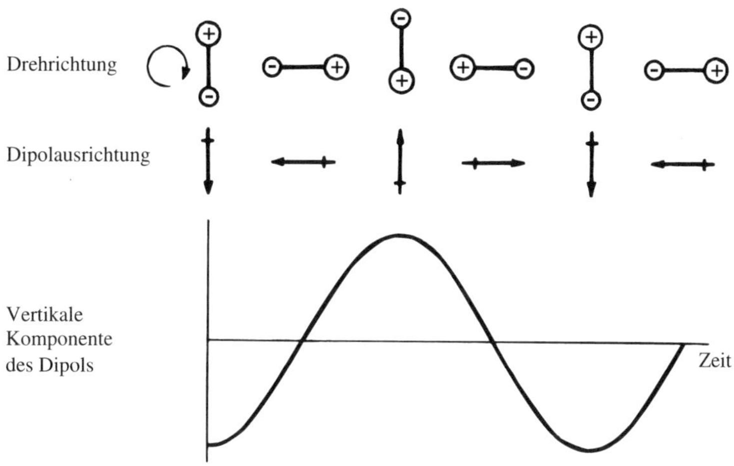

Bild 1.5: Rotation eines polaren zweiatomigen Moleküls sowie die periodische Änderung des Betrags einer bestimmten Dipolmomentkomponente.

quenz in Wechselwirkung treten. Als Folge davon erhält man aus allen solchen Spinumklappvorgängen ein Absorptions- oder Emissionsspektrum.

2. *Mikrowellengebiet*. Einem Molekül, wie z.B. HCl, in welchem ein Atom (nämlich der Wasserstoff) ständig einen positiven Ladungsüberschuss aufweist und das andere einen negativen, wird ein permanentes elektrisches Dipolmoment zugeschrieben. H_2 oder Cl_2 hingegen, die keine vergleichbare Ladungstrennung aufweisen, haben kein Dipolmoment. Betrachten wir nun die Rotation von HCl (Bild 1.5, bei dem erkennbar ist, dass sich der Schwerpunkt nicht von der Stelle bewegen darf, wenn es sich nur um eine reine Rotationsbewegung handelt), so erkennen wir, dass die positive und die negative Ladung ständig ihre Plätze tauschen und dass eine bestimmte Komponente des Dipolmoments (z.B. die in der Bildebene nach oben gerichtete) regelmäßig ihren Betrag ändert. Diese periodische Änderung ist im unteren Teil von Bild 1.5 aufgetragen und wir erkennen die Übereinstimmung im Kurvenverlauf mit dem elektrischen Wechselfeld der Strahlung (vgl. Bild 1.2). Aus diesem Grund kann eine Wechselwirkung erfolgen, Energie kann absorbiert oder emittiert werden und die Rotation kann in Form eines Spektrums beobachtet werden. Alle Moleküle mit einem permanenten Dipolmoment werden als mikrowellenaktiv bezeichnet. Wenn kein Dipolmoment vorhanden ist, wie bei H_2 oder Cl_2, kann keine Wechselwirkung erfolgen und das Molekül ist „mikrowelleninaktiv". Dies legt dem Einsatzbereich der Mikrowellenspektroskopie einige Beschränkungen auf.

3. *Infrarotgebiet*. Hier ist es nicht die Rotation, sondern die Schwingung, die für eine Änderung am Dipol sorgen muss. Betrachten wir als Beispiel das Kohlendioxidmolekül, in dem drei Atome linear angeordnet sind, wobei der Kohlenstoff eine

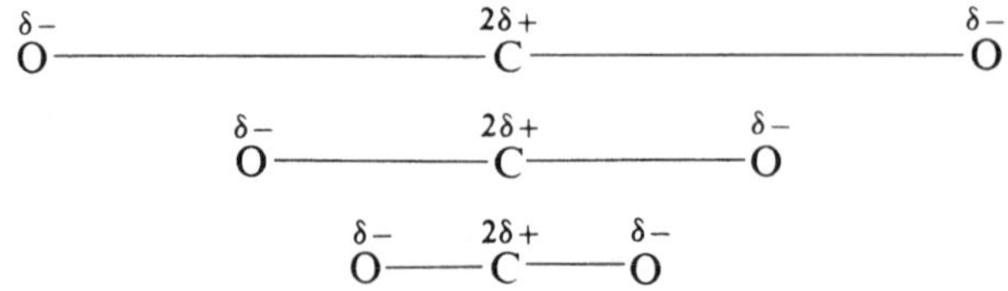

Bild 1.6: Symmetrische Valenzschwingung des Kohlendioxidmoleküls mit stark überhöhter Amplitude

kleine positive Überschussladung und die Sauerstoffatome eine negative haben:

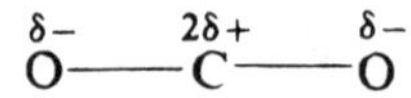

Während der Schwingungsbewegung, die als symmetrische Valenzschwingung bekannt ist, wird das Molekül abwechselnd gestreckt und gestaucht, wobei die beiden C—O Bindungen wie in Bild 1.6 gleichzeitig ihre Länge ändern. Während der ganzen Bewegung bleibt das Dipolmoment einfach null und aus diesem Grund ist diese Schwingung „infrarotinaktiv".

Aber es gibt noch eine andere Streckschwingung, die als antisymmetrische Valenzschwingung bezeichnet wird (Bild 1.7). In diesem Fall wird die eine Bindung gestreckt während die andere gleichzeitig zusammengedrückt wird und umgekehrt.

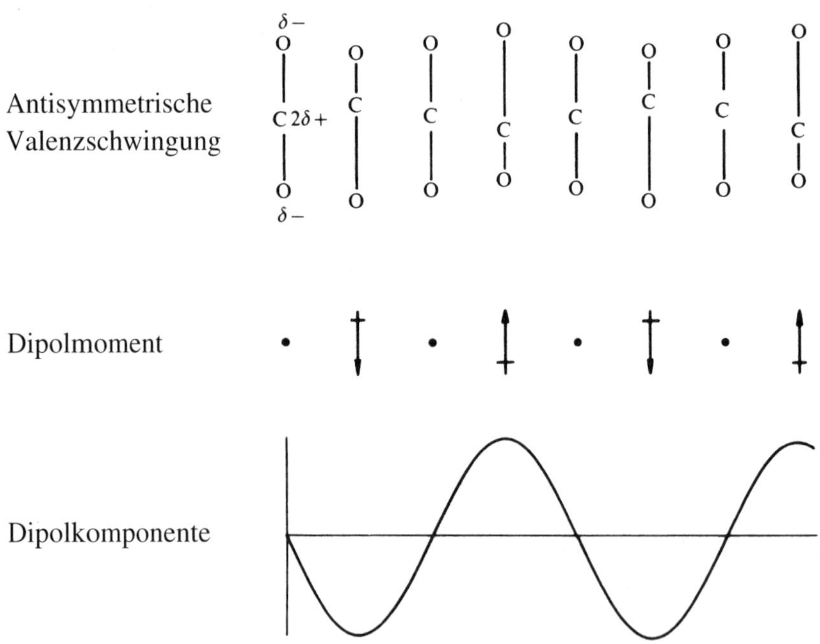

Bild 1.7: Die antisymmetrische Valenzschwingung des Kohlendioxidmoleküls mit dem periodisch auftretenden Dipolmoment.

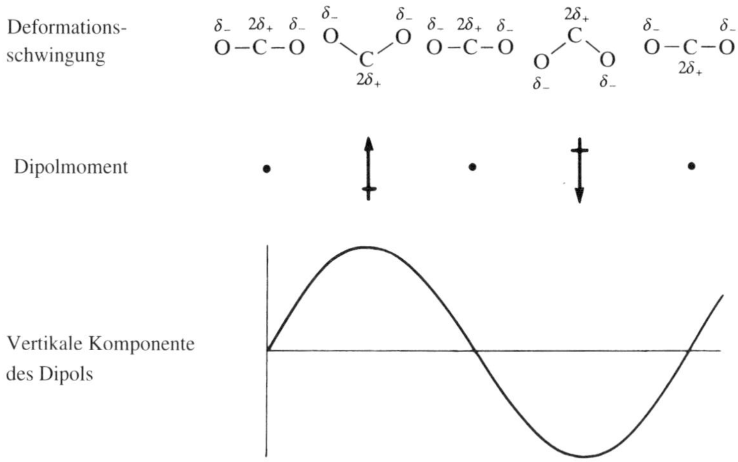

Bild 1.8: Die Deformationsschwingung des Kohlendioxidmoleküls mit dem periodisch auftretenden Dipolmoment.

Wie die Skizze zeigt, kommt es dabei zu einer periodischen Änderung des Dipolmoments und aus diesem Grund ist die Schwingung „infrarotaktiv". Noch eine weitere Schwingung ist an diesem Molekül möglich, die als Deformationsschwingung bezeichnet wird (siehe Kapitel 3, dort erfolgt auch eine genauere Betrachtung). Nach Bild 1.8 ist diese ebenfalls infrarotaktiv. Bei keiner dieser Schwingungen bewegt sich der Schwerpunkt von der Stelle. Besonders sei noch darauf hingewiesen, dass die Auslenkung der Atome in den Bildern 1.6, 1.7 und 1.8 stark übertrieben dargestellt ist; in Wirklichkeit überschreitet die Auslenkung der Atome im Molekül selten einen Wert von 10% einer Bindungslänge.

Die Bedingung, dass sich das Dipolmoment ändern muss, engt die Einsatzmöglichkeit der Infrarotspektroskopie zwar etwas ein, aber gerade die Tatsache, dass eine bestimmte Schwingungsfrequenz entweder beobachtbar oder auch nicht beobachtbar ist, kann wertvolle Hinweise auf die Struktur eines bestimmten Moleküls geben (siehe Kapitel 3).

4. *Sichtbarer und UV-Bereich.* Die Anregung eines Valenzelektrons ist mit der Umlagerung elektrischer Ladung im Molekül verbunden. Die daraus sich ergebende Änderung des Dipolmoments führt zur Beobachtbarkeit eines Spektrums aufgrund der Wechselwirkung mit dem periodisch sich ändernden elektrischen Wechselfeld der Strahlung.

5. Damit die Bewegungsform eines Moleküls „Raman-aktiv" ist, muss eine ganz bestimmte Bedingung erfüllt sein; und die lautet, dass die elektrische *Polarisierbarkeit* des Moleküls sich im Verlauf der Bewegung ändern muss. Dies wird noch genauer in Kapitel 4 behandelt werden.

1.4 Darstellung von Spektren

In Bild 1.9 sehen wir eine sehr vereinfachte schematische Darstellung eines Spektrometers für das Ultraviolett, das Sichtbare und den Infrarotbereich des Spektrums; da ein Gitter verwendet wird (ein Stück eines reflektierenden Materials, in dessen Oberfläche parallele Linien eingeritzt sind) um die einzelnen Frequenzen des einfallenden Lichts zu trennen, wird es im Allgemeinen „Gitterspektrometer“ genannt; eine andere häufige Bezeichnung ist „Dispersionsspektrometer“, da das Gitter die Strahlung in seine Frequenzanteile auffächert („dispergiert“).

Das Licht der Strahlungsquelle, die hier als heißer oder glühender Lampenfaden angedeutet ist, fällt durch den senkrechten Eingangsspalt S_1 (im Bild in der Draufsicht) auf den Hohlspiegel M_1, der den parallelgerichteten Strahl auf das Gitter lenkt. Es handelt sich um eine „weiße“ Strahlungsquelle, d.h., sie strahlt Energie über einen sehr breiten Frequenzbereich ab. Aufgrund von Interferenzeffekten an den Gitterfurchen werden die einzelnen Frequenzen unter verschiedenen Winkeln reflektiert. Dreht man nun das Gitter in der angedeuteten Weise, so gleitet eine Frequenz nach der andern über den Spiegel M_2, der sie dann wieder auf den Austrittsspalt S_2 fokussiert. Somit hängt die Frequenz der am Spalt S_2 eintreffenden Strahlung vom Einstellwinkel des Gitters ab.

Nach S_2 trifft die Strahlung auf den Spiegel M_3, der sie auf den Detektor fokussiert. Dieser Detektor, der ein Thermoelement sein kann, falls es sich um Infrarotstrahlung handelt, oder ein Sekundärelektronenvervielfacher (SEV; Photomultiplier) im Sichtbaren oder für das UV, liefert ein elektrisches Signal, dessen Größe proportional zur Intensität der einfallenden Strahlung ist. Das Signal wird elektronisch verstärkt und dann entweder zur Aufzeichnung an einen Schreiber gegeben oder im Rechner für eine spätere Datenverarbeitung und Ausgabe am Bildschirm gespeichert.

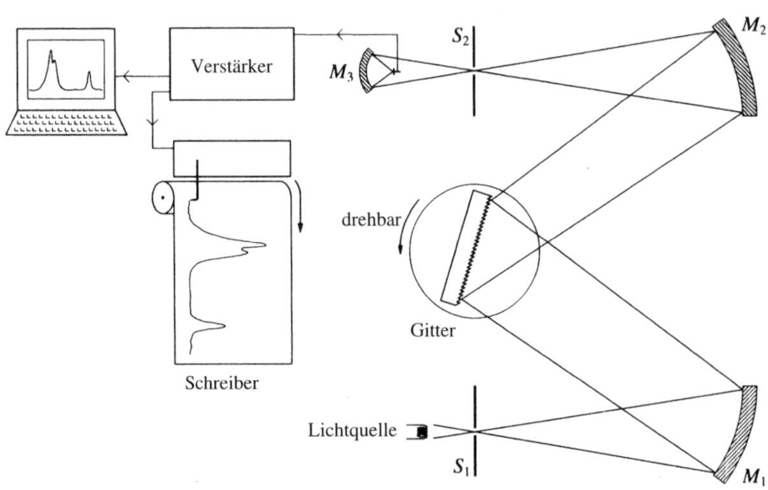

Bild 1.9: Schematischer Aufbau eines Gitterspektrometers.

Die Spalte haben drei unterschiedliche Aufgaben: Einmal liefern sie ein scharfes Bild, das auf den Detektor fokussiert werden kann; zweitens: Je enger sie sind, desto schmäler ist der durchgelassene Frequenzbereich und daher umso höher das Auflösungsvermögen des Geräts (vergl. Abschnitt 1.6); und drittens halten sie auch noch die Fremdstrahlung vom Detektor ab, die unter Umständen an den einzelnen Bauteilen des Spektrometers gestreut wurde oder von außen stammen kann, und verhindern so, dass sie irrtümlich als Teil des Spektrums aufgezeichnet wird.

Die Probe (im Bild nicht eingezeichnet) kann praktisch an jeder Stelle in den Strahlengang eingebracht werden. Um jedoch ihre Größe möglichst klein halten zu können, positioniert man sie meist in die Nähe eines der Spalte, wo der Strahldurchmesser an kleinsten ist; es ist außerdem günstig, sie in der Nähe des Austrittsspalts S_2 zu haben, wo sie immer nur von einem kleinen Frequenzbereich durchstrahlt wird und nicht bei S_1, wo sie der vollen Leistung der Strahlungsquelle ausgesetzt ist und durch Wärme- oder Lichteinwirkung beeinträchtigt werden kann.

Verfolgen wir nun die Aufnahme eines Spektrums. Ohne Probe wird der Detektor – im Idealfall – ein gleichbleibendes Signal über den gesamten Frequenzbereich des Spektrometers anzeigen. Stellen wir uns jetzt vor, wir bringen in den Strahlengang eine Substanz ein, die nur die zwei Energieniveaus E_1 und E_2 aufweist, dann wird das Detektorsignal bei der Frequenz $\nu = (E_1 - E_2)/h$ plötzlich stark zurückgehen, da bei dieser Frequenz ein Teil der Energie durch die Probe absorbiert wird und nicht mehr an den Detektor gelangen kann. Die entsprechende Schreiberaufzeichnung sehen wir in Bild 1.10(a), wobei an der linken Seite des Diagramms ein Maßstab für das Detektorsignal (100% ist unten) und auf der rechten Seite für die von der Probe absorbierten Energie in Prozent eingezeichnet ist.

Wir pflegen zu sagen, das Spektrum wurde zwischen der Start- und der Stoppfrequenz *aufgenommen* und es wird, mit einem etwas überzogenen Ausdruck, als ein Spektrum in der Frequenzdomäne bezeichnet, womit gemeint ist, dass das Detektorsignal über der Frequenz aufgetragen ist. Im Abschnitt 1.8 werden wir der Spektroskopie in der Zeitdomäne begegnen, mit dem Detektorsignal als einer Funktion der Zeit.

So günstige Verhältnisse wie in Bild 1.10(a) liegen selten vor. Nicht nur, dass die Strahlungsleistung der Quelle sich mit der Frequenz ändert, sehr oft ist auch die Empfindlichkeit des Detektors frequenzabhängig. Deshalb ist die Grundlinie – auch ohne Probe – kaum jemals waagrecht, obwohl man die Sache im Allgemeinen so einrichten kann, dass sie einigermaßen gerade ist. Außerdem ist es unmöglich, die Spalte unendlich schmal einzustellen und deshalb erreicht den Detektor bei jeder Gitterstellung nicht nur eine einzelne Frequenz, sondern ein ganzes *Frequenzband*. Dazu kommt noch, dass es, wie noch in Abschnitt 1.7 gezeigt wird, bei Atomen und Molekülen keine absolut scharfen Übergänge gibt, sondern dass diese immer einen ganzen Frequenzbereich umfassen. Diese Effekte verursachen eine gewisse spektrale Breite in der Absorption und Bild 1.10(b) gibt ein einigermaßen realistisches Spektrum wieder, das deren Auswirkungen zeigt. In diesem Bild sind außerdem die kleinen

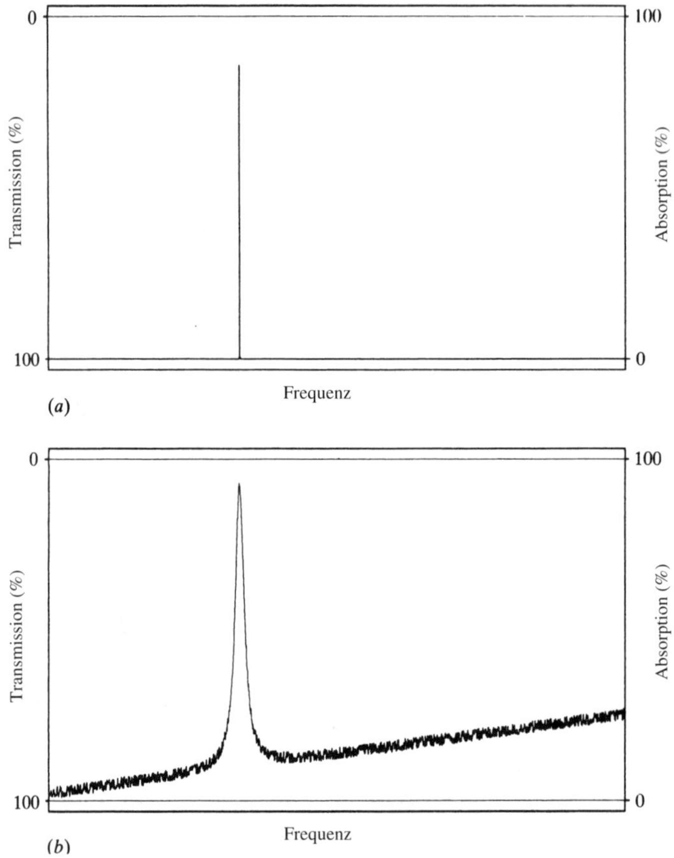

Bild 1.10: Spektrum eines Moleküls mit einem einzelnen Übergang: (a) idealisiert und (b) ein tatsächlich beobachtetes Spektrum.

Schwankungen zu sehen, deren Ursache in zufallsbedingten elektrischen Signalen liegt, die vom Detektor, vom Verstärker oder vom Schreiber stammen und ganz allgemein als das „Rauschen“ im Spektrum bezeichnet werden.

An dieser Stelle sollten wir unsere Überlegungen zu den Spektren für eine Weile unterbrechen und uns darüber Gedanken machen, wo die dabei absorbierte Energie eigentlich bleibt. Es ist sowohl im UV wie auch im Sichtbaren oder auch im Infraroten eine experimentell gesicherte Tatsache, dass wir an einer Probe solange ein Absorptionsspektrum beobachten können, wie wir sie einer Strahlung aussetzen – oder dass es, anders ausgedrückt, so aussieht, als ob eine endliche Anzahl von Molekülen unendlich viel Energie aufnehmen könne. Es muss einfach so sein, dass die Moleküle die absorbierte Energie auf die eine oder andere Weise wieder los werden können. Der häufigste Mechanismus dafür sind thermische Stöße. Ein durch Energieübertragung angeregtes Molekül stößt mit seinen Nachbarmolekülen zusammen und gibt so nach und nach seinen Überschuss als kinetische Energie an diese ab – die Probe erwärmt sich.

Ein weiterer Mechanismus besteht darin, dass die aus der Strahlung aufgenommene Energie wiederum in Form von Strahlung abgegeben wird. Ein Molekül im Grundzustand absorbiert Energie der Frequenz ν und daraus folgt eine Erhöhung seiner Energie um den Betrag $\Delta E = h\nu$ relativ zum Grundzustand. Deshalb befindet es sich jetzt in einem angeregten und instabilen Zustand, aber durch Emission derselben Frequenz ν kann es wieder in den Grundzustand zurückkehren und ist dann erneut in der Lage, Strahlung von der Lichtquelle aufzunehmen. In diesem Fall fragt man sich jedoch, wie es überhaupt zu einem Absorptionsspektrum kommen kann, wenn doch die absorbierte Energie von der Probe gleich wieder abgegeben wird. Die Antwort besteht einfach darin, dass die Strahlung statistisch verteilt in alle Richtungen emittiert wird und nur ein kleiner Bruchteil den Detektor erreicht – und, genau betrachtet, erreicht die wiederausgesandte Strahlung mit genau derselben Wahrscheinlichkeit die Strahlungsquelle wie auch den Detektor. Übrig bleibt dann eine Nettoabsorption aus der gerichteten Strahlung und für den Fall, dass wieder emittiert wird, Lichtstreuung in die Umgebung. Diese gestreute Strahlung kann natürlich aufgefangen und als Emissionsspektrum beobachtet werden, welches das Gegenstück zum Absorptionsspektrum bildet – mit einigen wichtigen Einschränkungen, auf die wir dann im Kapitel 4 kommen werden. Liegen geeignete Bedingungen vor, so kann ein großer Teil der von der Probe emittierten Strahlung einen kohärenten Strahl bilden. In 1.10 werden wir noch näher darauf eingehen.

Andererseits ist die Wahrscheinlichkeit, dass z.B. im *Radiofrequenzbereich* Strahlung wiederausgesandt wird, nicht sehr hoch. In diesem Bereich ist es durchaus möglich, dass Proben gesättigt werden und keine zusätzliche Strahlung mehr aufnehmen können.

Kehren wir nun zu unserer Charakterisierung von Spektren zurück: Sind mehrere Energieniveaus vorhanden, so ist es ziemlich unwahrscheinlich, dass zwischen all diesen Niveaus dieselbe Übergangswahrscheinlichkeit besteht. Wir werden dieses Problem zwar detaillierter in 1.7 behandeln, können aber jetzt schon anmerken, dass die Unterschiede in der Übergangswahrscheinlichkeit sich so auswirken, dass die Absorption (oder Transmission) bei jeder der Absorptionsfrequenzen anders ist – das Spektrum zeigt mehrere Linien mit unterschiedlicher Intensität.

Bild 1.10(b) zeigt ein Spektrum in der Art, wie wir es mit einem der neuesten Spektrometer erhalten, gleichgültig, für welchen Spektralbereich es ausgelegt ist. Es gibt aber manchmal auch noch eine andere Art der Darstellung – und die besteht darin, dass man die *erste Ableitung* aufzeichnet. Ein sehr wichtiges Beispiel für ein Messverfahren mit dieser Art der Aufzeichnung ist die Elektronenspinresonanz, mit verhältnismäßig breiten Linien im Mikrowellenbereich. Die erste Ableitung einer Funktion ist einfach ihre Steigung an einem Punkt der Kurve; in symbolischer Schreibweise wird die Ableitung der Signalkurve mit $dA/d\nu$ wiedergegeben, wobei A die absorbierte oder abgestrahlte Energie bedeutet. Die Form der ersten Ableitung erhält man in der Weise, dass man die Steigung $dA/d\nu$ gegen ν aufträgt. In Bild 1.11(a) ist eine der charakteristischen breiten Linien gezeigt und in Bild 1.11(b) ihre erste Ableitung. Stellen wir uns nun vor, wir verfolgen in Bild 1.11(a) das Spektrum von links nach rechts; wir stellen fest, dass die Steigung anfangs positiv und noch wenig ausgeprägt ist, aber dann solange zunimmt, bis wir einen Punkt maximaler Steilheit erreicht haben. Jetzt nimmt sie allmählich wieder ab, bis sie an der Spitze, wo die Kurve flach wird, den Wert null erreicht. Von diesem Punkt an bleibt die Steigung immer im Negativen, wobei sie bis hinab zur steilsten Stelle wieder zunimmt, um dann allmählich wieder abzunehmen, bis sie schließlich zu null hin ausläuft. Die Funktion in Bild 1.11(b) gibt den entsprechenden Kurvenverlauf wieder.

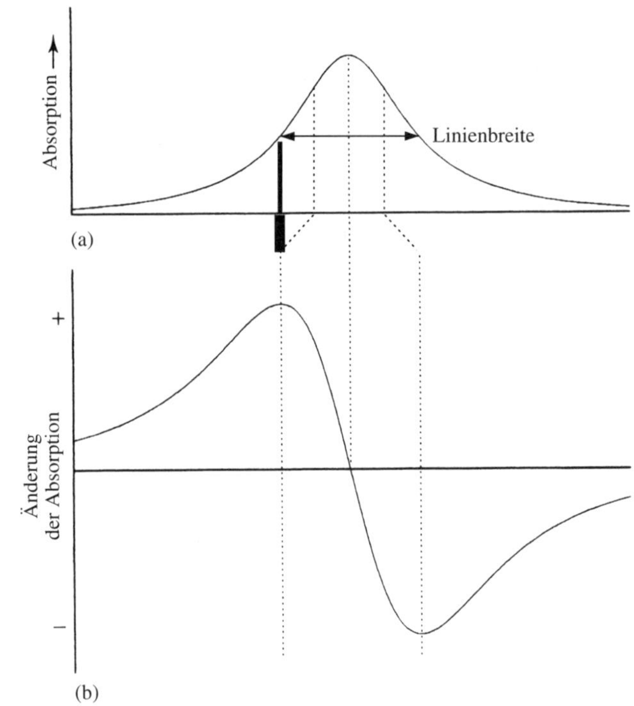

Bild 1.11: Zusammenhang zwischen Absorptionsspektrum und der ersten Ableitung: (a) Absorptionslinie und (b) ihre erste Ableitung.

Obwohl die abgeleitete Kurve auf den ersten Blick etwas verwirrend aussieht, bietet sie doch in manchen Fällen Vorteile im Vergleich zur Aufzeichnung der Absorptionslinie selbst. Sie zeigt erstens viel genauer die Mitte einer stark verbreiterten Absorptionslinie an; an dieser Stelle ist die A-Funktion waagrecht, deshalb ist $dA/d\nu$ null und die Mitte ist durch den Schnittpunkt der Ableitung mit der Koordinatenachse gekennzeichnet. Und es gibt noch einen apparativen Grund: Es ist oft leichter, die relativen Absorptionsintensitäten aus den Ableitungen zu bestimmen als direkt. Unter der Breite einer Linie versteht man gewöhnlich die „Halbwertsbreite“, d.h., die Breite der Absorptionslinie in halber Höhe.

1.5 Grundlagen der experimentellen Spektroskopie

Die in den unterschiedlichen spektralen Bereichen eingesetzten Spektrometer unterscheiden sich natürlich beträchtlich in ihren Konstruktionsmerkmalen. Diese Unterschiede werden in den folgenden Kapiteln noch genauer besprochen; an dieser Stelle ist es wohl wichtiger, die grundlegenden Konstruktionsmerkmale zu erwähnen, die allen Spektrometern gemeinsam sind.

Deshalb sollten wir Absorptions- und Emissionsspektrometer getrennt betrachten.

1. *Absorptionspektrometer.* Bild 1.12(a) zeigt, als Schemazeichnung, die Komponenten eines Absorptionsspektrometers, wie es im Infraroten, im Sichtbaren und im UV-Bereich eingesetzt werden kann. Die Strahlung einer weißen Lichtquelle wird mit Hilfe eines optischen Bauteils (z.B. in Bild 1.9 durch den Spiegel) auf die Probe gerichtet, von wo aus sie auf einen Analysator (z.B. das Gitter in Bild 1.9) trifft, der die Frequenz bestimmt, die den Detektor zum jeweiligen Zeitpunkt erreicht. Von dort geht das Signal an den Schreiber, der mit dem Analysator so gekoppelt ist, dass er die Absorbanz als Funktion der Frequenz aufzeichnet.

   Häufig wird zwischen Probe und Analysator ein *Modulator* eingebaut; dieses mechanische oder elektronische Gerät unterbricht den Strahl soundso oft pro Sekunde, üblicherweise auf einen festen Wert zwischen 10 und 1000 Mal eingestellt; seine Funktion besteht darin, dass der Detektor anstelle einer Gleichspannung wie beim kontinuierlichen Strahl jetzt ein Wechselspannungssignal in Richtung Schreiber gibt, das eine bestimmte feste Frequenz zwischen 10 und 1000 Hz aufweist.

   Dies hat zwei wesentliche Vorteile: Der Verstärker am Schreiber kann (a) für Wechselspannung ausgelegt werden, wobei man im Allgemeinen mit einer einfacheren und betriebssichereren Schaltung auskommt als bei einem Gleichspannungsverstärker und (b) kann der Verstärker so abgestimmt werden, dass er nur genau auf die Frequenz anspricht, die der Modulator dem Signal aufprägt, wobei er gleichzeitig alle anderen Signale unterdrückt. Auf diese Weise werden Störstrahlung und andere Fremdsignale vom Spektrum ferngehalten und man erhält ein besseres und saubereres Spektrum.

   Im Mikrowellen- und Radiofrequenzgebiet ist man in der Lage, monochromatische Strahlungsquellen zu bauen, deren Emissionfrequenz über einen weiteren Bereich durchgestimmt werden kann. Wie aus Bild 1.12(b) zu ersehen, ist in diesem Fall kein Analysator notwendig, da die Strahlungsquelle selbst sozusagen ihr eigener Analysator ist. Allerdings muss hier der Schreiber zur Aufnahme eines Spektrums mit der Durchstimmung der Strahlungsquelle gekoppelt werden.

2. *Emissionsspektrometer.* Der wesentliche Unterschied liegt darin, dass die Probe nach der Anregung selbst als Strahlungsquelle fungiert und somit nur die Aufgabe bleibt, die emittierte Strahlung zu detektieren, zu analysieren und sie in der üblichen Weise aufzuzeichnen. Bild 1.13 gibt das Schema eines ganz normalen

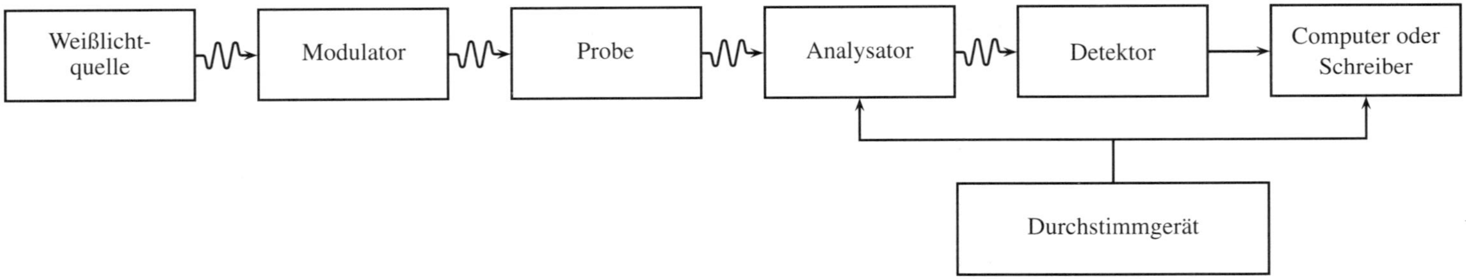

(a)

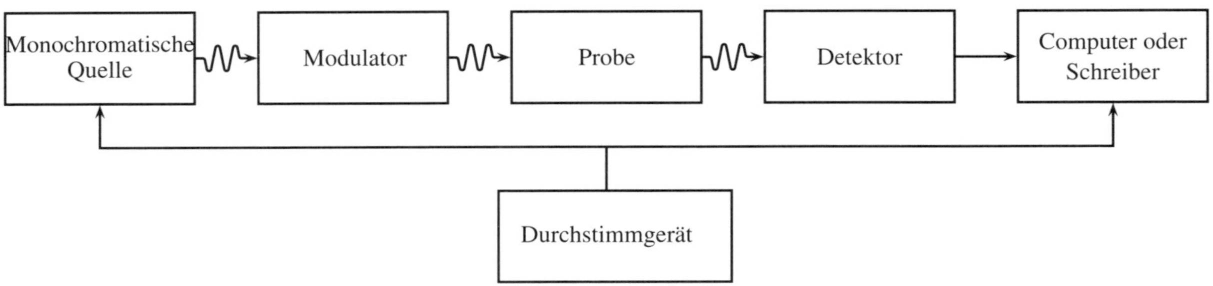

(b)

Bild 1.12: Schematischer Aufbau eines gängigen durchstimmbaren Absorptionsspektrometers (a) für das Infrarote, Sichtbare und den UV-Bereich, für die „weiße“ Lichtquellen zur Verfügung stehen und (b) für das Mikrowellen- und Radiofrequenzgebiet, wo die Strahlungsquelle über einen vorgegebenen Frequenzbereich durchgestimmt werden kann.

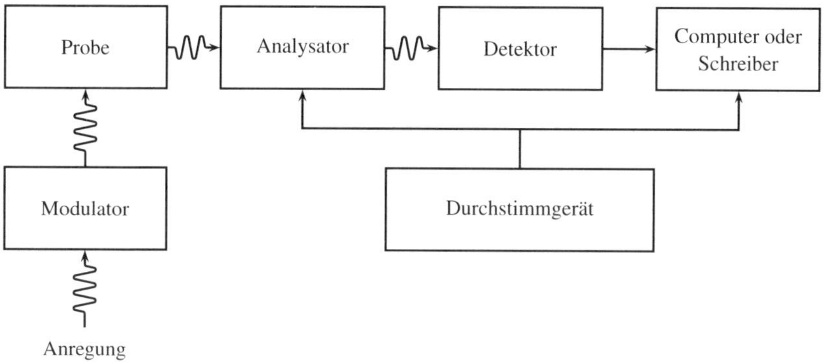

Bild 1.13: Schema eines üblichen Emissionsspektrometers

Spektrometers wieder. Die Anregung kann thermisch oder durch eine Entladung erfolgen, meist geschieht dies jedoch durch elektromagnetische Strahlung. In diesen Fall muss streng darauf geachtet werden, dass der Detektor keinerlei direkte Strahlung von der Anregung auffängt; wie im Bild gezeigt, ist er im rechten Winkel zur Quelle orientiert. Ein Modulator zwischen der Strahlungsquelle und der Probe sowie ein abgestimmter Detektor plus Verstärker (Lock-in-Verstärker) sorgen dafür, dass nur diejenige Emissionsstrahlung der Probe aufgenommen wird, die unmittelbar mit der Anregung zusammenhängt; alle anderen spontanen Emissionsanteile werden unterdrückt.

1.6 Signal-Rauschverhältnis: Das Auflösungsvermögen

Zwei weitere in der Spektroskopie geläufige Begriffe sollen der Einfachheit halber gleich hier angesprochen werden, da sie in den folgenden Kapiteln immer wieder auftauchen werden.

1.6.1 Das Signal-Rauschverhältnis

Da praktisch alle neueren Spektrometer das Detektorsignal auf irgendeine Art elektronisch verstärken, ist bei allen aufgenommenen Spektren ein statistisch schwankender Signaluntergrund vorhanden, der seine Ursache in elektronischen Störsignalen der Quelle oder des Detektors hat oder aus dem Verstärkerteil kommt. Diese Störschwankungen am Signal werden üblicherweise mit Rauschen bezeichnet. Damit nun eine echte Spektrallinie eindeutig erkennbar ist und sich ausreichend vom Rauschen abhebt, muss sie in ihrer Intensität etwa drei bis viermal über den durch das Rauschen bedingten Signalschwankungen liegen (ein Signal-Rauschverhältnis von drei bis vier). Diese Bedingung setzt der Beobachtbarkeit von Linien eine untere Intensitätsgrenze.

In Abschnitt 1.9 werden wir kurz auf ein Signalmittelungsverfahren hinweisen, mit dem das erzielbare Signal-Rauschverhältnis verbessert werden kann.

1.6.2 Das Auflösungsvermögen

Es handelt sich dabei um einen nicht sehr genau festgelegten Begriff, der zumindest bis zu einem gewissen Grad willkürlich definiert werden kann und der häufig zur Angabe der Leistungsfähigkeit eines Spektrometers dient. Wir geben seine Bedeutung hier nur in groben Umrissen wieder.

Kein molekularer Absorptionsvorgang findet nur bei einer einzigen Frequenz statt, es ist immer ein Frequenzbereich, der für gewöhnlich sehr schmal, manchmal jedoch auch sehr breit ist (vergl. Abschnitt 1.7); aus diesem Grund hatten bisher die Linien in den Spektren eine bestimmte Breite.

Betrachten wir jetzt zwei ganz knapp beisammen liegende Linien wie z.B. in Bild 1.14(a): Der punktierte Kurvenverlauf gibt die Absorption der einzelnen Linien wieder, die durchgezogene Linie die Absorption beider Linien zusammen. Fürs Erste wählen wir die Breite des Austrittsspalts größer, als es dem Abstand der beiden Linien entspricht. Das Durchstimmen des Spektrometers bewirkt, dass wir das Absorptionsliniendublett langsam nach links wandern lassen, bis es über den Austrittsspalt hinweggleitet und auf den Detektor trifft; in Bild 1.14 (b), (c) und (d) sind die aufeinanderfolgenden Phasen gezeigt, wobei die schattierte Fläche jeweils die Absorptionsintensität wiedergibt, die der Detektor anzeigt.

Im Teilbild (e) ist die Absorption gegen die Frequenz aufgetragen; außerdem ist die ungefähre Lage der Phasen (a), (b), (c) und (d) eingezeichnet.

Es ist klar, dass die Linien unter diesen Bedingungen nicht getrennt beobachtbar sind – die Linien sind *nicht aufgelöst*. Ebenso einleuchtend ist es, dass sie bei einem engeren Spalt aufgelöst werden könnten – dies würde das *Auflösungsvermögen* vergrößern. Und tatsächlich wird zwischen den beiden Linien am Detektorsignal ein Minimum beobachtbar, sobald die Spaltbreite kleiner wird als ihr Abstand.

Allerdings ist zu bedenken, dass ein engerer Spalt weniger Strahlungsenergie auf den Detektor fallen lässt und damit auch die absolute Signalintensität verringert wird. Irgendwann kommt man dann an einen Punkt, an dem ein weiteres Verringern der Spaltbreite so schwache Signale ergibt, dass man sie nicht mehr vom Untergrundrauschen unterscheiden kann, wie es im vorigen Abschnitt erwähnt wurde. Somit ist die Arbeit mit dem Gitterspektrometer ein ständiger Kampf um die kleinstmögliche Spaltbreite bei gerade noch tolerierbarem Signal-Rauschverhältnis. Eine Verbesserung im Auflösungsvermögen kann man unter Umständen also nicht nur durch eine höhere Dispersion der Strahlung am Analysator erreichen, sondern auch durch den Einsatz eines empfindlicheren Detektors.

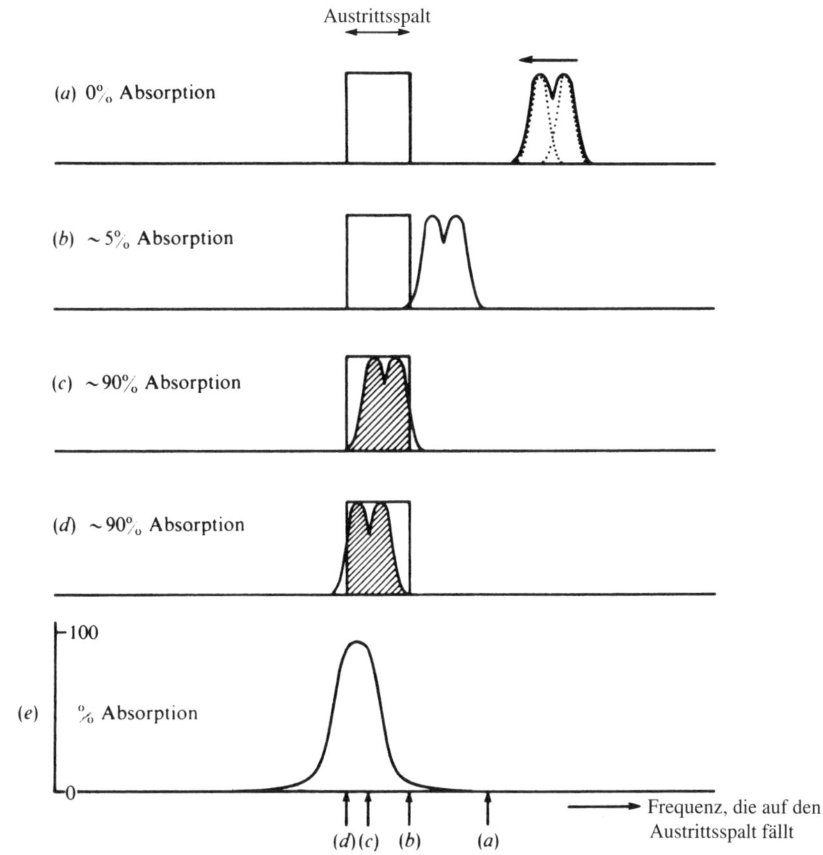

Bild 1.14: Schematische Darstellung des Zusammenhangs zwischen Spaltbreite und Auflösungsvermögen. Genau genommen findet man in der Mitte des Dubletts keine nach unten gerichtete Spitze, sondern eine Rundung (Anm. d. Ü.).

1.7 Breite und Intensität von Spektralübergängen

In den bisherigen Abschnitten haben wir erfahren, dass eine Spektrallinie als wesentliche Eigenschaft ihre *Lage* hat, die in Frequenz-, Wellenlängen- oder Wellenzahleinheiten gemessen wird; es existieren noch zwei weitere wichtige Merkmale, nämlich ihre *spektrale Breite* und ihre *Intensität*; beiden Begriffen wollen wir uns jetzt kurz zuwenden.

1.7.1 Die Linienbreite

In Verlauf dieses ganzen Abschnitts haben wir spektrale Absorption und Emission nicht durch unendlich scharfe Linien wiedergegeben, sondern diesen eine mehr oder weniger große Breite gegeben; als einen der Gründe haben wir die Tatsache erkannt, dass die Spalte in Wirklichkeit nicht unendlich schmal sind und deshalb einen ganzen

Frequenz*bereich* auf den Detektor fallen lassen und nicht nur eine einzelne Frequenz, so dass es zu einem Verschmieren der Linienkontur kommt. Wenn auch Konstruktionsverbesserungen am Spektrometer das Auflösungsvermögen steigern können, so bleibt doch noch eine Restlinienbreite des atomaren oder molekularen Übergangs selbst – die *natürliche Linienbreite* genannt – über die hinaus auch das beste Gerät eine Linie nicht schärfer machen kann. Diese Breite hat ihren tieferen Grund darin, dass die Lage der Energieniveaus nicht hundertprozentig festgelegt ist, sondern nur mit einer bestimmten Unschärfe oder Ungenauigkeit. Dazu tragen mehrere Gründe bei.

1. *Stoßverbreiterung.* Atome oder Moleküle in der flüssigen oder in der Gasphase sind ununterbrochen in Bewegung und stoßen sehr oft miteinander. Diese Stöße bewirken unweigerlich eine Art Deformation der Teilchen und verschieben auf diese Weise geringfügig deren Energieniveaus, zumindest die der Außenelektronen. Damit haben wir eine mögliche Erklärung für die Breite von Spektrallinien im Sichtbaren und UV, da die entsprechenden Übergänge zwischen den äußeren Elektronenschalen stattfinden. Ebenso erfahren auch Schwingungs- und Rotationsspektren eine Linienverbreiterung, da Stöße auch diese Bewegungen stören. Im Allgemeinen sind die Wechselwirkungen zwischen den Molekülen in Flüssigkeiten deutlich stärker als in Gasen und deshalb zeigen Gasspektren meist schärfere Linien als die entsprechende Flüssigkeit.

   In Festkörpern sind die Teilchenbewegungen stärker eingeschränkt und nicht so statistisch über die Raumrichtungen verteilt, so dass Festkörperspektren oft scharf sind, aber auch Anzeichen einer Wechselwirkung dadurch erkennen lassen, dass die Linien in zwei oder mehrere Komponenten aufgespalten sind.
2. *Dopplerverbreiterung.* Auch hier ist es die flüssige Phase und die Gasphase, in denen die Bewegung der Teilchen bei den Absorptions- und Emissionsfrequenzen eine Dopplerverschiebung verursacht; da die Teilchenbewegung in der Probe einer Zufallsverteilung folgt, kann es zu Verschiebungen sowohl in Richtung höherer wie auch zu tieferen Frequenzen kommen und damit zu einer Verbreiterung der Spektrallinie. In Flüssigkeiten ist im Allgemeinen die Stoßverbreiterung der wichtigste Faktor (die Linie hat die Form einer Lorentzkurve), während in Gasen, bei denen die Stoßverbreiterung weniger ausgeprägt ist, der Dopplereffekt die beobachtete Linienbreite bestimmt (Gaußform).
3. *Heisenbergsche Unschärferelation.* Sogar bei einem einzelnen, ruhenden Molekül oder Atom sind die Energieniveaus nicht unendlich scharf, und zwar infolge eines ganz grundlegenden und wichtigen Prinzips, der Unschärferelation von Heisenberg. Im Wesentlichen besagt es, dass bei einem System, dass sich nur eine endliche Zeit δt in einem Energiezustand aufhält, die Energie dieses Zustands nur mit einer gewissen Unsicherheit oder Unschärfe δE bestimmt werden kann, wobei

$$\delta E \times \delta t \approx h/2\pi \approx \cdot 10^{-34} \quad \text{Js} \tag{1.10}$$

und h wieder das Plancksche Wirkungsquantum ist. Wir sehen daraus, dass der tiefste Energiezustand eines Systems scharf definiert ist, da dieses System unendlich lang in diesem Zustand bleibt, sofern man es sich selbst überlässt; dann gilt: $\delta t = \infty$ und $\delta E = 0$. Nun beträgt z.B. die Lebensdauer eines elektronischen Anregungszustands lediglich 10^{-8} s, woraus man für δE ca. $10^{-34}/10^{-8} = 10^{-26}$ J erhält. Ein Übergang zwischen diesem und dem Grundzustand wird deshalb eine Energieunschärfe δE und außerdem eine Unschärfe in der dem Übergang entsprechenden Strahlungsfrequenz $\delta E/h$ aufweisen, die wir in der Form schreiben können:

$$\delta\nu = \frac{\delta E}{h} \approx \frac{h}{2\pi h \delta t} \approx \frac{1}{2\pi\delta t} \tag{1.11}$$

Damit erhalten wir für unser Beispiel eines elektronisch angeregten Zustands mit einer Lebensdauer von 10^{-8} s ein $\delta\nu \approx 10^{8}$ Hz. Diese scheinbar recht große Unschärfe ist in Wirklichkeit klein im Vergleich zu den Frequenzen, die bei einem solchen Übergang normalerweise abgestrahlt werden und bei $10^{14} - 10^{16}$ Hz liegen, und deshalb bezeichnet man die natürliche Linienbreite als klein; und die beobachteten Linienbreiten elektronischer Übergänge sind auch wirklich in weit stärkerem Ausmaß durch Stöße und durch den Dopplereffekt bestimmt als durch die Energieunschärfe.

Als anderes Extrem kann die Einstellung eines elektronischen *Spins* im angeregten Zustand eine Lebensdauer von etwa 10^{-7} s aufweisen, was nach Gl. (1.11) bei einem Übergang eine Frequenzunschärfe von ca. 10^{7} Hz ergibt. Dies führt, verglichen mit der typischen Frequenz von $10^{8} - 10^{9}$ Hz bei dieser Art von Übergängen, auf ziemlich breite Linien und in diesem Fall ist die Heisenbergsche Unschärferelation der weitaus wichtigste Faktor.

Weitere Beispiele für Anwendungen der Heisenbergrelation werden wir in späteren Kapiteln geben.

1.7.2 Die Intensität von Übergängen

Bei der Betrachtung von Linienintensitäten müssen drei wesentliche Faktoren berücksichtigt werden: Die Wahrscheinlichkeit, dass ein System, das sich in einem bestimmten Zustand befindet, in einen anderen übergeht – nämlich die *Übergangswahrscheinlichkeit*; die Zahl der Atome oder der Moleküle, die sich anfangs im Ausgangszustand befunden haben – das ist die *Besetzungsdichte*; und von welcher Substanzmenge wir das Spektrum erhalten – dies wird durch die *Konzentration oder Absorptionslänge* der Probe bestimmt.

1. *Die Übergangswahrscheinlichkeit.* Die genaue Berechnung der absoluten Übergangswahrscheinlichkeiten ist im Grunde genommen einfach, da sie aber u.a. eine

genaue Kenntnis der Wellenfunktionen der am Übergang beteiligten Energiezustände voraussetzt, können häufig nicht exakte Ergebnisse erzielt werden und es übersteigt den Rahmen dieses Lehrbuchs. Wir werden uns im Allgemeinen mit qualitativen Aussagen zu den relativen Übergangswahrscheinlichkeiten zufriedengeben und keine exakten Berechnungen versuchen.

Man kann allerdings, gibt man sich mit einem nicht so anspruchsvollen Niveau zufrieden, bei einem Übergang oft entscheiden, ob er verboten ist oder erlaubt (d.h., ob die Übergangswahrscheinlichkeit null ist oder ungleich null). Das ist es, was man als das Aufstellen von *Übergangsauswahlregeln* bezeichnet und mit deren Hilfe wir entscheiden können, zwischen welchen Niveaus Linien beobachtbar sind; dies kann oft mit Hilfe der Anschauung gelöst werden, ähnlich wie in Abschnitt 1.3, wo wir uns die Aktivitiät eines Übergangs überlegt haben, oder auf irgendeine andere Weise.

2. *Besetzungsdichten.* Haben wir zwei Energieniveaus vorliegen, von denen aus der Übergang zu einem dritten gleich wahrscheinlich ist, dann wird die stärkere Linie die sein, bei der der Übergang vom Niveau mit der höheren Bestzungsdichte aus startet. Eine einfache statistische Gesetzmäßigkeit beschreibt die Besetzungsdichte innerhalb eines Systems von Energieniveaus.

   Sind z.B. N Moleküle auf zwei Energiezustände verteilt, ein tieferes und ein höheres, die mit E_{tiefer} und $E_{\text{höher}}$ bezeichnet sind, dann würden wir schon gefühlsmäßig annehmen, dass sich der Großteil der Moleküle im tieferen Zustand aufhält. Eine strenge statistische Rechnung kommt zum gleichen Ergebnis und zeigt, dass im *Gleichgewichtszustand* gilt:

$$\frac{N_{\text{höher}}}{N_{\text{tiefer}}} = \exp(-\Delta E/kT) \tag{1.12}$$

   wobei $\Delta E = E_{\text{höher}} - E_{\text{tiefer}}$ bedeutet, T die absolute Temperatur in K ist und k eine allgemeine Konstante. Dieser Ausdruck heißt nach ihrem Entdecker die Boltzmannverteilung und die Konstante k, mit dem Betrag $1{,}38 \cdot 10^{-23}$ JK^{-1}, die Boltzmannkonstante. In den verbleibenden Abschnitten werden immer wieder Beispiele auftauchen, in denen von diesem ungemein wichtigen Zusammenhang Gebrauch gemacht werden wird.

3. *Absorptionslänge in der Probe.* Wenn eine Probe Strahlung absorbiert, dann wird wohl umso mehr absorbiert, je mehr Substanz von dieser Strahlung durchlaufen wird. Man würde jetzt annehmen, dass die doppelte Substanzmenge zu einer doppelt so hohen Absorption führt, aber eine einfache Überlegung zeigt uns, dass dies gerade nicht der Fall ist. Betrachten wir zwei gleiche Proben derselben Substanz, S_1 und S_2, und nehmen an, dass S_1 und S_2, jede für sich genommen, 50 Prozent der einfallenden Energie absorbiert und die restlichen 50 Prozent durchlässt. Wenn wir einen Strahl mit der Ausgangsintensität I_0 durch S_1 schicken, dann

werden 50 Prozent von I_0 absorbiert und die Intensität des Strahls wird danach $\frac{1}{2}I_0$ betragen; schicken wir diesen Strahl danach durch S_2, so werden wiederum 50 Prozent absorbiert und $\frac{1}{2} \cdot \frac{1}{2}I_0 = \frac{1}{4}I_0$ wird S_2 verlassen. Somit summieren sich zwei 50 Prozent-Absorptionsvorgänge nacheinander nicht zu 100 Prozent, sondern nur zu einer Absorption von 75 Prozent. Genau derselbe Zusammenhang besteht zwischen der *Konzentration* einer Probe und der absorbierten Energie – eine Verdopplung der Konzentration hat eine geringere Absorption als die doppelte zur Folge.

Der Zusammenhang zwischen der Konzentration (c), der Absorptionslänge (l) und der einfallenden bzw. der durchgelassenen Strahlungsleistung (I_0 und I) kann auf unterschiedliche Weise ausgedrückt werden, wobei immer das *Lambert-Beersche Gesetz* zugrunde liegt, das häufig in der Form geschrieben wird:

$$I/I_0 = \exp(-\kappa cl) \tag{1.13a}$$

wobei κ eine für den interessierenden Übergang spezifische Konstante ist. Um die lästige Exponentialfunktion loszuwerden, kann Gl. (1.13a) umgeformt werden in:

$$I/I_0 = 10^{-\epsilon cl} = T \tag{1.13b}$$

wobei wir für die *Transmission* oder *Durchlässigkeit* die Größe T eingeführt haben, die einfach über das Verhältnis I/I_0 definiert ist; ϵ ist der *molare (dekadische) Absorptionskoeffizient*, eine Bezeichnung, der jetzt das International Union of Pure and Applied Chemistry (IUPAC) den Vorzug gibt, obwohl auch immer noch andere Bezeichnungen wie *dekadischer Extinktionskoeffizient* oder *dekadische Absorption* üblich sind (*dekadisch* bedeutet bezogen auf die Basis 10 anstelle zur Basis *e*).

Setzt man die Spektroskopie zur Konzentrationsmessung ein, dann bewährt sich eine Formel, die im Gegensatz zu den Gln. (1.13a) und (1.13b) die Konzentration linear enthält. Nehmen wir den Kehrwert von Gl. (1.13b) und dann den Logarithmus, dann erhalten wir:

$$I_0/I = 10^{\epsilon cl} \quad \text{oder} \quad \log(I_0/I) = \epsilon cl = A \tag{1.13c}$$

wodurch wir die wichtige Größe A, die *Extinktion*, *Absorbanz* oder *optische Dichte* definiert haben. A ist proportional zur Konzentration und wegen dieses praktischen Zusammenhangs geben manche Geräte die Spektren unmittelbar in Extinktions/Absorbanz-Einheiten aus.

1.8 Fourier-Transformspektroskopie

Nimmt man ein Spektrum, wie z.B. das in Bild 1.10(b), in der klassischen Art und Weise auf, so ist einer der wesentlichen und unvermeidlichen Nachteile, dass dies relativ lange braucht. Das Spektrum muss gleichsam Punkt für Punkt aufgenommen werden – das Spektrometer fängt an einem Ende an, die Frequenz wird gleichmäßig über den gesamten Bereich durchgefahren, das Signal wird am Detektor registriert und aufgezeichnet. Wie wenig effizient dies ist wird einem klar, wenn man sich vorstellt, man hat ein Spektrum mit insgesamt nur ein oder zwei Linien; dann muss man das Spektrum von einem bis zum anderen Ende durchfahren, um die Linien zu finden, aber die meiste Zeit wird darauf verwendet, nichts außer Untergrundrauschen aufzunehmen. Anfangs konnte man nur im Sichtbaren und im UV das gesamte Spektrum gleichzeitig (nämlich auf einer Fotoplatte) aufnehmen, aber heute steht in Form der Fourier-Transformspektroskopie (FT) ein Aufnahmeverfahren zur Verfügung, mit dem gleichzeitig und relativ schnell ein komplettes Spektrum aufgenommen werden kann, und zwar in der magnetischen Resonanzspektroskopie, im Mikrowellen- und auch im Infrarotbereich. In diesem Abschnitt werden wir uns kurz mit den Grundlagen dieses Verfahrens befassen und heben seine Einzelheiten wie auch die seines Einsatzes für die nachfolgenden Kapitel auf.

Obwohl die Fourier-Transformspektroskopie sowohl bei Emission wie auch bei Absorption einsetzbar ist, kann man sie sich leichter für den Fall der Emission vorstellen. Außerdem vernachlässigen wir im Augenblick auch noch die Linienverbreiterung und stellen uns die emittierte Strahlung als reine Cosinuswelle mit einer ganz bestimmten Frequenz ν vor. Sobald ein Detektor, der entsprechend schnell auf zeitliche Änderungen der Intensität reagieren können muss, die Strahlung registriert, wird er ein Signal abgeben, das ebenfalls mit der Frequenz ν oszilliert. Beachten Sie bitte (ganz wichtig), dass wir in diesem Fall das Detektorsignal als Funktion der Zeit („Spektroskopie in der Zeitdomäne“) und nicht wie vorhin als Funktion der Frequenz („Spektroskopie in der Frequenzdomäne“) betrachten.

Stellen wir uns nun vor, eine Probe emittiere zwei unterschiedliche Frequenzen; ein Detektor, der die gesamte Strahlung empfängt, „sieht“ die *Summe* der beiden Cosinuswellen. wir veranschaulichen dies anhand eines Diagramms, wobei in Bild 1.15(a) zwei noch getrennte Wellen übereinander dargestellt sind, von denen die mit der tieferen Frequenz punktiert ist, und Bild 1.15(b) sodann ihre Summe zeigt. Das Ausgangssignal, gegen die Zeit aufgetragen, besteht natürlich in einer Schwingung sowohl aufgrund der einen wie auch der anderen Frequenz der beiden Wellen und zeigt eine langsam steigende und wieder fallende Amplitude. Diese zweite Frequenz wird oft als „Schwebungs-“ oder „Beatfrequenz“ bezeichnet, in Analogie zu dem ganz ähnlichen Schwebungsphänomen bei Tönen und entsteht dadurch, dass die beiden Teilwellen manchmal im Gleichtakt sind und dabei einander voll verstärken (im Bild mit *A* gekennzeichnet) und dann wieder im Gegentakt, wobei sie einander auslöschen (mit *B* gekennzeichnet).

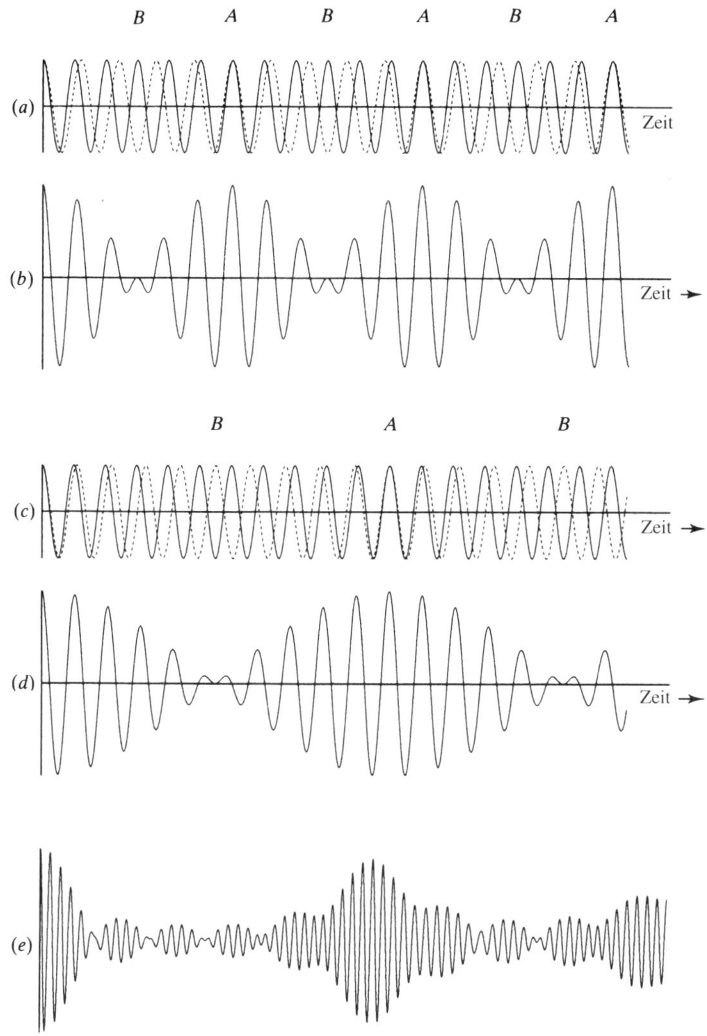

Bild 1.15: Überlagerung von Cosinuswellen: (a) und (c) geben die Überlagerung von zwei Cosinuswellen mit geringer Frequenzdifferenz wieder; (b) und (d) sind ihre Summenfrequenzen. In (e) ist die Überlagerung von sechs Cosinuswellen mit unterschiedlichen Frequenzen dargestellt.

Verringern wir nun die Frequenzdifferenz der beiden Wellen, dann geraten sie weniger schnell außer Takt und brauchen auch länger, um dann wieder in Gleichtakt zu kommen. Dies veranschaulichen die Bilder 1.15(c) und (d), in denen genauso wie zuvor die mit A und B gekennzeichneten Punkte auf die Stellen hinweisen, an denen die Wellen im Gleich- bzw. im Gegentakt sind. Die getrennten Wellen sind in Bild 1.15(c) und ihre Summe in 1.15(d) gezeigt, wobei wir feststellen können, dass die Beatfreqenz niedriger ist als in Bild 1.15(b). Es ist leicht zu zeigen, dass die Beatfrequenz immer gleich ist der der Differenzfrequenz der beiden ursprünglichen Wellen.

So eine Summenschwingung wie in Bild 1.15(b) oder (d) in ihre Komponenten zu zerlegen, ist eigentlich relativ einfach, wenn auch mathematisch ziemlich aufwendig. Jede Teilwelle hat natürlich ihre eigene Frequenz und Amplitude und so müssen bei zwei Komponenten vier Unbekannte aus der Summenfunktion berechnet werden. Im Prinzip genügt dann die Beobachtung des Signals in der Zeitdomäne an vier verschiedenen Messpunkten und die Lösung eines Systems von vier Gleichungen, um die gewünschte Information zu erhalten.

Überlagert man mehr als zwei Cosinuswellen, dann sieht das Ergebnis noch komplizierter aus und es macht die Zerlegung in seine Komponenten noch viel aufwendiger, geht aber nach demselben Schema. Bild 1.15(e) zeigt das Ergebnis einer Überlagerung von sechs Cosinuswellen unterschiedlicher Frequenz. Es würden 12 Messpunkte und die Lösung eines Systems von 12 Gleichungen notwendig sein, um Frequenz und Amplitude einer jeden Teilwelle zu bestimmen. Zum Glück gibt es ein einfaches und allgemein einsetzbares Verfahren, mit dem eine so komplexe Wellenform in ihre Anteile zerlegt werden kann; es ist dies das als Fourier-Transformation bekannte mathematische Verfahren, nach dem französischen Mathematiker Jean Baptiste Fourier benannt, der es im frühen 19. Jhdt. entwickelt hat. Und noch besser ist daran, dass wir es gar nicht zu verstehen brauchen; es ist lediglich anzumerken, dass es im Endeffekt in einer Integration der komplexen Schwingungsfunktion besteht und heute praktischerweise von einem Computer ausgeführt wird.

Stellen wir uns als Beispiel vor, der Detektor registriere den ziemlich komplexen Funtionsverlauf, der in Bild 1.15(b) gezeigt ist. Ein Rechner, an den das Signal geht, sei so programmiert, dass er z.B. einen Messwert pro Millisekunde aufzeichnet und 2000 Messwerte speichert; die Aufzeichnung würde nur zwei Sekunden dauern. Der Rechner würde sodann die gespeicherten Daten Fourier-transformieren, was etwa eine Sekunde zusätzlich braucht und schon könnten die Frequenzen und Amplituden der einzelnen Cosinusschwingungen am Bildschirm gezeigt werden. Üblicherweise würde die Darstellung nicht in der Form geschehen wie in Bild 1.15(a), in dem der tatsächliche Signalverlauf in Form einer Welle dargestellt ist, sondern als Schwingungs-*Spektrum*, d.h., man würde zwei scharfe Linien mit gleicher Intensi-

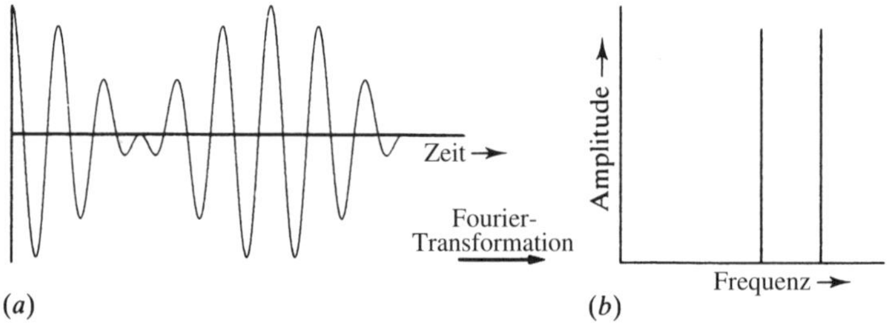

Bild 1.16: Einsatz der Fourier-Transformationsmethode, mit deren Hilfe die aufsummierten Cosinusschwingungen in (a) (kopiert von Bild 1.15(b)) in das Frequenzspektrum in Bild (b) umgewandelt werden.

tät sehen, und zwar über einer Frequenzskala, an der man ablesen kann, bei welcher Frequenz die beiden Linien liegen. Die ist in Bild 1.16 gezeigt, aus dem man auch entnehmen kann, wie die komplizierte Schwingung in Bild 1.16(a) (identisch mit Bild 1.15(b)) mit dem Spektrum in Bild 1.16(b) zusammenhängt. Im Grunde genommen hat die Fourier-Transformation die Auftragung in der Zeitdomäne von Bild 1.16(a) in die einer *Frequenz*domäne in Bild 1.16(b) umgewandelt. Der ganze eben beschriebene Vorgang hätte vielleicht nur fünf Sekunden gebraucht. Der Detektor registriert die *gesamte* spektrale Information praktisch gleichzeitig und der Rechner „entschlüsselt" diese Information zu einem klassischen Spektrum. Auf diese Weise erhöht die Fourier-Transformmethode die Geschwindigkeit bei der Aufnahme der Daten eines Spektrums auf das 10 bis 1000-fache.

Wir haben nun noch ein oder zwei Punkte zu beachten, bevor wir die Grundlagen der FT-Spektroskopie abschließen. Erstens müssen wir bedenken, dass echte Proben Strahlung nicht einer einzelnen, genau definierten Frequenz emittieren; wie im letzten Abschnitt gezeigt, ist jede Emission durch eine ganze Anzahl von Effekten verbreitert und deshalb besteht jede „Linie" im Wirklichkeit aus einem ganzen Bündel unterschiedlicher Frequenzen. In Bild 1.17(a) zeigen wir ein charakteristisches Beispiel für eine Emission. In Bild 1.17(b) sieht man, wie man sich die Linie entstanden denken kann, nämlich so, dass eine große Zahl von Molekülen in der Probe die Frequenz ν_{max} abstrahlt, die der Mittenfrequenz der Linie entspricht, dass eine etwas kleinere Zahl von Molekülen Frequenzen abstrahlt, die weiter weg vom Maximum liegen und dass es weniger und weniger werden, je größer der Frequenzabstand wird. Wollten wir nun herausfinden, wie für diese Linie das Signal insgesamt in der Zeitdomäne aussieht, dann könnten wir, hätten wir genügend Zeit, für jede einzelne Frequenz eine Cosinuswelle ausdrucken mit einer Amplitude, die der Anzahl der bei dieser Frequenz emittierenden Moleküle entspricht, und dann alle diese Wellen addieren. Diese Summation für ein paar Grüppchen von Molekülen wie in Bild 1.17(b) durchzuführen ist nicht schwierig; aber bei einer echten Probe, in der möglicherweise jedes einzelne Molekül eine andere Frequenz abstrahlt, ist das ein Ding der Unmöglichkeit. Aber zum Glück ist die Fourier-Transformation umkehrbar – genauso, wie die FT ein Signal aus der Zeitdomäne in ein Signal in der Frequenzdomäne umwandelt (z.B. Bild 1.16), so führt sie auch die Umkehrung aus. Wenn wir nun die Funktion von Bild 1.17(a) in der Frequenzdomäne in einen Rechner eingeben und die FT ausführen, dann werden wir deshalb genau dasselbe Ergebnis erhalten, wie bei einer Überlagerung und Addition aller Cosinusschwingungen. Das Ergebnis zeigt Bild 1.17(c).

Wie wir sehen, gibt der Detektor, der die gesamte Emissionsstrahlung einer breiten Linie registriert, ein Wechselspannungssignal ab, dessen Amplitude allmählich gegen null geht. Diese Schwingung entspricht der Schwebung, die sich aus allen überlagerten, in der Frequenz leicht unterschiedlichen Cosinuswellen zusammensetzt; das Signal wird kleiner, weil nach einer bestimmten Zeit die einzelnen Wellen, die wir uns zu Beginn als „in Phase" vorstellen können, außer Takt geraten sind und dann die eine

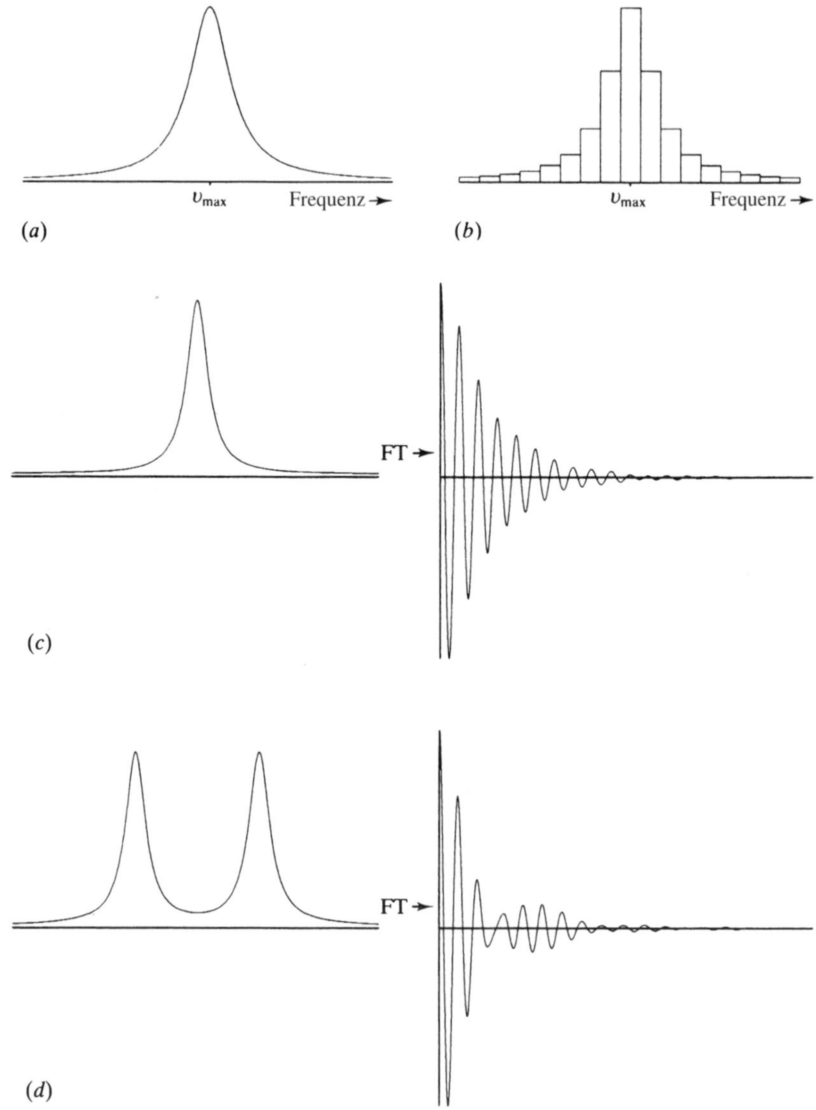

Bild 1.17: (a) Breite Spektrallinie, über der Frequenz aufgetragen, sowie die Häufigkeitsverteilung der einzelnen Frequenzen (b). Die Fourier-Transformierte einer einzelnen verbreiterten Linie (c) und eines Dubletts von verbreiterten Linien (d).

Hälfte positive Amplituden aufweist und die andere Hälfte negative, so dass sie in der Summe null ergeben. Eine andere Erklärungsmöglichkeit besteht in der Vorstellung, dass zwei Wellen, die mit gleicher Phase, aber unendlich kleiner Frequenzdifferenz starten, unendlich lang brauchen werden, um wieder gleichphasig zu schwingen, d.h., es wird nie eintreten. Die Frequenzverteilung in Bild 1.17(a) weist viele unendlich nahe beisammen liegende Frequenzen auf und deshalb werden die einzelnen Wellen schon nach ein paar Schwingungen nicht mehr in Phase sein und es auch bleiben. Wäre es ein unendlich breites Frequenzband gewesen, d.h., hätte es eine unendliche Anzahl unendlich dicht beisammen liegender Nachbarfrequenzen enthalten, dann wäre nach einem kurzen Augenblick keine einzige mehr in Phase gewesen; die Fourier-Transformierte einer solchen „weißen“ Lichtquelle ist somit ein einzelnes, schnell abfallendes Signal ohne alle Schwebungen. Wir kommen gleich wieder darauf zurück.

Zusätzlich ergibt sich daraus, dass die *Geschwindigkeit, mit der die Signalintensität gegen null geht*, von der *Breite* der ursprünglichen Linie in der Frequenzdomäne abhängt. Eine breitere Linie enthält eine größere Zahl unterschiedlicher Frequenzen und wird so schneller in der Intensität abfallen. Es ist leicht einzusehen, dass sowohl die Frequenz wie auch die Linienbreite aus dem Signal in der Zeitdomäne bestimmt werden können.

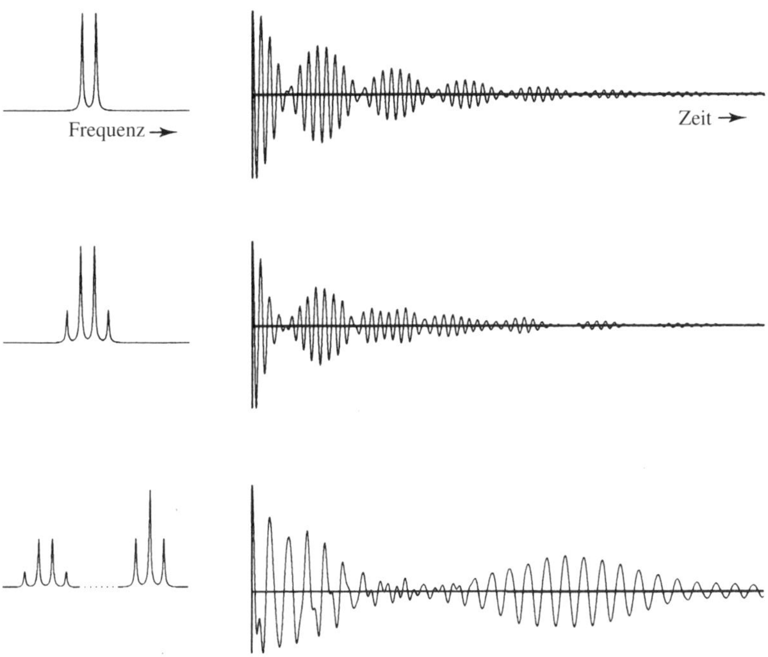

Bild 1.18: Fourier-Transformierte einiger ausgewählter Spektren.

Als Nächstes sollten wir kurz den Fall betrachten, dass in einer Probe gleichzeitig mehr als ein Übergang stattfindet, so dass sein Frequenzspektrum mehr als eine Linie umfasst. Genau wie vorher setzt sich auch hier das Summensignal in der Zeitdomäne aus den verschiedenen Schwebungen der verschiedenen Cosinusschwingungen der beiden verbreiterten Linien zusammen. In Bild 1.18 sind einige der häufigsten Multipletts gezeigt, die alle aus den Frequenzspektren der Kernresonanzspektroskopie stammen, in der die FT-Methode ein besonders breites Einsatzgebiet gefunden hat.

Verständlicherweise nimmt die Komplexität des Signals in der Zeitdomäne zu, wenn mehr und mehr Linien hinzukommen; wir müssen uns dabei vor Augen halten, dass sämtliche Information über die Position auf der Frequenzachse, über die Linienintensität und über die spektrale Breite einer jeden einzelnen Linie auf der linken Seite in diesem Bild auch im Funktionsverlauf in der Zeitdomäne auf der rechten Seite enthalten ist; sobald man diesen über eine kurze Zeitspanne aufgenommen hat, kann man das Frequenzspektrum relativ schnell durch Fourier-Transformation erhalten.

Obwohl wir anfangs festgestellt haben, dass man sich den Vorgang der FT am leichtesten anhand einer Strahlungsemission veranschaulichen kann, wird dieses Verfahren auf genau die gleiche Weise bei der Absorption eingesetzt. Wie wir bereits gesehen haben, erhalten wir von einer „weißen“ Strahlungsquelle ein einzelnes abfallendes Signal ohne alle Schwebungen; dies ist genähert in Bild 1.19(a) gezeigt, in dem eine *sehr* breite Emissionslinie (vorstellbar als weiße Strahlungsquelle, die nur einen begrenzten Bereich des Spektrums überdeckt) sowie ihre Fouriertransformierte gezeigt ist. Obwohl das Signal in der Zeitdomäne sehr schnell gegen null geht, so zeigt es doch Schwebungen; das hat seine Ursache darin, dass die breite Emissionslinie im Vergleich zu einer richtigen weißen Strahlungsquelle nur eine Näherung darstellt. Wir können uns jetzt vorstellen, dass eine absorbierende Probe in diese Strahlung „Löcher frisst“, wie in Bild 1.19(b) links gezeigt; rechts ist das daraus abgeleiteten FT-Signal. Obwohl es uns wahrscheinlich schwer fällt, uns den Vorgang der Fourier-Transformation eines

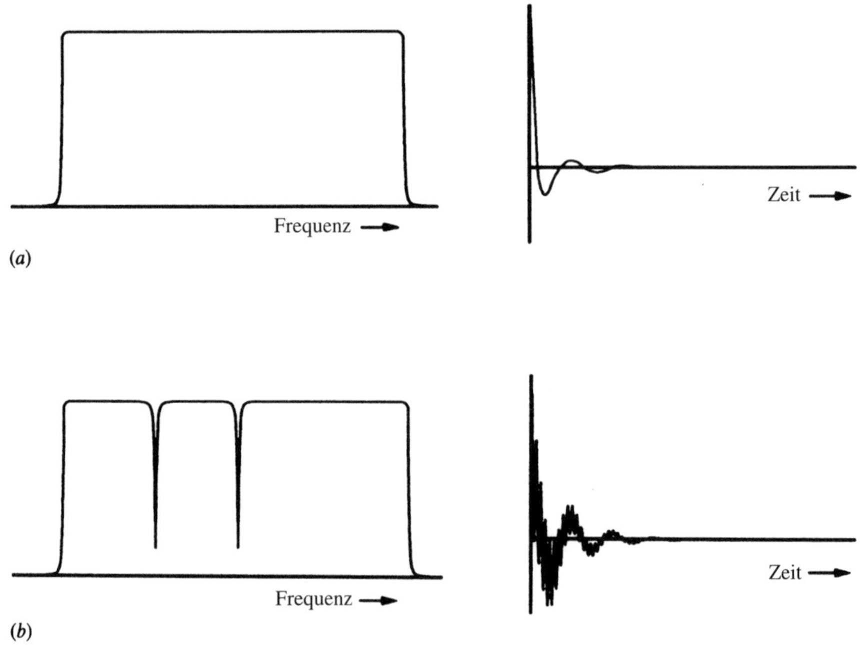

Bild 1.19: (a) Annähernd „weiße“ Strahlungsquelle und ihre Fourier-Transformierte. (b) „Weiße“ Strahlung, aus der einige Frequenzen absorbiert wurden, sowie die entsprechende Fourier-Transformierte.

Fehlens von Strahlungsfrequenzen (oder auch nur ihre Überlagerung) vorzustellen, registriert der Detektor dennoch ein absolut brauchbares Signal, welches mit Hilfe eines Rechner gespeichert, transformiert und als gewöhnliches Absorptionsspektrum dargestellt werden kann.

Schließlich sollten wir noch auf eines hinweisen: Obwohl sich diese Einführung in das Verfahren der Fourier-Tranformation auf Signale in der *Zeit*domäne beschränkt hat, ist die Aufnahme des Detektorausgangssignals als Funktion der Zeit nicht die einzige Möglichkeit für die Aufnahme des Spektrums einer Probe. Ein Physikstudent wird bemerkt haben, dass man die Funktionen in Bild 1.15 ebensogut als Interferenzmuster interpretieren könnte. In Abschnitt 3 werden wir darauf kommen, dass die FT-Spektroskopie im Infrarotgebiet so funktioniert, dass der Verlauf eines Interferenzmusters beobachtet wird, während ein Strahl zwischen zwei Spiegeln hin- und herläuft, wobei diese gleichmäßig aufeinander zu- oder voneinander wegbewegt werden; dieses Interferenzmuster wird als Funktion des Spiegel*abstands* aufgenommen und danach in das entsprechende Wellenzahlenspektrum transformiert. Ob nun in einem bestimmten Fall die Interferenz beobachtet oder das Signal in der Zeitdomäne aufgenommen wird, hängt lediglich von praktischen Gründen ab; es ist einfach schwierig, einen Infrarotdetektor zu finden, der schnell genug ist, so dass ein Signal in der Zeitdomäne aufgenommen werden kann, aber es ist einfach, Infrarotstrahlung an Spiegeln zu reflektieren. Auf der anderen Seite sind schnelle Detektoren im Radiofrequenzbereich kein Problem, aber es ist alles andere als leicht, die Strahlung kohärent und optisch einwandfrei zu spiegeln.

Wir haben gesehen, dass mit dem FT-Verfahren Spektren viel schneller aufgenommen werden können als mit der klassische Methode einer Frequenzdurchstimmung. Das allein bringt schon einen große Vorteil; Spektrometer sind teure Geräte und je mehr Arbeit wir von ihnen in einer vorgegebenen Zeitspanne geleistet bekommen um so gerechtfertigter ist die Investition. Dazu hat eine schnelle Datenaufnahme auch noch weitere Vorteile, z.B. ist man damit in der Lage, Spektren von kurzlebigen Substanzen, wie etwa von instabilen Molekülen oder von Zwischenprodukten chemischer Reaktionen aufzunehmen. Da diese Methode im Endeffekt den Zeitaufwand für ein Spektrum von Stunden oder Minuten auf Sekunden oder sogar Bruchteile einer Sekunde reduziert, können sehr viel mehr Proben untersucht werden. Es gibt auch noch andere Vorteile im Einsatz von FT-Geräten, aber darauf näher einzugehen heben wir uns für die Kapitel über magnetische Resonanzspektroskopie und Infrarotspektroskopie auf, wo es dann wichtig wird.

1.9 Verbesserung von Spektren: Die Signalmittelung

Wir haben bereits in Abschnitt 1.6 erwähnt, dass das Problem des Untergrundrauschens die Empfindlichkeit eines jeden spektroskopischen Verfahrens begrenzt – außer bei einer eindeutig aus dem Rauschen herausragenden Linie ist es nicht möglich, ganz sicher zu sein, dass es sich dabei *wirklich* um eine Linie handelt. Im Allgemeinen hält man ein Signal-Rausch (S/R; angels.: S/N)-Verhältnis von 3 bis 4 für erforderlich, um ein Signal eindeutig zu identifizieren. Es gibt eine Reihe von Möglichkeiten, das S/N-Verhältnis bei Vorliegen einer bestimmten Probe zu verbessern, aber alle sind zeitaufwendig. So ist es z.B. möglich, die Schwingungen der Schreiberfeder zu dämpfen, so dass sie weniger empfindlich auf höherfrequentes Rauschen reagiert. Die Grundlinie des Spektrum wird dann glatter, da aber die Feder langsamer auf jede Änderung reagiert (auch auf eine Signaländerung), muss das Spektrum mit kleinerer Geschwindigkeit aufgenommen werden. Außerdem ist die FT-Spektroskopie auch nicht unempfindlich gegen Rauschen – das Detektor- und das Verstärkerrauschen im Verlauf der Datenaufnahme tauchen dann im Spektrum in Form von Störfrequenzen auf.

Immer billigere und leistungsfähigere Rechner bieten noch eine weitere Möglichkeit der Signalverbesserung allein dadurch, dass das Spektrum in kleinen Abschnitten aufgenommen und im Rechner gespeichert wird. Natürlich wird das bereits so gemacht, wenn man eine FT vorhat, aber es bereitet dann auch keine zusätzliche Mühe, 2000 knapp nebeneinander liegende Punkte eines Spektrums in der Frequenzdomäne aufzunehmen und die Intensität der einzelnen Punkte an 2000 verschiedenen Adressen im Rechner abzulegen. Dann kann man das beliebig oft wiederholen, wobei wir aber jedesmal die neuen Daten zu den bereits vorhandenen *addieren*. Obwohl nun eine schwache Linie möglicherweise in keiner der Einzelaufzeichnungen im Rauschen erkennbar ist, so wächst doch das Signal nach n Durchgängen auf das n-fache an, während das Rauschen als stochastischer Vorgang die Größe des Speicherinhalts nicht nur nach plus, sondern auch in Richtung minus verändert, so dass es weniger schnell zunimmt. Tatsächlich kann gezeigt werden, dass n Durchgänge die Intensität des Rauschsignals im Speicher um $n^{1/2}$ erhöhen, so dass der Nettozuwachs des S/N-Verhältnisses $n/n^{1/2} = n^{1/2}$ ist.

Braucht nun eine einzelne Aufnahme einige Minuten, wie es üblicherweise in der die Spektroskopie mit Frequenzdurchstimmung der Fall ist, so verursacht es ziemlich hohe Gerätekosten, wenn 100 Durchgänge gespeichert werden müssen um einen Faktor 10 an Verbesserung zu erreichen und deshalb wird die Signalmittelung nicht sehr oft bei dieser Art von Messung eingesetzt. Aber eine Kombination der Signalmittelung mit der Fourier-Transformation ist außerordentlich effizient. In diesem Fall kann eine Aufnahme in der Zeitdomäne in ein oder zwei Sekunde erfolgen und 100 Aufnahmen brauchen nur etwa zwei Minuten; deshalb kann eine zehnfache Erhöhung des S/N-

Verhältnisses innerhalb einer Zeit erreicht werden, die oft kleiner ist als die für ein nicht verbessertes Spektrum nach der konventionellen Durchstimmmethode.

Weitere Vorteile ergeben sich, wenn ein Rechner in das Spektrometer integriert wird. Das Spektrum eines Lösemittels oder des Untergrunds kann im Rechner gespeichert und vom beobachteten Spektrum subtrahiert werden, so dass man das Spektrum der Probe allein erhält, oder es können automatisch die Intensitäten an den Linienmitten bestimmt und in Konzentrationen der einzelnen Proben umgerechnet werden. Sogar den gesamten Spektrometerbetrieb kann man gut dem Rechner anvertrauen – ein automatischer Probenwechsel kann vorgenommen werden wie auch das Ermitteln der optimalen Messparameter und ihre Einstellung für jede neue Probe.

1.10 Stimulierte Emission: Laser

Es wurde bereits erwähnt, dass eine Substanz nach einer Absorption die überschüssige Energie entweder durch thermische Stöße oder durch Wiederaussenden von Strahlung abgeben kann. In diesem Abschnitt untersuchen wir diesen zweiten Vorgang etwas genauer, denn er führt uns auf das ganz wichtige Thema der Laserstrahlung.

Strahlung kann von einem angeregten Molekül oder Atom entweder *spontan* oder als Folge einer Einwirkung von außen emittiert werden, die dann *stimulierte Emission* genannt wird. Welcher von diesen beiden Vorgängen der wahrscheinlichere ist, hängt im Einzelfall von der Übergangsenergie ab, d.h., von der dabei abgestrahlten Frequenz. Bei höherfrequenten Übergängen (im Infraroten, im Sichtbaren, im UV und darüber) ist die spontane Emission die bei weitem wahrscheinlichere; umgekehrt ist bei Übergängen im tieferen Frequenzbereich (Mikrowelle und in der Kernresonanz) die spontane Emission nicht sehr wahrscheinlich und so wird bei Vorliegen entsprechender Bedingungen stimulierte Emission auftreten.

Stimulierte Emission ist ein Resonanzphänomen – ein angeregter Zustand fällt nur dann in den Grundzustand zurück (unter Emission von Strahlung der Frequenz $\nu = \Delta E/h$; ΔE ist die Energiedifferenz), wenn ein Photon (also Strahlung) derselben Frequenz ν mit dem System in Wechselwirkung tritt. Die Verhältnisse sind anschaulich in Bild 1.20 wiedergegeben: (a) und (b) zeigen auf der linken Seite die Anregung eines Moleküls aufgrund einer Absorption von Strahlung mit der Frequenz ν_{ex}. Die rechte Seite zeigt in (a) eine spontane Emission, bei der Strahlung mit $\nu_{\text{emit.}}$ spontan abgegeben wird und in (b) eine stimulierte Emission, bei der ein Photon der Frequenz $\nu_{\text{stim.}}$ mit dem angeregten Zustand wechselwirkt und die Abgabe von Strahlung der Fequenz $\nu_{\text{emit.}}$ auslöst. Es sei ausdrücklich darauf hingewiesen, dass alle diese Strahlungsfelder, denen wir die unterschiedlichen Indizes ν_{ex}, $\nu_{\text{emit.}}$ und $\nu_{\text{stim.}}$ gegeben haben, um ihre Herkunft anzudeuten, *genau dieselbe Frequenz aufweisen*, nämlich die Frequenz $\Delta E/h$.

Strahlung, die auf diese Weise stimuliert emittiert wird, hat sehr wichtige Eigenschaften. Erstens weist sie eine *sehr genau definierte* Frequenz auf: Der angereg-

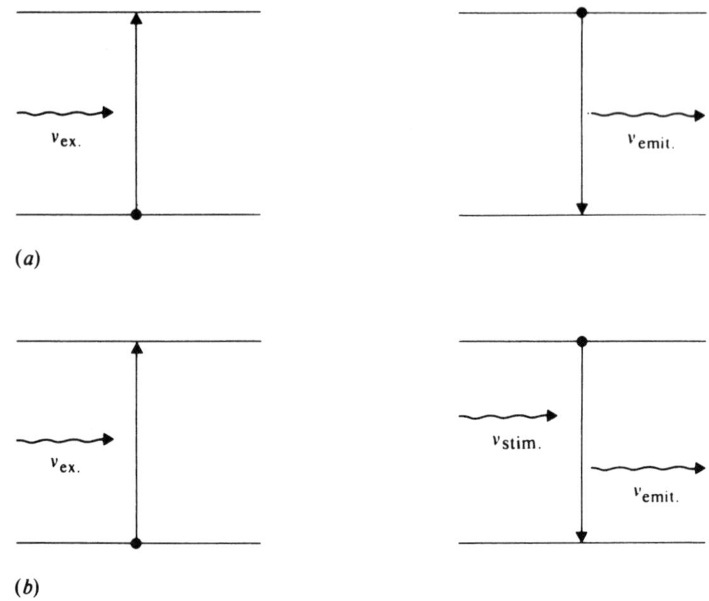

Bild 1.20: (a) Spontane und stimulierte (b) Emission von einem angeregten Zustand aus.

te Zustand zerfällt nicht spontan, deshalb hat er naturgemäß eine lange Lebensdauer und das wiederum bedingt ein schmales Energieniveau (vergl. die Überlegungen zur Heisenbergschen Unschärferelation in Abschnitt 1.7.1). Zum Zweiten ist die ausgesandte Strahlung *in Phase* mit der auslösenden Strahlung: Der energetisch höhere Zustand wird durch Einwirkung des elektromagnetischen Wechselfelds $\nu_{stim.}$ zur Strahlungsemission angeregt und deshalb ist es nicht verwunderlich, dass die maximale Amplitude der ausgesandten Welle räumlich mit der von $\nu_{stim.}$ zusammenfällt. Da die beiden Wellen auch noch genau dieselbe Frequenz aufweisen, bleiben sie auch nach Verlassen der Substanz in Phase. Außerdem sind die auslösende und die emittierte Strahlung *kohärent*, d.h., sie breiten sich genau in dieselbe Richtung aus. Im Gegensatz dazu kann *spontane* Emission jederzeit erfolgen (und aus diesem Grund ist ein emittiertes Photon nicht unbedingt in Phase mit irgendeinem anderen), auch in jede Richtung und innerhalb eines mehr oder weniger breiten Frequenzbereichs.

Selbstverständlich ist die auslösende Strahlung in Bild 1.20 nach der Emission immer noch in der Probe vorhanden – es gibt keine Möglichkeit einer Absorption – und somit kann ihre Wechselwirkung an einem anderen Molekül weitergehen und eine weitere Emission induzieren. Genauso hat auch die emittierte Strahlung das Recht, Strahlung an einem wiederum anderen Molekül auszulösen. Verständlicherweise hat dieser Vorgang unter der Voraussetzung, dass angeregte Moleküle vorhanden sind, die Tendenz, sich lawinenartig aufzuschaukeln und dies führt schließlich zur Emission starker, kohärenter Strahlung. Diese *Verstärkung* der ursprünglichen Anregungsstrahlung findet sich in der Bezeichnung des gesamten Vorgangs wieder – *l*ight *a*mplification by *s*timulated *e*mission of *r*adiation (Lichtverstärkung durch stimulierte Strahlungsemission) oder *Laser*.

In der Praxis besteht, wie schon gesagt, für Licht (oder etwas genauer ausgedrückt: für sichtbare Strahlung) eine viel größerer Wahrscheinlichkeit, dass sie *spontan* emittiert wird und auch nicht die Kohärenzeigenschaften der Laserstrahlung hat. Es war im Mikrowellenbereich, in dem die erste erfolgreiche Verstärkung durch stimulierte Emission gelang (und deshalb wurde dieser Effekt *Maser* getauft, was *m*icrowave *a*mplification by *s*timulated *e*mission of *r*adiation – Mikrowellenverstärkung durch stimulierte Strahlungsemission – bedeutet). Um diesen Vorgang bei höheren Frequenzen zum Laufen zu bringen, muss man Systeme mit langlebigen angeregten Zuständen finden, bei denen die stimulierte Strahlung die spontane überwiegt und das ist nur möglich, wenn mehr als zwei Energieniveaus daran beteiligt sind.

Betrachten wir die drei Energieniveaus in Bild 1.21(a). Die Anregung aus dem Grundzustand, dem Niveau 1, in den für gewöhnlich anregbaren Zustand, das Niveau 2, kann durch einfache Strahlungsabsorption erfolgen. Vorausgesetzt, dass Niveau 2, außer spontan zu emittieren, auch noch Moleküle in einen metastabilen Zustand (Niveau 3) übergehen lässt, von dem aus spontane Rückkehr in den Grundzustand nicht so leicht möglich ist, baut sich in Niveau 3 eine Besetzungsdichte auf und damit ist die Voraussetzung für Laserstrahlung gegeben. Der Rubinlaser ist ein Beispiel für diese Art von Dreiniveausystem. Rubin besteht im Wesentlichen aus Aluminiumoxid mit Spuren (ca. 0,05 Prozent) von Chromionen, die ihm die charakteristische Farbe verleihen. Ein Blitzlampe, in Spiralform um einen Rubinstab gelegt, wird ganz kurz gezündet, um so die Chromionen anzuregen; sie gehen dann sehr schnell thermisch, also ohne Abgabe von Strahlung, in ein metastabiles Niveau etwa 14 000 cm^{-1} oberhalb des Grundniveaus über und kehren dann unter Laseraktivität bei ca. 690 nm Wellenlänge in den Grundzustand zurück, wobei die Strahlung durch eines der

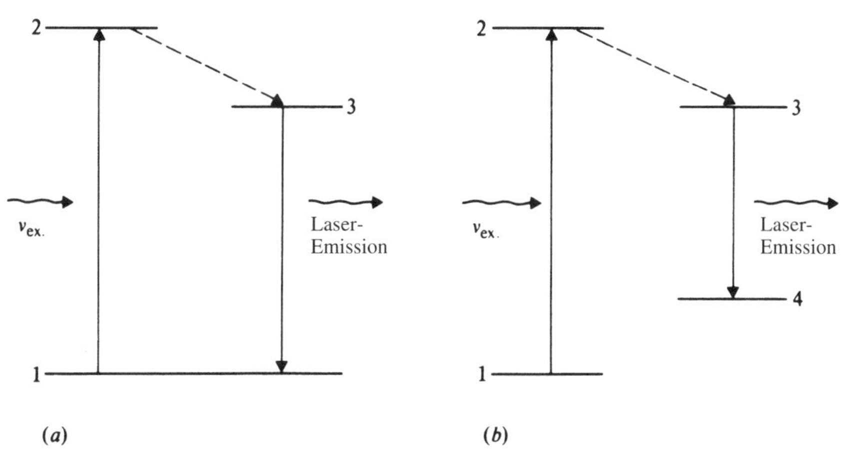

Bild 1.21: Die Energieniveaus (a) bei einem Drei-Niveau- und (b) bei einem Vier-Niveau-Lasersystem

vergleichsweise seltenen spontanen Photonen ausgelöst wird. Der Übergang vom angeregten zum metastabilen Zustand setzt eine beträchtliche Wärmemenge frei, so dass man dem Rubin die Möglichkeit zur Abkühlung geben muss, bevor eine weitere Anregung gestartet wird; er wird deshalb als Impulslaser betrieben.

In einigen Fällen kommt es dadurch zur Laseremission, dass der Übergang vom Niveau 3 nicht in das Grundniveau, sondern in ein anderes tieferes Niveau erfolgt., wie es am Beispiel des Vier-Niveau-Systems in Bild 1.21(b) gezeigt ist. Dies ist insbesondere dann der Fall, wenn, was auch gut möglich ist, die Niveaus 3 und 4 einem ganz *anderen* Molekül angehören als die Niveaus 1 und 2. Zum Beispiel werden beim Helium-Neon Laser erst die Heliumatome angeregt (Niveau 1 und 2), die dann ihre Anregungsenergie über Stöße auf Neonatome übertragen; dies ist nur möglich, weil Neon einen angeregten Zustand besitzt, der fast genau dieselbe Energie aufweist wie der von Helium, wodurch Energieübertragung möglich wird. Außerdem gibt es beim Neon von da aus keinen erlaubten, also in einem Spektrum beobachtbaren Übergang direkt zum Grundzustand, und deshalb liegen ideale Bedingungen für eine Laseraktivität vor. Vorausgesetzt, die Pumpstrahlung am Helium wird ständig aufrechterhalten, so dass der angeregte Zustand des Heliums ständig wieder mit Atomen aufgefüllt wird, kann dieser Lasertyp ununterbrochen laufen. Mit den daran beteiligten elektronischen Energieniveaus werden wir uns in Kapitel 5 noch genauer befassen.

Aufgrund ihrer extrem hohen Kohärenz ist die Laserstrahlung in ungewöhnlich hohem Maß geeignet für Anwendungen wie z.B. in der Nachrichtentechnik oder zu Entfernungsmessungen. Vom spektroskopischen Standpunkt aus erlangt sie zunehmende Bedeutung in dem Maß, wie neue spektroskopische Verfahren entwickelt werden, aber im Rahmen dieses Lehrbuchs liegt ihre wichtigste Anwendung in der Schwingungsspektroskopie. Die Ramanspektroskopie, ausführlich in Abschnitt 4 behandelt, braucht eine sehr leistungsstarke monochromatische Strahlungsquelle, wofür ein Laser im Sichtbaren oder im nahen Infraroten ideal geeignet ist.

Für praktisch alle anderen spektroskopischen Beobachtungen ist jedenfalls entweder eine breitbandige oder eine durchstimmbare Strahlungsquelle von großem Vorteil. Laser können nicht breitbandig emittieren (obwohl der CO_2-Laser, der in Abschnitt 3.8.4 genauer behandelt wird, dieser Forderung sehr nahe kommt, da seine Emissionsbänder aus eng benachbarten Linien bestehen), aber die jüngsten Entwicklungen haben zu durchstimmbaren Lasern geführt. Damit man die Emissionsfrequenz eines Lasers ändern kann, muss die Lage der Energieniveaus verschoben werden, zwischen denen der Laserübergang stattfindet. Festkörper, die Laserstrahlung emittieren, können einer Temperatur- oder Druckänderung ausgesetzt werden, um die beteiligten Energieniveaus gleichmäßig zu verschieben, aber das Ausmaß dieser Verschiebung ist gering. Viel geeigneter sind breitbandig durchstimmbare Laser, die aus organischen Farbstoffen in Lösung bestehen – die sogenannten Farbstofflaser. In diesen ist das aktive Material gewöhnlich das Ion einer Seltenen Erde, umschlossen von einem organischen „Liganden", der sich fest an das Ion anlagert. Dieses System kann innerhalb eines breiten Fluoreszenzbereichs kontinuierlich durchgestimmt werden, indem man ein dispergierendes Element in den Laserresonator einbaut; somit ist es möglich, Laserstrahlung bei jeder beliebigen Frequenz zwischen dem nahen Infrarot und dem UV zu erzeugen. Diese leistungsstarke, schmalbandige und trotzdem durchstimmbare Lichtquelle wird mit Sicherheit in vielen Gebieten der Spektroskopie ihre Anwendung finden.

1.11 Synchrotronstrahlung

Je wichtiger spektroskopische Messungen werden, desto mehr Möglichkeiten zur Empfindlichkeitssteigerung werden gefunden und eingesetzt. Die Empfindlichkeit kann in vielen Fällen mit Hilfe leistungsstarker Strahlungsquellen und der damit verbundenen Steigerung des S/N-Verhältnisses verbessert werden, was die Aufnahmezeit wesentlich verkürzt. Die Synchrotronstrahlung, erstmals in den späten 40er Jahren am GEC Synchrotron in Schenectady, New York, beobachtet, ist so eine Art von Strahlung und sie hat außerdem noch den unschätzbaren Vorteil, sehr gut durchstimmbar zu sein. Seit 1940 wurden an zahlreichen Institutionen auf der ganzen Welt Synchrotrons gebaut und die Vorteile für den Spektroskopiker sind so enorm, dass ein erheblicher Wettbewerb um die „Strahlzeit" festzustellen ist.

Ein Elektronen-Synchrotron besteht aus einer großen Vakuumkammer in Form eines Rings, in den einzelne Gruppen von Elektronen hoher Geschwindigkeit eingebracht werden, nachdem sie durch elektrische Felder beschleunigt wurden. Um den Ring sind Magnete angeordnet, deren Felder die Elektronen auf der Kreisbahn halten. Nahe der Lichtgeschwindigkeit senden die Elektronen infolge Beschleunigung eine Strahlung aus, so dass tangential zu ihrer Bahn ein feiner Strahl emittiert wird.

Diese sogenannte Synchrotronstrahlung kann über einen weiten Bereich durchgestimmt werden, indem man das beschleunigende Magnetfeld ändert. Ein Anzahl von Ablenkmagneten (die beiden wichtigsten Formen heißen „wigglers" und „undulators") kann an einem bestimmten Synchrotron so eingesetzt werden, dass Strahlung in einem ganz bestimmten Frequenzband über einen Strahlweg auf das außerhalb des Rings aufgestellte Spektrometer trifft. Die Durchstimmbarkeit und die Leistung dieser Strahlungsquellen ermöglichen die Durchführung von Experimenten, die mit anderen Methoden unvergleichlich schwieriger wären. Neuere experimentelle Verfahren, wie z.B. EXAFS, in Kapitel 8 beschrieben, wurden unter Verwendung eines Synchrotrons als Strahlungsquelle entwickelt.

Literatur

George, W. O. und H. O. Willis: *Computer Methods in Ultraviolet, Visible and Infra-red Spectroscopy*, Royal Society of Chemistry, 1990.

Übungsaufgaben

(Wichtige Konstanten: $N = 6{,}023 \cdot 10^{23}\ \mathrm{mol}^{-1}$; $k = 1{,}381 \cdot 10^{-23}\ \mathrm{JK}^{-1}$; $h = 6{,}626 \cdot 10^{-34}\ \mathrm{Js}$; $c = 2{,}998 \cdot 10^{8}\ \mathrm{ms}^{-1}$.)

1.1 Rechne die aufgeführten spektroskopischen Daten in der angegebenen Weise um:

$2000\ \mathrm{cm}^{-1}$	in μm
0,15 nm	in Hz
500 nm	in cm^{-1}
9 GHz	in cm^{-1}

Geben Sie an, in welchem Bereich des elektromagnetische Spektrums sie diese Werte vermuten und welcher Art von Übergang sie entsprechen.

1.2 An einem bestimmten Übergang wird Strahlung mit einer Wellenlänge von 10 μm beobachtet. Drücken Sie sie im Frequenzmaß (Hz) und in Wellenzahlen (cm^{-1}) aus und berechnen Sie die Energie des Übergangs in Joule pro Molekül und in Joule pro Mol. Wie groß wäre die Wellenlänge der Strahlung, wenn die Energie des Übergangs doppelt so hoch wäre?

1.3 Welche der folgenden Moleküle haben (a) ein Mikrowellen-(Rotations-)spektrum, (b) ein Infrarot-(Schwingungs-)spektrum: Br_2, HBr, CS_2?

1.4 Wie wirkt sich Ihrer Meinung nach ein Öffnen der Spalte an einem Spektrometer auf dessen Auflösung und seine Empfindlichkeit aus?

1.5 Formulieren Sie das Lambert-Beersche Gesetz. Die Transmission einer wässrigen Lösung von $KMnO_4$ beträgt bei einer bestimmten Wellenlänge 1 Prozent (oder 0,01) für eine 10^{-3} molare Lösung in einer Küvette von 1 cm Länge. Wie groß ist (a) die Absorbanz/Extinktion und (b) der molare Absorptionskoeffizient von $KMnO_4$?

1.6 Von einem bestimmten Molekül sind Übergänge zwischen dem Grundzustand und zwei angeregten Zuständen (a) und (b) bekannt, deren Lebensdauern ca. 10 s (für a) und 0,1 s (für b) betragen. Berechnen Sie in etwa die Unschärfe der angeregten Energieniveaus sowie die Breite der entsprechenden Spektral-„Linien“ in Hz.

1.7 Die Energie eines bestimmten Übergangs entspricht einem Betrag von $4{,}005 \cdot 10^{-22}\ \mathrm{J\,Molekül}^{-1}$. Wie groß ist ungefähr die Besetzungsdichte des angeregten Zustands im thermischen Gleichgewicht bei den folgenden Temperaturen, wenn sich im Grundzustand 1000 Moleküle befinden: (a) 29 K, (b) 290 K und (c) 2900 K? Wie wäre die Lösung, wenn die Energie des Übergangs 10mal so hoch wäre?

1.8 Zeichnen Sie die Funktion auf, die Sie aus einer Fourier-Transformation einer Sinusschwingung erwarten.

2 Mikrowellenspektroskopie

2.1 Die Rotation von Molekülen

Wir haben im letzten Abschnitt gesehen, dass sich die Spektroskopie im Mikrowellenbereich mit der Untersuchung rotierender Moleküle befasst. Die Rotation eines dreidimensionalen Körpers kann eine sehr komplizierte Bewegung sein und es ist praktisch, diese als drei getrennte Rotationen um drei senkrecht aufeinander stehende Achsen durch den Schwerpunkt zu betrachten, nämlich um die drei Hauptträgheitsachsen (der freien Rotation). Somit hat ein Körper drei Hauptträgheitsmomente, eines um jede Achse, die üblicherweise mit I_A, I_B und I_C bezeichnet werden ($I_A < I_B < I_C$).

Man kann Moleküle nach der relativen Größe ihrer Hauptträgheitsmomente in Gruppen einteilen – was, wie sich herausstellen wird, gleichbedeutend ist mit einer Klassifizierung nach ihrer äußeren Form. Wir wollen diese Klassifizierung gleich jetzt beschreiben, bevor wir uns im Einzelnen den Spektren zuwenden, die man für jede dieser Gruppen erhält.

1. *Lineare Moleküle.* Diese sind, wie schon der Name verrät, Moleküle, bei denen alle Atome auf einer Geraden liegen, wie z.B. das hier gezeigte Chlorwasserstoffmolekül HCl oder das Kohlenoxidsulfid OCS:

   H—Cl
   O—C—S

   Die drei Rotationsbewegungen kann man sich in folgender Weise vorstellen: (a) als Drehung um die Bindungsachse, (b) eine Bewegung in der Papierebene, bei der sich das Molekül überschlägt und (c) dieselbe Bewegung in einer Ebene, die senkrecht zur Zeichenenbene steht. Das Trägheitsmoment ist natürlich im Fall (b) und (c) gleich (d.h., $I_B = I_C$), im Fall (a) aber sehr klein. Als Näherung kann man $I_A = 0$ setzen, obwohl man festhalten sollte, dass dies eben *wirklich* nur eine Näherung ist (vergl. Abschnitt 2.3.1).

   Somit gilt für lineare Moleküle:

   $$I_B = I_C \qquad I_A = 0 \tag{2.1}$$

2. *Symmetrische Kreisel.* Wir betrachten ein Molekül wie z.B. Fluormethan, bei dem

die drei Wasserstoffatome in der gezeigten Weise nach der Art eines Tetraeders an den Kohlenstoff gebunden sind:

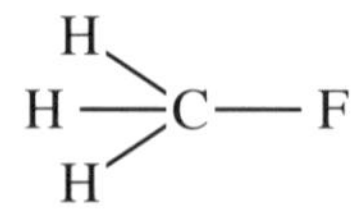

So wie im Fall eines linearen Moleküls sind die beiden Rotationen bei den Überschlagsbewegungen in der Zeichen- und in der dazu senkrechten Ebene ebenfalls identisch und damit ist $I_B = I_C$. Das Trägheitsmoment um die C—F Bindungsachse (die als Figurenachse auch eine Hauptträgheitsachse ist) kann jetzt nicht mehr vernachlässigt werden, da es auch von der Drehbewegung der drei relativ schweren Wasserstoffatome abhängt, die außerhalb der Achse liegen. Ein Molekül, das um diese Achse rotiert, kann man als Kreisel auffassen und daher der Name.

Somit gilt:

$$\text{Für symmetrische Kreisel:} \quad I_B = I_C \neq I_A \qquad I_A \neq 0 \tag{2.2}$$

In dieser Klasse gibt es zwei Untergruppen, die wir noch erwähnen können: Wenn, wie eben beim Fluormethan, $I_B = I_C > I_A$, dann wird das Molekül als „*prolate*" bezeichnet (*länglicher* symmetrischer Kreisel). Wenn dagegen $I_B = I_A < I_C$, dann heißt es „*oblate*" (*abgeplatteter* oder *flacher* Kreisel). Ein Beispiel für diesen Typ ist das Bortrichlorid, das, wie hier gezeigt, planar und symmetrisch ist. In diesem Fall gilt $I_C = 2I_B = 2I_A$.

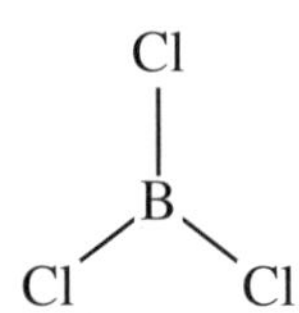

3. *Sphärische Kreisel.* Wenn bei einem Molekül alle drei Trägheitsmomente gleich sind, wird es als sphärischer Kreisel bezeichnet. Ein einfaches Beispiel ist das tetraederförmige Molekül Methan, CH_4. Dabei gilt:

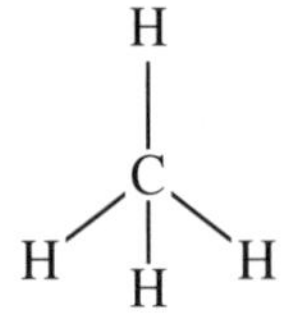

$$\text{Kugelkreisel:} \quad I_B = I_C = I_A \tag{2.3}$$

Eigentlich sind diese Moleküle im Rahmen dieses Abschnitts nur von akademischem Interesse. Da sie, bedingt durch ihre Symmetrie, kein Dipolmoment haben, ist auch kein Rotationsspektrum beobachtbar.

4. Asymmetrische Kreisel. Bei diesem Molekültyp, dem die meisten Substanzen angehören, sind alle drei Trägkeitsmomente voneinander verschieden:

$$I_A < I_B < I_C \tag{2.4}$$

Einfache Beispiele sind Wasser und Chlorethen $CH_2{=}CHCl$.

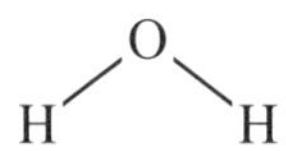

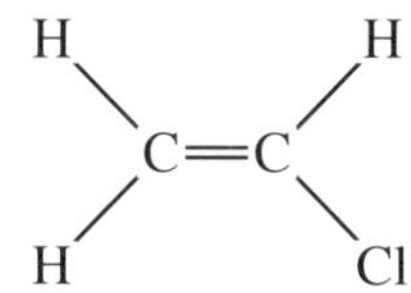

Wir sollten vielleicht noch darauf hinweisen, dass man die Einteilung der Moleküle in vier Klassen in Bezug auf die Rotationsbewegung auf viel strengerer Grundlage vornehmen kann (und dies auch oft tut), als wir es eben getan haben (siehe z.B. Herzberg, *Molecular Spectra and Molecular Structure*, Bd. II). Für die Ziele und den Zweck dieses Lehrbuchs ist die eben gegebene Beschreibung jedenfalls ausreichend.

2.2 Rotationsspektren

Wie wir gesehen haben, ist die Rotationsenergie, genauso wie fast alle anderen Formen molekularer Energie, quantisiert: Das bedeutet, ein Molekül kann nicht einen beliebigen Betrag an Rotationsenergie besitzen (d.h., auch nicht einen beliebigen Drehimpuls), sondern seine Energie beschränkt sich auf genau festgelegte Beträge, die von der Form und der Größe des betreffenden Moleküls abhängen. Die zulässigen Werte für die Energie – die sogenannten Rotationsenergie*niveaus* – können im Prinzip für jedes Molekül durch Lösen der entsprechenden Schrödingergleichung berechnet werden. Im Fall einfacher Moleküle ist die dafür notwendige Mathematik eher Routine als abschreckend, während bei komplizierteren Systemen eine Lösung ohne grobe Näherungen vermutlich nicht möglich ist. Wir werden uns damit nicht allzusehr befassen, sondern uns damit zufriedengeben, dass wir die Ergebnisse vorhandener Lösungsverfahren übernehmen und uns klarmachen, auf welche Resultate vernünftige Näherungen führen.

Wir werden uns der Reihe nach jede dieser Klassen rotierender Moleküle vornehmen und uns am intensivsten mit den linearen Moleküle befassen, da vieles davon unmittelbar auf symmetrische und asymmetrische Moleküle übertragbar ist.

2.3 Zweiatomige Moleküle

2.3.1 Das starre zweiatomige Molekül

Wir beginnen mit diesem einfachsten unter den linearen Molekülen, wie eines in Bild 2.1 schematisch dargestellt ist. Die Massen m_1 und m_2 sind durch einen starren Stab (der Bindung) miteinander verbunden dessen Länge gleich ist

$$r_0 = r_1 + r_2 \tag{2.5}$$

Das Molekül dreht sich, wobei es sich ständig überschlägt, um den Schwerpunkt[1] C: Dieser ist durch die Drehmomentengleichung oder Gleichgewichtsbedingung definiert:

$$m_1 r_1 = m_2 r_2 \tag{2.6}$$

Das Trägheitsmoment bezogen auf C ist folgendermaßen definiert:

$$\begin{aligned} I &= m_1 r_1^2 + m_2 r_2^2 \\ &= m_2 r_2 r_1 + m_1 r_1 r_2 \qquad \text{(aus Gl. (2.6))} \\ &= r_1 r_2 (m_1 + m_2) \end{aligned} \tag{2.7}$$

Nach Gl. (2.5) und (2.6) gilt:

$$m_1 r_1 = m_2 r_2 = m_2 (r_0 - r_1)$$

und deshalb

$$r_1 = \frac{m_2 r_0}{m_1 + m_2} \quad \text{und} \quad r_2 = \frac{m_1 r_0}{m_1 + m_2} \tag{2.8}$$

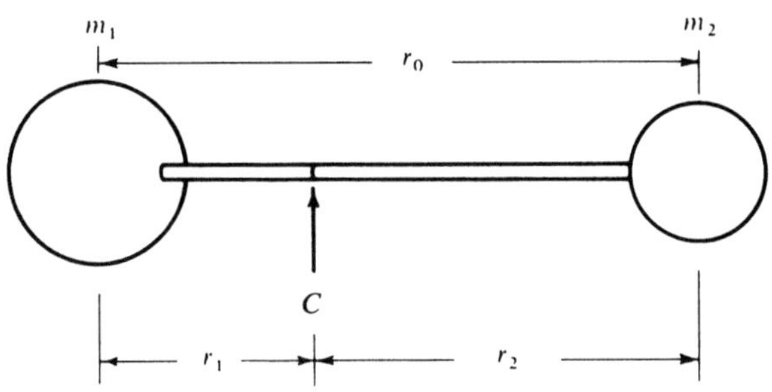

Bild 2.1: Ein starres zweiatomiges Molekül in der Form eines starren Stabmodells mit der Länge $r_0 = r_1 + r_2$ und den beiden Massen m_1 und m_2.

[1] Man kann sich zwei voneinander unabhängige Drehachsen vorstellen, die senkrecht zur Kernverbindungsachse liegen und durch den Schwerpunkt gehen.

Einsetzen von (2.8) in (2.7) ergibt:

$$I = \frac{m_1 m_2}{m_1 + m_2} r_0^2 = \mu r_0^2 \tag{2.9}$$

wobei wir $\mu = m_1 m_2/(m_1 + m_2)$ gesetzt haben, mit μ als der *reduzierten Masse* des Systems. Gleichung (2.9) definiert das Trägheitsmoment in handlicher Form über die Atommassen und die Bindungslänge.

Mit Hilfe der Schrödingergleichung kann man zeigen, dass die zulässigen Energieniveaus bei einem starren zweiatomigen Molekül durch folgenden Ausdruck gegeben sind:

$$E_J = \frac{h^2}{8\pi^2 I} J(J+1) \quad \text{Joule} \qquad \text{mit} \quad J = 0, 1, 2, \ldots \tag{2.10}$$

In dieser Gleichung ist h die Plancksche Konstante und I das Trägheitsmoment, entweder I_A oder I_B, da ja beide gleich groß sind. Die Größe J, die ganzzahlige Werte (gleich oder größer null) annehmen kann, wird als die *Rotationsquantenzahl* bezeichnet: Ihre Beschränkung auf ganzzahlige Werte ergibt sich unmittelbar aus der Lösung der Schrödingergleichung und ist keineswegs willkürlich, und an dieser Einschränkung liegt es letzten Endes, dass für das Molekül überhaupt nur bestimmte diskrete Rotationsenergieniveaus existieren.

Gleichung (2.10) drückte die Energie noch in Joule aus; wir sind aber an den Energiedifferenzen interessiert oder, etwas genauer formuliert, an der entsprechenden Frequenz $\nu = \Delta E/h$ Hz oder an der Wellenzahl $\bar{\nu} = \Delta E/hc$ cm^{-1} der Strahlung, die als Folge eines Übergangs zwischen den Energieniveaus emittiert oder absorbiert wird. Bei Rotationsspektren spricht man im Allgemeinen von Wellenzahlen und so ist es von Vorteil, auch die Energien in diesen Einheiten auszudrücken. Wir schreiben deshalb:

$$\varepsilon_J = \frac{E_J}{hc} = \frac{h}{8\pi^2 Ic} J(J+1) \quad \text{cm}^{-1} \qquad (J = 0, 1, 2, \ldots) \tag{2.11}$$

wobei hier c, die Lichtgeschwindigkeit, in cm s^{-1} ausgedrückt wurde, da die Einheit der Wellenzahl reziproke *Zentimeter* sind.

Anstelle Gleichung (2.11) schreibt man gewöhnlich kürzer:

$$\varepsilon_J = BJ(J+1) \quad \text{cm}^{-1} \qquad (J = 0, 1, 2, \ldots) \tag{2.12}$$

worin B, die *Rotationskonstante*, definiert ist als

$$B = \frac{h}{8\pi^2 I_B c} \quad \text{cm}^{-1} \tag{2.13}$$

und wir in dieser Gleichung mit Absicht das Trägheitsmoment I_B, verwendet haben. Wir hätten ebensogut I_C und eine Rotationskonstante C verwenden können, aber die Schreibweise wie in Gl. (2.13) ist die übliche.

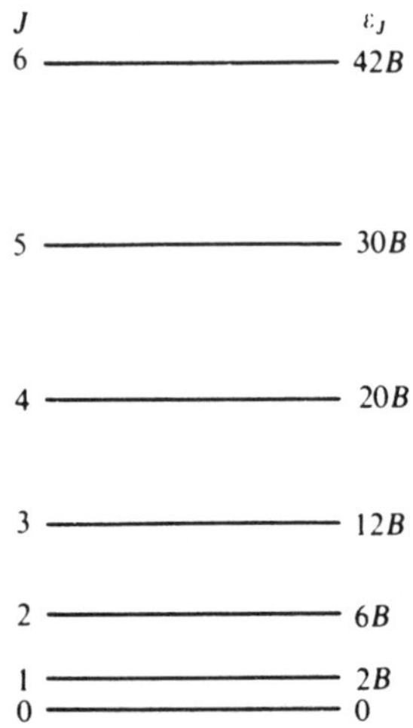

Bild 2.2: Die zulässigen (erlaubten) Rotationsenergieniveaus eines starren zweiatomigen Moleküls. Wenn B in cm^{-1} definiert ist, dann muss es noch mit hc multipliziert werden, um eine Energie zu ergeben.

Aus Gl. (2.12) erhalten wir die zulässigen Energieniveaus, wie sie in Bild 2.2 skizziert sind. Für $J = 0$ erhalten wir einfach $\varepsilon_J = 0$ und wir pflegen zu sagen, das Molekül rotiert überhaupt nicht. Bei $J = 1$ beträgt die Rotationsenergie $\varepsilon_1 = 2B$ und in diesem Zustand hat das Molekül den kleinstmöglichen Drehimpuls. Wir können so fortfahren, ε_J mit zunehmenden J auszurechnen und es gibt eigentlich keine prinzipielle Grenze für die Rotationsenergie eines Moleküls. In der Realität kommen wir natürlich an einen Punkt, an dem die Zentrifugalkraft eines schnell rotierenden Moleküls die Bindungsstärke übersteigt und das Moleküls zerreißt, aber so weit kommt es bei den üblichen Temperaturen nicht.

Wir müssen uns jetzt den Energieniveau*differenzen* zuwenden, um uns das Aussehen des Spektrums klarzumachen. Denken wir uns das Molekül im Zustand $J = 0$ (dem *Rotationsgrundzustand*, in dem keine Rotation stattfindet), dann können wir es durch Absorption einfallender Strahlung in den Zustand $J = 1$ anheben. Die absorbierte Energie ist einfach:

$$\varepsilon_{J=1} - \varepsilon_{J=0} = 2B - 0 = 2B \quad \text{cm}^{-1}$$

und deshalb gilt

$$\bar{\nu}_{J=0\to J=1} = 2B \quad \text{cm}^{-1} \tag{2.14}$$

Mit anderen Worten, bei $2B\ \text{cm}^{-1}$ werden wir eine Absorptionslinie sehen. Wird jetzt das Molekül durch Absorption weiterer Energie von $J = 1$ nach $J = 2$ angehoben, dann ergibt sich sofort:

$$\begin{aligned}\bar{\nu}_{J=1\to J=2} &= \varepsilon_{J=2} - \varepsilon_{J=1} \\ &= 6B - 2B = 4B \quad \text{cm}^{-1}\end{aligned} \tag{2.15}$$

Um ein Molekül aus dem Zustand J in den Zustand $J+1$ anzuheben, gilt allgemein:

$$\begin{aligned}\bar{\nu}_{J\to J+1} &= B(J+1)(J+2) - BJ(J+1) \\ &= B[J^2 + 3J + 2 - (J^2 + J)]\end{aligned}$$

oder auch

$$\bar{\nu}_{J\to J+1} = 2B(J+1) \quad \text{cm}^{-1} \tag{2.16}$$

Somit führt ein stufenweises Anheben der Rotationsenergie zu einem Absorptionsspektrum, bestehend aus Linien bei $2B$, $4B$, $6B, \ldots$ cm^{-1}, während aus einer entsprechenden Verringerung der Energie das gleiche Spektrum in Emission resultiert. Das ist in Bild 2.3 unten gezeigt.

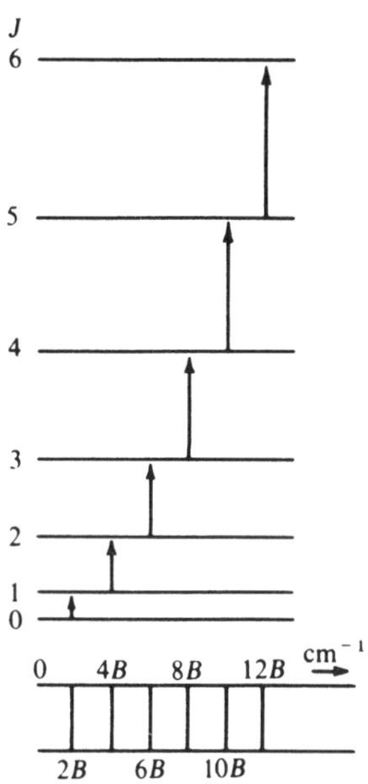

Bild 2.3: Erlaubte Übergänge zwischen den Energieniveaus eines starren zweiatomigen Moleküls sowie das sich daraus ergebende Spektrum.

Bei dieser Linienfolge haben wir stillschweigend angenommen, dass ein Übergang von einem bestimmten Energieniveau aus nur zu seinem unmittelbaren Nachbarniveau stattfinden kann, entweder zum höheren oder zum tieferen: Wir haben z.B. nicht die Übergangsfolge $J = 0 \to J = 2 \to J = 4 \cdots$ in die Überlegung mit einbezogen. Aus der Schrödingergleichung erhält man auf eine etwas raffinierte Weise tatsächlich das

Ergebnis, dass man an diesem Molekül nur Übergänge zu berücksichtigen braucht, bei denen J sich nur um eins ändert, alle anderen Übergänge sind spektroskopisch *verboten*. Ein Ergebnis dieser Art heißt eine *Auswahlregel*, die wir für den starren zweiatomigen Rotator so formulieren können:

$$\text{Auswahlregel:} \quad \Delta J = \pm 1 \tag{2.17}$$

Aus diesem Grund erhält man mit Hilfe von Gl. (2.16) das *gesamte* Spektrum, das man bei dieser Art von Molekül erwarten kann.

Selbstverständlich ist dieses Spektrum nur beobachtbar, wenn das Molekül asymmetrisch (heteronuklear) ist, da sich im homonuklearen Fall keine Dipolmomentkomponente im Verlauf einer Drehung ändert und aus diesem Grund auch keine Wechselwirkung mit der Strahlung stattfindet. Deshalb haben Moleküle wie HCl oder CO ein Rotationsspektrum, N_2 oder O_2 hingegen nicht. Erinnern wir uns auch daran, dass in Abschnitt 2.1 die Rotation um die Bindungsachse ausgeschlossen wurde: Jetzt wird auch klar, dass es dafür zwei Gründe gibt. Erstens ist das Trägheitsmoment um die Bindungsachse sehr klein und deshalb erhalten wir mit Hilfe der Gln. (2.10) oder (2.11) das Ergebnis, dass die Energieniveaus ungewöhnlich großen Abstand voneinander hätten: das wiederum hat zur Folge, dass bei einem Molekül eine ungewöhnlich hohe Energie notwendig wäre, um es vom Zustand $J = 0$ nach $J = 1$ anzuheben und so kommt diese Art von Übergängen unter gewöhnlichen spektroskopischen Bedingungen nicht vor. Somit sind zweiatomige (und alle linearen) Moleküle in Bezug auf die Rotation um die Bindungsachse im Zustand $J = 0$ und können als ruhend betrachtet werden. Zum Zweiten, selbst wenn so ein Übergang stattfände, gäbe es keine Änderung einer Dipolmomentkomponente und daher auch kein Spektrum.

Zum Abschluss dieses Abschnitts wollen wir mit Hilfe von Gl. (2.16) aus einem beobachteten Spektrum das Trägheitsmoment und daraus wiederum die Bindungslänge bestimmen. Gilliam et al.[1] haben die erste Linie ($J = 0$) des Rotationsspektrums von Kohlenmonoxid zu 3,842 35 cm^{-1} gemessen. Damit erhalten wir aus Gl. (2.16):

$$\bar{\nu}_{0\to 1} = 3{,}842\,35 \;\; \text{cm}^{-1} = 2B$$

oder

$$B = 1{,}921\,18 \;\; \text{cm}^{-1}$$

Schreiben wir Gl. (2.13) um in: $I = h/8\pi^2 Bc$, so erhalten wir:

$$\begin{aligned} I_{\text{CO}} &= \frac{6{,}626 \cdot 10^{-34}}{8\pi^2 \cdot 2{,}997\,93 \cdot 10^{10} \cdot B} = \frac{27{,}9907 \cdot 10^{-47}}{B} \;\; \text{kg}\,\text{m}^2 \\ &= 14{,}5695_4 \cdot 10^{-47} \;\; \text{kg}\,\text{m}^2 \end{aligned}$$

[1] Gilliam, Johnson und Gordy, *Physical Review*, **78**, 140 (1950).

wobei wir die Lichtgeschwindigkeit in $\mathrm{cm\,s^{-1}}$ ausdrücken, da B in Einheiten von $\mathrm{cm^{-1}}$ angegeben ist. Das Trägheitsmoment ist μr^2 (vgl. Gl. (2.9)); mit den relativen Atommassen (H $= 1{,}0080$) für C $= 12{,}0000$, O $= 15{,}9994$ und der Masse des Wasserstoffatoms von $1{,}673\,43 \cdot 10^{-27}$ kg können wir die Massen des Kohlenstoff- bzw. des Sauerstoffatoms ausrechnen und erhalten 19,921 68 und $26{,}561\,36 \cdot 10^{-27}$ kg. Daraus erhalten wir die reduzierte Masse:

$$\mu = \frac{19{,}921\,68 \cdot 26{,}561\,36 \cdot 10^{-54}}{46{,}483\,03 \cdot 10^{-27}} = 11{,}383\,65 \cdot 10^{-27}\ \mathrm{kg}$$

Also ist:

$$r^2 = \frac{I}{\mu} = 1{,}2799 \cdot 10^{-20}\ \mathrm{m^2}$$

und damit

$$r_{\mathrm{CO}} = 0{,}1131\ \ \mathrm{nm} \qquad (\text{oder } 1{,}131\ \text{Å})$$

2.3.2 Die Intensitäten von Spektrallinien

Wir wollen uns jetzt kurz den relativen Intensitäten der Spektrallinien von Gl. (2.16) zuwenden; eine wesentliche Voraussetzung dafür ist die Kenntnis der relativen Übergangswahrscheinlichkeiten zwischen den verschiedenen Energieniveaus. Besteht, z.B., bei einem Molekül eine größere oder kleinere Wahrscheinlichkeit für einen Übergang $J = 0 \rightarrow J = 1$ als für $J = 1 \rightarrow J = 2$? Wir haben bereits die Rechnungen erwähnt, die zeigen, dass Übergänge mit $\Delta J = \pm 2, \pm 3$ usw. verboten sind – anders ausgedrückt, die Übergangswahrscheinlichkeit dafür ist null. Genau dieselbe Art von Rechnung zeigt, dass die Wahrscheinlichkeit für Übergänge mit $\Delta J = \pm 1$ fast immer gleich ist – mit guter Näherung sind alle gleich wahrscheinlich.

Das heißt aber keineswegs, dass alle Spektrallinien gleich stark sind. Obwohl nämlich die dem einzelnen Molekül z.B. im Zustand $J = 0$ eigene Wahrscheinlichkeit, nach $J = 1$ überzugehen, dieselbe ist wie die für ein einzelne Molekül, sich von $J = 1$ nach $J = 2$ zu begeben, so sind doch unter vielen Molekülen einer gewöhnlichen gasförmigen Probe unterschiedlich viele Moleküle in den Ausgangsniveaus und aus diesem Grund geht auch eine unterschiedliche Zahl von Molekülen zwischen den einzelnen Niveaus über. Gerade weil die Einzelwahrscheinlichkeiten dieselben sind, ist die Stärke einer Linie proportional zur Anfangsbesetzungsdichte eines jeden Niveaus.

Der wesentliche Faktor, der die Besetzungsdichte der einzelnen Niveaus bestimmt, ist die Boltzmann-Verteilung (vgl. Abschnitt 1.7.2). In unserem Fall wissen wir, dass die Rotationsenergie im tiefsten Niveau null ist, da $J = 0$; sind nun N_0 Moleküle in diesem Zustand, dann ist die Anzahl in einem anderen, höheren Zustand gegeben durch:

$$N_J/N_0 = \exp(-E_J/kT) = \exp[-BhcJ(J+1)/kT] \tag{2.18}$$

wobei wir berücksichtigen müssen, dass c die Lichtgeschwindigkeit in $\mathrm{cm\,s^{-1}}$ ist, wenn B in $\mathrm{cm^{-1}}$ angegeben wird. Eine einfache Rechnung zeigt, wie sich N_J mit J ändert; nimmt man z.B. für B einen durchschnittlichen Wert von $2\ \mathrm{cm^{-1}}$ an sowie Raumtemperatur (z.B. $T = 300$ K), dann ist die relative Besetzungsdichte im Zustand $J = 1$:

$$\begin{aligned}\frac{N_1}{N_0} &= \exp\left(-\frac{2 \cdot 6{,}63 \cdot 10^{-34} \cdot 3 \cdot 10^{10} \cdot 1 \cdot 2}{1{,}38 \cdot 10^{-23} \cdot 300}\right) \\ &= \exp(-0{,}019) \approx 0{,}98\end{aligned}$$

und wir erkennen, dass es im Gleichgewicht fast genauso viele Moleküle im Zustand $J = 1$ sind wie in $J = 0$. In ganz ähnlicher Weise wurden die beiden Kurven in Bild 2.4 berechnet, die zeigen, wie N_J/N_0 mit steigendem J stärker abfällt, wenn das B größer wird.

Noch ein weiterer Faktor muss berücksichtigt werden – nämlich eine mögliche *Entartung* der Energiezustände. Entartung besteht dann, wenn es zwei oder mehr

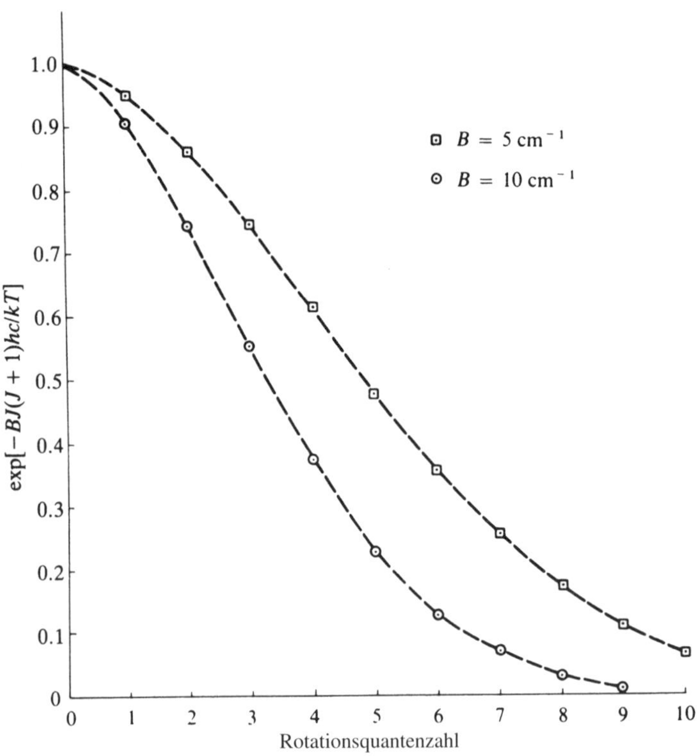

Bild 2.4: Boltzmann-Besetzungsdichten der Rotationsenergieniveaus für Bild 2.2. Das Diagramm wurde nach Gl. (2.18) für $B = 5$ bzw. $10\ \mathrm{cm^{-1}}$ und $T = 300$ K erstellt.

Energiezustände gibt mit genau derselben Energie. Im Fall des zweiatomigen Rotators können wir diese Frage über den Drehimpuls lösen.

Die Grundgleichungen für die Energie und den Drehimpuls im Fall eines Rotators lauten:

$$E = \frac{1}{2}I\omega^2 \qquad \mathbf{P} = I\omega$$

wobei I das Trägheitsmoment, ω die Rotationsfrequenz (in rad pro Sekunde) und $\mathbf{P}$ der Drehimpuls sind. Aus einer Kombination dieser Gleichungen erhält man:

$$\mathbf{P} = \sqrt{2EI}$$

Der Ausdruck für die Energieniveaus (Gl. 2.10) kann in anderer Form geschrieben werden:

$$2EI = J(J+1)\frac{h^2}{4\pi^2}$$

und deshalb gilt

$$\mathbf{P} = \sqrt{J(J+1)}\,\frac{h}{2\pi} = \sqrt{J(J+1)} \quad \text{Einheiten} \tag{2.19}$$

wobei wir nach einer Konvention als Einheit des Drehimpulses $h/2\pi$ nehmen. Daraus sehen wir, dass $\mathbf{P}$ genauso wie E quantisiert ist.

Im Verlauf dieser ganzen Ableitung wurde $\mathbf{P}$ fett gedruckt um damit anzudeuten, dass es sich um einen *Vektor* handelt – d.h., er besitzt eine *Richtung* und einen *Betrag*. Die Richtung des Drehimpulsvektors ist üblicherweise dieselbe wie die der Rotationsachse und er wird als Pfeil gezeichnet, dessen Länge dem Betrag des Drehimpulses entspricht.[1] Die Anzahl der unterschiedlichen Richtungen, in die der Drehimpulsvektor zeigen kann ist durch das folgende quantenmechanische Gesetz festgelegt:

> Für ganze Rotationsquantenzahlen (in diesem Fall J) kann der Drehimpulsvektor nur in Richtungen zeigen, für die seine Projektion auf eine vorgegebene Richtung null ist oder ein ganzzahliges Vielfaches von Drehimpulseinheiten ausmacht.

Was das bedeutet, kann man sich leicht an einem Diagramm klarmachen. In Bild 2.5 ist der Fall $J = 1$ gezeigt. In diesem Fall hat $\mathbf{P}$ eine Größe von $\mathbf{P} = \sqrt{1 \times 2}$ Einheiten $= \sqrt{2}$; wie Bild 2.5 zeigt, kann ein Vektor der Länge $\sqrt{2}$ $(= 1{,}41)$ nur *drei* ganzzahlige bzw. Nullkomponenten als Projektionen auf eine bestimmte Raumrichtung haben (in diesem Fall eine Gerade im Bild von unten nach oben.): $-1, 0$ und $+1$. Deshalb kann

[1] Der Betrag des Vektors müsste eigentlich noch mit einem Einheitsvektor multipliziert werden. Dieser muss dazugedacht werden; wir sind hier jedoch nur an der Länge des Pfeils interessiert.

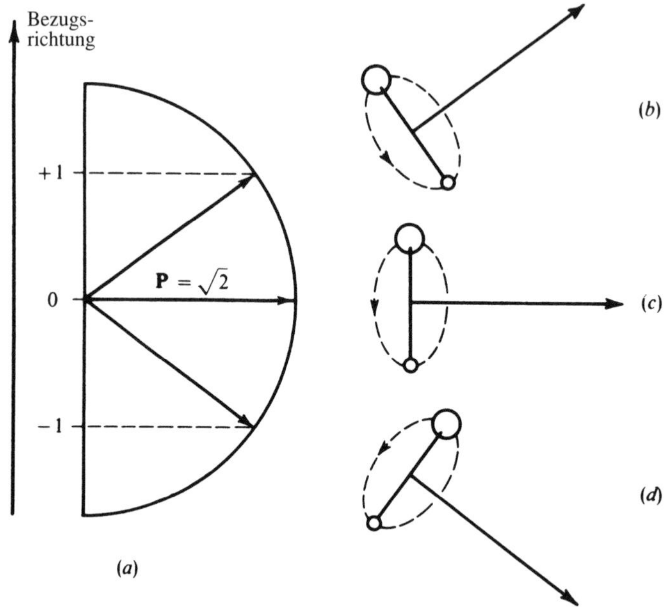

Bild 2.5: Die drei entarteten Raumrichtungen des Rotations-Drehimpulsvektors bei einem Molekül mit $J = 1$.

in diesem Fall der Drehimpulsvektor nur in drei unterschiedliche Richtungen relativ zur einer Bezugsrichtung zeigen (Bild 2.5(b) bis (d)). Alle drei Richtungen der Rotationsachse entsprechen natürlich demselben Drehimpuls und daher auch derselben Rotationsenergie: Man sagt, das Energieniveau $J = 1$ ist dreifach entartet.

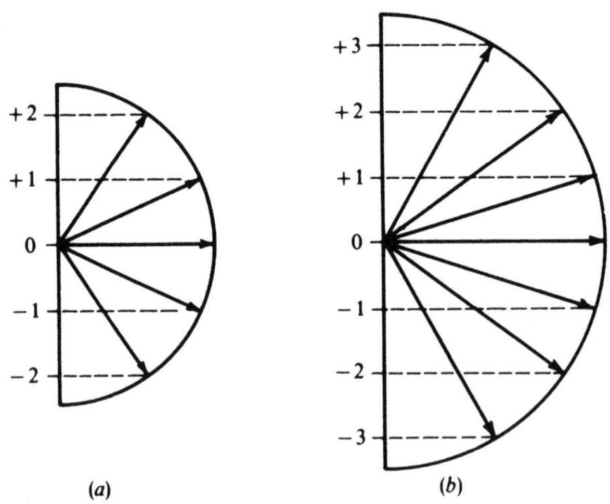

Bild 2.6: Die fünf bzw. sieben entarteten Raumrichtungen der Rotationsachse bei einem Molekül mit $J = 2$ bzw. $J = 3$.

Bild 2.6(a) und (b) geben die Situation bei $J = 2$ ($\mathbf{P} = \sqrt{6}$) und $J = 3$ ($\mathbf{P} = 2\sqrt{3}$) mit fünf- bzw. siebenfacher Entartung wieder. Im allgemeinen ist, wie leicht erkennbar, *jedes Energieniveau* $(2J+1)$*fach entartet*.

Daraus ersehen wir, dass zwar die Besetzungsdichte in jedem der Niveaus exponentiell abnimmt (Gl. (2.18)), die Zahl der entarteten Niveaus aber sehr schnell mit J anwächst. Die gesamte Besetzungsdichte bei einer bestimmten Energie E_J ist dann einfach:

$$\text{Besetzungsdichte} \propto (2J+1)\exp(-E_J/kT) \tag{2.20}$$

Trägt man diese Funktion gegen J auf, dann liegen die Punkte auf einer Kurve, wie sie in Bild 2.7 dargestellt ist; sie zeigt, dass die Besetzungsdichte erst bis zu einem Maximum ansteigt und dann abfällt. Differenzieren der Gl. (2.20) führt auf das Ergebnis, dass das Maximum bei dem (ganzzahligen) J-Wert liegt, der dem folgenden

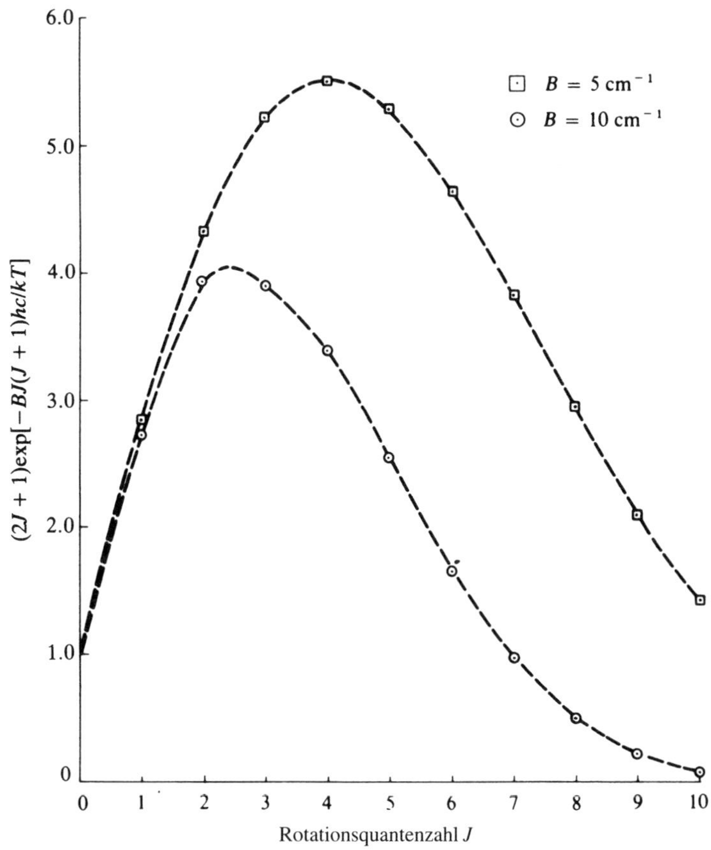

Bild 2.7: Relative Besetzungsdichte der Rotationsenergieniveaus eines zweiatomigen Moleküls unter Berücksichtigung der Entartung. Der Darstellung wurden dieselben Parameter zugrundegelegt wie in Bild 2.4.

Zahlenwert am nächsten ist:

$$\text{Maximale Besetzungsdichte:} \quad J = \sqrt{\frac{kT}{2hcB}} - \frac{1}{2} \tag{2.21}$$

Wir haben nun gesehen, dass die Linienintensitäten proportional zur Besetzungsdichte der Rotationsniveaus sind; verständlicherweise sind dann die Übergänge zwischen Niveaus mit sehr niedrigem oder sehr hohem J am schwächsten, während die Linienintensität an oder zumindest in der Nähe des durch Gl. (2.21) gegebenen J-Werts ein Maximum erreicht.

2.3.3 Die Isotopensubstitution

Wenn in einem Molekül eines der Atome durch ein Isotop ersetzt wird – das ist ein Element, das in jeder Hinsicht dieselben Eigenschaften hat außer in der Atommasse – dann ist die entsprechende Substanz chemisch mit der ursprünglichen identisch. Vor allem hat eine Isotopensubstitution keine nennenswerte Änderung der Bindungslänge zur Folge. Auf jeden Fall ändert sich aber die Masse des Moleküls und damit auch das Trägheitsmoment und das B.

Nehmen wir wieder Kohlenmonoxid als Beispiel, dann sehen wir, dass beim $^{13}C^{16}O$ die Masse im Vergleich zum $^{12}C^{16}O$ zugenommen hat und deshalb das B kleiner geworden ist.

Versehen wir nun das ^{13}C-Molekül mit einem Strich, dann erhalten wir $B > B'$. Diese Änderung wirkt sich auch auf die molekularen Rotationsenergieniveaus aus und Bild 2.8 zeigt, allerdings stark übertrieben, die für ^{13}C im Vergleich zu ^{12}C abgesenkten Niveaus. Wie in Bild 2.8, unten, gezeigt ist, haben die Linien des schwereren Isotopomers einfach einen kleineren Abstand voneinander ($2B'$) als die des leichteren ($2B$). Auch hier wurde der Effekt aus Gründen der Anschaulichkeit stark übertrieben. Die Übergänge des schwereren Moleküls sind gestrichelt.

Aus den Beobachtungen dieses verringerten Linienabstands konnten genaue Atommassen berechnet werden. Gilliam et al. bestimmten, wie schon erwähnt, den ersten Rotationsübergang von $^{12}C^{16}O$ zu 3,842 35 cm^{-1}, während sie für $^{13}C^{16}O$ 3,673 37 cm^{-1} fanden. Die aus diesen Zahlen folgenden B-Werte lauten:

$$B = 1{,}92118\ \text{cm}^{-1} \quad \text{und} \quad B' = 1{,}83669\ \text{cm}^{-1}$$

wobei der Strich das schwerere Molekül bezeichnet. Wir erhalten daraus unmittelbar:

$$\frac{B}{B'} = \frac{h}{8\pi^2 Ic} \cdot \frac{8\pi^2 I'c}{h} = \frac{I'}{I} = \frac{\mu'}{\mu} = 1{,}046$$

wobei μ die reduzierte Masse bedeutet und angenommen wird, dass der Kernabstand

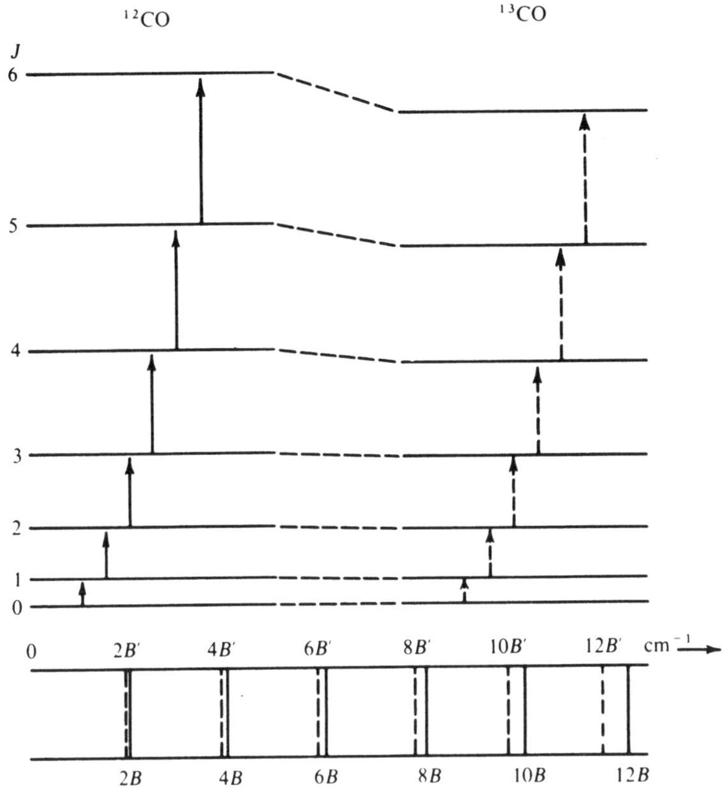

Bild 2.8: Einfluss einer Isotopensubstitution auf die Energieniveaus und das Rotationsspektrum eines zweiatomigen Moleküls am Beispiel des Kohlenmonoxids.

sich dabei nicht ändert. Mit einer relativen Masse von 15,9994 für Sauerstoff und 12,00 für Kohlenstoff 12 erhalten wir

$$\frac{\mu'}{\mu} = 1{,}046 = \frac{15{,}9994m'}{15{,}9994 + m'} \cdot \frac{12 + 15{,}9994}{12 \cdot 15{,}9994}$$

woraus sich für m', die Atommasse von Kohlenstoff 13, ein Wert von 13,0007 ergibt. Dies weicht nur um 0,02 Prozent vom genauesten mit anderen Verfahren erhaltenen Wert ab.

Es sollte festgehalten werden, dass die oben genannten Werte von Gilliam et al. aus $^{13}C^{16}O$ Molekülen in natürlicher Konzentration erhalten wurden (d.h., aus etwa 1 Prozent des gewöhnlichen Kohlenmonoxids). Somit ermöglichen Mikrowellenbeobachtungen auch neben einer sehr genauen Bestimmung von Atommassen auch eine unmittelbare Abschätzung der Häufigkeit eines Isotops aus der relativen Absorptionsintensität.

2.3.4 Der nichtstarre Rotator

Gegen Ende von Abschnitt 2.3.1 wurde die Art und Weise angedeutet, wie Kernabstände aus Mikrowellenspektren berechnet werden können. Wir müssen allerdings zugeben, dass wir die Messdaten dabei sorgfältig ausgewählt haben – höhere Kohlenmonoxidlinien als die erste hätten nicht den gleichmäßigen $2B$-Abstand gehabt, der durch Gl. (2.16) vorausgesagt wird. Dies ist am Spektrum von Fluorwasserstoff in Tabelle 2.1 erkennbar; der Abstand zwischen je zwei aufeinanderfolgenden Linien (und damit auch der aktuelle B-Wert) nimmt mit zunehmendem J gleichmäßig ab.

Der Grund dafür wird klar, wenn wir den Kernabstand aus den B-Werten berechnen. Diese Berechnung erfolgt auf ganz ähnliche Weise wie in Abschnitt 2.3.1 und die Ergebnisse sind in der letzten Spalte der Tabelle 2.1 wiedergegeben. Die Bindungslänge nimmt deutlich mit dem J-Wert zu und daraus sehen wir, dass unsere Annahme eines *starren* Körpers nur eine Näherung war; natürlich sind in Wirklichkeit alle Bindungen bis zu einem gewissen Grad elastisch und die Zunahme ihrer Länge mit steigendem J gibt lediglich die Tatsache wieder, dass bei einem zweiatomigen Molekül mit zunehmender Rotationsgeschwindigkeit auch die Zentrifugalkräfte zunehmen, die versuchen, die Atome auseinanderziehen.

Tabelle 2.1: Rotationsspektrum von Fluorwasserstoff

J	$\bar{\nu}_{obs.}$ [a] (cm^{-1})	$\bar{\nu}_{calc.}$ [b] (cm^{-1})	$\Delta\bar{\nu}_{obs}$ (cm^{-1})	B ($= \frac{1}{2}\Delta\bar{\nu}$)	r nm
0	41,08	41,11			
			41,11	20,56	0,0929
1	82,19	82,18			
			40,96	20,48	0,0931
2	123,15	123,14			
			40,85	20,43	0,0932
3	164,00	163,94			
			40,62	20,31	0,0935
4	204,62	204,55			
			40,31	20,16	0,0938
5	244,93	244,89			
			40,08	20,04	0,0941
6	285,01	284,93			
			39,64	19,82	0,0946
7	324,65	324,61			
			39,28	19,64	0,0951
8	363,93	363,89			
			38,89	19,45	0,0955
9	402,82	402,70			
			38,31	19,16	0,0963
10	441,13	441,00			
			37,81	18,91	0,0969
11	478,94	478,74			

[a] Linien entsprechend $\bar{\nu}_J = 2B(J+1)$ cm^{-1} durchnumeriert. Beobachtete Werte aus „An Examination of the Far Infrared Spectrum of Hydrogen Fluoride" von A.A. Mason und A.H. Nielsen, veröffentlicht im Scientific Report No. 5, August 1963, Contract No. AF 19(604)-7981, mit freundlicher Genehmigung der Autoren.

[b] Siehe Abschnitt 2.3.5 betreffend Einzelheiten der Berechnung.

Ehe wir nun zeigen, in welcher Form diese Bindungselastizität in der Berechnung von Rotationsspektren berücksichtigt werden kann, sollten wir uns noch kurz mit zwei damit zusammenhängenden Effekten befassen. Erstens kann ein Molekül, wenn es elastisch ist, auch Energie in Form einer Schwingung enthalten – d.h., die Bindung dehnt sich periodisch aus und zieht sich wieder zusammen, und zwar mit einer bestimmten Grundschwingungsfrequenz, die von den Atommassen abhängt sowie von der Elastizität (oder den Kraftkonstanten) der Bindung. Wenn es sich um eine gewöhnliche harmonische Schwingung handelt (im Normalfall eine recht gute Näherung, wie wir noch in Kapitel 3 sehen werden), ist die Kraftkonstante gegeben durch:

$$k = 4\pi^2\bar{\omega}^2c^2\mu \tag{2.22}$$

wobei $\bar{\omega}$ die Schwingungsfrequenz bedeutet (ausgedrückt in cm^{-1}) und c sowie μ dieselbe Bedeutung haben wie bisher. Die Änderung von B mit J ist einfach durch die Kraftkonstante bedingt – je schwächer die Bindung, desto bereitwilliger gibt sie den Zentrifugalkräften nach.

Die Elastizität bewirkt außerdem, dass sich r und B während einer Schwingung ändern. Bei einer Messung dieser Größen durch Mikrowellenmethoden kommt es zu vielen hundert Schwingungen während einer einzigen Rotation und aus diesem Grund ist der gemessene Wert ein Mittelwert. Aus der Definition von B erhalten wir direkt:

$$B = \frac{h}{8\pi^2 Ic} = \frac{h}{8\pi^2 c\mu r^2}$$

oder

$$B \propto 1/r^2 \tag{2.23}$$

da alle anderen Größen von der Schwingung unabhängig sind. Während aber bei einer einfachen harmonischen Schwingung sich das Molekül relativ zum Gleichgewichtsabstand im gleichen Ausmaß zusammenzieht und ausdehnt und deshalb der mittlere Abstand unverändert bleibt, ist der Mittelwert von $1/r^2$ *nicht* gleich $1/r_e^2$, mit r_e als Gleichgewichtsabstand. Wir können das am besten an einem Beispiel sehen. Betrachten wir eine Bindung mit einem Gleichgewichtsabstand von 0,1 nm, der sich infolge einer Schwingung zwischen 0,09 und 0,11 nm ändert. Das ergibt für den Mittelwert

$$\langle r\rangle_{\mathrm{mitt}} = \frac{0{,}09+0{,}11}{2}\ \mathrm{nm} = 0{,}1\ \mathrm{nm} = r_e$$

dagegen aber

$$\left\langle \frac{1}{r^2}\right\rangle_{\mathrm{mitt}} = \frac{(1/0{,}09)^2+(1/0{,}11)^2}{2}\,\frac{1}{\mathrm{nm}^2} = 103{,}05\,\frac{1}{\mathrm{nm}^2}$$

und deshalb ist $\langle r\rangle_{\mathrm{mitt}} = \sqrt{1/103{,}5}\,\mathrm{nm} = 0{,}0985$ nm. Obwohl dieser Unterschied klein ist, darf er im Hinblick auf die Genauigkeit, mit der B spektroskopisch gemessen werden kann, nicht vernachlässigt werden. In der Praxis sind die Verhältnisse aber noch verwickelter. In Kapitel 3 werden wir noch darauf kommen, dass die Schwingungen in Wirklichkeit nicht harmonisch sind, sondern dass sich eine echte Molekülbindung leichter streckt als sie gestaucht werden kann, und das führt im Allgemeinen auf ein r_{mitt}, das größer ist als r_{eq}.

Daher definiert man üblicherweise drei unterschiedliche Parametersätze für die Größen B und r. Im Gleichgewichtsabstand r_e der Kerne ist die Rotationskonstante B_e; im Schwingungsgrundzustand beträgt der mittlere Kernabstand r_0 und die entsprechende Rotationskonstante ist B_0; hat aber hingegen das Molekül auch noch zusätzlich Schwingungsenergie, dann nehmen die beiden Größen die Werte r_υ und B_υ an mit υ als Schwingungsquantenzahl.

Im restlichen Teil dieses Abschnitts werden wir die kleinen Unterschiede zwischen B_0, B_ν und B_e vernachlässigen – die Unterschiede sind aber von großer Bedeutung bei den Schwingungsspektren in Kapitel 3.

Wir sollten so nebenbei auch noch erwähnen, dass das Rotationsspektrum von Fluorwasserstoff in der Tabelle 2.1 sich vom Mikrowellen- bis weit in den Infrarotbereich erstreckt (vgl. Bild 1.4). Dies unterstreicht noch einmal die Bemerkung in Kapitel 1, dass es keine grundlegenden Unterscheidungsmerkmale zwischen den einzelnen Spektralbereichen gibt, lediglich unterschiedliche Messmethoden. Da Fluorwasserstoff, wie auch andere zweiatomige Hydride, ein kleines Trägheitsmoment und damit ein großes B aufweist, nimmt der Abstand zwischen den Rotationsenergieniveaus rasch zu und fällt schon nach ein paar Übergängen in den Infrarotbereich. Historisch betrachtet wurden Trägheitsmomente und Bindungslängen dieser Moleküle wirklich zuerst aus spektroskopischen Beobachtungen mit Hilfe von Infrarotmethoden bestimmt.

2.3.5 Das Spektrum eines nichtstarren Rotators

Löst man die Schrödingergleichung für ein nichtstarres Molekül, dann erhält man für die Rotations-Energieniveaus:

$$E_J = \frac{h^2}{8\pi^2 I} J(J+1) - \frac{h^4}{32\pi^4 I^2 r^2 k} J^2 (J+1)^2 \quad \text{Joule}$$

oder

$$\varepsilon_J = E_J/hc = BJ(J+1) - DJ^2(J+1)^2 \quad \text{cm}^{-1} \tag{2.24}$$

wobei B wieder die bereits definierte Rotationskonstante ist und die *Zentrifugalverzerrungskonstante* D gegeben ist durch:

$$D = \frac{h^3}{32\pi^4 I^2 r^2 kc} \quad \text{cm}^{-1} \tag{2.25}$$

Sie ist immer positiv. Gl. (2.24) gilt nur für ein gewöhnliches harmonisches Kraftfeld; im Fall eines anharmonischen Kraftfelds wird der Ausdruck zu:

$$\varepsilon_J = BJ(J+1) - DJ^2(J+1)^2 + HJ^3(J+1)^3 + KJ^4(J+1)^4 \quad \mathrm{cm}^{-1} \tag{2.26}$$

worin H, K usw. kleine Konstanten sind, die von der Molekülgeometrie abhängen. Gegenüber D sind sie vernachlässigbar und viele der aktuellen spektroskopischen Daten können in zufriedenstellender Weise mit Gl. (2.24) angepasst werden.

Aus der Definitionsgleichung für B und D folgt unmittelbar:

$$D = \frac{16B^3\pi^2\mu c^2}{k} = \frac{4B^3}{\bar{\omega}^2} \tag{2.27}$$

wobei $\bar{\omega}$ die Schwingungsfrequenz der Bindung ist und die Größe k mit Hilfe von Gl. (2.22) ausgedrückt wurde. Wie wir noch in Kapitel 3 sehen werden, bewegen sich die Schwingungsfrequenzen in der Größenordnung von 10^3 cm^{-1}, während wir für B der Größenordnung nach etwa 10 cm^{-1} gefunden haben. Aus diesem Grund ist für kleine J der Korrekturterm $DJ^2(J+1)^2$ praktisch vernachlässigbar, während er bei J-Werten von über 10 wichtiger werden kann.

Bild 2.9 zeigt, stark übertrieben, die Absenkung der Rotationsniveaus für den Übergang vom starren zum nichtstarren zweiatomigen Molekül. Auch die Spektren sind im Vergleich dargestellt, wobei die einander entsprechenden Energieniveaus und Übergänge im starren und im nichtstarren Molekül durch gestrichelte Linien verbunden sind. Dabei, das sei festgehalten, ist die Auswahlregel für den zweiten Fall nach wie vor $\Delta J = \pm 1$.

Wir können die Übergänge leicht in analytischer Form angeben:

$$\begin{aligned}\varepsilon_{J+1} - \varepsilon_J = \bar{\nu}_J &= B[(J+1)(J+2) - J(J+1)] \\ &\quad - D[(J+1)^2(J+2)^2 - J^2(J+1)^2] \quad \mathrm{cm}^{-1} \\ &= 2B(J+1) - 4D(J+1)^3 \quad \mathrm{cm}^{-1}\end{aligned} \tag{2.28}$$

wobei $\bar{\nu}_J$ sowohl einen Übergang nach oben von J nach $J+1$ wie auch nach unten, also von $J+1$ nach J bedeuten kann. Wir erkennen aus diesem analytischen Ausdruck wie auch aus Bild 2.9, dass das Spektrum eines dehnbaren Rotators dem eines starren Rotators ähnlich ist mit Ausnahme der Tatsache, dass jede Linie geringfügig zu tieferen Frequenzen hin verschoben ist, wobei diese Verschiebung proportional mit $(J+1)^3$ zunimmt.

Mit der Kenntnis von D erhalten wir zwei wichtige Informationen. Erstens ermöglicht sie es uns, das J der in einem Spektrum beobachteten Linien zu bestimmen. Es ist nämlich nicht immer leicht herauszubekommen, von welchem J-Niveau die Linien ausgehen, wenn man nur ein paar beobachtete Linien vorliegen hat; passt man sie aber

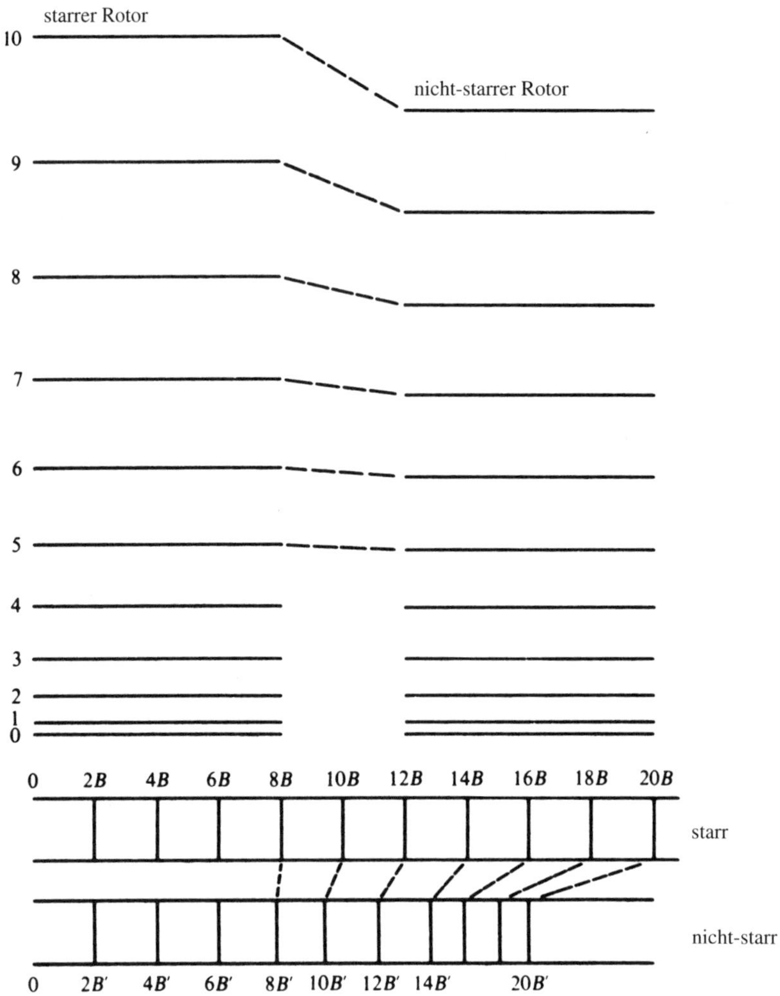

Bild 2.9: Verschiebung der Rotationsenergieniveaus sowie der Spektrallinien beim Übergang vom starren zum nichtstarren zweiatomigen Molekül. Die Energieniveaus rechts wurden mit $D = 10^{-3}B$ berechnet.

an Gl. (2.28) an, vorausgesetzt man hat drei aufeinanderfolgende Linien gemessen – dann erhält man eindeutige Werte für B, D und J. Die Genauigkeit einer solchen Anpassung ist aus Tabelle 2.1 zu sehen, in der die Wellenzahlen mit Hilfe folgender Gleichung berechnet wurden:

$$\bar{\nu} = 41{,}122(J+1) - 8{,}52 \cdot 10^{-3}(J+1)^3 \quad \text{cm}^{-1} \tag{2.29}$$

Zweitens ermöglicht uns die Kenntnis von D – wenn auch ziemlich ungenau – die Berechnung der Schwingungsfrequenz eines zweiatomigen Moleküls. Aus den bereits erwähnten Werten für Fluorwasserstoff erhalten wir mit Hilfe von Gl. (2.27):

$$\bar{\omega}^2 = \frac{4B^3}{D} = 16{,}33 \cdot 10^6 \quad (\text{cm}^{-1})^2$$

d.h.,

$$\bar{\omega} = 4050 \quad \text{cm}^{-1}$$

Im folgenden Abschnitt werden wir dann sehen, dass eine genauere Bestimmung des Werts auf 4138,3 cm^{-1} führt; die Ungenauigkeit von 2 Prozent bei dieser Rechnung hier ist zum Teil auf die Annahme einer gewöhnlichen harmonischen Oszillatorschwingung, andererseits aber auch auf den kleinen und deshalb verhältnismäßig ungenau bekannten Wert von D zurückzuführen.

Wir erhalten unmittelbar daraus die Kraftkonstante:

$$k = 4\pi^2 c^2 \bar{\omega}^2 \mu = 960 \quad \text{N m}^{-1}$$

die uns zeigt, dass die H—F Bindung verhältnismäßig stark ist.

2.4 Mehratomige Moleküle

2.4.1 Lineare Moleküle

Als erstes befassen wir uns mit Molekülen wie Kohlenoxidsulfid, OCS, oder Chlorethin, HC≡CCl, bei denen alle Atome geradlinig angeordnet sind, weil diese Moleküle ein besonders einfaches Mikrowellenspektrum haben. Da, wie auch bei zweiatomigen Molekülen, $I_B = I_C$; $I_A = 0$ ist, werden die Energieniveaus durch eine Formel wiedergeben, die identisch mit Gl. (2.26) ist:

$$\varepsilon_J = BJ(J+1) - DJ^2(J+1)^2 + \cdots \quad \text{cm}^{-1} \tag{2.30}$$

Das Spektrum zeigt auch genau den gleichen $2B$-Abstand, leicht modifiziert durch die Zentrifugalverzerrungskonstante. Genaugenommen gelten alle Überlegungen, die die zweiatomigen Moleküle betreffen, auch für alle anderen linearen Moleküle; dennoch sollten drei Punkte hervorgehoben werden:

1. Da das Trägheitsmoment für eine Rotation in der Form einer sich überschlagenden Bewegung bei einem mehratomigen linearen Moleküls erheblich größer ist als bei einem zweiatomigen, ist der B-Wert wesentlich kleiner und die Linien im Spektrum haben viel kleinere Abstände. So sind die B-Werte bei zweiatomigen Molekülen um die 10 cm^{-1}, für dreiatomige Moleküle dagegen können sie um 1 cm^{-1} liegen und für größere Moleküle noch darunter.

2. Die Moleküle müssen natürlich ein Dipolmoment haben, wenn ein Rotationsspektrum beobachtbar sein sollte. Deshalb ist OCS mikrowellenaktiv, während OCO (üblicherweise als CO_2 geschrieben) es nicht ist. Es muss besonders betont werden, dass eine Isotopensubstitution kein Dipolmoment bewirkt, da die Bindungslänge und die Ladung der Atome durch die Substitution praktisch kaum geändert wird. Aus diesem Grund ist $^{16}OC^{18}O$ mikrowelleninaktiv.[1]

Tabelle 2.2: Mikrowellenspektrum von Kohlenoxidsulfid

$J \rightarrow J+1$	$\bar{\nu}_{obs.}$ (cm^{-1})	$\Delta\bar{\nu}$	B (cm^{-1})
$0 \rightarrow 1$	...		
		2·0,4055	0,2027
$1 \rightarrow 2$	0,8109		
		0,4054	0,2027
$2 \rightarrow 3$	1,2163		
		0,4054	0,2027
$3 \rightarrow 4$	1,6217		
		0,4054	0,2027
$4 \rightarrow 5$	2,0271		

3. Ein lineares mehratomiges Molekül mit N Atomen hat insgesamt $N-1$ Bindungen, die zu bestimmen sind. So ist es im dreiatomigen OCS-Molekül der CO-Abstand, r_{CO}, und der CS-Abstand, r_{CS}. Auf der anderen Seite gibt es nur *ein* Trägheitsmoment für die Rotations-Bewegung von OCS und nur diese eine Größe kann aus dem Spektrum bestimmt werden. Tabelle 2.2 enthält die Daten für dieses Molekül. Im Bereich dieser vier beobachteten Linien kann man keine nennenswerte Zentrifugalverzerrung erkennen und wir erhalten mit einem B von 0,2027 cm^{-1}:

$$I_B = \frac{h}{8\pi^2 Bc} = 137{,}95 \cdot 10^{-47} \quad \mathrm{kg\,m^2}$$

Es ist einfach nicht möglich, aus dieser einen Beobachtung zwei Unbekannte zu berechnen, nämlich r_{CO} und r_{CS}. Dieses Problem kann dadurch gelöst werden, dass wir Moleküle mit unterschiedlichen Atommassen, aber mit derselben Bindungslänge untersuchen – d.h., zusätzlich ein isotopiertes Molekül – da dieses ein anderes Trägheitsmoment aufweist.

Sehen wir uns die Rotation von OCS etwas näher an. Bild 2.10 zeigt das Molekül, wobei r_O, r_C und r_S die Abstände der Atome vom Schwerpunkt sind. Gleichsetzen der Drehmomente ergibt:

$$m_O r_O + m_C r_C = m_S r_S \tag{2.31}$$

[1] Genaue Messungen zeigen ein – allerdings sehr kleines – Dipolmoment

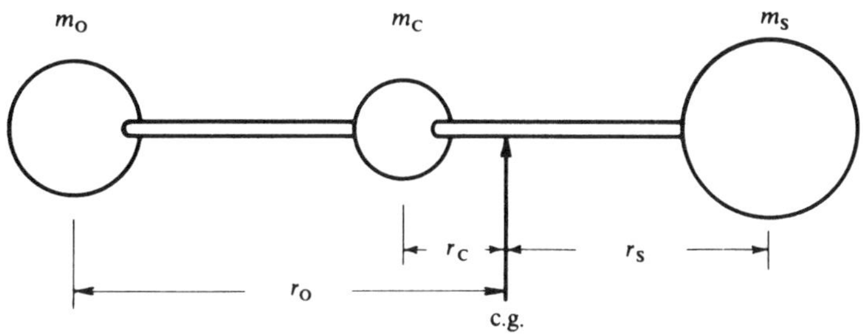

Bild 2.10: Das Kohlenoxidsulfid-Molekül, OCS, mit den Abständen der einzelnen Atome vom Schwerpunkt. c.g. = Schwerpunkt

wobei m_i die Masse des Atoms i bedeutet. Das Trägheitsmoment lautet:

$$I = m_O r_O^2 + m_C r_C^2 + m_S r_S^2 \tag{2.32}$$

und außerdem können wir noch die folgenden Gleichungen aufstellen:

$$r_O = r_{CO} + r_C \qquad r_S = r_{CS} - r_C \tag{2.33}$$

in denen r_{CO} und r_{CS} die Bindungslängen innerhalb des Moleküls sind. Diese möchten wir bestimmen. Nach Einsetzen von (2.33) in (2.31) und Zusammenfassung erhalten wir:

$$(m_C + m_O + m_S)r_C = m_S r_{CS} - m_O r_{CO}$$

oder

$$M r_C = m_S r_{CS} - m_O r_{CO} \tag{2.34}$$

wobei wir für die Masse des Moleküls M geschrieben haben. Einsetzen von (2.33) in (2.32):

$$\begin{aligned} I &= m_O(r_{CO} + r_C)^2 + m_C r_C^2 + m_S(r_{CS} - r_C)^2 \\ &= M r_C^2 + 2r_C(m_O r_{CO} - m_S r_{CS}) + m_O r_{CO}^2 + m_S r_{CS}^2 \end{aligned}$$

und schließlich noch r_C aus Gl. (2.34) substituieren ergibt:

$$I = m_O r_{CO}^2 + m_S r_{CS}^2 - \frac{(m_O r_{CO} - m_S r_{CS})^2}{M} \tag{2.35}$$

Für das isotopierte Molekül, ^{18}OCS, können wir in Gl. (2.35) die m_O durch m'_O ersetzen:

$$I' = m'_O r_{CO}^2 + m_S r_{CS}^2 - \frac{(m'_O r_{CO} - m_S r_{CS})^2}{M'} \tag{2.36}$$

Wir können nun nach r_{CO} und r_{CS} auflösen, vorausgesetzt wir haben aus dem Mikrowellenspektrum einen Wert I' für das isotopierte Molekül bestimmt. Halten wir auch noch fest, dass wir *nicht* r'_{CO} zu schreiben brauchen, da wir annehmen, dass die Bindungslänge durch die Isotopensubstitution nicht geändert wird. Diese Annahme kann überprüft werden durch die Untersuchung der Moleküle $^{16}OC^{34}S$ und $^{18}OC^{34}S$, da wir dann vier Trägkeitsmomente haben. Man findet gute Übereinstimmung der Bindungslängen, was die Annahme rechtfertigt.

Eine Erweiterung der bisherigen Überlegungen auf Moleküle mit mehr als drei Atomen ist Routine; es genügt an dieser Stelle die Bemerkung, dass Mikrowellenbeobachtungen zu einer sehr genauen Bestimmung vieler Bindungsabstände in Molekülen dieser Art geführt haben.

2.4.2 Symmetrische Kreisel

Obwohl die Rotationsenergieniveaus dieser Moleküle in viel komplizierterer Weise angeordnet sind als die von linearen Molekülen, werden wir sehen, dass ihre reinen Rotationsspektren aufgrund ihrer Symmetrie doch noch relativ einfach sind. Nehmen wir wieder Fluormethan als unser Musterbeispiel, dann können wir wiederholend festhalten:

$$I_B = I_C \neq I_A \qquad I_A \neq 0$$

In diesem Fall sind es zwei Rotationsachsen, die zu einer Absorption von Energie durch das Molekül führen könnten – die Figurenachse (in diesem Fall die C—F Bindung) und eine Achse senkrecht dazu.

Wir benötigen jetzt zwei Quantenzahlen, um die Rotation vollständig zu beschreiben, eine für I_A und eine für I_B oder I_C. Für die mathematische Behandlung stellt es sich aber als zweckmäßig heraus, eine Quantenzahl für den *gesamten* Drehimpuls einzuführen, der die Summe der beiden Drehimpulse um die jeweiligen Achsen bildet. Dies ist üblicherweise die Quantenzahl J. Erinnern wir uns daran, indem wir kurz zu den *linearen* Molekülen zurückkehren, dass wir dort J zur Charakterisierung der Überschlags-Bewegung des Moleküls verwendet haben: Nur war es dort die *einzige* erlaubte Rotation und deshalb ist es folgerichtig, J für den *Gesamtdrehimpuls* zu verwenden. Darüberhinaus ist es üblich, mit K den Drehimpuls in Richtung der Kreiselachse – d.h., in diesem Fall um die der C—F Bindungsachse – zu bezeichnen.

Überlegen wir kurz, welche Werte für K und J zulässig sind. Beide müssen nach den Regeln der Quantenmechanik ganzzahlig oder null sein. Der Gesamtdrehimpuls kann beliebig groß sein, d.h., J kann die Werte $0, 1, 2, \ldots, \infty$ annehmen (außer natürlich für den theoretisch möglichen Fall, dass ein echtes Molekül bei sehr hohen Rotationsgeschwindigkeiten auseinanderbricht). Sobald wir uns auf ein J festgelegt haben, unterliegt K einer noch stärkeren Einschränkung. Nehmen wir den Fall $J = 3$. Man kann sich leicht vorstellen, dass die Rotationsenergie in unterschiedlicher Weise auf eine Rotation um die Symmetrieachse und eine Rotation um eine Achse senkrecht dazu aufgeteilt werden kann. Wenn die gesamte Drehung um die Molekülachse erfolgt, ist $K = 3$; achten Sie aber darauf, dass K nicht größer werden kann als J, da J der Gesamtdrehimpuls ist. Wir könnten aber genauso gut den Fall $K = 2, 1$ oder 0 vorliegen haben, wobei die Rotation sich immer mehr auf eine Richtung senkrecht zur Molekülachse verlagert. Darüberhinaus kann K auch negativ werden – wobei wir uns die positiven und negativen Werte von K als Drehung im und gegen den Uhrzeigersinn um die Symmetrieachse vorstellen können – so dass es auch die Werte $-1, -2$ oder auch -3 sein können.

Allgemein kann K bei einem Gesamtdrehimpuls J folgende Werte annehmen:

$$K = J, J-1, J-2, \ldots, 0, \ldots, -(J-1), -J \tag{2.37}$$

Diese ergeben zusammen $2J+1$ verschiedene Werte. Diese Zahl $2J+1$ ist wichtig. Wir werden ihr wiederholt begegnen.

Nehmen wir als Erstes den Fall eines *starren* symmetrischen Kreisels – d.h., bei dem also die Bindungen als nicht durch Zentrifugalkräfte dehnbar angenommen werden – dann kann die Schrödingergleichung gelöst werden und man erhält die zulässigen Energieniveaus für die Rotationsbewegung zu:

$$\varepsilon_{J,K} = E_{J,K}/hc = BJ(J+1) + (A-B)K^2 \quad \text{cm}^{-1} \tag{2.38}$$

wobei, wie auch schon bisher, gilt:

$$B = \frac{h}{8\pi^2 I_{BC}} \quad \text{und} \quad A = \frac{h}{8\pi^2 I_{AC}}$$

Beachten Sie, dass die Energie von K^2 abhängt, dass es also gleichgültig ist, ob unser Kreisel sich im oder gegen den Uhrzeigersinn dreht: Bei einem bestimmten Drehimpulsbetrag ist die Energie immer dieselbe. Deshalb sind die Rotationsenergieniveaus für alle $K \neq 0$ *zweifach entartet*.

Es kann gezeigt werden, dass die Auswahlregeln für dieses Molekül lauten:

$$\Delta J = \pm 1 \text{ (wie bisher)} \quad \text{und} \quad \Delta K = 0 \tag{2.39}$$

und dass man, wendet man sie auf Gl. (2.38) an, das Spektrum aus folgendem Ausdruck erhält:

$$\begin{aligned} \varepsilon_{J+1,K} - \varepsilon_{J,K} = \bar{\nu}_{J,K} &= B(J+1)(J+2) + (A-B)K^2 \\ &\quad - [BJ(J+1) + (A-B)K^2] \quad \text{cm}^{-1} \\ &= 2B(J+1) \quad \text{cm}^{-1} \end{aligned} \tag{2.40}$$

Tabelle 2.3: Beispiele für Moleküldaten aus der Mikrowellenspektroskopie

Molekül	Typ	Bindungslänge (nm)	Bindungswinkel (Grad)
NaCl	zweiatomig	0,236 06 ±0,000 01	—
COS	linear	0,116 4 ±0,000 1 (CO) 0,155 9 ±0,000 1 (CS)	—
HCN	linear	0,106 317 ±0,000 005 (CH) 0,115 535 ±0,000 006 (CN)	—
NH_3	symm. Kreisel	0,100 8 ±0,000 4	107,3 ±0,2
CH_3Cl	symm. Kreisel	0,109 59 ±0,000 05 (CH) 0,178 12 ±0,000 05 (CCl)	108,0 ±0,2 (HCH)
H_2O	asymm. Kreisel	0,095 84 ±0,000 05	104,5 ±0,3
O_3	asymm. Kreisel	0,127 8 ±0,000 2	116,8 ±0,5

Somit ist das Spektrum also unabhängig von K und deshalb ergibt eine Änderung der Rotation um die Symmetrieachse kein Rotationsspektrum. Der Grund dafür ist klar – eine Rotation um die Symmetrieachse bewirkt keine Änderung des Dipolmoments senkrecht zu dieser Achse (welches immer null ist) und deshalb kommt es zu keiner Wechselwirkung von Rotation und Strahlung. Aus Gleichung (2.40) folgt, dass das Spektrum identisch ist mit dem eines linearen Moleküls und dass nur eines der Trägheitsmomente – das für die Überschlags-Bewegung – bestimmt werden kann.

Sowohl Gl. (2.38) als auch Gl. (2.40) gelten für ein starres Molekül. Wie wir aber schon gesehen haben, sind die Bindungen an einem wirklichen Molekül dehnbar. Es ist nicht zu vermeiden, dass alles komplizierter wird, wenn man Dehnungen an jeder der Bindungen des symmetrischen Kreisels zulässt. Wir brauche uns jetzt hier nicht mit den Einzelheiten zu befassen; aber mit Hilfe von Mikrowellenspektren hat man früher Bindungslängen und -winkel bestimmt. In Tabelle 2.3 sind charakteristische Daten für einige lineare, symmetrische und asymmetrische Kreisel (siehe den nächsten Abschnitt) aufgelistet; die Tabelle zeigt auch die hohe Genauigkeit, die dabei erreicht wurde.

2.4.3 Asymmetrische Kreisel

Somit bleibt als für uns wichtige Molekülgruppe nur noch die der asymmetrischen Kreisel. Diese Moleküle mit ihren drei unterschiedlichen Hauptträgkeitsmomenten, haben ein viel komplizierteres Energieniveauschema bzw. Spektrum. Es gibt dafür keinen einfachen, den Gln. (2.24) oder (2.28) entsprechenden Ausdruck und man behandelt sie gewöhnlich mit Hilfe von aufwendigen Rechenmethoden, bis Übereinstimmung zwischen dem beobachteten und dem gerechneten Spektrum erzielt ist. Trotzdem waren diese Methoden an kleineren Molekülen sehr erfolgreich und man hat daraus äußerst genaue Bindungslängen und Bindungswinkel bestimmt. Einige Beispiele wurden in die Tabelle 2.3 von vorhin aufgenommen.

2.5 Messmethoden und Messgeräte

Es ist hier nicht beabsichtigt, die experimentelle Seite der Mikrowellenspektroskopie umfassender als nur in ihren Umrissen darzustellen, da genauere einschlägige Bücher existieren und dieses Verfahren kaum in der Routineanalyse eingesetzt wird. Bild 2.11 zeigt in sehr schematischer Form, wie die einzelnen Bauteile angeordnet sind.

1. *Strahlungsquelle und Monochromator.* Die klassische Strahlungsquelle in diesem Spektralbereich ist das Klystron, das aufgrund seiner Emission innerhalb eines sehr engen Frequenzbereichs als „monochromatische Quelle" bezeichnet wird und sozusagen wie sein eigener Monochromator wirkt. Die Emissionsfrequenz kann elektronisch (und mechanisch) durchgestimmt werden, so dass ein Spektrum über einen bestimmten Bereich mit einem einzigen Klystron aufgenommen werden kann.

   Ein scheinbarer Nachteil dieser Strahlungsquelle besteht darin, dass sie nur sehr wenig Energie abstrahlt – nur einige Milliwatt. Da sich aber diese Energie auf einen sehr kleinen Frequenzbereich konzentriert, ist die bei dieser Frequenz erzeugte Feldstärke viel höher, als man aufgrund der Strahlungsleistung erwarten würde. Das wiederum heißt, dass man das Spektrum mit sehr geringem Rauschen aufnehmen kann.

2. *Strahlführung.* Diese ist möglich mit Hilfe von „Hohlleitern" – Rohren aus Kupfer oder Silber, häufig mit rechteckigem Querschnitt – auf deren Innenraum die Strahlung begrenzt ist. Das Rohr kann langsam seinen Querschnitt ändern oder sanft gebogen sein, um die Strahlung zu bündeln oder zu führen.

3. *Probe und Probenzelle.* Die Probe ist für gewöhnlich gasförmig und in ein Stück evakuierten Hohlleiter mit Hilfe von Glimmerplättchen eingeschlossen. Um ein Spektrum zu erhalten, genügen schon sehr kleine Drücke, und viele Substanzen, die wir für gewöhnlich als flüssig oder fest kennen, haben einen für diese Messmethode ausreichenden Dampfdruck. Niedrige Drücke verwendet man

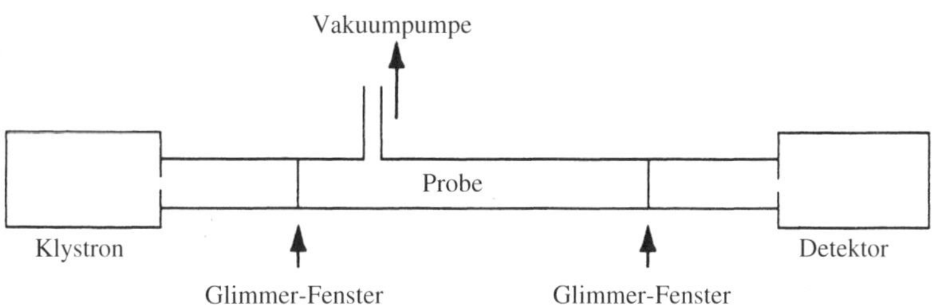

Bild 2.11: Schemazeichnung eines Mikrowellenspektrometers

auch aus einem anderen Grund: Die Linien (Lorentzform) werden sehr schmal und damit die Auflösung sowie die Messgenauigkeit sehr hoch.

4. *Der Detektor.* Man verwendet eine Diode. Diese detektiert die Strahlung, die durch den Hohlleiter auf sie gerichtet wird; das erhaltene Signal wird durch sie gleichgerichtet, sodann wird es verstärkt und erscheint auf einem Oszilloskop oder es wird auf einem Schreiber aufgezeichnet.

2.6 Chemische Analyse mit Hilfe der Mikrowellenspektroskopie

Aufgrund von Verbesserungen und Vereinfachungen der mikrowellenspektroskopischen Messmethoden wandelt sich die bisher ausschließlich von Spezialisten eingesetzte Apparatur zu einem in der Routineanalyse einsetzbaren Verfahren. Obwohl in der Praxis auf gasförmige Proben begrenzt, hat es gerade deshalb einiges zu bieten, da es eine außerordentlich empfindliche (0,01 mm Hg genügen) und substanzspezifische Methode ist.

Das Mikrowellenspektrum einer Probe weist außerordentlich viele Linien auf, da bei Raumtemperatur eine große Zahl von Energieniveaus besetzt ist; da aber auch die Linien sehr schmal sind und ihre Frequenzen mit großer Genauigkeit gemessen werden können, genügen schon ein paar Linien, um durch Vergleich mit Tabellenwerten die Existenz einer bereits bekannten (und bereits charakterisierten) Substanz in der Probe nachzuweisen. Es handelt sich auch um eine halbquantitative Methode, da die Intensität des Spektrums bei Kenntnis der Beobachtungsparameter oft einen Schluss auf die Substanzmenge zulässt. Gemische können zumindest gut qualitativ analysiert werden.

In diesem Fall ist es das *ganze* Molekül, das über sein(e) Trägheitsmoment(e) mit Hilfe der Mikrowellenspektroskopie untersucht wird. Das bedeutet aber auch, dass dieses Verfahren nicht die Existenz bestimmter Gruppen am Molekül in der Probe nachweisen kann, wie z.B. —OH oder —CH_3 (vgl. die noch folgenden Kapitel über Infrarot-, Raman- und magnetische Resonanzspektroskopie), aber man kann sehr empfindlich Isotope und sogar unterschiedliche Konformere in der Probe nachweisen, vorausgesetzt, sie haben unterschiedliche Trägheitsmomente.

Ein faszinierendes Gebiet, in dem die Mikrowellenanalytik eingetzt wird, ist die Suche nach chemischen Substanzen im Weltraum. Zwar ist die UV- und VIS-Spektroskopie schon seit langem in der Lage, eine Reihe von Atomen, Ionen und einige Radikale (—OH z.B.) im Licht von Sternen nachzuweisen, aber seit kurzem hat der Einsatz von Mikrowellen die Nachweismöglichkeiten auf kleinere Moleküle im Weltraum ausgedehnt. An die 80 Moleküle wurden auf diese Weise schon gefunden, wobei die am frühesten aufgefundenen (Wasser, Ammoniak und Formaldehyd) den Spekulationen über den Ursprung von Biomolekülen und sogar des Lebens selbst neuen Auftrieb geben. Diese Beobachtungen betreffen die Emission von Mikrowellenstrahlung durch diese Moleküle und durch Vergleich der relativen Intensiäten unterschiedlicher Rotationsübergänge, speziell im Ammoniakspektrum, ist es möglich, ziemlich genaue Abschätzungen der Temperatur der interstellaren Materie durchzuführen.

2.7 Der Mikrowellenherd

Ein Bereich, in dem die Mikrowellenstrahlung in den letzten Jahren in Form des Mikrowellenherds bekannt wurde, ist die Küche. Während er offensichtlich nicht so kompliziert gebaut ist wie ein Spektrometer, besteht seine Funktionsweise lediglich darin, dass die Nahrungsmittel Mikrowellenstrahlung aufnehmen. Eigentlich sind es nur die *Wassermoleküle*, die die Strahlung absorbieren und so in eine Art Drehschwingung versetzt werden – die Biomoleküle in der Nahrung nehmen kaum Energie aus der Mikrowelle auf. So wie in vielen anderen Fällen angeregter Zustände wird die Energie der Wassermoleküle in Wärme verwandelt und das Essen wird gegart.

Der hohe Wirkungsgrad des Mikrowellenherds kommt daher, dass das Aufheizen *von innen heraus* geschieht. Bei einem der bisher üblichen Herde wird ein Stück Fleisch oder Kuchen von außen erhitzt und das muss solange fortgesetzt werden, bis auch sein Inneres auf ausreichend hohe Temperatur gebracht ist. Beim Erhitzen durch die Mikrowelle werden aber die Wassermoleküle in der ganzen Masse des Nahrungsmittels gleichzeitig angeregt und „erhitzt“, so dass die Garzeit beträchtlich verkürzt wird.

Unglücklicherweise ist die Wirkung von so starker Mikrowellenstrahlung auf den menschlichen Körper ähnlich – welcher Teil auch immer der Strahlung ausgesetzt wird, er wird in kurzer Zeit erhitzt und von innen heraus gegart! Aus diesem Grund ist es absolut notwendig, dass der Verschluss an des Mikrowellenherds in einwandfreiem Zustand ist, um ein Austreten von Strahlung zu verhindern.

Literatur

Chantry, G. W.: *Modern Aspects of Microwave Spectroscopy*, Academic Press, 1979.

Ebsworth, E. A. V., D. H. W. Rankin, und S. Cradock: *Structural Methods in Inorganic Chemistry*, Blackwell Scientific Publications, 2nd edn., 1991.

Gordy, W. und R. L. Cook: *Microwave Molecular Spectra (Techniques of Organic Chemistry, vol. 9)*, John Wiley, 2nd edn., 1970.

Gordy, W., W. V. Smith, und R. Trambarulo: *Microwave Spectroscopy*, John Wiley, 2nd edn., 1966.

Ingram, D. J. E.: *Spectroscopy at Radio and Microwave Frequencies*, Butterworth, 2nd edn., 1967.

Kroto, H. W.: *Molecular Rotation Sepctra*, Wiley-Interscience, 2nd edn., 1975.

Sugden, T. M. und N. C. Kenney: *Microwave Spectroscopy of Gases*, Van Nostrand, 2nd edn., 1965.

Townes, C. H. und A. L. Schawlow: *Microwave Spectroscopy*, McGraw-Hill, 2nd edn., 1955.

Wollrab, J. E.: *Rotational Spectra and Molecular Structure*, Academic Press, 2nd edn., 1967.

Übungsaufgaben

(Wichtige Konstanten: $h = 6{,}626 \cdot 10^{-34}$ J s; $k = 1{,}381 \cdot 10^{-23}$ J K^{-1};
$c = 2{,}998 \cdot 10^8$ m s^{-1}; $8\pi^2 = 78{,}956$;
Atommassen (in kg): $^1H = 1{,}673 \cdot 10^{-27}$, $^2D = 3{,}344 \cdot 10^{-27}$, $^{19}F = 31{,}55 \cdot 10^{-27}$,
$^{35}Cl = 58{,}06 \cdot 10^{-27}$, $^{37}Cl = 61{,}38 \cdot 10^{-27}$, $^{79}Br = 131{,}03 \cdot 10^{-27}$, $^{127}I = 210{,}7 \cdot 10^{-27}$.)

2.1 Welche dieser Moleküle haben ein Rotationsspektrum:

$$H_2,\ HCl,\ CH_4,\ CH_3Cl,\ CH_2Cl_2,\ H_2O,\ SF_6\ ?$$

2.2 Das Rotationsspektrum von $^{79}Br^{19}F$ zeigt eine Serie von Linien mit einem gleichmäßigen Abstand von 0,71433 cm^{-1}. Berechnen sie die Rotationskonstante B und daraus das Trägkeitsmoment und die Bindungslänge des Moleküls. Ermitteln Sie die Wellenzahl des Übergangs $J = 9 \rightarrow 10$ und identifizieren sie den Übergang, dem bei Zimmertemperatur (etwa 300 K) die stärkste Spektrallinie entspricht. Berechnen Sie die Zahl der Rotationen pro Sekunde für ein BrF-Molekül (a) im Zustand $J = 0$, (b) im Zustand $J = 1$ und (c) im Zustand $J = 10$.

Hinweis: Verwenden Sie $E = \frac{1}{2}I\omega^2$ zusammen mit den Gln. (2.10) und (2.13), aber denken Sie daran, dass jetzt ω *rad* pro Sekunde bedeutet.

2.3 Die Rotationskonstante von $H^{35}Cl$ wurde zu 10,5909 cm^{-1} bestimmt. Wie groß ist B bei $H^{37}Cl$ und bei $^2D^{35}Cl$?

2.4 Ein Spektrometer für den Frequenzbereich zwischen 60 und 90 cm^{-1} wurde eingesetzt, um die Rotationsspektren von HI und DI zu beobachten. Folgende Absorptionslinien wurden gemessen:

HI (cm^{-1})	DI (cm^{-1})
64,275	65,070
77,130	71,577
89,985	78,094
	84,591

Berechnen Sie B, I und r für beide Moleküle und bestimmen Sie für die erste Zeile bei beiden Molekülen die J-Werte, zwischen denen die Übergänge erfolgen. Unterstützt das Ergebnis die meist gemachte Annahme, dass die Bindungslänge durch die Isotopensubstitution nicht geändert wird?

2.5 Zeichnen Sie ein Diagramm ähnlich dem in Bild 2.7 für $B = 5\ \text{cm}^{-1}$ und eine Temperatur von 1600 K. (*Anmerkung*: Ermitteln Sie das Maximum und rechnen Sie nur zwei oder drei Kurvenpunkte auf beiden Seiten – versuchen Sie nicht, die Rechnung für jeden einzelnen J-Wert durchzuführen.)

2.6 Eine Raumsonde wurde so ausgelegt, dass sie in der Lage ist, CO in der Atmosphäre von Saturn über Rotationslinien nachzuweisen. Bei welchen Wellenzahlen treten die ersten drei Rotationsübergänge auf, wenn die Bindungslänge von CO 112,8 pm beträgt? Welche Auflösung würde man brauchen, um auch das Isotopenverhältnis von ^{13}C zu ^{12}C am Saturn durch Beobachtung der ersten drei Rotationslinien von ^{13}CO zu bestimmen? Wie könnte man das Experiment auch noch auf eine Abschätzung der Atmosphärentemperatur des Saturn ausdehnen?

2.7 HCl hat ein B von $10{,}593\ \text{cm}^{-1}$ und eine Zentrifugalverzerrungskonstante D von $5{,}3 \cdot 10^{-4}\ \text{cm}^{-1}$. Schätzen Sie die Werte für die Schwingungsfrequenz und die Kraftkonstante des Moleküls ab. Die beobachtete Schwingungsfrequenz beträgt $2991\ \text{cm}^{-1}$; begründen Sie die Diskrepanz, zumindest qualitativ.

3 Infrarotspektroskopie

Im letzten Abschnitt wurde deutlich, dass sich die Elastizität chemischer Bindungen in überraschender Weise auf die Rotationsspektren der sich schnell drehenden Moleküle auswirkt – die Bindungen werden unter dem Einfluss der Zentrifugalkräfte länger. In diesem Abschnitt befassen wir uns mit einem weiteren Effekt, der ebenfalls aus dieser Dehnbarkeit folgt, nämlich dem, dass die Atome eines Moleküls nicht mehr starr an ihren Plätzen kleben bleiben, sondern um eine mittlere Lage herum schwingen. Als Erstes überlegen wir uns, welches Spektrum man erhält, wenn ein zweiatomiges Moleküls als einzige Bewegungsform lediglich eine Schwingung ausführt; anschließend werden wir uns mit dem realistischeren Fall befassen, bei dem ein zweiatomiges Molekül gleichzeitig schwingt und rotiert und zum Schluss werden wir auch noch auf größere Moleküle eingehen.

3.1 Das schwingende zweiatomige Molekül

3.1.1 Die Energie eines zweiatomigen Moleküls

Die Bildung eines stabilen zweiatomigen Moleküls aus den Atomen kann man mit einer Umschichtung der Elektronen erklären. Hier soll es uns nicht um die Einzelheiten gehen, die zu einer chemischen Bindung führen, sondern wir wollen den Vorgang als Einstellung eines Kräftegleichgewichts betrachten. Einerseits kommt es zu einer Abstoßung zwischen den positiv geladenen Kernen der beiden Atome untereinander bzw. der negativen „Elektronenwolken"; zum anderen gibt es aber auch eine Anziehung zwischen dem Kern des einen Atoms und den Elektronen des zweiten und umgekehrt. Die Atomkerne pendeln sich auf einen mittleren Kernabstand ein, bei dem diese Kräfte gerade im Gleichgewicht sind und die Gesamtenergie ein Minimum wird. Drückt man die Atome kräftig gegeneinander, so werden die Abstoßungskräfte sehr rasch zunehmen, zieht man sie auseinander, so leisten die Anziehungskräfte Widerstand. Jeder Versuch, die Bindungslänge zu verändern, erfordert Energie und wir können diese Energie wie in Bild 3.1 gegen den Kernabstand auftragen; dabei stellen wir uns vor, dass wir das Chloratom auf einer Koordinatenachse fixiert haben und das Wasserstoffatom entweder stärker an das Chloratom andrücken oder es weiter von ihm wegziehen – je stärker wir drücken oder ziehen, desto höher wird der Energieaufwand. Der Kernabstand am Energieminimum wird als Gleichgewichtsabstand $r_{eq.}$ bezeichnet oder einfach als die Bindungslänge.

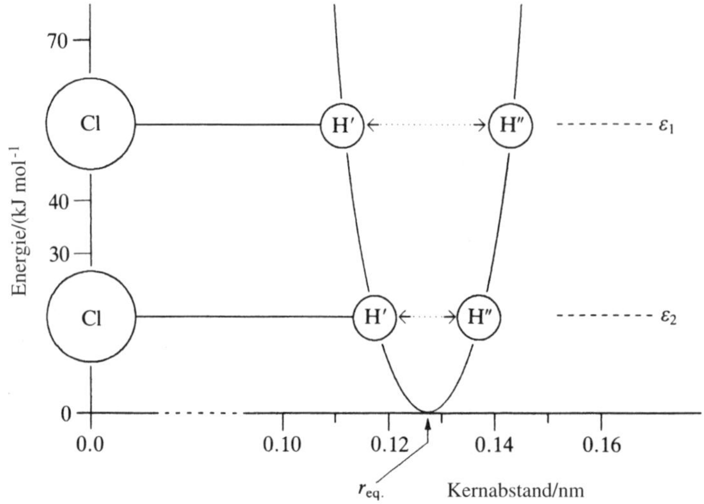

Bild 3.1: Änderung der potentiellen Energie von HCl auf Druck oder Zug

Die Druck- und Zugwirkung auf eine Bindung kann man sich genauso vorstellen wie bei einer Spiralfeder und wir können den Vergleich noch weiter führen durch die Annahme, dass die Bindung, ebenso wie eine Feder, dem Hookeschen Gesetz gehorcht. Wir können das durch die Gleichung ausdrücken:

$$F = -k(r - r_{eq.}) \tag{3.1}$$

wobei F die Rückstellkraft bedeutet, k die Kraftkonstante und r den Kernabstand. In diesem Fall hat die Energiefunktion die Form einer Parabel und lautet

$$E = \tfrac{1}{2}k(r - r_{eq.})^2 \tag{3.2}$$

Dieses Modell eines schwingenden zweiatomigen Moleküls – des sogenannten linearen harmonischen Oszillators – ist zwar nur eine Näherung, bildet aber eine durchaus brauchbare Basis für die Erklärung der Schwingungsspektren.

3.1.2 Der lineare harmonische Oszillator

In Bild 3.1 haben wir die Energie entsprechend Gl. (3.2) aufgetragen, d.h., als Parabel. Diagramm und Gleichung haben eine Nullstelle bei $r = r_{eq.}$ und jeder Energiewert, der höher liegt, z.B. an der Stelle ε_2, ist das Resultat von Zug oder Druck auf die Bindung. Das Bild zeigt uns Folgendes: Hält man ein Atom (Cl) an der Ordinate fest, so schwingt das zweite Atom (H) zwischen den Punkten H′ und H″ hin und her. Für den Fall des HCl-Moleküls kann man mit hinreichender Näherung annehmen, dass das schwere Chloratom praktisch ruht und sich lediglich das wesentlich leichtere Wasserstoffatom bewegt. Auf jeden Fall ist nur der *Abstand* zwischen den Atomen wesentlich und wir können uns ganz allgemein für jedes zweiatomige Molekül vorstellen, wir befänden auf einem der Atome und könnten dem anderen zusehen, wie es sich bewegt – von unserem Standpunkt aus gesehen ruht unser eigenes Atom und kann als auf der Ordinate festsitzend betrachtet werden. Deshalb hat ein Diagramm wie in Bild 3.1 für *jedes* zweiatomige Molekül Gültigkeit.

Steigt die Energie des HCl-Moleküls (Bild 3.1) auf den Wert ε_1 an, dann nimmt die Amplitude zu – d.h., Druck und Zug werden stärker – aber die Schwingungsfrequenz ändert sich nicht. Eine elastische Bindung hat, wie eine Feder, eine ganz bestimmte, charakteristische Schwingungsfrequenz, die von den Massen und der Kraftkonstante abhängt, aber unabhängig ist von der Größe der Auslenkung. Mit den Methoden der klassischen Mechanik kann man leicht zeigen, dass die Formel für die Schwingungsfrequenz lautet:

$$\omega_{\mathrm{osc}} = \frac{1}{2\pi}\sqrt{\frac{k}{\mu}} \quad \mathrm{Hz} \tag{3.3}$$

wobei μ die reduzierte Masse des Systems bedeutet (vgl. Gl. (2.9)). Zur Umrechnung in Wellenzahlen, die in der Schwingungsspektroskopie am häufigsten gebrauchte Einheit, müssen wir durch die Lichtgeschwindigkeit c (in der Einheit cm s^{-1}) dividieren (vgl. Abschnitt 1.1) und erhalten:

$$\bar{\omega}_{\mathrm{osc}} = \frac{1}{2\pi c}\sqrt{\frac{k}{\mu}} \quad \mathrm{cm}^{-1} \tag{3.4}$$

Schwingungsenergien sind, wie auch fast alle anderen Energieformen eines Moleküls, quantisiert und die zulässigen Schwingungsenergiewerte für jedes beliebige System können mit Hilfe der Schrödingergleichung berechnet werden. Für den linearen harmonischen Oszillator erhält man sie in der Form:

$$E_v = (v+\tfrac{1}{2})h\omega_{\mathrm{osc}} \quad \text{Joule} \qquad (v=0,1,2,\ldots) \tag{3.5}$$

wobei v als *Schwingungsquantenzahl* bezeichnet wird. In der spektroskopischen Einheit cm^{-1} erhalten wir:

$$\varepsilon_v = \frac{E_v}{hc} = (v+\tfrac{1}{2})\bar{\omega}_{\mathrm{osc}} \quad \mathrm{cm}^{-1} \tag{3.6}$$

für die ausschließlich zulässigen Energiewerte eines linearen harmonischen Oszillators. Einige davon sind in Bild 3.2 eingezeichnet.

Wichtig ist festzuhalten, dass der *tiefste* Energiewert, den man erhält, indem man in Gl. (3.5) oder (3.6) $v=0$ setzt, gleich ist

$$E_0 = \tfrac{1}{2}h\omega_{\mathrm{osc}} \quad \text{Joule} \qquad (\omega_{\mathrm{osc}} \text{ in Hz})$$

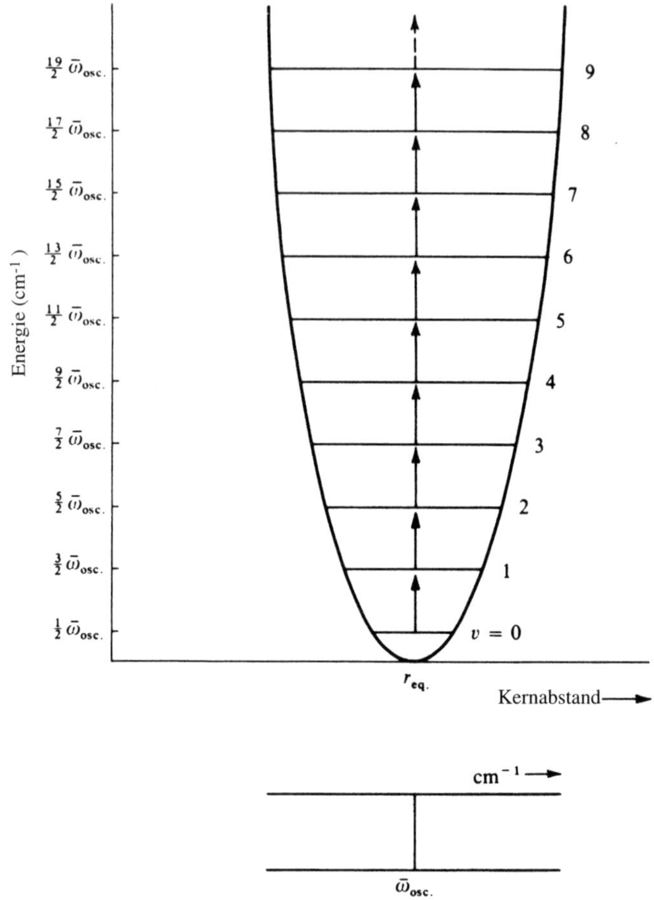

Bild 3.2: Schwingungsenergieniveaus eines zweiatomigen Moleküls, das lineare harmonische Schwingungen ausführt sowie die erlaubten Übergänge.

oder

$$\varepsilon_0 = \tfrac{1}{2}\bar{\omega}_{\text{osc}} \quad \text{cm}^{-1} \qquad (\bar{\omega}_{\text{osc}} \text{ in cm}^{-1}) \tag{3.7}$$

Das heißt, dass ein zweiatomiges Molekül (und überhaupt *jedes* Molekül) nie die Schwingungsenergie null aufweisen kann; die Atome können also nie ohne Relativbewegung zueinander sein. Die Größe $\frac{1}{2}h\omega_{\text{osc}}$ Joule oder $\frac{1}{2}\bar{\omega}_{\text{osc}}$ cm^{-1} heißt Nullpunktsenergie; sie hängt nur von der klassischen Schwingungsfrequenz und daher von der Bindungsstärke und den Atommassen ab (Gl. (3.3) oder (3.4)).

Diese Voraussage einer Nullpunktsenergie macht den gundlegenden Unterschied aus zwischen der wellenmechanischen und der klassisch-mechanischen Betrachtung der Molekülschwingungen. Die klassischen Mechanik kennt Moleküle ohne jede Schwingungsenergie, aber die Wellenmechanik fordert, dass ein Molekül immer in einem gewissen Ausmaß schwingt; diese Schlussfolgerung wurde in vielfacher Weise experimentell bestätigt.

Mit Hilfe der Schrödingergleichung erhält man außerdem die einfache *Auswahlregel* für Schwingungsübergänge am harmonischen Oszillator:

$$\Delta v = \pm 1 \tag{3.8}$$

Dabei müssen wir natürlich noch eine Bedingung anfügen, nämlich die, dass Änderungen in der Schwingungsenergie nur dann in Form eines Spektrums beobachtbar sind, wenn die Schwingung mit der Strahlung in Wechselwirkung tritt, d.h., wenn (vgl. Kapitel 1) mit der Schwingungsbewegung auch eine Änderung des molekularen Dipolmoments verbunden ist. Aus diesem Grund sind Schwingungsspektren nur von heteronuklearen zweiatomigen Molekülen beobachtbar, denn homonukleare Moleküle haben kein Dipolmoment[1].

Aus der Auswahlregel ergibt sich unmittelbar:

$$\varepsilon_{v+1\to v} = (v+1+\tfrac{1}{2})\bar{\omega}_{\text{osc}} - (v+\tfrac{1}{2})\bar{\omega}_{\text{osc}} = \bar{\omega}_{\text{osc}} \quad \text{cm}^{-1} \tag{3.9a}$$

für die Emission und

$$\varepsilon_{v\to v+1} = \bar{\omega}_{\text{osc}} \quad \text{cm}^{-1} \tag{3.9b}$$

für den Fall einer Absorption, unabhängig vom Ausgangswert der Quantenzahl v.

Zum gleichen einfachen Ergebnis kommt man auch nach einem Blick auf Bild 3.2 – da die Schwingungsniveaus alle denselben Abstand voneinander haben, bewirken Übergänge zwischen benachbarten Energieniveaus immer dieselbe Änderung in der Energie. Da außerdem der Energieunterschied zwischen den Niveaus, ausgedrückt in cm^{-1}, unmittelbar die Wellenzahl der absorbierten oder emittierten Spektrallinie ergibt, gilt

$$\bar{\nu}_{\text{spektroskopisch}} = \varepsilon = \bar{\omega}_{\text{osc}} \quad \text{cm}^{-1} \tag{3.10}$$

Das wiederum wird unmittelbar klar, wenn man den Absorptions- oder Emissionsvorgang klassisch betrachtet. Z.B. ist ein Molekül bei der Absorption nur dann in der Lage, Energie aus einem Strahlungsfeld zu aufzunehmen, wenn es damit in eine kohärente Wechselwirkung treten kann (vgl. Bild 1.8) und das kann nur Strahlung mit der dem Molekül eigenen Schwingungsfrequenz sein.

3.1.3 Der anharmonische Oszillator

Eine genaue experimentelle Untersuchung zeigt, dass die Moleküle nicht exakt den Gesetzen eines linearen harmonischen Oszillators gehorchen; Molekülbindungen sind

[1] Ausnahme: Das dreiatomige, gewinkelte Ozon

zwar elastisch, aber nicht so gleichmäßig elastisch, dass sie auch im gesamten Bereich dem Hookschen Gesetz folgen. Wird z.B. die Bindung zwischen den Atomen gedehnt, so gelangt man irgendwann an einen Punkt, an dem sie reißt – das Molekül zerfällt in zwei Atome. Auch wenn man die Bindung für kleine Stauchungen und Dehnungen als vollkommen elastisch behandeln kann, so muss man doch für größere Amplituden – etwa größer als 10 % der Bindungslänge – ein wesentlich komplizierteres Verhalten zugrundelegen. Bild 3.3 zeigt in Diagrammform den Verlauf der Potentialkurve eines ganz normalen zweiatomigen Moleküls, zusammen mit der idealisierten Parabelfunktion des linearen harmonischen Oszillators (gestrichelt).

Eine rein empirische Funktion, die den Kurvenverlauf mit guter Näherung wiedergibt, wurde von P.M. Morse abgeleitet und heißt das Morse-Potential:

$$E = D_{\text{eq.}} \left[1 - \exp\left\{a(r_{\text{eq.}} - r)\right\}\right]^2 \qquad (3.11)$$

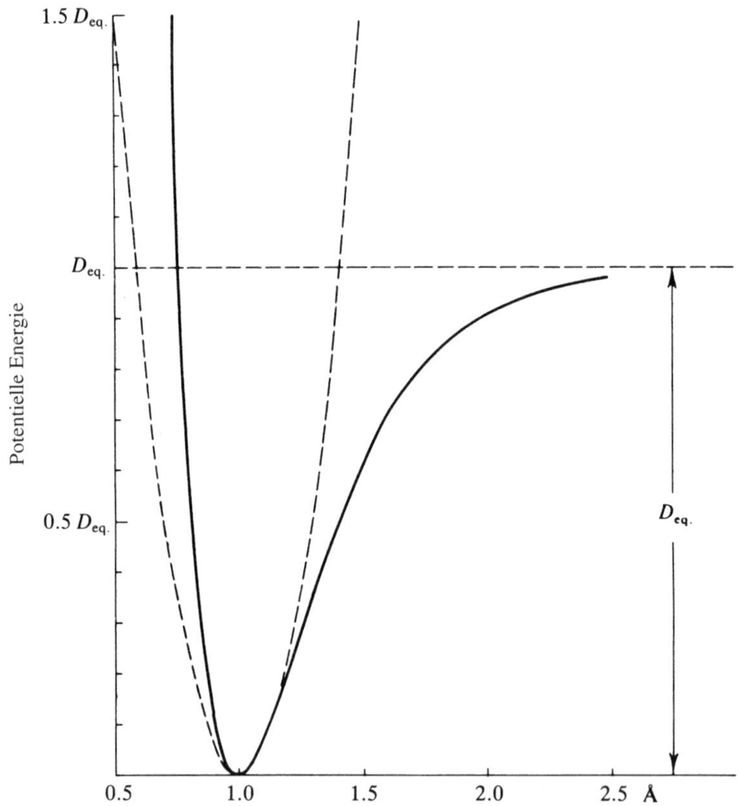

Bild 3.3: Das Morse-Potential: Verlauf der potentiellen Energie eines zweiatomigen Moleküls, dessen Bindung anharmonisch auf Zug und Druck reagiert.

in der a eine charakteristische Konstante für ein bestimmtes Molekül ist und $D_{eq.}$ dessen Dissoziationsenergie.

Wird nun Gl. (3.11) anstelle von Gl. (3.2) in die Schrödingergleichung eingesetzt, so findet man für die erlaubten Schwingungsenergieniveaus den Ausdruck:

$$\varepsilon_v = (v+\tfrac{1}{2})\bar{\omega}_e - (v+\tfrac{1}{2})^2\bar{\omega}_e x_e \ \text{cm}^{-1} \quad (v=0,1,2,\ldots) \tag{3.12}$$

worin $\bar{\omega}_e$ die Schwingungsfrequenz bedeutet (ausgedrückt in Wellenzahlen), die wir noch etwas genauer definieren werden und x_e die entsprechende Anharmonizitätskonstante (eine dimensionslose Größe), die für Streckschwingungen stets klein und positiv ist ($\approx +0{,}01$), so dass die Schwingungsniveaus mit steigendem v mehr oder weniger zusammenrücken. Einige Niveaus sind in Bild 3.4 eingezeichnet.

Es sollte erwähnt werden, dass es sich bei Gl. (3.12), ebenso wie bei Gl. (3.11), um eine Näherung handelt; genauere Ausdrücke für die Energienieveaus erfordern kubische, quartische, usw. Ausdrücke in $(v+\frac{1}{2})$ mit Anharmonizitätskonstanten y_e, z_e usw. ($x_e > y_e > z_e$), die rasch kleiner werden. Diese Terme sind nur bei großen Werten von v wichtig und werden im Folgenden weggelassen.

Schreiben wir Gl. (3.12) um für den anharmonischen Oszillator in der Form:

$$\varepsilon_v = \bar{\omega}_e \left\{1 - x_e(v+\tfrac{1}{2})\right\}(v+\tfrac{1}{2}) \tag{3.13}$$

und vergleichen diesen Ausdruck mit den Energieniveaus des *harmonischen* Oszillators (Gl. (3.6)), dann ergibt sich:

$$\bar{\omega}_{\text{osc}} = \bar{\omega}_e \left\{(1 - x_e(v+\tfrac{1}{2})\right\} \tag{3.14}$$

Somit verhält sich der anharmonische Oszillator wie ein harmonischer, aber mit dem Unterschied, dass die Schwingungsfrequenz gleichmäßig mit wachsendem v abnimmt. Betrachten wir jetzt den hypothetischen Energiezustand, den wir erhalten, wenn wir $v = -\frac{1}{2}$ setzen (in dem nach Gl. (3.13) $\varepsilon = 0$ ist), so würde sich das Molekül mit der Schwingungsenergie null in der Gleichgewichtslage befinden. Seine Schwingungsfreqenz (in cm^{-1}):

$$\bar{\omega}_{\text{osc}} = \bar{\omega}_e$$

Wir sehen also, dass $\bar{\omega}_e$ als eine (hypothetische) *Schwingungsfrequenz um die Gleichgewichtslage* des anharmonischen Systems definiert werden kann – also die Frequenz um die Gleichgewichtslage mit einer unendlich kleinen Amplitude. Für die wirklichen Schwingungszustände mit positivem ganzzahligem v wird die Schwingungsfrequenz durch Gl. (3.14) wiedergegeben. Im Schwingungsgrundzustand erhalten wir also:

$$\bar{\omega}_0 = \bar{\omega}_e(1 - \tfrac{1}{2}x_e) \quad \text{cm}^{-1}$$

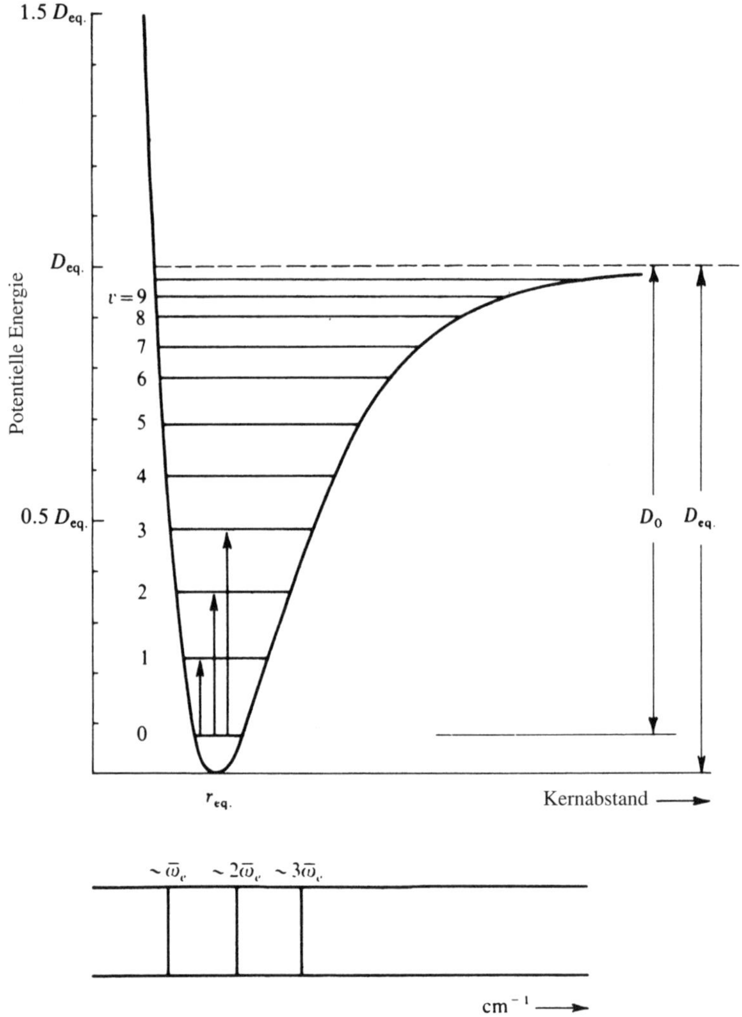

Bild 3.4: Schwingungsenergieniveaus und Übergänge für ein anharmonisch schwingendes zweiatomiges Molekül.

und

$$\varepsilon_0 = \tfrac{1}{2}\bar{\omega}_e(1 - \tfrac{1}{2}x_e) \quad \text{cm}^{-1}$$

und man erkennt, dass die Nullpunktsenergie sich von der des harmonischen Oszillators (Gl. (3.7)) geringfügig unterscheidet.

Die Auswahlregeln für den anharmonischen Oszillator ergeben sich zu:

$$\Delta v = \pm 1, \pm 2, \pm 3, \ldots$$

D.h., sie lauten in erster Näherung genauso wie für den harmonischen Oszillator, lassen aber zusätzlich größere Sprünge zu. Wie es die Theorie voraussagt und die Beobachtung bestätigt, nimmt allerdings die Wahrscheinlichkeit für diese Übergänge sehr schnell ab und für gewöhnlich haben nur die Linien mit $\Delta v = \pm 1, \pm 2$, und höchstens noch $\pm 3, \ldots$ beobachtbare Intensitäten. Dazu kommt noch, dass der Abstand zwischen den Schwingungsniveaus in der Größenordnung von 10^3 cm^{-1} liegt; wir können die Boltzmann-Verteilung (Gl. (1.12)) heranziehen um zu zeigen, dass bei Zimmertemperatur gilt:

$$\begin{aligned}\frac{N_{v=1}}{N_{v=0}} &= \exp\left\{\frac{-6{,}63\cdot 10^{-34}\cdot 3\cdot 10^{10}\cdot 10^{3}}{1{,}38\cdot 10^{-23}\cdot 300}\right\}\\ &\approx \exp(-4{,}8) \approx 0{,}008\end{aligned}$$

Anders ausgedrückt, die Besetzungsdichte im Zustand $v = 1$ liegt bei etwa dem 0,01fachen oder bei ein Prozent der Besetzungsdichte des Grundzustands. Deshalb können wir mit guter Näherung alle Übergänge, die von von $v = 1$ aus oder höher starten, in unseren Überlegungen weglassen und uns auf die folgenden drei Übergänge beschränken:

1. $v = 0 \rightarrow v = 1$, $\Delta v = +1$, hohe Intensität.

$$\begin{aligned}\Delta\varepsilon &= \varepsilon_{v=1} - \varepsilon_{v=0}\\ &= (1+\tfrac{1}{2})\bar{\omega}_e - x_e(1+\tfrac{1}{2})^2\bar{\omega}_e - \{\tfrac{1}{2}\bar{\omega}_e - (\tfrac{1}{2})^2 x_e\bar{\omega}_e\} \qquad (3.15a)\\ &= \bar{\omega}_e(1-2x_e) \quad \text{cm}^{-1}\end{aligned}$$

2. $v = 0 \rightarrow v = 2$, $\Delta v = +2$, geringe Intensität.

$$\begin{aligned}\Delta\varepsilon &= (2+\tfrac{1}{2})\bar{\omega}_e - x_e(2+\tfrac{1}{2})^2\bar{\omega}_e - \{\tfrac{1}{2}\bar{\omega}_e - (\tfrac{1}{2})^2 x_e\bar{\omega}_e\}\\ &= 2\bar{\omega}_e(1-3x_e) \quad \text{cm}^{-1} \qquad (3.15b)\end{aligned}$$

3. $v = 0 \rightarrow v = 3$, $\Delta v = +3$, für gewöhnlich vernachlässigbare Intensität.

$$\begin{aligned}\Delta\varepsilon &= (3+\tfrac{1}{2})\bar{\omega}_e - \{\tfrac{1}{2}\bar{\omega}_e - (\tfrac{1}{2})^2 x_e\bar{\omega}_e\}\\ &= 3\bar{\omega}_e(1-4x_e) \quad \text{cm}^{-1} \qquad (3.15c)\end{aligned}$$

Diese drei Übergänge sind in Bild 3.4 gezeigt. Da $x_e \approx 0{,}01$, liegen die drei Übergänge mit guter Näherung nicht weit von $\bar{\omega}_e, 2\bar{\omega}_e$ und $3\bar{\omega}_e$ entfernt. Die Linie nahe $\bar{\omega}_e$ heißt *Grundschwingung*, während die in der Nähe von $2\bar{\omega}_e$ und $3\bar{\omega}_e$ als *erste* und *zweite Obertonschwingungen* bezeichnet werden. Das Spektrum von HCl z.B., weist eine sehr starke Absorption bei 2886 cm^{-1} auf, eine schwächere bei 5668 cm^{-1} und eine sehr schwache bei 8347 cm^{-1}. Wollen wir die Gleichgewichtsfrequenz des Moleküls aus diesen Angaben ermitteln, dann müssen wir jeweils zwei dieser drei Gleichungen lösen (vgl. Gln. (3.15)):

$$\begin{aligned} \bar{\omega}_e(1-2x_e) &= 2886 \quad \mathrm{cm}^{-1} \\ 2\bar{\omega}_e(1-3x_e) &= 5668 \quad \mathrm{cm}^{-1} \\ 3\bar{\omega}_e(1-4x_e) &= 8347 \quad \mathrm{cm}^{-1} \end{aligned}$$

und wir erhalten $\bar{\omega}_e = 2990\ \mathrm{cm}^{-1}$ sowie $x_e = 0{,}0174$. Daraus ersehen wir, dass beim idealen harmonische Oszillator die Absorption *genau* bei der klassischen Schwingungsfrequenz erfolgt, während aber bei wirklichen, anharmonisch schwingenden Molekülen sich die beobachtete Grundschwingungsfrequenz von der Gleichgewichtsfrequenz beträchtlich unterscheiden kann.

Die Kraftkonstante der Bindung am HCl-Molekül kann direkt mit Hilfe von Gl. (2.22) unter Verwendung des Wertes für $\bar{\omega}_e$ berechnet werden:

$$\begin{aligned} k &= 4\pi^2\bar{\omega}_e^2 c^2 \mu \\ &= 516 \quad \mathrm{N\,m}^{-1} \end{aligned}$$

wenn man außerdem noch die Fundamentalkonstanten und die reduzierte Masse einsetzt. In Tabelle 3.1 sind Daten dieser Art zusammengetragen, und zwar auch noch für einige weitere aus der großen Zahl der zweiatomigen Moleküle, die mit Infrarotmethoden untersucht wurden.

Tabelle 3.1: Moleküldaten für zweiatomige Moleküle aus Infrarotbeobachtungen

Molekül	Schwingung (cm^{-1})	Anharmonizitäts-konstante x_e	Kraftkonstante (Nm^{-1})	Kernabstand $r_{\mathrm{eq.}}$ (nm)
HF	4138,5	0,0218	966	0,0927
HCl [a]	2990,6	0,0174	516	0,1274
HBr	2649,7	0,0171	412	0,1414
HI	2309,5	0,0172	314	0,1609
CO	2169,7	0,0061	1902	0,1131
NO	1904,0	0,0073	1595	0,1151
ICl [a]	384,2	0,0038	238	0,2321

[a] Die Daten beziehen sich auf das Isotop ^{35}Cl.

Obwohl wir die Übergänge von $v = 1$ aus zu höheren Energiezuständen ausgeklammert haben, sollten wir doch festhalten, dass die Besetzungsdichte im Zustand $v = 1$ bei höherer Temperatur oder bei Schwingungen mit sehr niedriger Frequenz durchaus einen nennenswerten Betrag erreichen kann. So erreicht $N_{v=1}/N_{v=0}$ bei z.B. 600 K (also etwa 300 °C) den Wert $\exp(-2{,}4)$ oder ca. 0,09 und Übergänge vom Niveau

$v = 1$ nach $v = 2$ haben dann etwa 10 Prozent der Intensität im Vergleich zu denen von $v = 0$ nach $v = 1$. Eine vergleichbare Steigerung der Besetzungsdichte im angeregten Zustand würde sich ergeben, wenn die Schwingungsfrequenz 500 cm^{-1} wäre anstelle von 1000 cm^{-1}. Wir können die Wellenzahl des entsprechenden Übergangs folgendermaßen berechnen:

4. $v = 1 \rightarrow v = 2$, $\Delta v = +1$, meist sehr schwach

$$\begin{aligned}\Delta\varepsilon &= 2\tfrac{1}{2}\bar{\omega}_e - 6\tfrac{1}{4}x_e\bar{\omega}_e - (1\tfrac{1}{2}\bar{\omega}_e - 2\tfrac{1}{4}x_e\bar{\omega}_e) \\ &= \bar{\omega}_e(1 - 4x_e) \quad \text{cm}^{-1} \end{aligned} \tag{3.15d}$$

Sollte also diese schwache Absorptionslinie auftauchen, dann wird man sie sehr nahe bei der Grundschwingung finden und zwar bei etwas *tieferen* Wellenzahlen (da x_e sehr klein und positiv ist). Diese schwachen Absorptionslinien werden gewöhnlich als *heiße Banden* bezeichnet, da höhere Temperatur eine der Bedingungen für ihr Auftreten ist. Sie können identifiziert werden, indem man die Temperatur erhöht, da eine heiße Bande dann stärker wird.

Wir wenden uns jetzt dem Fall zu, dass ein zweiatomiges Molekül gleichzeitig schwingt und rotiert.

3.2 Der zweiatomige schwingende Rotator[1]

Wie wir in Kapitel 2 gesehen haben, liegen die Abstände der Rotationsenergieniveaus bei einem gewöhnlichen zweiatomigen Molekül bei $1 - 10$ cm^{-1}, während wir vom letzten Abschnitt wissen, dass die Schwingungsenergieabstände bei HCl nahezu 3000 cm^{-1} betragen. Da die Energiebeträge der beiden Bewegungsformen so verschieden voneinander sind, könnte man meinen, dass ein zweiatomiges Molekül in erster Näherung die Rotations- und die Schwingungsbewegungen unabhängig voneinander ausführen kann. Diese Vorstellung, die wir als Born-Oppenheimer-Näherung bezeichnen werden (obwohl, s. Gl. (6.1), streng genommen, dabei elektronische Energieniveaus beteiligt sein müssen), ist gleichbedeutend mit der Annahme, dass die kombinierte Rotations-Schwingungsenergie gleich der Summe der jeweiligen Energiebeiträge ist:

$$\begin{aligned} E_{\text{total}} &= E_{\text{vib.}} + E_{\text{rot.}} \quad &(\text{Joule}) \\ \varepsilon_{\text{total}} &= \varepsilon_{\text{vib.}} + \varepsilon_{\text{rot.}} \quad &(\text{cm}^{-1}) \end{aligned} \tag{3.16}$$

Wir werden später noch sehen, unter welchen Bedingungen diese Näherung nicht zutrifft.

[1] Generell können nur Einzelmoleküle, d.h. Moleküle gasförmiger Substanzen, schwingen und rotieren.

Mit den entsprechenden Ausdrücken für ε_{rot} und ε_{vib} aus den Gln. (2.26) und (3.12) erhalten wir:

$$\begin{aligned}\varepsilon_{J,v} &= \varepsilon_J + \varepsilon_v \\ &= BJ(J+1) - DJ^2(J+1)^2 + HJ^3(J+1)^3 + \cdots \\ &\quad + (v+\tfrac{1}{2})\bar{\omega}_e - x_e(v+\tfrac{1}{2})^2\bar{\omega}_e \quad \text{cm}^{-1}\end{aligned} \tag{3.17}$$

Wenn wir vorläufig die kleinen Zentrifugalkonstanten D, H, usw. vernachlässigen, können wir auch schreiben:

$$\varepsilon_{\text{total}} = \varepsilon_{J,v} = BJ(J+1) + (v+\tfrac{1}{2})^2\bar{\omega}_e - x_e(v+\tfrac{1}{2})^2\bar{\omega}_e \tag{3.18}$$

Bedenken Sie aber bitte, dass es nicht logisch ist, D zu vernachlässigen, da dies auch bedeuten würde, dass wir so tun als sei das Molekül starr, könnte aber dennoch schwingen! D auszuklammern würde sich auch kaum auf das Spektrum auswirken.

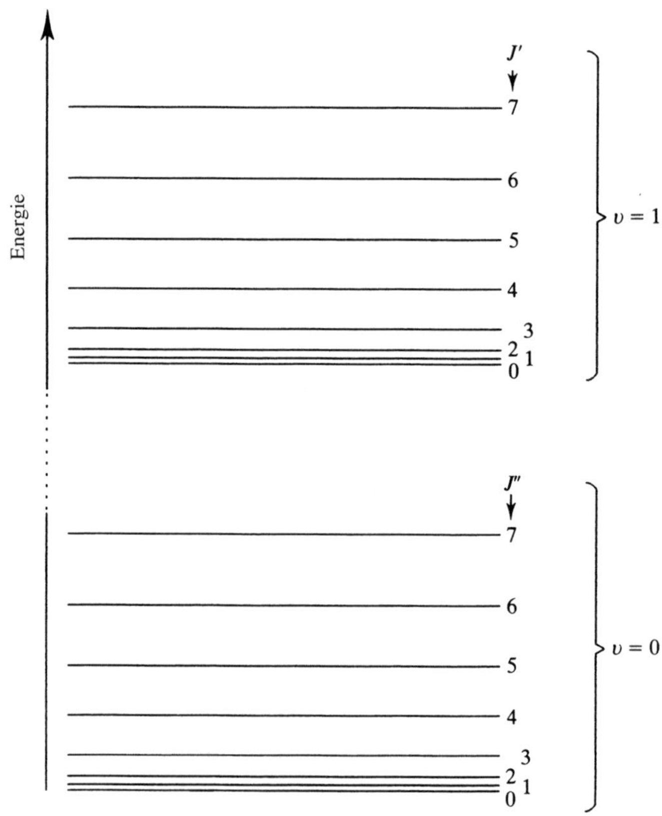

Bild 3.5: Einige Rotationsenergieniveaus der ersten beiden Schwingungszustände eines zweiatomigen Moleküls.

In Bild 3.5 sind die Rotationsenergieniveaus schematisch für die beiden tiefsten Schwingungsniveaus, $v = 0$ und $v = 1$, eingezeichnet. In diesem Diagramm wurde kein Versuch einer maßstäblichen Zeichnung gemacht, da der Abstand zwischen benachbarten J-Niveaus nur etwa 1/1000 dessen ausmacht, was an Energie zwischen den v-Niveaus liegt. Achten Sie bitte darauf, dass aufgrund derselben Rotationskonstanten B in Gl. (3.18) für alle J- und v-Werte (eine Folge der Born-Oppenheimer-Näherung) der Abstand zwischen zwei bestimmten J-Nivaus in den Zuständen $v = 0$ und $v = 1$ derselbe ist.

Man kann zeigen, dass die Auswahlregeln für die kombinierte Molekülbewegung dieselben sind wie für jede der Bewegungsformen allein; deshalb gilt:

$$\Delta v = \pm 1, \pm 2, \text{usw.} \quad \Delta J = \pm 1 \tag{3.19}$$

Genau genommen gilt auch $\Delta v = 0$, aber das entspricht reinen Rotationsübergängen, die schon in Kapitel 2 behandelt wurden. Achten Sie besonders auf die Tatsache, dass bei einem *zweiatomigen* Molekül, außer bei Vorliegen ganz besonderer Umstände, nie $\Delta J = 0$ vorkommen kann; anders ausgedrückt, eine Änderung des Schwingungszustands *muss* mit einer gleichzeitigen Änderung des Rotationszustands einhergehen.

In Bild 3.6 haben wir einige wichtige Energieniveaus sowie Übergänge eingezeichnet und dabei die Rotationsquantenzahl im Zustand $v = 0$ mit J'' und im Zustand $v = 1$ mit J' gekennzeichnet. Den angeregten Zustand mit einem und den tieferen mit zwei Strichen zu bezeichnen, ist in allen Bereichen der Spektroskopie üblich.

Denken Sie daran (indem Sie auch einen Blick auf Gl. (2.20) werfen), dass die Rotationsniveaus J'' bei jeder Art von Molekülen unterschiedlich stark besetzt sind, so dass auch die gezeigten Übergänge unterschiedliche Intensität aufweisen. Dies ist schematisch im unteren Teil von Bild 3.6 angedeutet.

Einen analytischer Ausdruck für dieses Spektrum erhält man, indem man die Auswahlregeln (Gl. (3.19)) mit den Energieniveaus (Gl. (3.18)) kombiniert. Für den Übergang $v = 0 \rightarrow v = 1$ gilt ganz allgemein:

$$\begin{aligned}
\Delta\varepsilon_{J,v} &= \varepsilon_{J',v=1} - \varepsilon_{J'',v=0} \\
&= BJ'(J'+1) + 1\tfrac{1}{2}\bar{\omega}_e - 2\tfrac{1}{4}x_e\bar{\omega}_e - \{BJ''(J''+1) + \tfrac{1}{2}\bar{\omega}_e - \tfrac{1}{4}x_e\bar{\omega}_e\} \\
&= \bar{\omega}_0 + B(J' - J'')(J' + J'' + 1) \quad \text{cm}^{-1}
\end{aligned}$$

wobei der Kürze wegen $\bar{\omega}_0$ anstelle von $\bar{\omega}_e(1 - 2x_e)$ gesetzt wurde.

Wir sollten auch festhalten, dass die Annahme eines gleichen B-Werts für den angeregten und den Grundzustand eine unmittelbare Folge der Born-Oppenheimer-Näherung ist – die Rotationsbewegung wird nicht durch eine Änderung des Schwingungszustands beeinflusst.

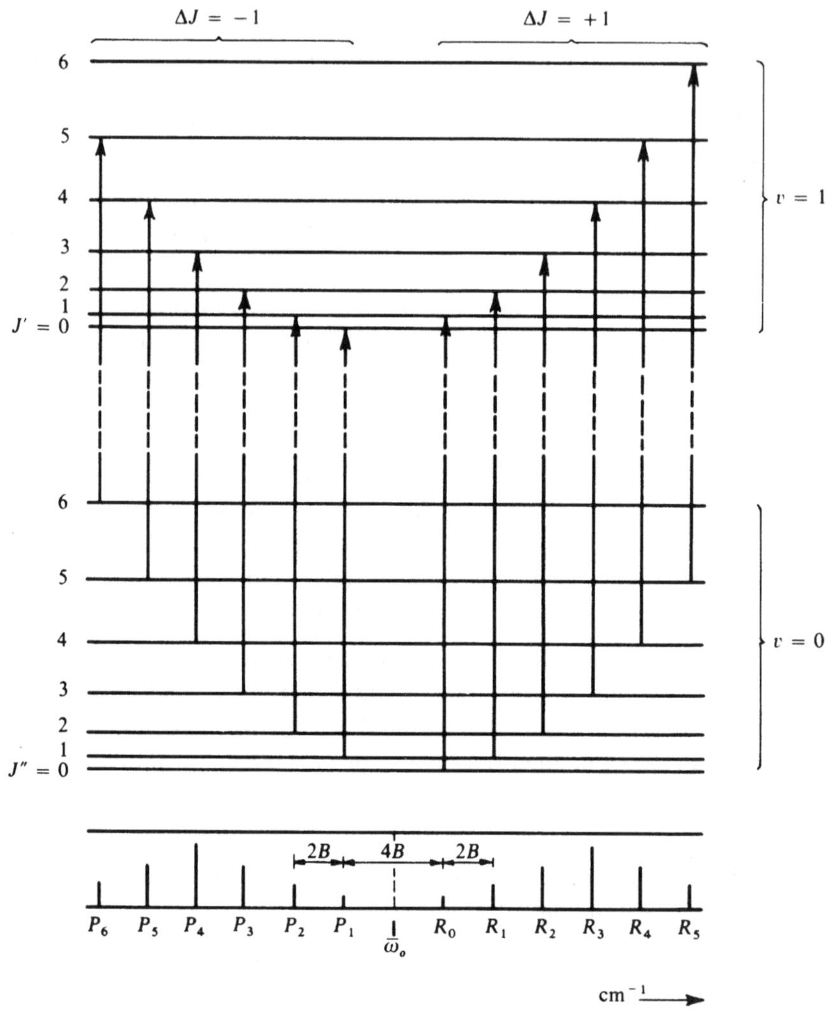

Bild 3.6: Beispiele für Übergänge zwischen den Rotations-Schwingungsniveaus bei einem zweiatomigen Molekül mit dem entsprechenden Spektrum.

Es können nun folgende Fälle vorliegen:

1. $\Delta J = +1$, d.h., $J' = J'' + 1$ oder $J' - J'' = +1$; damit wird

$$\Delta\varepsilon_{J,v} = \bar{\omega}_0 + 2B(J''+1) \quad \text{cm}^{-1} \qquad J'' = 0,1,2,\ldots \tag{3.20a}$$

2. $\Delta J = -1$, d.h., $J'' = J' + 1$ oder $J' - J'' = -1$; damit wird

$$\Delta\varepsilon_{J,v} = \bar{\omega}_0 - 2B(J'+1) \quad \text{cm}^{-1} \qquad J' = 0,1,2,\ldots \tag{3.20b}$$

Diese beiden Ausdrücke können zu einem zusammengefasst werden:

$$\Delta\varepsilon_{J,v} = \bar{\nu}_{\text{spect.}} = \bar{\omega}_0 + 2Bm \quad \text{cm}^{-1} \qquad m = \pm 1, \pm 2, \ldots \tag{3.20c}$$

wobei m, das $J'' + 1$ in Gl. (3.20a) und $J' + 1$ in Gl. (3.20b) ersetzt, für $\Delta J = +1$ positive und für $\Delta J = -1$ negative Werte annimmt. Achten Sie besonders darauf, dass *m nicht null sein kann*, da dies bedeuten würde, dass J' oder J'' den Wert -1 hat. Die Frequenz $\bar{\omega}_0$ heißt für gewöhnlich *Bandenursprung* oder *Bandenzentrum*.

Gleichung (3.20c) schließlich gibt das kombinierte Rotations-Schwingungsspektrum wieder. Offensichtlich besteht es aus Linien in gleichem Abstand voneinander (Abstand $= 2B$) zu beiden Seiten des Bandenzentrum $\bar{\omega}_0$, da aber $m \neq 0$ ist, taucht *an der Stelle* $\bar{\omega}_0$ *selbst keine Linie auf*. Die Linien auf der niederfrequenten Seite von $\bar{\omega}_0$, die einem negativen m entsprechen (also $\Delta J = -1$), werden als der *P-Zweig* bezeichnet, die auf der höherfrequenten Seite (m positiv, $\Delta J = +1$) als *R*-Zweig. Diese offensichtlich willkürliche Bezeichnung wird etwas klarer, wenn wir anmerken, dass wir später und in anderem Zusammenhang, zusätzlich zu den ΔJ-Werten ± 1 es auch noch mit 0 und ± 2 zu tun haben werden; die Bezeichnung der Linienfolgen ist dann in sich schlüssig:

Linien aufgrund von	$\Delta J =$	-2	-1	0	$+1$	$+2$	
werden bezeichnet als		*O*	*P*	*Q*	*R*	*S*	-Zweig

Die *P*- und *R*-Kennzeichnung, mit dem *tieferen* $J(J'')$ als Index, ist im schematischen Spektrum von Bild 3.6 wiedergegeben. Dies ist die übliche Bezeichnung.

Man kann zeigen, dass die Einbeziehung der Zentrifugalverzerrungskonstanten D auf folgenden Ausdruck für das Spektrum führt:

$$\Delta\varepsilon = \bar{\nu}_{\text{spectr.}} = \bar{\omega}_0 + 2Bm - 4Dm^3 \quad \text{cm}^{-1} \quad (m = \pm 1, \pm 2, \pm 3, \ldots) \tag{3.21}$$

Wir haben allerdings in Kapitel 2 gesehen, dass B ca. 10 cm^{-1} oder weniger beträgt, während D nur eine Größe von einigen 0,01 Prozent von B hat. Da ein normales Infrarot-Spektrometer eine Auflösung von 0,5 cm^{-1} hat, kann D offensichtlich bis zu einem hohen Grad an Genauigkeit vernachlässigt werden.[1]

Die Anharmonizitätskonstante andererseits ist nicht vernachlässigbar. Sie hat nicht nur Einfluss auf die Lage des Bandenzentrums (aufgrund $\bar{\omega}_0 = \bar{\omega}_e(1 - 2x_e)$), sondern bewirkt auch über die Erweiterung der Auswahlregeln auf $\Delta v = \pm 2, \pm 3$, usw. das Auftauchen von Obertonbanden mit identischer Rotationsstruktur. Das veranschaulicht Bild 3.7(a), in dem die Grundschwingung und die erste Obertonbande von Kohlenmonoxid wiedergegeben sind. Wie im folgenden Abschnitt noch gezeigt werden wird,

[1] Hochauflösende Geräte erreichen 0,0015 cm^{-1}, IR-Laser kommen noch 1 – 2 Größenordnungen weiter in der Auflösung.

erhalten wir aus den Bandenzentren die Schwingungsfrequenz $\bar{\omega}_e$ im Gleichgewichtszustand sowie die Anharmonizitätskonstante x_e.

3.3 Das Rotationsschwingungsspektrum von Kohlenmonoxid

In Bild 3.7(b) sehen wir die Grund-(Rotations-)Schwingungsband von Kohlenmonoxid bei hoher Auflösung, wobei einige der P- und R-Zweig-Linien entsprechend ihren J''-Werten bezeichnet sind. Tabelle 3.2 enthält die beobachteten Wellenzahlen der ersten fünf Linien in jedem der Zweige. Wir befassen uns kurz mit der leichten Abnahme des Abstands zwischen den Rotationslinien bei höheren Wellenzahlen; diese Abnahme sieht man sowohl aus der Tabelle wie auch an den „Flanken" des Spektrums.

Tabelle 3.2: Linien aus dem Infrarotspektrum von Kohlenmonoxid (Wellenzahlen in cm^{-1})

Linie	$\bar{\nu}$	Linienabstand $\Delta\bar{\nu}$	Linie	$\bar{\nu}$	Linienabstand $\Delta\bar{\nu}$
$P_{(1)}$	2139,43		$R_{(0)}$	2147,08	
		3,88			3,78
$P_{(2)}$	2135,55		$R_{(1)}$	2150,86	
		3,92			3,73
$P_{(3)}$	2131,63		$R_{(2)}$	2154,59	
		3,95			3,72
$P_{(4)}$	2127,68		$R_{(3)}$	2158,31	
		3,98			3,66
$P_{(5)}$	2123,70		$R_{(4)}$	2161,97	

Aus der Tabelle entnehmen wir, dass das Bandenzentrum bei etwa 2143 cm^{-1} liegt und der mittlere Linienabstand nahe dem Zentrum 3,83 cm^{-1} beträgt. Daraus erhalten wir sofort:

$$2B = 3{,}83\ \mathrm{cm}^{-1} \qquad B = 1{,}915\ \mathrm{cm}^{-1}$$

in zufriedenstellender Übereinstimmung mit dem Wert $B = 1{,}921\,18\ \mathrm{cm}^{-1}$ aus Mikrowellenbeobachtungen (vgl. Abschnitt 2.3.1) und somit hätten wir allein aus dem Infrarotspektrum eigentlich ganz brauchbare Werte für die Rotationskonstante und damit für das Trägheitsmoment und die Bindung gewonnen. Historisch gesehen, waren die Infrarotwerte natürlich die früheren und die genaueren Mikrowellendaten kamen erst später.

Es sollte an dieser Stelle auch festgehalten werden, dass man genäherte Werte für Rotationsparameter auch aus nicht rotationsaufgelösten Spektren erhalten kann. So gibt z.B. Bild 3.8 das Spektrum von Kohlenmonoxid mit viel geringerer Auflösung wieder, so dass die Rotationsfeinstruktur bis auf eine Einhüllende verwaschen ist.

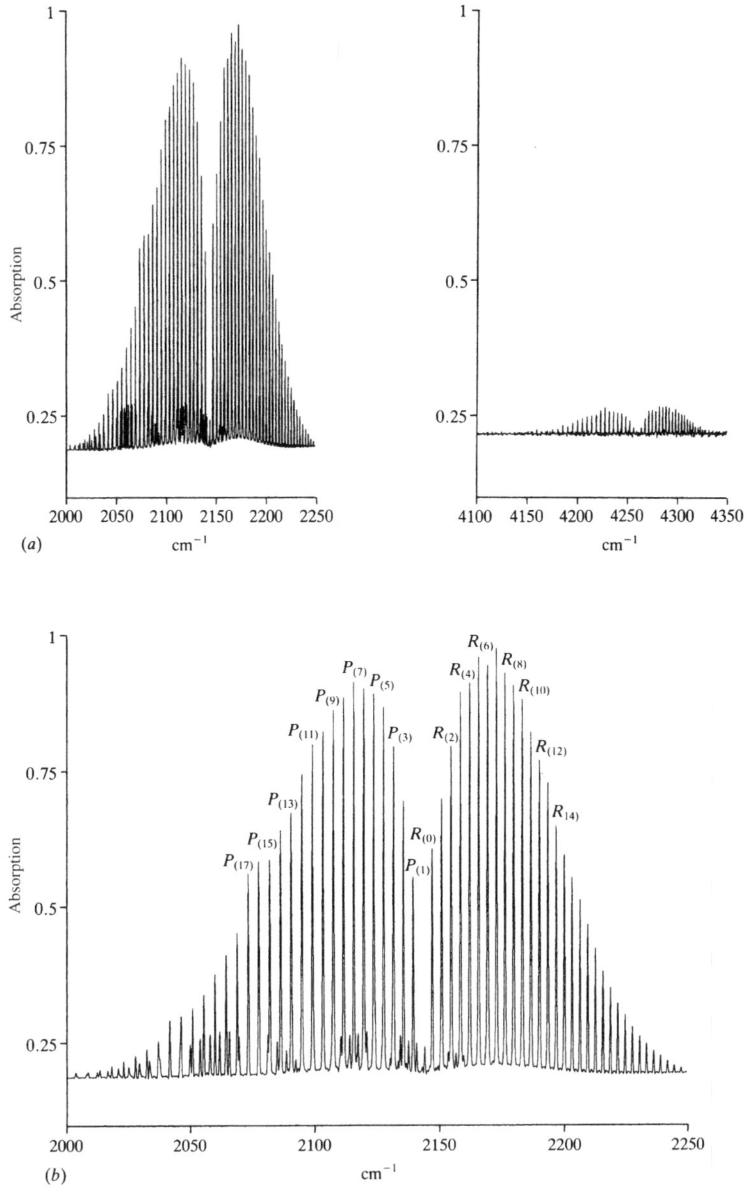

Bild 3.7: (a) Die Grundschwingung (bei etwa 2143 cm^{-1}) sowie die erste Obertonbande (bei etwa 4260 cm^{-1}) von Kohlenmonoxid. (b) Die Grundschwingungsbande bei höherer Auflösung. Die Linien sind mit ihren J''-Werten bezeichnet. Der P-Zweig ist von einer Bande bei etwa 2100 cm^{-1} aufgrund des einen Prozents ^{13}CO in der Probe überlagert; einige der Rotationslinien dieser Bande tauchen zwischen den Linien des P-Zweigs auf, andere wieder werden durch P-Zweig-Linien überdeckt und erhöhen deren Intensität (z.B. die Linien $P_{(16)}$, $P_{(23)}$ und $P_{(24)}$. *Wir danken Frau J. Cook an der University of York für dieses Spektrum.*)

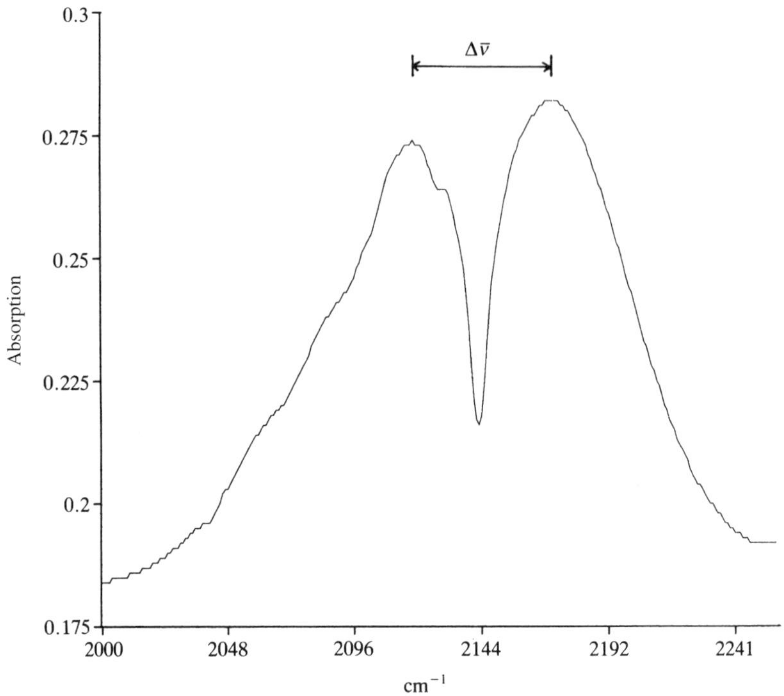

Bild 3.8: Die Grundschwingungsbande von Bild 3.7(b) bei sehr geringer Auflösung. Die gesamte Rotationsfeinstruktur ist verschwunden und man erkennt die charakteristische *PR*-Kontur. (*Wir danken Frau J. Cook von der University of York für dieses Spektrum.*).

Wir sahen jedoch aus Gl. (2.21), dass die maximale Besetzungsdichte und damit auch das Intensitätsmaximum für einen Übergang bei einem J-Wert von $\sqrt{kT/2Bhc} - \frac{1}{2}$ liegt. Wir erinnern uns, dass $m = J + 1$ ist und substituieren in Gl. (3.20c) $m = \pm\sqrt{kT/2Bhc} + \frac{1}{2}$ und erhalten dann das Ergebnis:

$$\bar{\nu}_{\text{max. Intensität}} = \bar{\omega}_0 \pm 2B(\sqrt{kT/2Bhc} + \tfrac{1}{2})$$

wobei sich die Vorzeichen + und − auf den R- bzw. den P-Zweig beziehen. Der *Abstand* zwischen den beiden Maxima $\Delta\bar{\nu}$ beträgt dann:

$$\Delta\bar{\nu} = 4B(\sqrt{kT/2Bhc} + \tfrac{1}{2}) = \sqrt{8kTB/hc} + 2B$$

Da B klein ist im Vergleich zu $\Delta\nu$, können wir auch schreiben

$$\Delta\bar{\nu} \approx \sqrt{8kTB/hc} \qquad B \approx hc(\Delta\bar{\nu})^2/8kT \quad \text{cm}^{-1}$$

mit c in der Einheit cm s^{-1}. Im Fall von Kohlenmonoxid ist der Abstand etwa 55 cm^{-1} (Bild 3.8) und die Temperatur, bei der das Spektrum aufgenommen wurde, betrug etwa

300 K. Dies führt auf ein B von etwa 1,8 cm^{-1}, in guter Übereinstimmung mit bereits früher erhaltenen Werten, aber eben nicht so genau.

Aus der Tabelle 3.2 ersehen wir, dass das Bandenzentrum, also der Punkt genau zwischen $P_{(1)}$ und $R_{(0)}$, bei 2143,26 cm^{-1} liegt. Das ist also die Frequenz der Grundschwingung, wenn die Anharmonizität vernachlässigt wird. Diese kann jedoch mit eingerechnet werden, da wir wissen, dass das Bandenzentrum des ersten Obertons bei 4260,04 cm^{-1} liegt. Das ergibt:

$$\bar{\omega}_e(1-2x_e) = \bar{\omega}_0 = 2143{,}26$$
$$2\bar{\omega}_e(1-3x_e) = 4260{,}04$$

und daraus: $\bar{\omega}_e = 2169{,}74\ cm^{-1}$, $x_e = 0{,}0061$.

3.4 Verletzung der Born-Oppenheimer-Näherung: Die Wechselwirkung zwischen Rotation und Schwingung

Bis jetzt haben wir angenommen, dass die Schwingungs- und Rotationsbewegungen voneinander unabhängig sind. Ein Molekül schwingt etwa 10^3 Mal während einer einzigen vollen Rotation, und das bedeutet, dass die Bindungslänge (und mit ihr auch das Trägheitsmoment und die Konstante B) sich im Verlauf der Rotationsbewegung stetig ändert. Handelt es sich nur um eine harmonische Schwingung, dann bleibt der mittlere Bindungsabstand derselbe wie der Gleichgewichtsabstand und ändert sich auch nicht mit der Schwingungsenergie; dies ist der Fall in Bild 3.1. Die Rotationskonstante hängt aber von $1/r^2$ ab und der Mittelwert dieser Größe ist, wie wir aus einem Beispiel in Abschnitt 2.3.4 gesehen haben, nicht identisch mit $1/r_{\text{eq.}}^2$, wobei $r_{\text{eq.}}$ der Gleichgewichtsabstand ist. Außerdem ist im klassischen Bild eine höhere Schwingungsenergie auch mit einer größeren Schwingungsamplitude verknüpft und somit hängt B von der Quantenzahl v ab.

Für anharmonische Schwingungen liegt der Fall noch komplizierter. Hier führt eine Erhöhung der Schwingungsenergie auch noch zu einer größeren mittleren Bindungslänge – wie man vielleicht am deutlichsten in Bild 3.4 erkennen kann. Die Rotationskonstante ändert sich dann noch stärker mit der Schwingungsenergie.

Wenn, was im Allgemeinen der Fall ist, r_{mitt} mit der Schwingungsenergie *zunimmt*, dann ist B natürlich im angeregten Zustand *kleiner* ist als im Grundzustand. Ein Gleichung in der Form:

$$B_v = B_e - \alpha(v + \tfrac{1}{2}) \tag{3.22}$$

ergibt auch wirklich mit guter Näherung den Wert für B_v, also der Rotationskonstanten im schwingungsangeregten Zustand v als Funktion von B_e (im Gleichgewicht) und α, einer kleinen positiven und molekülspezifischen Konstanten.

Wir beschränken unsere Überlegungen im Augenblick auf Änderungen im Rahmen der Grundschwingung, also auf Änderungen beim Übergang $v = 0 \to v = 1$ und wir können die entsprechenden B-Werte mit B_0 und B_1 bezeichnen, wobei $B_0 > B_1$ gilt. Für diesen Übergang gilt:

$$\begin{aligned}\Delta\varepsilon &= \varepsilon_{J',v=1} - \varepsilon_{J'',v=0}\\ &= \bar{\omega}_0 + B_1 J'(J'+1) - B_0 J''(J''+1) \quad \text{cm}^{-1}\end{aligned}$$

wobei, wie bisher, $\bar{\omega}_0 = \bar{\omega}_e(1-2x_e)$ ist.

Wir müssen nun zwei Fälle unterscheiden:

1. $\Delta J = +1 \qquad J' = J'' + 1$

$$\Delta\varepsilon = \bar{\nu}_R = \bar{\omega}_0 + (B_1 + B_0)(J''+1) + (B_1 - B_0)(J''+1)^2 \ \text{cm}^{-1} \qquad (J'' = 0, 1, 2, \ldots) \tag{3.23a}$$

und

2. $\Delta J = -1 \qquad J'' = J' + 1$

$$\Delta\varepsilon = \bar{\nu}_P = \bar{\omega}_0 - (B_1 + B_0)(J'+1) + (B_1 - B_0)(J'+1)^2 \ \text{cm}^{-1} \qquad (J' = 0, 1, 2, \ldots) \tag{3.23b}$$

wobei wir die Wellenzahlen im P- und R-Zweig mit $\bar{\nu}_P$ bzw. mit $\bar{\nu}_R$ bezeichnet haben. Diese beiden Gleichungen können zu folgendem Ausdruck zusammengefasst werden:

$$\bar{\nu}_{P,R} = \bar{\omega}_0 + (B_1 + B_0)m + (B_1 - B_0)m^2 \ \text{cm}^{-1} \quad (m = \pm 1, \pm 2, \ldots) \tag{3.23c}$$

Positive m-Werte beziehen sich auf den R-Zweig und negative auf den P-Zweig.

Man erkennt leicht, dass eine Vernachlässigung der Schwingungs-Rotationswechselwirkung gleichbedeutend ist mit einem Gleichsetzen von $B_1 = B_0$, wobei dann Gl. (3.23c) sich sofort zu (3.20c) vereinfacht. Da $B_1 < B_0$ ist, wird der letzte Term in (3.23c) stets negativ, unabhängig vom Vorzeichen von m. Infolgedessen drängen sich im Spektrum eines zweiatomigen Moleküls die Rotationslinien mit steigendem m im R-Zweig enger zusammen, während die P-Zweig-Linien umso größeren Abstand voneinander zeigen, je größer das (negative) m wird. Für gewöhnlich unterscheidet sich B_1 nur geringfügig von B_0 und dieser Effekt wird nur bei hohen m-Werten merkbar. Das Spektrum von Kohlenmonoxid zeigt gerade diesen Fall (Bild 3.7(b)).

Tabelle 3.3: Beobachtete und berechnete Wellenzahlen einer Auswahl von Linien aus dem Spektrum von Kohlenmonoxid

m	J''	$\bar{\nu}_{\text{obs.}}$	$\bar{\nu}_{\text{calc.}}$ [a]
30	29	2241,64	2241,91
25	24	2227,63	2227,65
20	19	2212,62	2212,54
15	14	2196,66	2196,53
10	9	2179,77	2179,66
5	4	2161,97	2161,90
0	–	(Bandenzentrum)	2143,28
−5	5	2123,70	2123,78
−10	10	2103,27	2103,40
−15	15	2082,01	2082,15
−20	20	2059,91	2060,02
−25	25	2037,03	2037,02
−30	30	2013,35	2013,14

[a] Werte berechnet aus: $\nu = 2143{,}28 + 3{,}813m - 0{,}0175m^2$.

In Tabelle 3.3 sind einige Daten von Kohlenmonoxid aufgelistet, zusammen mit Wellenzahlen von Linien, die nach folgender Gleichung berechnet wurden:

$$\bar{\nu}_{\text{spect.}} = 2143{,}28 + 3{,}813m - 0{,}0175m^2 \quad \text{cm}^{-1}$$

Für dieses Molekül erhalten wir daraus:

$$B_1 = 1{,}898 \text{ cm}^{-1} \qquad B_0 = 1{,}915 \text{ cm}^{-1}$$

und weiter mit Hilfe von Gl. (3.22):

$$\alpha = 0{,}018 \qquad B_e = 1{,}924 \quad \text{cm}^{-1}$$

Außerdem können wir den Gleichgewichtsabstand und die Bindungslängen im Zustand $v = 0$ und $v = 1$ ermitteln (vgl. Abschnitt 2.3.1):

$$r_{\text{eq.}} = 0{,}1130 \text{ nm} \qquad r_0 = 0{,}1133 \text{ nm} \qquad r_1 = 0{,}1136 \text{ nm}$$

3.5 Schwingungen mehratomiger Moleküle

Ebenso wie bei den reinen Rotationsspektren mehratomiger Moleküle werden wir auch in diesem sowie im folgenden Abschnitt feststellen, dass trotz der komplexeren Verhältnisse eine kleine und logisch nachvollziehbare Erweiterung der einfachen

Theorie für das Verständnis der Spektren ausreicht. Dazu müssen wir folgende Punkte in die Überlegung einbeziehen:

1. Die Anzahl der Grundschwingungen und ihre Symmetrie.
2. Die Möglichkeit, dass Oberton- und Kombinationsbanden auftreten.
3. Den Einfluss der Rotationsbewegung auf die Spektren.

3.5.1 Grundschwingungen und ihre Symmetrie

Betrachten wir ein Molekül mit N Atomen: Wir können die Position eines jeden Atoms durch die Angabe von drei Koordinaten festlegen (d.h., mit Hilfe der kartesischen Koordinaten x, y und z). Das ergibt insgesamt $3N$ Koordinatenwerte; wir sagen, das Moleküle hat $3N$ *Freiheitsgrade*, da jeder dieser Koordinatenwerte unabhängig von den andern festgelegt werden kann. Somit sind gleichzeitig mit den $3N$ Koordinaten auch die Bindungsabstände und Bindungswinkel festgelegt und damit sind auch keine zusätzlichen Annahmen mehr möglich.

Das Molekül besitzt einmal die Möglichkeit, sich frei im Raum zu bewegen, ohne dass sich dabei seine äußere Form ändert. Diese Bewegung können wir beschreiben, indem wir angeben, wie sich die Schwerpunktskoordinaten verschieben – dazu wird die Angabe von drei Koordinatenwerten benötigt. Diese Translationsbewegung verbraucht also drei der insgesamt $3N$ Freiheitsgrade, es bleiben also $3N-3$. Im allgemeinen kann auch die Rotationsbewegung eines nichtlinearen Moleküls in drei Komponenten um drei zueinander senkrechte Achsen zerlegt werden (vgl. Abschnitt 1.1). Die Angabe dieser drei Achsen verbraucht wiederum drei Freiheitsgrade und es bleiben dem Molekül noch $3N-6$ Freiheitsgrade. Als einzige Bewegungsmöglichkeit verbleiben nur noch die inneren Schwingungen und das lässt den Schluss zu, dass ein nichtlineares N-atomiges Molekül $3N-6$ verschiedene innere Schwingungen aufweisen kann:

$$\text{Nichtlinear:} \qquad 3N-6 \quad \text{Grundschwingungen} \tag{3.24a}$$

Handelt es sich aber um ein lineares Molekül, dann existiert nach Kapitel 2 keine Rotation um die Bindungsachse; deshalb verbraucht die Rotation nur zwei Freiheitsgrade und es bleiben $3N-5$ für die Schwingungsfreiheitsgrade übrig – einer mehr als beim nichtlinearen Molekül:

$$\text{Linear:} \qquad 3N-5 \quad \text{Grundschwingungen} \tag{3.24b}$$

Da bei einem N-atomiges Molekül $N-1$ Bindungen zwischen seinen Atomen vorliegen (sofern es sich um nicht-ringförmige Verbindungen handelt), sind es in beiden Fällen $N-1$ Valenzschwingungen und die verbleibenden $2N-5$ (bei nichtlinearen Molekülen) bzw. $2N-4$ (im linearen Fall) sind dann die Deformationsschwingungen.

Werfen wir einen Blick auf ein paar Beispiele zu diesen Regeln. Wir sehen, dass bei ei-

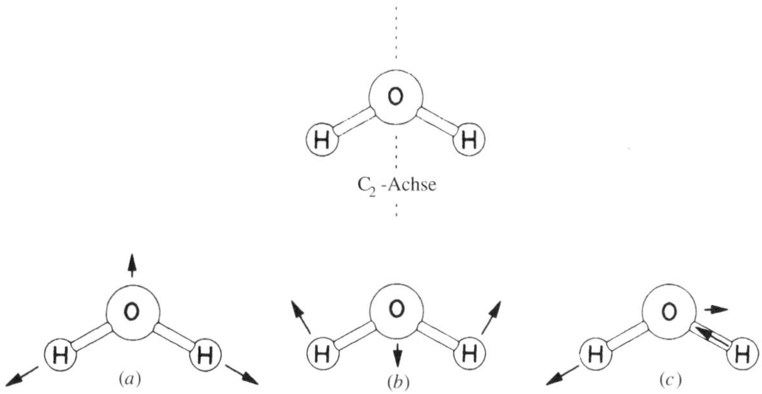

Symmetrische Valenzschwingung ν_1, parallel (‖) 3651,7 cm^{-1}

Symmetrische Deformation ν_2, parallel (‖) 1595,0 cm^{-1}

Antisymmetrische Valenzschwingung ν_3, senkrecht (⊥) 3755,8 cm^{-1}

Bild 3.9: Die Symmetrie des Wassermoleküls und seiner drei Grundschwingungen.

nem zweiatomigen Molekül (selbstverständlich linear), wie wir es in diesem Abschnitt schon behandelt haben, $N = 2$ und $3N - 5 = 1$ ist und es deshalb nur eine Grundschwingung geben kann. Beachten Sie allerdings in diesem Zusammenhang auch, dass die $3N - 5$-Regel keine Aussage darüber macht, ob es Obertonschwingungen gibt oder nicht und was ihre Intensität betrifft – das ist allein Sache der Anharmonizität.

Als nächstes Beispiel betrachten wir das Wassermolekül, H_2O. Es ist nichtlinear und dreiatomig (Bild 3.9). Ebenfalls im Bild gezeigt sind die $3N - 6 = 3$ erlaubten Schwingungen, wobei die Pfeile an den Atomen deren Bewegungsrichtung während einer Halbperiode der Schwingung andeuten. Jede dieser Bewegungen wird entweder als Valenz- oder als Deformationsschwingung bezeichnet, je nachdem, in welcher Weise sich dabei die Struktur des Moleküls verändert.[1]

Diese drei Schwingungsbewegungen werden auch als die *Normalschwingungsmoden* (oder *Normalschwingungen*) eines Moleküls bezeichnet; eine Normalschwingung ist, falls sie nicht entartet ist, definiert als diejenige Bewegung eines Moleküls, bei der alle Atome mit derselben Frequenz schwingen und gleichzeitig durch ihre Ruhelage gehen.

Außerdem wird jede der Bewegungsformen von Bild 3.9 entweder als symmetrisch oder als antisymmetrisch bezeichnet. Wir brauchen uns hier nicht allzu tief mit der Materie der Molekülsymmetrie im Allgemeinen zu befassen, da dem interessierten Studenten dafür sehr gute andere Lehrbücher zur Verfügung stehen, aber wir sehen sofort, dass das Wassermolekül einige Symmetrieelemente aufweist. Beachten Sie bitte besonders die punktierte Linie in Bild 3.9, oben, die den HOH-Winkel halbiert; dreht man das Molekül um diese Achse um 180°, dann sieht es genauso aus wie vorher. Des-

[1] Die Unterscheidung zwischen Valenz- und Deformationsschwingung ist nur bei kleinen Molekülen eindeutig. Bei größeren Molekülen gibt es Schwingungen, die Merkmale von beiden aufweisen.

halb heißt diese Achse C_2-Achse, da das Molekül dem Betrachter zweimal in Verlauf einer vollen Umdrehung den gleichen Anblick bietet. Dieses Molekül besitzt nur eine Symmetrieachse der Rotation; üblicherweise charakterisiert man eine Schwingung im Hinblick auf diese Achse. Betrachten wir die erste Schwingung (Bild 3.9(a)). Dreht man das *schwingende* Molekül um 180°, dann ändert sich an der Schwingung nichts. Man bezeichnet diese als symmetrische Schwingung. Die Deformationsschwingung ν_2 ist ebenfalls symmetrisch. Eine Drehung während der Streckbewegung in Bild 3.9(c) führt auf eine Schwingung, die in Gegenphase zur ursprünglichen Schwingung ist; deshalb wird diese als antisymmetrische Valenzschwingung bezeichnet.

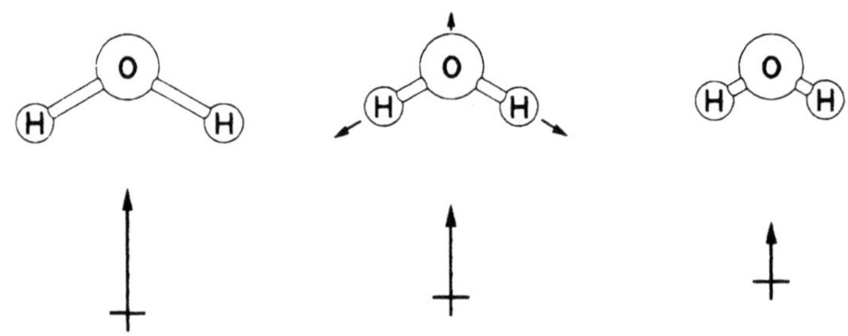

(*c*) ν_1, symmetrische Valenzschwingung

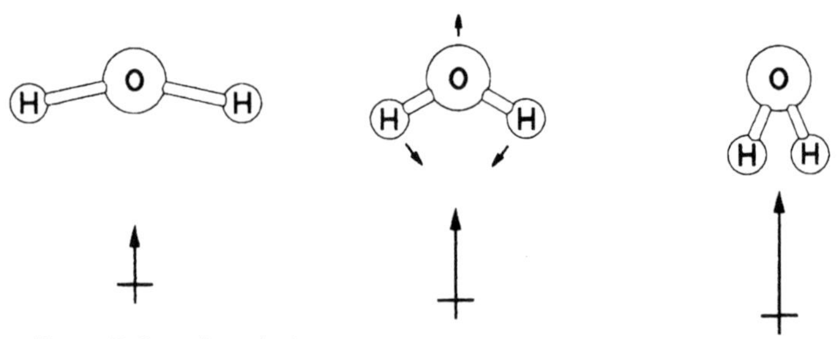

(*b*) ν_2, Deformationsschwingung

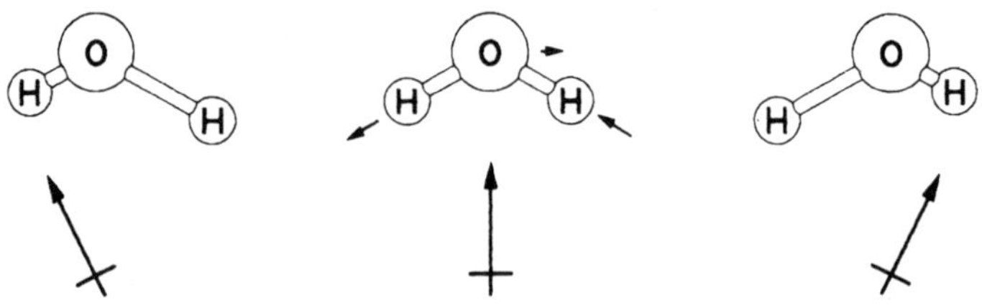

(*a*) ν_3, antisymmetrische Valenzschwingung

Bild 3.10: Änderung des Dipolmoments aufgrund der einzelnen Schwingungen beim Wassermolekül. Wie man erkennt, erfolgt diese Änderung entweder in Richtung (||) oder senkrecht (⊥) zur Symmetrieachse.

Damit eine Schwingung infrarotaktiv ist, muss sich, wie wir bereits wissen, im Verlauf einer Schwingung das Dipolmoment ändern; diese Änderung kann entweder in Richtung der Symmetrieachse erfolgen (parallel zu ihr oder $\|$) oder im rechten Winkel dazu (senkrecht, $\perp$).

Bild 3.10 zeigt, in welche Weise sich bei den drei Schwingungen das Dipolmoment des Wassermoleküls ändert, so dass die Bezeichnungen parallel und senkrecht von Bild 3.9 ihre Rechtfertigung erfahren. Später werden wir dann auch noch sehen, dass diese Unterscheidung wichtig wird, wenn wir zum Einfluss der *Rotation* auf das Spektrum kommen werden.

Schließlich sind die Schwingungen in Bild 3.9 auch noch mit ν_1, ν_2 und ν_3 bezeichnet. Man ist übereingekommen, die Schwingungen innerhalb ihres Schwingungstyps nach fallender Frequenz durchzuzählen. So werden die symmetrischen Schwingungen von H_2O mit ν_1 für die höchste, totalsymmetrische Frequenz (3651,7 cm^{-1}) und mit ν_2 für die zweithöchste (1595,0 cm^{-1}) bezeichnet; die antisymmetrische Schwingung bei 3755,8 cm^{-1} ist dann die ν_3.

Als letztes Beispiel bringen wir das lineare dreiatomige Molekül CO_2, dessen Normalschwingungen in Bild 3.11 dargestellt sind. An diesem Molekül gibt es zwei unterschiedliche Arten von Symmetrieachsen. Einmal sind es unendlich viele zweifache Achsen (C_2) durch das Kohlenstoffatom und im rechten Winkel zur Bindungsachse; und dann gibt es noch eine ∞-fache Achse (C_∞), die direkt mit der Bindungsachse zusammenfällt (Diese wird deshalb als ∞-fach bezeichnet, weil eine Drehung des Moleküls um diese Achse um *jeden beliebigen Winkel* das Molekül gleich erscheinen lässt.) Der Grund für die Bezeichnung symmetrische bzw. antisymmetrische Valenz-

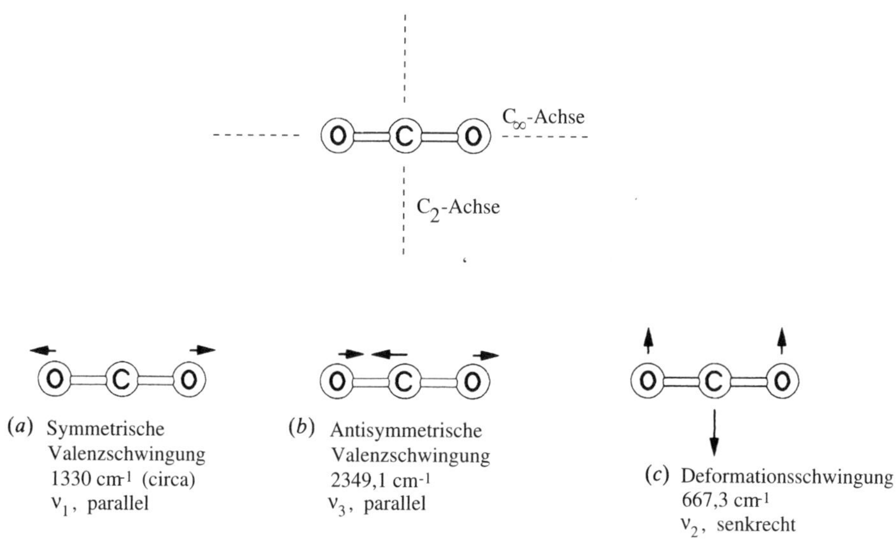

Bild 3.11: Symmetrie und Grundschwingungen des Kohlendioxidmoleküls.

schwingung ist offenkundig, aber es sollte festgehalten werden, dass die symmetrische Valenzschwingung keine Änderung des Dipolmoments bewirkt (es bleibt null), so dass diese Schwingung nicht infrarotaktiv ist; ihre Frequenz kann man allerdings auf eine andere Weise beobachten, die wir im nächsten Abschnitt behandeln werden.

Bei linearen dreiatomigen Moleküle gilt $3N - 5 = 4$ und deshalb sind vier Schwingungen zu erwarten, nicht die in Bild 3.11 dargestellten drei. Eine genauere Überlegung zeigt allerdings, dass ν_2 in Wirklichkeit aus zwei Schwingungen besteht – eine in der Zeichenebene, wie im Bild, und eine zweite, bei der die Sauerstoffatome in die Ebene ein- und aus ihr wieder auftauchen. Diese beiden Bewegungen sind natürlich in jeder Beziehung gleichwertig außer in Bezug auf die Schwingungsrichtung und werden deshalb als *entartet* bezeichnet; trotzdem müssen sie als getrennte Schwingungen betrachtet werden und es liegt immer an der Entartung einer Biegeschwingung, bei der sich am linearen Molekül die im Vergleich zu einem nichtlinearen zusätzlich auftretende Schwingung wiederfindet.

Man könnte meinen, dass bei der ν_2 von H_2O (Bild 3.9(b)) die Wasserstoffatome auch in der Weise schwingen könnten, dass sie gleichzeitig in die Zeichenebene ein- und wieder auftauchen. Eine Bewegung dieser Art ist aber keine Schwingung, sondern eine *Rotation*. Wenn das Molekül sich mehr und mehr der linearen Form nähert, dann entartet diese Rotation zu einer Schwingung und das Molekül büßt einen Rotations- im Austausch gegen einen Schwingungsfreiheitsgrad ein.

3.5.2 Oberton- und Kombinationsfrequenzen

Könnte man ein einzelnes H_2O oder CO_2-Molekül beobachten, dann würde einem die Gesamtschwingung außerordentlich kompliziert erscheinen; genauer betrachtet würde keines der Atome periodisch den in den Bildern 3.9 oder 3.11 getrennt eingezeichneten Pfaden folgen; da nämlich alle diese Schwingungen ständig angeregt sind, zumindest soweit es die Nullpunktsenergie zulässt, würde sich jedes Atom in einer Weise bewegen, dass sich alle diese Pfade überlagern. Diese überlagerte Bewegung könnte aber in ihre einzelnen Komponenten zerlegt werden, wenn wir z.B. das Molekül mit Hilfe einer stroboskopischen Beleuchtung beobachten könnten, die das Molekül der Reihe nach mit den einzelnen Grundschwingungsfrequenzen anblitzt. Das ist sozusagen der wesentliche Inhalt der Infrarotspektroskopie – an die Stelle der Blitzlampe tritt die Strahlungsfrequenz und die Untersuchung besteht im Abtasten der Änderung des Dipolmoments. Deshalb besteht das Infrarotspektrum eines größeren Moleküls erwartungsgemäß aus je einer Absorptionsbande bei jeder der $3N - 6$ Grundschwingungsfrequenzen (beim nichtlinearen Molekül) bzw. aus $3N - 5$ (lineares Molekül).

Dies stellt natürlich eine starke Vereinfachung dar, in der zwei Näherungen enthalten sind: (1), dass jede Schwingung harmonisch sei und (2), dass jede der Schwingungen unabhängig und unbeeinflusst von den andern sei. Mit der Annahme (2) werden wir uns später noch genauer auseinandersetzen; im Augenblick können wir dies aber als brauchbare Arbeitshypothese stehen lassen.

Lassen wir die Beschränkung auf harmonische Bewegungen fallen, dann ergibt sich analog zum zweiatomigen Molekül (Abschnitt 3.1.3) die Möglichkeit, dass erste, zweite, usw. Obertöne bei Frequenzen um $2\nu_1, 3\nu_1, \ldots, 2\nu_2, 3\nu_2, \ldots, 2\nu_3, \ldots$, usw. auftreten, wobei es sich bei den ν_i um Grundschwingungen handelt. Die Intensitäten nehmen sehr rasch ab. Aufgrund der Auswahlregeln erhält man jetzt allerdings zusätzlich *Kombinations-* und *Differenzbanden*. Die Kominationsbanden ergeben sich einfach aus der Addition von zwei oder mehreren Grundschwingungs- oder von Obertonfrequenzen. Beispiele für solche Kombinationen sind $\nu_1 + \nu_2$, $2\nu_1 + \nu_2$, $\nu_1 + \nu_2 + \nu_3$, usw. Sie sind erlaubt, obwohl sie für gewöhnlich sehr schwach sind. Ganz ähnlich die Differenzbanden, z.B. $\nu_1 - \nu_2$, $2\nu_1 - \nu_2$, $2\nu_1 + \nu_2 - \nu_3$, die man in einem komplexen Spektrum trotz ihrer geringen Intensität häufig findet.

Die Intensitäten von Oberton- und Kombinationsbanden können bisweilen durch ein Resonanzphänomen beträchtlich gesteigert werden. Es kann vorkommen, dass bei irgendeinem Molekül die Frequenzen zweier Schwingungen nahe beisammen liegen – man bezeichnet sie als *zufällig* entartet. Beachten Sie bitte, dass hier nicht von identischen Schwingungen wie den beiden identischen ν_2-Schwingungen beim CO_2 die Rede ist (Bild 3.11), sondern von der sich oft zufällig ergebenden Möglichkeit, dass zwei völlig verschiedene Schwingungen ganz ähnliche Energie haben. Für gewöhnlich unterscheiden sich die Grundschwingungen ziemlich stark voneinander; zufällige Entartung findet man meist zwischen einer Grundschwingung und einer Oberton- oder Kombinationsschwingung. Ein einfaches Beispiel findet sich bei CO_2, wo die ν_1, die bei etwa 1330 cm^{-1} liegen sollte, sehr nahe am Wert von $2\nu_2 = 1334$ cm^{-1} liegt. (Wie bereits erwähnt, können diese Banden nicht im Infraroten beobachtet werden, man sieht sie aber beide im Ramanspektrum, das im nächsten Kapitel behandelt wird; dieser Resonanzmechanismus gilt für beide Beobachtungsmethoden.) Mit Hilfe der Quantenmechanik kann gezeigt werden, dass zwei solcher Schwingungen so miteinander in Wechselwirkung treten können, dass die eine Bande zu höherer Frequenz und die andere zu tieferer verschoben wird – und tatsächlich zeigt das Ramanspektrum zwei Banden, eine bei 1285 cm^{-1}, die andere bei 1385 cm^{-1}. Ihr Mittelwert liegt gerade bei 1330 cm^{-1}.

Halten Sie bitte fest, dass man, da eine Bande von einer Grundschwingung stammt (ν_1) und die zweite von der Obertonschwingung ν_2, eigentlich erwarten würde, dass die erste deutlich stärker sein würde als die zweite. Man beobachtet sie aber mit fast der gleichen Intensität – die Obertonschwingung hat an Intensität gewonnen auf Kosten der Grundschwingung. Es handelt sich dabei um einen außergewöhnlichen Fall – im Allgemeinen erhält die Obertonschwingung nur wenig Intensität von der Grundschwingung. Man vergleicht dies oft mit zwei Pendeln, die durch einen Stab miteinander verbunden sind – solange die Pendel sehr unterschiedliche Eigenfrequenzen aufweisen, schwingen sie unabhängig voneinander; sind ihre Frequenzen aber sehr ähnlich, dann können sie ihre Energie recht gut untereinander austauschen. Sie sind in Resonanz, wie der Ausdruck lautet. Auf ähnliche Weise können auch zwei eng beisammen liegende Schwingungsfrequenzen eines Moleküls in Resonanz sein und Energie austauschen – ein Phänomen, das für den Fall einer Resonanz zwischen einer Grund- und Obertonschwingung als *Fermiresonanz* bezeichnet wird. Im Spektrum eines größeren Moleküls, das viele Grund- und Obertonschwingungen hat, ist die Wahrscheinlichkeit für zufällige Entartungen und somit für das Auftreten einer Fermiresonanz ziemlich hoch. Allerdings muss dabei auch die Molekülsymmetrie und der Schwingungstyp mit in die Betrachtung einbezogen werden; im Moment wollen wir uns aber nicht weiter damit befassen.

3.6 Rotationseffekte bei Spektren mehratomiger Moleküle

Im Abschnitt 3.2 erhielten wir als Auswahlregel bei gleichzeitiger Rotation und Schwingung eines zweiatomigen Moleküls:

$$\Delta v = \pm 1, \pm 2, \pm 3, \ldots \qquad \Delta J = \pm 1 \qquad \Delta J \neq 0$$

Damit erhielten wir ein Spektrum mit einer Folge von Linien links und rechts eines Zentrums, das ein Intensitätsminimum aufwies und als Bandenzentrum bezeichnet wird.

Wir haben in diesem Abschnitt bereits gezeigt, dass wir die Schwingungen eines größeren Moleküls in zwei Gruppen einteilen können, bei denen sich das Dipolmoment entweder parallel (1) oder senkrecht (2) zur Achse höchster Rotationssymmetrie ändert. Der Grund dafür, dass wir diese Unterscheidung treffen und dies hier wiederholen, liegt darin, dass die Auswahlregeln für die *Rotations*-Übergänge eines größeren Moleküls überraschenderweise vom Typ der Schwingung abhängt, die das Molekül gerade ausführt, nämlich ob $\parallel$ oder $\perp$. Was nicht ganz so überraschend ist, die Auswahlregeln und die Schwingungsenergie hängen auch von der *Struktur* des Moleküls ab. Wir werden uns erst mit dem linearen Molekül als dem einfachsten Fall befassen und dann noch etwas über andere Molekülklassen anschließen.

3.6.1 Lineare Moleküle

Parallelbanden Die Auswahlregeln dafür sind identisch mit denen der zweiatomigen Moleküle, d.h.:

$$\Delta J = \pm 1 \quad \Delta v = \pm 1 \quad \text{bei harmonischen Schwingungen} \tag{3.25a}$$

$$\Delta J = \pm 1 \quad \Delta v = \pm 1, \pm 2, \pm 3, \ldots \quad \text{bei anharmonischen Schwingungen} \tag{3.25b}$$

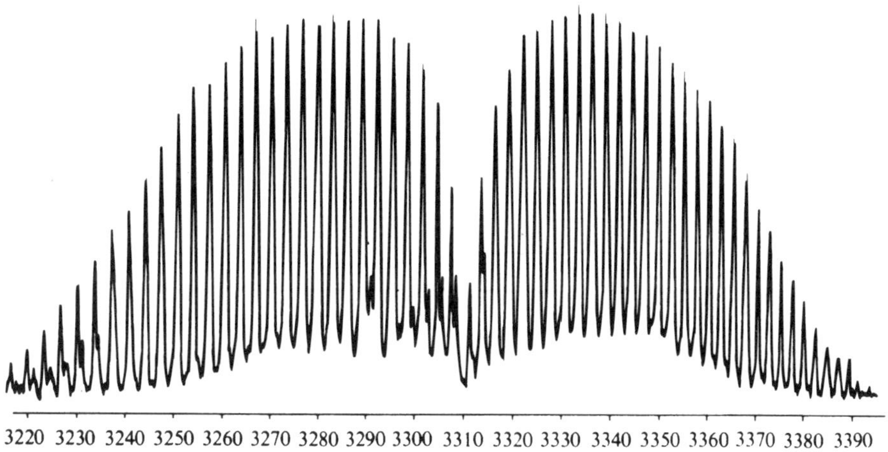

Bild 3.12: Spektrum der symmetrischen Valenzschwingung von HCN mit *P*- und *R*-Zweig-Linien.

(Eigentlich haben wir so etwas erwartet, da ein zweiatomiges Molekül linear ist und nur Parallelschwingungen ausführen kann.) Die Spektren werden deshalb auch so ähnlich aussehen: Aus einem *P*- und einem *R*-Zweig bestehend, mit Linien, die auf beiden Seiten ungefähr denselben Abstand voneinander haben, wobei aber keine Linie im Bandenzentrum liegt. Das Trägheitsmoment kann wesentlich größer sein, der *B*-Wert entsprechend kleiner und die *P*- und *R*-Zweig-Linien sind näher beisammen. Bild 3.12 gibt einen Teil des HCN-Spektrums wieder, eines linearen Moleküls mit der Struktur H—C≡N. Die hier gezeigte Bande ist die der symmetrischen Streckschwingung bei ca. 3310 cm^{-1} (die der ν_1-Schwingung von CO_2 in Bild 3.11 entspricht); in der Nähe des Bandenzentrums beobachtet man einen Linienabstand von 2,8 – 3,0 cm^{-1}. Zum Vergleich, bei CO ist der Linienabstand etwa 4,0 cm^{-1}.

Bei noch größeren Molekülen kann der *B*-Wert so klein werden, dass in den *P*- und *R*-Zweigen einzelne Linien nicht mehr aufgelöst werden können. Dann haben wir die gleiche Situation vor uns wie schon in Bild 3.8 und es gilt dasselbe im Hinblick auf die Möglichkeit, aus dem Abstand zwischen den Maxima der Einhüllenden des *P*- und *R*-Zweigs einen groben Wert für *B* zu ermitteln. Wir werden gleich sehen, dass ein nichtlineares Molekül eine Bandenform von dieser Art gar nicht zeigen kann, so dass ihre Beobachtung in einem Spektrum als Beweis ausreicht, dass es sich um eine lineares oder zumindest beinahe lineares Molekül handelt.

Senkrechtbanden Für diesem Fall erhält man die Auswahlregel:

$$\Delta v = \pm 1 \quad \Delta J = 0, \pm 1 \quad \text{bei harmonischen Schwingungen} \tag{3.26}$$

was auch bedeutet, dass jetzt zum erstenmal eine Änderung des Schwingungszustands erfolgen kann *ohne gleichzeitigen Rotationsübergang*. Daraus folgt, was in Bild 3.13 dargestellt ist, wo zu denselben Energieniveaus und Übergängen wie in Bild 3.6 auch

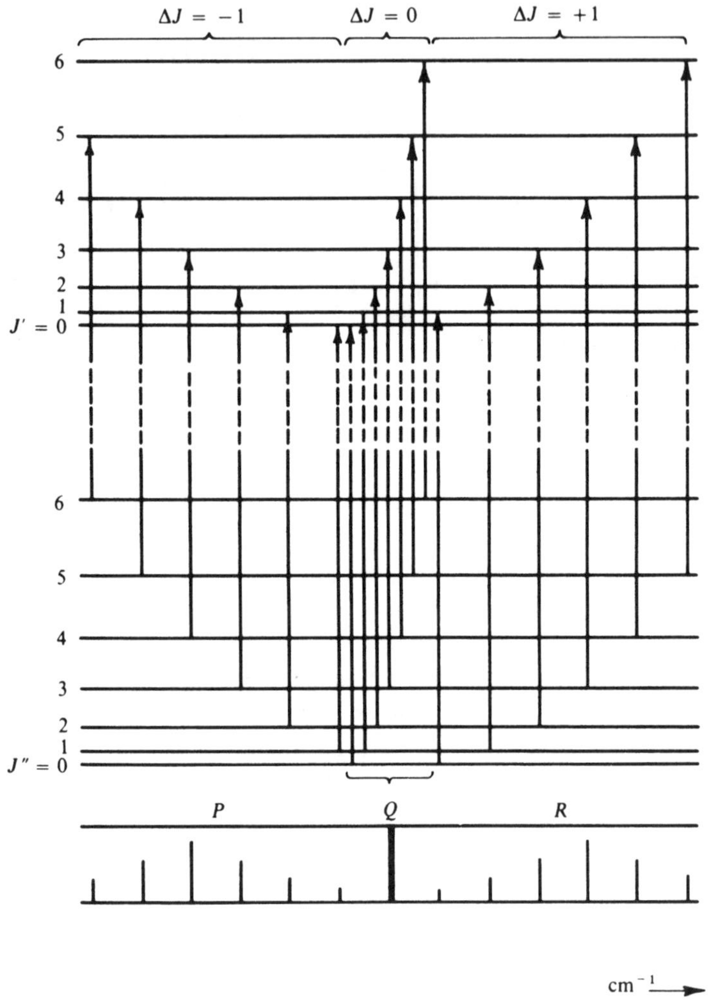

Bild 3.13: Rotationsenergieniveaus zweier Schwingungszustände; es ist gezeigt, wie sich $\Delta J = 0$ Übergänge auf das Spektrum auswirken.

die $\Delta J = 0$ Übergänge hinzugefügt wurden. Nimmt man harmonische Schwingung an, dann sind die Energieniveaus identisch mit denen in Gl. (3.18); die *P*- und *R*-Zweig-Linien erhält man wie bisher aus den Gln. (3.20) oder (3.21). Übergänge mit $\Delta J = 0$ entsprechen nun einem *Q-Zweig*, dessen Linien man mit Hilfe der folgenden Gleichungen ermitteln kann:

$$\begin{aligned}\Delta\varepsilon &= \varepsilon_{J,v+1} - \varepsilon_{J,v} \\ &= 1\tfrac{1}{2}\bar{\omega}_e - 2\tfrac{1}{4}x_e\bar{\omega}_e + BJ(J+1) - \{\tfrac{1}{2}\bar{\omega}_e - \tfrac{1}{4}x_e\bar{\omega}_e + BJ(J+1)\} \\ &= \bar{\omega}_0 \quad \text{cm}^{-1} \qquad \text{für alle } J\end{aligned} \tag{3.27}$$

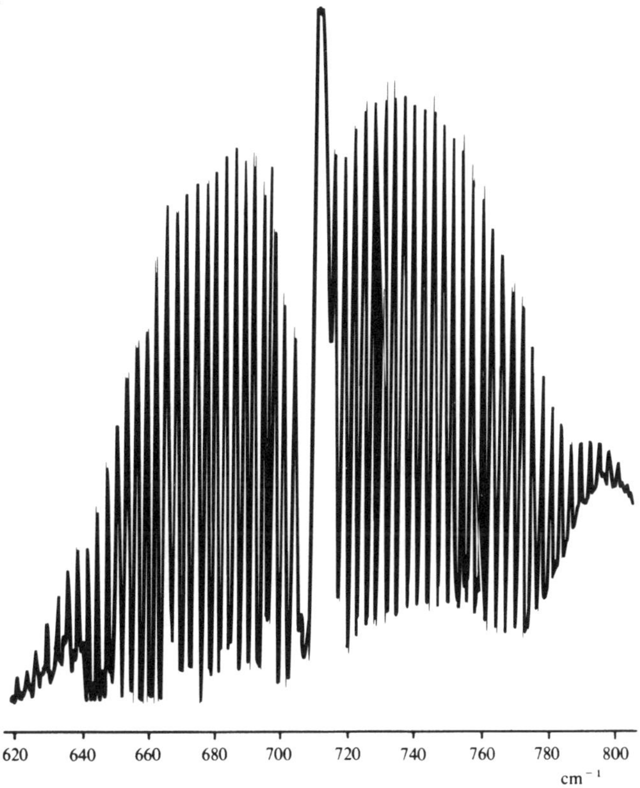

Bild 3.14: Spektrum der Deformationsschwingung von HCN mit der *PQR*-Struktur. Die breite Absorption um 800 cm^{-1} ist eine Verunreinigung.

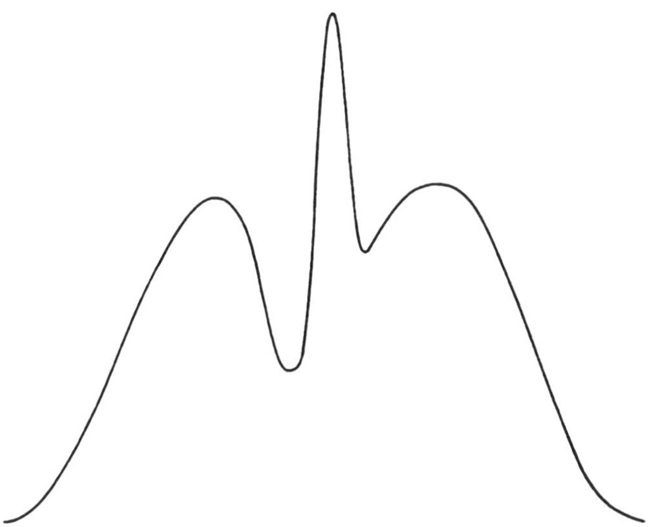

Bild 3.15: Die Kontur einer *PQR*-Bande bei geringer Auflösung.

Danach besteht der Q-Zweig aus Linien, die am Bandenzentrum $\bar{\omega}_0$ einander überlagern, eine von jedem besetzten J-Niveau. Die resultierende Linie ist üblicherweise sehr intensitätsstark.

Berücksichtigt man die Tatsache, dass sich die B-Werte im höheren und tieferen Schwingungszustand ein wenig unterscheiden (vgl. Abschnitt 3.4), dann erhält man einen verbesserten Ausdruck:

$$\begin{aligned}\Delta\varepsilon &= \varepsilon_{J,v+1} - \varepsilon_{J,v} \\ &= 1\tfrac{1}{2}\bar{\omega}_e - 2\tfrac{1}{4}x_e\bar{\omega}_e + B'J(J+1) - \{\tfrac{1}{2}\bar{\omega}_e - \tfrac{1}{4}x_e\bar{\omega}_e + B(J+1)\} \\ &= \bar{\omega}_0 + J(J+1)(B' - B'')\,.\end{aligned} \tag{3.28}$$

Ist außerdem noch $B' < B''$, dann beobachten wir, dass die Q-Zweig-Linie in eine Reihe von Linien auf der *nieder*frequenten Seite von $\bar{\omega}_0$ aufgespalten ist (da $B' - B''$ negativ ist). Allerdings ist $B' - B''$ für gewöhnlich so klein, dass die Linien nicht aufgelöst werden können und der Q-Zweig als etwas verbreiterte Absorptionslinie um $\bar{\omega}_0$ erscheint. Dies veranschaulicht Bild 3.14, das ein Spektrum der Deformationsschwingung von HCN zeigt (die der ν_2-Schwingung von CO_2 von Bild 3.11 entspricht). Und sollte schließlich die Rotationsfeinstruktur nicht aufgelöst sein, dann hat dieser Bandentyp die in Bild 3.15 wiedergegebene charakteristische Kontur.

Man muss bedenken (Kapitel 2), dass mehratomige Moleküle ohne Dipolmoment keine reinen Rotationsspektren im Mikrowellenbereich haben (Beispiele dafür sind CO_2, HC≡CH, C_6H_6). Hingegen haben solche Moleküle Schwingungsspektren im Infraroten (oder Ramanspektren, vgl. Kapitel 4) und für den Fall, dass diese Spektren eine aufgelöste Feinstruktur zeigen, kann man auch das Trägheitsmoment des Moleküls berechnen.

3.6.2 Der Einfluss des Kernspins

An dieser Stelle sollte man kurz etwas über das Spektrum von Kohlendioxid sowie anderer linearer Moleküle mit Symmetriezentrum einfügen. Ein Symmetriezentrum bedeutet, dass identische Atome symmetrisch zum Schwerpunkt des Moleküls angeordnet sind. Damit besitzen sowohl CO_2[O=C=O] wie auch Ethin [H—C≡C—H] ein Symmetriezentrum, HCN oder N_2O[N≡N=O] aber nicht.

Der Leser wird bemerkt haben, dass wir in Bild 3.11 CO_2 zwar als Beispiel für ein schwingendes Molekül gebracht, in der darauf folgenden Diskussion aber keines seiner Spektren gezeigt haben. Der Grund liegt darin, dass das Symmetriezentrum sich so auswirkt, dass in den P- und R-Zweigen die Linien abwechselnd unterschiedliche Intensitäten aufweisen. Dies ist eine Folge des Kernspins (vgl. Kapitel 7) und bietet eine weitere Möglichkeit, die Besetzungsdichte von Rotationsniveaus zu bestimmen. Im Fall des CO_2-Moleküls ist jedes zweite Rotationsniveau unbesetzt und so hat jede zweite Linie in den P- und R-Zweigen die Intensität null. Deshalb beträgt der

Abstand der Linien auch $4B$ anstatt der schon erwähnten $2B$. Daß der Abstand wirklich $4B$ beträgt (und nicht $2B$ mit einem ungewöhnlich hohen Wert für B) kann auf mehrere Arten gezeigt werden, wobei ein Blick auf das Spektrum des Isotopomers $^{18}C—O—^{16}O$ wohl am meisten überzeugt. Hier liegt kein Symmetriezentrum mehr vor, der Kernspin hat keinen Einfluss mehr auf das Spektrum und man findet für den Linienabstand die Hälfte dessen wie für „normales“ CO_2.

Im Fall von Acetylen haben die Niveaus abwechselnd Besetzungsdichten, die sich im Verhältnis wie 3 : 1 unterscheiden (dieser Faktor, der nur auf den Spin zurückzuführen ist, ist der gewöhnlichen thermischen Verteilung und der Entartung überlagert), so dass die P- und R-Zweig-Linien hier abwechselnd eine hohe, eine niedrige, hohe, niedrige, … Intensität zeigen, so wie man es in Bild 3.16 erkennen kann.

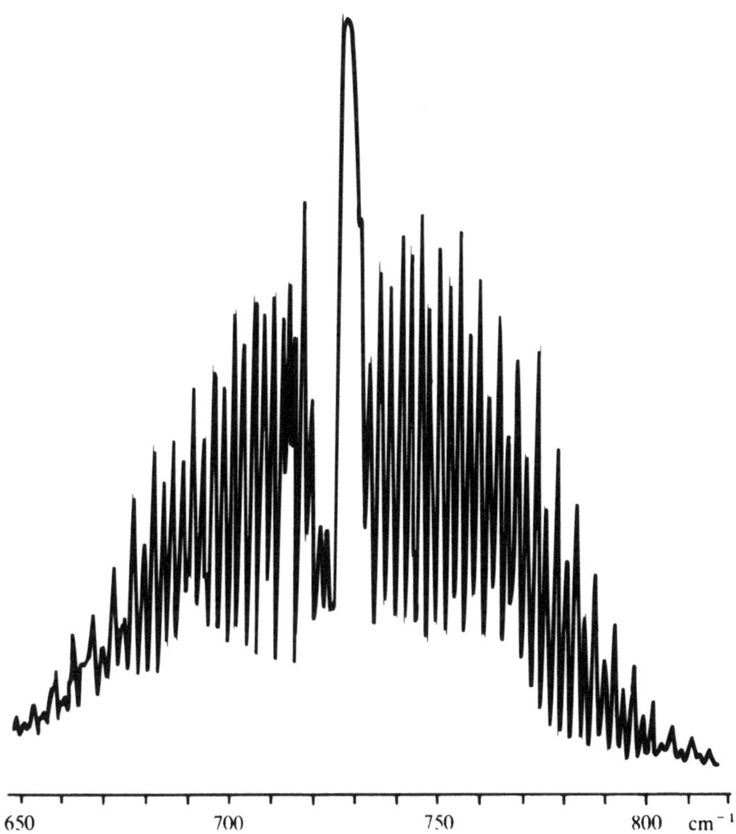

Bild 3.16: Das Spektrum der Deformationsschwingung von Ethin, HC≡CH, das aufgrund der Wasserstoff-Kernspins in seiner Rotationsfeinstruktur abwechselnd hohe und niedrige Intensitäten aufweist.

3.6.3 Symmetrische Kreiselmoleküle

Nach der Born-Oppenheimer-Näherung können wir uns bei dieser Art von Molekülen die Energie der Schwingungs-Rotationsniveaus zusammengesetzt denken als Summe der Energie der Schwingungsniveaus:

$$\varepsilon_{\text{vib.}} = (v+\tfrac{1}{2})\bar{\omega}_e - (v+\tfrac{1}{2})^2 x_e\bar{\omega}_e \quad \text{cm}^{-1} \qquad (v=0,1,2,3,\ldots)$$

und der Rotationsniveaus (vgl. Gl. (2.38)):

$$\begin{aligned}\varepsilon_{\text{rot.}} &= BJ(J+1)+(A-B)K^2 \quad \text{cm}^{-1}\\ &[J=0,1,2,\ldots; \quad K=J,(J-1),(J-2),\ldots,-J]\end{aligned}$$

Damit erhalten wir:

$$\begin{aligned}\varepsilon_{J,v} = \varepsilon_{\text{vib.}}+\varepsilon_{\text{rot.}} &= (v+\tfrac{1}{2})\bar{\omega}_e - (v+\tfrac{1}{2})^2 x_e\bar{\omega}_e\\ &+BJ(J+1)+(A-B)K^2 \quad \text{cm}^{-1}\end{aligned} \tag{3.29}$$

Natürlich liegt dieser Gleichung die Annahme zugrunde, dass die Zentrifugalverzerrung vernachlässigbar sei.

Auch hier müssen die Schwingungen unterteilt werden in solche, bei denen sich (1) das Dipolmoment parallel bzw. (2) senkrecht zur Achse mit der höchsten Symmetrie ändert – die fast immer die „Kreisel"-Achse ist. Die Auswahlregeln sind für die beiden Schwingungstypen verschieden.

Parallelbanden Für diesen Fall lautet die Auswahlregel:

$$\Delta v = \pm 1 \qquad \Delta J = 0, \pm 1 \qquad \Delta K = 0 \tag{3.30}$$

Da in diesem Falle $\Delta K = 0$ ist, sind die Terme in K im angeregten und im Grundzustand identisch und damit ist die Übergangsfrequenz unabhängig von K. Es liegen also dieselben Verhältnisse vor, wie wir sie schon für *Senkrecht*banden beim linearen Molekül besprochen haben. Das Spektrum besteht aus einem P, Q- und R-Zweig mit einem Abstand der P- und R-Zweig-Linien von $2B$ (die man wahrscheinlich nicht auflösen kann) und einem starken Q-Zweig in der Mitte. Ein Beispiel für ein solches Spektrum, die $\|$-Bande von Methyliodid, CH_3I, ist in Bild 3.17 wiedergegeben. Die Intensität des Q-Zweigs (im Verhältnis zu einer einzelnen Linie im P- und im R-Zweig) hängt vom Verhältnis I_A/I_B ab; im Grenzfall $I_A \to 0$ wird der symmetrische Kreisel zum linearen Molekül und der Q-Zweig verschwindet, wie schon erwähnt.

Senkrechtbanden Hier gelten die Auswahlregeln:

$$\Delta v = \pm 1 \qquad \Delta J = 0, \pm 1 \qquad \Delta K = 0, \pm 1 \tag{3.31}$$

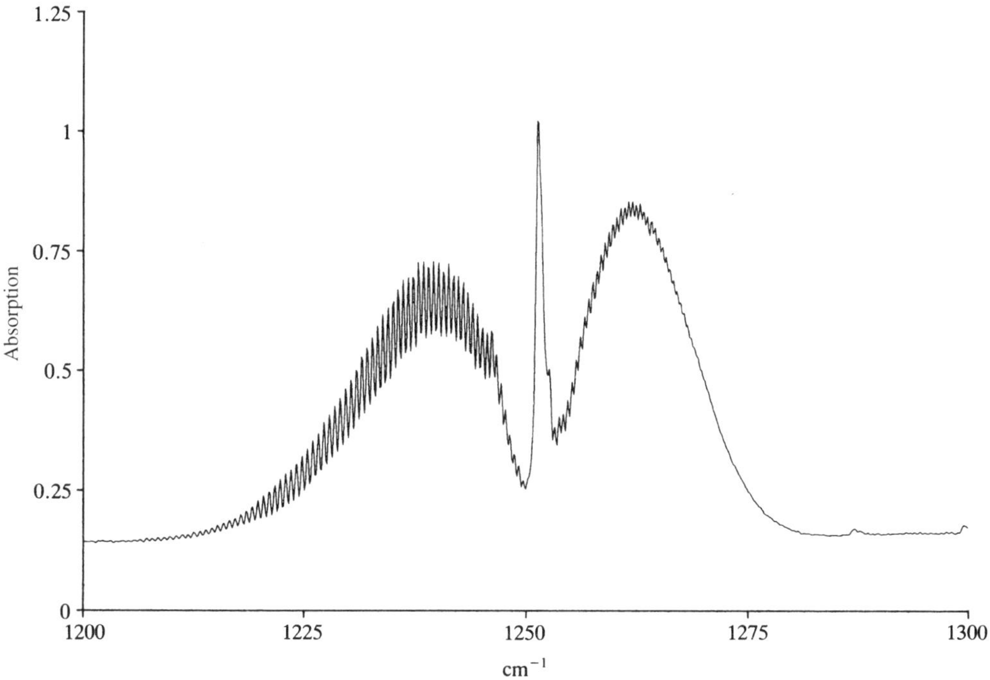

Bild 3.17: Die parallele Valenzschwingung des symmetrischen Moleküls Methyliodid, CH_3I, bei 1251 cm^{-1}, mit der charakteristischen *PQR*-Kontur. (*Wir danken Mr. J. Camplin von der University of York für das Spektrum.*)

Jeder der folgenden Ausdrücke für die Linienfrequenzen kann unmittelbar aus Gl. (3.29) für die Energieniveaus abgeleitet werden.

1. $\Delta J = \pm 1, \Delta K = \pm 1$ (*R*-Zweig-Linien)

$$\Delta\varepsilon = \bar{\nu}_{\text{spect.}} = \bar{\omega}_0 + 2B(J+1) + (A-B)(1 \pm 2K) \quad \text{cm}^{-1} \tag{3.32a}$$

2. $\Delta J = -1, \Delta K = \pm 1$ (*P*-Zweig-Linien)

$$\bar{\nu}_{\text{spect.}} = \bar{\omega}_0 - 2B(J+1) + (A-B)(1 \pm 2K) \quad \text{cm}^{-1} \tag{3.32b}$$

3. $\Delta J = 0, \Delta K = \pm 1$ (*Q*-Zweig-Linien)

$$\bar{\nu}_{\text{spect.}} = \bar{\omega}_0 + (A-B)(1 \pm 2K) \quad \text{cm}^{-1} \tag{3.32c}$$

Wir erkennen, dass bei diesem Schwingungstyp viele Gruppen von *P*- und *R*-Zweig-Linien auftauchen, da für jedes einzelne J viele K-Werte ($K = J, J-1, \ldots, -J$) erlaubt sind. Die Flanken des Spektrums fallen ziemlich kompliziert aus und sind für gewöhnlich nicht aufgelöst. Auch der *Q*-Zweig zeigt eine komplizierte Struktur, da er ebenfalls aus einer Folge von Linien mit dem Abstand $2(A-B)$ links und rechts von $\bar{\omega}_0$ besteht. Der Betrag des Terms $2(A-B)$ ist unter Umständen alle andere als klein (und ist exakt null nur bei *sphärischen* Molekülen, bei denen alle drei Trägheitsmomente gleich sind). Für den Fall $A \gg B$ (z.B. bei CH_3I) sind die Q-Zweig-Linien gut aufgelöst und als eine Serie von Linien der Einhüllenden des P- und R-Zweigs überlagert. Bild 3.18 zeigt das entsprechende Spektrum.

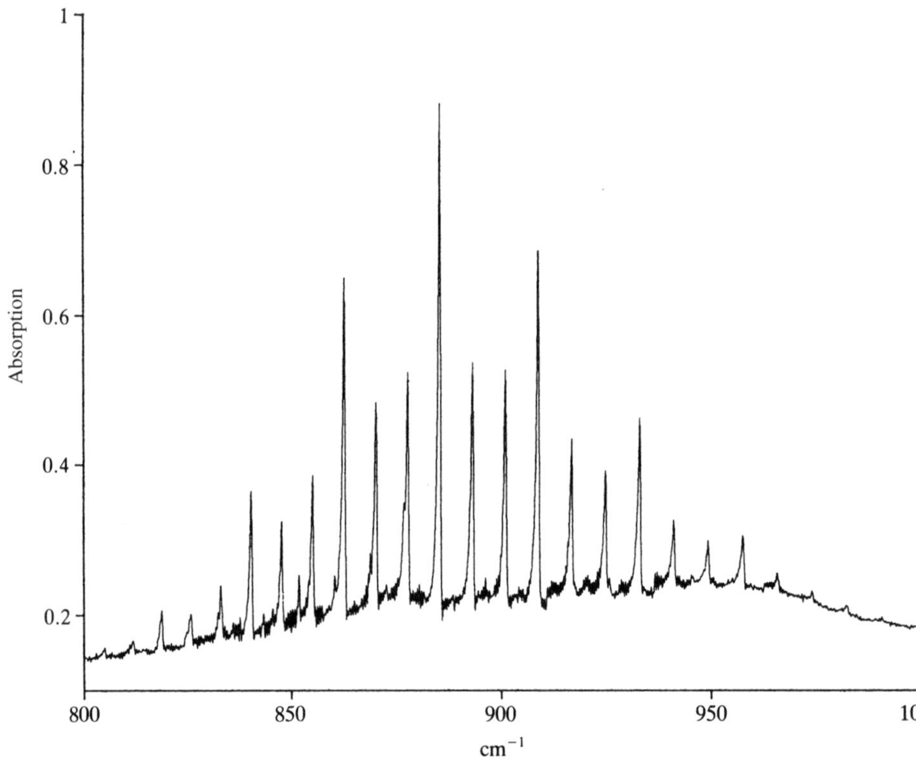

Bild 3.18: Eine senkrechte Valenzschwingungsbande von Methyliodid mit einer charakteristischen Serie von Q-Zweigen. (*Wir danken Mr. J. Camplin von der University of York für das Spektrum.*)

Man wird bei diesem Bild feststellen, dass die Linienintensitäten auf eine charakteristischen Weise periodisch sind – stark, schwach, schwach, stark, schwach, schwach, ... Dieses Verhalten erinnert uns an das schon besprochene CO_2 und C_2H_2, bei denen die relativen Besetzungsdichten der Rotationsniveaus davon abhingen, ob ein Kernspin vorhanden war oder nicht. In dem betrachteten Fall eines Moleküls mit einer zweifachen Symmetrieachse war die Periodizität auch vom Rang zwei – stark, schwach, stark, schwach, ... Es verwundert deshalb nicht, dass die dreifache Periodizität, stark, schwach, schwach, stark, ... bei CH_3I auf die dreifache Symmetrie der Molekülachse in Richtung der C—I Bindung zurückzuführen ist. Dieses Spektrum ist ein direkter Hinweis darauf, dass wir es mit einem Molekül mit einer XY_3-Gruppe zu tun haben.

3.6.4 Weitere mehratomige Moleküle

Wir werden uns hier nicht mit den Einzelheiten ihrer Spektren befassen – es genügt die Feststellung, dass die Spektren mit zunehmender Größe des Moleküls immer komplexer werden. Im Buch von Herzberg (siehe Literaturverzeichnis) ist dieses Thema in hervorragender Weise dargestellt, aber das ist nichts für einen Anfänger auf dem Gebiet der Spektroskopie.

3.6.5 Zusammenfassung

Wir haben bisher gesehen, dass das Infrarotspektrum selbst eines einfachen zweiatomigen Moleküls eine große Zahl von Linien umfasst, während das eines mehratomigen Moleküls ungemein komplex sein kann, obwohl sogar noch viele Einzelheiten der Feinstruktur wegen des zu geringen Auflösungsvermögens verwischt sind. Obwohl man in günstigen Fällen sehr viel an Information über Bindungslängen und Bindungswinkel oder zumindest über die Grobstruktur eines Molekül erhalten kann, ist in anderen selbst die Zuordnung der beobachteten Banden zu den einzelnen Schwingungen alles andere als einfach. Die Zuordnung erfolgt aufgrund von Erfahrung in Analogie zu ähnlichen Molekülen, über die Bandenkontur (aus der man auf den Schwingungstyp schließen kann, nämlich ob $\|$ oder ($\perp$)) sowie mit Hilfe von Ramanspektren (siehe Kapitel 4). Wichtig ist es auch, die Symmetrie mit einzubeziehen, weil man daraus Hinweise erhält, welche der Schwingungen vermutlich infrarotaktiv sind.

Zum Glück ist die Infrarotspektroskopie in weit größerem Umfang von Nutzen als nur im Bereich der exakten Vermessung von Schwingungsfrequenzen und Molekülstrukturen. Im folgenden Abschnitt werden wir uns kurz mit dem Einsatz der Infrarotspektroskopie als analytische Methode befassen – ein Teilgebiet, bei dem es keineswegs immer notwendig ist, die beobachteten Banden genau zuzuordnen.

3.7 Infrarotspektroskopie als analytische Methode

Aufgrund der $3N-6$ und $3N-5$-Regeln ist klar, dass das Infrarotspektrum eines größeren Moleküls eine sehr große Anzahl von Normalschwingungen aufweist. Jede Normalschwingung besteht in bestimmten Auslenkungen aller oder fast aller Atome des Moleküls; aber während bei einigen Schwingungen sämtliche Atome in etwa dieselbe Auslenkung erfahren, kann bei anderen die Auslenkung einer kleinen Gruppe von Atomen wesentlich stärker sein als beim Rest. Aus diesem Grund können wir die Normalschwingungen in zwei Klassen unterteilen: Die *Gerüstschwingungen*, die einen Großteil der Atome gleichermaßen umfassen und die *charakteristischen Gruppenschwingungen*, die nur einen kleinen Teil des Moleküls betreffen, wobei der Rest dann mehr oder weniger in Ruhe bleibt. Wir werden beide Klassen getrennt behandeln.

3.7.1 Gerüstschwingungen

Diese liegen bei organischen Molekülen im Allgemeinen im Bereich 1400 – 700 cm^{-1} und treten aufgrund gerader oder verzweigter Kettenstrukturen im Molekül auf. Z.B. gibt es bei Gruppen vom Typ

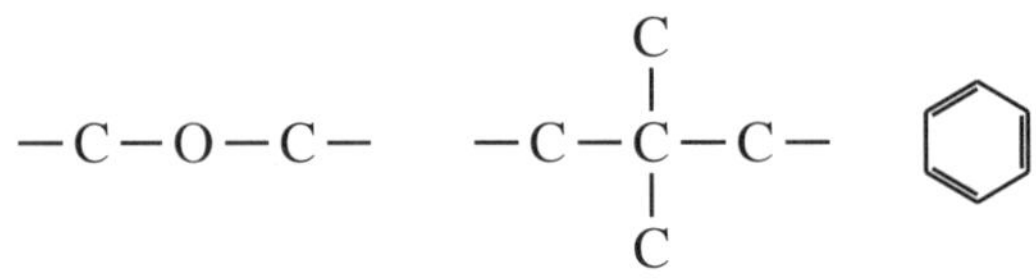

jeweils mehrere Gerüstschwingungen und deshalb auch mehrere Absorptionsbanden im Infraroten. Es ist kaum jemals möglich, die Banden den einzelnen Schwingungen zuzuordnen, aber die Bandenstruktur insgesamt ist hochspezifisch für eine bestimmte, gerade untersuchte Molekülstruktur. Außerdem bewirkt der Austausch eines Substituenten (am linearen oder ringförmigen Teil) eine auffallende Änderung am Muster der Absorptionsbanden. Aus diesem Grund werden diese Banden oft als „Fingerprint"-Banden bezeichnet, da eine Verbindung oder eine Untereinheit oft allein aus dem Aussehen dieses Bereichs im Spektrum identifiziert werden kann.

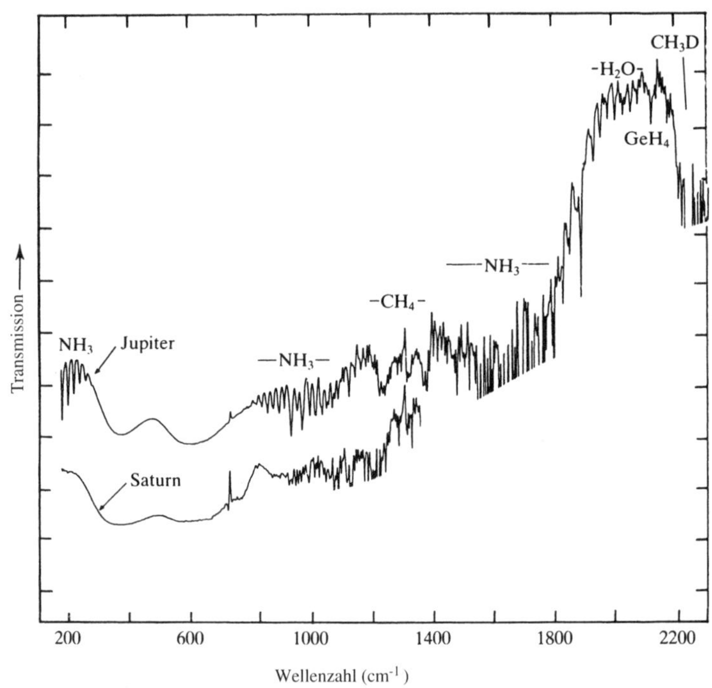

Bild 3.19(a): Das Infrarot-Emissionsspektrum der Strahlung von Jupiter und Saturn, aufgenommen mit einem Spektrometer von Voyager. (*Mit Genehmigung reproduziert aus dem Beitrag: Hanel, R.A., B.J. Conrath, D.E. Jennings und R.E. Samuelson, aus:* Die Erforschung des Sonnensystems durch Infrarot-Fernerkundung, *Cambridge University Press, 1992.)*

Ein Beispiel für den Einsatz der Infrarot(IR)-Spektroskopie als Fingerprint-Methode ist in Bild 3.19(a) gezeigt. Die späten 70er Jahre erlebten den Start der *Voyager* Raumsonden zur Erkundung der Riesenplaneten Jupiter, Saturn, Uranus und Neptun. Die Sonden waren mit einer ganzen Reihe von Spektrometern ausgerüstet, um soviel Information wie möglich zu sammeln. Die Atmosphären dieser Planeten bestehen überwiegend aus Wasserstoff und Helium, aber die IR-Spektroskopie erwies sich als außerordentlich nützlich durch den Nachweis einiger weiterer Bestandteile. Bild 3.19(a) gibt das IR-Emissionsspektrum von Saturn und Jupiter wieder, zusammen mit der Zuordnung der wichtigsten Linien.

Ein weiteres Musterbeispiel für die IR Fingerprint-Methode ist in Bild 3.19(b) zu sehen, in dem die Spektren von Turnbulls Blau und Berliner Blau verglichen werden. Die bemerkenswert gute Übereinstimmung zwischen den Spektren beweist, dass es sich um dieselbe Verbindung handelt.

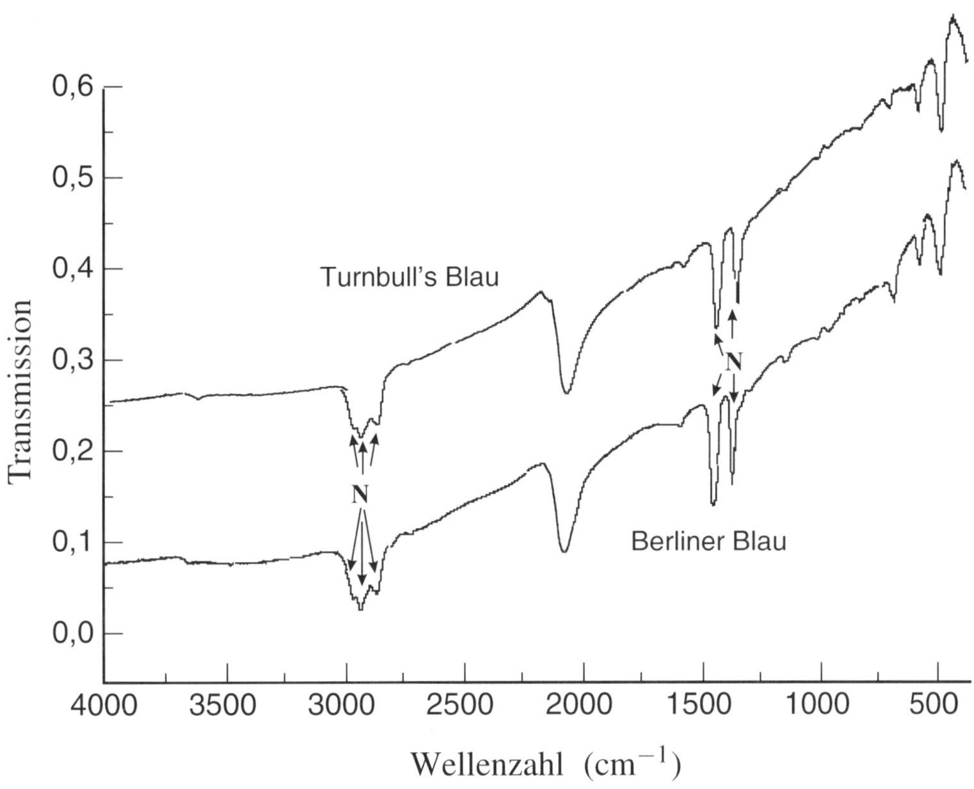

Bild 3.19(b): Vergleich der IR-Spektren von Berliner Blau und Turnbulls Blau. N = Absorptionen des Verreibungsmittels Paraffinöl (Nujol). (Diplomarbeit S. Scherrer, Universität Ulm 1991) (*Mit freundlicher Genehmigung von Prof. Dr. A. Ruoff, Universität Ulm.*)

3.7.2 Gruppenschwingungen

Auf der anderen Seite sind Gruppenschwingungen fast völlig unabhängig von der Gesamtstruktur des Moleküls und liegen, von wenigen Ausnahmen abgesehen, bei deutlich höheren oder tieferen Frequenzen als die Gerüstschwingungen. In Tabelle 3.4 sind einige der Daten wiedergegeben, von denen sich eine wesentlich vollständigere Sammlung im Buch von Williams und Fleming findet, das am Ende dieses Kapitels in der Literatur aufgeführt ist. Wir erkennen, dass Schwingungen leichter Atome in endständigen Gruppen (zum Beispiel $-CH_3$, $-OH$, $-C{\equiv}N$, $>C{=}O$ usw.) bei hohen Frequenzen liegen, während die von schweren Atomen ($-C-Cl$, $-C-Br$, Metall-Metall, usw.) sich zu tieferen Frequenzen hin finden. Ihre Frequenzen, und deshalb auch ihre Spektren, sind in hohem Maß charakteristisch für eine Gruppe und können zur Analyse eingesetzt werden. Zum Beispiel ist mit der $-CH_3$-Gruppe die Absorption der symmetrischen C—H-Valenzschwingung verknüpft, die ausnahmslos in den Bereich zwischen 2850 und 2890 cm^{-1} fällt, weiters eine asymmetrischen Valenzschwingungsfrequenz bei 2940 – 2980 cm^{-1}, eine symmetrische Deformationsschwingung (das bedeutet ein Öffnen und Schließen eines „Regenschirms“)

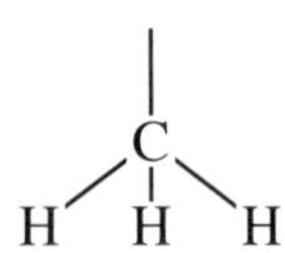

bei 1375 cm^{-1} sowie eine asymmetrischen Deformationsschwingung bei ca. 1470 cm^{-1}. Auch die $>C{=}O$ Gruppe zeigt wiederum eine sehr scharfe und starke Absorption zwischen 1600 und 1750 cm^{-1}, die jedoch in starkem Maß von den weiteren Substituenten der Gruppe abhängt. Ein Beispiel für die Anwendung von Daten über Gruppenfrequenzen zeigt Bild 3.19c; es handelt sich um das Spektrum von Thioessigsäure, bei der ein Sauerstoffatom durch Schwefel ersetzt wurde. Man kann jetzt die Frage stellen: handelt es sich um das Molekül $CH_3CO.SH$ oder $CH_3CS.OH$? Das Infrarotspektrum gibt eine klare Antwort. Es zeigt eine sehr scharfe Absorption bei ca. 1730 cm^{-1} und eine bei 2600 cm^{-1} und dies ist vereinbar mit der $>C{=}O$ bzw. der $-SH$-Gruppe (vgl. Tabelle 3.4). Außerdem fehlt die starke Absorption bei 1100 cm^{-1}, was auf ein Fehlen der $>C{=}S$-Gruppe hindeutet.

Das Konzept der Gruppenschwingungen bewährt sich auch an Schwingungen einzelner Strukturmerkmale eines Moleküls, wenn deren Frequenzen nicht allzu nahe an den Gerüstschwingungen liegen. So haben z.B. einzelne Mehrfachbindungen (z.B. $>C{=}C<$ oder $-C{\equiv}C-$) ganz charakteristische Frequenzen. Wenn nun in einem Molekül zwei dieser Gruppen vorhanden sind, die, für sich genommen, ähnliche Frequenzen aufweisen, dann kommt es zur Resonanz und die Gruppenfrequenzen können gegenüber dem erwarteten Wert beträchtlich verschoben sein. So hat etwa eine

Tabelle 3.4: Charakteristische Valenzschwingungsfrequenzen einiger molekularer Gruppen

Gruppe	ungefähre Frequenz (cm^{-1})	Gruppe	ungefähre Frequenz (cm^{-1})
—OH	3600	>C=O	1750 – 1600
—NH_2	3400	>C=O<	1650
≡CH	3300	>C=N<	1600
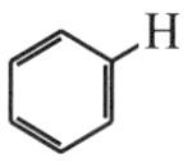	3060	⩾C—C⩽ ⩾C—N< ⩾C—O<	1200 – 1000
=CH_2	3030		
		>C=S	1100
—CH_3	2970 (asym. stretch) 2870 (sym. stretch)	⩾C—F	1050
	1460 (asym. deform.) 1375 (sym. deform.)	⩾C—Cl	725
—CH_2—	2930 (asym. stretch)	⩾C—Br	650
	2860 (sym. stretch) 1470 (deformation)	⩾C—I	550
—SH	2580		
—C≡N	2250		
—C≡C—	2220		

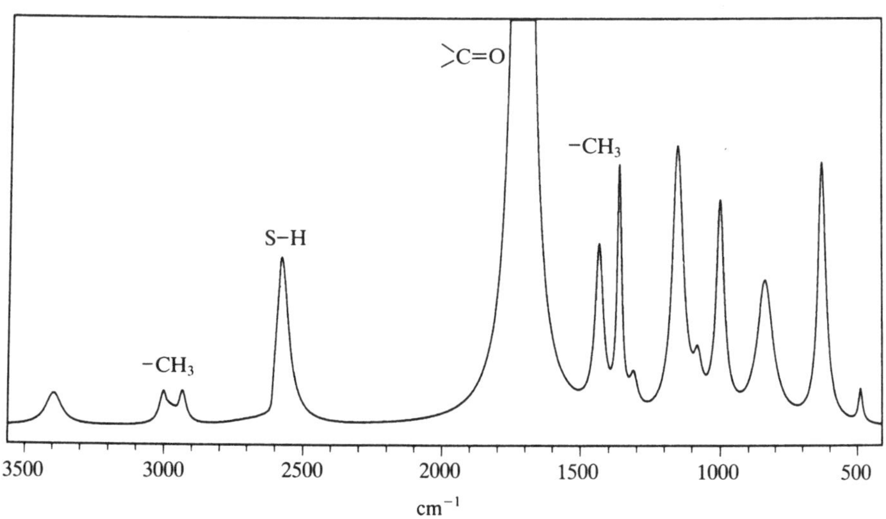

Bild 3.19c: Ein praktisches Beispiel für Infrarot-Gruppenfrequenzen; gezeigt ist ein Ausschnitt aus dem Infrarotspektrum von Thioessigsäure.

einzelne Carbonylgruppe in einem Keton

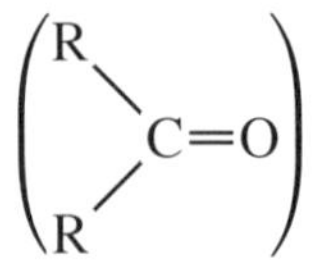

sowie die >C=C< Doppelbindung Gruppenfrequenzen von 1715 bzw. 1650 cm^{-1}; in der Kombination

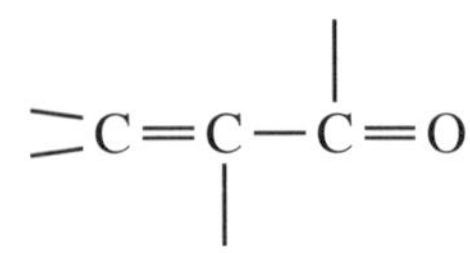

werden deren Frequenzen jedoch nach 1675 bzw. etwa 1600 cm^{-1} verschoben und die Intensität der >C=C< Absorption nimmt zu, so dass sie vergleichbar wird mit der von Haus aus starken >C=O-Bande (vgl. die Fermiresonanz, Abschnitt 3.5.2). Eine stärkere Kopplung zweier Gruppen, wie sie im Keten-Radikal, >C=C=O, vorliegt, weist Absorptionen bei etwa 2100 und bei 1100 cm^{-1} auf, die sehr weit von den „charakteristischen" Frequenzen der einzelnen Gruppen entfernt liegen.

Verschiebungen der Gruppenfrequenzen können auch andere Ursachen haben, insbesondere als Folge von Wechselwirkungen zwischen unterschiedlichen Molekülen. So ist die —OH Streckschwingung von Alkoholen sehr stark abhängig vom Ausmaß einer Wasserstoffbrückenbindung, die die —OH Bindung verlängert und schwächt und somit deren Schwingungsfrequenz verringert. Bei einer Wasserstoffbrückenbindung zwischen der —OH und, z.B., einer Carbonylgruppe, wird deren Schwingungsfrequenz ebenfalls herabgesetzt, wenn auch nicht so stark wie bei der —OH Gruppe, da die Wasserstoffbrückenbindung auch die >C=O Bindung schwächt. Somit sind Verschiebungen der Gruppenfrequenzen infolge von Resonanz- oder zwischenmolekularen Effekten ein sehr charakteristisches und wichtiges Element in der Diagnose.

In ähnlicher Weise kann eine Änderung des physikalischen Zustands eine Verschiebung der Schwingungsfrequenz bewirken, besonders dann, wenn das Molekül stark polar ist. Im Allgemeinen erhält man in der stärker kondensierten Phase eine niedrigere Frequenz: $\nu_{\text{gas}} > \nu_{\text{flüss}} \approx \nu_{\text{lös}} > \nu_{\text{fest}}$. So beobachtet man beim verhältnismäßig stark polaren Molekül HCl eine Verschiebung von ca. 100 cm^{-1} beim Übergang von der Gas- in die flüssige Phase und eine weitere Verringerung von 20 cm^{-1} bei der Kristallisation/Verfestigung. Andererseits zeigt das unpolare CO_2 nur eine vernachlässigbare Verschiebung bei seinen symmetrischen Schwingungen (Bild 3.11(a) und (b)), jedoch eine Absenkung um etwa 60 cm^{-1} an der ν_3 beim Übergang in den Festzustand.

Ein Blick auf Tabelle 3.4 zeigt gesetzmäßige Trends bei den Gruppenfrequenzen, da die Gl. (3.4)

$$\bar{\omega} = \frac{1}{2\pi c}\sqrt{\frac{k}{\mu}} \quad \mathrm{cm}^{-1}$$

näherungsweise erfüllt ist. Wir erkennen, dass eine Erhöhung der Masse eines Atoms, das an einer Gruppenschwingung beteiligt ist (d.h., das μ wird größer) deren Schwingungsfrequenz verringert – vgl. die Reihe CH, CF, CCl, CBr, oder die Werte von $>$C=O und $>$C=S. Ebenso führt eine Erhöhung der Bindungsstärke und damit eine Erhöhung der Kraftkonstanten k tendenziell zu einer Frequenzerhöhung; vgl. dazu die Reihe —C—X, —C=X, —C≡X, wobei X ein C, N oder (in den ersten beiden Gruppen) ein O bedeutet.

Wir sollten uns an dieser Stelle kurz ein paar Gedanken über die Intensitäten von Infrarotbanden machen. Wie wir gesehen haben, kommt es nur dann zu einem Infrarotspektrum, wenn die Schwingung eine Änderung des elektrischen Dipolmoments am Molekül bewirkt. Dann ist es auch naheliegend anzunehmen, dass bei einer stärker polaren Bindung auch die Intensität der Schwingung im Infrarotspektrum entsprechend höher sein wird. Dies findet man auch in der Praxis. So nehmen die Intensitäten der $>$C=O, $>$C=N— und der $>$C=C$<$ Banden in dieser Reihenfolge ab, ebenso die der —OH, $>$NH und der $\geqslant$CH Banden. Aus demselben Grund erhält man bei Schwingungen von Gittern der Ionenkristalle eine sehr starke Absorption. Im nächsten Kapitel werden wir dann sehen, dass in der Ramanspektroskopie das Umgekehrte der Fall ist – dort sind es die weniger polaren (und deshalb im Allgemeinen leichter *polarisierbaren*) Bindungen, die die stärksten Linien im Spektrum ergeben.

Insgesamt können wir nun sagen, dass man mit Erfahrung sowie durch Vergleich mit Spektren bekannter Verbindungen in der Lage ist, aus einem Infrarotspektrum eine ganze Menge an Informationen über die Struktur zu erhalten. Es sollte vielleicht auch noch erwähnt werden, dass die *vollständige* Interpretation eines Spektrums bei einem größeren Molekül eine sehr schwierige oder auch unlösbare Aufgabe sein kann. Üblicherweise gibt man sich zufrieden, wenn man die stärksten Banden zuordnen kann und in der Lage ist, einige der schwächeren als Oberton- oder Kombinationsschwingungen zu interpretieren.

3.8 Messmethoden und Messgeräte

3.8.1 Grundlagen

Wir werden uns erst kurz mit den einzelnen Komponenten eines Infrarotspektrometers in der üblichen Ausführung und Bauweise befassen.

1. *Die Strahlungsquelle.* Die Strahlungsquelle ist immer eine Art Glühfaden, der durch elektrischen Strom auf Rot- oder Weißglut gehalten wird. Zwei der üblichen Strahler sind der Nernst-Stift, ein Stab aus Oxiden Seltener Erden von 25 mm Länge und 2,5 mm Durchmesser, und der „Globar“, ein Carborundstab (Siliziumcarbid), etwas dicker und länger als der Nernststift. Dieser muss vorgeheizt werden, bevor er leitfähig wird, aber sobald er Rotglut erreicht hat, wird die Temperatur und damit die Leitfähigkeit durch den Strom aufrechterhalten.

2. *Strahlführung und Monochromator.* Der Strahl wird durch aluminium- oder silberbedampfte Spiegel geführt und gebündelt. Im Normalfall liegt der Brennpunkt an der Stelle, an der die Probe eingebracht wird. Gewöhnliche Linsen und Spiegel sind nicht geeignet, da Glas den größten Teil des verwendeten Frequenzbereichs absorbiert. Alle unvermeidbaren Fenster (z.B. die, die die Probe umschließen oder den Detektor schützen) müssen aus infrarotdurchlässigen Mineralsalzen gefertigt und sehr fein poliert sein, um die Streuung auf ein Minimum zu reduzieren. NaCl, das oberhalb von 650 cm^{-1} transparent ist und KBr, das oberhalb von 400 cm^{-1} durchlässig ist, werden häufig verwendet. Für wässrige Lösungen können AgCl und CaF_2-Küvetten verwendet werden, die oberhalb von 430 bzw. 1200 cm^{-1} durchlässig sind.

   Normalerweise wird ein drehbares Gitter zur Strahldispersion verwendet, das weitgehend das drehbare Prisma wegen seines geringeren Auflösungsvermögens verdrängt hat. Wo diese noch in Gebrauch sind, ist das Prisma für gewöhnlich aus NaCl oder KBr gefertigt.

3. *Der Detektor.* Im Wesentlichen sind zwei Ausführungen in Gebrauch, von denen die eine die Wärmestrahlung registriert und die zweite auf Photoleitfähigkeit beruht. In beiden Fällen gilt: Je größer der Effekt (Anstieg der Temperatur oder der Leitfähigkeit) bei einer bestimmten Frequenz ist, desto höher ist die Durchlässigkeit (und umso kleiner die Absorption) der Probe bei dieser Frequenz.

   Ein Beispiel für die Temperaturmessmethode findet sich bei der Golay-Zelle, die mit Hilfe des Gasdrucks funktioniert. Die Strahlung fällt auf ein kleines Volumen, das mit einem Edelgas gefüllt ist; auf diese Weise können Temperaturänderungen in Einheiten der Druckänderung in der Zelle gemessen und unmittelbar als „Transmission“ aufgezeichnet werden. Weitere Beispiele für thermische Detektoren sind kleine, empfindliche Thermoelemente oder Bolometer.

   Pyroelektrische Detektoren wie z.B. aus deuteriertem Triglycinsulfat (DTGS) sind an FT-Spektrometern gebräuchlich. Da es sich um thermische Detektoren handelt, sind sie im gesamten Infrarotbereich empfindlich, haben aber auch die kurze Anstiegszeit, die in der Interferometrie benötigt wird.

   Das Phänomen der Leitfähigkeit in bestimmten Substanzen führt man auf die Bewegung schwach gebundener Elektronen im Gitter zurück; Isolatoren besitzen im Gegensatz dazu keine solchen schwach gebundenen Elektronen. Halbleiter liegen dann zwischen diesen beiden Materialien, da sie in ihren normalen Zuständen keine schwach gebundenen Elektronen besitzen, aber „Leitungsbänder“ oder höhere elektronische Energieniveaus aufweisen, in die die Elektronen durch Absorption von Energie aus einer äußeren Quelle angeregt werden können. Photoleitfähige Materialien sind eine besondere Art von Halbleitern, bei denen die erforderliche Energie aus der einfallenden Strahlung stammt; einige Materialien, wie Bleisulfid, haben sich als ausreichend empfindlich für Infrarotstrahlung erwiesen (wenn auch nur oberhalb von 3000 cm^{-1}), so dass sie hervorragende Infrarotdetektoren abgeben. Die Leitfähigkeit des Detektormaterials kann kontinuierlich mit Hilfe einer Wheatstoneschen Brücke gemessen werden und gibt, aufgetragen gegen die Frequenz, unmittelbar die Transmission der Probe wieder.

Im Gebrauch sind auch noch andere photoleitfähige Detektoren, wie Indiumantimonid (InSb), das oberhalb von 1400 cm^{-1} eingesetzt werden kann und Quecksilbercadmiumtellurid (HgCdTe) oberhalb von $\sim$700 cm^{-1}. Diese Detektoren werden bei der Temperatur des flüssigen Stickstoffs (bzw. des flüssigen Heliums) betrieben, wodurch das Rauschen herabgesetzt wird; sie haben auch eine kürzere Anstiegszeit und höhere Empfindlichkeit, sogar im Vergleich zu DTGS, um nur ein Beispiel zu nennen. Wenn sehr hohe Empfindlichkeit erforderlich ist, können dotierte Detektoren eingesetzt werden, wie etwa kupfer- oder golddotierte Germaniumdetektoren – aber diese müssen bei der Temperatur des flüssigen Heliums betrieben werden.

4. *Die Probe.* Aus den eben genannten Gründen ist die Probe nicht zwischen Glas, sondern zwischen Platten aus einem poliertem Mineralsalz eingeschlossen. Reine Flüssigkeiten werden in Schichtdicken von 0,01 mm gemessen, Lösungen, je nach Konzentration, über Weglängen von 0,1 – 10 mm. Für gasförmige Proben bis zu einem Druck von 1 atm oder auch darüber verwendet man Glaszellen von 5 oder 10 cm Länge, die an den Enden mit Alkalihalogenidfenstern abgeschlossen sind. Spezielle Zellen für große Absorptionslängen, in denen die Strahlung mehrmals hin- und herreflektiert wird, können für Gase bei niedrigen Drücken, so etwa unter 100 mm Hg, eingesetzt werden.

   Feste Substanzen sind schwieriger zu untersuchen, da die einzelnen Teilchen die einfallende Strahlung reflektieren und streuen und die Transmission immer niedrig ist. Kann die Substanz nicht in einem geeigneten Lösungsmittel aufgelöst werden, dann kann man es am besten untersuchen, indem man es fein mit Paraffinöl (Nujol) vermahlt und so eine Suspension oder „Verreibung“ bildet. Diese kann dann genauso wie eine reine Flüssigkeit oder eine Lösung zwischen Salzplatten eingebracht werden. Unterscheiden sich die Brechungsindizes von flüssiger und fester Phase nicht wesentlich, dann ist auch die Streuung gering.

   Eine weitere Methode zur Handhabung von Feststoffen besteht darin, sie sehr fein mit Kaliumbromid zu vermahlen. Unter hohem Druck wird diese Substanz zähflüssig und das Gemisch kann dann meist zu einer durchscheinenden Scheibe verpresst werden. Mit Hilfe einer geeigneten Halterung kann diese dann direkt in den Infrarotstrahl eingebracht werden. Obwohl auf den ersten Blick bestechend, wird diese Methode im Allgemeinen nicht empfohlen, da die eingelagerten Moleküle sich im elektrischen Feld der K^+- und Br^--Ionen befinden und verzerrt werden und es daher schwierig ist, zu reproduzierbaren Ergebnissen zu kommen.

Ein weiteres Verfahren, das öfters eingesetzt wird, um Proben zu untersuchen, die anderen Methoden nicht zugänglich sind, ist die abgeschwächte Totalreflexion (ATR). Stellen Sie sich ein Prisma in Form eines Trapezes aus transparentem Material wie in Bild 3.20(a) vor. Bei entsprechendem Neigungswinkel trifft die an einer Kante eintretende Strahlung unter einem Winkel auf die (innere) Oberfläche, der kleiner ist als der Winkel der Totalreflexion, so dass sie im Innern vollständig reflektiert wird und, wie in Bild 3.20(b) gezeigt, mit nur geringem Intensitätsverlust auf der anderen Seite wieder austritt. Obwohl nun diese Reflexion an einer inneren Oberfläche als „total" bezeichnet wird, dringt die Strahlung bei der Reflexion in Wirklichkeit geringfügig in den Außenraum des Prismas. Wird nun die Probe eng an die Außenseite des Prismas angedrückt (Bild 3.20(c)), dann dringt die Strahlung bei jeder Reflexion auch ein wenig in die Probe ein und kann daher beim Austritt an anderen Ende des Prismas

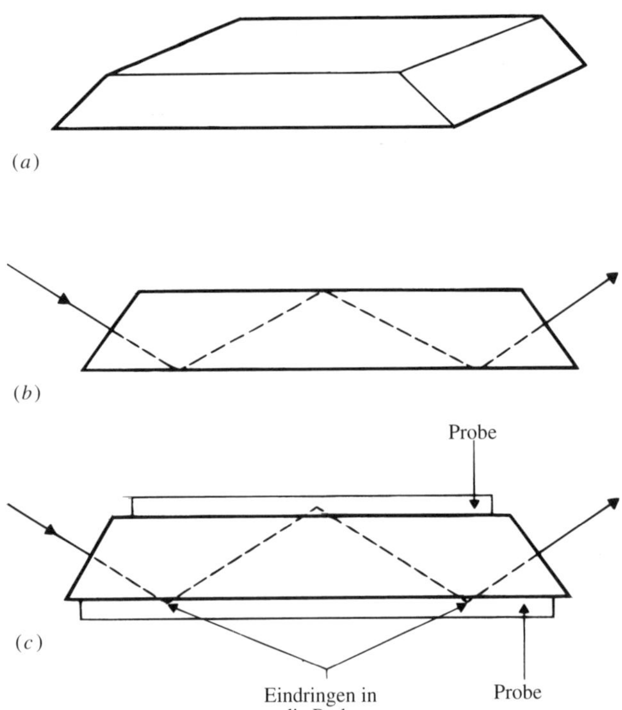

Bild 3.20: Abgeschwächte Totalreflexion: (a) Transparentes Prisma, (b) Reflexion an der Innenfläche des Prismas und (c) Eindringen in die Probe, wenn sie gegen das Prisma gepresst wird.

ein Spektrum der Probe „mitbringen" – die Reflexion an der Innenfläche wird durch die Probe *herabgesetzt* oder verringert und daher der Name dieses spektroskopischen Verfahrens. Die Eindringtiefe in die Probe hängt von der Wellenlänge der Strahlung ab und auch vom Einfallswinkel und liegt für Infrarotwellen bei $10^{-4} - 10^{-3}$ cm. Im Verlauf eines Durchgangs durch das Prisma kann es zu 10 – 20 Reflexionen kommen, so dass die gesamte Weglänge durch die Probe bei $10^{-3} - 10^{-2}$ cm liegt; dies ist zwar etwas kurz, aber oft völlig ausreichend für ein brauchbares Spektrum.

Das Prisma muss aus infrarotdurchlässigem Material gefertigt sein und einen Brechungsindex aufweisen, der über dem der Probe liegt, sonst würde es nicht zu einer Totalreflexion kommen. Geeignete Materialien sind Silberchlorid, Thalliumhalogenide oder Germanium und das Prisma ist im Allgemeinen etwa 5 cm lang, 2 cm breit und 0,5 cm dick. Die Probe kann in einem beliebigen (außer im gasförmigen) Zustand, vorliegen (dafür wäre die Weglänge von 10^{-2} cm viel zu kurz), vorausgesetzt, sie kann gut an das Prisma angedrückt werden, aber diese Methode ist im Allgemeinen Proben vorbehalten, die mit anderen Methoden schwierig zu untersuchen sind. So ist es praktisch unmöglich, Fasermaterialien in Transmission zu messen – die rauhe Oberfläche streut die gesamte einfallende Strahlung; wenn aber die Fasern stark gegen die Außenfläche des ATR-Prismas gepresst werden, ergibt das ganz brauchbare Spektren. Dies ist auch eine hervorragende Methode, um Oberflächenbeschichtungen zu untersuchen, da die Strahlung nur im Bereich der Oberfläche eindringt. Da außerdem die Eindringtiefe der Strahlung bis zu einem gewissen Grad durch Änderung des Einfallswinkels variiert werden kann, kann auch die Änderung der Zusammensetzung an der Oberfläche mit zunehmender Tiefe verfolgt werden. So kann man messen, wie stark eine Polymeroberfläche mit Oxidgruppen belegt ist oder auch das Eindiffundieren von Substanzen in eine Oberfläche beobachten.

3.8.2 Zweistrahl- und Einstrahlbetrieb

Bild 3.21 gibt das Spektrum der Atmosphäre zwischen 4000 und 400 cm^{-1} wieder, aufgenommen bei einer Absorptionslänge von etwa 2 m – eine Strecke, die für ein Spektrometer nicht ungewöhnlich lang ist. Offensichtlich ist die Absorption von H_2O und CO_2, obwohl nur zu einem kleinen Prozentsatz in der Luft vorhanden, über den größten Teil des Spektrums ganz beträchtlich. Nicht nur, dass man die entsprechende Extinktion vom Spektrum einer Substanz, das unter diesen Bedingungen aufgenommen wurde, abziehen müsste; da auch der Prozentsatz von Wasserdampf in der Atmosphäre schwankt, müsste so ein „Untergrund"-Spektrum wie in Bild 3.21 bei jeder Probe auch noch neu aufgenommen werden.

Kann man auf die Bereiche, in die diese Absorptionen fallen, bei spektroskopischen Beobachtungen nicht verzichten, dann muss man etwas unternehmen, um entweder das H_2O oder das CO_2 aus der Luft zu oder zumindest ihre Spektren los zu werden. Es ist möglich, diese Gase entweder durch eine totale Evakuierung des Spektrometers zu entfernen oder sie mit einem trockenen Stickstoffstrom oder CO_2-freier Luft auszuspülen.

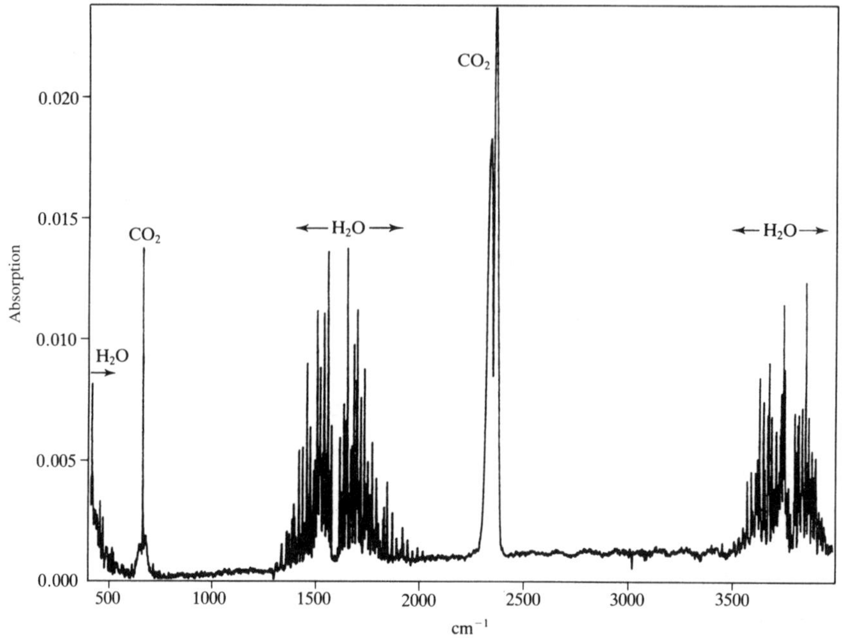

Bild 3.21: Das Infrarotspektrum von Wasserdampf und Kohlendioxid in der Atmosphäre. (*Wir danken Miss J. Cook von der University of York für dieses Spektrum.*)

Die erste Methode ist nicht ganz einfach, da neuere Spektrometer ein Volumen von etwa 0,3 m^3 haben können und es eine ganze Anzahl von Leckstellen am Gehäuse geben kann. Noch ist sie sehr effektiv, da Wasserdampf sich als bemerkenswert zählebig erweist und es Wochen starken Pumpens brauchen kann, bis der gesamte Wasserdampf von den Oberflächen im Spektrometer desorbiert ist. Aus diesem Grund ist auch ein Durchspülen mit einem trockenen Inertgas nicht sehr wirkungsvoll. Zumindest setzen diese Verfahren den Störeffekt deutlich herab.

Den Stör*effekten* kann man auf viel einfachere Weise beikommen, indem man ein Gerät benutzt, das für *Zweistrahl*betrieb ausgelegt ist. Dabei wird die Strahlung der Quelle mit Hilfe zweier Spiegel, M_1 und M_2 geteilt (Bild 3.22). Einer der beiden Strahlen wird auf den Probenraum fokussiert, während man den zweiten über einen exakt gleich langen Weg laufen lässt; er wird als Referenzstrahl bezeichnet. Die beiden Strahlen werden am Sektorenspiegel M_3 zusammengeführt, dessen Kontur in Bild 3.22(b) dargestellt ist. Dieser Spiegel reflektiert abwechselnd den Referenzstrahl oder er lässt den Messstrahl durch die Zwischenräume an den Monochromator gelangen. Somit „sieht" der Detektor abwechselnd den Messstrahl und den Referenzstrahl. Beide Strahlen haben denselben Weg in der Atmosphäre zurückgelegt und beide haben exakt gleich viel Energie durch Absorption in CO_2 und H_2O eingebüßt.

Wird nun die Probe in den Strahlengang eingebracht und absorbiert Energie aus dem Strahl, der gerade mit einer bestimmten Frequenz den Monochromator passiert,

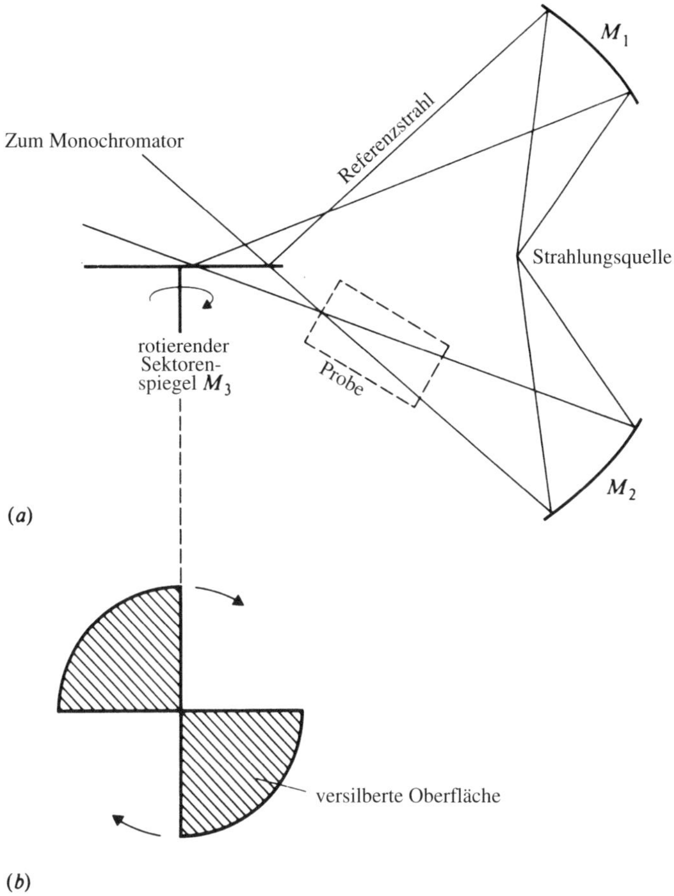

Bild 3.22: (a) Schemaskizze einer Zweistrahlspektrometers; (b) Draufsicht auf einen rotierenden Sektorenspiegel, im Bild M_3.

dann registriert der Detektor ein Signal mit wechselnder Intensität, da der Messstrahl weniger Intensität aufweist als der Referenzstrahl. Elektronisch ist es nun eine einfache Sache, dieses Wechselspannungssignal zu verstärken und einen kalibrierten Abschwächer soweit in den Referenzstrahlengang zu schieben, bis das Signal auf null steht, d.h., bis Mess- und Referenzstrahl ausbalanciert sind. An der Strecke, um die der Abschwächer vorgeschoben werden musste, kann der durch die Probe absorbierte Energiebetrag unmittelbar abgelesen werden.

Indem man nun Mess- und Referenzstrahl auf diese Weise ausbalanciert, vermeidet man, dass die Absorption von atmosphärischem CO_2 und H_2O im Infrarotspektrum auftaucht, da beide Strahlen im selben Ausmaß geschwächt sind. Die eigentlichen Vorteile eines Zweistrahlspektrometers liegen jedoch auf anderen Gebieten.

Erstens ist es viel einfacher, ein Wechselspannungssignal zu verstärken als ein Gleichspannungs(DC)signal eines Detektors bei Einstrahlbetrieb.

Zweitens wirkt der Sektorenspiegel als Modulator, da er den Strahl periodisch unterbricht; eine beträchtliche Verbesserung des Signal-Rauschverhältnisses ergibt sich dadurch, dass nur die eine Signalkomponente mit genau der Frequenz des Sektorenspiegels (für gewöhnlich 10 – 100 Umdrehungen pro Minute) verstärkt wird.

Drittens kann man auch eine Absorptionszelle mit einer geeigneten Menge des Lösungsmittels in den Referenzstrahl bringen und so das Lösungsmittelspektrum in der Aufnahme unterdrücken. Bei einem Einstrahlinstrument muss das Lösungsmittelspektrum aufgenommen und vom Spektrum der Lösung „subtrahiert" werden, um das reine Spektrum der interessierenden Substanz zu erhalten.

Man muss sich dabei vor Augen halten, dass ein Zweistrahlgerät es niemals schafft, *sämtliche* Spuren von CO_2 und H_2O aus dem Spektrum zu entfernen. Ungeachtet dessen, wie sorgfältig man das Gerät baut, kleine Wegunterschiede bleiben dennoch und eine geringes Restspektrum ist da. Dieses kann man dann durch Spülen mit einem trockenen Inertgas zusätzlich zur Zweistrahlmethode wegbekommen.

Ein weiterer, deutlich schwerer wiegenderer Nachteil, der von den Benutzern von Gitterspektrometern nicht immer sonderlich geschätzt wird, besteht darin, dass ein Zweistrahlinstrument nur die *spektrale Aufzeichnung* von CO_2 und H_2O verhindert; die beträchtliche Absorption von Energie durch diese Gase ist in beiden Strahlen nach wie vor da. Das hat zur Folge, dass in einigen Bereichen des Spektrums die Energie, die den Detektor dann tatsächlich erreicht, unter Umständen extrem gering ist.[1] Wird das Spektrometer nicht mit äußerster Sorgfalt betrieben, dann kann das Spektrum sogar richtig irreführend sein. Zum Glück sind es nur sehr wenige und kleine Bereiche, die starke Absorption durch Atmosphärengase aufweisen, man sollte aber bei der Aufnahme von Infrarotspektren daran denken. Wirklich wegbekommen kann man dies nur durch Evakuieren oder ein Durchspülen des Spektrometers. Ähnliche, nur ungleich stärkere Effekte treten in Bereichen starker Extinktion durch das Lösungsmittel auf, wenn zur Kompensation eine entsprechende Zelle im Referenzstrahlengang plaziert wird.

3.8.3 Fourier-Transformspektroskopie

Die Infrarotspektroskopie erstreckt sich über den bisher in diesem Kapitel behandelten Bereich hinaus; ganz wesentliche molekulare Information ist auch in Spektren unter 400 cm^{-1}, d.h., im Ferninfrarotgebiet von ca. 400 cm^{-1} bis 20 oder 10 cm^{-1}, enthalten. Da hier die Strahlungsquellen schwach und die Detektoren unempfindlich sind, bezeichnet man diesen Bereich als „energiebegrenzt" und man hat Schwierigkeiten, mit herkömmlichen Methoden ein gutes Signal-Rauschverhältnis zu erhalten.

---

[1] Diese Argumentation stimmt in dieser Form nur für Gitterspektrometer, nicht aber für FT-Geräte nach dem Interferometerprinzip.

Mit der Fourier-Transformspektroskopie, mit der wir uns schon in Abschnitt 1.8 einführend befasst haben, wurde der Ferninfrarotbereich wesentlich besser zugänglich, die Aufnahme eines Spektrums konnte in wesentlich kürzerer Zeit erfolgen und auch insgesamt hat die Infrarotspektroskopie davon profitiert.

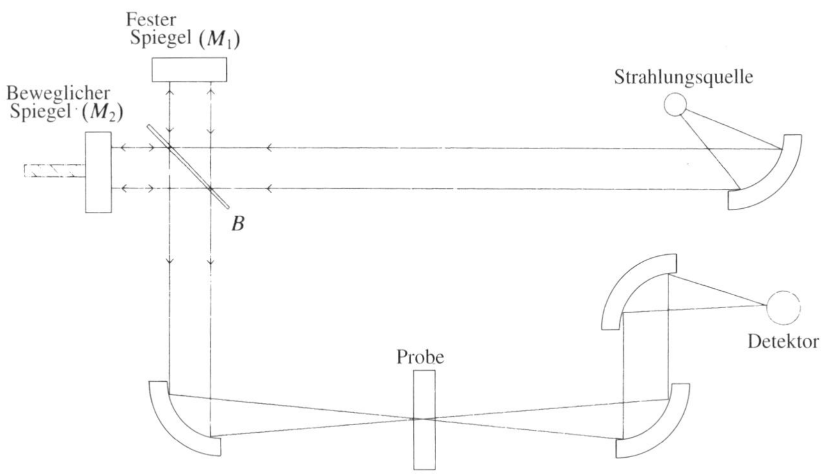

Bild 3.23: Schemazeichnung eines Fourier-Transform Infrarotspektrometers.

In diesem Spektralbereich setzt man die Fourier-Transformmethode (FT) in Absorption ein. Das Spektrometer geht auf den klassischen Versuch von Michelson zurück, den „Ätherwind" durch Bestimmung der Lichtgeschwindigkeit in zwei zueinander senkrechten Richtungen nachzuweisen. Ein Parallelstrahl läuft von der Quelle zum Interferometer, das aus einem Strahlteiler B und den zwei Spiegeln M_1 und M_2 besteht (Bild 3.23). Der Strahlteiler ist einfach eine Platte aus geeignetem durchlässigem Material (z.B. aus Kaliumbromid), das so beschichtet ist, dass 50 Prozent der einfallenden Strahlung reflektiert wird. Somit gelangt die Hälfte der Strahlung auf M_1 und die andere Hälfte auf M_2, läuft von den beiden Spiegeln denselben Weg zurück und wird am Strahlteiler wieder zu einem einzigen Strahl zusammengeführt (Natürlich geht die Hälfte der Strahlung wieder zur Quelle zurück, aber das ist hier nicht wichtig).

Es ist bekannt (und genau das ist die Voraussetzung für das Michelson-Experiment), dass *monochromatische* Strahlung, die von der Quelle emittiert wird, nach dem Verlassen von B entweder konstruktive oder destruktive Interferenz zeigt, je nachdem, wie sich die Wege von B bis M_1 und von B bis M_2 verhalten. Sind die Wegelängen exakt gleich oder unterscheiden sie sich um eine ganze Zahl von Wellenlängen, dann kommt es zu konstrukiver Interferenz, also Helligkeit; wenn der Wegunterschied eine ungerade Zahl von halben Wellenlängen ausmacht, dann erfolgt Auslöschung. Wird der Spiegel M_2 langsam auf B zu oder von B wegbewegt, sieht der Detektor deshalb Strahlung mit wechselnder Intensität. Man kann sich leicht vorstellen, dass für den Fall, dass die Strahlungsquelle *zwei* Frequenzen ν_1 und ν_2 emittiert, das Interferenzmuster

(Schwebungsmuster) von ν_1 und ν_2 die von den beiden Spielgeln M_1 und M_2 herrührende Interferenz überlagert; bewegt sich jetzt M_2, dann registriert der Detektor eine deutlich kompliziertere Schwankung der Intensität, aber die Fourier-Transformation des gesamten Signals bietet eine sehr zeitsparende Möglichkeit, die ursprünglich von der Quelle emittierten Frequenzen und Intensitäten zu erhalten. Treibt man die Sache noch weiter, dann erzeugt sogar eine „weiße", von der Quelle emittierte Strahlung ein Interferenzmuster, das in die ursprüngliche Frequenzverteilung rücktransformiert werden kann.

Bild 1.19(a) gibt ein charakteristisches Interferenzmuster oder Interferogramm einer „weißen" Lichtquelle wieder, bei dem der große Frequenzumfang zur Folge hat, dass das Signal rapide zurückgeht, wenn die Spiegel die Position verlassen, in der sie gleichen Abstand vom Strahlteiler aufweisen (das sogenannte **Nullmaximum**). Es gibt natürlich keine wirklich weiße Strahlungsquelle; Bild 3.24 gibt für ein gewöhnliches FT-Spektrometer schematisch die Intensitätsschwankungen im IR-Bereich wieder, die auf die Strahlungscharakteristik der Quelle und den Wirkungsgrad des Strahlteilers zurückzuführen sind. Da die Infrarot-FT-Spektroskopie nach dem Einstrahlprinzip funktioniert, muss diese Untergrundschwankung bei jedem Spektrum berücksichtigt werden. Tritt nun das Licht so einer Strahlungsquelle vor dem Detektor durch eine Probe, dann bewirkt deren Absorption Löcher bei bestimmten Frequenzen, die nach einer Transformation als auf den Kopf gestellte Linien erscheinen.

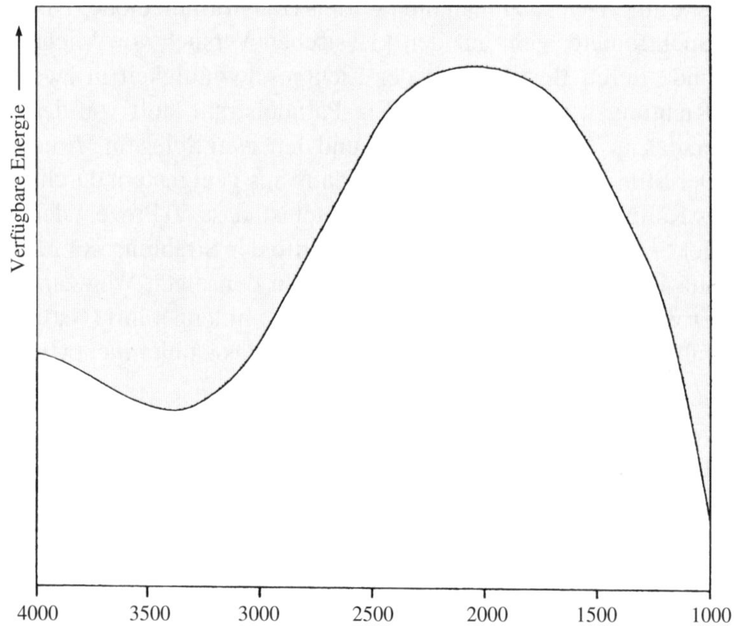

Bild 3.24: Die Einstrahl-Charakteristik eines Infrarot-Interferometers

Die Aufnahme eines Spektrums erfolgt somit in zwei Stufen, die man sich folgendermaßen vorstellen kann. In der ersten Stufe wird, noch ohne Probe, der Spiegel M_2 langsam für eine gewisse Zeit (z.B. eine Sekunde) über eine Strecke von etwa 1 cm bewegt, wobei das Detektorsignal – also das Interferogramm – in einem Rechner auf viele Kanäle verteilt gespeichert wird (z.B. könnte das Detektorsignal während des Spiegelvorschubs jede tausendstel Sekunde registriert und jedes dieser Informationsbruchstücke seriell an tausend verschiedenen Speicherplätzen im Rechner abgelegt werden); der Rechner führt die Fourier-Transformation der gespeicherten Daten durch und liefert das Untergrundspektrum. In einem zweiten Durchgang wird das Interferogramm der Probe in genau derselben Weise aufgenommen, Fourier-transformiert und dann durch das Untergrundspektrum dividiert, so dass man ein Transmissionsspektrum ausdrucken kann. Als zweite Möglichkeit kann sowohl für das Proben- wie auch für das Untergrundspektrum die Extinktion berechnet und dann einfach das zweite vom ersten subtrahiert werden, so dass man das Extinktionsspektrum der Probe allein erhält.

Die Fourier-Transformation im Infraroten bietet eine Reihe von Vorteilen gegenüber Beobachtungen nach der Dispersionsmethode.

1. Man erhält sofort das gesamte Spektrum über der Frequenz. Bei der Beugungsmethode im IR muss man für gewöhnlich das Beugungsgitter im Verlauf einer Aufnahme wechseln, da ein Gitter üblicherweise nicht den gesamten Bereich abdeckt.
2. Der Multiplex- (oder Fellgett-) Vorteil. Dieser ergibt sich daraus, dass die gesamte Aufnahmezeit bei einem Fourier-Transform-Infrarotspektrum (FTIR) wesentlich kürzer ist, als die, die benötigt wird, um ein Dispersionsspektrum derselben Empfindlichkeit und Auflösung zu erhalten. Bei einem Beugungsspektrometer wird ein auflösbarer Abschnitt eines Spektrums nach dem anderen aufgezeichnet; bei einer gesamten Aufnahmezeit T beträgt die Zeit t für eine auflösbare Strecke des Spektrums T/n, wobei n gleich der Anzahl der Streckenelemente ist. Im FTIR-Verfahren wird während der gesamten Zeit T auch der gesamte Frequenzbereich aufgenommen. In Abschnitt 1.9 wurde kurz das Signal-Rauschverhältnis S/N behandelt. Ist nun t die Aufnahmezeit, dann findet man, dass das Signal (S) proportional zu t und das Rauschen proportional zu $\sqrt{t}$ ist oder anders ausgedrückt:

$$\mathrm{S} \propto t \qquad N \propto \sqrt{t} \quad \text{und somit} \quad \mathrm{S/N} \propto \sqrt{t}$$

Aus diesem Grund können wir schreiben:

$$(\mathrm{S/N})_{\mathrm{FTIR}} = \sqrt{T} \qquad (\mathrm{S/N})_{\mathrm{BEUG}} = \sqrt{T/n}$$

oder

$$(\mathrm{S/N})_{\mathrm{FTIR}}/(\mathrm{S/N})_{\mathrm{BEUG}} = \sqrt{n}$$

Somit ergibt der Multiplex-Vorteil beim FTIR-Spektrum eine Erhöhung des Signal-Rauschverhältnisses um einen Faktor $\sqrt{n}$ gegenüber dem Dispersionsspektrum, bei derselben Aufnahmezeit. Zum Beispiel erhält man bei einem Spektrum über einen Bereich von 4000 bis 400 cm^{-1} bei einer Auflösung von 1 cm^{-1} ein $n = 3600$, und damit eine Verbesserung um einen Faktor 60. Wenn es also 10 Minuten gedauert hat, um ein Dispersionsspektrum aufzunehmen, dann braucht ein FTIR-Spektrum mit demselben S/N nur 10 Sekunden.

3. Der Vorteil aufgrund des Energieflusses (Jacquinot-Vorteil). Bei einem Gitterinstrument muss die Strahlung unweigerlich auf einen Spalt fokussiert werden und der Detektor sieht eigentlich den Spalt; ein sehr enger Spalt ergibt zwar eine hohe Auflösung, weil in jedem Augenblick nur eine sehr kleiner Frequenzausschnitt auf den Detektor fällt, aber der Energiefluss insgesamt durch das Gerät ist auch sehr stark herabgesetzt, was dann sehr hohe und deshalb mit Rauschen behaftete Verstärkung erfordert. In einer FT-Aufnahme wird stets ein Parallelstrahl eingesetzt und die Strahlung muss deshalb nicht fokussiert werden, außer aus praktischen Gründen im Bereich der Probe und am Detektor – es wird auch kein Spalt benötigt und die *gesamte* Energie fließt durch das Gerät; aus diesem Grund ist es mit den Verstärkern weniger kritisch und das Auflösungsvermögen wird lediglich durch die Weglänge des Spiegels und den Speicher am Rechner bestimmt. Deshalb wurden die ersten FT-Geräte auch im leistungsbegrenzten Ferninfrarot entwickelt. Dies wird in Bild 3.25 verdeutlicht, wo schematisch das Verhältnis der Strahlquerschnitte im Infraroten für ein Dispersions- und für ein Fourier-Transformgerät gezeigt ist.

4. Der Connes-Vorteil. Die Position des beweglichen Spiegels wird so bestimmt, dass man die Interferenzmaxima eines Helium-Neon-Lasers zählt. Da die Frequenz des Lasers mit sehr großer Genauigkeit bekannt ist, ist es möglich, die Position des Spiegels und damit auch die Wellenzahl sehr genau zu bestimmen.

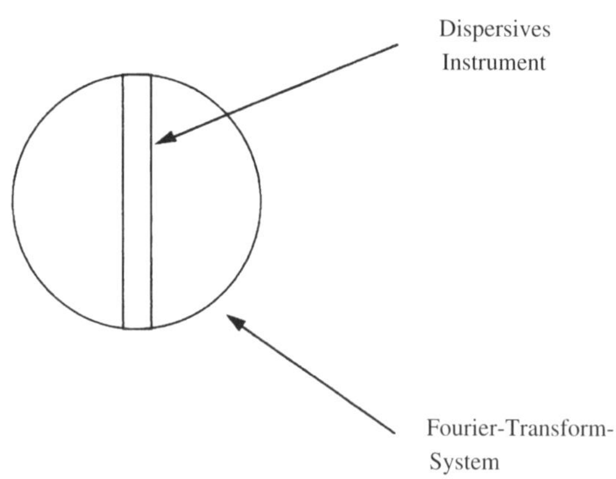

Bild 3.25: Schematischer Vergleich des Strahlquerschnitts bei einem Dispersions- und bei einem Fourier-Transformgerät.

5. Das Auflösungsvermögen. Das Auflösungsvermögen eines FT-Geräts ist über den gesamten Spektralbereich konstant; bei einem Dispersionsspektrometer hängt die Auflösung vom Winkel ab, unter dem der Strahl auf das Gitter oder Prisma trifft und ändert sich daher auch mit der Frequenz – in der Regel ist sie besonders schlecht an beiden Enden des Spektrums.

Die Auflösung eines Fourier-Transformspektrometers steht zum Spiegelweg in folgender Beziehung[1]:

$$\Delta\nu = 1/\delta$$

wobei $\Delta\nu$ die Auflösung und δ der maximale Spiegelweg ist. Deshalb muss der Spiegel für eine Auflösung von 1 cm^{-1} um einen cm verschoben werden, während für eine Auflösung von 0,01 cm^{-1} ein Spiegelweg von 100 cm erforderlich ist. Offensichtlich wird die äußerste Grenze der Auflösung durch die Möglichkeit bestimmt, genaue Lager für die gleichmäßige Spiegelbewegung über eine entsprechend lange Strecke zu fertigen. Aufnahmen mit einer Auflösung von $0{,}1-2$ cm^{-1} sind jedenfalls eine Routineangelegenheit und Schwierigkeiten gibt es nur bei ganz speziellen, höchstaufgelösten Beobachtungen.

3.8.4 Der Kohlendioxid-Laser

Der Kohlendioxid-Laser, der eigentlich eine Mischung aus Kohlendioxid und Stickstoff enthält, bietet Möglichkeiten zum Einsatz in der Routine-Infrarotspektroskopie. Der erste Anregungsschritt besteht in einer Elektronenstoß-Anregung der Stickstoff-Moleküle in das erste angeregte Schwingungsniveau, nach Bild 3.26 etwa 2360 cm^{-1} über dem Grundzustand. Zufällig liegt dieses energetisch sehr nahe der asymmetrischen Valenzschwingung ν_3 von CO_2 bei 2350 cm^{-1} und deshalb kommte es durch Stöße mit dem angeregten N_2 zu einer Resonanzanregung von CO_2 auf dieses Niveau. Sowohl N_2 wie auch CO_2 hat Rotationsniveaus in diesen Schwingungszuständen, die (schematisch und nicht maßstabsgetreu) in Bild 3.26 eingezeichnet sind. Daher werden bei der ersten Anregung viele unterschiedliche Rotationsniveaus von N_2 angeregt und deshalb auch viele Rotationsniveaus der ν_3-Schwingung von CO_2 durch Stöße besetzt. Praktisch erhalten auf diese Weise Niveaus bis etwa 200 cm^{-1} über dem tiefsten Niveau in ν_3 eine nennenswerte Besetzungsdichte.

Das angeregte CO_2 geht unter Emission von Laserstrahlung in die tieferliegenden Schwingungszustände ν_1 bzw. $2\nu_2$ über. Helium wird beigemischt, um über Stöße die weitere Relaxation in den Grundzustand zu beschleunigen. Außerdem setzt es die Entladungsspannung herab. Im Grunde genommen handelt es sich um einen Vier-Niveau-Laser (vgl. Abschnitt 1.10), obwohl die vielen zusätzlichen Rotationsniveaus auch eine gewisse Rolle spielen.

[1] Dies gilt im günstigsten Fall; im realen Fall gilt: $\Delta\nu \cong 1{,}4/\delta$.

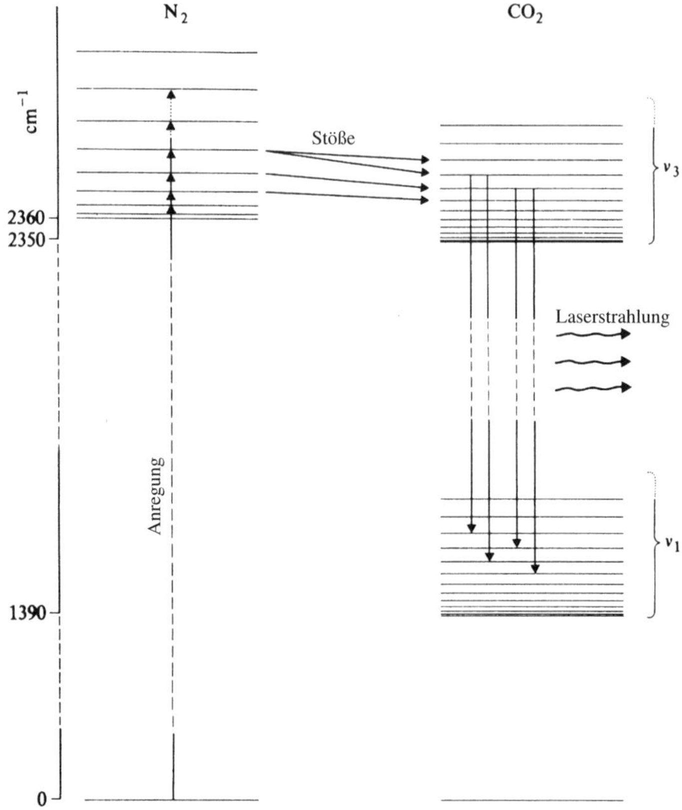

Bild 3.26: Die Energieniveaus von Stickstoff und Kohlendioxid beim CO_2-Laser. Laserübergänge können auch zum Schwingungszustand $2\nu_2$ führen (nicht eingezeichnet).

Für den Fall einer Laseremission können die angeregten Moleküle von ν_3 auf jedes *erlaubte* Niveau in ν_1 bzw. $2\nu_2$ übergehen, d.h. auf solche Niveaus, zu denen Übergänge nach der Auswahlregel $\Delta J = \pm 1$ erlaubt sind. Dies wiederum hat zur Folge, dass eine große Anzahl einzelner Laserfrequenzen (etwa 80 – 100) im Bereich zwischen 900 und 1100 cm^{-1} emittiert werden. Wenn das auch nicht als „kontinuierliche" Strahlungsquelle gelten kann und der Frequenzbereich, verglichen mit dem in der IR-Spetroskopie genutzten (von 3000 – 400 cm^{-1} oder darunter), sehr klein ist, so bietet der CO_2-Laser doch einige Möglichkeiten als Infrarotquelle, wie wir in den folgenden Absätzen zeigen.

Die meisten organischen Substanzen, haben, besonders in Lösung, ziemlich breite Infrarotabsorptionen (Bandbreite etwa 5 – 20 cm^{-1}); damit verglichen ist eine Quelle, bei der die einzelnen Linien nur 2 cm^{-1} Abstand voneinander haben, praktisch kontinuierlich; dies ist so zu verstehen, dass nur wenig spektrale Information zwischen den einzelnen Linien verlorengeht. Und viele dieser Moleküle weisen im Bereich um 900 – 1000 cm^{-1} Absorptionen auf, die zu ihrer Charakterisierung gut geeignet sind.

Deshalb können Spektren, die mit dem CO_2-Laser aufgenommen wurden, durchaus wertvolle Informationen als „Fingerprints“ liefern.

Außerdem ist die Laserstrahlung sehr leistungsstark – es ist so, dass ein nicht umgebauter CO_2-Laser, der im industriellen Einsatz Materialien schneidet und schweißt, leicht das Spektrometer einschmelzen würde. Wenn aber seine Leistung soweit gedämpft wird, dass sie „nur“ $10^3 - 10^5$mal über der eines gewöhnlichen Infrarotstrahlers liegt, dann erweist er sich als hervorragend geeignet für Anwendungen wie zum Beispiel in der Aufzeichnung der Luftverschmutzung. Hier sucht man Schadstoffe im Maßstab eins zu einer Million und die beste Methode ist die, bei der man den Infrarotstrahl auf einen sehr langen Weg durch die Probe schickt. Natürlich ist ein Strahl, der auf lange Wegstrecken nicht divergiert, gerade das, was man braucht.

Schließlich werden die genauesten quantitativen Messergebnisse an Substanzen mit Hilfe einer monochromatischen Strahlungsquelle erzielt und dafür erweist sich eine einzelne Emissionslinie eines CO_2-Lasers, die mit Hilfe eines ganz normalen Gitters eingestellt wurde, als ideal geeignet und fallweise auch als sehr effizient in der Fertigungsüberwachung. Aus einem ähnlich gebauter CO-Laser, der ebenfalls über Elektronenstoßanregung von N_2 gepumpt wird, erhält man eine Vielzahl diskreter Linien im 2000 cm^{-1}-Bereich.

Literatur

Bellamy, L. J.: *The Infrared Spectra of Complex Molecules*, Chapman & Hall, vol. 1, 1975; vol. 2, 1980.

Ebsworth, E. A. V., D. H. W. Rankin und S. Cradock: *Structural Methods in Inorganic Chemistry*, Blackwell Scientific Publications, 2nd edn., 1991.

Ferraro, J. R. und L. J. Basilo: *Fourier Transform Infrared Spectroscopy: Applications to Chemical Systems*, Academic Press, 2nd edn., vol.1, 1978; vol. 2, 1979.

Griffith, P. R. und J. A. de Hareth: *Fourier Transform Infrared Spectroscopy*, vol. 1, Wiley, 1986.

Harris, D. C. und M. D. Bertolucci: *Symmetry and Spectroscopy*, Dover Publications, 1989.

Herzberg, G.: *Molecular Structure and Molecular Spectra,* vol. 2: *Infra-red and Raman Spectra of Polyatomic Molecules*, Van Nostrand, 2nd edn., 1945.

Herzberg, G.: *Molecular Structure and Molecular Spectra,* vol. 1: *Spectra of Diatomic Molecules*, Van Nostrand, 2nd edn., 1950.

Kemp, W.: *Organic Spectroscopy*, Macmillan, 3rd edn., 1989.

Nakamoto, K.: *Infrared and Raman Spectra of Inorganic and Coordination Compounds*, Wiley-Interscience, 4th edn., 1986.

Williams, D. H. und I. Fleming: *Spectroscopic Methods in Organic Chemistry*, McGraw-Hill, 4th edn., 1989.

Übungsaufgaben

(Wichtige Konstanten: $h = 6{,}626 \cdot 10^{-34}$ J s; $c = 2{,}998 \cdot 10^{8}$ m s^{-1}; $N = 6{,}022 \cdot 10^{23}$ mol^{-1}; $k = 1{,}381 \cdot 10^{-23}$ J K^{-1}; $4\pi^2 = 39{,}478$; 1 cm^{-1} $\equiv$ 11,958 J mol^{-1};
Atommassen (in kg): ^{14}N $= 23{,}25 \cdot 10^{-27}$, ^{16}O $= 26{,}56 \cdot 10^{-27}$.)

3.1 Die Übergänge für die Grund- und die erste Obertonschwingung von $^{14}N^{16}O$ liegen bei 1876,06 cm^{-1} bzw. bei 3724,00 cm^{-1}. Berechnen Sie für dieses Molekül die Schwingungsfrequenz im Gleichgewichtszustand, die Anharmonizitätskonstante, die genaue Nullpunktsenergie und die Kraftkonstante. Berechnen Sie unter der Annahme, dass v eine kontinuierliche Variable sei, auf analytischem Weg das Maximum von ε_v und bestimmen Sie daraus einen Wert für die Dissoziationsenergie von NO. Setzen Sie sich kritisch mit diesem Verfahren auseinander.

3.2 Die Wellenzahlen für die Schwingung der folgenden Moleküle im Zustand $v = 0$ lauten: HCl: 2885 cm^{-1}; DCl: 1990 cm^{-1}; D_2: 2990 cm^{-1} sowie HD: 3627 cm^{-1}. Berechnen Sie den Energieumsatz für die folgende Reaktion in kJ mol^{-1}:

$$\mathrm{HCl} + \mathrm{D_2} \rightarrow \mathrm{DCl} + \mathrm{HD}$$

und ermitteln Sie, ob Energie freigesetzt oder verbraucht wird.
Hinweis: Betrachten Sie die Nullpunktsenergien der beteiligten Moleküle.

3.3 Die Schwingungsfrequenz im Gleichgewichtszustand des Iod-Moleküls beträgt 215 cm^{-1} und die Anharmonizitätskonstante x ist 0,003; wie groß ist bei 300 K die Intensität der „heißen Bande“ (des Übergangs $v = 1 \rightarrow v = 2$) im Vergleich zur Fundamentalbande $v = 0 \rightarrow v = 1$?

3.4 Von OCS wurde ein Infrarotspektrum aufgenommen, bei dem die Rotationsfeinstruktur nicht aufgelöst ist. Bestimmen Sie mit den Daten von Tabelle 2.2 den Abstand der Maxima von *P*- und *R*-Zweig bei 300 K.

3.5 Wie viele Normalschwingungen können die folgenden Moleküle haben: HBr, O_2, OCS (linear), SO_2 (gewinkelt), BCl_3, HC$\equiv$CH, CH_4, CH_3I, C_6H_6?

3.6 Schätzen Sie mit Hilfe der Tabelle 3.4 die Wellenzahl der Schwingungen ab für (a) $\equiv$CD, (b) —OD, (c) $\geqslant$C—S—. (Die relativen Atommassen lauten: H = 1, D = 2, C = 12, O = 16, S = 32.)

3.7 Die Schwingungsfrequenz von $^{1}H^{35}Cl$ beträgt 2990,6 cm^{-1}; schätzen Sie die Frequenzen für $^{1}H^{37}Cl$, $^{2}D^{35}Cl$ und $^{2}D^{37}Cl$ ab, *ohne* die Kraftkonstante auszurechnen.

3.8 Im Rotations-Schwingungsspektrum ($v = 0 \rightarrow 1$) von HF sind die Rotationskonstanten in den Zuständen $v = 0$ und $v = 1$ etwas verschieden voneinander; gemessen wurden diese Werte zu $B_{v=0} = 20{,}6$ cm^{-1} und $B_{v=1} = 19{,}8$ cm^{-1}. Bestimmen Sie die Vergrößerung der Bindungslänge beim Übergang von $v = 0$ nach $v = 1$. Welchen Einfluss hat diese Vergrößerung der Bindungslänge auf den Abstand der Rotationslinien?

3.9 Nehmen Sie die folgenden Parameter für das Molekül $^{1}H^{35}Cl$ an:

Bindungslänge: 127,5 pm

Kraftkonstante der Bindung: 516,3 Nm^{-1}

Atommassen: $^{1}H = 1{,}673 \cdot 10^{-27}$ kg, $^{35}Cl = 58{,}066 \cdot 10^{-27}$ kg

Führen Sie die folgenden Aufgaben aus und geben Sie die Lösung in cm^{-1} an:

(a) Berechnen Sie die Nullpunktsenergie sowie die Energie der Fundamentalschwingung ν_0.

(b) Berechnen Sie die Rotationskonstante B.

(c) Berechnen Sie die Wellenzahlen der Übergänge $P_{(1)}$, $P_{(2)}$, $P_{(3)}$, $R_{(0)}$, $R_{(1)}$ und $R_{(2)}$.

(d) Skizzieren Sie das Rotations-Schwingungsspektrum, das Sie von HCl erwarten einschließlich der ungefähren Linienintensitäten.

(e) Nennen Sie zwei Punkte, in denen Sie Unterschiede zwischen Ihrem in (d) skizzierten Spektrum und dem tatsächlich für HCl beobachteten vermuten und geben Sie eine Begründung an.

3.10 Erklären Sie, warum man die C=O Streckschwingung eines Aldehyds als starke Absorption beobachtet, obwohl die Absorption einer C=C Schwingung bei Alkenen normalerweise sehr schwach ist.

4 Ramanspektroskopie

4.1 Einführung

Schickt man einen Lichtstrahl durch eine nicht absorbierende Probe, dann wird ein kleiner Teil der Strahlung gestreut, auch dann, wenn alle Staubteilchen oder andere Fremdsubstanz vorher sorgfältig aus der Probe entfernt wurden. Nimmt man monochromatische Strahlung oder Strahlung mit einem sehr kleinen Frequenzumfang, dann besteht die gestreute Strahlung fast ausschließlich aus Strahlung der einfallenden Frequenz (der sogenannten *Rayleighstreuung*), aber zusätzlich wird geringe Streuung bei ganz bestimmten Frequenzen ober- und unterhalb der des einfallenden Strahls beobachtet, was man als *Ramanstreuung* bezeichnet.

4.1.1 Die Quantentheorie des Ramaneffekts

Das Auftreten der Ramanstreuung kann am besten über die Quantenvorstellung der Strahlung verstanden werden. Diese behandelt Strahlung der Frequenz ν Hz als einen Strom von Teilchen (Photonen genannt) mit der Energie $h\nu$, wobei h die Plancksche Konstante ist. Man kann sich vorstellen, dass Photonen Moleküle treffen und unverändert abprallen, falls der Stoß elastisch war. Ordnet man nun einen Energiedetektor unter rechtem Winkel zum einfallenden Strahl an, dann werden auf ihn gestreute Photonen mit der Energie $h\nu$ auftreffen, also Strahlung mit der Frequenz ν. Elastische Streuung kann man sich vorstellen wie das Auftreffen einer elastischen Kugel auf eine starre Platte – die Kugel prallt ohne Energieverlust von der Platte ab.

Es kann aber auch vorkommen, dass im Stoß Energie zwischen dem Photon und dem Molekül ausgetauscht wird: Diese Stöße werden als „unelastisch“ bezeichnet. Ein Molekül kann Energie nur gemäß den Quantengesetzen aufnehmen oder abgeben; das bedeutet, ein Energieaustausch in der Größe von ΔE Joule muss gleich sein der Differenz zwischen zweien seiner erlaubten Energiezustände. Man kann es auch so formulieren: ΔE muss einer Änderung der Schwingungs- und/oder der Rotationsenergie des Moleküls entsprechen. *Nimmt* das Molekül Energie vom Betrag ΔE *auf*, dann wird ein Photon mit der Energie $h\nu - \Delta E$ gestreut und die entsprechende Strahlung hat die Frequenz $\nu - \Delta E/h$. Umgekehrt, wenn das Molekül den Energiebetrag ΔE *abgibt*, dann ist die gestreute Frequenz $\nu + \Delta E/h$. Der unelastische Fall kann mit einer Kugel verglichen werden, die auf das Fell einer Trommel auftrifft. War das Fell vorher in Ruhe, dann wird es, sobald die Kugel aufschlägt, mit der ihm eigenen Frequenz anfangen zu schwingen und die Kugel wird mit weniger Energie reflektiert, wobei sie genau den Energiebetrag eingebüßt hat, der von der Trommelschwingung aufgenommen wurde. Wenn andererseits das Fell beim Auftreffen der Kugel schon in Schwingung war und die Kugel zum richtigen Phasenzeitpunkt auftrifft, dann gibt die Trommel Energie an die Kugel ab – so wie ein Katapult – und die Kugel wird mit höherer Energie zurückgeschleudert.[1]

Strahlung, die mit einer Frequenz gestreut wird, die niedriger ist als die des einfallenden Strahls, heißt Stokessche Strahlung, die mit höherer Frequenz ist die anti-Stokessche Strahlung. Da die erste mit einer *Erhöhung* der molekularen Energie verknüpft ist (was, je nach den geltenden Auswahlregeln, immer eintreten kann) während die andere eine *Abnahme* bedingt (was nur möglich ist, wenn sich das Molekül anfangs in einem schwingungs- oder rotationsangeregten Zustand befindet), ist die Stokessche Strahlung für gewöhnlich stärker als die anti-Stokessche. Insgesamt ist die Streuung bei jeder anderen als der eingestrahlten Frequenz extrem schwach und man benötigt zu ihrer Beobachtung sehr empfindliche Geräte.

4.1.2 Die klassische Theorie des Ramaneffekts: Die Polarisierbarkeit eines Moleküls

Die klassische Theorie des Ramaneffekts wird der Sache zwar nicht in allen Details gerecht, ist aber dennoch betrachtenswert, da sie einem eine grundlegende Moleküleigenschaft für diese Art von Spektroskopie vermittelt – und das ist die Polarisierbarkeit eines Moleküls. Wird ein Molekül in ein elektrisches Gleichfeld gebracht, dann wird es bis zu einem gewissen Grad verzerrt, wobei die positiv geladenen Kerne im Feld zum negativen, die Elektronen aber zum positiven Pol hin gezogen werden. Diese räumliche Trennung der Ladungsschwerpunkte hat ein *induziertes Dipolmoment* im Molekül zur Folge und man bezeichnet es als *polarisiert.*

Die Größe des induzierten Dipolmoments μ hängt sowohl von der Stärke des angelegten Felds E als auch davon ab, wie leicht das Molekül verzerrt werden kann. Man kann das in der Form ausdrücken:

$$\mu = \alpha E \tag{4.1}$$

mit α als der *Polarisierbarkeit* des Moleküls.

Stellen wir uns das zweiatomige Molekül H_2 in einem elektrischen Feld vor, wie es in Bild 4.1(a) und (b) einmal von einem Ende her und einmal von der Seite gesehen dargestellt ist. Die Bindungselektronen werden durch das Feld wesentlich leichter in *Richtung* der Bindung verschoben (Bild 4.1(b)) als *quer* zur Bindungs-

[1] Man kann den Vergleich noch weiter treiben: Trifft die Kugel auf die Seitenfläche der Trommel, dann erfolgt elastische Streuung unter Beibehaltung der Frequenz.

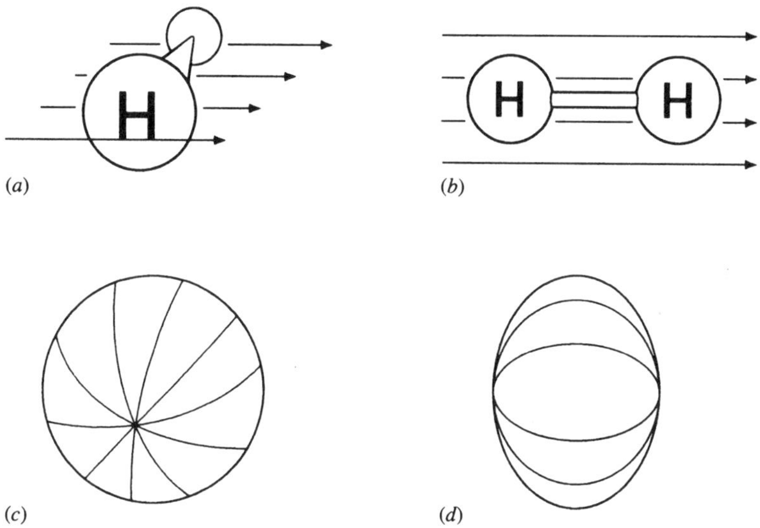

(a) (b) (c) (d)

Bild 4.1: Das Wasserstoffmolekül im elektrischen Feld mit seinem Polarisierbarkeitsellipsoid in Richtung der Bindungsachse sowie quer dazu.

achse (Bild 4.1(a)) und deshalb bezeichnet man die Polarisierbarkeit als *anisotrop*. Diese Tatsache kann experimentell nachgeprüft werden (z.B. durch eine Messung der Linienintensität im Ramanspektrum von H_2), wobei man findet, dass in einem bestimmten Feld das induzierte Dipolmoment in Richtung der Bindung ungefähr doppelt so groß ist wie quer dazu; ist das Feld in eine andere Richtung orientiert, dann liegt das induzierte Dipolmoment irgendwo dazwischen.

Die Polarisierbarkeit eines Moleküls in unterschiedlichen Raumrichtungen wird anschaulich so dargestellt, dass man ein *Polarisierbarkeitsellipsoid* zeichnet. Wir werden es strenger im folgenden Abschnitt definieren, aber für Wasserstoff ist seine übliche Form die einer flachgequetschten Kugel, ähnlich einer Mandarine und diese ist in Bild 4.1(c) und (d) in zwei Ansichten zu sehen (mit angedeuteten imaginären Mandarinenspalten, der Deutlichkeit halber). In Bild 4.1(c) blicken wir von leicht schräg oben auf die Mandarine und in Bild 4.1(d) sehen wir sie von der Seite; diese Blickrichtungen entsprechen denen in Bild 4.1(a) bzw. (b) für das Wasserstoffmolekül.

Allgemein ist das Polarisierbarkeitsellipsoid als eine Oberfläche im dreidimensionalen Raum definiert, deren Abstand vom Ladungsschwerpunkt des Moleküls (im Fall von H_2 ist dies auch der Schwerpunkt) proportional ist zu $1/\sqrt{a_i}$, wobei a_i die Polarisierbarkeit entlang der Linie ist, die den Punkt i am Ellipsoid mit dem Ladungsschwerpunkt verbindet. Deshalb ist da, wo die Polarisierbarkeit am *größten* ist, die Achse des Ellipsoids am *kleinsten* und umgekehrt. (Historisch betrachtet entstand diese Darstellung in Analogie zum Trägheitsmoment eines Körpers – wobei das Trägheitsellipsoid auf ähnliche Weise mit $1/\sqrt{I_i}$ definiert wird, wobei I_i das Trägheitsmoment um die Achse i ist.)

Stellen wir uns vor, wir legen, wie in Bild 4.1(a), ein elektrisches Feld quer zur Bindungsachse von H_2 an, dann wird das Molekül bis zu einem gewissen Grad polarisiert werden. Stellen wir uns weiter vor, das Molekül rotiere um seine Bindungsachse, dann wird es offensichtlich dem Feld in jeder Stellung denselben Anblick bieten – d.h., seine Polarisierbarkeit wird in jeder Richtung quer zur Achse dieselbe sein. Das heißt also, dass ein Querschnitt durch das Polarisierbarkeitsellipsoid kreisförmig sein wird und genau das ist in Bild 4.1(c) dargestellt.

Wirkt das Feld *entlang* der Bindungsachse wie in Bild 4.1(b), dann ist, wie schon erwähnt, die Polarisierbarkeit größer. Aus diesem Grund ist der Querschnitt des Ellipsoids *kleiner*, so wie in Bild 4.1(d).

Als Student sollte man jetzt nicht in den Fehler verfallen, das Polarisierbarkeitsellipsoid mit den Elektronenorbitalen oder den Elektronenwolken zu verwechseln. In einem gewissen Sinn ist das Polarisierbarkeitsellipsoid das *Inverse* einer Elektronenwolke – wobei die Elektronenwolke dort am größten ist und am leichtesten polarisiert werden kann, wo die Elektronen am weitesten vom Kern entfernt sind. Und gerade dem wird, wie wir gesehen haben, durch eine *kleine* Achse des Polarisierbarkeitsellipsoids Rechnung getragen.

Alle zweiatomigen Moleküle besitzen Ellipsoide, die im Prinzip die gleiche Mandarinenform aufweisen wie H_2, aber auch die linearen mehratomigen Moleküle, wie CO_2, HC≡CH, usw. Sie unterscheiden sich nur in den relativen Abmessungen der großen und kleinen Achsen.

Setzt man nun eine Probe dieser Molekülen einer Strahlung mit der Frequenz ν aus, dann ändert sich das Feld, das die einzelnen Moleküle verspüren, nach folgender Gleichung (vgl. Gl. (1.1))

$$E = E_0 \sin 2\pi\nu t \tag{4.2}$$

und somit führt auch der induzierte Dipol Schwingungen mit der Frequenz ν aus:

$$\mu = \alpha E_0 \sin 2\pi\nu t \tag{4.3}$$

Ein auf diese Weise oszillierender Dipol emittiert Strahlung seiner eigenen Schwingungsfrequenz und wir erhalten mit Gl. (4.3) unmittelbar die klassische Erklärung für die Rayleighstreuung.

Falls nun das Molekül zusätzlich eine interne Bewegung ausführt, wie etwa eine Schwingung oder eine Rotation, die die *Polarisierbarkeit* periodisch *ändert*, dann wird dem oszillierenden Dipol infolge der Schwingung oder Rotation noch eine weitere Oszillation überlagert. Nehmen wir z.B. eine Schwingung der Frequenz ν_{vib}, die die Polarisierbarkeit ändert: Wir können das so ausdrücken:

$$\alpha = \alpha_0 + \beta \sin 2\pi\nu_{\text{vib}} t \tag{4.4}$$

wobei α_0 die Polarisierbarkeit im Gleichgewichtszustand ist und β angibt, wie stark sich die Polarisierbarkeit mit der Schwingung ändert. Somit haben wir:

$$\mu = \alpha E = (\alpha_0 + \beta \sin 2\pi\nu_{\text{vib}} t) E_0 \sin 2\pi\nu t$$

Nach Umformung unter Verwendung der trigonometrischen Beziehung:

$$\sin A \sin B = \tfrac{1}{2}\{\cos(A-B) - \cos(A+B)\}$$

ergibt sich:

$$\mu = \alpha_0 E_0 \sin 2\pi\nu t + \tfrac{1}{2}\beta E_0 \{\cos 2\pi(\nu - \nu_{\text{vib}})t - \cos 2\pi(\nu + \nu_{\text{vib}})t\} \qquad (4.5)$$

womit der oszillierende Dipol zusätzlich zur Anregungsfrequenz ν auch noch die Frequenzkomponenten $\nu \pm \nu_{\text{vib}}$ enthält.

In diesem Zusammenhang ist zu beachten, dass im Fall einer Schwingung, die die Polarisierbarkeit nicht ändert (Beispiele für solche Schwingungen kommen noch später), $\beta = 0$ gilt und der Dipol nur mit der Frequenz der einfallenden Strahlung oszilliert; dasselbe gilt für die Rotation. Damit ergibt sich die allgemeine Regel:

> Eine Rotation oder eine Schwingung eines Moleküls muss, um Raman-aktiv zu sein, zumindest eine Komponente der Molekülpolarisierbarkeit ändern. Eine Änderung der Polariserbarkeit kann natürlich sowohl eine Änderung in der *Größe* als auch eine Änderung der *Orientierung* des Polarisierbarkeitsellipsoids bedeuten.

(Diese Regel sollte man der für Infrarot- und Mikrowellenaktivität gegenüberstellen, wonach die Molekülbewegung eine Änderung am elektrischen Dipolmoment des Moleküls bewirken muss.)

Betrachten wir nun kurz die Form des Polarisierbarkeitsellipsoids etwas komplizierter gebauter Moleküle und nehmen als erstes das gewinkelte dreiatomige Molekül H_2O in Bild 4.2(a). In Analogie zu den Überlegungen zum H_2 von vorhin könnte man meinen, die Fläche, die die Polarisierbarkeit beschreibt, sei aus *zwei* ähnlichen Ellipsoiden zusammengesetzt, eines pro Bindung. Das mag im molekularen Maßstab richtig sein; wir müssen aber bedenken, dass das oszillierende elektrische Feld, das wir in der Ramanspektroskopie einsetzen möchten, üblicherweise aus dem Sichtbaren oder UV stammt, also eine Wellenlänge irgendwo zwischen 1 μm – 10 nm aufweist (vgl. Bild 1.4); andererseits sind Molekülbindungen nur von der Größenordnung 0,1 nm, so dass wir von unserer Strahlung nicht erwarten können, dass sie Einzelheiten in der Polarisierbarkeit einer Bindung abzutasten in der Lage ist – auch die härteste Röntgenstrahlung ist kaum dazu in der Lage. Die Strahlung kann lediglich die durchschnittliche Polarisierbarkeit in unterschiedlichen Richtungen am Molekül aufspüren und somit ist, wie man zeigen kann, das Polarisierbarkeitsellipsoid immer nur ein Ellipsoid – d.h. eine Fläche, bei der *sämtliche* Querschnitte Ellipsen sind (oder möglicherweise Kreise). Im speziellen Fall

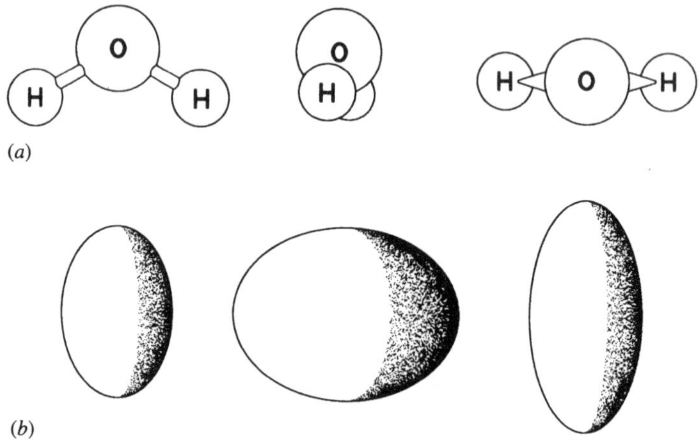

Bild 4.2: Das Wassermolekül und sein Polarisierbarkeitsellipsoid, in Richtung der drei Hauptachsen gesehen.

von H_2O ergibt sich, dass die Polarisierbarkeit für alle drei Hauptachsen des Moleküls unterschiedlich ist (Diese liegen einmal in der Ebene, die den HOH-Winkel halbiert, und zwar in Richtung dieser Winkelhalbierenden sowie senkrecht dazu und außerdem senkrecht zu dieser Ebene); somit sind auch alle drei Achsen des Ellipsoids unterschiedlich; es ist in Bild 4.2(b) in verschiedenen Ansichten wiedergegeben. Weitere, der Symmetrie nach ähnliche Moleküle, wie z.B. H_2S oder SO_2 weisen entsprechend geformte Ellipsoide auf, die aber andere Abmessungen haben.

Aufgrund ihrer achsialen Symmetrie haben haben Moleküle von der Form eines symmetrischen Kreisels ähnliche Polarisierbarkeitsellipsoide wie lineare Moleküle, d.h., mit einer kreisförmigen Querschnittsfläche im rechten Winkel zu ihrer höchstzähligen Symmetrieachse. Es soll aber betont werden, dass andere Querschnittsflächen wirklich *elliptisch* sind. Bei einem Molekül wie Chloroform, $CHCl_3$ (Bild 4.3(a)), bei dem sich die Chloratome häufen, gerät man leicht in Versuchung, die Polarisierbarkeitsoberfläche eiförmig zu zeichnen, etwas bauchiger an der Stelle, wo die Chloratome sitzen. Das ist nicht richtig; in Bild 4.3(b) ist das Polarisierbarkeitsellipsoid gezeigt, an dem man erkennen kann, dass die *kleine* Achse des Ellipsoids senkrecht zur Symmetrieachse liegt und somit die Polarisierbarkeit größer ist. Ähnliche Moleküle sind z.B. CH_3Cl und NH_3 usw. (obwohl letzteres zufällig ein praktisch sphärisches „Ellipsoid" hat).

Schließlich haben sphärische Kreiselmoleküle, wie z.B. CH_4, CCl_4, SiH_4, usw., sphärische Polarisierbarkeitsflächen, d.h., eine Polarisierbarkeitskugel, da sie bezüglich der einfallenden Strahlung vollkommen isotrop sind.

Wir sind nun in der Lage, uns genauer mit Ramanspektren unterschiedlicher Molekülklassen zu befassen. Da wir es mit Änderungen der Rotations- und Schwingungszustände zu tun haben ist klar, dass die Formeln für die Energieniveaus und für viele der erlaubten Übergänge dieselben sein werden wie die, die bereits in den bisherigen

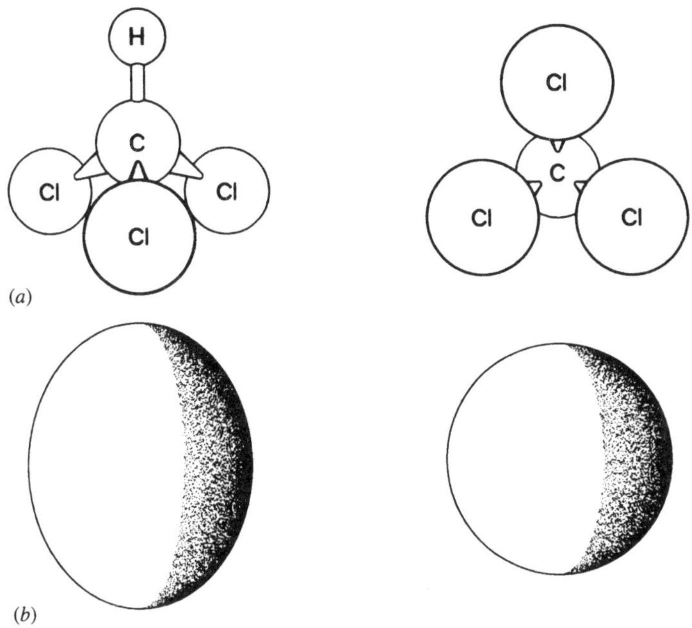

Bild 4.3: Das Chloroformmolekül und sein Polarisierbarkeitsellipsoid; einmal in Blickrichtung entlang seiner Symmetrieachse (b) und einmal senkrecht dazu.

Kapiteln vorkamen. Aus Gründen der Verständlichkeit werden wir jede einzelne dieser Formeln wiederholen, aber nicht noch einmal ableiten, sondern uns mit einem Hinweis auf die Ableitung begnügen.

4.2 Reine Rotations-Ramanspektren

4.2.1 Lineare Moleküle

Die Rotationsenergieniveaus linearer Moleküle wurden bereits formuliert (vgl. Gl. (2.24)):

$$\varepsilon_J = BJ(J+1) - DJ^2(J+1)^2 \text{ cm}^{-1} \qquad (J = 0, 1, 2, \ldots)$$

aber in der Ramanspektroskopie reicht üblicherweise die Messgenauigkeit nicht bis zum Term mit dem D, der Zentrifugalverzerrungskonstanten. Deshalb nehmen wir zur Darstellung der Energieniveaus den einfacheren Ausdruck:

$$\varepsilon_J = BJ(J+1) \text{ cm}^{-1} \qquad (J = 0, 1, 2, \ldots) \tag{4.6}$$

Übergänge zwischen diesen Niveaus gehorchen formal der Auswahlregel:

$$\Delta J = 0, \quad oder \quad \pm 2, \qquad \text{ausschließlich} \tag{4.7}$$

im Gegensatz zu $\Delta J = \pm 1$ in Gl. (2.17), der entsprechenden Auswahlregel in der Mikrowellenspektroskopie. Dass sich bei Ramanbeobachtungen die Rotationsquantenzahl nicht um eine, sondern um zwei Einheiten ändert, hängt mit der Symmetrie des Polarisierbarkeitsellipsoids zusammen. Bei einem linearen Molekül wie in Bild 4.1 ist es klar, dass für einen Betrachter das Ellipsoid bei einer Rotation um eine Achse senkrecht zur Bindung *zweimal* innerhalb einer vollen Umdrehung exakt gleich aussieht. Ebenso klar ist es, dass eine Rotation um die Bindungsachse keine Änderung der Polarisierbarkeit mit sich bringt und aus diesem Grund brauchen wir uns nur, ebenso wie in der Infrarot- und Mikrowellenspektroskopie, nur mit den Rotationen um die Querachse zu befassen.

Folgen wir der üblichen Praxis, indem wir ΔJ als ($J_{\text{angeregter Zustand}} - J_{\text{Grundzustand}}$) definieren, dann können wir die Auswahlregen $\Delta J = -2$ außer Acht lassen, da bei einem reinen Rotationsübergang die Quantenzahl des angeregten Zustands notwendigerweise größer sein muss als die des Grundzustands. Außerdem ist der „Übergang" $\Delta J = 0$ trivial, da er keiner Änderung der molekularen Energie, sondern lediglich einer Rayleighstreuung entspricht.

Indem wir $\Delta J = 2$ mit Gl. (4.6), dem Ausdruck für die Energieniveaus, kombinieren, erhalten wir:

$$\begin{aligned} \Delta\varepsilon &= \varepsilon_{J'=J+2} - \varepsilon_{J''=J} \\ &= B(4J+6) \quad \text{cm}^{-1} \end{aligned} \tag{4.8}$$

Da $\Delta J = +2$, können wir die entsprechenden Linien als S-Zweig-Linien bezeichnen (vgl. Abschnitt 3.2) und schreiben

$$\Delta\varepsilon_S = B(4J+6)\ \text{cm}^{-1} \qquad (J = 0, 1, 2, \ldots.) \tag{4.9}$$

mit J als der Rotationsquantenzahl im *Grundzustand* des Übergangs.

Erhöht sich also die Rotationsenergie eines Moleküls im Stoß mit einem Photon, dann erhalten wir eine Reihe von S-Zweig-Linien im Bereich niedrigerer Wellenzahlen im Vergleich zur anregenden Frequenz (Stokessche Linien), während hingegen die S-Zweig-Linien im Bereich höherer Wellenzahlen auftreten, wenn das Molekül Energie an das Photon abgibt (Antistokessche Linien). Der folgende Ausdruck gibt die Wellenzahlen der entsprechenden Spektrallinien wieder:

$$\bar{\nu}_S = \bar{\nu}_{\text{ex.}} \pm \Delta\varepsilon_S = \bar{\nu}_{\text{ex.}} \pm B(4J+6) \quad \text{cm}^{-1} \tag{4.10}$$

Dabei bezieht sich das Pluszeichen auf die Antistokesschen Linien, das Minus auf die Stokesschen Linien und $\nu_{ex.}$ bedeutet die Wellenzahl der Anregungsstrahlung.

Die erlaubten Übergänge sowie das Ramanspektrum, das man erhält, sind in Bild 4.4 wiedergegeben. Jeder der Übergänge ist seinem tieferen J-Wert entsprechend gekennzeichnet und die angedeutete Intensität beruht auf der Annahme, dass sich die Besetzungsdichte der einzelnen Energieniveaus aus Gl. (2.21) und Bild 2.7 ergibt. Es ist an dieser Stelle besonders darauf zu achten, dass Stokessche und Antistokessche Linien vergleichbare Intensitäten aufweisen, da viele der Rotationsniveaus besetzt sind und deshalb Übergänge zu tieferen Quantenzahlen hin ungefähr gleich wahrscheinliche sind wie zu höheren.

Setzt man den Wert $J = 0$ in Gl. (4.10) ein, erkennt man sofort, dass der Abstand der ersten Linie von der Anregungslinie $6B$ cm^{-1} beträgt, wobei dann aber der Abstand zwischen den darauffolgenden Linien $4B$ cm^{-1} ist. Bei zweiatomigen und leichten dreiatomigen Molekülen wird das Rotations-Ramanspektrum für gewöhnlich aufgelöst sein und man kann daraus direkt den B-Wert bestimmen und damit das

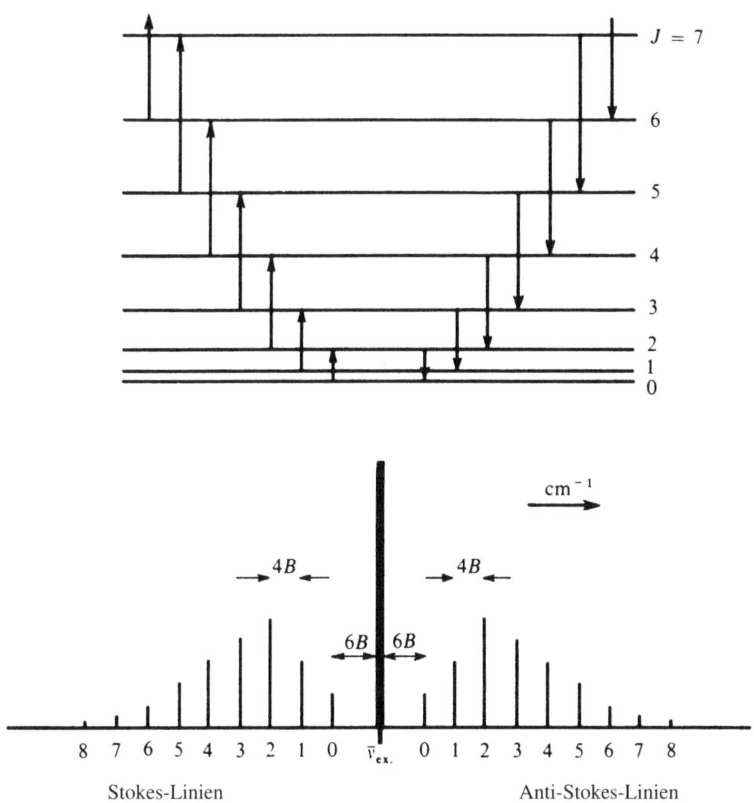

Bild 4.4: Rotationsenergieniveaus eines zweiatomigen Moleküls sowie das entsprechende Rotations-Ramanspektrum. Die Spektrallinien sind nach den tieferen J-Werten gekennzeichnet.

Trägheitsmoment und die Bindungslängen dieser Moleküle. Wenn wir uns daran erinnern, dass homonukleare zweiatomige Moleküle (wie z.B. O_2, H_2) weder ein Infrarot- noch ein Mikrowellenspektrum besitzen, aber *dennoch* ein Ramanspektrum, dann verstehen wir, dass die Ramanmethode Strukturdaten liefert, die den anderen, vorher behandelten Verfahren nicht zugänglich sind. Es handelt sich somit im Hinblick auf Mikrowellen- und Infrarotbeobachtungen nicht um eine Kontroll-, sondern sogar um eine Komplementärmethode.

Es sollte noch erwähnt werden, dass für den Fall, dass das Molekül ein Symmetriezentrum besitzt (wie z.B. H_2, O_2 und CO_2), der Kernspin im Raman- wie auch im Infrarotspektrum beobachtbar ist. So fehlt bei O_2 und CO_2 jedes zweite Niveau (da der Spin von Sauerstoff null ist); z.B. fehlen im Fall von O_2 alle Niveaus mit *geradem* J. Deshalb fehlen in Bild 4.4 alle Übergänge mit $J = 0, 2, 4, \ldots$ im Spektrum völlig. Bei H_2 und anderen Molekülen, die aus Kernen mit Spin ungleich null bestehen, weisen die Spektrallinien alternierende Intensitäten auf.

Lineare Moleküle mit mehr als drei Molekülen haben große Trägheitsmomente und deshalb ist ihre Feinstruktur im Ramanspektrum oft nicht aufgelöst. Aus diesem Grund ist eine Information über die Struktur nicht unmittelbar zugänglich; wir werden aber bald sehen, dass das Raman- in Verbindung mit dem Infrarotspektrum dennoch wesentliche Informationen liefern kann.

4.2.2 Symmetrische Kreiselmoleküle

Das Polarisierbarkeitsellipsoid eines gewöhnlichen symmetrischen Moleküls wie z.B. $CHCl_3$ wurde bereits in Bild 4.3(b) gezeigt. Danach bewirkt eine Rotation um die Kreiselachse keine Änderung der Polarisierbarkeit, eine Rotation um die Achse senkrecht dazu aber schon.

Aus Gl. (2.38) erhalten wir die Energieniveaus:

$$\varepsilon_J, K = BJ(J+1) + (A-B)K^2 \text{ cm}^{-1} \qquad (4.11)$$
$$(J = 0, 1, 2, \ldots; \ K = \pm J, \pm(J-1), \ldots)$$

Die Auswahlregeln für das Ramanspektrum lauten:

$$\left.\begin{array}{l} \Delta K = 0 \\ \Delta J = 0, \pm 1, \pm 2 \quad \text{(außer für Zustände } K = 0\text{, wo } \Delta J \\ \qquad\qquad\qquad\quad \text{nur die Werte } \pm 2 \text{ annimmt.)} \end{array}\right\} \qquad (4.12)$$

Wie man sich erinnert, ist K die Rotationsquantenzahl für eine Drehung der Achse, so dass also die Auswahlregel ($\Delta K = 0$) bedeutet, dass eine Änderung des Drehimpulses in Bezug auf die Kreiselachse kein Ramanspektrum ergibt – diese Rotationen sind, wie schon erwähnt, Raman-inaktiv. Die Einschränkung von ΔJ auf ± 2 für $K = 0$ Zustände bedeutet praktisch, dass ΔJ nicht ± 1 sein kann für Übergänge, an denen der Grundzustand ($J = 0$) beteiligt ist, da $K = \pm J, \pm(J-1), \ldots, 0$ gilt. Somit kann also bei allen von 0 verschiedenen J-Werten K ebenfalls von null verschieden sein und die Übergänge $\Delta J = \pm 1$ müssen erlaubt sein.

Beschränken wir uns wie vorher auf positive ΔJ, dann unterscheiden wir zwei Fälle:

1. $\Delta J = +1$ (R-Zweig-Linien)

$$\Delta\varepsilon_R = \varepsilon_{J'=J+1} - \varepsilon_{J''=J} = 2B(J+1) \quad \text{cm}^{-1} \qquad (4.13a)$$
$$(J = 1, 2, 3, \ldots \quad (\text{aber } J \neq 0))$$

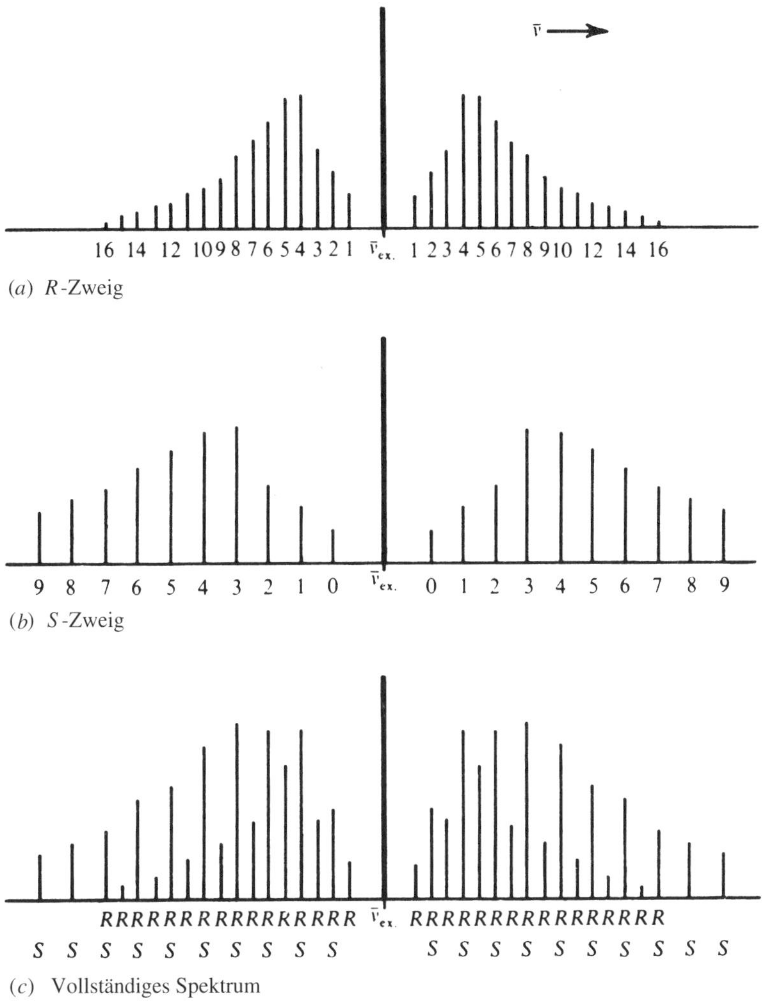

Bild 4.5: Rotations-Ramanspektrum eines symmetrischen Moleküls. In (a) bzw. (b) sind die R- bzw. die S-Zweig-Linien getrennt wiedergegeben, in (c) das gesamte Spektrum.

2. $\Delta J = +2$ (S-Zweig-Linien)

$$\Delta\varepsilon_R = \varepsilon_{J'=J+2} - \varepsilon_{J''=J} = B(4J+6) \quad \text{cm}^{-1} \qquad (J = 0, 1, 2, ...) \tag{4.13b}$$

Somit erwarten wir zwei Linienserien im Ramanspektrum:

$$\left.\begin{aligned} \bar{\nu}_R &= \bar{\nu}_{\text{ex.}} \pm \Delta\varepsilon_R = \bar{\nu}_{\text{ex.}} \pm 2B(J+1) \quad \text{cm}^{-1} \qquad (J = 1, 2, ...) \\ \bar{\nu}_S &= \bar{\nu}_{\text{ex.}} \pm \Delta\varepsilon_S = \bar{\nu}_{\text{ex.}} \pm B(4J+6) \quad \text{cm}^{-1} \qquad (J = 0, 1, 2, ...) \end{aligned}\right\} \tag{4.14}$$

Diese beiden Serien sind in Bild 4.5(a) und (b) getrennt wiedergegeben, wobei jede der Linien nach ihrem *tieferen* J-Wert gekennzeichnet ist. Im R-Zweig erscheinen Linien im Abstand von $4B, 6B, 8B, 10B, ...$ cm^{-1} von der Anregungslinie, während die S-Zweig-Linien bei $6B, 10B, 14B, ...$ cm^{-1} erscheinen. Das vollständige in Bild 4.5(c) gezeigte Spektrum macht deutlich, wie abwechselnd jede zweite R-Linie von einer S-Linie überlagert ist. Somit erwartet man einen auffallenden Wechsel in der Intensität, der, was ausdrücklich bemerkt sei, nichts mit der Kernspinstatistik zu tun hat.

4.2.3 Sphärische Moleküle; Asymmetrische Kreiselmoleküle

Beispiele für sphärische Moleküle sind z.B. solche mit Tetraedersymmetrie wie Methan, CH_4, oder Silan SiH_4. Das Polarisierbarkeitsellipsoid dieser Moleküle ist eine Kugelfläche und es ist klar, dass eine Drehung dieses Ellipsoids keine Änderung der Polarisierbarkeit bewirkt. Aus diesem Grund sind die reinen Rotationen von sphärischen Molekülen absolut Raman-inaktiv.

Andererseits sind für gewöhnlich *sämtliche* Rotationen eines asymmetrischen Moleküls Raman-aktiv. Ihre Ramanspektren sind deshalb ziemlich komplex und werden in diesem Rahmen nicht im Detail behandelt werden; es genügt zu erwähnen, dass die Spektren genauso wie bei der Mikrowelle oft dadurch interpretiert werden können, dass man sie als Übergangsform zwischen einem flachen und einem länglichen symmetrischen Kreisel auffasst.

4.3 Schwingungs-Ramanspektren

4.3.1 Die Raman-aktivität von Schwingungen

Hat ein Molekül sehr niedrige oder überhaupt keine Symmetrie, dann ist die Entscheidung, ob seine Schwingungen Raman-aktiv oder -inaktiv sind, sehr leicht zu treffen: Im Allgemeinen liegt man richtig mit der Annahme, dass *sämtliche* Normalschwingungen Raman-aktiv sind. Hat das Molekül aber höhere Symmetrie, dann ist die Entscheidung schon schwieriger, da es ohne genauere Überlegung nicht immer so klar ist, ob sich die Polarisierbarkeit im Verlauf einer bestimmten Schwingung ändert oder nicht.

Wir betrachten erst das einfache asymmetrische Molekül H_2O, dessen Polarisierbarkeitsellipsoid in Bild 4.2 gezeigt wurde. In den Bildern 4.6(a), (b) und (c) sind jeweils die drei Normalschwingungen ν_1, ν_2 und ν_3 dargestellt, in der Mitte die Gleichge-

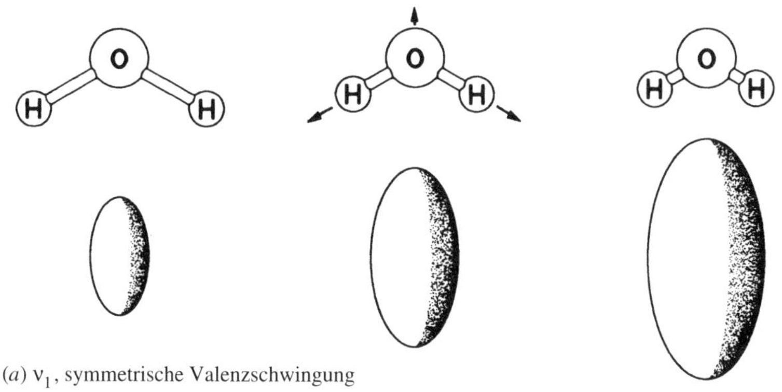

(a) ν_1, symmetrische Valenzschwingung

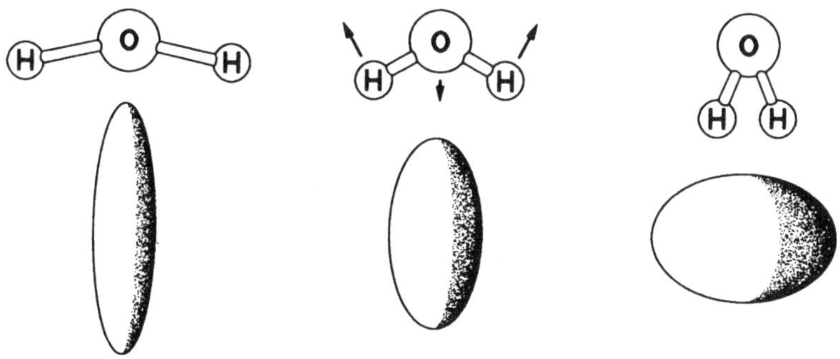

(b) ν_2, Deformationsschwingung

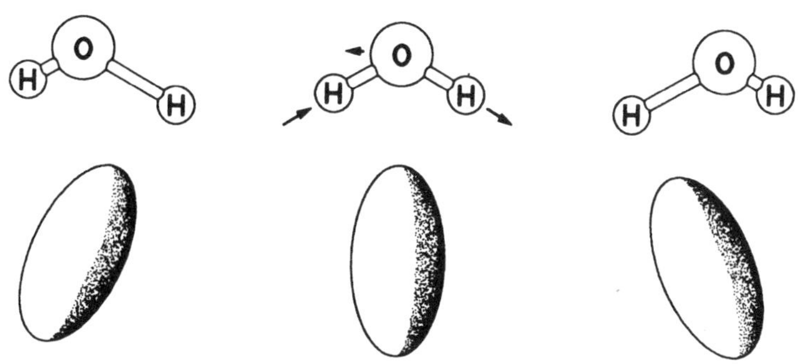

(c) ν_3, antisymmetrische Valenzschwingung

Bild 4.6: Änderung des Polarisierbarkeitsellipsoids beim Wassermolekül in Größe, Form und Orientierung während jeder seiner drei Normalschwingungen. Die mittlere Reihe zeigt die Gleichgewichtsstruktur des Moleküls, rechts und links davon sind die (übertrieben gezeichneten) maximalen Auslenkungen einer jeden Schwingung.

wichtskonfiguration einer jeden Schwingung, sowie rechts und links die maximalen Auslenkungen. Außerdem ist, näherungsweise, auch die Form der entsprechenden Polarisierbarkeitsellipsoide gezeigt.

Im Verlauf der symmetrischen Valenzschwingung (Bild 4.6(a)) wird das Molekül insgesamt größer und kleiner; wird eine Bindung gedehnt, dann werden seine Elektronen weniger stark von den Kernen festgehalten und somit werden die Bindungen stärker polarisierbar. Man könnte also erwarten, dass das Polarisierbarkeitsellipsoid schrumpft, sobald die Bindung gedehnt wird und größer wird, wenn die Bindung gestaucht wird, aber im Wesentlichen dieselbe Form behält. Andererseits wird im Verlauf einer Deformationsschwingung, wie in Bild 4.6(b), die Form des Ellipsoids am stärksten geändert; stellen wir uns also Schwingungen mit sehr großer Amplitude vor, dann wird sich in einem Extremfall (links) das Molekül der gestreckten Konfiguration mit horizontaler Symmetrieachse nähern, während es im anderen Extremfall (rechts) dem zweiatomigen Molekül mit einer vertikalen Achse nahekommt (falls die beiden H-Atome beinahe zusammenfallen). Und schließlich haben wir in Bild 4.6(c) die antisymmetrische Valenzschwingung ν_3, bei der sowohl die Größe als auch die Form so ziemlich gleichbleibt, sich aber die Richtung der Symmetrieachse beträchtlich ändert. Somit ändert sich offensichtlich bei allen drei Schwingungen das Polarisationsellispsoid in mindestens einer Hinsicht und deshalb sind alle Raman-*aktiv*.

Betrachten wir jetzt das lineare dreiatomige Molekül CO_2, dessen drei Normalschwingungen in Bild 3.11 gezeigt wurden; in den ersten drei Spalten in Bild 4.7 sind die Maximal- und die Gleichgewichtskonfigurationen des Moleküls sowie, näherungsweise, ihre Polarisierbarkeitsellipsoide dargestellt. Die Frage nach der Ramanaktivität der symmetrischen Valenzschwingung ν_1 ist leicht zu entscheiden – im Verlauf der Schwingungsbewegung ändert sich die Größe des Moleküls und so ergibt sich auch eine entsprechende periodische Änderung in der Größe des Ellipsoids; diese Schwingung ist deshalb Raman-*aktiv*. Man könnte meinen, dass die ν_2 und die ν_3-Schwingungen auch Raman-aktiv sind, da sich im Verlauf beider Schwingungen das Molekül und somit vermutlich auch die Form des Ellipsoids ändert; wie immer auch, an beiden Schwingungen wird beobachtet, dass sie *keine* Ramanaktivität zeigen. Aus diesem Grund müssen wir uns dieses Beispiel etwas genauer überlegen.

Dazu betrachtet man gewöhnlich die Änderung der Polarisierbarkeit als Funktion einer *Auslenkungskoordinate*, die man üblicherweise mit dem Symbol q bezeichnet.

So ist bei einer Valenzschwingung q ein Maß für die Dehnung der betrachteten Bindung (q positiv) oder der Stauchung (q negativ), während bei einer Deformationsschwingung q ein Maß für die Abweichung des Bindungswinkels von seinem Gleichgewichtswert ist und sich positive und negative q auf entgegengesetzte Auslenkungsrichtungen beziehen.

Betrachten wir als Beispiel die in Bild 4.7(a) skizzierte Valenzschwingung ν_1 von Kohlendioxid. Ist nun der Gleichgewichtswert der Polarisierbarkeit α_0 (zweites Bild), dann nimmt α zu, wenn die Bindung gedehnt wird (q positiv; beachten Sie, dass das

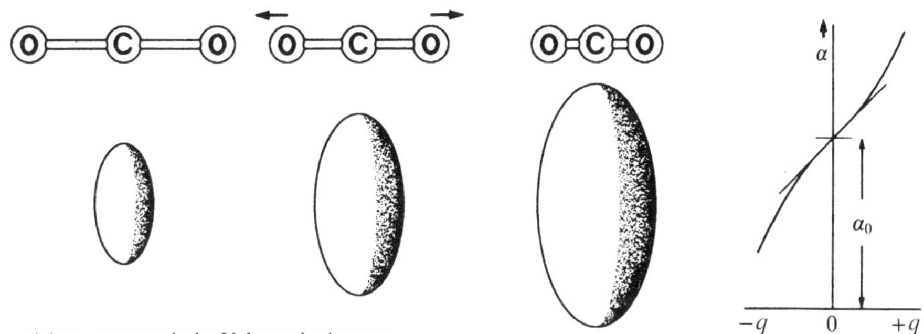

(*a*) ν_1, symmetrische Valenzschwingung

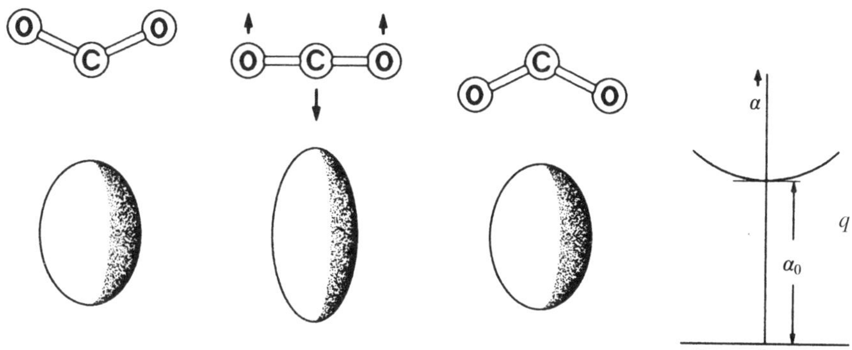

(*b*) ν_2, Deformationsschwingung

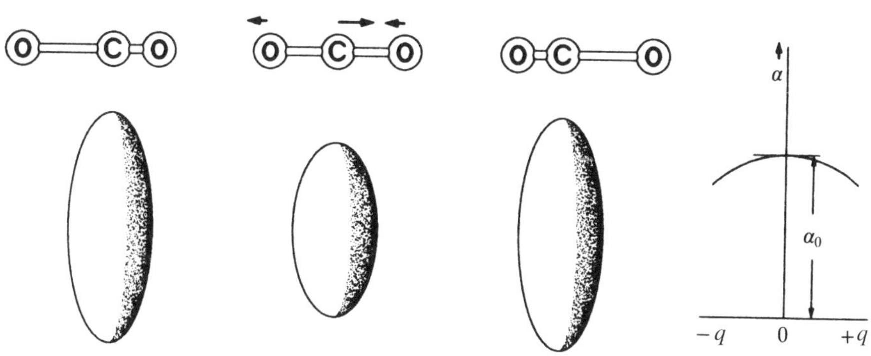

(*c*) ν_3, antisymmetrische Valenzschwingung

Bild 4.7: Die Änderung des Polarisierbarkeitsellipsoids von Kohlendioxid im Verlauf seiner Schwingungsbewegungen sowie Diagramme, die die Änderung der Polarisierbarkeit α als Funktion der Auslenkungskoordinate q im Verlauf einer jeden Schwingung wiedergeben.

Ellipsoid ein Maß für den *Kehrwert* von α ist), während α abnimmt, wenn wenn die Bindungen schrumpfen (negatives q). Somit können wir die Änderung von α als Funktion von q so wie in Bild 4.7 darstellen. Die Einzelheiten der Funktion sind nicht wesentlich, da wir es nur mit *kleinen* Auslenkungen zu tun haben; es ist klar, dass die Funktion nahe der Gleichgewichtslage ($q = 0$) eine ganz bestimmte Steigung hat, nämlich $d\alpha/dq \neq 0$ bei $q = 0$. Somit bewirkt die Molekülbewegung bei kleinen Auslenkungen eine Änderung der Polarisierbarkeit und ist deshalb Raman-*aktiv*.

Betrachten wir nun die Verhältnisse für die Biegeschwingung ν_2 in Bild 4.7(b), so können wir eine Abwärtsbewegung des Sauerstoffatoms mit einem negativen q bezeichnen und eine Aufwärtsbewegung mit einem positiven. Wenn auch aus den Bildern nicht klar zu ersehen ist, ob die molekulare Bewegung eine Zu- oder eine Abnahme der Polarisierbarkeit zur Folge hat (in Wirklichkeit ist es eine *Zunahme*), soviel ist klar, dass die Änderung sowohl für positives wie auch für negatives q exakt gleich ist. Wir können also α gegen q wie in Bild 4.7(b) auftragen, mit $\alpha = \alpha_0$ bei $q = 0$ wie vorher. Für kleine Auslenkungen gilt nun offensichtlich $d\alpha/dq = 0$ und somit ist für *kleine Auslenkungen* keine Änderung der Polarisierbarkeit zu verzeichnen und die Schwingung Raman-*inaktiv*.

Genau das gleiche Argument trifft für die in Bild 4.7(c) gezeigte asymmetrische Valenzschwingung ν_3 zu. In diesem Fall nimmt die Polarisierbarkeit für positive und negative q in gleichem Maß ab, so dass der Verlauf der Polarisierbarkeit in Abhängigkeit von q das gezeigte Aussehen hat. Wieder ist für kleine Auslenkungen $d\alpha/dq = 0$ und die Schwingung ist Raman-*inaktiv*.

Wir hätten dieselben Überlegungen auch bei den drei Schwingungen des zuvor diskutierten Wassermoleküls anstellen können. In allen Fällen hätten wir gefunden, dass die Kurve, die α als Funktion von q darstellt, eine Form hat, die mit Bild 4.7(a) oder dem Spiegelbild vergleichbar ist; anders ausgedrückt, in allen Fällen ist $d\alpha/dq \neq 0$ und die Schwingungsbewegung somit Raman-*aktiv*. Allerdings wären im Allgemeinen die Steigungen an der Stelle $q = 0$ unterschiedlich, d.h., $d\alpha/dq$ würde auch unterschiedlich groß sein. Da wir erkannt haben, dass das Ramanspektrum für $d\alpha/dq = 0$ verboten, für $d\alpha/dq \neq 0$ hingegen erlaubt ist, können wir uns auch vorstellen, dass das „Ausmaß des Erlaubtseins" proportional zu $d\alpha/dq$ ist. Hat also die Polarisierbarkeitsfunktion eine starke Steigung an der Stelle $q = 0$, dann wird die Ramanlinie stark sein; ist die Steigung klein, dann ist sie schwach; und bei null ist sie verboten. Daraus leitet sich die sehr nützliche allgemeine Regel ab:

> Symmetrische Schwingungen bewirken intensive Ramanlinien; antisymmetrische Schwingungen sind weniger intensiv und manchmal nicht beobachtbar.

Insbesondere hat eine Deformationsschwingung für gewöhnlich nur eine sehr intensitätsschwache Ramanlinie; d.h., die ν_2-Schwingung von H_2O (Bild 4.6(b)) wurde noch nicht beobachtet, obwohl sie Raman-erlaubt ist, ebensowenig die ν_3, für die $d\alpha/dq$ ebenfalls klein ist.

4.3.2 Alternativverbot

Es wurde noch eine weitere außerordentlich wichtige Regel aufgestellt, deren Gültigkeit am Kohlendioxid gezeigt werden kann. Wir können unsere Schlussfolgerungen zu den Raman- und Infrarotaktivitäten von Normalschwingungen dieses Moleküls in Tabelle 4.1 zusammenfassen und ersehen daraus, dass bei diesem Molekül keine der Schwingungen gleichzeitig sowohl im Raman als auch im Infraroten aktiv ist. Die entsprechende allgemeine Regel lautet:

> *Alternativverbot*: Bei einem Molekül mit *Symmetriezentrum* sind die Raman-aktiven Schwingungen Infrarot-inaktiv und umgekehrt. Ist kein Symmetriezentrum vorhanden, dann können einige (aber nicht unbedingt alle) Schwingungen sowohl Raman wie auch Infrarot-aktiv sein.

Die Umkehrung dieser Regel gilt ebenfalls, d.h., beobachtet man Raman und Infrarotspektren ohne gemeinsame Linien, so lässt das auf ein Symmetriezentrum am Molekül schließen; allerdings ist hier Vorsicht am Platz, da, wie wir schon gesehen haben, eine Schwingung Raman-aktiv sein kann, aber zu schwach ist, als dass man sie beobachten könnte. Auf jeden Fall ist gesichert, dass ein Molekül kein Symmetriezentrum hat, wenn bei einigen Schwingungen sowohl Raman- wie auch Infrarotabsorption beobachtet wird. Somit erhält man aus einem Vergleich der Raman- und Infrarotspektren überaus wertvolle Information über die Struktur einer Substanz; in Abschnitt 4.5 werden wir Beispiele zeigen.

Tabelle 4.1: Raman- und Infrarotaktivitäten von Kohlendioxid

Normalschwingung von CO_2		Raman	Infrarot
ν_1:	Symmetrische Valenzschwingung	aktiv	inaktiv
ν_2:	Deformationsschwingung	inaktiv	aktiv
ν_3:	Antisymmetrische Valenzschwingung	inaktiv	aktiv

4.3.3 Oberton- und Kombinationsschwingungen

Ohne detaillierte Betrachtungen zur Symmetrie eines Moleküls oder seiner verschiedenen Normalschwingungen ist es keineswegs leicht, die Aktivität seiner Obertöne oder Kombinationstöne vorherzusagen, sei es im Ramanspektrum oder im Infraroten. Welcher Art dieses Problem ist, kann man anhand der Schwingungen ν_1 und ν_2 des Kohlendioxids erkennen; die erste ist Raman-aktiv, die zweite infrarotaktiv. Wie verhält es sich nun mit der Aktivität von $\nu_1 + \nu_2$? Es ist nun so, dass sie nur infrarotaktiv ist, aber das ist nicht offensichtlich, betrachtet man die Änderungen des Dipolmoments oder der Polarisierbarkeit im Verlauf der Schwingungsbewegung. Und, zur Wiederholung, wählen wir als Beispiel die Fermi-Resonanz der ν_1 mit der $2\nu_2$ (Abschnitt

3.5.2) am Kohlendioxid beim *Ramaneffekt*. Danach ist die $2\nu_2$ Raman-aktiv, obwohl die Grundschwingung ν_2 nur infrarotaktiv ist.

Wir werden hier keinen Versuch unternehmen, tiefer in die Materie einzusteigen und werden es dabei bewenden lassen, eine Warnung an den Leser auszusprechen, dass die Aktivität oder Nicht-Aktivität einer Grundschwingung in einem speziellen Gebiet der Spektroskopie nicht automatisch ein vergleichbares Verhalten bei den Obertönen- und Kombinationstönen bedeutet, vor allem, wenn das Molekül höhere Symmetrie hat. Eine datailliertere Betrachtung findet man in Herzbergs Buch *Infrared and Raman Spectra* sowie in weiteren, im Literaturverzeichnis aufgeführten Werken.

4.3.4 Schwingungs-Ramanspektren

Der Aufbau von Schwingungs-Ramanspektren ist leicht zu beschreiben. Für jede einzelne Schwingung können wir einen Ausdruck formulieren:

$$\varepsilon = \bar{\omega}_e(v+\tfrac{1}{2}) - \bar{\omega}_e x_e(v+\tfrac{1}{2})^2 \quad \text{cm}^{-1} \qquad (v = 0,1,2,...) \tag{4.15}$$

wobei, wie schon früher (vgl. Gl. (3.12)), $\bar{\omega}_e$ die Schwingungsfrequenz im Gleichgewichtszustand bedeutet, ausgedrückt in Wellenzahlen, und x_e die Anharmonizitätskonstante ist. So ein Ausdruck hat allgemeine Gültigkeit, wie immer das Molekül aussehen oder um welche Schwingungen es sich auch handeln mag. Ganz allgemein gilt auch die Auswahlregel:

$$\Delta v = 0, \pm 1, \pm 2, ... \tag{4.16}$$

die für die Raman- gleich lautet wie für die Infrarotspektroskopie, wobei die Übergangswahrscheinlichkeit für $\Delta v = \pm 2, \pm 3, ...$ rapide abnimmt.

Wenden wir uns nun den Raman-aktiven Schwingungen zu, dann können wir die Auswahlregel (4.16) auf den Ausdruck für die Energieniveaus anwenden und erhalten die Energien der Übergänge (vgl. Gl. (3.15)):

$$\left.\begin{aligned} v = 0 \rightarrow v = 1\text{: } \Delta\varepsilon_{\text{fundamental}} &= \bar{\omega}_e(1-2x_e) \quad \text{cm}^{-1} \\ v = 0 \rightarrow v = 2\text{: } \Delta\varepsilon_{\text{oberton}} &= 2\bar{\omega}_e(1-3x_e) \quad \text{cm}^{-1} \\ v = 1 \rightarrow v = 2\text{: } \Delta\varepsilon_{\text{heiß}} &= \bar{\omega}_e(1-4x_e) \quad \text{cm}^{-1} \quad \text{etc.} \end{aligned}\right\} \tag{4.17}$$

Da das Raman-gestreute Licht auf jeden Fall geringe Intensität aufweist, können wir alle schwächeren Effekte wie Obertöne und „heiße" Banden völlig beiseite lassen und unsere Betrachtungen allein auf die Fundamentalschwingungen beschränken. Das soll nicht heißen, dass die aktiven Obertöne und die heißen Banden nicht beobachtbar sind, sondern dass sie wenig zu den Überlegungen hier beisteuern.

Man erwartet, dass die Ramanlinien in einem Frequenzabstand von der Anregungslinie auftauchen, die den aktiven Fundamentalschwingungen entspricht. Wir können also schreiben:

$$\bar{\nu}_{\text{fundamental}} = \bar{\nu}_{\text{ex.}} \pm \Delta\varepsilon_{\text{fundamental}} \quad \text{cm}^{-1} \tag{4.18}$$

wobei das Minuszeichen für die Stokesschen Linien steht (d.h., bei denen das Molekül aus der Strahlung Energie aufgenommen hat) und das Pluszeichen sich auf die Anti-Stokesschen Linien bezieht. Diese sind oft zu schwach, um beobachtet zu werden, da sich bei normalen Temperaturen, wie schon gezeigt (vgl. Abschnitt 3.1.3), nur sehr wenige Moleküle im angeregten Zustand $v = 1$ befinden.

Das Schwingungs-Ramanspektrum eines Moleküls ist somit im Prinzip einfach. Es zeigt eine Reihe verhältnismäßig starker Linien auf der niederfrequenten Seite der Anregungslinie mit einer deutlich schwächeren spiegelbildlichen Reihe von Linien auf der höherfrequenten Seite. Der Abstand der Linien von der Mitte der Anregungslinie ergibt unmittelbar die Frequenzen der Raman-aktiven Grundschwingungsbanden des Moleküls.

Als Beispiel zeigen wir das Ramanspektrum von Chloroform, $CHCl_3$, eines symmetrischen Moleküls (Bild 4.8(a)). Die Anregungslinie ist hier die 488 nm Linie des Argon-Ionen-Lasers (mit einer Leistung von 100 mW); dies ist auch gleichzeitig der Ursprung der Wellenzahlen-Skala. Ramanlinien erscheinen auf der niederfrequenten („Stokesschen") Seite der Anregungslinie bei 262, 366, 668, 761, 1216 und 3019 cm^{-1}, während die Linie bei 262 cm^{-1} auf der höherfrequenten („anti-Stokesschen") Seite aus Gründen eines Intensitätsvergleichs mit dazugenommen wurde.

Ebenfalls zum Vergleich zeigen wir in Bild 4.8(b) das *Infrarotspektrum* desselben Moleküls. Der Messbereich des verwendeten Spektrometers schloss Beobachtungen unter 600 cm^{-1} aus, aber man sieht deutlich, dass im Spektrum starke (und damit Grundschwingungs-)Banden bei Wellenzahlen auftreten, die exakt mit denen der Linien im Ramanspektrum übereinstimmen, aber ganz andere relative Intensitäten aufweisen.

Bei diesem Molekül mit fünf Atomen erwartet man neun (also $3N - 6$) Grundschwingungen. Das Molekül hat hohe Symmetrie und dementsprechend sind drei dieser Schwingungen zweifach entartet (für Einzelheiten siehe Herzbergs *Infrared and Raman Spectra*), so dass sechs Absorptionsbanden von unterschiedlichen Grundschwingungen übrigbleiben; wir erkennen, dass alle sowohl im Infraroten wie auch im Raman aktiv sind. Die unmittelbare Schlussfolgerung daraus ist nicht gerade überraschend: Das Molekül hat kein Symmetriezentrum.

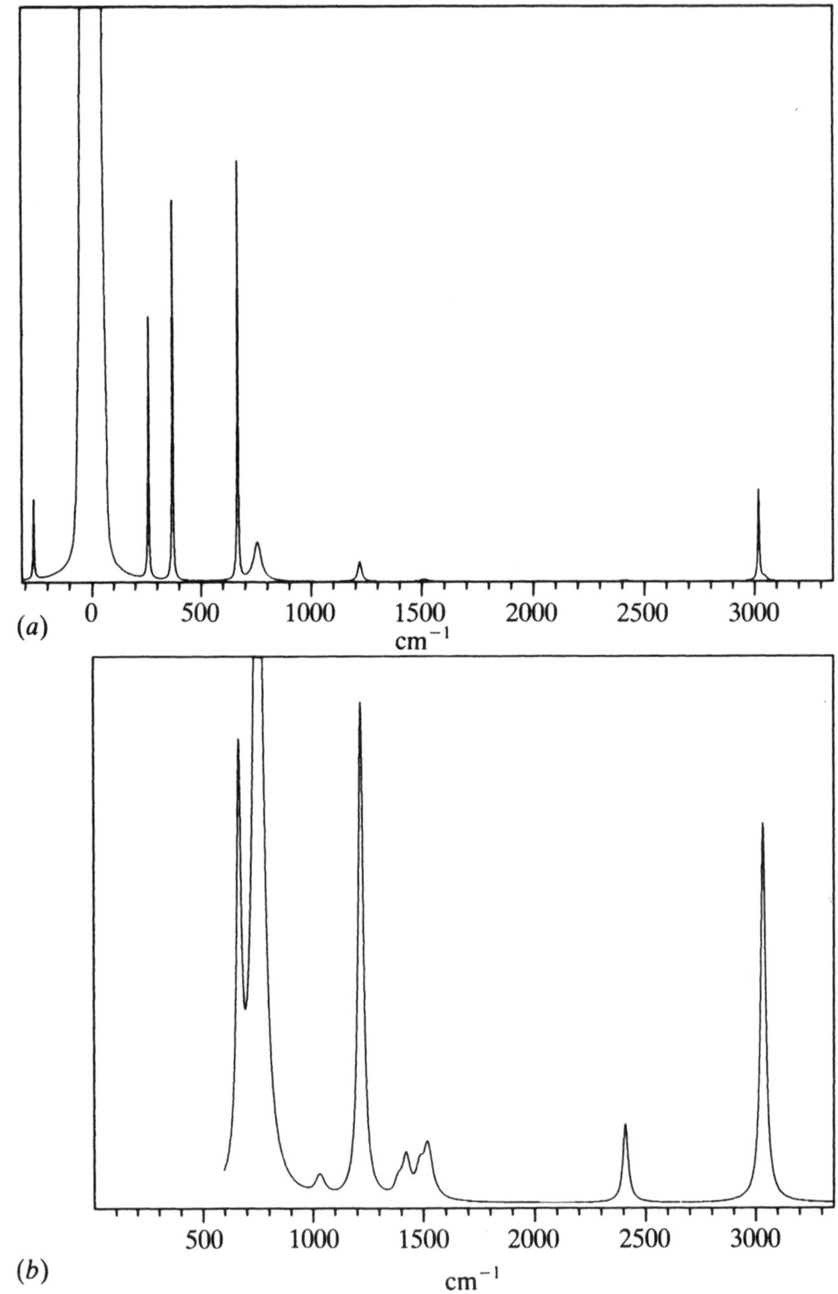

Bild 4.8: Vergleich zwischen (a) dem Raman- und (b) dem Infrarotspektrum von Chloroform, $CHCl_3$, das die Koinzidenz der Banden zeigt. (*Wir danken Miss S. Coulthurst und Mr M. Russel für (a) und Mr J. Camplin für (b), alle an der University of York.*)

4.3.5 Die Rotationsfeinstruktur[1]

Im Allgemeinen brauchen wir uns mit der Rotationsfeinstruktur der Ramanspektren nicht im Detail zu befassen, und sei es auch nur deshalb, weil diese Feinstruktur kaum jemals aufgelöst ist, außer bei zweiatomigen Molekülen. Für diese können wir den Ausdruck für die Niveaus der Schwingungs-Rotationsenergie (vgl. Gl. (3.16)) in der Form schreiben:

$$\varepsilon_{J,v} = \bar{\omega}_e(v+\tfrac{1}{2}) - \bar{\omega}_e x_e(v+\tfrac{1}{2})^2 + BJ(J+1) \quad \mathrm{cm}^{-1} \qquad (4.19)$$
$$(v=0,1,2,\ldots;\; J=0,1,2,\ldots)$$

wobei wir, wie schon früher bei Raman, die Zentrifugalverzerrung weglassen. Für zweiatomige Moleküle lautet die J-Auswahlregel $\Delta J = 0, \pm 2$ (Abschnitt 2.1); durch Kombination mit dem Schwingungsübergang $v = 0 \rightarrow v = 1$ erhalten wir:

$$\Delta J = 0: \quad \Delta\varepsilon_Q = \bar{\nu}_o \quad \mathrm{cm}^{-1} \quad (\text{für alle } J) \qquad (4.20)$$

$$\left.\begin{array}{llll} \Delta J = +2: & \Delta\varepsilon_S = \bar{\nu}_o + B(4J+6) & \mathrm{cm}^{-1} & (J=0,1,2,\ldots) \\ \Delta J = -2: & \Delta\varepsilon_O = \bar{\nu}_o - B(4J+6) & \mathrm{cm}^{-1} & (J=2,3,4,\ldots) \end{array}\right\} \qquad (4.21)$$

wobei, wir anstelle $\bar{\omega}_e(1-2x_e)$ $\bar{\nu}_o$ schreiben und mit den Indizes O, Q und S jeweils die O-Zweiglinien ($\Delta J = -2$), die Q-Zweiglinien ($\Delta J = 0$) und die S-Zweiglinien ($\Delta J = +2$) kennzeichnen.

Stokes-Linien (d.h., Linien auf der *nieder*frequenten Seite der Anregungslinie) treten bei Wellenzahlen auf, die durch folgende Beziehung gegeben sind:

$$\begin{array}{lll} \bar{\nu}_Q = \bar{\nu}_{\text{ex.}} - \Delta\varepsilon_Q = \bar{\nu}_{\text{ex.}} - \bar{\nu}_o & \mathrm{cm}^{-1} & (\text{für alle } J) \\ \bar{\nu}_O = \bar{\nu}_{\text{ex.}} - \Delta\varepsilon_O = \bar{\nu}_{\text{ex.}} - \bar{\nu}_o + B(4J+6) & \mathrm{cm}^{-1} & (J=2,3,4,\ldots) \\ \bar{\nu}_S = \bar{\nu}_{\text{ex.}} - \Delta\varepsilon_S = \bar{\nu}_{\text{ex.}} - \bar{\nu}_o - B(4J+6) & \mathrm{cm}^{-1} & (J=0,1,2,\ldots) \end{array}$$

Das entsprechende Spektrum ist in Bild 4.9 schematisch dargestellt, wobei auch die reinen Rotationslinien in der unmittelbaren Nachbarschaft der Anregungslinie zu sehen sind. Beachten Sie den starken Q-Zweig und vergleichen Sie ihn mit dem P- und R-Zweig, die bei einem zweiatomigen Molekül im Infraroten als einzige auftreten (vgl. das Spektrum von Kohlenmonoxid im Bild 3.7). Aus der Analyse des O- und S-Zweigs einen Wert für B und damit für das Trägheitsmoment zu erhalten, ist dann eine Routineangelegenheit.

Viel schwächere Anti-Stokeslinien tauchen in derselben Entfernung von der Anregungslinie, jedoch auf der höherfrequenten Seite auf.

Die Auflösung der Ramanspektren reicht nicht aus, um die Analyse auf genauere Details auszudehnen wie z.B. die Zentrifugalverzerrung oder die Verletzung der Born-

[1] Eine Rotationsstruktur ist nur in Spektren gasförmiger Substanzen zu erwarten.

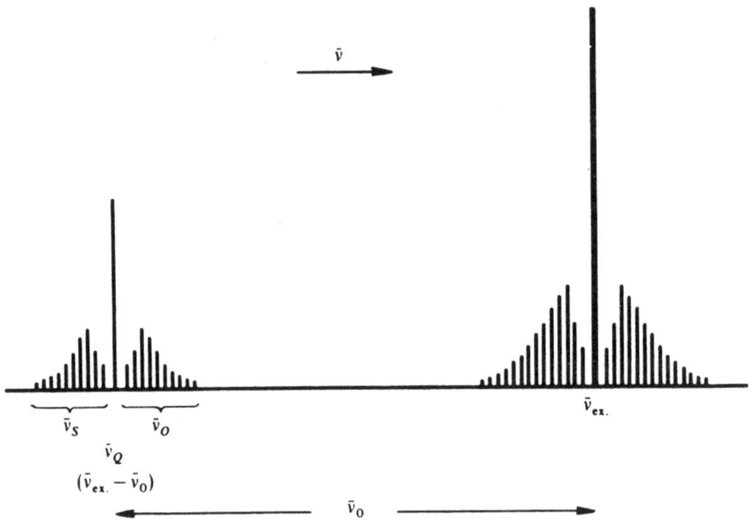

Bild 4.9: Das reine Rotations- und das Rotations-Schwingungsspektrum eines zweiatomigen Moleküls mit einer Grundschwingungsfrequenz von $\bar{\nu}_0$ cm^{-1}. Es sind nur die Stokesschen Linien gezeigt.

Oppenheimer-Näherung, die in Kapitel 3 im Zusammenhang mit den entsprechenden Infrarotspektren diskutiert wurden.[1]

Bei größeren Molekülen können wir die gesamte Rotationsfeinstruktur vernachlässigen, und zwar, weil sie nicht aufgelöst ist. Sogar die Einhüllenden der *O* oder *S* (bzw. der *O*, *P*, *R* und *S*) Zweige beobachtet man nur selten, da sie, verglichen mit dem *Q*-Zweig, relativ schwach sind. Wenn auch dadurch bei den Ramanspektren einiges an Information verlorengeht, so bedeutet es doch andererseits eine beträchtliche Vereinfachung, was das Aussehen dieser Spektren betrifft.

In Tabelle 4.2 stellen wir die Daten über die Bindungslängen und Schwingungs-

Tabelle 4.2: Einige Moleküldaten aus Ramanbeobachtungen

Molekül	Bindungslänge (nm)	Schwingung (cm^{-1})
H_2	0,07413 ± 0,00001	4395,2
N_2	0,10976 ± 0,00001	2359,6
F_2	0,1418 ± 0,0001	802,1
CS_2	0,1553 ± 0,0005	656,6 (symmetrische Valenzschwingung)
CH_4	0,1094 ± 0,0001	2914,2 (symmetrische Valenzschwingung)

[1] Es gibt heute Raman-Geräte (z.B. CARS), die eine Auflösung von besser als 0,01 cm^{-1} haben und rotationsaufgelöste Spektren liefern.

frequenzen zusammen, die aus Schwingungs-Rotations-Ramanspektren gewonnen wurden. Im Fall von CS_2 und CH_4 sind nur die symmetrischen Valenzschwingungen aufgeführt, da die Wellenzahlen der anderen Schwingungen aus Infrarotmessungen bestimmt wurden.

4.4 Die Polarisation des Lichts und der Ramaneffekt

4.4.1 Was ist polarisiertes Licht?

Es ist bekannt, dass ein Lichtstrahl, der durch ein Nicolprisma oder einen Kristall-(z.B. Polaroid-)filter tritt, mit seinem elektrischen (oder magnetischen) Vektor nur mehr in einer bestimmten Ebene schwingt; es handelt sich um *(in einer Ebene) polarisiertes Licht*. Obwohl sich dieses Licht auf den ersten Blick nicht von gewöhnlichem (oder unpolarisiertem) Licht unterscheidet, so hat es doch eine sehr wichtige Eigenschaft, die man mit Hilfe eines zweiten Nicolprismas oder Kristallfilters nachweisen kann. Fällt nämlich bereits polarisiertes Licht auf einen zweiten Polarisator (den wir jetzt „Analysator“ nennen), dann tritt es nur dann ungeschwächt durch, wenn die Schwingungsebenen der beiden Prismen oder Kristallplättchen parallel sind. Bei jeder anderen Orientierung nimmt die durchgelassene Intensität ab bis zu dem Punkt, an dem die Schwingungsebenen senkrecht zueinander stehen und überhaupt kein Licht mehr durch den Analysator kommt. Der Analysator dient also gleichzeitig als Detektor für polarisiertes Licht wie auch zur Bestimmung seiner Polarisationsebene.

Ist das auf den Analysator treffende Licht nur zum Teil polarisiert – d.h., wenn beim größten Teil der Strahlen, wenn auch nicht bei allen, der elektrische Vektor parallel zu einer bestimmten Ebene liegt – dann wird das Licht bei keiner Orientierung des Analysators *völlig* ausgelöscht; seine Intensität wird durch ein Minimum wandern, wenn der Analysator senkrecht zur Ebene des maximalen Polarisationsgrads steht. Wir könnten dann den Polarisationsgrad dadurch messen, dass wir die Intensität des durchgelassenen Lichts parallel und senkrecht zu dieser Ebene bestimmen; es ist jedoch einfacher, den *Grad der Depolarisation* ρ zu messen:

$$\rho = I_{\perp}/I_{\parallel} \tag{4.22}$$

wobei $I \parallel$ das Maximum und $I_{\perp}$ das Minimum des durch den Analysator tretenden Lichts bedeutet. Somit ist für vollständig polarisiertes Licht $I_{\perp} = 0$ und somit auch der Depolarisationsgrad null; bei vollständig unpolarisiertem Licht (d.h., für gewöhnliches Licht), gilt $I \perp = I_{\parallel}$ und $\rho = 1$. Für dazwischenliegende Polarisationsgrade liegt ρ zwischen 0 und 1.

Für die Ramanspektroskopie liegt die Bedeutung darin, dass man bei einigen Ramanspektren Linien findet, die in unterschiedlichem Ausmaß polarisiert sind, auch wenn die Anregungsstrahlung völlig unpolarisiert ist.[1] Den Grund dafür erkennt man am leichtesten aus einer Betrachtung der Schwingungen sphärischer Moleküle.

4.4.2 Schwingungen sphärischer Moleküle

Das Tetraedermolekül Methan, CH_4, ist eine gutes Beispiel für einen sphärischen Kreisel; aus Bild 4.10 können wir erkennen, dass sein Polarisierbarkeitsellipsoid kugelförmig ist. Im Verlauf der sogenannten symmetrischen Valenzschwingung vergrößern und verkleinern sich alle vier C—H Bindungen phasengleich, so dass das Polarisierbarkeitsellipsoid ebenfalls kleiner und größer wird, aber dennoch *kugelförmig* bleibt. Aus diesem Grund wird diese Bewegung oft als „Pulsationsschwingung" bezeichnet; es ist klar, dass sie Raman-aktiv ist.

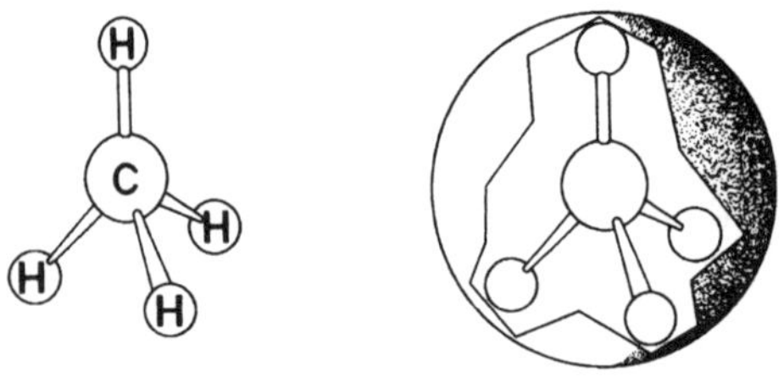

Bild 4.10: Die Tetraederstruktur von Methan, CH_4, mit seinem kugelförmigen Polarisierbarkeitsellipsoid.

Stellen wir uns jetzt vor, ein unpolarisierter Lichtstrahl treffe auf dieses Molekül, wobei wir die Einfallsrichtung dieser Anregungsstrahlung als z-Achse bezeichnen. Da sämtliche Durchmesser einer Kugel gleich sind, ist auch das Molekül in allen Raumrichtungen gleich gut polarisierbar; damit liegt auch der am Molekül induzierte Dipol parallel zu der Richtung, in der der elektrische Vektor der Anregungsstrahlung sein Maximum hat und somit senkrecht zur Ausbreitungsrichtung. Der induzierte Dipol liegt also in der xy-Ebene, unabhängig von der Schwingungsebene der Anregungsstrahlung. Dies ist in Bild 4.11 gezeigt, wo der eine Strahl mit seinem elektrischen

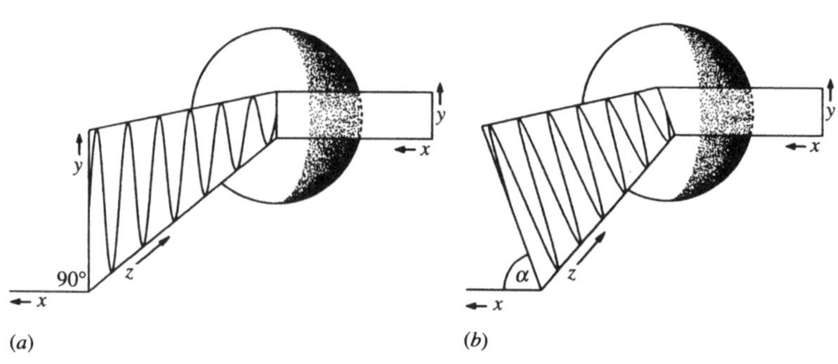

Bild 4.11: Zur Erklärung des polarisierten Ramanstreuung bei einer symmetrischen Schwingung („Pulsationsschwingung") eines sphärischen Moleküls.

[1] Dies gilt nur für Spektren gasförmiger oder flüssiger Proben.

Vektor in der vertikalen (zy)-Ebene schwingt (Bild 4.11(a)), während beim anderen ein Winkel mit der horizontalen Ebene gebildet wird (Bild 4.11(b)). In beiden Fällen liegt der induzierte Dipol in der xy-Ebene. Ein unpolarisierter Anregungsstrahl enthält dann Anteile, deren Schwingungsebenen unter alle nur denkbaren Winkeln (mit der Ebene einschließen.

Beobachtet man nun die Streustrahlung senkrecht zur Einfallsrichtung, also in Richtung der x-Achse, dann ist der schwingende und strahlende Dipol auf die xy-Ebene festgelegt – die Strahlung ist polarisiert. Führt nun das Molekül Pulsationsschwingungen aus, dann bleibt das Polarisierbarkeitsellipsoid kugelförmig und eine Änderung des Dipols ist auf die xy-Ebene beschränkt. Deshalb ist die Ramanlinie dieser Schwingung zu hundert Prozent polarisiert und $\rho = 0$, unabhängig von den Eigenschaften der Anregungsstrahlung.

Wir nehmen jetzt eine weniger symmetrische Schwingung desselben Moleküls, nämlich eine antisymmetrische Valenzschwingung, bei der sich eine C—H Bindung dehnt und die anderen drei sich gleichzeitig zusammenziehen und umgekehrt. Im Verlauf dieser Schwingung verliert die Polarisierbarkeitsfläche (-tensor) ihre Kugelsymmetrie und wird an den Umkehrpunkten der Schwingung elliptisch. Kommt es nun zur Wechselwirkung zwischen einer Anregungsstrahlung und dem Molekül, dann wird das Dipolmoment in der Richtung liegen, in der eine Polarisierung am leichtesten möglich ist, also parallel zu einer *kleinen* Achse des Ellipsoids. Bei den Molekülen einer Probe werden diese Achsen statistisch relativ zur Einstrahlrichtung orientiert sein; und weil nun der Schwingung die Eigenschaft der Kugelsymmetrie fehlt, gilt dasselbe auch für den induzierten Dipol und somit ist auch die Ramanlinie depolarisiert.

Das gibt uns die Möglichkeit, einige der beobachteten Ramanlinien unmittelbar den entsprechenden Molekülschwingungen zuzuordnen – für Methan ist die Ramanlinie der totalsymmetrischen Schwingung zu 100 % polarisiert, während die antisymmetrischen Schwingungen depolarisierte Linien zur Folge haben. Die Stärke der Polarisation von Spektrallinien kann recht gut aus der Änderung der Linienintensität abgeschätzt werden, die beobachtet wird, wenn man ein Stück Polaroidfolie oder einen anderen Analysator in die gestreute Strahlung hält, und zwar erst mit der Polarisationsachse parallel zur xy-Ebene (die z-Achse wird als die Richtung des einfallenden Strahls definiert) und dann senkrecht dazu.

4.4.3 Anwendung auf andere Molekülklassen

Eine genauere Rechnung ergibt, im Gegensatz zu der eben benutzten und doch sehr auf Anschauung beruhender Argumentation, dass die Ramanstreuung auch dann bis zu einem gewissen Grad polarisiert sein kann, wenn sie von Molekülen mit niedrigerer als Tetraedersymmetrie emittiert wird. Allgemein kann man feststellen, dass eine totalsymmetrische Schwingung eine polarisierte oder teilpolarisierte Ramanlinie ergibt, während man bei einer antisymmetrischen Schwingung eine depolarisierte Linie erhält. Theoretisch ist bei Laseranregung und einem Depolarisationsgrad ρ kleiner als $\frac{3}{4}$

die entsprechende Schwingung symmetrisch und die Ramanlinie wird als „polarisiert" bezeichnet, während bei $\rho = 0{,}75$ die Linie „depolarisiert" und die Schwingung antisymmetrisch ist.

Man erkennt den praktischen Nutzen von Polarisationsmessungen an einem einfachen Beispiel. Das Stickoxidmolekül hat die Formel N_2O. Wenn wir überhaupt nichts über seine Struktur wissen, dann könnten wir uns hilfesuchend mit seinem Infrarot- und seinem Ramanspektrum befassen. Die stärksten Linien der beiden Spektren sind in Tabelle 4.3 aufgelistet, zusammen mit der Bandenform (Infrarot) und dem Polarisationsgrad (Raman).

Tabelle 4.3: Infrarot- und Ramanspektrum von Stickoxid

$\bar{\nu}$ (cm^{-1})	Infrarot	Raman
589	Stark; *PQR*-Kontur	—
1285	Sehr stark; *PR*-Kontur	Sehr stark; polarisiert
2224	Sehr stark; *PR*-Kontur	Stark; depolarisiert

Die Daten geben uns sofort Auskunft darüber, dass das Molekül keine Symmetriezentrum besitzt (Raman- und Infrarotlinien tauchen bei derselben Wellenzahl auf) und somit ist die Struktur *nicht* N—O—N. Die Tatsache, dass einige Infrarotbanden die Form einer *PR*-Kontur haben zeigt jedenfalls, dass das Molekül linear ist und das lässt uns auf die Struktur N—N—O schließen. Ein Molekül dieser Art sollte $3N - 5 = 4$ Fundamentalschwingungen aufweisen, aber zwei davon werden entartet sein; alle drei dieser unterschiedlichen Grundschwingungsfrequenzen sollten sowohl Infrarot- wie auch Raman-aktiv sein; wir sehen aber, dass die $\perp$ Infrarotbande (einfach als die Deformationsschwingung identifiziert) nicht im Ramanspektrum vorhanden ist. Das stimmt mit der Erwartung überein – Deformationsschwingungen sind in Ramanspektren oft schwach oder überhaupt nicht beobachtbar.

Es bleibt uns noch die Zuordnung der Banden bei 1285 und 2224 cm^{-1} zu der symmetrischen und der antisymmetrischen Valenzschwingung. Beide Infrarotbanden zeigen dieselbe *PR* (parallele) Konturform, aber wir sehen, dass nur die Bande bei 1285 cm^{-1} stark polarisiert ist. Deshalb ordnen wir diese der symmetrischen Schwingung zu, so dass die 2224 cm^{-1} Bande als die antisymmetrische Schwingung übrigbleibt.

Normalerweise würde man mit der Analyse nicht an dieser Stelle aufhören. Man würde auch noch die Oberton- und Kombinationsbanden untersuchen um sicherzustellen, dass ihre Aktivitäten und Bandenkonturen mit dem vorgeschlagenen Molekülmodell übereinstimmen; die Feinstruktur der Infrarotbanden stützt ebenfalls diese Struktur; und schließlich bewirkt eine Isotopensubstitution eine Änderung der Schwingungsfrequenzen, in ausgezeichneter Übereinstimmung mit Modell und Zuordnung.

Bei diesem relativ einfachen Fall waren Polarisationsdaten zwar kaum zur Analyse notwendig, aber bestimmt nützlich. In komplizierter gebauten Molekülen können sie wirklich wertvolle Information liefern, besonders zur Identifizierung totalsymmetrischer Schwingungen.

4.5 Strukturbestimmung mit Hilfe der Raman- und Infrarotspektroskopie

In diesem Abschnitt werden wir einige Beispiele dafür bringen, wie man aus einer Kombination von Raman- und Infrarotdaten die Struktur einfacherer Moleküle bestimmt. Die Überlegungen müssen sich naturgemäß auf weniges beschränken und die in Betracht gezogenen Moleküle (CO_2, N_2O, SO_2, NO_3^-, ClO_3^- und ClF_3) wurden so ausgewählt, dass man das Grundsätzliche daran zeigen kann; es dann auf andere Molekülklassen zu übertragen, sollte nicht schwerfallen.

Wenn wir als Erstes die dreiatomigen AB_2-Moleküle nehmen, müssen wir die Fragen entscheiden, ob eine bestimmtes Molekül linear ist oder nicht und wenn es linear ist, ob es symmetrisch ($B-A-B$) oder asymmetrisch ($B-B-A$) ist. Im Fall von Kohlendioxid und Stickoxid zeigen beide Moleküle Infrarotbanden mit *PR*-Kontur; sie müssen also linear sein. Das Alternativverbot (vgl. Abschnitt 4.3.2) zeigt, dass CO_2 ein Symmetriezentrum besitzt (O—C—O) währen N_2O keines hat (N—N—O), da nur dieses gemeinsame Banden im Infrarot- und Ramanspektrum aufweist. Damit sind die Strukturen beider Moleküle qualitativ vollständig geklärt.

Tabelle 4.4: Infrarot- und Ramanbanden des Schwefeldioxids

Wellenzahl	IR-Kontur	Raman
519	$\parallel$-Bande	polarisiert
1151	$\parallel$-Bande	polarisiert
1361	$\perp$-Bande	depolarisiert

Die Infrarot- und Raman-Absorptionslinien von SO_2 sind in Tabelle 4.4 zusammengestellt. Wir sehen sofort, dass das Molekül kein Symmetriezentrum hat, da alle drei Fundamentalbanden sowohl Infrarot- wie auch Raman-aktiv sind. Im Infraroten weisen alle drei Banden eine ziemlich komplizierte Rotationsfeinstruktur auf und das Molekül ist offensichtlich nichtlinear – keine der Banden hat die einfache *PR* Bandenstruktur von z.B. Kohlendioxid. Das Molekül ist somit gewinkelt.

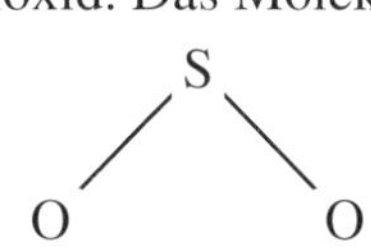

Moleküle der Klasse AB_3 brauchen etwas mehr Überlegung. Im Allgemeinen würden wir bei diesen vieratomigen Molekülen $3N - 6 = 6$ Fundamentalschwingungen erwarten. Hat das Molekül aber einige Symmetrie, dann verringert sich diese Zahl infolge Entartung. Genau genommen sind bei den symmetrischen planaren und symmetrischen pyramidalen Strukturen je eine Valenz- und eine Deformationsschwingung zweifach entartet; somit kann man nur vier unterschiedliche Fundamentalschwingungsfrequenzen beobachten. Diese sind in Tabelle 4.5 schematisch dargestellt, zusammen mit ihren Aktivitäten sowie den Bandenkonturen bzw. dem Polarisationsverhalten. Beide Molekülstrukturen entsprechen der eines symmetrischen Kreisels, wobei die (dreifache) Symmetrieachse durch das Atom A geht und senkrecht auf die B_3-Ebene steht. Und bezüglich dieser Achse klassifiziert man auch die Schwingungen als $\|$ oder $\perp$. Die symmetrischen Schwingungen sind $\|$ und im Ramanspektrum polarisiert, während die antisymmetrischen Schwingungen $\perp$ und depolarisiert sind. Bei den pyramidenförmigen Molekülen ändert sich im Verlauf der Schwingung sowohl das Dipolmoment wie auch die Polarisierbarkeit; somit sind alle Infrarot- und Raman-aktiv. Die symmetrische Valenzschwingung (ν_1) eines planaren Moleküls lässt dagegen das Diplmoment unbeeinflusst (es bleibt immer null) und ist somit Infrarot-inaktiv, während die symmetrische Deformationsschwingung die Polarisierbarkeit nicht ändert

Tabelle 4.5: Aktivitäten der Schwingungen von AB_3-Molekülen mit planarer und Pyramidenstruktur

Symmetrisch planar	Aktivität (R = Raman, I = Infrarot)	Schwingung	Pyramidenstruktur	Aktivität (R = Raman, I = Infrarot)
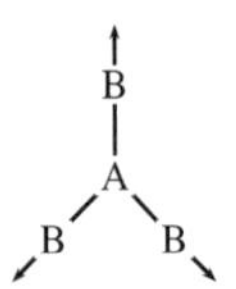	R : aktiv (pol.) stark I : inaktiv	ν_1 symmetrisch Valenz-	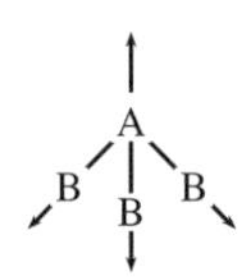	R : aktiv (pol.) stark I : aktiv $\|$
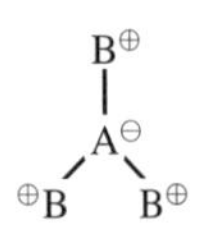 $\oplus$ = aufwärts $\ominus$ = abwärts	R : inaktiv I : aktiv $\|$ —	ν_2 out-of-plane symmetrisch Deformations-	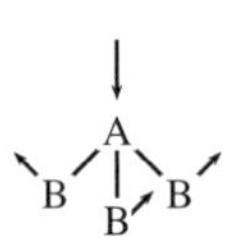	R : aktiv (pol.) mittelstark I : aktiv $\|$
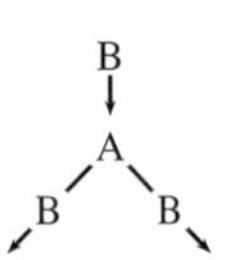	R : aktiv (depol.) schwach I : aktiv $\perp$	ν_3 antisymmetrisch Valenz-	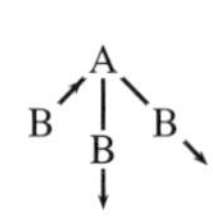	R : aktiv (depol.) schwach I : aktiv $\perp$
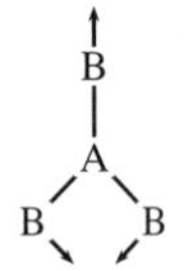	R : aktiv (depol.) schwach I : aktiv $\perp$	ν_4 antisymmetrisch Deformations-	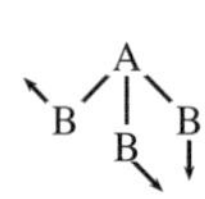	R : aktiv (depol.) schwach I : aktiv $\perp$

(vgl. die Überlegungen zur Biegeschwingung von CO_2 in Abschnitt 4.3.1) und deshalb ist ν_2 bei planaren AB_3-Molekülen Raman-inaktiv.

Insgesamt sollten die Spektren in der folgenden Weise strukturiert sein:

Planar AB_3:	1 Schwingung nur Raman-aktiv (ν_1) 1 nur Infrarot-aktiv (ν_2) 2 Schwingungen sowohl Infrarot- wie auch Raman-aktiv (ν_3, ν_4).
Pyramidenförmig AB_3:	Alle vier Schwingungen sind sowohl Raman- wie auch Infrarot-aktiv.
Asymmetrische AB_3:	Es sind sechs unterschiedliche Fundamentalbanden möglich.

Mit dieser Struktur vor Augen wenden wir uns jetzt den Spektren der NO_3^- und ClO_3^--Ionen zu. Die spektroskopischen Daten sind in Tabelle 4.6 zusammengefasst. Ohne dass wir uns noch irgendeine Zuordnung der verschiedenen Absorptionsbanden zu bestimmten Schwingungen überlegt haben, sehen wir sofort, dass das Nitrat-Ion in das Schema eines planaren Systems passt, während das Chlorat-Ion pyramidenförmig ist. Eine genaue Zuordnung ist durch einen Vergleich mit Tabelle 4.5 möglich. Somit ist die Bande, die nur Raman-aktiv ist, offenbar die ν_1, während die, die nur im Infraroten auftaucht, die ν_2 ist. Unter der einleuchtenden Annahme, dass die Frequenzen der Valenzschwingungen höher liegen als die der Deformationsschwingungen, ist auch die Zuordnung von ν_3 und ν_4 klar. Dieselbe Annahme, zusammen mit den Daten über Polarisation und Bandenkonturen führt auf die in der Tabelle gezeigte Zuordnung für das Chlorat-Ion.

Zum Schluss betrachten wir die spektroskopischen Daten von ClF_3. Man findet nicht weniger als *sechs* starke (und damit Fundamentalschwingungs-) Banden im Infraroten, von denen einige auch im Ramanspektrum vorhanden sind. Das sagt uns sofort, dass das Molekül weder planar symmetrisch ist noch die Form einer Pyramide hat. Eine vollständige Analyse ist allein aufgrund von Raman- und Infrarotspektrum nicht möglich, aber der Einsatz der Mikrowellenspektroskopie zeigt, dass das Molekül T-förmig ist mit Bindungswinkeln von fast 90°.

Tabelle 4.6: Infrarot- und Ramanspektren von NO_3^- und ClO_3^-

Nitrat-Ion (NO_3^-)			Chlorat-Ion(ClO_3^-)		
Raman (cm^{-1})	Infrarot (cm^{-1})	Zuordnung	Raman s(cm^{-1})	Infrarot (cm^{-1})	Zuordnung
690 (depol.)	680 ⊥	ν_4	450 (depol.)	434 ⊥	ν_4
—	830 ‖	ν_2	610 (pol.)	624 ‖	ν_2
1049 (pol.)	—	ν_1	940 (depol.)	950 ⊥	ν_3
1355 (depol.)	1350 ⊥	ν_3	982 (pol.)	994 ‖	ν_1

4.6 Messmethoden und Spektrometer

Die Erfindung des Lasers und sein darauffolgender Einsatz in Ramanspektrometern revolutionierte diese Beobachtungsmethode. Davor hatte man Messungen mit einer Quecksilberdampflampe als Strahlungsquelle zur Anregung durchgeführt, da aber der Ramaneffekt von Natur aus ein schwacher Effekt ist, waren diese Strahlungsquellen auf einer Linie nicht genügend leistungsstark für einen Routineeinsatz und manchmal brauchte es viele Stunden für ein einziges Spektrum.

Der Laser ist eine fast ideale Strahlungsquelle bei Ramanexperimenten; er liefert einen sehr feinen, sehr monochromatischen und kohärenten Strahl, der sehr präzise auf eine kleine Probe fokussiert werden kann. Darüber hinaus können Laser sehr leistungsstark sein, von Milliwatt bis zu einigen Watt, und das auch noch auf einen kleinen spektralen Energiebereich konzentriert. Edelgaslaser (Ar^+, Kr^+, usw.), die meist zu Ramanbeobachtungen herangezogen werden, können Leistungs(dichten) produzieren, die bis zu einer Million Mal höher sind als beim Sonnenlicht.

Bild 4.12 zeigt ein gewöhnliches Ramanspektrometer. Der Laserstrahl geht durch die Zelle, üblicherweise ein mit der Probe gefülltes Glas- oder Quarzröhrchen. Das seitlich gestreute Licht wird mit Hilfe einer Linse gesammelt und in einen Gittermonochromator geführt, ähnlich einem Dispersions-Infrarotgerät. Das Signal wird mit Hilfe eines empfindlichen Photomultipliers gemessen und nach einer Verstärkung üblicherweise von einem Rechner weiterverarbeitet, der dann auch das Ramanspektrum ausgibt.

Die Verwendung polarisierter Strahlung liefert, wie wir schon in Abschnitt 4.4 gesehen haben, Information zur Symmetrie der einzelnen Molekülschwingungen. In Bild 4.12

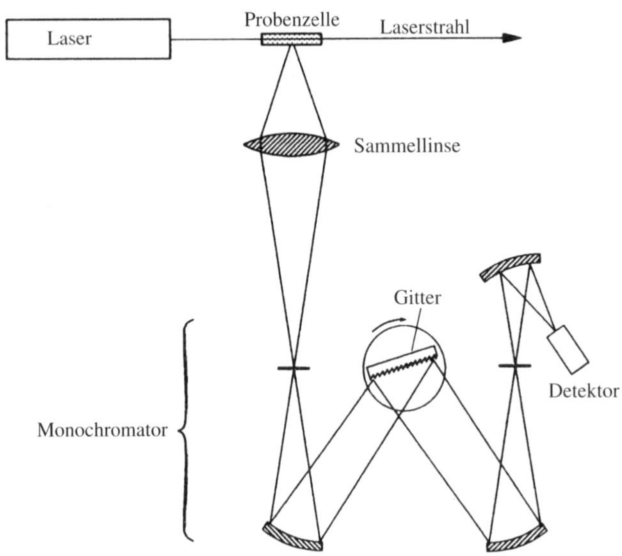

Bild 4.12: Schemaskizze eines Ramanspektrometers.

ist der Laserstrahl bei der Messung senkrecht zur Zeichenebene polarisiert und der Polarisationsfilter ist zwischen der Probe und der Sammellinse angeordnet. Das Ramanspektrum wird dann zweimal aufgenommen, wobei einmal der Polarisationsfilter so orientiert ist, dass er das senkrecht zur Papierebene polarisierte Licht durchlässt und dann beim zweiten Mal im rechten Winkel dazu. Das Verhältnis der beiden Signalintensitäten für eine Ramanlinie ist ein Maß für den Polarisationsgrad dieser Linie.

Ramanbeobachtungen von Schwingungen haben mehrere Vorteile gegenüber der Infrarotmethode. Erst einmal kann man konventionelle optische Bauteile und Probenzellen (Glas, Quarz) verwenden, da sowohl die Anregungs- wie auch die Streustrahlung im Ultravioletten oder im Sichtbaren liegen und somit Schwierigkeiten vermieden werden, die NaCl-Fenstern eigen sind oder die in einer Absorption durch die Atmosphäre liegen. Zweitens können durch die extreme Fokussierbarkeit des Strahls (möglich sind Durchmesser herunter bis zu 0,1 nm) sehr kleine Probenvolumina gemessen werden. Dies, zusammen mit einer Impulstechnik für hohe Zeitauflösung, gestattet die Beobachtung sehr kleiner Mengen kurzlebiger Substanzen. Drittens ist Wasser, das starke Infrarotabsorption aufweist, ein eher schwacher Raman-Streuer und deshalb können wässrige Lösungen mit Raman untersucht werden, da das Signal der Probe nicht in dem des Lösungsmittels untergeht.

Alle diese Gründe zusammen machen es aus, dass die Ramanspektroskopie besonders gut zur Untersuchung biologischer Systeme geeignet ist. Als ein Beispiel ist in Bild 4.13(a) das Ramanspektrum von Myoglobin gezeigt, im Wesentlichen eine Proteinkette um ein einzelnes Eisenatom. Das Spektrum, das von weniger als 1 mg Myoglobin erhalten wurde, zeigt, dass mehrere Ramanschwingungen erlaubt sind, hauptsächlich von der Proteinkette. Das Eisen kann Gasmoleküle reversibel anlagern, so z.B. Sauerstoff und Kohlendioxid und stärker noch Kohlenmonoxid (auf diese Weise hilft das Molekül beim Transport von Gasen zu den Muskeln des Körpers, der somit leicht mit Kohlenmonoxid vergiftet werden kann). Bild 4.13(b) zeigt einen Ausschnitt aus dem Bereich um die Eisen-Kohlenstoff-Valenzschwingung im Ramanspektrum von Kohlenmonoxid, das an das Myoglobin gebunden ist (Carboxymyoglobin). Dabei ist die durchgezogenen Linie das (geglättete) Ramanspektrum, während die punktierten Linien das Ergebnis einer Zerlegung des Spektrums durch einen Rechner ist. Offensichtlich zeigt das Spektrum in diesem Bereich mehrere Linien, woraus geschlossen werden kann, dass das Kohlenmonoxid sich an verschiedene Myoglobinmoleküle in leicht unterschiedlichen Konfigurationen anlagert. Die relativen Intensitäten der einzelnen Linien variieren für Carboxymyoglobin, das mit Myoglobin von verschiedenen Tierarten gewonnen wurde.

Außer von Flüssigkeiten und Lösungen kann man Ramanspektren auch von Gasen[1] und von festen Proben aufnehmen. Bei Gasen wendet man bisweilen die Vielfachreflexionsmethode an, bei der der Laserstrahl mehrmals durch die Probe hin- und herreflektiert wird, um die Signalintensität zu erhöhen.

[1] An dieser Stelle sei auf die CARS-Methode (**C**oherent **A**ntistokes **R**aman **S**cattering) hingewiesen.

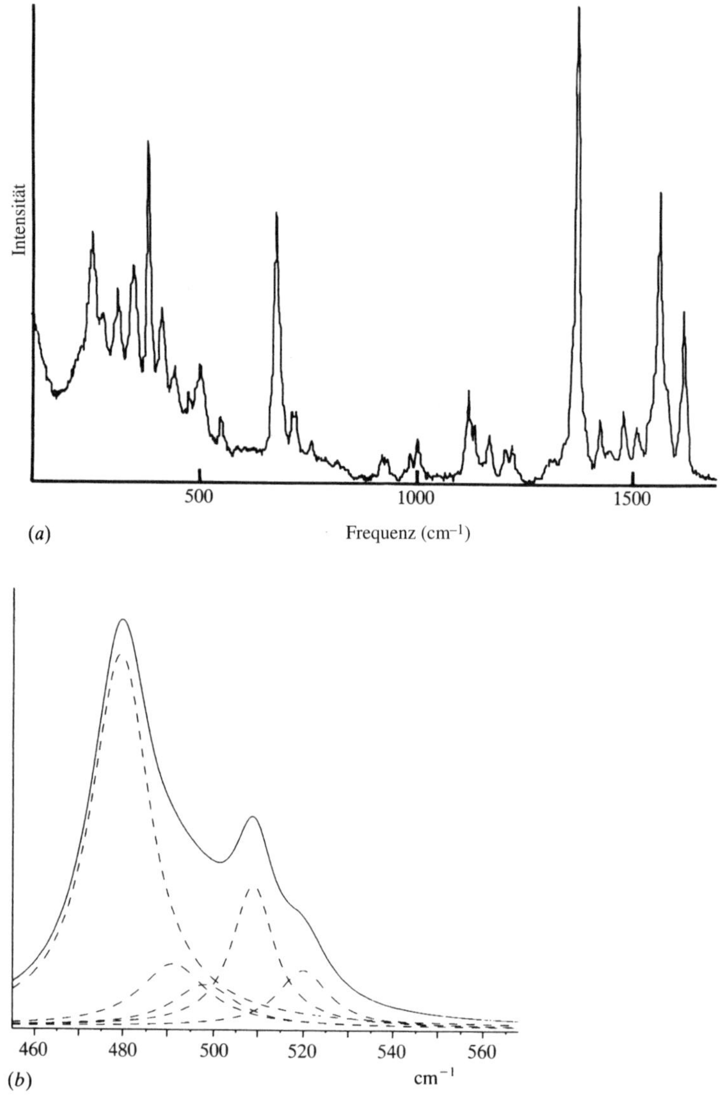

Bild 4.13: (a) Ramanspektrum von Myoglobin. (b) Detail aus dem Bereich der Eisen-Kohlenstoff-Valenzschwingung des Carboxymyoglobins. (*Wir danken Dr D. Biram für das Spektrum (a); (b) wurde gezeichnet nach R.E. Hester,* Proceedings of the 13th International Conference on Raman Spectroscopy, *John Wiley, 1992, pp. 12–16.*)

Ein ganz wesentliches Problem bei Raman-Proben – die farbig oder verunreinigt sind – besteht darin, dass die Erwärmung durch den starken, fokussierten Laserstrahl eine Zersetzung bewirken kann. Hat die Probe eine Absorptionslinie im Ultravioletten oder im Sichtbaren bei etwa der Laserfrequenz, dann kommt es mit Sicherheit zu einer raschen Erwärmung, was man am besten vermeiden kann, indem man einen

Laser anderer Frequenz verwendet. Eine universell einsetzbare Methode, die eine Erwärmung der Probe vermeidet, besteht darin, dass man die Probe rotieren lässt, so dass es nicht zu einer kontinuierlichen Bestrahlung einer bestimmten Stelle der Probe durch den Laser kommt.

Manchmal tritt noch ein anderes Problem auf, nämlich das Fluoreszieren der Probe. Zur Fluoreszenz kommt es, wenn ein elektronisch angeregtes Molekül spontan wieder in den Grundzustand zurückfällt und dabei Strahlung bei einer Frequenz aussendet, die dem Übergang zwischen dem angeregten und dem Grundzustand entspricht (siehe Kapitel 6, Abschnitt 6.3). Diese Strahlung kann das schwache Ramansignal vollständig überdecken. Hat sie ihre Ursache in Gitterdefekten und/oder Verunreinigungen einer festen Probe, dann kann manchmal eine überlange Belichtung durch den Laser die Verunreinigung ausbrennen, vorausgesetzt, diese Behandlung zerstört nicht auch die Probe. Wo das passieren kann oder die Fluoreszenz direkt von der Probe kommt, ist es am einfachsten, das Spektrum mit einer anderen Anregungsfrequenz aufzunehmen. Anregungsstrahl und Ramanfrequenz werden um denselben Betrag verschoben, die Fluoreszenz bleibt aber da, wo sie ist. Als Alternative kann auch Anregung durch einen Impulslaser und Boxcar-Detektion eingesetzt werden, die zwischen der langsameren Fluoreszenz und der schnellen spontanen Raman-Emission unterscheiden kann. Schließlich kann man den Flüssigkeiten oder Lösungen auch eine „Löschsubstanz“ zugeben, die es dem angeregten Molekül ermöglicht, über das Löschmolekül anstatt durch Strahlungsemission in den Grundzustand zu gelangen. Und in jüngster Zeit hat die Entwicklung der FT-Ramanspektroskopie mit Nah-Infrarot-Lasern (siehe den folgenden Abschnitt) wesentlich zur Lösung des Fluoreszenzproblems beigetragen.

Signalmittelung über viele Aufnahmen wird allgemein zur Verbesserung des Signal-Rauschverhältnisses eingesetzt, während andere Entwicklungen wie etwa die Vielkanaldetektion (im Wesentlichen eine Anordnung von Signaldetektoren, wobei jeder einen kleinen Frequenzausschnitt der Streustrahlung aufnimmt) ebenfalls zur Steigerung der Empfindlichkeit im Experiment eingesetzt werden können.

4.7 Nah-Infrarot FT-Ramanspektroskopie

Bei einer bestimmten Leistung des Laserstrahls geht die Intensität der Ramanstreuung mit der (Frequenz)^4, und aus diesem Grund verwendete man früher Laser im hochfrequenten sichtbaren Bereich des Spektrums. In neuerer Zeit hat sich Anregung durch Nah-Infrarot-Laser als erfolgreich herausgestellt, wobei man üblicherweise einen NdYAG-Laser bei 9398 cm^{-1} einsetzt. Die Ramanstreuung ist bei dieser tieferen Frequenz naturgemäß schwächer und es müssen auch die weniger empfindlichen Indium-Galliumarsenid(InGaAs) oder Germanium-Detektoren eingesetzt werden, aber der Einsatz der FT-Methode, die schon im Infraroten sehr weit entwickelt wurde, kann die geringere Empfindlichkeit wettmachen. Ein weiterer praktischer Vorteil liegt darin, dass Strahlungsquelle, Strahlteiler und Detektoren sehr einfach aus-

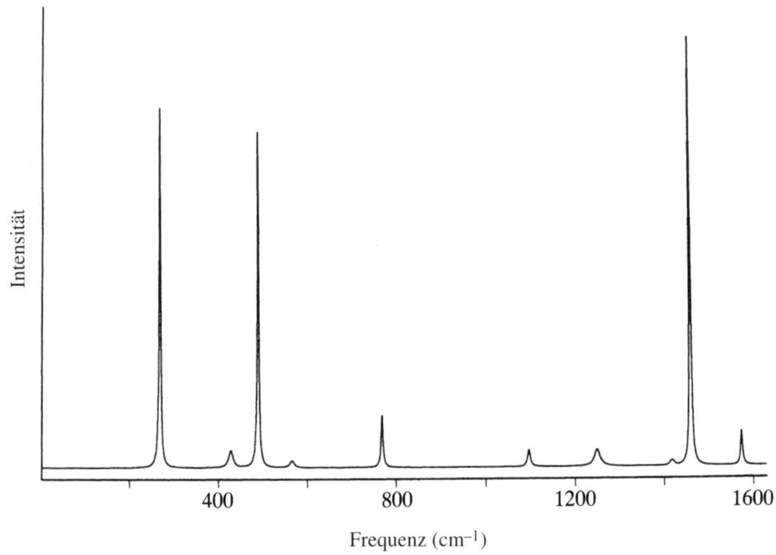

Bild 4.14: FT-Ramanspektrum von pulverförmigem C_{60}. (*Wiedergegeben mit Zustimmung von P.J. Hendra,* J. of Molecular Structure, ***266****, 97–114, 1992.*)

getauscht werden können, sobald das FT-Spektrometer einmal richtig justiert ist und deshalb kann dasselbe FT-Gerät sowohl als Infrarotspektrometer als auch als Ramanspektrometer betrieben werden.

Ein weiterer Vorteil der Nah-Infrarot FT-Raman-Technik besteht darin, dass sie weniger zum Aufheizen und zum Fluoreszieren der Probe neigt, da die Substanzen kaum Absorptionsbanden im Nah-Infrarot aufweisen. Als Ergebnis kann man sogar von stark farbigen Substanzen ausgezeichnete Spektren erhalten. Zwei Nachteile bestehen darin, dass Proben, die man auf über 200 °C aufgeheizt hat, einen Untergrund infolge thermischer Emission in diesem Bereich verursachen und dass Wasser nicht mehr als Lösungsmittel verwendet werden kann, da es Absorptionsbanden von Obertönen der —OH Valenz-Grundschwingung aufweist.

Bild 4.14 zeigt das Nah-Infrarot FT-Ramanspektrum der stark farbigen Verbindung Buckminster-Fulleren (C_{60}); es handelt sich dabei um eine kugelförmige Modifikation des Kohlenstoffs, die wirklich wie ein Fußball aussieht. Das Molekül hat 174 Normalschwingungen, aber aufgrund seiner hohen Symmetrie sind viele davon mehrfach entartet oder verboten und deshalb dieses bemerkenswert einfache Spektrum.

Literatur

Andrews, D. L.: *Lasers in Chemistry*, Springer, 2nd edn, 1990.

Carey, P. R.: *Biochemical Applications of Raman and Resonance Raman Spectroscopies*, Academic Press, 1982.

Grasselli, J. G., Snavely, M. K. und Bulkin, B. J.: *Chemical Applications of Raman Spectroscopy*, Wiley, 4th edn, 1982.

Hendra J. G., Jones P. C. und Warnes G.: *FT-Ramam Spectroscopy*, Ellis-Horwood, 4th edn, 1991.

Herzberg, G.: *Molecular Structure and Molecular Spectra*: vol. 1, *Spectra of Diatomic Molecules*, Van Nostrand, 2nd edn, 1950.

Herzberg, G.: *Molecular Structure and Molecular Spectra*: vol. 2, *Infra-red and Raman Spectra of Polyatomic Molecules*, Van Nostrand, 2nd edn, 1945.

Siesler H. W. und Holland-Moritz, K.: *Infra-red and Raman Spectroscopy of Polymers*, Marcel Dekker Inc., 1980.

Williams, D. H. und Fleming, I.: *Spectroscopic Methods in Organic Chemistry*. McGraw-Hill, 4th edn, 1989.

Übungsaufgaben

(Wichtige Konstanten: $h = 6{,}626 \cdot 10^{-34}$ J s; $c = 2{,}998 \cdot 10^{8}$ m s^{-1}; $8\pi^2 = 78{,}957$; Atommasse von H $= 1{,}673 \cdot 10^{-27}$ kg.)

4.1 (a) Was versteht man unter dem Ausdruck *Polarisierbarkeit*?
(b) Formulieren Sie die Auswahlregeln für die Ramanstreuung.
(c) Welcher technologische Fortschritt hat es ermöglicht, dass die Ramanspektroskopie zur Routinemethode wurde?

4.2 Mit welcher spektroskopischen Methode würde man das reine Rotationsspektrum von H_2 beobachten? Wie groß wäre der Linienabstand im Spektrum, wenn H_2 eine Bindungslänge von 0,07417 nm hat?

4.3 Der Spin des Wasserstoffkerns beträgt $\frac{1}{2}$; hat das einen Einfluss auf Ihre Lösung von 4.2?

4.4 Welche Art von Schwingungsspektroskopie (IR oder Raman) würden Sie zur Bestimmung der Schwingungsfrequenz bei folgenden Bindungstypen einsetzen?

Frequenz der Valenzschwingung von $^{14}N{-}^{15}N$
$C{\equiv}C$ Valenzschwingung am Ethin, $HC{\equiv}CH$
$C{=}O$ Valenzschwingung am Aceton, $CH_3.CO.CH_3$
Re—Re Valenzschwingung einer anorganischen Clusterverbindung, $(CO)_5Re{-}Re(CO)_5$

4.5 Die Re—Re Schwingung von $(CO)_5Re{-}Re(CO)_5$ wird bei 122 cm^{-1} beobachtet, während die am $Re_2Cl_8{}^{2-}$-Ion bei 275 cm^{-1} liegt. Ermitteln Sie das Verhältnis der beiden Kraftkonstanten der Re—Re Bindung an beiden Molekülen, ohne die Kraftkonstanten separat zu berechnen. Ziehen Sie aus Ihrem Ergebnis Schlüsse über die Ordnung der beiden Bindungen.(*Anmerkung*: Wie auch oft in anderen Fällen besteht eine hinreichend gute Näherung darin, die Schwingung der schweren Re-Atome als unabhängig vom übrigen Molekül zu betrachten.)

4.6 Ein Molekül A_2B_2 weist die folgenden in der Tabelle aufgeführten Infrarot-Absorptionen und Ramanlinien auf:

cm^{-1}	Infrarot	Raman
3374	—	Stark
3287	Sehr stark; *PR*-Kontur	—
1973	—	Sehr stark
729	Sehr stark; *PQR*-Kontur	—
612	—	Schwach

Leiten Sie daraus Folgerungen über die Struktur ab und ordnen Sie so weit wie möglich die beobachteten Frequenzen den einzelnen Schwingungen zu.
Hinweis: Nehmen Sie die Daten aus Tabelle 3.4 zu Hilfe.

4.7 Ein Molekül AB_2 hat das folgende Infrarot- und Ramanspektrum:

cm^{-1}	Infrarot	Raman
3756	Sehr stark; senkrecht	—
3652	Stark; parallel	Stark; polarisiert
1595	Sehr stark; parallel	—

Die Rotationsfeinstruktur der Infrarotbande ist sehr komplex und zeigt keine einfachen *PR* oder *PQR*-Merkmale. Interpretieren Sie die Molekülstruktur und ordnen Sie so gut wie möglich die beobachteten Linien den einzelnen Molekülschwingungen zu.

4.8 Sowohl N_2O wie auch NO_2 haben drei unterschiedliche Grundschwingungsfrequenzen und an beiden Molekülen werden einige Schwingungen sowohl im Infraroten als auch im Ramanspektrum beobachtet. Die Banden von N_2O zeigen nur eine einfache *PR*-Struktur (keine *Q*-Zweige), während die von NO_2 eine komplexe Rotationsstruktur aufweisen. Was kann daraus über die Struktur der beiden Moleküle abgeleitet werden?

5 Elektronische Atomspektroskopie

5.1 Der Aufbau der Atome

5.1.1 Elektronische Wellenfunktionen

Man weiß, dass die Atome im Zentrum aus einem positiv geladenen Kern bestehen, der nahezu die gesamte Masse enthält und von negativ geladenen Elektronen umgeben ist, deren Anzahl die Kernladung gerade ausgleicht. Wasserstoff, das kleinste und einfachste Atom, hat eine Kernladung von $+1$ Einheiten (wobei die Einheit der Betrag einer Elektronenladung von $1,60 \cdot 10^{-19}$ Coulomb ist) sowie ein Elektron; jedes darauf folgende Atom hat eine um eine Einheit größere Kernladung und ein Elektron mehr, bis zu Atomen mit 100 oder mehr Elektronen.

Neuere Theorien haben es schon lange aufgegeben, das Elektron als Teilchen zu betrachten, das den mechanischen Gesetzen gehorcht, wie sie auf massive Gegenstände unseres Alltags anwendbar sind. Man stellte fest, dass es, wie alle Teilchen von subatomarer Größe den Gesetzen der Quantenmechanik (oder Wellenmechanik) gehorcht, wie sie in der Schrödingergleichung enthalten sind. Im Prinzip kann man damit eine Vielzahl von Dingen berechnen: Zum Beispiel die Anordnung, in der sich Elektronen um einen Kern gruppieren, wenn sie ein Atom bilden, die Energie eines dieser Elektronen, die Art und Weise, in der es Übergänge zwischen den Energiezuständen ausführt, usw. Versucht man aber, die Schrödingergleichung auf diese Probleme anzuwenden, dann stößt man in der Praxis auf Schwierigkeiten, die man nur bei den allereinfachsten Atomen oder mit Hilfe grober Näherungen meistern kann. Wir wollen uns hier nur mit den Ergebnissen befassen – und auch nur in qualitativer Hinsicht – nicht aber mit der mathematischen Theorie des Lösungswegs.

Die Theorie von Schrödinger erlaubt eine Voraussage, mit welcher *Wahrscheinlichkeit* sich ein Elektron mit einer bestimmten Energie an einem bestimmten Punkt im Raum aufhält und bringt diese Wahrscheinlichkeit in die Form eines sehr wichtigen algebraischen Ausdrucks, nämlich die *Wellenfunktion* des Elektrons. Die Wellenfunktion bezeichnet man mit dem griechischen Symbol ψ. Die Wahrscheinlichkeit, ein Elektron mit der Wellenfunktion ψ an einer bestimmten Stelle im Raum innerhalb der Volumeneinheit anzutreffen, ist gleich $|\psi|^2$ an der betreffenden Stelle.

$$\text{Relative Wahrscheinlichkeitsdichte} = |\psi|^2 \qquad (5.1)$$

Sehen wir uns an, was das bedeutet. Elektronische Wellenfunktionen enthalten mehrere Bestandteile: (1) Einige grundlegende *Physikalische Konstanten* (π, h, c, m, e, usw. – wobei m und e die Masse bzw. die Ladung eines Elektrons bedeuten); (2) *Parameter*, die das betrachtete System beschreiben – bei Atomen ist es z.B. der Abstand vom Kern, entweder als Radius (r) oder mit Hilfe der Koordinaten (x, y, z); und (3) eine oder mehrere *Quantenzahlen*. Diese werden keineswegs willkürlich eingeführt, um irgendwelche Voraussagen mit dem Experiment in Einklang zu bringen; sie *sind Teil* der Schrödingergleichung in dem Sinn, dass ψ *nur* dann einen physikalischen Sachverhalt richtig beschreibt, *wenn* die Quantenzahlen ganz bestimmte Werte haben.

Als Beispiel können wir nun den Ausdruck für eine Schar von Wellenfunktionen ψ_n anführen, die Lösungen der Schrödingergleichung für das Wasserstoffatom sind:

$$\psi_n = f\left(\frac{r}{a_0}\right)\exp\left(-\frac{r}{na_0}\right) \tag{5.2}$$

wobei $a_0 = \varepsilon_0 h^2/\pi m e^2$ ist, r der Abstand vom Kern, $f(r/a_0)$ eine Potenzreihe vom Grad $(n-1)$ in r/a_0 und n die *Hauptquantenzahl*, die nur die ganzzahligen Werte $1, 2, 3, \ldots$ annehmen kann. Die Konstante a_0 hat die Dimension einer Länge (die in Wirklichkeit ca. 0,053 nm beträgt), und somit ist die Größe r/a_0 eine reine Zahl. ψ_n und ψ_n^2 sind für bestimmte Werte von r und n ebenfalls einfach Zahlen und $|\psi_n|^2$ ist die Wahrscheinlichkeit dafür, dass man ein Elektron in dem von uns gewählten Abstand r vom Kern findet, wenn es sich in dem Zustand befindet, der durch ein bestimmtes n gekennzeichnet ist.

Es stellt sich heraus, dass man für die elektronischen Wellenfunktionen sämtlicher Atome nur fünf Quantenzahlen braucht. Wir werden diese jetzt nur kurz charakterisieren und heben uns eine tiefergehende Betrachtung für die folgenden Abschnitte auf.

5.1.2 Form der Atomorbitale; Quantenzahlen eines Atoms

In Tabelle 5.1 sind die fünf Quantenzahlen zusammen mit den jeweils zulässigen Werten und ihren Bedeutungen aufgeführt. Wie schon vorhin bemerkt, kann die *Hauptquantenzahl* ganzzahlige Werte von eins bis unendlich annehmen. Sie gibt im Wesentlichen die Energie des Elektrons wieder (wenn wir auch später noch sehen werden, dass die Energie bis zu einem gewissen Grad auch von den anderen Quantenzahlen abhängt). Aus der Tabelle sehen wir, dass n auch die Größe des Elektronen*orbitals* bestimmt; dieser Begriff wird benutzt, um den Raum zu kennzeichnen, in dem sich ein Elektron nach der Schrödingertheorie bewegen kann – er entspricht in etwa den kreisförmigen oder ellipitschen *Bahnen (Orbits)* der älteren Bohrschen Theorie, nach der sich Elektronen wie Planeten um die Sonne bewegen. Energie und Orbitalgröße hängen in der Weise miteinander zusammen, dass das Elektron umso näher am Kern und daher umso stärker gebunden ist, je kleiner das Orbital ist.

Tabelle 5.1: Die Quantenzahlen eines Atoms

Quantenzahl	Wertebereich	Bedeutung
Hauptquantenzahl, n	1,2,3,...	Bestimmt die Energie sowie die Größe des Orbitals
Bahndrehimpuls-quantenzahl, l	$(n-1),(n-2),...,0$	Legt die Orbitalform sowie den Bahndrehimpuls des Elektrons fest.
Magnetische Quantenzahl, m	$\pm l, \pm(l-1),...,0$	Legt die Raumrichtung des Orbitals fest (z.B. l_z) und bestimmt das Verhalten des Elektrons im Magnetfeld
Spinquantenzahl, s	$+1/2$	Maß für den Eigendrehimpuls des Elektrons
Magnetische Spinquantenzahl, m_s	$+1/2, -1/2$	Projektion des Eigendrehimpulses auf eine Raumrichtung (z.B. s_z)

Die *Bahndrehimpulsquantenzahl* (auch *azimutale Quantenzahl*) l kann auch nur ganzzahlige Werte annehmen, aber diese müssen kleiner als n sein. So kann etwa bei $n = 3$ l gleich 2, 1 oder 0 sein. Sie legt die Form des Orbitals (vgl. Bild 5.1) und den Bahndrehimpuls des Elektrons bei seiner Bahnbewegung um den Kern fest.

Die *magnetische Quantenzahl m* kann ganzzahlige Werte annehmen, die von l abhängen. Beispielsweise für $l = 2$ kann m $+2, +1, 0, -1$ oder -2 sein; im Allgemeinen gibt es $2l + 1$ Werte für m. Außer zur Beschreibung des Verhaltens eines elektronischen Orbitals im magnetischen Feld kann die m-Quantenzahl auch dazu dienen, um die Orientierung eines bestimmten Orbitals im Raum zu kennzeichnen.

Die *Spinquantenzahl s* hat nur die Größe $+1/2$ (vgl. jedoch Abschnitt 5.2.2). Sie ist ein Maß für den Eigendrehimpuls des Elektrons, sei es, dass es Teil eines Atoms ist oder sich im freien Raum aufhält.

Da die Wellenfunktionen nur die Wahrscheinlichkeitsverteilung eines Elektrons wiedergibt, ist es schwierig, Form und Größe eines Orbitals exakt anzugeben. Aus Gl. (5.2) erkennen wir, dass ψ (und damit auch $|\psi_n|^2$) selbst bei großem r einen zwar kleinen, aber doch endlichen Wert aufweist. Somit geht ein Orbital nach allen Richtungen im Unendlichen gegen null (aufgrund der Kleinheit von a_0 kann aber „unendlich", auf eine Atom bezogen, zu 10^{-4} bis 10^{-5} cm angenommen werden). Diese Schwierigkeit kann man dadurch umgehen, dass man sich darauf einigt, eine Konturfläche im Raum zu zeichnen, *innerhalb* der sich das Elektron während, sagen wir, 95 Prozent oder eines anderen Bruchteils seiner Zeit aufhält. Diese kann man dann praktisch als Grenze für den Aufenthaltsbereich des Elektrons wählen und sie als das *Orbital* bezeichnen.

Wir sind noch immer bei der Wellenfunktion von Gl. (5.2); wir erkennen auch, dass das entsprechende Orbital die Form einer Kugel haben muss, da ψ_n, unabhängig von der Richtung, bei jedem vorgegebenen Abstand r vom Kern dieselbe Größe

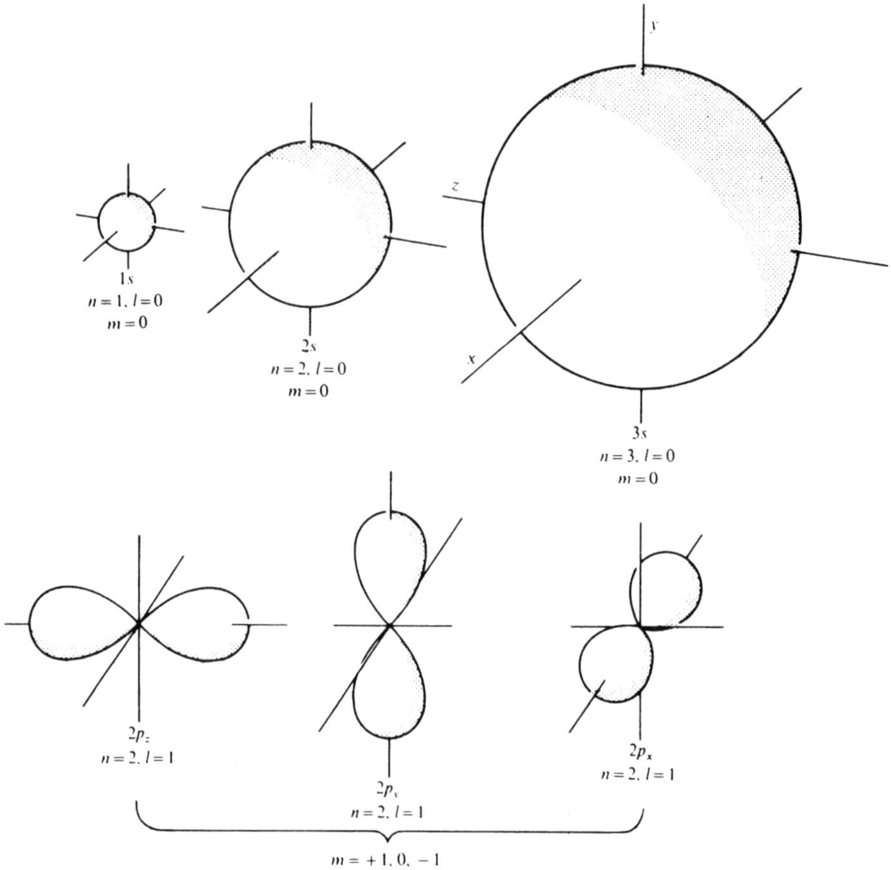

Bild 5.1: Beispiele für Elektronenorbitale, in denen sich das Elektron eines Wasserstoffatoms aufhalten kann.

hat. Deshalb ist die 95-Prozent-Grenzfläche kugelförmig. Bei größerem n nimmt die Funktion weniger schnell mit der Entfernung ab, und deshalb kann sich das Elektron für einen entsprechend längeren Anteil seiner Zeit in größerer Entfernung vom Kern aufhalten; die 95 %-Kugel wächst mit n. In Bild 5.1 sind oben die Fälle $n = 1, 2$ und 3 skizziert. Diese kugelförmigen Orbitale sind, genaugenommen, mit $l = 0$ (und daher auch mit $m = 0$) verknüpft und werden als *s-Orbitale* bezeichnet. (Obwohl es vielleicht hilfreich ist, s mit „sphärisch" in Verbindung zu bringen – historisch ist diese Bezeichnung so entstanden, dass man bei Übergängen zwischen s-Orbitalen besonders *scharfe* Spektrallinien festgestellt hat – man sollte die Verbindung zwischen s-Orbital und $l = 0$ im Kopf behalten.) Die s-Orbitale werden entsprechend ihrer n-Quantenzahl gekennzeichnet: $1s, 2s, ..., ns$.

Orbitale mit $l = 1$ (und somit $n \geq 2$) tauchen beim Wasserstoffatom ebenfalls als Lösung der Schrödingergleichung auf. Diese haben zwei Keulen und in etwa die in Bild

5.1, unten, für $n = 2$ gezeigte Form. Orbitale mit $n = 3$, $l = 1$ sind größer, weisen aber dieselbe Form auf. Diese Orbitale werden mit p bezeichnet (ursprünglich betrachtete man sie als „principal", die wichtigsten) und wir sehen, dass es bei vorgegebenem n *drei* davon gibt, je eines in Richtung der Koordinatenachsen. Man kann sie, falls notwendig, durch die Bezeichnungen np_x, np_y und np_z voneinander unterscheiden. Die Tatsache, dass es drei gibt, hat mit den drei Werten von m zu tun, die für den Zustand $l = 1$ erlaubt sind, nämlich $m = +1$, 0 und -1. Nach Konvention verbindet man den Wert $m = 0$ mit den Orbitalen np_z. Es ist jedoch physikalisch nicht möglich, die anderen beiden m-Werte einem np_x oder einem np_y zuzuordnen. Die Begründung dafür liegt allerdings nicht mehr im Rahmen dieses Buches. Es können zwar auch noch andere Darstellungen dieser Orbitale gezeichnet werden, bei denen eine Eins-zu-eins Beziehung zwischen jedem der m-Werte und einem Orbital besteht; diese Darstellungen sind aber weniger anschaulich und sollen deswegen hier nicht behandelt werden.

Wir können nun weitergehen: bei $l = 2$ (also $n \geq 3$) erhalten wir einen Satz von *d-Orbitalen* (historisch: „diffus") und bei $l = 3$ ($n \geq 4$) *f-Orbitale* (historisch „fundamental"): Von den Ersteren gibt es fünf ($m = \pm 2, \pm 1$ oder 0) und von den Letzteren sieben ($m = \pm 3, \pm 2, \pm 1$ oder 0). Schemaskizzen von d-Orbitalen zeigen, dass sie vier Keulen aufweisen, während die f sechs haben, wir werden jedoch keinen Versuch machen, sie hier darzustellen. Orbitale mit höheren l-Werten, $l = 4, 5, 6, ...$, sind von geringerer Bedeutung und wir werden sie nicht weiter behandeln; wenn sie gebraucht werden, dann kennzeichnet man sie mit den auf f folgenden Buchstaben, also $l = 4$, g; $l = 5$, h; usw.

5.1.3 Die Energiestufen der Atomorbitale; das Spektrum des Wasserstoffatoms

Wie groß auch immer ein Atom sein mag, seine Elektronen besetzen Orbitale vom $s, p, d, ...$-Typ (nach sehr genau festgelegten Gesetzmäßigkeiten, mit denen wir uns noch später befassen werden) und der Bereich, in dem sich ein einzelnes Elektron aufhält, ändert sich seiner Form nach nicht. Die *Energie* eines jeden Orbitals variiert jedoch beträchtlich von Atom zu Atom. Zu dieser Energie tragen im Wesentlichen zwei Dinge bei: (1) Die Anziehung zwischen Elektronen und Kern, (2) die Abstoßung zwischen den Elektronen innerhalb eines Atoms.

Wir betrachten zuerst den Fall des Wasserstoffatoms etwas genauer; es handelt sich dabei um den einfachsten Fall, da nur ein Elektron vorhanden ist und somit Punkt (2) wegfällt. Später werden wir dann sehen, wie man dieses Modell für größere Atome abändern müsste.

Da es beim Wasserstoff keine Wechselwirkung zwischen Elektronen gibt, haben alle Orbitale mit demselben n auch dieselbe Energie. So sind z.B. die $2s$ und die $2p$-Orbitale entartet, ebenso die $3s$, $3p$ und die $3d$. Aber die Energien der 2s, $3s$ und

4s-Orbitale unterscheiden sich sehr stark voneinander. Im Fall des s-Orbitals der Gl. (5.2):

$$\psi_{ns} = f\left(\frac{r}{a_0}\right)\exp\left(-\frac{r}{na_0}\right)$$

erhält man aus der Schrödingergleichung die Energiewerte:

$$\begin{aligned} E_n &= -\frac{me^4}{8h^2\varepsilon_0^2 n^2} \quad \text{Joule} \\ \varepsilon_n &= -\frac{me^4}{8h^3 c\varepsilon_0^2 n^2} = -\frac{R}{n^2} \quad \text{cm}^{-1} \quad (n = 1, 2, 3, \ldots) \end{aligned} \tag{5.3}$$

wobei ε_0 die elektrische Feldkonstante bedeutet und die Fundamentalkonstanten zur Größe R, der Rydbergkonstanten, zusammengefasst wurden. Da die $p, d, \ldots$ Orbitale dieselben Energien wie das entsprechende s-Orbital haben (aber *nur* beim Wasserstoff), gibt Gl. (5.3) *alle* Energieniveaus dieses Atoms wieder.

Der tiefste Wert von ε_n ist einfach $\varepsilon_n = -R\ \text{cm}^{-1}$ (für $n = 1$) und ist der Grundzustand; ε_n nimmt mit n zu und erreicht für $n = \infty$ den Grenzwert $\varepsilon_n = 0$. Dies ist der Zustand, in dem das Elektron völlig vom Kern getrennt ist, d.h., der ionisierte Zustand. In Bild 5.2 zeigen wir schematisch die entsprechenden Energieniveaus für $n = 1$ bis 5, allerdings nur für $l = 0, 1$ und 2. (Einige der möglichen Übergänge, die eingezeichnet sind, werden wir kurz besprechen). Die drei p- und fünf d-Zustände der einzelnen n sind entartet und nicht getrennt eingezeichnet.

Gl. (5.3) sowie Bild 5.2 geben somit die Energieniveaus eines Wasserstoff-Atoms wieder; um nun ein Spektrum interpretieren zu können, das daraus resultieren könnte, brauchen wir die Auswahlregeln für die Übergänge. Aus der Schrödingergleichung erhält man sie in der Form:

$$\Delta n = \text{beliebig} \quad \text{und} \quad \Delta l = \text{nur} \pm 1 \tag{5.4}$$

An diesen Auswahlregeln erkennt man sofort, dass eine Elektron im Grund- oder 1s-Zustand Übergänge zu jedem beliebigen p-Zustand ausführen kann:

$$1s \rightarrow np \qquad (n \geq 2)$$

während ein 2p-Elektron entweder in einen s- oder in einen d-Zustand übergehen kann.

Da hier die s- und die d-Orbitale entartet sind, haben auch die Übergänge dieselbe Energie. Diese Übergänge sind in Bild 5.2 angedeutet.

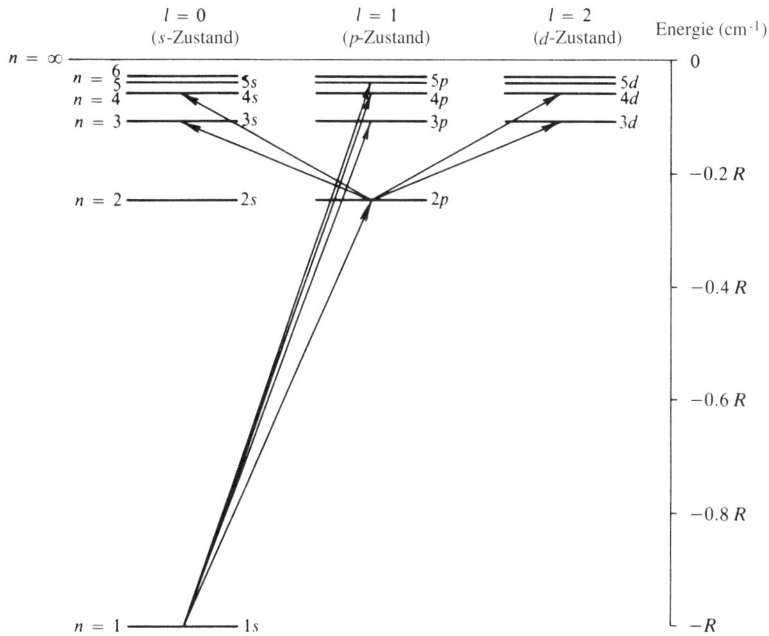

Bild 5.2: Einige der tiefer liegenden elektronischen Energieniveaus des einzigen Elektrons im Wasserstoffatom mit den entsprechenden Übergängen.

Im allgemeinen kann ein Elektron unter Absorption von Energie von einem tieferen Zustand n'' in einen höheren Zustand n' übergehen:

$$\Delta\varepsilon = \varepsilon_{n'} - \varepsilon_{n''} \quad \text{cm}^{-1}$$

Somit gilt:

$$\bar{\nu}_{\text{spect.}} = -\frac{R}{n'^2} - \left(-\frac{R}{n''^2}\right) = R\left\{\frac{1}{n''^2} - \frac{1}{n'^2}\right\} \quad \text{cm}^{-1} \tag{5.5}$$

Dieselbe Spektrallinie tritt in Emission auf, wenn das Elektron vom Zustand n' in den Zustand n'' zurückfällt. In beiden Fällen muss sich l um eine Einheit ändern. Betrachten wir einige dieser Übergänge etwas näher, wobei wir uns der Einfachheit halber auf die Absorption beschränken.

Übergänge: $1s \rightarrow n'p$, $n' = 2, 3, 4, \ldots$. Für sie gilt:

$$\begin{aligned}\bar{\nu}_{\text{Lyman}} &= R\left\{\frac{1}{1} - \frac{1}{n'^2}\right\} = R - \frac{R}{n'^2} \quad \text{cm}^{-1} \\ &= \frac{3R}{4}, \frac{8R}{9}, \frac{15R}{16}, \frac{24R}{25}, \ldots \quad \text{cm}^{-1} \qquad (\text{für } n' = 2, 3, 4, 5, \ldots)\end{aligned}$$

Wir erwarten also eine Serie von Linien bei den angegebenen Wellenzahlen. Und genau so eine Serie wird nun tatsächlich im Spektrum des atomaren Wasserstoffs beobachtet; sie heißt nach ihrem Entdecker die Lyman-Serie. In Bild 5.3 ist schematisch gezeigt, wie das Spektrum aussieht; der Maßstab ist in R-Einheiten und in Wellenzahlen angegeben. Wir erkennen, dass das Spektrum zum Punkt R cm^{-1} hin konvergiert und so kann man aus dem beobachteten Spektrum den sehr genauen Wert für $R = 109\,677{,}581$ cm^{-1} ermitteln. Dieser Grenzwert für $n' = \infty$ ist im Bild als gestrichelte Linie eingezeichnet. Dies entspricht dem Fall, dass das Elektron entfernt wurde – d.h., einer Ionisierung – und diese Ionisierungsenergie ist, in cm^{-1}, gerade gleich dem Betrag von R. Indem wir nun 1 cm^{-1} = $1{,}987 \cdot 10^{-23}$ J als Umrechnungsfaktor verwenden, erhalten wir sehr genau das *Ionisierungspotential* für den Grund(1s-)zustand: $2{,}1781 \cdot 10^{-18}$ J (das wahrscheinlich bekannter ist in Nicht-SI-Einheiten zu 13,595 eV).

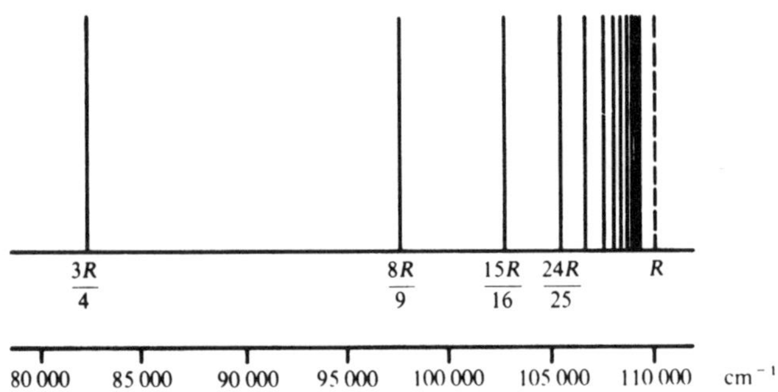

Bild 5.3: Darstellung eines Teils der Lyman-Serie des Wasserstoffatoms mit dem Konvergenz-(Ionisierungs-)Limit.

Eine weitere Serie von elektronischen Übergängen nimmt ihren Ausgang von den 2s- oder den 2p-Zuständen: $2s \rightarrow n'p$ oder $2p \rightarrow n's$, $n'd$. Dafür schreibt man:

$$\begin{aligned} \tilde{\nu}_{\text{Balmer}} &= R\left\{\frac{1}{4} - \frac{1}{n'^2}\right\} \quad \text{cm}^{-1} \\ &= \frac{5R}{36}, \frac{3R}{16}, \frac{21R}{100}, \ldots \quad \text{cm}^{-1} \qquad (\text{für } n' = 3, 4, 5, \ldots) \end{aligned}$$

Wir erwarten also eine weitere Linienserie, die zum Betrag $\frac{1}{4}R$ cm^{-1} hin konvergiert ($n' = \infty$); diese Serie, nach ihrem Entdecker die Balmer-Serie genannt, wird ebenfalls beobachtet und der Wert für $\frac{1}{4}R$ – das Ionisierungspotential vom ersten angeregten Zustand aus – stimmt ausgezeichnet mit dem Wert für R aus der Lyman-Serie überein.

Weitere ähnliche Serien (Paschen-, Brackett-, Pfund- usw. Serien genannt) beobachtet man für $n'' = 3, 4, 5, \ldots$; eigentlich wurden diese Spektren schon beobachtet, lange bevor die neue Theorie über die atomare Struktur entwickelt wurde. Die Spektrallinien wurden durch Rydberg empirisch angepasst und er zeigte, dass ein Ausdruck ähnlich wie der in Gl. (5.5) deren Wellenzahlen wiedergab. Nach ihm ist auch die Rydbergkonstante benannt.

Es sollte noch erwähnt werden, dass jede der eben besprochenen Linienserien auch noch ein *Absorptions-* bzw. *Emissionskontinuum* jenseits des Konvergenzlimits aufweist. Das Konvergenzlimit ist gerade der Punkt, an dem das Elektrons des Atoms genügend Energie aus der Strahlung aufgenommen hat, um dem Kern zu entkommen, aber mit der Geschwindigkeit null. Es kann jedoch auch mehr Energie aufnehmen und dann mit höherer Geschwindigkeit wegfliegen, und da die kinetische Energie eines Elektrons im freien Raum *nicht* quantisiert ist, kann *jeder beliebige* Energiebetrag aufgenommen werden. Daher erscheint das Spektrum in diesem Bereich als Kontinuum.

Damit haben wir das vervollständigt, was wir eine Grobstruktur des atomaren Wasserstoffspektrums nennen könnten. Für die Feinstruktur brauchen wir aber Kenntnisse darüber, auf welche Weise die anderen Quantenzahlen außer n die elektronischen Energieniveaus beeinflussen.

5.2 Der elektronische Drehimpuls

5.2.1 Der Bahndrehimpuls

Ein Elektron, das sich in seinem Orbital um einen Kern bewegt, hat einen *Bahn*drehimpuls, dessen Größe durch das l des betreffenden Orbitals festgelegt ist. Dieser Drehimpuls ist natürlich quantisiert und wird üblicherweise durch die Einheit $h/2\pi$ ausgedrückt, mit h als der Planckschen Konstanten. Dies können wir in der Form ausdrücken:

$$\text{Bahndrehimpuls} = \sqrt{l(l+1)} \cdot \frac{h}{2\pi} = \sqrt{l(l+1)} \quad \text{Einheiten} \tag{5.6}$$

Der Drehimpuls ist ein *Vektor*, durch den wir ausdrücken, dass neben seiner Größe auch seine *Richtung* wichtig ist – so zeigt z.B. die Achse eines rotierenden Kreisels in eine bestimmte Richtung. Nach Übereinkunft werden die Vektoren durch Pfeile dargestellt; der Drehimpulsvektor ist ein Pfeil, der im Drehungsmittelpunkt des Kreisels beginnt, in die Richtung der Kreiselachse zeigt und dessen Länge proportional zur Größe des Drehimpulses ist. So ein Pfeil kann zwei Richtungen haben, die sich um 180° unterscheiden; diese Richtungen bedeuten, je nach der Vorzeichenkonvention, eine Drehung des Kreisels im und gegen den Uhrzeigersinn. Mathematisch können wir den rotierenden Körper weglassen und uns mit den Eigenschaften des Pfeils allein befassen.

Es ist üblich, Vektorgrößen durch *Fettdruck* hervorzuheben und dementsprechend werden wir den Bahndrehimpuls durch das Symbol **l** wiedergeben, wobei gilt:

$$\mathbf{l} = \sqrt{l(l+1)} \quad \text{Einheiten}^{1} \tag{5.7}$$

[1] Damit ist die Länge des Vektorpfeils gemeint. Die Richtungsangabe ist weggelassen; diese muss in Form eines Einheitsvektors gedacht werden.

In dieser Gleichung ist l stets null oder positiv. Da **l** und l so eng miteinander verknüpft sind, werden sie oft mit vertauschten Bedeutungen gebraucht: So sprechen wir von einem Elektron mit „einem Drehimpuls von 2“, wenn wir eigentlich damit meinen, dass $l = 2$ und $\mathbf{l} = \sqrt{2 \times 3} = 2{,}44$ Einheiten groß ist.

Man könnte erst meinen, der Bahndrehimpulsvektor eines Elektrons könne in unendlich viele verschiedene Richtungen weisen. Damit hätte man die Rechnung aber ohne den Wirt, nämlich ohne die Quantentheorie, gemacht. Denn hat man einmal eine Richtung festgelegt (und das kann auf viele verschiedene Arten geschehen, entweder von außen, etwa durch Anlegen eines elektrischen oder magnetischen Felds, oder intern, indem man sich auf den Drehimpulsvektor eines ganz bestimmten Elektrons bezieht), dann kann der Drehimpulsvektor *nur* in solche Richtungen zeigen, in denen *seine Projektionen auf die ausgezeichnete oder Bezugsachse ganzzahlige Vielfache von* $h/2\pi$ sind. Die Bilder 5.4(a) und (b) geben die Verhältnisse für ein Elektron mit $l = 1$ bzw. $l = 2$ wieder (d.h., für ein p- und ein d-Elektron). Die Bezugsrichtung, die hier im Bild als vertikal angenommen ist, wird nach Konvention als die z-Richtung definiert und somit können wir die *Komponente* von **l** in dieser Richtung mit $\mathbf{l}_z$ bezeichnen (man beachte, dass $\mathbf{l}_z$ fettgedruckt wurde, da die Komponenten eines Drehimpulses

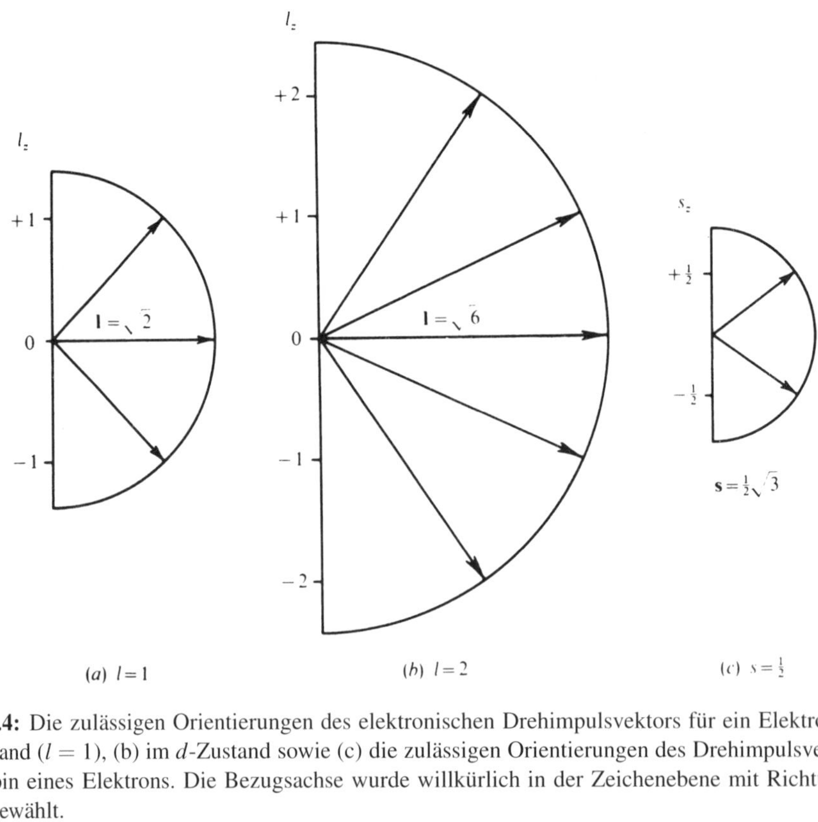

Bild 5.4: Die zulässigen Orientierungen des elektronischen Drehimpulsvektors für ein Elektron (a) im p-Zustand ($l = 1$), (b) im d-Zustand sowie (c) die zulässigen Orientierungen des Drehimpulsvektors für den Spin eines Elektrons. Die Bezugsachse wurde willkürlich in der Zeichenebene mit Richtung nach oben gewählt.

natürlich auch Vektoren sind, die sowohl eine Größe haben wie auch eine Richtung). Da wir andererseits wissen, dass $\mathbf{l}_z$ ganzzahlige Vielfache von $h/2\pi$ sind, können wir die Komponenten auch als ganzzahlige Größe l_z ausdrücken (ohne Fettdruck), also:

$$\mathbf{l}_z = l_z \cdot \frac{h}{2\pi} \tag{5.8}$$

Von dieser zweiten Bezeichnung ist in Bild 5.4 Gebrauch gemacht und wir erkennen, dass l_z für $l = 1$ die Werte $+1, 0$ und -1 annimmt, für $l = 2$ jedoch die Werte $+2, +1, 0, -1$ und -2. Allgemein nimmt, wie wir sehen, l_z die folgenden Werte an:

$$l_z = l,\ \ l-1, ..., 0, ..., -(l-1), -l \tag{5.9}$$

und somit existieren $2l + 1$ Werte l_z für ein bestimmtes l. l_z wird einfach mit der magnetischen Quantenzahl m von Abschnitt 5.1.2 gleichgesetzt:

$$l_z \equiv m$$

Das rechtfertigt auch unsere Behauptung, dass m die *Richtung* eines Orbitals angibt.

Gehen wir noch einmal die Unterschiede zwischen $l, \mathbf{l}, \mathbf{l}_z$ und l_z durch, bevor wir uns mit Neuem befassen. Die Quantenzahl l ist ganzzahlig, positiv oder null und steht für einen bestimmten Zustand eines Elektrons in einem Atom und bestimmt den Bahndrehimpuls. Der Vektor $\mathbf{l}$ bezeichnet die Größe und Richtung dieses Drehimpulses, so wie die Vektorpfeile in Bild 5.4. Wird $\mathbf{l}$ in Einheiten von $h/2\pi$ ausgedrückt, dann ist sein numerischer Wert gleich $\sqrt{l(l+1)}$. Sobald aber eine Bezugsrichtung festgelegt ist (und dies geschieht oft willkürlich), dann kann $\mathbf{l}$ nur so orientiert sein, dass für eine Projektion auf diese Richtung gilt: $\mathbf{l}_z = l_z h/2\pi$ (mit l_z ganzzahlig oder null).

Für gewöhnlich hängt die Energie eines Elektrons in einem bestimmten Orbital nur von der Größe seines Drehimpulses und nicht von seiner Richtung ab; somit sind alle $2l+1$ verschiedenen Werte von l_z *entartet*. Wir sollten aber festhalten, dass es möglich ist, die *Entartung aufzuheben* (vgl. Abschnitt 5.6), so dass Niveaus mit unterschiedlichem l_z auch unterschiedliche Energien haben.

5.2.2 Der Spin/Eigendrehmpuls eines Elektrons

Die Elektronen eines Atoms kann man sich so vorstellen, dass sie sich sowohl um eine Achse drehen als auch den Kern umkreisen. Ihr Eigendrehimpuls (der Spin) wird durch die *Spinquantenzahl* s gekennzeichnet, von der man zeigen kann, dass sie nur den Wert $\frac{1}{2}$ annehmen kann. Deshalb ist der Drehimpuls des Spins:

$$\begin{aligned}\mathbf{s} &= \sqrt{s(s+1)}\frac{h}{2\pi} = \sqrt{\frac{1}{2} \times \frac{3}{2}} \quad \text{Einheiten} \\ &= \frac{1}{2}\sqrt{3} \quad \text{Einheiten}\end{aligned} \tag{5.10}$$

Nach der Quantisierungsvorschrift für den Eigendrehimpuls kann der Vektor so orientiert sein, dass die Komponenten in der Bezugsrichtung halbzahlige Vielfache von $h/2\pi$ sind, d.h., dass $|\mathbf{s}_z| = s_z h/2\pi$, wobei s_z nur $+\frac{1}{2}$ oder $-\frac{1}{2}$ sein kann. Die beiden (also die $2s+1$) möglichen Richtungen sind in Bild 5.4(c) dargestellt; im Allgemeinen sind sie entartet.

5.2.3 Der Gesamtdrehimpuls eines Elektrons

Wir müssen jetzt eine Möglichkeit finden, um den Bahn- und den Spinanteil des elektronischen Drehimpulses zusammenzusetzen. Formal können wir schreiben:

$$\mathbf{j} = \mathbf{l} + \mathbf{s} \tag{5.11}$$

wobei $\mathbf{j}$ der *Gesamtdrehimpuls* ist. Da $\mathbf{l}$ und $\mathbf{s}$ Vektoren sind, muss man Gl. (5.11) als eine *Vektoraddition* auffassen. Ebenso können wir $\mathbf{j}$ formal mit Hilfe einer Gesamtdrehimpulsquantenzahl j ausdrücken:

$$\mathbf{j} = \sqrt{j(j+1)}\,\frac{h}{2\pi} = \sqrt{j(j+1)} \quad \text{Einheiten} \tag{5.12}$$

wobei j *halbzahlig* ist, (da s bei einem Ein-Elektronenatom halbzahlig ist) und eine Quantenvorschrift für $\mathbf{j}$ genau so gilt wie für $\mathbf{l}$ und $\mathbf{s}$: $\mathbf{j}$ *kann nur halbzahlige Komponenten aufweisen*, also:

$$j_z = \pm j, \pm(j-1), \pm(j-2), \ldots, \pm\tfrac{1}{2} \tag{5.13}$$

Es existieren zwei Verfahren, mit denen wir die verschiedenen zulässigen Längen für $\mathbf{j}$ für bestimmte $\mathbf{l}$ und $\mathbf{s}$ Werte ermitteln können. Wir werden uns kurz mit beiden befassen:

1. *Die Vektoraddition.* In der klassischen Mechanik können zwei Kräfte mit verschiedenen Richtungen nach einem graphischen Verfahren addiert werden, wobei Pfeile nach Größe und Richtung der Kräfte gezeichnet werden, dann „das Parallelogramm vervollständigt" wird und die Diagonale des Parallelogramms die Größe und Richtung der Resultierenden ergibt. Nach genau demselben Verfahren findet man die Resultierende ($\mathbf{j}$) der Vektoren $\mathbf{l}$ und $\mathbf{s}$. Der wesentliche Unterschied liegt darin, dass die Gesetze der Quantenmechanik den Winkel zwischen $\mathbf{l}$ und $\mathbf{s}$ auf diejenigen Werte einschränken, bei denen $\mathbf{j}$ nach Gl. (5.12) *halbzahlige* j ergibt. Somit kann $\mathbf{j}$ folgende Werte annehmen:

$$\tfrac{1}{2}\sqrt{3},\ \tfrac{1}{2}\sqrt{15},\ \tfrac{1}{2}\sqrt{35}, \ldots \quad \text{entsprechend} \quad j = \tfrac{1}{2},\ \tfrac{3}{2},\ \tfrac{5}{2}, \ldots$$

Dieses Verfahren ist in Bild 5.5(a) und (b) für den Fall $l = 1$ (d.h. für $\mathbf{l} = \sqrt{2}$) und $s = \frac{1}{2}$ ($\mathbf{s} = \frac{1}{2}\sqrt{3}$) wiedergegeben. In Bild 5.5(a) erhält man die Summe $\mathbf{j} = \frac{1}{2}\sqrt{15}$,

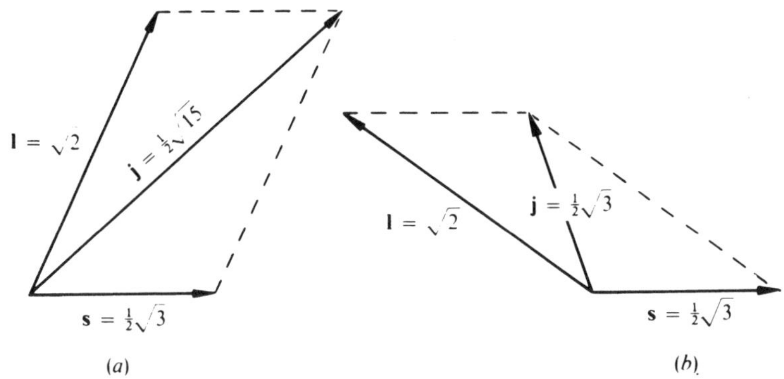

Bild 5.5: Zwei Energiezustände mit unterschiedlichem Gesamtdrehimpuls als Ergebnis einer Addition der Vektoren $\mathbf{l} = \sqrt{2}$ und $\mathbf{s} = \frac{1}{2}\sqrt{3}$

was einem j von $\frac{3}{2}$ entspricht und aus Bild 5.5(b) $\mathbf{j} = \frac{1}{2}\sqrt{3}$ oder $j = \frac{1}{2}$. Sowohl die Konstruktion als auch die Rechnung zeigen, dass **l** und **s** in keiner anderen Weise zu einem erlaubten Wert von **j** zusammengesetzt werden könnte.

Halten Sie fest, dass wir genau dasselbe Ergebnis erhalten, wenn wir die *Quantenzahlen* l und s zur *Quantenzahl* j addieren. In diesem Beispiel ist $l = 1$, $s = \frac{1}{2}$ und somit:

$$j = l + s = \tfrac{3}{2} \quad \text{oder} \quad j = l - s = \tfrac{1}{2}$$

Diese einfache Methode, obwohl einsetzbar bei Systemen mit nur einem Elektron, funktioniert nicht bei Mehrelektronensystemen. Dafür müssen wir schon das folgende, etwas tiefergehende Verfahren anwenden.

2. *Addition der z Komponenten.* Nimmt man die zwei Vektoren und addiert ihre Projektionen auf eine gemeinsame Richtung, dann ist deren Summe gleich der Komponente der Resultierenden in dieser Richtung. Wie wir schon gesehen haben (vgl. Gl. (5.9)), ergeben sich die z Komponenten von $l = 1$ zu ± 1 und 0, während für $s = \frac{1}{2}$ nur $\pm\frac{1}{2}$ möglich sind. Alle möglichen Summen dieser Größen lauten:

$$j_z = l_z + s_z$$

Und somit:

$$\begin{aligned} j_z &= 1 + \tfrac{1}{2},\ 1 - \tfrac{1}{2},\ 0 + \tfrac{1}{2},\ 0 - \tfrac{1}{2},\ -1 + \tfrac{1}{2},\ -1 - \tfrac{1}{2} \\ &= \tfrac{3}{2},\ \tfrac{1}{2},\ \tfrac{1}{2},\ -\tfrac{1}{2},\ -\tfrac{1}{2},\ -\tfrac{3}{2} \end{aligned}$$

Unter diesen sechs j_z Komponenten ist der höchste Wert $\frac{3}{2}$, der (vgl. Gl. (5.13)) zu $j = \frac{3}{2}$ gehören muss. Weitere Komponenten von $j = \frac{3}{2}$ sind $\frac{1}{2}$, $-\frac{1}{2}$ und $-\frac{3}{2}$ und darüber hinaus bleiben nur noch $j_z = +\frac{1}{2}$ und $-\frac{1}{2}$. Diese Werte entsprechen einfach $j = \frac{1}{2}$.

Damit erhält man alle sechs Komponenten, wenn man die Zustände $j = \frac{3}{2}$ und $j = \frac{1}{2}$ aus $l = 1$ und $s = \frac{1}{2}$ zusammensetzt. Dies stimmt natürlich auch mit der Methode der Vektorsumme überein.

Beide Methoden ergeben, dass für ein p Elektron (also für $l = 1$) die Bahn- und Spin-Drehimpulse zu einem Gesamtdrehimpuls von $\mathbf{j} = \frac{1}{2}\sqrt{15}$ zusammengesetzt werden können, wenn $\mathbf{l}$ und $\mathbf{s}$ einander verstärken (anschaulich pflegt man das so auszudrücken, dass die Drehimpulse dieselbe *Richtung* haben) oder auch zu $\mathbf{j} = \frac{1}{2}\sqrt{3}$, wenn $\mathbf{l}$ und $\mathbf{s}$ einander entgegengesetzt gerichtet sind. Damit sind die beiden Gesamtdrehimpulse ihrer *Größe* nach verschieden und wir haben auch zwei *unterschiedliche Energiezustände* vorliegen, je nachdem ob $\mathbf{l}$ und $\mathbf{s}$ einander verstärken oder schwächen. Beide Energiezustände sind jedenfalls p Zustände (da in beiden Fällen $l = 1$), und man kann sie dadurch unterscheiden, dass man die Quantenzahl j als Index an das *Termsymbol P* anfügt, also: $P_{3/2}$ oder $P_{1/2}$. (Wir verwenden hier Großbuchstaben für den Zustand eines ganzen Atoms und einen Kleinbuchstaben für den Zustand eines einzelnen Elektrons; beim Wasserstoffatom, das nur ein Elektron hat, ist das eigentlich dasselbe.) Zustände wie diese, die in zwei Energiewerte aufgespalten sind, heißen *Dublett-Zustände*; für gewöhnlich deutet man ihren Dublettcharkter durch die Hochzahl 2 am Termsymbol an, also: $^2P_{3/2}$, $^2P_{1/2}$. Die so entstandenen Zustands- (oder Term-)Symbole werden „Dublett P drei Halbe“ bzw. „Dublett P einhalb“ gelesen.

Alle anderen höheren l Werte des Elektrons ergeben offensichtlich Dublett-Zustände, wenn sie mit $s = \frac{1}{2}$ kombiniert werden; so z.B., $l = 2, 3, 4, \ldots$ ergibt $^2D_{5/2,3/2}$, $^2F_{7/2,5/2}$, $^2G_{9/2,7/2}$, usw. Dem Leser sollte das genügen, wobei die eben geschilderte Summationsmethode der z Komponenten vorzuziehen ist. Dennoch gibt es eine kleine Schwierigkeit mit den s Zuständen ($l = 0$). In diesem Fall kann l, da gleich null, nichts zur Vektorsumme beitragen und die einzig mögliche Resultierende ist $|\mathbf{s}| = \frac{1}{2}\sqrt{3}$ oder $s = \frac{1}{2}$. Denken wir nun daran, dass $s = -\frac{1}{2}$ nicht erlaubt ist, da Drehimpuls-*Quantenzahlen* keine negativen Werte annehmen können. Deshalb erhalten wir bei einem s Elektron nur das Zustandssymbol $S_{1/2}$. Trotzdem wird es formal als ein Dublett-Term ($^2S_{1/2}$) geschrieben; die Gründe werden bei der Behandlung der Multiplizität in Abschnitt 5.4.3 klar werden.

Jetzt können wir uns mit der Bedeutung dieser Überlegungen für die Atomspektroskopie befassen.

5.2.4 Die Feinstruktur des atomaren Wasserstoffspektrums

Das Wasserstoffatom hat nur ein einziges Elektron und damit ist die Kopplung von Bahn und Eigendrehimpuls sowie die daraus folgende Aufspaltung der Energieniveaus genau so, wie eben geschildert. In Bild 5.6 sind die wesentlichen Kennzeichnungen der Energieniveaus zusammengefasst. Jedes Niveau wird mit seiner n Quantenzahl auf der linken Seite und seinem j Wert auf der rechten gekennzeichnet; die Größe von l ist durch das Zustandssymbol $S, P, D, \ldots$ über jeder Spalte wiedergegeben. Es wurde

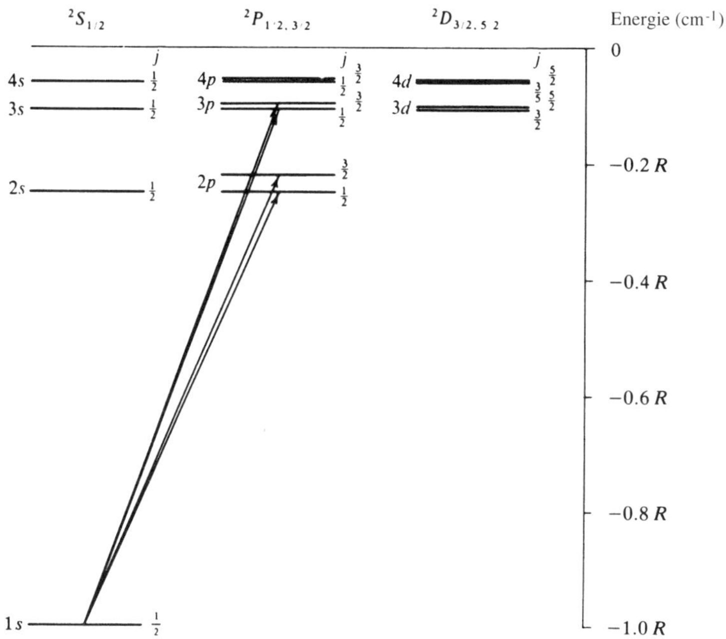

Bild 5.6: Einige der tieferliegenden Energieniveaus des Wasserstoffatoms mit der j-Aufspaltung. Aus Gründen der Deutlichkeit ist diese stark vergrößert dargestellt.

nicht versucht, die Aufspaltung der Energieniveaus zwischen P- und D-Zuständen im Diagramm maßstabsgetreu einzuzeichnen – der Abstand zwischen Niveaus, die sich nur in j unterscheiden, ist viele tausend Mal kleiner als der Abstand zwischen Niveaus mit unterschiedlichem n. Immerhin deuten wir an, dass die j-Aufspaltung mit steigendem n und mit zunehmendem l *abnimmt*. Die im Diagramm nicht gezeigten F, G... Zustände folgen demselben Schema.

Die Auswahlregeln für n und l sind dieselben geblieben:

$$\Delta n = \text{beliebig} \qquad \Delta l = \pm 1 \text{ ausschließlich} \tag{5.14}$$

aber es gibt jetzt auch noch eine Auswahlregel für j:

$$\Delta j = 0, \pm 1 \tag{5.15}$$

Diese Auswahlregeln zeigen, dass Übergänge zwischen allen S und P Niveaus erlaubt sind:

$$^2S_{1/2} \rightarrow {}^2P_{1/2} \qquad (\Delta j = 0)$$
$$^2S_{1/2} \rightarrow {}^2P_{3/2} \qquad (\Delta j = +1)$$

Somit wird das Spektrum aus dem Grundzustand (1s) heraus mit der Lyman-Serie identisch sein (vgl. Abschnitt 5.1.3) außer, dass *jede Linie als Dublett erscheinen* wird. Praktisch ist die Aufspaltung zu klein, um sie richtig auflösen zu können, aber wir werden kurz einen Blick auf das Natrium werfen, wo die Aufspaltung leicht zu beobachten ist.

Die Übergänge zwischen den ^2P und ^2D Zuständen sind deutlich komplizierter; Bild 5.7 zeigt vier der beteiligten Energieniveaus. Der Übergang mit der niedrigsten Frequenz ist der zwischen den Niveaus mit dem kleinsten Abstand, nämlich $^2P_{3/2}$ und $^2D_{3/2}$. Dieser ist erlaubt, da er $\Delta j = 0$ entspricht. Der nächste Übergang, $^2P_{3/2} \rightarrow {}^2D_{5/2}$ ($\Delta j = +1$), ist ebenfalls erlaubt und liegt nahe beim ersten, da der Abstand zwischen den Dublett D Zuständen sehr klein ist.

Als dritter, in größerem Abstand, kommt dann $^2P_{1/2} \rightarrow {}^2D_{3/2}$ ($\Delta j = +1$), aber der vierte Übergang (gestrichelt eingezeichnet), $^2P_{1/2} \rightarrow {}^2D_{5/2}$, ist nicht erlaubt (wegen $\Delta j = +2$).

Somit besteht das Spektrum aus drei Linien, die im Bild unten zu sehen sind. Da dieses Spektrum auf Übergänge zwischen Dubletts zurückzuführen ist, heißt es üblicherweise „compound" Dublett-Spektrum.

Wir erkennen also, dass die Berücksichtigung einer Kopplung zwischen Bahn- und Eigendrehimpuls zu einer etwas höheren Komplexität des Wasserstoffspektrums führt. Praktisch beobachtet man diese Komplexität nur in den Spektren der schwereren Atome, da bei diesen die j-Aufspaltung stärker als bei Wasserstoff ist. Eigentlich sollen alle Linien im Wasserstoffspektrum einfache Dubletts sein, wenn am Übergang s-Niveaus beteiligt sind oder „compound" Dubletts, falls keine s-Elektronen betroffen sind.

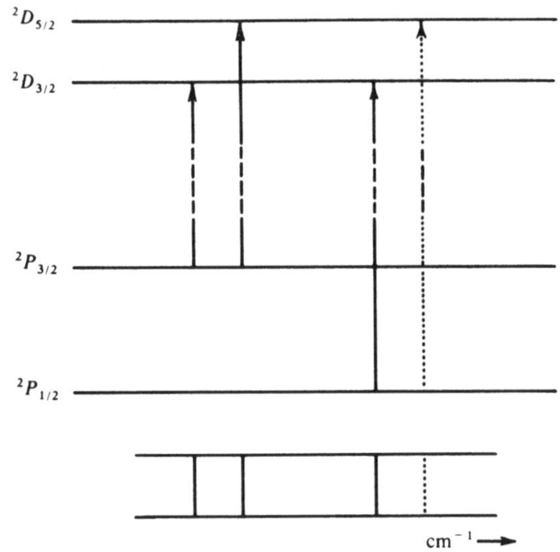

Bild 5.7: Das „compound" Dublett-Spektrum aufgrund von Übergängen zwischen ^2P und ^2D Niveaus des Wasserstoffatoms.

5.3 Mehrelektronenatome

5.3.1 Das Aufbauprinzip

Mit Hilfe der Schrödingergleichung findet man, dass die Elektronen in den verschiedenen Atomen ebenfalls Orbitale von derselben Art und Form wie im Wasserstoff besetzen, nämlich $s, p, d, ...$, Orbitale, dass sich jedoch die Energien dieser Elektronen sehr deutlich von Atom zu Atom unterscheiden. Für die Energie eines Mehrelektronenatoms existiert kein allgemeiner Ausdruck, der mit der Gl. (5.3) für den Wasserstoff vergleichbar wäre; jedes Atom muss als ein eigenes System behandelt und seine Energiewerte müssen entweder tabelliert oder in einem Diagramm, ähnlich wie in Bild 5.2 oder 5.6, wiedergegeben werden.

Es gibt drei Grundregeln, bekannt als das Aufbauprinzip, die festlegen, in welcher Weise die Elektronen eines großen Atoms die Orbitale besetzen. Zusammengefasst lauten sie:

1. Das Pauli-Prinzip: Zwei Elektronen können nie in allen vier Quantenzahlen n, l, l_z ($\equiv m$) *und* s_z übereinstimmen.
2. Die Elektronen versuchen, das Orbital mit der niedrigsten Energie zu besetzen.
3. Die Hundsche Regel: Elektronen haben die Tendenz, entartete Orbitale einzeln mit parallelen Spins zu besetzen.

Regel 1 begrenzt die Zahl der Elektronen pro Orbital auf zwei. Ein Beispiel soll dies klarmachen: Wir können sowohl ein Orbital als auch ein darin vorhandenes Elektron durch Angabe der Quantenzahlen n, l und m charakterisieren. In einem $1s$ Orbital oder für ein $1s$ Elektron ist $n = 1$, $l = 0$ und $m = l_z = 0$; das Elektron (aber nicht das Orbital) wird nun zusätzlich durch Angabe der Spinorientierung charakterisiert; d.h., durch die Angabe von $s_z = +\frac{1}{2}$ oder $s_z = -\frac{1}{2}$. Wir sagen dann, etwas oberflächlich, dass zwei Elektronen nur dann dasselbe Orbital besetzen können, wenn ihre Spins *gepaart* (oder *einander entgegengesetzt gerichtet*) sind. Ein drittes Elektron kann sich nicht im selben Orbital aufhalten, ohne einen bereits vorhandenen Satz von Werten für n, l, l_z und s_z anzunehmen. Es muss in ein anderes Orbital gehen und in welches, das bestimmt Regel Nr. 2; es geht dann in das nächsthöhere leere oder halbleere Orbital. Im allgemeinen nehmen bei Mehrelektronenatomen die Orbitalenergien wie beim Wasserstoff mit größerem n zu, aber sie nehmen auch mit l zu, wogegen wir beim Wasserstoff gesehen haben, dass alle $s, p, d...$ Orbitale mit demselben n entartet sind. Praktisch lautet für die meisten Atome die Reihenfolge der Energieniveaus so:

$$1s < 2s < 2p < 3s < 3p < 4s < 3d < 4p < 5s < 4d, ... \tag{5.16}$$

D.h., sobald das $1s$ Orbital voll ist (wenn es also zwei Elektronen enthält), dann steht als nächstes das $2s$ zur Verfügung und danach das $2p$. Wir wissen bereits, dass es *drei* $2p$ Orbitale gibt, je eines in Richtung der Koordinatenachsen, und in jedem von diesen haben zwei Elektronen Platz. Wir können also die n, l, l_z und s_z Werte so niederschreiben:

$$\left.\begin{array}{llll} n=2 & l=1 & l_z=1 & s_z=\pm\frac{1}{2} \\ n=2 & l=1 & l_z=0 & s_z=\pm\frac{1}{2} \\ n=2 & l=1 & l_z=-1 & s_z=\pm\frac{1}{2} \end{array}\right\} \text{insgesamt sechs Elektronen}$$

Alle drei p Orbitale bleiben für ein bestimmtes n entartet (ebenso wie die fünf d Orbitale, die sieben f, usw.). Es ist nun die Regel 3, die uns sagt, wie die Elektronen diese entarteten Orbitale besetzen. Die Hundsche Regel sagt, dass, wenn z.B. das $2p_x$ Orbital ein Elektron enthält, das nächste Elektron in ein anderes $2p$, z.B. in das $2p_y$ Orbital geht und ein drittes in das $2p_z$. Dies kann man als Folge einer Abstoßung zwischen den Elektronen sehen. Ein viertes Elektron hat keine andere Wahl, als seinen Spin mit einem Elektron zu paaren, das sich schon in einem $2p$ Orbital befindet und ein fünftes und sechstes vervollständigen dann das Auffüllen der drei $2p$'s.

Wir können nun zum Beispiel die *Elektronenkonfiguration* der ersten zehn Atome, vom Wasserstoff bis zum Neon, herleiten. Dies ist der Inhalt von Tabelle 5.2, in der jedes Kästchen ein Orbital darstellt, besetzt von ein oder zwei Elektronen mit Spins, deren Orientierung durch die Pfeile angedeutet ist. Außerdem enthält die Tabelle ein handliches System für die Kennzeichnung der Elektronenkonfiguration.

Sind die Orbitale für ein bestimmtes n und alle seine l aufgefüllt, dann sprechen wir von einer *abgeschlossenen Schale*. So bilden die Orbitale $1s^2$ des Heliums, $2s^2$ des Berylliums und alle $2p^6$ des Neons geschlossene Schalen. Der praktische Vorteil

Tabelle 5.2: Die Anordnung der Elektronen der ersten zehn Atome

	$1s$	$2s$	2p			
Wasserstoff	↑					$1s^1$
Helium	↑↓					$1s^2$
Lithium	↑↓	↑				$1s^2 2s^1$
Beryllium	↑↓	↑↓				$1s^2 2s^2$
Bor	↑↓	↑↓	↑			$1s^2 2s^2 2p_x^1$
Kohlenstoff	↑↓	↑↓	↑	↑		$1s^2 2s^2 2p_x^1 2p_y^1$
Stickstoff	↑↓	↑↓	↑	↑	↑	$1s^2 2s^2 2p_x^1 2p_y^1 2p_z^1$
Sauerstoff	↑↓	↑↓	↑↓	↑	↑	$1s^2 2s^2 2p_x^2 2p_y^1 2p_z^1$
Fluor	↑↓	↑↓	↑↓	↑↓	↑	$1s^2 2s^2 2p_x^2 2p_y^2 2p_z^1$
Neon	↑↓	↑↓	↑↓	↑↓	↑↓	$1s^2 2s^2 2p_x^2 2p_y^2 2p_z^2$

liegt darin, dass abgeschlossene Schalen nichts zum Bahn- oder Eigendrehimpuls des Gesamtatoms beitragen und somit bei der Interpretation von Atomspektren oft außer Acht gelassen werden können. Dies stellt eine beträchtliche Vereinfachung dar.

5.3.2 Das Spektrum von Lithium sowie weiterer wasserstoffähnlicher Atome

Die Alkalimetalle wie Lithium, Natrium, Kalium, Rubidium und Cäsium besitzen alle ein einzelnes Elektron außerhalb einer inneren, abgeschlossenen Schale (vgl. Lithium in Tabelle 5.2). Oberflächlich ähneln sie dem Wasserstoff, und diese Ähnlichkeit wird noch dadurch verstärkt, dass wir den Drehimpuls des Innenbereichs außer Acht lassen können und uns nur mit dem Eigen- und Bahndrehimpuls des äußeren Elektrons befassen müssen. Wir erwarten also von vornherein, dass die $p, d, \ldots$ Niveaus aufgrund der Kopplung zwischen **l** und **s** in Dubletts aufgespalten sind.

Die Energieniveaus von Lithium sind schematisch in Bild 5.8 dargestellt, das man am besten mit dem entsprechenden Schema in Bild 5.6 vergleicht. Die beiden Diagramme sind einander ähnlich mit Ausnahme der Energiedifferenzen zwischen den s, p und

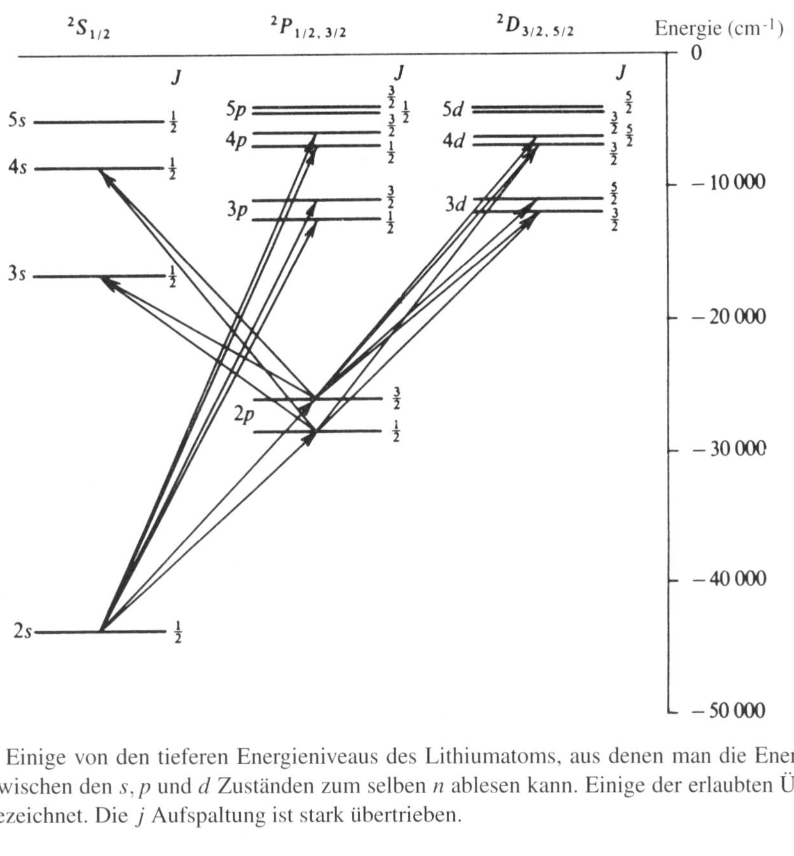

Bild 5.8: Einige von den tieferen Energieniveaus des Lithiumatoms, aus denen man die Energieunterschiede zwischen den s, p und d Zuständen zum selben n ablesen kann. Einige der erlaubten Übergänge sind eingezeichnet. Die j Aufspaltung ist stark übertrieben.

d Orbitalen eines bestimmten n bei Lithium und der Tatsache, dass bei diesem Metall der $1s$ Zustand mit Elektronen gefüllt ist, die sich im Allgemeinen nicht an spektroskopischen Übergängen beteiligen, da viel weniger Energie benötigt wird, ein $2s$ Elektron zu einem Übergang anzuregen. Unter Einsatz hoher Energie können aber auch eines oder beide $1s$ Elektronen angeregt werden.

Die Auswahlregeln bei den Alkalimetallen sind dieselben wie für Wasserstoff., also $\Delta n =$ beliebig, $\Delta l = \pm 1$, $\Delta j = 0, \pm 1$, und deshalb sind auch die Spektren ähnlich. So können vom Grundzustand ($1s^2 2s$) aus Übergänge zu den p Niveaus stattfinden: $2S_{1/2} \rightarrow nP_{1/2,3/2}$; es wird eine Serie von Dubletts ähnlich der Lyman Serie auftauchen, die zu einer Wellenzahl hin konvergiert, aus der man das Ionisierungspotential bestimmen kann. Ausgehend vom $2p$ Zustand können zwei Serien beobachtet werden:

$$2^2P_{1/2,3/2} \rightarrow n^2S_{1/2}$$

sowie

$$2^2P_{1/2,3/2} \rightarrow n^2D_{3/2,5/2}$$

Die erste besteht aus Dubletts, die zweite aus „compound" Dubletts, aber sie unterscheiden sich in der Frequenz, da die Energien der s und d Orbitale nicht mehr gleich sind.

Dasselbe gilt auch für die anderen Alkalimetalle, wobei sich deren Spektren nur in ihrer Ausdehnung von dem des Lithiums unterscheiden. Z.B. vergrößert sich die j-Aufspaltung aufgrund der Kopplung zwischen $\mathbf{l}$ und $\mathbf{s}$ bei höherer Ordnungszahl beträchtlich. So beträgt in dieser Serie die am Wasserstoff kaum beobachtbare Dublettaufspaltung beim $2p$ Niveau von Lithium weniger als $1\mathrm{cm}^{-1}$, aber ca. $17\ \mathrm{cm}^{-1}$ bei Natrium und mehr als $5000\ \mathrm{cm}^{-1}$ bei Cäsium.

Jedes Atom, bei dem sich ein einzelnes Elektron außerhalb einer abgeschlossenen Schale bewegt, wird ein Spektrum der eben besprochenen Art zeigen. So sollten auch Ionen vom Typ He^+, Be^+, B^{2+} usw. Spektren zeigen, die als „wasserstoffähnlich" bezeichnet werden können, und dies wird auch tatsächlich beobachtet.

5.4 Der Drehimpuls von Mehrelektronenatomen

Wir wenden uns nun dem Problem zu, in welcher Weise zwei oder mehr Elektronen in der äußeren Schale zum Gesamtdrehimpuls des Atoms beitragen. Es gibt zwei unterschiedliche Möglichkeiten, nach denen wir die Bahn- und Eigendrehimpulse mehrerer Elektronen addieren können:

1. Man summiert erst die Bahnanteile und sodann getrennt davon die Spinanteile

und addiert den gesamten Bahn- zum gesamten Spinanteil, so dass man die Gesamtsumme erhält. In symbolischer Schreibweise:

$$\sum \mathbf{l}_i = \mathbf{L} \qquad \sum \mathbf{s}_i = \mathbf{S} \qquad \mathbf{L} + \mathbf{S} = \mathbf{J}$$

wobei wir für Gesamtdrehimpulse fettgedruckte Großbuchstaben verwenden.

2. Man addiert den Bahn- und den Eigendrehimpuls für jedes der Elektronen und addiert dann alle Einzelsummen zur Gesamtsumme:

$$\mathbf{l}_i + \mathbf{s}_i = \mathbf{j}_i \qquad \sum \mathbf{j}_i = \mathbf{J}$$

Die erste Methode, bekannt als die Russel-Saunders-Kopplung, liefert Ergebnisse in Übereinstimmung mit den Spektren von Atomen kleinerer und mittlerer Größe, während die zweite (als j-j Kopplung bezeichnet, da bei ihr einzelne j's aufsummiert werden) bei größeren Atomen besser passt. Wir werden uns nur mit der ersten genauer befassen.

5.4.1 Addition von Drehimpulsanteilen

Die Bahndrehimpulse $\mathbf{l}_1, \mathbf{l}_2, \ldots$ mehrerer Elektronen können nach demselben Verfahren addiert werden, wie das in Abschnitt 5.2.3 für die Addition von Bahn- und Eigendrehimpuls eines einzelnen Elektrons besprochen wurde. So könnten wir:

1. Die Vektoren $\mathbf{l}_1, \mathbf{l}_2, \ldots$ in einem Diagramm addieren, wobei wir beachten müssen, dass ihre Resultierende $\mathbf{L}$ in der Form ausdrückbar sein muss[1]:

$$\mathbf{L} = \sqrt{L(L+1)} \qquad (L = 0, 1, 2, \ldots) \tag{5.17}$$

worin L die Gesamtdrehimpulsquantenzahl ist. Somit kann $\mathbf{L}$ nur die Werte $0, \sqrt{2}, \sqrt{6}, \sqrt{12}, \ldots$ aufweisen. Bild 5.9 veranschaulicht die Methode für ein p und ein d Elektron, also $l_1 = 1$, $l_2 = 2$; und damit ist $\mathbf{l}_1 = \sqrt{2}$, $\mathbf{l}_2 = \sqrt{6}$. Es gibt drei und zwar nur drei Möglichkeiten, in der zwei Vektoren in Übereinstimmung mit Gl. (5.17) zu einem $\mathbf{L}$ zusammengesetzt werden können.

Wie man sieht, entsprechen die drei Werte $\sqrt{12}$, $\sqrt{6}$ und $\sqrt{2}$ für $\mathbf{L}$ den Quantenzahlen $L = 3, 2$ und 1.

2. Andererseits könnten wir auch die einzelnen *Quantenzahlen* l_1 und l_2 zusammenzählen, so dass wir die Gesamtquantenzahl L erhalten gemäß:

$$L = l_1 + l_2, \quad l_1 + l_2 - 1, \ldots \; |l_1 - l_2| \tag{5.18}$$

wobei das Absolutzeichen $|\ldots|$ bedeutet, dass wir entweder $l_1 - l_2$ oder $l_2 - l_1$

[1] Zum Betrag des Vektors muss noch ein Richtungsvektor hinzugedacht werden.

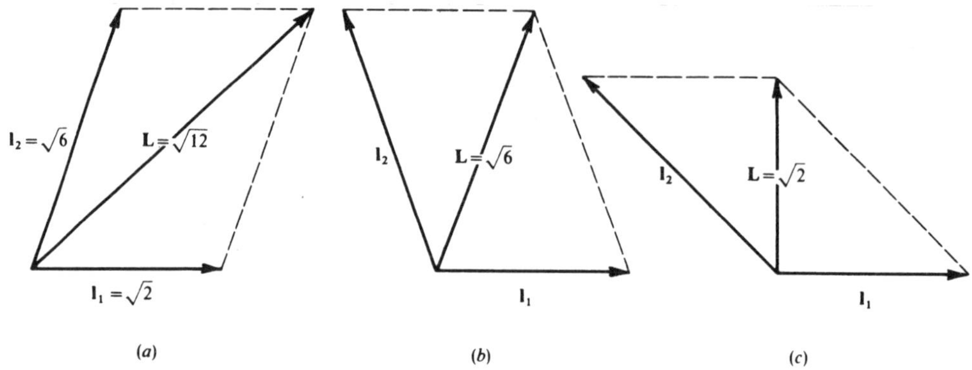

Bild 5.9: Die Addition von Bahndrehimpulsen für ein p und ein d Elektron.

nehmen können, je nachdem, welches positiv ist. Bei zwei Elektronen gibt es für L einfach $2l_i + 1$ unterschiedliche Werte, wobei l_i der kleinere von den beiden l-Werten ist.

3. Schließlich könnten wir auch noch die z-Komponenten der einzelnen Vektoren addieren und aus dem Ergebnis diejenige Kombination von Komponenten nehmen, die den einzelnen erlaubten **L** Werten entsprechen. In symbolischer Schreibweise:

$$L_z = \sum l_{i_z}$$

Unter den aufgeführten Methoden ist Nr. 2 die einfachste, aber sie ist nur anwendbar, wenn die einzelnen Elektronen unterschiedliche n oder l Werte haben (sie werden als *nicht-äquivalente* Elektronen bezeichnet). Falls n und l für zwei oder mehrere Elektronen gleich sind, dann heißen diese *äquivalent* und man muss Methode 3 anwenden. Beispiele dafür werden wir später kennenlernen.

5.4.2 Addition der Spin-Beiträge

Dafür kann man dasselbe Verfahren anwenden wie in Abschnitt 5.4.1. Vereinfacht ausgedrückt können wir, wenn wir den gesamten Eigendrehimpuls mit **S** und die Gesamtspinquantenzahl mit S bezeichnen (oft einfach der Gesamtspin genannt), folgende Fälle unterscheiden:

1. Graphische Summenbildung, vorausgesetzt, die Resultierende hat die Größe

$$\mathbf{S} = \sqrt{S(S+1)} \tag{5.19}$$

wobei S nur entweder *ganzzahlig* oder *null* sein kann, falls die Anzahl der Einzelspins *gerade* ist oder nur *halbzahlig*, wenn deren Anzahl *ungerade* ist.

2. Summation über die einzelnen Quantenzahlen. Bei N Spins ergibt das:

$$
\begin{aligned}
S &= \sum s_i, \sum s_i - 1, \sum s_i - 2, \ldots \\
&= \frac{N}{2}, \frac{N}{2} - 1, \ldots, \frac{1}{2} \quad \text{(für ungerades } N\text{)} \\
&= \frac{N}{2}, \frac{N}{2} - 1, \ldots, 0 \quad \text{(für gerades } N\text{)}
\end{aligned}
\tag{5.20}
$$

3. Summation über die einzelnen s_z zu S_z.

Verfahren 2, das immer anwendbar ist, ist gleichzeitig auch das einfachste. Bei zwei Elektronen erhalten wir dann die beiden möglichen Spinzustände:

$$S = \tfrac{1}{2} + \tfrac{1}{2} = 1 \quad \text{oder} \quad S = \tfrac{1}{2} + \tfrac{1}{2} - 1 = 0$$

Im ersten Fall werden die Spins als *parallel* bezeichnet und in der Form (↑↑) geschrieben, während sie im zweiten Fall *gepaart* oder *einander entgegengesetzt* heißen und (↑↓) geschrieben werden.

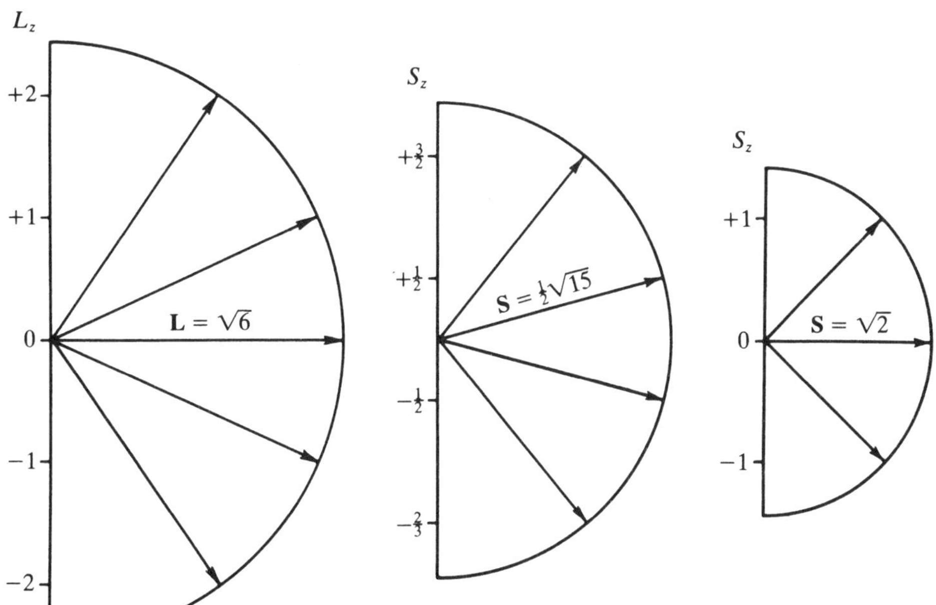

(*a*) $L = 2$ (*b*) $S = \frac{3}{2}$ (*c*) $S = 1$

Bild 5.10: Die z Komponenten (a) eines Bahndrehimpulsvektors, (b) eines Spinvektors mit halbzahligem S und (c) eines Spinvektors mit ganzzahligem S.

Bei drei Elektronen erhält man dann:

$$S = \tfrac{1}{2} + \tfrac{1}{2} + \tfrac{1}{2} = \tfrac{3}{2} \quad (\uparrow\uparrow\uparrow)$$
$$S = \tfrac{1}{2} + \tfrac{1}{2} + \tfrac{1}{2} - 1 = \tfrac{1}{2} \quad (\uparrow\uparrow\downarrow,\ \uparrow\downarrow\uparrow \text{ oder } \downarrow\uparrow\uparrow)$$

wobei man erkennt, dass es für $S = \frac{1}{2}$ drei Möglichkeiten gibt und nur eine für $S = \frac{3}{2}$.

Wir haben eben vorausgesetzt, dass sowohl **L** wie auch **S** z-Komponenten in einer bestimmten ausgezeichneten Richtung haben. Für das **L** sind diese Komponenten durch die Gesetze der Quantenmechanik auf ganzzahlige Werte begrenzt, und dies ergibt, wie wir aus Bild 5.10(a) ersehen können, im allgemeinen $2L+1$ verschiedene Komponenten, während im Fall von **S** das S_z entweder nur ganzzahlig oder nur halbzahlig sein kann, je nachdem, ob S ganz- oder halbzahlig ist. Beispiele dafür sind in Bild 5.10(b) und (c) wiedergegeben. In beiden Fällen sind es $2S+1$ Komponenten.

5.4.3 Der Gesamtdrehimpuls

Die Summation des gesamten Bahndrehimpulses **L** und des Gesamtspins **S** zum Gesamtdrehimpuls **J** kann in derselben Weise durchgeführt werden wie beim einzelnen Elektron die Addition von **l** und **s**, die **j** ergibt. Das Einzige, was neu ist, ist die Quantenzahl J im Ausdruck

$$\mathbf{J} = \sqrt{J(J+1)} \cdot \frac{h}{2\pi} \tag{5.21}$$

Sie muss *ganzzahlig* sein für ganzzahlige S und *halbzahlig* für halbzahlige S. Mit Hilfe der Quantenzahlen kann man sofort hinschreiben:

$$J = L+S, L+S-1, \ldots, |L-S| \tag{5.22}$$

wobei, wie früher schon, der *positive* Betrag von $L-S$ die untere Grenze in der Reihe der Werte bildet.

Ist zum Beispiel $L = 2$, $S = \frac{3}{2}$, dann erhalten wir:

$$J = \tfrac{7}{2}, \tfrac{5}{2}, \tfrac{3}{2} \text{ und } \tfrac{1}{2}$$

während für $L = 2$, $S = 1$ die J-Werte lauten:

$$J = 3, 2 \text{ oder } 1$$

Man sieht, dass es im Allgemeinen $2S+1$ unterschiedliche Beträge für J und deshalb auch $2S+1$ Zustände mit unterschiedlichem Gesamtdrehimpuls gibt. Die Energie eines Zustands hängt von seinem Gesamtdrehimpuls ab und somit kommen wir zu $2S+1$ unterschiedlichen Energieniveaus, deren Energie nun davon abhängt, auf welche Weise **L** und **S** zusammengesetzt werden. Die Größe $2S+1$, die einen dominierenden Platz in der Atomspektroskopie einnimmt, heißt die *Multiplizität* eines Systems.

Wir fanden bei der Betrachtung des Gesamtdrehimpulses eines einzelnen Elektrons (Abschnitt 5.2.3), dass aufgrund der j-Aufspaltung jeder Bahndrehimpuls-Zustand mit Ausnahme von $l=0$ aus zwei geringfügig unterschiedlichen Energieniveaus besteht; wir nannten sie „Dublett-Zustände". Wir nannten auch die $l=0$ Zustände Dubletts, obwohl sie alle nur ein Energieniveau haben, weil j nur $\frac{1}{2}$ ist. Wir verstehen jetzt, dass die Vorstellung der Multiplizität es rechtfertigt, *alle* Ein-Elektronen-Zustände als Dubletts zu bezeichnen, da bei allen $S=\frac{1}{2}$ und somit $2S+1=2$ ist und deshalb alle eine Multiplizität von 2 aufweisen.

Als allgemeine Regel gilt, dass in allen Zuständen mit $L \geq S$, ob sie nur ein Elektron umfassen oder mehrere, die Multiplizität gleich ist der Anzahl der unterschiedlichen J-Niveaus, während es im Fall $L \leq S$ nur $2L+1$ unterschiedliche J-Werte gibt, und das sind weniger als die Multiplizität angibt. Ein Beispiel für den zweiten Fall: Ist $L=1$ und $S=2$, dann sind es nur drei verschiedene J-Werte, $J=3,2$ oder 1, während die Multiplizität $2S+1=5$ ist.

Es ist außerordentlich praktisch, die Zustände über ihre Multiplizität zu kennzeichnen und nicht die Anzahl der unterschiedlichen J-Werte anzugeben, da es, wie wir bald sehen werden, eine Auswahlregel gibt, die Übergänge zwischen Zuständen mit unterschiedlicher Multiplizität verbietet; somit sagt einem die Angabe der Multiplizität eines bestimmten Zustands sofort, zu welchen anderen Niveaus innerhalb des Systems ein Übergang erfolgen kann.

5.4.4 Termsymbole

Im Verlauf dieses ganzen Abschnitts haben wir uns mit der Art und Weise befasst, in der der Gesamtdrehimpuls eines Atoms aus seinen Komponenten aufgebaut wird. Wenn wir nur eine dieser Kopplungsmöglichkeiten anwenden (die Russel-Saunders-Kopplung), dann gelangen wir zu den Vektorgrößen **L**, **S** und **J** des Systems, die mit Hilfe der Quantenzahlen L, S und J ausgedrückt werden können[1]:

$$\mathbf{L} = \sqrt{L(L+1)} \quad \mathbf{S} = \sqrt{S(S+1)} \quad \mathbf{J} = \sqrt{J(J+1)} \tag{5.23}$$

wobei das ganzzahlige L und die halbzahligen S und J selbst wieder Kombinationen von Quantenzahlen der einzelnen Elektronen sind.

Innerhalb eines bestimmten Atoms können dann, wie man sieht, die einzelnen elektronischen Drehimpulse in unterschiedlicher Weise zusammengesetzt werden, so dass man unterschiedliche Zustände erhält, von denen jeder einen anderen Gesamtdrehimpuls (**J**) und damit auch eine andere Energie aufweist (außer einige der Zustände sind

[1] Zum Betrag des Vektors ist jeweils noch ein Einheitsvektor zu denken.

zufällig entartet). Ehe wir uns nun der Frage zuwenden, wie sich diese Zustände im Spektrum eines Atoms bemerkbar machen, benötigen wir eine symbolische Schreibweise, mit deren Hilfe wir die Zustände für den Alltagsgebrauch charakterisieren können. Wir haben bereits in Abschnitt 5.2.3 solche *Zustands-* oder *Termsymbole* eingeführt, befassen uns aber jetzt etwas genauer mit ihnen.

Das Termsymbol für einen bestimmten Zustand des Atoms wird in der Form geschrieben:

$$\text{Termsymbol} = {}^{2S+1}L_J \tag{5.24}$$

wobei die Hochzahl die *Multiplizität* des Zustands angibt, der tiefgestellte Index die Gesamtdrehimpulsquantenzahl J bedeutet und die Bahndrehimpulsquantenzahl L durch einen *Buchstaben* ausgedrückt wird.

Für $L = 0, 1, 2, 3, 4, ...$ stehen die Buchstabensymbole $S, P, D, F, G, ...$, also eine mit den $s, p, d, ...$ vergleichbare Symbolik, wie sie bereits für $l = 0, 1, 2, ...$ bei den Einelektronen-Zuständen eingeführt wurde.

Wenden wir uns nun einigen Beispielen zu.

1. $S = \frac{1}{2}$, $L = 2$; somit ist $J = \frac{5}{2}$ oder $\frac{3}{2}$ und $2S + 1 = 2$. Termsymbole: ${}^2D_{5/2}$ und ${}^2D_{3/2}$, die als „Dublett D fünf Halbe" bzw. „Dublett D drei Halbe" gelesen werden.
2. $S = 1$, $L = 1$; somit ist $J = 2, 1$ oder 0 und $2S + 1 = 3$. Termsymbole: ${}^3P_2$, ${}^3P_1$ oder ${}^3P_0$ (gelesen als „Triplett P zwei" usw.)

   In beiden Beispielen sehen wir, dass (wegen $L \geq S$) die Multiplizität der Anzahl der unterschiedlichen Energiezustände entspricht.
3. $S = \frac{3}{2}$, $L = 1$; somit ist $J = \frac{5}{2}, \frac{3}{2}$ oder $\frac{1}{2}$ und $2S + 1 = 4$. Termsymbole: ${}^4P_{5/2}$, ${}^4P_{3/2}$ oder ${}^4P_{1/2}$ (gelesen als „Quartett P fünf Halbe" usw.) wobei jetzt, da $L < S$, nur drei unterschiedliche Energiezustände existieren, aber jeder nichtsdestoweniger als *Quartett* bezeichnet wird, da $2S + 1 = 4$ ist.

Umgekehrt vorzugehen ist genauso einfach; ist ein Termsymbol für einen bestimmten Zustand des Atoms gegeben, dann können wir daraus sofort die einzelnen Gesamtdrehimpulse dieses Zustands ableiten. Ein paar Beispiele:

4. ${}^3S_1$: Wir lesen daraus unmittelbar ab, dass $2S + 1 = 3$ und damit $S = 1$, ferner $L = 0$ und $J = 1$ ist.,
5. ${}^2P_{3/2}$: $L = 1$, $J = \frac{3}{2}$, $2S + 1 = 2$; somit $S = \frac{1}{2}$.

In diesem Zusammenhang muss darauf geachtet werden, dass ein Termsymbol nur den Gesamtspin, den gesamten Bahndrehimpuls und den Gesamtdrehimpuls des Atoms wiedergibt – es gibt keine Auskunft über die Zustände der einzelnen Elektronen des

Atoms, nicht einmal, wie viele Elektronen insgesamt einen Beitrag leisten. So bedeutet in Beispiel 5 die Tatsache, dass der Spin $S = \frac{1}{2}$ ist, dass im Atom eine ungerade Zahl von Elektronen einen Beitrag leistet, von denen alle mit einer Ausnahme ihre Spins gepaart haben. Somit bilden ein einzelnes Elektron ($\uparrow$), drei Elektronen ($\uparrow\uparrow\downarrow$), fünf Elektronen ($\uparrow\downarrow\uparrow\downarrow\uparrow$) usw. alle einen Dublettzustand. In ähnlicher Weise bedeutet $L = 1$, dass es sich vielleicht um ein p Elektron, oder um ein p Elektron und zwei s Elektronen oder um eine vieler weiterer Möglichkeiten handelt.

Im Allgemeinen ist das nicht so wichtig; den Spektroskopiker interessiert nur der Energiezustand des gesamten Atoms. Möchte man die Energiezustände der einzelnen Elektronen angeben, kann man das in der Weise tun, dass man sie dem Termsymbol voranstellt. So kann in Beispiel 5 der Zustand $2p^2P_{3/2}$ oder aber auch $1s2p3s^2P_{3/2}$ usw. vorliegen.

Wir können jetzt unser Wissen, was die Atomzustände betrifft, auf die Interpretation der Spektren von Atomen mit zwei oder mehreren Elektronen anwenden. Wir beginnen mit dem einfachsten, nämlich dem von Helium.

5.4.5 Das Spektrum des Heliums und die Erdalkalispektren

Helium, Ordnungszahl zwei, besteht aus einem Kern im Mittelpunkt und zwei Außenelektronen. Offensichtlich gibt es nur zwei Möglichkeiten für die Stellung der Spins beider Elektronen zueinander:

1. Ihre Spins sind gepaart; in diesem Fall muss, wenn $s_{1z} = +\frac{1}{2}$ ist, $s_{2z} = -\frac{1}{2}$ sein; dann ist $S = s_{1z} + s_{2z} = 0$ sowie $S = 0$ und wir haben *Singulett*zustände vorliegen.
2. Ihre Spins sind parallel; wenn nun z.B., $s_{1z} = s_{2z} = +\frac{1}{2}$, dann ist $S_z = 1$ und es handelt sich um *Triplett*zustände.

Der tiefstmögliche Energiezustand liegt vor, wenn beide Elektronen sich im $1s$ Orbital aufhalten; das ist aufgrund des Pauliprinzips nur möglich, wenn ihre Spins gepaart sind, und damit muss der Grundzustand des Heliums ein Singulettzustand sein. Außerdem ist $\mathbf{L} = \mathbf{l}_1 + \mathbf{l}_2 = 0$, so dass J nur null sein kann. Der Grundzustand von Helium lautet demnach $^1S_0$.

Die wesentlichen Auswahlregeln für Mehrelektronensysteme lauten:

$$\Delta S = 0 \quad \Delta L = \pm 1 \quad \Delta J = 0, \pm 1 \tag{5.25}$$

(Es gibt noch die weitere Regel, dass von einem Zustand $J = 0$ kein Übergang zu einem anderen Zustand mit $J = 0$ möglich ist, aber das betrifft uns im Moment nicht). Da S sich während eines Übergangs nicht ändern kann, ergibt sich daraus unmittelbar, dass vom Singulett-Grundzustand Übergänge nur in andere Singulettzustände möglich sind. Die Auswahlregeln für L und J sind dieselben wie die bereits für l und j besprochenen.

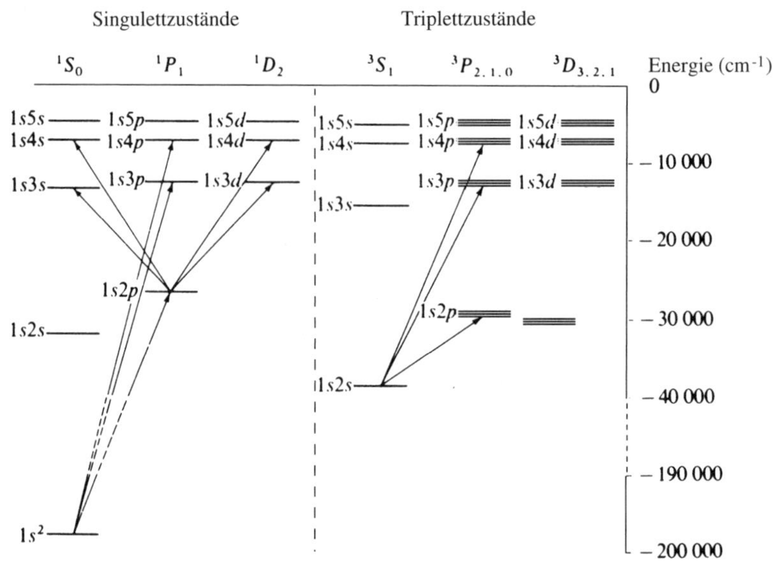

Bild 5.11: Eine Auswahl aus den elektronischen Energieniveaus des Heliumatoms mit einigen erlaubten Übergängen.

Vorläufig stellen wir uns vor, dass nur ein Elektron einen Übergang ausführt und das andere Elektron im $1s$ Orbital zurückbleibt; Bild 5.11 zeigt auf der linken Seite die Energieniveaus der Singulettzustände, die dabei eine Rolle spielen.

Erst sind nur Übergänge vom $1s^2\,{}^1S_0$ Zustand zu $1s^1np^1$ Zuständen möglich (abgekürzt mit $1snp$); darin ist $L = 1$, $S = 0$ und damit ist nur $J = 1$ möglich, so dass man den Übergang symbolisch wiedergeben kann durch

$$1s^2\,{}^1S_0 \rightarrow 1snp\,{}^1P_1$$

oder kurz:

$$^1S_0 \rightarrow {}^1P_1$$

Vom Zustand $^1P_1$ könnte das System lt. Bild entweder zu $^1S_0$ Zuständen zurückkehren oder in höhere $^1D_2$ Zustände übergehen (für diese gilt $S = 0$, $L = 2$ und somit nur $J = 2$). Im Allgemeinen werden dann all diese Übergänge zu Spektralserien führen, ähnlich denen bei Lithium, mit der einen Ausnahme, dass im vorliegenden Fall die Übergänge allein zwischen *Singulett*zuständen stattfinden und die Spektrallinien Einzellinien sind.

Kehren wir jetzt zu dem Fall zurück, bei dem die Elektronenspins parallel sind (Fall 2, Triplettzustand), dann sehen wir, dass der tiefste Energiezustand $1s2s$ ist, da es den Elektronen aufgrund des Pauliprinzips nicht möglich ist, sich im selben Orbital aufzuhalten. Dieses und noch andere Triplettniveaus sind in Bild 5.11 rechts gezeigt.

Im Zustand $1s2s$ ist $S = 1$, $L = 0$ und somit nur $J = 1$ möglich, und deshalb lautet er $^3S_1$; nach den Auswahlregeln in Gl. (5.25) kann er nur in $1snp$ Zustände übergehen. Diese Zustände mit $S = 1$, $L = 1$ haben ein $J = 2, 1$ oder 0 und deshalb können die Übergänge in der Form geschrieben werden:

$$^3S_1 \rightarrow {}^3P_2,\ {}^3P_1,\ {}^3P_0$$

Alle drei sind erlaubt, da $\Delta J = 0$ oder ± 1 ist, und somit sind die entsprechenden Spektrallinien *Tripletts*.

Übergänge von den ^3P Zuständen können entweder zu ^3S Zuständen erfolgen (Triplett-Spektralserie) oder zu ^3D Zuständen. Im zweiten Fall können die Spektralserien bei vollständiger Auflösung ziemlich komplexe Struktur zeigen. Bei ^3D ist $S = 1$, $L = 2$ und somit $J = 3, 2$ oder 1; in Bild 5.12 sind Übergänge zwischen ^3P und ^3D Zuständen gezeigt, wobei wir die Auswahlregeln $\Delta J = 0, \pm 1$ beachten müssen. Wir stellen fest, dass Übergänge von $^3P_2$ zu allen $^3D_{3,2,1}$ Niveaus möglich sind, von $^3P_1$ aber nur zu $^3D_{2,1}$ und von $^3P_0$ nur zu $^3D_1$. Somit sollte das vollständige Spektrum (im unteren Teil des Bilds gezeigt) aus sechs Linien bestehen. Im Allgemeinen sind allerdings die engen Abstände nicht aufgelöst und man erkennt nur drei Linien; aus diesem Grund wird das Spektrum als *„compound" Triplett* bezeichnet.

Wir sollten noch festhalten, dass Bild 5.12 auch erkennen lässt, dass bei Helium Niveaus mit höherem J höhere Energie besitzen und dass ihr Abstand von oben nach unten abnimmt. Dies ist jedoch nicht bei allen Atomen so. Wenn höheres J

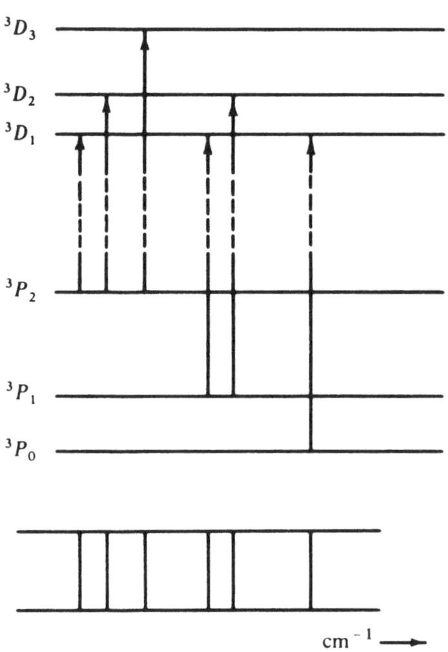

Bild 5.12: Das „compound" Triplett-Spektrum aufgrund von Übergängen zwischen den ^3P und ^3D Niveaus des Heliumatoms. Der Abstand zwischen den einzelnen J Niveaus ist stark übertrieben.

gleichbedeutend ist mit niedrigerer Energie, dann *nimmt* die Aufspaltung von oben nach unten *zu* und man spricht von einem *invertierten* Multiplett. Bei Helium und anderen Atomen mit ähnlichem Verhalten sind die Multipletts *normal* oder *regulär*.

Wir sehen nun, dass das Spektrum von Helium aus zwei Gruppen von Spektralserien besteht, die einander in der Frequenz überlappen. In der einen Gruppe, die aus Übergängen zwischen Singulettniveaus besteht, handelt es sich auch um einzelne Spektrallinien, während in der zweiten Gruppe die Übergänge zwischen Triplettzuständen erfolgen und jede „Linie" zumindest aus einem schwach aufgespaltenen Triplett besteht oder möglicherweise eine noch komplexere Struktur aufweist. Über die Auswahlregel $\Delta S = 0$ erhält man ein strenges Übergangsverbot zwischen Singulett- und Triplettzuständen, und somit sind Übergänge zwischen der rechten und linken Hälfte von Bild 5.11 nicht möglich. Sehr frühe Versuche, in denen der Unterschied zwischen den zwei Typen der Spektralserien festgestellt wurde, legten die Vermutung nahe, dass Helium in zwei Modifikationen vorliege, dem *Ortho-* und dem *Para-*Helium. Das kommt der Wahrheit ziemlich nahe, obwohl wir heute den sehr feinen Unterschied zwischen den beiden Formen kennen: Er besteht lediglich darin, dass bei der einen die Elektronenspins immer einander entgegengesetzt gerichtet und bei der anderen parallel sind.

Andere Atome mit zwei Außenelektronen weisen ähnliche Spektren wie Helium auf. So zählen dazu die Erdalkalielemente Beryllium, Magnesium, Calcium usw. sowie Ionen mit noch zwei Außenelektronen, wie B^+, C^{2+}, usw.

Wir möchten an dieser Stelle den Leser darauf hinweisen, dass die eben durchgeführte Betrachtung über Helium auf der Annahme beruht, dass eines der beiden Elektronen die ganze Zeit über im $1s$ Orbital verbleibt. Diese Annahme ist plausibel, da es beträchtliche Energie erfordert, gleichzeitig *zwei* Elektronen anzuregen und dies unter gewöhnlichen spektroskopischen Bedingungen nicht der Fall ist. Nicht alle Atome weisen aber in ihrer Grundzustandskonfiguration nur s Elektronen auf und wir werden uns als Nächstes mit den sich daraus ergebenden Konsequenzen befassen.

5.4.6 Äquivalente und nichtäquivalente Elektronen; die Energieniveaus von Kohlenstoff

Die Elektronenkonfiguration des Grundzustands von Kohlenstoff lautet $1s^2 2s^2 2p^2$, woraus man sieht, dass sowohl das $1s$ wie auch das $2s$ Niveau aufgefüllt sind (und somit nichts zum atomaren Drehimpuls beitragen), während die $2p$ Orbitale nur teilweise gefüllt sind. Diese $2p$ Elektronen kann man auch am leichtesten entfernen und deshalb sind sie es, die für gewöhnlich spektroskopische Übergänge ausführen.

Zwei oder mehrere Elektronen werden als *äquivalent* bezeichnet, wenn sie dieselben Werte von n und l aufweisen. So sind die zwei $2p$ Elektronen im Grundzustand von Kohlenstoff äquivalent ($n_1 = n_2 = 2$, $l_1 = l_2 = 1$) während sie als Paar $1s2s$ nichtäquivalent sind ($n_1 \neq n_2$, obwohl $l_1 = l_2$). Besondere Vorsicht ist geboten, wenn man sich den Gesamtdrehimpuls äquivalenter Elektronen überlegt, da die Quantenzahlen der einzelnen Elektronen Einschränkungen unterliegen. Betrachten wir den Fall $2p^2$ etwas genauer.

Die erste Einschränkung ist auf das Pauli-Prinzip zurückzuführen (siehe Abschnitt 5.3.1). Da $n_1 = n_2$ und $l_1 = l_2$, können wir nicht auch noch gleichzeitig $l_{1z} = l_{2z}$ und $s_{1z} = s_{2z}$ festlegen.

Zusätzliche Einschränkungen ergeben sich aus physikalischen Überlegungen. Elektronen können grundsätzlich nicht voneinander unterschieden werden, und wenn nun zwei Elektronen ihre Energie austauschen, dann haben wir keine Möglichkeit, experimentell festzustellen, dass so ein Austausch stattgefunden hat. Das bedeutet auch, dass für den Fall, dass zwei Elektronen alle vier Quantenzahlen n, l, l_z und s_z untereinander austauschen, der Anfangszustand in jeder Hinsicht mit dem Endzustand identisch ist. Im Zusammenhang mit dem Gesamtdrehimpuls und den Termsymbolen von Atomen interessieren uns nur die voneinander verschiedenen Zustände, und wir dürfen keinesfalls diejenigen Kombinationen doppelt zählen, die sich lediglich durch einen reinen Tausch aller vier Quantenzahlen n, l, l_z und s_z ergeben. Ein paar Beispiele für das System $2p^2$:

1. Es sei $n_1 = n_2$, $l_1 = l_2$; wenn wir auch noch $l_{1z} = l_{2z}$ wählen, dann wissen wir (Pauli-Prinzip), dass für den Fall $s_{1z} = +\frac{1}{2}$ automatisch gelten muss $s_{2z} = -\frac{1}{2}$; ist andererseits $s_{1z} = -\frac{1}{2}$, dann ist $s_{2z} = +\frac{1}{2}$. Diese beiden Fälle sind völlig identisch, da ein Zustand vom jeweils anderen her durch Vertauschen der Zahlen n, l, l_z und s_z erreicht werden kann. Deshalb können wir zwar jede dieser beiden Kombinationen als charakteristisch für diesen Zustand betrachten, aber wir müssen uns für eine davon entscheiden.
2. Ganz ähnlich verhält es sich, wenn wir $s_{1z} = s_{2z}$ annehmen; wir wissen, dass dann gilt $l_{1z} \neq l_{2z}$. Bei p Elektronen ist $l = 1$ und somit $l_z = 1, 0$ oder -1. Also könnten wir vorliegen haben:

$$\begin{array}{lll} s_{1_z} = s_{2_z}: & l_{1_z} = 1 & l_{2_z} = 0 \text{ oder } -1 \\ & l_{1_z} = 0 & l_{2_z} = 1 \text{ oder } -1 \\ & l_{1_z} = -1 & l_{2_z} = 1 \text{ oder } 0 \end{array}$$

Beachten Sie dabei, dass ein System, das durch das Wertepaar $(1, 0)$ für (l_{1z}, l_{2z}) charakterisiert ist, identisch ist mit einem durch $(0, 1)$ wiedergegebenen; $(0, -1)$ ist identisch mit $(-1, 0)$ und $(1, -1)$ mit $(-1, 1)$. Aus diesem Grund reduzieren sich die sechs Paare von vorhin auf nur drei *verschiedene* Kombinationen:

$$\begin{array}{lll} s_{1_z} = s_{2_z}: & l_{1_z} = 1 & l_{2_z} = 0 \\ & l_{1_z} = 1 & l_{2_z} = -1 \\ & l_{1_z} = 0 & l_{2_z} = -1 \end{array}$$

3. Schließlich halten wir noch fest, dass für den Fall $l_{1z} \neq l_{2z}$ und $s_{1z} \neq s_{2z}$ der Austausch von nur *einem* Zahlenpaar (Beispiel: $s_{1z} = +\frac{1}{2}$, $s_{2z} = -\frac{1}{2} \rightarrow s_{1z} = -\frac{1}{2}$, $s_{2z} = +\frac{1}{2}$) einen *anderen* Zustand erzeugt; praktisch bedeutet dies, dass eines der Elektronen, das bereits durch Angabe seines l_z Werts unterscheidbar gemacht wurde, seinen Spin umkehrt. Um einen nicht unterscheidbaren Zustand zu erhalten, müssen alle vier Quantenzahlen n, l, l_z und s_z vertauscht werden.

Tabelle 5.3: Zustände mit zwei äquivalenten p Elektronen ($n_1 = n_2 = 2$; $l_1 = l_2 = 1$)

l_{1_z}	l_{2_z}	s_{2_z}	s_{3_z}	L_z $(l_{1_z} + l_{2_z})$	S_z $(s_{1_z} + s_{2_z})$	Niveau
$+1$	$+1$	$+\frac{1}{2}$	$-\frac{1}{2}$	$+2$	0	*a*
$+1$	0	$+\frac{1}{2}$	$+\frac{1}{2}$	$+1$	$+1$	*b*
$+1$	0	$+\frac{1}{2}$	$-\frac{1}{2}$	$+1$	0	*c*
$+1$	0	$-\frac{1}{2}$	$+\frac{1}{2}$	$+1$	0	*d*
$+1$	0	$-\frac{1}{2}$	$-\frac{1}{2}$	$+1$	-1	*e*
$+1$	-1	$+\frac{1}{2}$	$+\frac{1}{2}$	0	$+1$	*f*
$+1$	-1	$+\frac{1}{2}$	$-\frac{1}{2}$	0	0	*g*
$+1$	-1	$-\frac{1}{2}$	$+\frac{1}{2}$	0	0	*h*
$+1$	-1	$-\frac{1}{2}$	$-\frac{1}{2}$	0	-1	*i*
0	0	$+\frac{1}{2}$	$-\frac{1}{2}$	0	0	*j*
0	-1	$+\frac{1}{2}$	$+\frac{1}{2}$	-1	$+1$	*k*
0	-1	$+\frac{1}{2}$	$-\frac{1}{2}$	-1	0	*l*
0	-1	$-\frac{1}{2}$	$+\frac{1}{2}$	-1	0	*m*
0	-1	$-\frac{1}{2}$	$-\frac{1}{2}$	-1	-1	*n*
-1	-1	$+\frac{1}{2}$	$-\frac{1}{2}$	-2	0	*o*

Mit Hilfe dieser Regeln können wir jetzt die Tabelle 5.3 aufstellen, in der die ersten vier Spalten die Kombinationen von l_{1z}, l_{2z}, s_{1z} und s_{2z} enthalten, die gleichzeitig auch unterschiedliche Energiezustände darstellen (nennen wir sie Niveaus). Wir interessieren uns für die *Gesamt*energie, deshalb geben wir in den beiden nächsten Spalten die Werte für $l_{1z} + l_{2z} = L_z$ bzw. für $s_{1z} + s_{2z} = S_z$ wieder. Die letzte Spalte kennzeichnet lediglich die einzelnen Niveaus, damit wir uns in der folgenden Diskussion auf sie beziehen können. Die 15 Niveaus stellen die z Komponenten der unterschiedlichen **L** und **S** Vektoren dar, die mit Hilfe von zwei äquivalenten p Elektronen gebildet werden können. Die Termsymbole können auf folgende Weise gefunden werden:

1. Halten wir fest, dass der größte Wert für L_z in der Tabelle $L_z = +2$ ist (Niveau (a))

und dieser $S_z = 0$ aufweist. $L_z = +2$ muss eine z Komponente des Zustands $L = 2$ sein, d.h., eine Komponente eines D Zustands, dessen weitere Komponenten $L_z = +1, 0, -1$ und -2 sind. In der Tabelle finden wir mehrere Niveaus mit den benötigten L_z Werten, alle in Kombination mit $S_z = 0$; es ist gleichgültig, welche von diesen Möglichkeiten wir auswählen; nehmen wir die Subniveaus $(c), (g), (l)$ und (o). Da $S_z = 0$, handelt es sich um Singulettzustände; also:

$$^1D = \text{Niveaus } (a), (c), (g), (l) \text{ und } (o)$$

Mit $L = 2$, $S = 0$ kann es sich nur um einen $^1D_2$ Zustand handeln.

2. Von den verbleibenden Niveaus hat L_z den größten Wert $+1$, den wir zunächst in Kombination mit $S_z = +1$ (Niveau (b)) betrachten. Das ist einfach eine der Komponenten eines ^3P Zustands, zu dem wir die anderen Komponenten wie folgt wählen können:

$$\begin{array}{lll} ^3P \text{ Zustand:} & S_z = +1: & L_z = 1, 0 \text{ und } -1, \text{ also } (b), (f), (k) \\ & S_z = 0: & L_z = 1, 0 \text{ und } -1, \text{ also } (d), (h), (m) \\ & S_z = -1: & L_z = 1, 0 \text{ und } -1, \text{ also } (e), (i), (n) \end{array}$$

Dafür haben wir die drei Komponenten von $S = 1$, nämlich $S_z = +1, 0$ und -1 berücksichtigt, die ihrerseits mit den Komponenten $L = 1$ kombiniert werden müssen. Die drei aufgeführten Zustände haben die Termsymbole $^3P_2$, $^3P_1$ und $^3P_0$.

3. Schließlich ist das einzige noch verbleibende Niveau (j) durch $L_z = S_z = 0$ charakterisiert und dieses bildet einfach einen $^1S_0$ Zustand.

Insgesamt bilden also zwei äquivalente p Elektronen die drei unterschiedlichen Energiezustände ^1D, ^1S und ^3P, unter denen der letzte als Triplettzustand die drei eng benachbarten Energieniveaus $^3P_2$, $^3P_1$ und $^3P_0$ aufweist. Die Hundsche Regel aus Abschnitt 4.3.1 kann für äquivalente Elektronen in der folgenden Weise formuliert werden:

> Bei einer bestimmten Elektronenkonfiguration ist der Zustand niedrigster Energie derjenige, der die *höchste Multiplizität* aufweist. Hat mehr als ein Zustand dieselbe Multiplizität, dann ist der energetisch tiefste der mit dem höchsten L Wert.

Somit ist bei Kohlenstoff ^3P der Grundzustand; der energetisch nächsthöhere ist ^1D und dann kommt ^1S. Wir sehen daraus, dass diese neue Formulierung der Hundschen Regel auch bedeutet, dass Elektronen in entarteten Orbitalen ihre Spins bevorzugt parallel ausrichten (da dies die größte Multiplizität zur Folge hat und damit auch die niedrigste Energie); das wiederum heißt auch, dass sich die Elektronen auf unterschiedliche Orbitale verteilen, da sie im selben Orbital gepaarte Spins haben müssten. Das berechtigt uns, die Elektronenkonfiguration von Kohlenstoff, Stickstoff und Sauerstoff so wie in Tabelle 5.2 hinzuschreiben.

Wird nun eines der $2p$ Elektronen von Kohlenstoff in den $3p$ Zustand angehoben, dann erhalten wir die Konfiguration $1s^2 2s^2 2p3p$. Es handelt sich dabei um einen angeregten Zustand mit nichtäquivalenten p Elektronen. Die interessierten Studierenden sollten nach dem Verfahren von Tabelle 5.3 zeigen, dass man für diese Konfiguration sechs unterschiedliche Termsymbole finden kann, nämlich ^1S, ^1P, ^1D, ^3S, ^3P und ^3D. Da in diesem Fall $n_1 \neq n_2$ gilt, folgen weder aus dem Pauliprinzip noch aus dem Prinzip der Ununterscheidbarkeit Einschränkungen für die Werte von l_z und s_z und deshalb erhält man mehr Terme.

Im Fall nichtäquivalenter Elektronen ist es somit einfacher, direkt die L und S Werte zu ermitteln. So liegt $s_1 + s_2 = 1$ oder 0 vor, je nachdem, ob die Elektronenspins parallel oder antiparallel sind und aus $l_1 = l_2 = 1$ ergibt sich $L = 2, 1$ oder 0. Wir können L, S und J zusammen mit ihren Termsymbolen somit in einer Tabelle zusammenfassen:

L	S	J	Termsymbol
2	1	3, 2 oder 1	$^3D_{3,2,1}$
2	0	2	$^1D_2$
1	1	2, 1 oder 0	$^3P_{2,1,0}$
1	0	1	$^1P_1$
0	1	1	$^3S_1$
0	0	0	$^1S_0$

und wir erhalten die sechs bereits aufgeführten Zustände. Halten wir fest, dass dieses direkte Verfahren nicht auf äquivalente Elektronen anwendbar ist, da die Summation über l, die auf das L führt, voraussetzt, dass alle l_z erlaubt sind: Dies ist aber, wie wir gesehen haben, bei äquivalenten Elektronen nicht der Fall.

Es gibt noch viele weitere Elektronenkonfigurationen sowohl bei Kohlenstoff wie auch bei anderen Atomen, bei denen zwei oder mehrere äquivalente Elektronen zur Gesamtenergie beitragen. Wir werden nicht in die Einzelheiten gehen und nur soviel erwähnen, dass ihre Gesamtenergie sowie die Termsymbole nach demselben Verfahren wie eben für die $2p^2$ Elektronen ermittelt werden können.

Wir können uns jetzt ganz gut und auch etwas gründlicher mit der Funktionsweise des Helium-Neon-Lasers auseinandersetzen, der bereits kurz in Abschnitt 1.10 erwähnt wurde. Er ist ein Beispiel für einen kontinuierlich emittierenden Laser; mit Hilfe einer elektrischen Entladung werden die Heliumatome in einem Gemisch von Helium und Neon angeregt und ionisiert. Diejenigen, die in Singulettzustände angeregt werden, fallen unter Strahlungsemission in den Grundzustand zurück, wo sie ein weiteres Mal angeregt werden können: Diejenigen aber, die in Triplettzustände angeregt werden (siehe Bild 5.11), können nicht tiefer als bis zum $1s2s\,^3S_1$ Zustand gelangen, der metastabil ist, da die Auswahlregel $\Delta S = 0$ ihre Rückkehr in den $1s^2\,^1S_0$ Grundzustand verhindert. Der $1s2s\,^3S_1$ Zustand liegt etwa 160 000 cm^{-1} über dem Grundzustand.

Wenden wir uns nun der zweiten Komponente des Gasgemisches zu; Neon hat die Grundzustandskonfiguration $1s^2 2s^2 2p^6\, {}^1S_0$; zufällig liegt einer der angeregten Zustände, nämlich $1s^2 2s^2 2p^5 4s^1$, in dem eines der $2p$ Elektronen in das $4s$ Orbital angeregt wurde, fast genau 160 000 cm^{-1} über dem Grundzustand, so dass Stöße zwischen den angeregten Heliumatomen und Neonatomen im Grundzustand zu einem resonanten Energieaustausch führen können:

$$\mathrm{He}^* + \mathrm{Ne} \rightarrow \mathrm{He} + \mathrm{Ne}^*$$

Also pumpt im Grunde genommen die elektrische Entladung *Neon*atome in einen angeregten Zustand. Dieser Zustand kann spontan in tiefere Singulettzustände zerfallen. In diesem Fall aber interessieren induzierte Übergange: Bei einer Strahlung von 8700 cm^{-1} wird der Übergang nach $1s^2 2s^2 2p^5 3p^1$, bei einer Strahlung von 15 800 cm^{-1} der Übergang nach $1s^2 2s^2 2p^5 3s^1$ induziert. Letztere ist die bekannte 632,8 nm Strahlung dieses Lasers.

Das Vorhandensein von Strahlung mit der geeigneten Frequenz wird dadurch gewährleistet, dass man das Helium-Neon-Gemisch bei niedrigem Druck in eine Röhre füllt, die zwischen einem Paar hochreflektierender Spiegel angeordnet ist. Damit wird ein Großteil der Strahlung mehrfach im Rohr hin- und herreflektiert und lediglich etwa ein Prozent „entkommt" durch die Spiegel und steht als Nutzleistung zur Verfügung. Weil aber alle verfügbare Leistung auf eine schmale, hochmonochromatische und kohärente Linie konzentriert ist, wird diese Art von Laser zunehmend als Licht- und Leistungsquelle eingesetzt.

5.5 Photoelektronenspektroskopie

Photoelektronenspektroskopie (PES) ist ein ausgezeichnetes Verfahren, um damit elektronische Energieniveaus von Atomen und Molekülen zu sondieren. Wird ein Atom oder ein Molekül hochenergetischer Strahlung ausgesetzt, dann kollidieren Photonen der Strahlung mit einem Atom, schleudern ein Elektron heraus und zurück bleibt ein Ion. Diese herausgeschleuderten Elektronen verlassen das Atom mit unterschiedlichen Geschwindigkeiten, und die Photoelektronenspektroskopie misst die Geschwindigkeitsverteilung dieser freigesetzten Elektronen. In diesem Abschnitt beschreiben wir das Verfahren in seiner allgemeinen Form und konzentrieren uns auf seine Wirkungsweise bei ganz bestimmten Atomen (entweder einzelne Atome oder als Teil eines Moleküls); in Kapitel 6 (Abschnitt 6.5) werden wir auf Einzelheiten eingehen, die mit den Schwingungen eines Moleküls zusammenhängen, das gerade durch PES ionisiert wird sowie auf die Einflüsse der chemischen Bindung.

Was bei der Photoelektronenspektroskopie abläuft, ist in Bild 5.13 schematisch dargestellt, wobei wir einige (als Kreise wiedergegebene) Elektronen aus einigen atomaren Energieniveaus herausgreifen. Jedes Elektron wird durch den Kern mit einer bestimm-

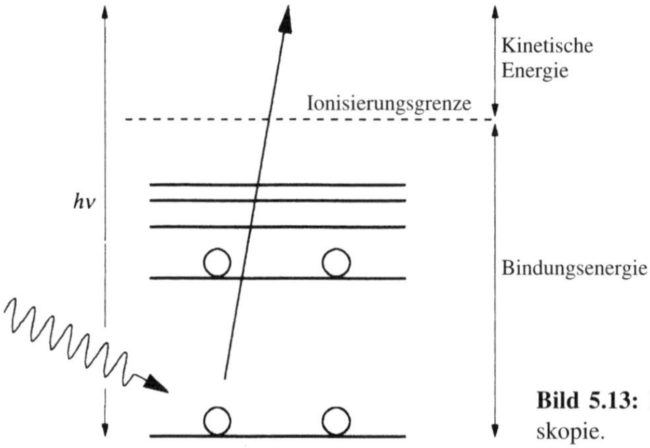

Bild 5.13: Prinzip der Photoelektronenspektroskopie.

ten *Bindungsenergie* an seinem Platz gehalten – wobei dieser Ausdruck in diesem Zusammenhang dem *Ionisierungspotential* vorgezogen wird, mit dem meist die *Mindest*energie gemeint ist, die man braucht, um ein Elektron vom *höchsten* besetzten Atomorbital zu entfernen. Bei PES müssen wir den Fall betrachten, dass ein Elektron von einem *beliebigen* Orbital aus losgelöst wird – deshalb die Verwendung des Ausdrucks Bindungsenergie. Ein Photon (als Welle mit einer bestimmten Energie $h\nu$ dargestellt) fällt, wie in Bild 5.13 gezeigt, von links ein und kollidiert mit einem Elektron. Die Energie des Photons geht auf das Elektron über, und falls diese Energie größer ist als die Bindungsenergie, verlässt das Elektron das Atom und nimmt die Überschussenergie mit – und damit hat es eine bestimmte kinetische Energie (und eine Geschwindigkeit). Selbstverständlich muss die Gesamtenergie erhalten bleiben; somit gilt:

$$h\nu = \text{Bindungsenergie} + \text{kinetische Energie}$$

oder

$$\text{Bindungsenergie} = h\nu - \text{kinetische Energie} \tag{5.26}$$

und daraus folgt, dass wir, vorausgesetzt wir kennen die Energie der monochromatischen Anregungsstrahlung, die Bindungsenergie der Elektronen des gerade untersuchten Atoms messen können, indem wir beobachten, mit welcher kinetischen Energie sie austreten.

Elektronen können entweder vom Inneren oder von den Valenzniveaus aus emittiert werden, je nach Energie der Anregungsstrahlung; ihre kinetische Energie ist charakteristisch für das Atom, aus dem sie stammen. Ist das Atom Teil eines Moleküls, dann wird die Energie seiner Valenzelektronen (und, in deutlich geringerem Ausmaß, auch die seiner Innenelektronen) von der Bindung beeinflusst, ist aber dennoch charakteristisch für ein bestimmtes Orbital.

Kommt es zur Ionisierung, dann ist die vom emittierten Elektron aufgenommene

Energie nicht quantisiert, so dass jede Energie, die die Ionisierungsenergie übersteigt, zur Anregung verwendet werden kann. Für das Experiment ist eine monochromatische Strahlung oder eine mit einzelnen scharfen Emissionslinien günstiger. Eine Heliumlampe (mit einer Emissionswellenlänge von 58,4 nm im Ultravioletten, entsprechend einer Photonenenergie von 21,2 eV) wird für gewöhnlich zur Anregung von Valenzelektronen verwendet; man spricht bei dieser Methode von *UV-Photoelektronenspektroskopie* oder von UPS. Allerdings wird zur Ionisierung von Elektronen der inneren Schalen höhere Energie benötigt, die eine Röntgenquelle liefert: diese Methode wird dann als Röntgen-Photoelektronenspektroskopie (oder XPS) bezeichnet. In diesem Fall wird die Röntgenstrahlung durch Elektronenbeschuss einer sauberen Metalloberfläche erzeugt, wie z.B. Al oder Mg, wobei Strahlung bei ganz bestimmten Energien emittiert wird; z.B. tritt die k_α-Linie von Al bei 1486,6 eV auf. Wird eine Quelle mit besonders hoher Leistung benötigt, dann kann man Synchrotronstrahlung einsetzen (siehe Kapitel 1, Abschnitt 1.11), die den zusätzlichen Vorteil hat, dass ihre Emissionsfrequenz über einen bestimmten Bereich durchgestimmt werden kann.

Was das Experiment betrifft, muss der Nachweis der Elektronen im Hochvakuum durchgeführt werden, da Elektronen chemisch reaktiv sind. Es sind keine Fenster für Heliumlampen als Strahlungsquellen bekannt, und so wird die Lampe üblicherweise in einer Kammer aufgestellt, die eine kleine Öffnung zum Probenraum hin aufweist, durch die die emittierte Strahlung durchtreten kann; ununterbrochenes Pumpen hält das Hochvakuum aufrecht, während Helium langsam durch die Öffnung einströmt. Verständlicherweise bedeutet die Bedingung eines Hochvakuums, dass Beobachtungen an Festkörpern weitaus leichter durchzuführen sind als an Flüssigkeiten und Gasen. Immerhin haben es Modifikationen, wie z.B. der Einsatz von Durchflussverfahren, ermöglicht, dass auch für diese eine brauchbare Datenmenge gewonnen werden konnte.

Bild 5.14 zeigt die Bindungsenergien von Elektronen in den Energieniveaus von drei verschiedenen Elementen. Die Niveaus sind durch ihre Termsymbole gekennzeichnet ($1s$, $2p$, usw.) sowie mit ihrer Röntgen-Kennzeichnung, die fallweise in der PES verwendet wird. In dieser Nomenklatur werden die Niveaus mit Buchstaben entsprechend ihrer Schale bezeichnet:

Für $n =$	1	2	3	4	...,	usw.
Röntgen-Kennzeichnung	K	L	M	N	...,	usw.

Falls erforderlich, gibt man durch einen Index das Subniveau an, aus dem das Elektron emittiert wird. In den folgenden Beispielen sind beide Kennzeichnungen für einige ausgewählte Zuständen wiedergegeben:

Termsymbol	$^1S_0$	$^2S_0$	$^2P_{1/2}$	$^2P_{3/2}$
Röntgen-Kennzeichnung	K	L_1	L_2	L_3

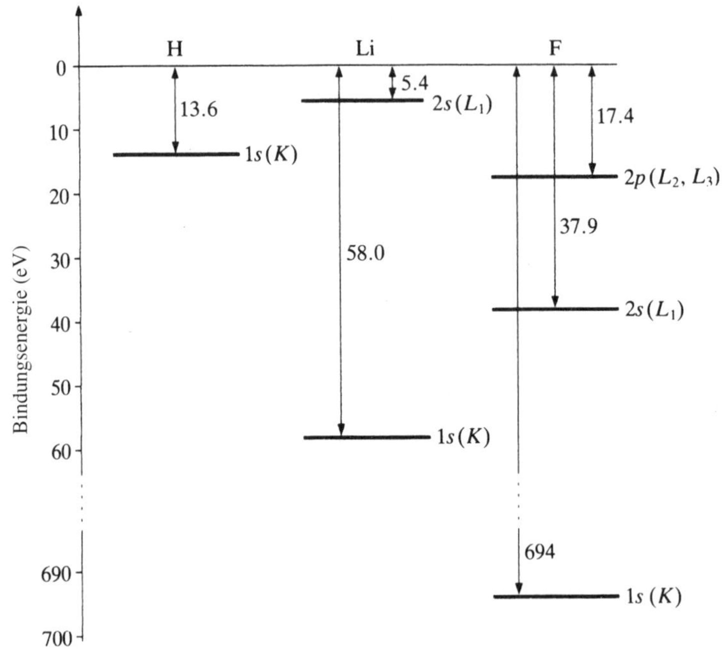

Bild 5.14: Bindungsenergien der Elektronen an freien Atomen bei Wasserstoff, Lithium und Fluor; außerdem ist die Bezeichnung nach dem Röntgenschema hinzugefügt.

Sowohl bei XPS wie auch bei UPS wird die kinetische Energie der emittierten Elektronen mit Hilfe eines Analysators in Form einer Halbkugel gemessen, wie er in Bild 5.15 dargestellt ist. Monochromatische Röntgen- bzw. UV Strahlung trifft auf die Probe; die emittierten Elektronen fliegen in den Raum zwischen zwei

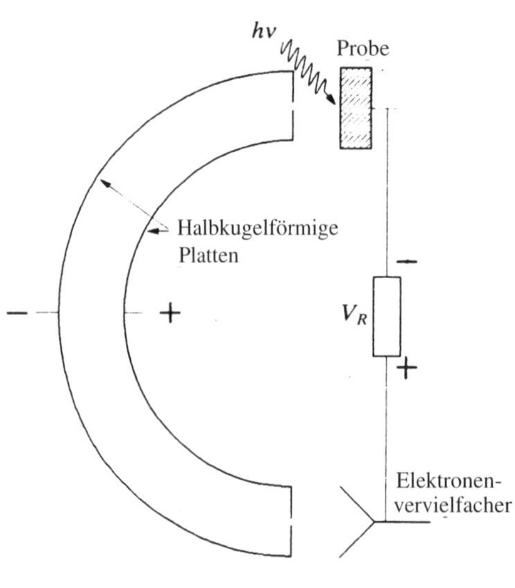

Bild 5.15: Schemazeichnung eines Photoelektronenspektrometers

geladenen, halbkugelförmigen Platten, die wie ein Energiefilter wirken, indem sie nur Elektronen passieren lassen, die mit einer ganz bestimmten Energie ankommen – der Durchtrittsenergie E_{pass}. Der übrigbleibende Elektronenstrom wird mit einem

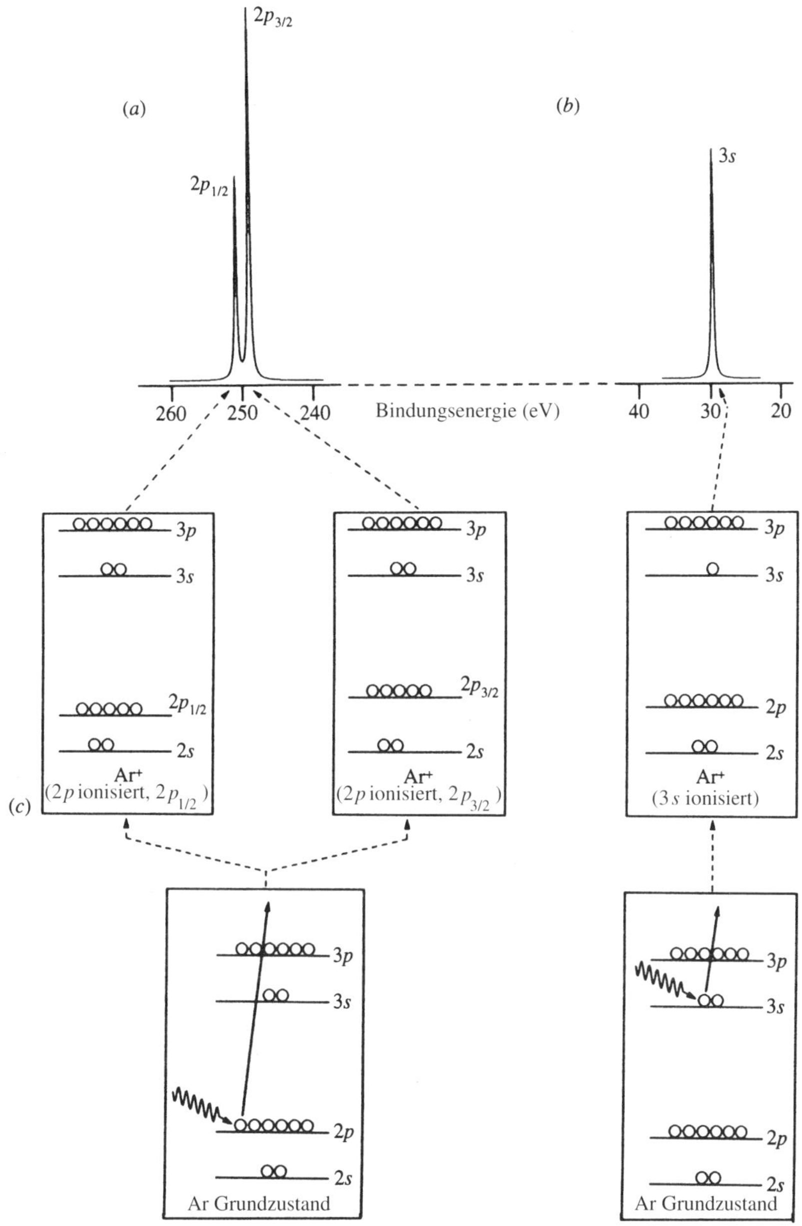

Bild 5.16: (a) Das Röntgen und (b) das UV Photoelektronenspektrum von gasförmigem Argon. (c) Die Energieniveaus der Zustände, die die in (a) und (b) gezeigten Spektren ergeben.

Elektronenvervielfacher gemessen und zeigt die Anzahl der Elektronen an, die mit dieser bestimmten kinetischen Energie von der Oberfläche emittiert wurden. E_{pass} kann durch Änderung der Gegenspannung (V_R) am Analysator systematisch variiert werden. Ein Photoelektronenspektrum zeigt also die Anzahl der emittierten Elektronen in Abhängigkeit von ihrer kinetischen Energie.

Bild 5.16 gibt einen Teil des XPS und des UPS Spektrums von Argon mit den daran beteiligten Energieniveaus wieder. Man erhält eine Anzahl von Linien, die typisch sind für Ar^+, das dadurch entsteht, dass ein Elektron aus einem der Niveaus entfernt wurde. Wird z.B. aus dem $2p$ Orbital ein Elektron entfernt, dann verbleibt eine $1s^2 2s^2 2p^5 3s^2 3p^6$ Konfiguration, die aufgrund der Kombinationsmöglichkeiten der l und s Werte zwei geringfügig unterschiedliche Energiezustände aufweist, nämlich $^2P_{3/2}$ und $^2P_{1/2}$. Von diesen beiden liegt $^2P_{3/2}$ energetisch etwas höher und deshalb nimmt, falls dieser Zustand gebildet wird, das Elektron beim Verlassen etwas *weniger* Energie mit. Diese j Aufspaltung führt, wie man sieht, zu zwei vollständig getrennten Linien im Spektrum.

Die Wahrscheinlichkeit, dass ein Elektron von einem bestimmten Energieniveau aus emittiert wird, hängt offenkundig von der Anzahl der Elektronen ab, die sich ursprünglich in diesem Niveau befunden haben, d.h., von seiner Entartung. Bei optimalen experimentellen Bedingungen ist die Fläche unter einer PES Linie ein Maß für den Entartungsgrad. Ein Vergleich der Gesamtflächen der Linien bei Anregung des $3s$ bzw. des $2p$ Elektrons in Bild 5.16 ergibt ein Verhältnis von etwa $1:3$, was zu erwarten war (zwei Elektronen in $3s$ und sechs in $2p$). Außerdem ist an der 250 eV Linie zu erkennen, dass die Wahrscheinlichkeit für die Bildung eines Ions im $^2P_{3/2}$ Zustand doppelt so hoch ist wie für eine Bildung des Ions im Zustand $^2P_{1/2}$; der Grund liegt darin, dass jedes Niveau einen Entartungsgrad von $2J+1$ aufweist, der im $^2P_{3/2}$ Zustand vier beträgt und bei $^2P_{1/2}$ zwei.

5.6 Der Zeemaneffekt

Wir hatten es bisher in diesem Kapitel bei den Elektronen mit zwei Arten von Energien zu tun. Da ist einmal die *Lage*energie – eine Energieform aufgrund der Wechselwirkung zwischen den Elektronen und dem Kern sowie zwischen den Elektronen desselben Atoms untereinander. Diese Energie kann mit Hilfe der n und der l Quantenzahlen ausgedrückt werden, auch wenn wir sie, etwas weniger exakt, über das Zeichnen von Energiediagrammen behandelt haben. Und zweitens gibt es noch die *Bewegungs*energie – eine Energieform aufgrund der Summe der Bahn- und Eigendrehimpulse der Elektronen in einem Atom, die abhängt von den Beträgen von l_z und s_z der einzelnen Elektronen sowie von der Art und Weise, wie sie miteinander gekoppelt sind. Dies ist die Ursache für die schon besprochene Feinstruktur der Spektrallinien.

Die Ursache für einen Drehimpuls kann man in der mechanischen Bewegung eines Elektrons um den Kern sehen, und da das Elektron geladen ist, stellt diese Bewegung einen elektrischen Kreisstrom dar und bildet somit einen magnetischen Dipol mit einem magnetischen Moment. Es ist die Wechselwirkung des magnetischen Moments mit äußeren Feldern, die in diesem Abschnitt behandelt wird.

Wir können das aufgrund eines Drehimpulses vorhandene magnetische Dipolmoment des Atoms durch einen Vektor $\boldsymbol{\mu}$ darstellen und es kann gezeigt werden, dass $\boldsymbol{\mu}$ direkt proportional zum Drehimpuls $\mathbf{J}$ und entgegengesetzt gerichtet ist[1]. Betrachten wir das Elektron als Punkt mit der Masse m und der Ladung $-e$, dann erhalten wir:

$$\boldsymbol{\mu} = -\frac{e}{2m}\mathbf{J} \quad \mathrm{J\,T^{-1}}$$

(Wir verwenden hier für das Magnetfeld die SI-Einheit Tesla (T), die 10 000 Gauß in elektromagnetischen Einheiten entspricht.) Allerdings ergibt sich aus der Quantenmechanik, dass das Elektron nicht einer Punktladung entspricht. Aus einer Betrachtung der beteiligten Drehimpulse ergibt sich ein genauerer Ausdruck für $\boldsymbol{\mu}$:

$$\boldsymbol{\mu} = \frac{-ge}{2m}\mathbf{J} = -\frac{ge}{2m}\sqrt{J(J+1)}\frac{h}{2\pi} \quad \mathrm{J\,T^{-1}} \tag{5.27}$$

wobei g ein reiner Zahlenfaktor ist, der Landé-(Aufspaltungs-)Faktor. Dieser Faktor hängt vom Zustand ab, den die Elektronen eines Atoms bilden; er lautet:

$$g = \frac{3}{2} + \frac{S(S+1) - L(L+1)}{2J(J+1)} \tag{5.28}$$

g liegt üblicherweise zwischen 0 und 2.

Es sei daran erinnert (vgl. Gl. (5.13) für ein einzelnes Elektron), dass $\mathbf{J}$ entweder ganzzahlige oder halbzahlige Komponenten J_z in Richtung einer Bezugsachse haben kann, abhängig davon, ob die Quantenzahl J ganz- oder halbzahlig ist. Bild 5.17(a) zeigt die Verhältnisse für einen Zustand mit $J = \frac{3}{2}$, wobei die $2J+1$ Komponenten allgemein gegeben sind durch:

$$J_z = J, J-1, \ldots, \tfrac{1}{2}, \ldots, -J \quad \text{oder} \quad J, \ldots, 0, \ldots, -J \tag{5.29}$$

Da außerdem $\boldsymbol{\mu}$ proportional zu $\mathbf{J}$ ist, hat $\boldsymbol{\mu}$ ebenfalls Komponenten in z-Richtung, die lauten:

$$\mu_z = -\frac{ge}{2m}\frac{h}{2\pi}J_z \tag{5.30}$$

Diese sind in Bild 5.17(b) in Form eines Diagramms gezeigt. Wird das Atom einem äußeren Feld ausgesetzt, das nun die vorher willkürliche z-Richtung festlegt, dann kommt es zu einer Wechselwirkung des atomaren Dipols $\boldsymbol{\mu}$ mit dem angelegten Feld,

[1] Wir sind hier nur an der Größe der Vektoren interessiert; es ist stillschweigend vorausgesetzt, dass zum Betrag auch noch ein Einheitsvektor gehört.

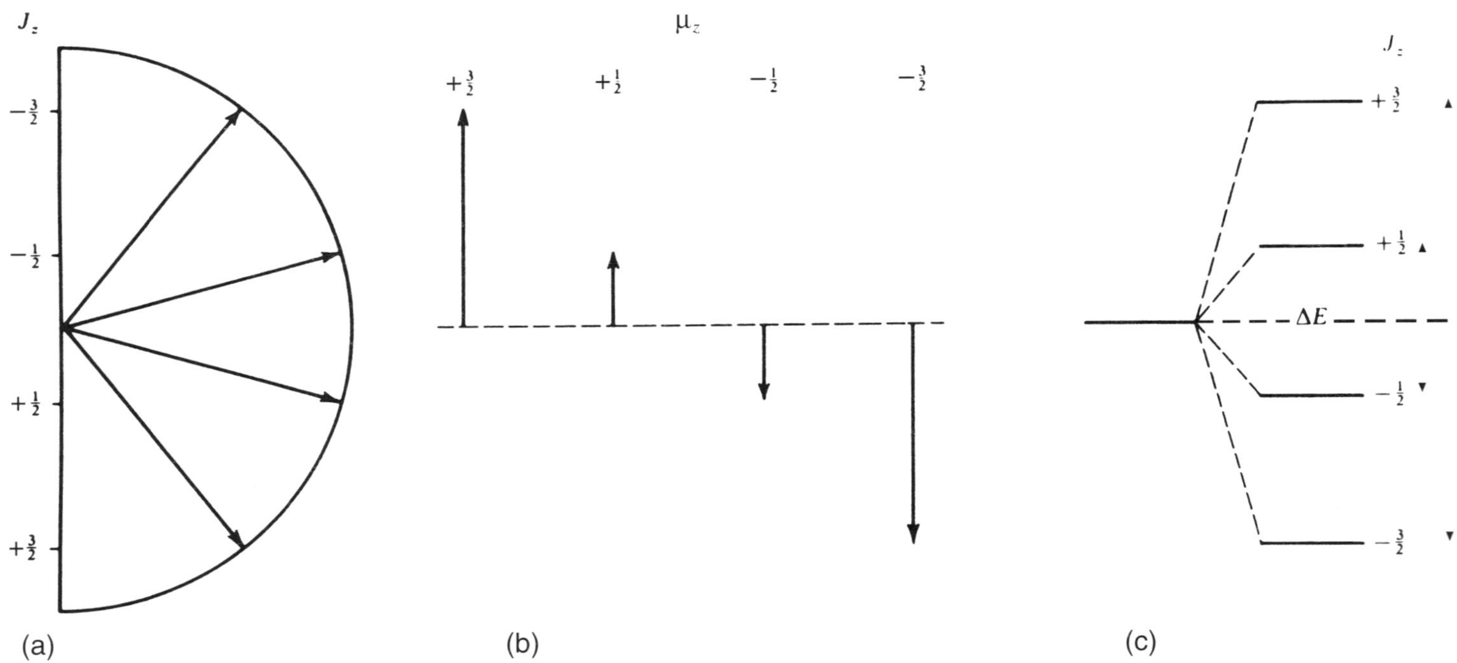

Bild 5.17: Einfluss eines Magnetfelds auf die Energieniveaus eines Elektrons mit $J = \frac{3}{2}$. (a) zeigt die $2J + 1 = 4$ Komponenten von J und (b) deren magnetische Momente in der Bezugsrichtung. Ein äußeres Feld spaltet die ursprünglich entarteten Niveaus in vier getrennte Niveaus auf (c).

deren Ausmaß von der Größe der Komponente in Feldrichtung abhängt. Bei einer Feldstärke B_z des angelegten Felds ist das Ausmaß der Wechselwirkung einfach $\boldsymbol{\mu}_z B_z$:

$$\text{Wechselwirkung} = \Delta E = -\boldsymbol{\mu}_z B_z = +\frac{heg}{4\pi m} B_z \quad \text{Joule} \tag{5.31}$$

In dieser Gleichung haben wir die Wechselwirkung in der Form ΔE ausgedrückt, da das Anlegen des Felds die ursprünglich entarteten Energieniveaus entsprechend den $2J+1$ Werten von J_z in $2J+1$ Niveaus mit *unterschiedlicher* Energie aufspaltet. Dies ist in Bild 5.17(c) für $J = \frac{3}{2}$ dargestellt. Diese Aufspaltung oder Aufhebung der Entartung aufgrund eines äußeren Magnetfelds wird nach seinem Entdecker *Zeemaneffekt* genannt.

Die Energieaufspaltung ist sehr klein; der Faktor $he/4\pi m$ in Gl. (5.31), bekannt als das *Bohrsche Magneton*, hat eine Größe von $9{,}27 \cdot 10^{-24}$ JT^{-1}; damit erhält man bei $g = 1$ und einem Feld B_z von einem Tesla (also 10 000 Gauß) eine Wechselwirkungsenergie von nur etwa 10^{-23} Joule, was, anders ausgedrückt, nur ungefähr 0,5 cm^{-1} entspricht. Diese kleine Aufspaltung macht sich natürlich auch in einer Aufspaltung der beobachteten Spektrallinien bemerkbar, wenn das Atom einem Magnetfeld ausgesetzt wird. Um nun die Auswirkungen dieses Effekts auf das Spektrum behandeln zu können, brauchen wir eine weitere Auswahlregel:

$$\Delta J_z = 0, \pm 1$$

Nehmen wir die Linien des Dubletts im Natriumspektrum, die wir in Abschnitt 5.3.2 behandelt haben und die auf Übergänge zwischen den Zuständen $^2S_{1/2}$ und $^2P_{1/2}$ bzw. $^2P_{3/2}$ zurückzuführen sind. Wird das Atom einem Feld B_z ausgesetzt, dann wird sowohl der $^2S_{1/2}$ wie auch der $^2P_{1/2}$ Zustand in zwei Zustände aufgespalten (da $J = \frac{1}{2}$, $2J+1 = 2$), während $^2P_{3/2}$ in vier aufgespalten wird. Die Größe der Aufspaltung ist proportional zum g-Faktor des Zustands, und mit Hilfe von Gl. (5.28) können wir leicht die folgenden Werte berechnen:

$$^2S_{1/2}: \quad S = \tfrac{1}{2}, \; L = 0, \; J = \tfrac{1}{2}, \qquad \text{daher } g = 2$$
$$^2P_{1/2}: \quad S = \tfrac{1}{2}, \; L = 1, \; J = \tfrac{1}{2}, \qquad \text{daher } g = \tfrac{2}{3}$$
$$^3P_{3/2}: \quad S = \tfrac{1}{2}, \; L = 1, \; J = \tfrac{3}{2}, \qquad \text{daher } g = 1\tfrac{1}{3}$$

Man sieht, dass die $^2S_{1/2}$, $^2P_{1/2}$ und $^2P_{3/2}$ Niveaus im Verhältnis 3 : 1 : 2 aufgespalten werden. In Bild 5.18 ist der Sachverhalt dargestellt. Links im Bild sehen wir die Energieniveaus und die Übergänge *bevor* das Feld B_z angelegt wurde; die Niveaus sind nicht aufgespalten und das Spektrum ist ein einfaches Dublett. Auf der rechten Seite ist die Wirkung des Felds erkennbar. Das Spektrum zeigt, dass die ursprüngliche Linie aufgrund des Übergangs $^2S_{1/2} \rightarrow {}^2P_{1/2}$ verschwunden ist und durch *vier* neue Linien ersetzt wurde, der Übergang $^2S_{1/2} \rightarrow^2 P_{3/2}$ durch *sechs*.

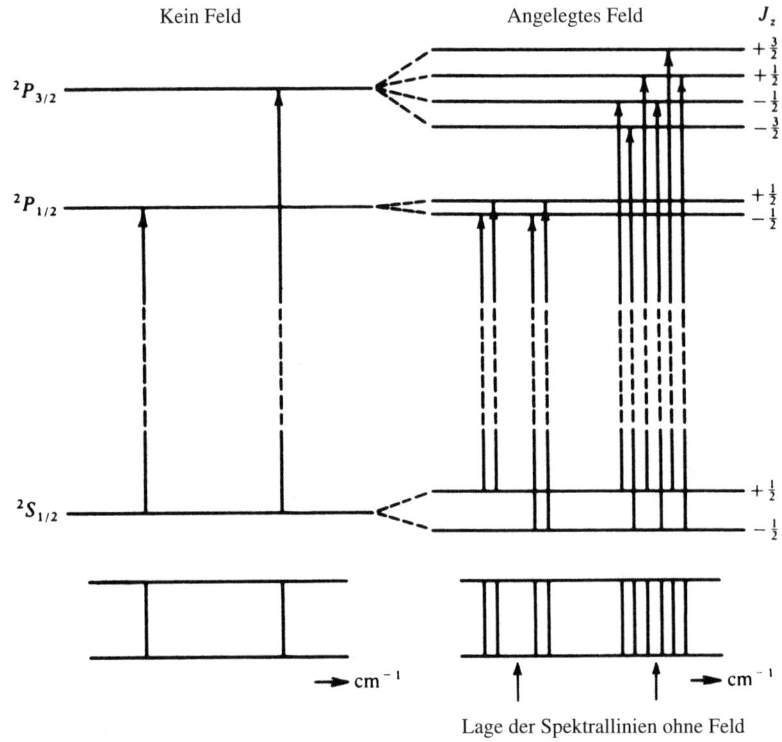

Bild 5.18: Der Zeemaneffekt an Übergängen zwischen ^2S und ^2P Zuständen. Die linke Seite gibt die Verhältnisse vor Anlegen des Felds wieder, rechts danach.

Der eben beschriebene Effekt wird üblicherweise als *anomaler Zeemaneffekt* bezeichnet – obwohl tatsächlich die meisten Atome den Effekt in dieser Form zeigen. Der *normale Zeemaneffekt* wird nur bei Übergängen zwischen Singulettzuständen beobachtet (z.B., an Übergängen der Elektronen des Heliumatoms auf der linken Seite in Bild 5.11). Bei Singulettzuständen gilt:

$$2S+1=1, \quad \text{also} \quad S=0$$

Somit:

$$J=L \quad \text{und} \quad g=1 \qquad \text{(vgl. Gl. (5.28))}$$

Bei einer bestimmten Feldstärke ist also die Aufspaltung zwischen allen Singulettniveaus gleich groß, und das entsprechende Zeemanspektrum ist wesentlich einfacher.

Ganz allgemein erhält man aus dem Zeemaneffekt wichtige Informationen über die elektronischen Zustände von Atomen. Vor allem hängt die Anzahl der Linien, in die ein Übergang in einem Feld aufgespalten wird, vom J Wert der Zustände ab, zwischen denen der Übergang erfolgt. Außerdem erhält man aus der Größe von g, die man aus der Aufspaltung bei bekannter Feldstärke errechnen kann, Informationen über das L und das S des Elektrons, das den Übergang ausführt. Und überhaupt, aus Zeemanexperimenten kann man die Termsymbole einer Vielzahl von Atomzuständen ableiten. Auf diese Weise wurden sämtliche vorhin besprochenen Einzelheiten über Atomzustände, Termsymbole usw. ausführlich experimentell bestätigt.

5.7 Der Einfluss des Kernspins

Von den Kernen vieler Atome weiß man, dass sie sich um ihre Achse drehen. In Kapitel 7 werden wir uns ausführlich mit dem Spektrum befassen, das man aufgrund dieses Spins im Radiofrequenzbereich erhält, aber auch hier in diesem Zusammenhang müssen wir uns überlegen, welchen Einfluss so ein Spin auf die Elektronenspektren der Atome haben könnte.

Die Kernspinquantenzahl I kann null, ganz- oder halbzahlig sein, je nachdem, welcher Kern vorliegt. Dann kann die Größe des Kernspins

$$\mathbf{I} = \sqrt{I(I+1)}\,\frac{h}{2\pi} = \sqrt{I(I+1)} \quad \text{Einheiten} \tag{5.32}$$

den Wert 0, $\sqrt{3/2}$, $\sqrt{2}$, $\sqrt{15/2}$ usw. annehmen.

Der Einfluss des Kernspins $\mathbf{I}$ auf das Spektrum wird verständlich, wenn wir den Gesamtdrehimpuls $\mathbf{F}$ (den des Elektrons + den des Kerns) definieren:

$$\mathbf{F} = \sqrt{F(F+1)}\,\frac{h}{2\pi} = \sqrt{F(F+1)} \quad \text{Einheiten} \tag{5.33}$$

wobei F die Gesamtdrehimpuls-Quantenzahl ist. Wenn nun J wie bisher die Gesamt(drehimpuls)-Quantenzahl der Elektronen ist, dann gilt

$$F = J+I, J+I-1, \dots |J-I| \tag{5.34}$$

womit wir $2J+1$ bzw. $2I+1$ verschiedene Energiezustände erhalten, je nachdem, welche Zahl die kleinere ist.

Die Aufspaltung der Energieniveaus durch den Kernspin ist größenordnungsmäßig etwa 10^{-3} Mal so groß wie die aufgrund des elektronischen Spins; deshalb ist zu ihrer Beobachtung höchste Auflösung erforderlich, und man bezeichnet sie üblicherweise als Hyperfeinstruktur.

5.8 Schlussbemerkung

Damit schließen wir ab, was zur Atomspektroskopie gesagt werden soll. Im folgenden Kapitel werden wir die hier entwickelten Vorstellungen auf die elektronischen (UV) Spektren einfacher Moleküle übertragen und uns auch kurz mit den experimentellen Methoden der Elektronen-Spektroskopie befassen.

Literatur

Siehe Literatur nach Kapitel 6 mit den folgenden Ergänzungen:

Harris, D. C. und Bertolucci, M. D.: *Symmetry and Spectroscopy*, Dover Publications, 1989, (früher Oxford University Press, 1978).

Herzberg, G.: *Atomic Spectra and Atomic Structure*, Dover, 1944.

Kuhn, M. G.: *Atomic Spectra*, Academic Press, 1962.

Shore, B. W. und Menzel, D. H.: *Principles of Atomic Spectra*, Wiley, 1968.

Übungsaufgaben

(Wichtige Konstanten: $R = 109\,677{,}581\ \text{cm}^{-1}$; $1\ \text{cm}^{-1} \equiv 11{,}958\ \text{J}\,\text{mol}^{-1}$.)

5.1 Berechnen Sie die ersten drei Linien des Absorptionsspektrums, das vom (normalerweise nicht besetzten) $3s$-Niveau des Wasserstoffatoms ausgeht. Wie hoch ist die Ionisierungsenergie in diesem Niveau?

5.2 Das Termsymbol eines bestimmten atomaren Zustands ist mit $^4D_{5/2}$ angegeben. Wie groß sind L, S und J in diesem Zustand? Wie viele Elektronen müssen es mindestens sein, damit dieser Zustand gebildet werden kann? Schlagen Sie eine der möglichen Elektronenkonfigurationen vor.

5.3 Wie lauten die Termsymbole der folgenden Paare von nichtäquivalenten Elektronen: (a) ss, (b) pp, (c) sd sowie (d) pd?

5.4 Wie lauten die Termsymbole für die folgenden Paare äquivalenter Elektronen: (a) s^2, (b) p^2 und (c) d^2?

5.5 Für drei unterschiedliche Atome sind die Termsymbole mit $^4S_1$, $^2D_{7/2}$ und $^0P_1$ angegeben; begründen Sie, warum sie falsch sind.

5.6 Bild 5.7 zeigt die drei Übergänge zwischen den Zuständen ^2P und ^2D. In wie viele Linien spaltet jeder dieser Übergänge im Magnetfeld auf? (Nehmen Sie an, dass der g-Faktor für jedes der Energieniveaus unterschiedlich ist.)

5.7 Die Elektronenkonfiguration im Grundzustand von Phosphor ist $1s^2 2s^2 2p^6 3s^2 3p^3$. Stellen Sie, unter Vernachlässigung der Spin-Bahn-Kopplung, die Elektronenterme für diesen Zustand auf und ermitteln Sie den mit der niedrigsten Energie.

5.8 Ermitteln Sie die Terme niedrigster Energie an folgenden Atomen unter Berücksichtigung der Spin-Bahn-Kopplung (der dafür wichtige Anteil der Elektronenkonfiguration ist in Klammer angegeben):

Ru $(4d^7 5s)$; La $(5d6s^2)$; Nb $(4d^4 5s)$; Ca $(4s^2)$;
Eu $(4f^7 6s^2)$; Gd $(4f^7 5d6s^2)$; Ag $(4d^{10} 5s)$;
W $(5d^4 6s^2)$; Pt $(5d^9 6s)$.

5.9 Wie lauten die Elektronenkonfigurationen im Grund- und im ersten angeregten Zustand des Tl^+-Ions? Formulieren Sie, unter Berücksichtigung der Spin-Bahn-Kopplung, die Terme, die für jede der beiden Konfigurationen möglich sind. Ordnen Sie die Niveaus nach aufsteigender Energie. Für die vier tiefsten Niveaus wurden folgende Energien beobachtet:

(a) null (nach Konvention); (b) 49 451 cm^{-1}
(c) 52393 cm^{-1} (d) 61 725 cm^{-1}.

Nach dem Schema der Russel-Saunders-Kopplung sollte der Abstand zwischen zwei benachbarten Spin-Bahn-gekoppelten Energieniveaus l Mal so groß sein wie das größere J (z.B. $3l$ zwischen Niveaus mit $J = 2$ und $J = 3$), wobei l die Spin-Bahn-Kopplungskonstante ist. Welches Verhältnis würden Sie unter diesen Voraussetzungen für die Energieabstände (b)-(c) und (c)-(d) erwarten?

6 Elektronische Molekülspektroskopie

Im ersten Abschnitt dieses Kapitels werden wir uns etwas eingehender mit den Elektronenspektren zweiatomiger Moleküle befassen. Wir werden finden, dass man sich das Aussehen dieser Spektren durchaus ohne irgendwelche Annahmen zur Molekülstruktur überlegen kann, ohne, dass man sich dabei auf einen bestimmten elektronischen Übergang beziehen müsste und wirklich mit kaum mehr an Voraussetzung, als formal das Wesen elektronischer Übergänge in Molekülen verstanden zu haben. In Abschnitt 6.2 werden wir die aktuellen Vorstellungen zur Molekülstruktur zusammenfassen und zeigen, wie diese uns auf eine Einteilung der elektronischen Zustände führen, die der im letzten Kapitel behandelten Klassifikation der Atomzustände entspricht. Abschnitt 6.3 überträgt die Vorstellungen von Abschnitt 6.1 und 6.2 auf mehratomige Moleküle, und Abschnitt 6.4 wird sich kurz mit den experimentellen Methoden befassen. Abschnitt 6.5 behandelt die Anwendung der Photoelektronenspektroskopie auf Moleküle.

6.1 Elektronenspektren zweiatomiger Moleküle

6.1.1 Die Born-Oppenheimer-Näherung

In einem ersten Schritt in Richtung Elektronenspektren zweiatomiger Moleküle können wir die Born-Oppenheimer-Näherung anwenden, die bereits in Abschnitt 3.2 erwähnt wurde; hier in diesem Zusammenhang kann sie in der Form geschrieben werden:

$$E_{\text{total}} = E_{\text{elec.}} + E_{\text{vib.}} + E_{\text{rot.}} \tag{6.1}$$

Dies bedeutet, dass sowohl die elektronische wie auch die Schwingungs- und die Rotationsenergie vollkommen unabhängig voneinander sind. Später werden wir dann die Grenzen dieser Näherung aufzeigen. Eine Änderung der Gesamtenergie des Moleküls kann somit in der Form geschrieben werden:

$$\Delta E_{\text{total}} = \Delta E_{\text{elec.}} + \Delta E_{\text{vib.}} + \Delta E_{\text{rot.}} \quad \text{Joule}$$

oder

$$\Delta\varepsilon_{\text{total}} = \Delta\varepsilon_{\text{elec.}} + \Delta\varepsilon_{\text{vib.}} + \Delta\varepsilon_{\text{rot.}} \quad \text{cm}^{-1} \tag{6.2}$$

Die Größenordnung dieser Energieänderung liegt bei ungefähr:

$$\Delta\varepsilon_{\text{elec.}} \approx \Delta\varepsilon_{\text{vib.}} \cdot 10^3 \approx \Delta\varepsilon_{\text{rot.}} \cdot 10^6 \tag{6.3}$$

und wir erkennen, dass eine Änderung der Schwingungsenergie eine „Grobstruktur" in den Spektren elektronischer Übergänge bewirkt und eine Änderung im Rotationszustand eine „Feinstruktur". Wir sollten auch folgendes anmerken: Während reine Rotationsspektren (Kapitel 2) nur an Molekülen mit permanentem elektrischem Dipolmoment beobachtet werden können und Schwingungsspektren (Kapitel 3) eine Änderung des Dipols im Verlauf der Bewegung zur Voraussetzung haben, erhält man elektronische Spektren von *allen* Molekülen, da Änderungen der elektronischen Ladungsverteilung in einem Molekül immer mit einer Dipoländerung verbunden sind. Das bedeutet auch, dass homonukleare Moleküle (wie z.B. H_2 oder N_2), die weder ein Rotations- noch ein Schwingungs-Rotationsspektrum haben, *dennoch* ein elektronisches Spektrum zeigen und in ihren Spektren eine Schwingungs- und Rotationsstruktur aufweisen, aus der die Rotationskonstante und die Schwingungsfrequenzen ermittelt werden können.

Für den Anfang werden wir die Rotationsfeinstruktur weglassen und uns mit der Schwingungsgrobstruktur der Spektren befassen.

6.1.2 Die Schwingungsgrobstruktur: Progressionen

Lassen wir eine Änderung des Rotationszustands weg, dann können wir Gl. (6.1) in diese Form bringen:

$$E_{\text{total}} = E_{\text{elec.}} + E_{\text{vib.}} \quad \text{Joule}$$

oder auch

$$\varepsilon_{\text{total}} = \varepsilon_{\text{elec.}} + \varepsilon_{\text{vib.}} \quad \text{cm}^{-1} \tag{6.4}$$

Aus Gl. (3.12) erhalten wir unmittelbar:

$$\varepsilon_{\text{total}} = \varepsilon_{\text{elec.}} + (v+\tfrac{1}{2})\bar{\omega}_e - x_e(v+\tfrac{1}{2})^2\bar{\omega}_e \quad \text{cm}^{-1} \qquad (v = 0, 1, 2, \ldots) \tag{6.5}$$

Die dieser Gleichung entsprechenden Energieniveaus zeigt Bild 6.1, und zwar für zwei willkürlich gewählte Werte von $\varepsilon_{\text{elec.}}$. Wie schon in den vorangegangenen Kapiteln werden die tieferen Zustände durch einen *Doppelstrich* (v'', $\varepsilon''_{\text{elec.}}$) bezeichnet, während die oberen Zustände nur *einen* Strich haben (v', $\varepsilon'_{\text{elec.}}$). Beachten Sie, dass so ein Diagramm die relativen Abstände der verschiedenen Nivaus mit unterschiedlicher Energie $\varepsilon_{\text{elec.}}$ einerseits und für verschiedene v' und v'' andererseits nicht korrekt wiedergeben kann (vgl. Gl. (6.3)), dass aber der Abstand der oberen Schwingungsniveaus untereinander mit Absicht eher kleiner eingezeichnet ist als der zwischen den unteren Zuständen; das ist der Normalfall, da ein angeregter elektronischer Zustand für gewöhnlich einer schwächeren Molekülbindung entspricht und damit auch einer kleineren Wellenzahl $\bar{\omega}_e$ der Schwingung.

Es gibt grundsätzlich keine Auswahlregel für v, wenn ein Molekül einen elektronischen Übergang ausführt, d.h., jeder Übergang $v'' \rightarrow v'$ weist eine gewisse Wahrscheinlichkeit auf, und man erwartet aus diesem Grund eine große Linienvielfalt. Allerdings wird die Situation beträchtlich vereinfacht, wenn wir das *Absorptionsspektrum* vom elektronischen Grundzustand aus betrachten. In diesem Fall befinden sich, wie wir von Abschnitt 3.1.3 wissen, praktisch alle Moleküle im tiefsten Schwingungszustand, nämlich in $v'' = 0$ und damit sind die einzigen mit nennenswerter Intensität beobachtbaren Übergänge die in Bild 6.1 eingezeichneten. Diese werden üblicherweise nach ihren (v', v'') Zahlen bezeichnet (Merken: oberer Zustand *zuerst*), also $(0,0)$, $(1,0)$, $(2,0)$ usw. So eine Folge von Übergängen heißt eine *Bande*, da bei mäßiger Auflösung jede Linie in dieser Folge etwas verbreitert und diffus erscheint, und wird etwas treffender als *v'-Progression* bezeichnet, da sich das v' bei jeder Linie innerhalb der Folge um eins ändert. Das Diagramm lässt erkennen, dass sich die Linien eines Bandes zu höheren Frequenzen hin mehr und mehr zusammendrängen; dies ist eine unmittelbare Folge der Anharmonizität der Schwingung im oberen Zustand, die bewirkt, dass die angeregten Schwingungsniveaus konvergieren.

Für dieses Spektrum kann man leicht einen analytischen Ausdruck finden. Aus Gl. (6.5) erhält man unmittelbar:

$$\varepsilon_{\text{total}} = \varepsilon_{\text{elec.}} + \varepsilon_{\text{vib.}}$$

Somit ist

$$\begin{aligned}\bar{\nu}_{\text{spec.}} = (\varepsilon' - \varepsilon'') &+ \left\{(v' + \tfrac{1}{2})\bar{\omega}'_e - x'_e(v' + \tfrac{1}{2})^2\bar{\omega}'_e\right\} \\ &- \left\{(v'' + \tfrac{1}{2})\bar{\omega}''_e - x''_e(v'' + \tfrac{1}{2})^2\bar{\omega}''_e\right\} \quad \text{cm}^{-1}\end{aligned} \tag{6.6}$$

und daraus können, falls etwa ein halbes Dutzend Linien der Bande beobachtet werden können, Werte für $\bar{\omega}'_e, x'_e, \bar{\omega}''_e$ und x''_e sowie auch der Abstand zwischen den elektronischen Niveaus $(\varepsilon' - \varepsilon'')$ bestimmt werden. So führt also die Beobachtung eines Bandenspektrums nicht nur auf Werte für die Schwingungsfrequenz und die Anharmonizitätskonstante im Grundzustand ($\bar{\omega}''_e$ und x''_e), sondern auch auf die entsprechenden Parameter für den elektronisch angeregten Zustand ($\bar{\omega}'_e$ und x'_e). Diese Information ist deshalb besonders wichtig, weil diese angeregten Zustände extrem kurzlebig sein können und das Molekül in ihnen möglicherweise nur für sehr kurze Zeit existiert; trotzdem kann uns das Bandenspektrum eine Menge über die Bindungsstärke so einer Spezies erzählen.

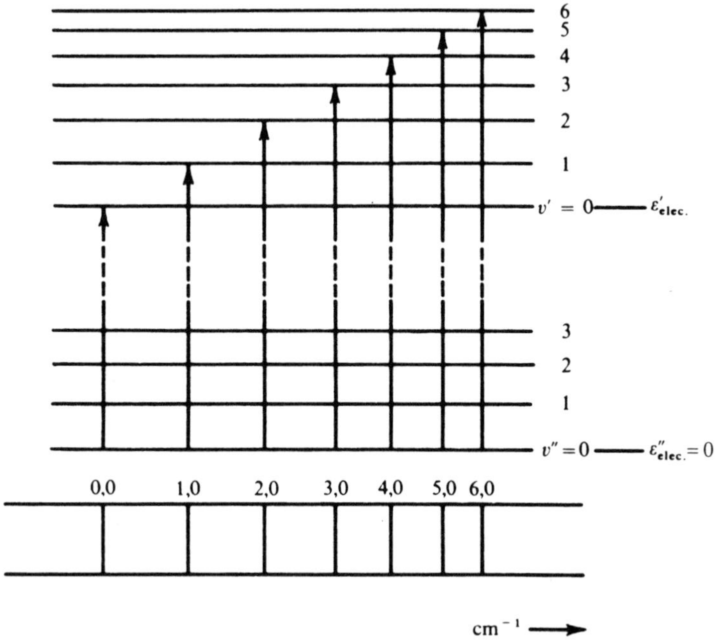

Bild 6.1: Die Schwingungs-„Grobstruktur" einer Bande infolge Absorption durch einen elektronischen Übergang vom elektronischen und Schwingungs-Grundzustand aus ($v = 0$) in einen höheren elektronischen Zustand.

Später werden wir sehen, dass Moleküle im Allgemeinen viele angeregte elektronische Zustände aufweisen, so dass das gesamte Absorptionsspektrum eines zweiatomigen Moleküls viel komplizierter ist als es Bild 6.1 vermuten lässt: Vom Grundzustand aus sind üblicherweise Übergänge zu mehreren angeregten Zuständen möglich und jeder dieser Übergänge weist ein Bandenspektrum ähnlich dem in Bild 6.1 auf.

Bei der *Emissionsspektroskopie* schließlich kann sich das Molekül nach einer Anregung in einem der zahlreichen vorhandenen (ε', v') Zustände aufhalten und hat dann eine vergleichbare Vielzahl von (ε'', v'') Zuständen zur Auswahl, in die es zurückkehren kann. Deshalb sind Emissionsspektren für gewöhnlich extrem kompliziert, und man benötigt ein großes Maß an Sorgfalt und Geduld, um sie vollständig zu analysieren.

6.1.3 Intensitäten der Schwingungs-Elektronen-Spektren: Das Franck-Condon-Prinzip

Obwohl die Quantenmechanik bei einem elektronischen Übergang keine Einschränkungen macht in Bezug auf die Änderung der Schwingungsquantenzahl, so beobachtet man doch, dass die Linien einer Schwingungsprogression nicht alle die gleiche Intensität aufweisen. Bei einigen Spektren ist der $(0, 0)$ Übergang der stärkste, bei anderen wächst die Intensität bis zu einem Maximum bei einem bestimmten v' an, während in wiederum anderen nur ein paar Schwingungslinien mit hohem v' sichtbar sind, worauf ein Kontinuum folgt. All diese Spektrentypen können gut mit Hilfe des *Franck-Condon-Prinzips* erklärt werden, das aussagt, dass ein *elektronischer Übergang so schnell vor sich geht, dass ein schwingendes Molekül während des Übergangs seinen Kernabstand nicht wesentlich ändert.*

Wir wissen bereits von Kapitel 3, wie sich die Energie eines zweiatomigen Moleküls mit dem Kernabstand ändert (vgl. Bild 3.3). Wir wissen, dass dieses Diagramm, die Morse-Funktion, den Energieverlauf für den Fall wiedergibt, dass eines der Atome bei $r = 0$ festgehalten gedacht wird und das andere in dem durch die Kurve begrenzten Bereich schwingen kann. Nach der klassischen Theorie würde man vermuten, dass sich das schwingende Atom die meiste Zeit am Umkehrpunkt seiner Bewegung aufhält, also *auf* der Kurve, da es sich dort am langsamsten bewegt; die Quantentheorie teilt diesen Standpunkt zwar für hohe Schwingungsquantenzahlen, zeigt aber auch, dass für $v = 0$ das Atom mit größter Wahrscheinlichkeit in der *Mitte* seines Bewegungsbereichs anzutreffen ist, d.h., im Gleichgewichtsabstand $r_{eq.}$. Für $v = 1, 2, 3, \ldots$ nähern

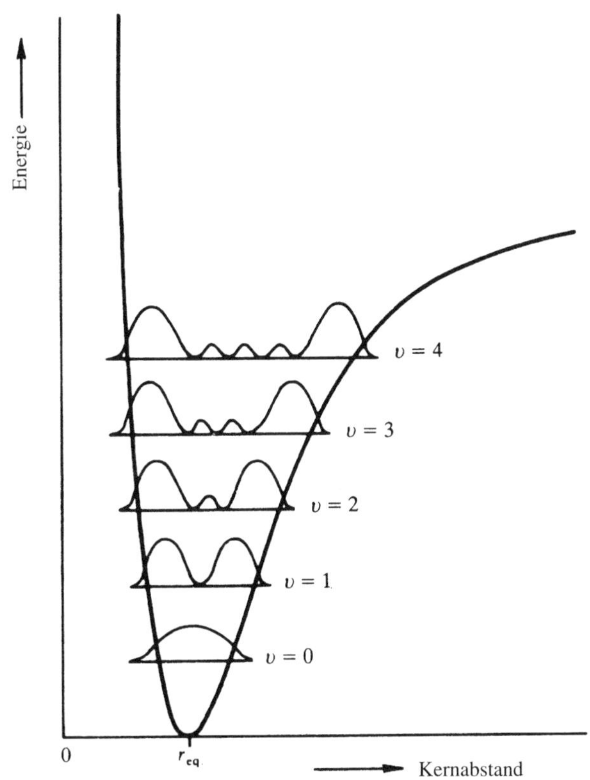

Bild 6.2: Wahrscheinlichkeitsverteilung bei einem zweiatomigen Molekül nach der Quantentheorie. Die Kerne halten sich mit größter Wahrscheinlichkeit in einer Entfernung voneinander auf, die durch die Maxima der Funktionen in den einzelnen Schwingungszuständen gegeben ist.

sich die wahrscheinlichsten Positionen stetig den Amplitudenwerten an, bis bei hohem v das Quantenbild in die klassische Vorstellung übergeht. Dieses Verhalten ist in Bild 6.2 gezeigt, in dem die Wahrscheinlichkeitsverteilung in den einzelnen Schwingungszuständen gegen den Kernabstand aufgetragen ist. Wer Quantenmechanik studiert hat, wird bemerken, dass Bild 6.2 die Änderung von $|\psi|^2$ mit dem Kernabstand zeigt, wobei ψ die Schwingungswellenfunktion ist.

Geht ein zweiatomiges Molekül in einen höheren elektronischen Zustand über, in dem das angeregte Molekül im Hinblick auf eine Dissoziation in seine Atome stabil ist, dann können wir den oberen Zustand durch eine Morsefunktion wiedergeben, die ähnlich aussieht wie die für den Grundzustand. Es werden sich wahrscheinlich (aber nicht unbedingt) Parameter wie die Schwingungsfrequenz, der Gleichgewichts-Kernabstand oder die Dissoziationsenergie zwischen den beiden Zuständen unterscheiden, aber das heißt lediglich, dass wir jedes angeregte Molekül als ein neues, jedoch ziemlich ähnliches Molekül mit einem anderen, aber ebenfalls ähnlichen Morsepotential betrachten sollten.

Bild 6.3 zeigt vier Möglichkeiten. Bild 6.3(a) stellt den Fall dar, dass der obere

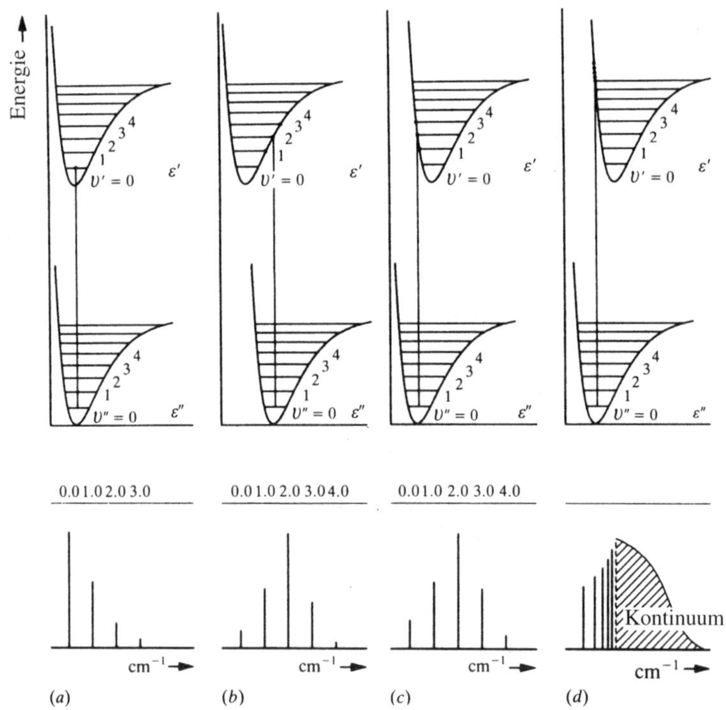

Bild 6.3: Das Franck-Condon-Prinzip für den Fall, dass (a) gleicher Kernabstand im oberen und unteren Zustand vorliegt, (b) der Kernabstand im oberen Zustand etwas kleiner ist als im unteren, (c) der Abstand im oberen Zustand etwas größer ist als im unteren und (d) der Abstand im oberen Zustand wesentlich größer ist.

elektronische Zustand denselben Gleichgewichtsabstand hat wie der untere. Nun kann man aufgrund des Franck-Condon-Prinzips vermuten, dass ein Übergang in diesem Diagramm *vertikal* erfolgt, da sich der Kernabstand nicht ändert und somit unter der Voraussetzung, dass das Molekül anfangs im elektronischen (ε'') und dessen Schwingungsgrundzustand ($v'' = 0$) war, der wahrscheinlichste Übergang der in Bild 6.3(a) durch die vertikale Linie angedeutete ist. Die stärkste Spektrallinie für die $v'' = 0$ Serie (Progression) wird also die $(0,0)$ sein. Die Quantentheorie sagt aber nur, dass die *Wahrscheinlichkeit* am größten ist, das schwingende Atom im Zustand $v = 0$ im Gleichgewichtsabstand zu finden – sie lässt eine gewisse, wenn auch kleine Möglichkeit zu, dass sich das Atom nahe der extremen Auslenkung seiner Schwingungsbewegung aufhält. Somit gibt es auch eine gewisse Chance, dass der Übergang von den Endpunkten des $v'' = 0$ Zustands startet und zu den $v' = 1, 2$ usw. Zuständen führt. Die $(1,0)$, $(2,0)$ usw. Linien nehmen jedenfalls rasch, wie in Bild 6.3(a) unten gezeigt, in ihrer Intensität ab.

In Bild 6.3(b) ist der Fall dargestellt, dass der elektronisch angeregte Zustand einen *geringfügig* kleineren Kernabstand als der Grundzustand aufweist. Ein vertikaler Übergang vom Niveau $v'' = 0$ wird mit größter Wahrscheinlichkeit zum Zustand $v' = 2$ erfolgen, wobei Übergänge zu tieferen und höheren v'-Zuständen weniger wahrscheinlich sind; ganz allgemein hängt es vom Unterschied der Gleichgewichtsabstände zwischen dem tieferen und dem höheren Zustand ab, welcher höhere Zustand mit der größten Wahrscheinlichkeit erreicht wird. In Bild 6.3(c) weist der angeregte elektronische Zustand einen etwas größeren Kernabstand auf als der Grundzustand, aber die sich daraus ergebenden Übergänge sowie das Spektrum sind ähnlich (siehe jedoch auch Abschnitt 6.5).

In Bild 6.3(d) ist der Abstand im oberen Zustand *wesentlich* größer gezeichnet als der im Grundzustand, und wir sehen erstens, dass das Schwingungsniveau, in welchem der Übergang endet, ein hohes v' aufweist. Zweitens können nun Übergänge zu einem Zustand führen, in dem das angeregte Molekül eine Energie hat, die über seine eigene Dissoziationsenergie hinausgeht. Von so einem Zustand aus dissoziiert das Molekül ohne jede Schwingung, und da die dabei gebildeten Atome jeden beliebigen Betrag an kinetischer Energie aufnehmen können, sind die Übergangsenergien nicht quantisiert; das Ergebnis ist ein Kontinuum. Dies ist unten im Bild gezeigt. Wir betrachten das Phänomen der Dissoziation im nächsten Abschnitt etwas genauer.

Die Verhältnisse sind bei Emissionsspektren oder bei Absorption von einem angeregten Schwingungszustand aus eher komplizierter, da jetzt Übergänge von *beiden Endpunkten* der Schwingungsbewegung mit derselben Wahrscheinlichkeit erfolgen können; deshalb weist jede Progression zwei Maxima auf, die nur dann zusammenfallen, wenn die Gleichgewichtsabstände in beiden Zuständen dieselben sind.

6.1.4 Dissoziationsenergie und Dissoziationsprodukte

In Bild 6.4(a) und (b) sind zwei Möglichkeiten wiedergegeben, nach denen eine elektronische Anregung zu einer Dissoziation führen kann (eine dritte Möglichkeit, genannt *Prädissoziation*, wird in Abschnitt 6.1.7 behandelt werden). Bild 6.4(a) stellt den bereits besprochenen Fall dar, in dem der Gleichgewichtsabstand der Kerne im oberen Zustand erheblich größer ist als im unteren. Mit den gestrichelt eingezeichneten Grenzwerten des Morsepotentials ist die Dissoziation des gewöhnlichen und des angeregten Moleküls in seine Atome angedeutet, wobei die Dissoziationsenergien in beiden Fällen vom Zustand $v = 0$ gerechnet wird. Wir sehen, dass die Gesamtenergie der Dissoziationsprodukte (d.h., der Atome) im oberen Zustand um einen Betrag E_{ex} größer ist als die der Dissoziationsprodukte im unteren Zustand. Diese Energie ist die *Anregungsenergie* eines der beiden (oder in seltenen Fällen beider) Atome, die aus der Dissoziation hervorgehen.

Wir haben im vorhergehenden Abschnitt erkannt, dass das Spektrum dieses Systems aus einigen (quantisierten) Schwingungsübergängen besteht, auf die ein Kontinuum folgt (nichtquantisierte Übergänge), das für die Dissoziation steht. Die untere Wellenzahlgrenze dieses Kontinuums muss jenen Energiebetrag anzeigen, der gerade die Dissoziation bewirkt, und nicht mehr (d.h., die Dissoziationsprodukte trennen sich mit praktisch verschwindender kinetischer Energie) und somit ergibt sich

$$\bar{\nu}_{\text{continuum limit}} = D_0'' + E_{\text{ex.}} \quad \text{cm}^{-1} \tag{6.7}$$

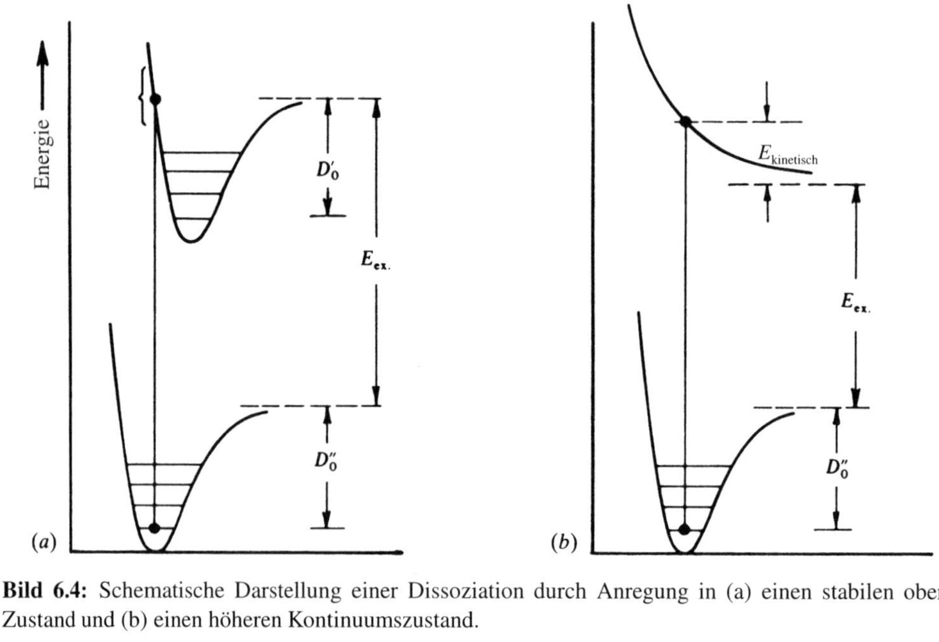

Bild 6.4: Schematische Darstellung einer Dissoziation durch Anregung in (a) einen stabilen oberen Zustand und (b) einen höheren Kontinuumszustand.

Wir können die Dissoziationsenergie D_0'' messen, wenn wir die Anregungsenergie $E_{\text{ex.}}$ der Produkte kennen, wie immer sie beschaffen sein mögen. Obwohl nun die Anregungsenergie der Atome in die verschiedenen elektronischen Zustände mit Hilfe der Atomspektroskopie (vgl. Kapitel 5) gut gemessen werden kann, ist es nicht immer klar, in welchem *Zustand* sich die Dissoziationsprodukte befinden. Es gibt jedenfalls mehrere Möglichkeiten, nach denen die Gesamtenergie $D_0'' + E_{\text{ex.}}$ in die beiden Teilbeträge zerlegt werden kann; an dieser Stelle erwähnen wir nur zwei.

Erstens, thermochemische Beobachtungen ergeben oft einen ungefähren Wert für D_0'' und damit kann man, da $D_0'' + E_{\text{ex.}}$ spektroskopisch genau messbar ist, einen ungefähren Wert für $E_{\text{ex.}}$ erhalten. Untersucht man das Spektrum der dabei entstehenden Atome, dann ist im Normalfall nur eine der Anregungsgenergien mit $E_{\text{ex.}}$ vereinbar. Damit ist der Zustand der Produkte bekannt, $E_{\text{ex.}}$ exakt gemessen und ein genauer Wert für D_0'' bestimmt.

Zweitens: Findet man mehr als eine spektroskopische Dissoziationsgrenze, entsprechend einer Dissoziation in zwei oder mehrere Produktzustände mit unterschiedlichen Anregungsenergien, dann zeigt sich oft, dass die Abstände zwischen den Anregungsenergien den Abständen der angeregten Zustände nur eines der Atome entspricht, die spektroskopisch beobachtet wurden. Damit sind die angeregten Produkte identifiziert und deren Energien somit bekannt.

In Bild 6.4(b) ist der Fall dargestellt, bei dem der obere elektronische Zustand *instabil* ist: Das Potential hat kein Minimum, und sobald das Molekül durch Anregung in diesen Zustand angehoben ist, zerfällt das Molekül in Produkte, die die gesamte Anregungsenergie $E_{\text{ex.}}$ enthalten. Die Produkte fliegen mit der kinetischen Energie $E_{\text{kinetisch}}$ auseinander, die (wie im Bild gezeigt) im oberen Zustand der Energie entspricht, die über die Dissoziationsenergie des Moleküls hinausgeht. Da $E_{\text{kinetisch}}$ nicht quantisiert ist, besteht das gesamte Spektrum dieses Systems aus einem Kontinuum, dessen untere Grenze (falls beobachtbar) genau mit der Energie $D_0'' + E_{\text{ex.}}$ zusammenfällt. Wie vorhin kann, wenn $E_{\text{ex.}}$ aus der Kenntnis der Dissoziationsprodukte bestimmbar ist, D_0'' mit hoher Genauigkeit gemessen werden.

In Abschnitt 6.2.2 werden wir erfahren, welcher Art die Bedingungen sein müssen, die im oberen Zustand (Bild 6.4(a)) einerseits zum Auftreten eines Minimums und andererseits zu einem *kontinuierlichen* angeregten Zustand führen (Bild 6.4(b)).

In vielen elektronischen Spektren erscheinen überhaupt keine Kontinua – die Kernabstände im oberen und unteren Zustand sind so beschaffen, dass die Übergänge nahe dem Dissoziationslimit vernachlässigbare Wahrscheinlichkeit aufweisen – aber es ist dennoch möglich, einen Wert für die Dissoziationsenergie zu bestimmen, indem man die Konvergenz der Schwingungslinien verfolgt. Wir haben bereits in Kapitel 3 (vgl. Gl. (3.12)) gesehen, dass die Schwingungsenergieniveaus in der Form geschrieben werden können:

$$\varepsilon_v = (v + \tfrac{1}{2})\bar{\omega}_e - x_e(v + \tfrac{1}{2})^2\bar{\omega}_e \quad \text{cm}^{-1} \tag{6.8}$$

Und somit beträgt der Abstand $\Delta\varepsilon$ zwischen benachbarten Linien einfach:

$$\Delta\varepsilon = \varepsilon_{v+1} - \varepsilon_v = \bar{\omega}_e\{1 - 2x_e(v+1)\} \quad \text{cm}^{-1} \tag{6.9}$$

Dieser Abstand nimmt offensichtlich linear mit wachsendem v ab und die Dissoziationsgrenze ist dann erreicht, wenn $\Delta\varepsilon \to 0$. Damit ist der Maximalwert von v durch das $v_{\max}$ gegeben, für das gilt[1]:

$$\bar{\omega}_e\{1 - 2x_e(v+1)\} = 0$$

d.h.

$$v_{\max} = \frac{1}{2x_e} - 1 \tag{6.10}$$

Wir wissen bereits, dass die Anharmonizitätskonstante x_e von der Größenordnung 10^{-2} ist; damit ist $v_{\max}$ etwa 50.

Wie wir in Abschnitt 3.1.3 gesehen haben, reichten (im Infraroten) zwei Schwingungsübergänge aus, um x_e und $\bar{\omega}_e$ zu bestimmen. So ergab dort ein Beispiel am HCl $\bar{\omega}_e = 2990$ cm^{-1} und $x_e = 0{,}0174$. Mit Hilfe von Gl. (6.10) berechnen wir $v_{\max} = 27{,}74$ und die nächsttiefere ganze Zahl ist $v = 27$. Einsetzen der Werte $v = 27$, $\bar{\omega}_e = 2990$ cm^{-1} und $x_e = 0{,}0174$ in Gl. (6.8) ergibt 42 890 cm^{-1} oder 513,0 kJ mol^{-1} für den Maximalwert der Schwingungsenergie. Dies kann mit dem genaueren Wert von 427,2 kJ mol^{-1} verglichen werden, der thermochemisch bestimmt wurde.

Die Diskrepanz zwischen diesen beiden Zahlen hat zwei Ursachen. Erstens ermöglichen es uns die Infrarotdaten, lediglich zwei oder drei Schwingungsübergänge (die Grundschwingung und den ersten und zweiten Oberton) mit einzubeziehen. Das elektronische Spektrum zeigt, wie wir gesehen haben, viel mehr Schwingungslinien (die Anzahl ist nicht so sehr durch eine Quantenzahl, sondern durch das Franck-Condon-Prinzip begrenzt), und wir erhalten einen genaueren Wert für D_0'', wenn wir von diesen zusätzlichen Daten Gebrauch machen. Zweitens haben wir angenommen, dass Gl. (6.8) auch bei höheren Werten von v gültig ist; das ist nicht der Fall, da Terme dritter und vierter Ordnung wichtig werden. Deshalb nimmt $\Delta\varepsilon$ schneller ab als Gl. (6.9) vermuten lässt.

Beides kann dadurch berücksichtigt werden, dass wir den *Abstand* $\Delta\varepsilon$ zwischen den Schwingungsübergängen aus dem elektronischen Spektrum als Funktion der Schwingungsquantenzahl auftragen. Am Beginn stimmt Gl. (6.9) recht genau, und der Graph ist eine Gerade, die entweder extrapoliert werden kann, um $v_{\max}$ zu bestimmen, oder man erhält die Dissoziationsenergie direkt aus der *Fläche* unter der $\Delta\varepsilon$- über v-Kurve, da sie selbst einfach gleich der Summe aller Energiestufen $\Delta\varepsilon$ von $v = 0$ bis $v = v_{\max}$ ist. Eine lineare Extrapolation dieser Art wurde zuerst von Birge und Sponer vorgeschlagen und ist gewöhnlich nach ihnen benannt.

[1] Dies gilt näherungsweise, der Abstand zweier Schwingungsniveaus geht an der Dissoziationsgrenze nicht exakt gegen null.

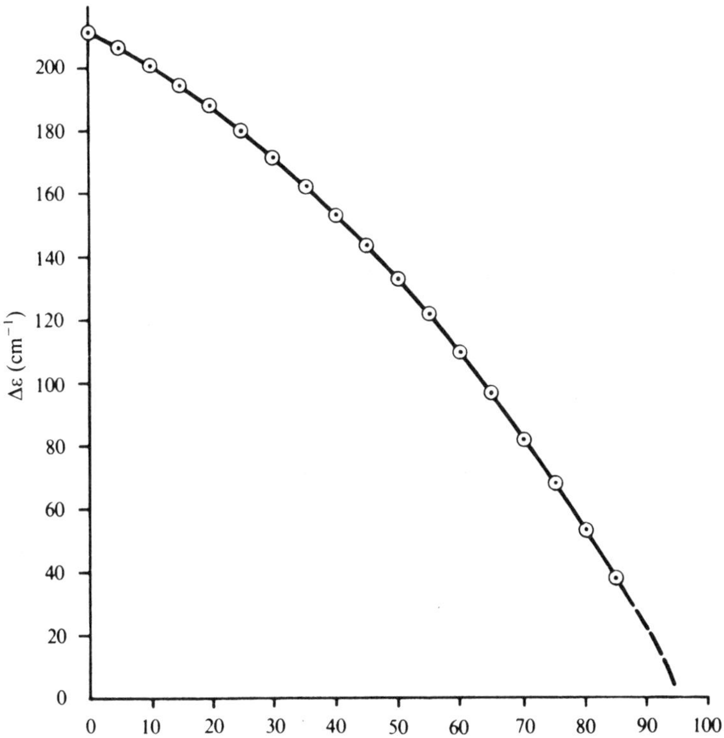

Bild 6.5: Birge-Sponer-Extrapolation zur Bestimmung der Dissoziationsenergie des Iodmoleküls, J_2. (*Entnommen aus den Daten von R.D. Varma,* J. Chem. Phys. **32**, *p. 738, 1960, mit freundlicher Genehmigung des Autors.*)

Steht aber andererseits ausführliches Datenmaterial für eine Serie von Elektron-Schwingungs-Übergängen zur Verfügung, dann kann man die Tatsache nutzen, dass die „$\Delta\varepsilon$- über v"-Kurve zu höheren v hin stärker abfällt, sowie kubische und quartische Terme an Bedeutung gewinnen. In diesem Fall erzielt man die genaueste Bestimmung der Dissoziationsenergie dadurch, dass man die geglättete Kurve extrapoliert und die Fläche darunter ermittelt. Bild 6.5 illustriert dieses Verfahren an Iod-Daten von R.D. Varma.

Bei Absorptionsspektren beobachtet man gewöhnlich eine Linienfolge, die ihren Ursprung bei $v'' = 0$ hat (vgl. Bild 6.1). Damit findet man für gewöhnlich über die Konvergenz der Niveaus im oberen Zustand die Dissoziationsenergie dieses Zustands. Während dies allein schon von großem Interesse ist, vor allem, weil Moleküle in angeregten Zuständen üblicherweise in Bruchteilen von Mikrosekunden in den Grundzustand zurückkehren, kann man auch die Dissoziationsenergie im Grundzustand ganz leicht finden unter der Voraussetzung, dass, wie vorher, die Dissoziationsprodukte und ihre Anregungsenergien bekannt sind. Kennen wir nun die in Bild 6.4(a) eingezeichneten Größen $E_{ex.}$ (aus der Atomspektroskopie) und

D'_0 (aus einer Birge-Sponer-Extrapolation) und können wir die Energie des $(0,0)$ Übergangs entweder direkt oder durch Rechnung aus den beobachteten Energieniveaus bestimmen, dann erhalten wir:

$$D''_0 = \text{Energie von } (0{,}0) + D'_0 - E_{\text{ex.}} \quad \text{cm}^{-1} \tag{6.11}$$

6.1.5 Rotationsfeinstruktur der Elektron-Schwingungs-Übergänge

Bis jetzt haben wir gefunden, dass das elektronische Spektrum eines zweiatomigen Moleküls aus einer oder mehreren Folgen konvergierender Linien besteht, die die Schwingungs-Grobstruktur eines jeden elektronischen Übergangs bilden. Im Allgemeinen beobachtet man, dass jede dieser „Linien" breit und diffus ist oder, bei entsprechend hoher Auflösung, als Ansammlung von vielen sehr knapp beisammen liegenden Linien besteht. Das ist natürlich die Rotationsfeinstruktur.

Näherungsweise kann man die Zentrifugalverzerrung vernachlässigen und die Energieniveaus eines rotierenden zweiatomigen Moleküls (vgl. Gln. (2.11) und (2.12)) wie folgt ausdrücken:

$$\varepsilon_{\text{rot}} = \frac{h}{8\pi^2 Ic} J(J+1) = BJ(J+1) \quad \text{cm}^{-1} \qquad (J = 0, 1, 2, ...) \tag{6.12}$$

wobei I das Trägheitsmoment, B die Rotationskonstante und J die Rotationsquantenzahl bedeuten. Damit lautet nach der Born-Oppenheimer-Näherung der Ausdruck für die Gesamtenergie (ohne die kinetische Energie der Translation) für ein zweiatomiges Molekül:

$$\varepsilon_{\text{total}} = \varepsilon_{\text{elec.}} + \varepsilon_{\text{vib.}} + BJ(J+1) \quad \text{cm}^{-1} \tag{6.13}$$

Eine Änderung in der Gesamtenergie kann so formuliert werden:

$$\Delta\varepsilon_{\text{total}} = \delta\{\varepsilon_{\text{elec.}} + \varepsilon_{\text{vib.}}\} + \Delta\{BJ(J+1)\} \quad \text{cm}^{-1} \tag{6.14}$$

und die Wellenzahl der entsprechenden Spektrallinie ist einfach:

$$\bar{\nu}_{\text{spect.}} = \bar{\nu}_{(v',v'')} + \Delta\{BJ(J+1)\} \quad \text{cm}^{-1} \tag{6.15}$$

wobei $\bar{\nu}_{(v',v'')}$ die Wellenzahl eines Elektron-Schwingungs-Übergangs bedeutet. Dies bezieht sich natürlich auf *irgendeinen* Übergang, z.B. auf $(0,0)$ oder $(1{,}0)$ usw., wie sie schon im vorigen Abschnitt behandelt wurden. Hier befassen wir uns im Wesentlichen mit $\Delta\{BJ(J+1)\}$.

Die Auswahlregel für J hängt von der Art des elektronischen Übergangs ab, den das Molekül ausführt. Wir werden diesen Punkt noch genauer in Abschnitt 6.2.2

betrachten; im Augenblick müssen wir einfach festhalten, dass für den Fall eines $^1\Sigma$ Zustands sowohl im oberen wie auch im unteren elektronischen Zustand (d.h., wenn kein elektronischer Drehimpuls in Richtung der Kernverbindungsachse vorhanden ist) die Auswahlregel lautet:

$$\Delta J = \pm 1 \text{ (streng) bei } {}^1\Sigma \rightarrow {}^1\Sigma\text{-Übergängen} \tag{6.16}$$

während für alle anderen Übergänge (d.h. unter der Voraussetzung, dass entweder der obere oder der untere Zustand (oder beide) einen Drehimpuls um die Bindungsachse aufweisen) die Auswahlregel in der Form gilt:

$$\Delta J = 0 \text{ oder } \pm 1 \tag{6.17}$$

In diesem zweiten Fall besteht die zusätzliche Einschränkung, dass ein Zustand mit $J = 0$ nicht in einen anderen $J = 0$ Zustand übergehen kann:

$$J = 0 \not\leftrightarrow J = 0 \tag{6.18}$$

Daraus schließen wir, dass bei Übergängen zwischen $^1\Sigma$ Zuständen nur P- und R-Zweige auftreten, während bei anderen Übergängen zusätzlich Q-Zweige vorhanden sind.

Wir entwickeln Gl. (6.15) wie folgt:

$$\bar{\nu}_{\text{spect.}} = \bar{\nu}_{(v',v'')} + B'J'(J'+1) - B''J''(J''+1) \quad \text{cm}^{-1} \tag{6.19}$$

wobei sich B' und J' auf den oberen und B'' und J'' auf den unteren elektronischen Zustand beziehen. In Kapitel 3, bei unserer Betrachtung der Schwingungs-Rotations-Spektren, haben wir gesehen (vgl. Abschnitt 3.4), dass der Unterschied zwischen den B-Werten in unterschiedlichen Schwingungsniveaus sehr klein war und vernachlässigt werden konnte, es sei denn, feinere Einzelheiten in den Spektren sollten gedeutet werden. Dies ist nun in der elektronischen Spektroskopie keineswegs der Fall: Hier haben wir in Abschnitt 6.1.3 bei den Überlegungen zum Franck-Condon-Prinzip gesehen, dass sich die Gleichgewichtsabstände im unteren und im oberen elektronischen Zustand ganz wesentlich voneinander unterscheiden können, wobei dann auch die Trägheitsmomente und damit auch die B-Werte verschieden sind. Wir können nicht *im Voraus* sagen, welcher der beiden B-Werte größer ist. Häufig wird eines der Elektronen angeregt, die die Bindung zwischen den Kernen bewirken; ist dies der Fall, dann ist die Bindung im oberen Zustand schwächer und wahrscheinlich auch länger (vgl. Bild 6.3(b) oder (c)), so dass das Gleichgewichts-Trägheitsmoment beim Übergang größer wird und B abnimmt. Damit ist $B' < B''$. Manchmal ist es aber auch umgekehrt, z.B., wenn das Elektron eines antibindenden Orbitals angeregt wird (siehe Abschnitt 6.2.2).

Wir können uns das Aussehen der Rotationsfeinstruktur überlegen, indem wir die Auswahlregeln der Gln. (6.16), (6.17) und (6.18) auf Gl. (6.19), den Ausdruck für die Spektrallinien, anwenden. Wir können auch noch anmerken, dass jetzt die Vorgehensweise für die P- und R-Zweig-Linien dieselbe ist wie in Abschnitt 3.4 beim Rotations-Schwingungsspektrum, jedoch mit dem Unterschied, dass wir es dort mit B_0 und B_1, also mit B Werten in unteren und oberen *Schwingungszuständen* zu tun hatten. Jetzt sind es B Werte in unteren und oberen *elektronischen* Zuständen, B'' und B', und wir beziehen auch noch das Auftreten eines Q-Zweigs in die Überlegung mit ein.

Wir erhalten für P-, R- und Q-Zweige der Reihe nach:

1. P-Zweig: $\Delta J = -1, J'' = J' + 1$

$$\Delta\varepsilon = \bar{\nu}_P = \bar{\nu}_{(\upsilon',\upsilon'')} - (B' + B'')(J' + 1) + (B' - B'')(J' + 1)^2 \quad \text{cm}^{-1} \qquad (6.20\text{a})$$
$$\text{mit} \quad J' = 0, 1, 2, \ldots$$

2. R-Zweig: $\Delta J = +1, J' = J'' + 1$

$$\Delta\varepsilon = \bar{\nu}_R = \bar{\nu}_{(\upsilon',\upsilon'')} + (B' + B'')(J'' + 1) + (B' - B'')(J'' + 1)^2 \quad \text{cm}^{-1} \qquad (6.20\text{b})$$
$$\text{mit} \quad J'' = 0, 1, 2, \ldots$$

Diese beiden Gleichungen kann man in folgender Weise kombinieren:

$$\bar{\nu}_{P,R} = \bar{\nu}_{(\upsilon',\upsilon'')} + (B' + B'')m + (B' - B'')m^2 \quad \text{cm}^{-1} \qquad (6.20\text{c})$$
$$\text{mit} \quad m = \pm 1, \pm 2, \ldots$$

wobei die positiven m-Werte den R-Zweig beschreiben (d.h., sie entsprechen $\Delta J = +1$) und die negativen den P-Zweig ($\Delta J = -1$). Beachten Sie, dass m nicht null sein kann (dies würde z.B. im P-Zweig dem Fall $J' = -1$ entsprechen, was nicht möglich ist), so dass am *Bandenursprung* $\bar{\nu}_{(\upsilon',\upsilon'')}$ keine Linie aus dem P- oder R-Zweig erscheint. R- oder P-Zweig sind in Bild 6.6(a) bzw. (b) separat dargestellt, wobei zwischen dem oberen und dem unteren B-Wert ein Unterschied von 10 % und $B' < B''$ angenommen wurde. Beachten Sie, dass *unter diesen Annahmen* die P-Zweig-Linien vom Bandenursprung aus auf der Seite *niedriger* Wellenzahlen auftreten und der Abstand zwischen den Linien mit m zunimmt. Andererseits liegen die R-Zweig-Linien, vom Ursprung aus gemessen, bei *höheren* Wellenzahlen, und der Linienabstand nimmt mit m rasch ab – so rasch, dass manchmal die Linien nach Erreichen einer maximalen Wellenzahl anfangen umzukehren und wieder zu niedrigeren Wellenzahlen zurückkehren, wobei sich ihr Abstand vergrößert.[1]

Es wird noch in Erinnerung sein, dass auch in Abschnitt 3.4 eine ähnliche Abnahme der Abstände im R-Zweig zu beobachten war, allerdings nicht ausgeprägt

[1] Die umkehrenden Linien des R-Zweigs fallen mit den Linien mit niedrigeren J für den Fall zusammen, dass Gl. (6.20(b)) exakt erfüllt ist. In der Praxis gewinnen aber bei den Molekülen die kubischen und quartischen Glieder mit höherem m zunehmend an Bedeutung.

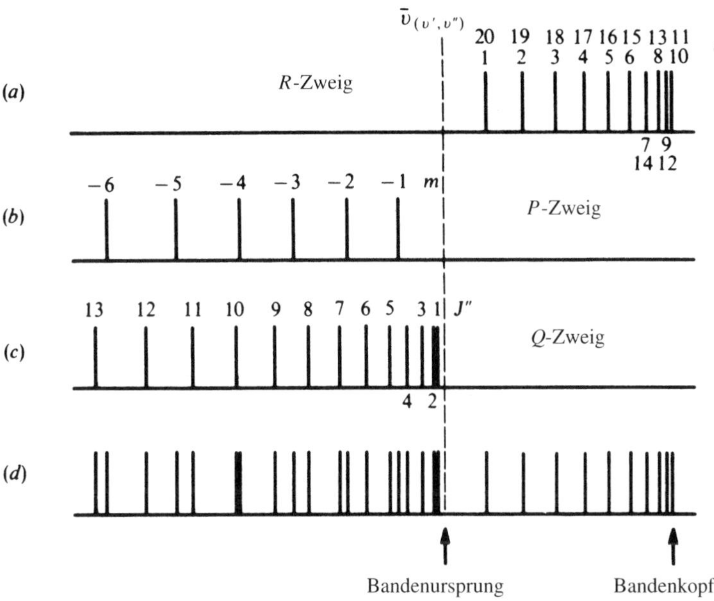

Bild 6.6: Die Rotationsfeinstruktur eines Elektron-Schwingungs-Übergangs bei einem zweiatomigen Molekül. Die *R*-, *P*- und *Q*-Zweige sind getrennt in (a) bzw. (b) und (c) wiedergegeben, das vollständige Spektrum in (d).

genug, um zu konvergieren; die rasche Konvergenz ist hier auf die Größe von $B' - B''$ zurückzuführen. Der Ort auf der Frequenzachse, bei dem die *R*-Zweig-Aufspaltung zu null wird, heißt der *Bandenkopf*.

3. *Q*-Zweig: $\Delta J = 0$, $J' = J''$

$$\Delta\varepsilon = \bar{\nu}_Q = \bar{\nu}_{(\upsilon',\upsilon'')} + (B' - B'')J'' + (B' - B'')J''^2 \quad \text{cm}^{-1} \tag{6.21}$$
$$\text{mit} \quad J'' = 1, 2, 3, \ldots$$

Halten Sie fest, dass in diesem Fall wegen der Einschränkung nach Gl. (6.18) $J'' = J' \neq 0$ gilt. Aus diesem Grund erscheint auch hier *keine Linie am Bandenursprung*. In Bild 6.6(c) ist schematisch der *Q*-Zweig gezeigt, wiederum für $B' < B''$ und mit einem Unterschied von 10 Prozent zwischen den beiden Werten. Wir sehen, dass die Linien sich zu *niedrigeren* Wellenzahlen hin ausbreiten und ihr Abstand zunimmt. Die ersten Linien sind im Allgemeinen nicht aufgelöst.

Bild 6.6(d) zeigt das vollständige Rotationsspektrum. Wie wir in Abschnitt 2.3.2 gesehen haben, sind sogar bei Zimmertemperatur viele Rotationsniveaus besetzt; deshalb taucht eine größere Anzahl von *P*- und *R*- (und gegebenenfalls *Q*-)Zweiglinien im Spektrum mit vergleichbarer Intensität auf. Das Spektrum wird üblicherweise vom Bandenkopf beherrscht, da sich an dieser Stelle viele *R*-Zweiglinien zusammendrängen; deshalb ist auch der *Q*-Zweig, falls vorhanden, nicht sehr ins Auge fallend.

In dem jetzt aktuellen Fall ($B' < B''$) erscheint der Bandenkopf im R-Zweig, vom Ursprung aus gemessen, auf der hochfrequenten Seite; von so einem Band sagt man, es sei *rot-abschattiert* – d.h., der Ausläufer des Bandes mit abfallender Intensität zeigt in Richtung auf das rote Ende (tiefere Frequenz) des Spektrums. Ist andererseits $B' > B''$, dann kehren sich alle bisherigen Argumente um. Ganz kurz: (1) Der Q-Zweig erstreckt sich zu *höheren* Wellenzahlen hin, (2) der R-Zweig (natürlich noch immer auf der Seite *höherer* Wellenzahlen) besteht aus einer Folge von Linien mit *wachsendem* Abstand und (3), der Bandenkopf erscheint im P-Zweig auf der *nieder*frequenten Seite des Ursprungs. So ein Band heißt *violett-abschattiert.*

Für gewöhnlich sind alle Schwingungsbanden innerhalb eines elektronischen Übergangs (z.B. das Bandensystem, das in Bild 6.1 als Linienspektrum gezeigt ist) in dieselbe Richtung abschattiert, während jedoch unterschiedliche elektronische Übergänge am selben Molekül durchaus unterschiedliche Abschattierungen aufweisen können. Somit kann eine Berücksichtigung der Abschattierung bei der Analyse des Gesamtspektrums hilfreich sein. Es kann aber auch vorkommen, dass in Banden desselben elektronischen Übergangs unterschiedliche Abschattierungen beobachtet werden. Dies ist darauf zurückzuführen, dass die Werte von B' und B'' nicht immer unabhängig vom Schwingungszustand sind (wie wir es bereits in Abschnitt 3.4 gesehen haben), so dass für den Fall, dass $B' - B''$ klein ist, dieser Betrag in höheren Schwingungszuständen ein anderes Vorzeichen bekommen kann. Dieses Verhalten wird z.B. am Molekül AlF beobachtet, ist aber selten.

6.1.6 Das Fortrat-Diagramm

Wir können die Ausdrücke für die P-, R- und Q-Zweiglinien aus den Gln. (6.20c) und (6.21) in anderer Form, nämlich mit den *stetig veränderlichen* Parametern p und q, ausdrücken:

$$\bar{\nu}_{P,R} = \bar{\nu}_{(v',v'')} + (B' + B'')p + (B' - B'')p^2 \tag{6.22a}$$

$$\bar{\nu}_{Q} = \bar{\nu}_{(v',v'')} + (B' - B'')q + (B' - B'')q^2 \tag{6.22b}$$

wobei erkennbar ist, dass sie die analytische Form einer Parabel haben; p kann sowohl positive wie auch negative Werte annehmen; q ist nur positiv. Wir zeigen diese Parabeln schematisch in Bild 6.7, wobei wir uns wieder auf $B' < B''$ und auf einen Unterschied von 10 Prozent zwischen beiden Werten festgelegt haben; die Bereiche mit positivem p sind mit $\bar{\nu}_R$ und die mit negativem p mit $\bar{\nu}_P$ bezeichnet. Diese Parabeln werden üblicherweise als Fortrat-Parabeln bezeichnet. Verdeutlichen wir nun die Tatsache, dass p und q tatsächlich nur ganzzahlige Werte (außer null) annehmen können, indem wir Kreise um die zulässigen Punkte auf der Parabel einzeichnen, dann können wir die Beträge von $\bar{\nu}$ für die Spektrallinien unmittelbar vom Diagramm ablesen. Im unteren Teil des Bilds zeigen wir einige der ersten Linien in jedem Zweig,

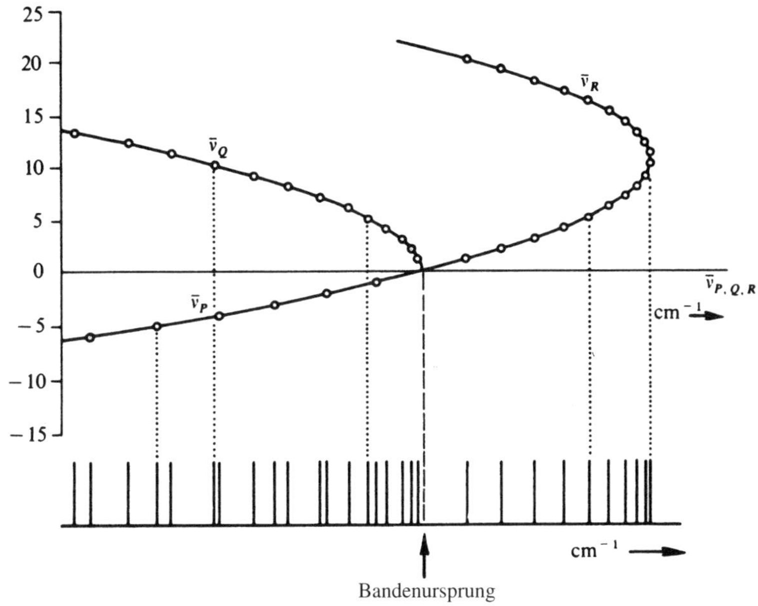

Bild 6.7: Fortrat-Diagramm bei einem Unterschied von 10 Prozent zwischen B' und B'' (mit $B' < B''$). Das Spektrum am unteren Rand ist mit dem von Bild 6.6(d) identisch.

wobei die gepunkteten Hilfslinien in größeren Abständen das Spektrum mit dem Fortrat-Diagramm verbinden.

Eine nützliche Eigenschaft des Fortrat-Diagramms besteht darin, dass der Bandenkopf einfach am Scheitel der P, R-Parabel liegt. Wir können die Lage des Scheitels durch Differenzieren von Gl. (6.22a) errechnen:

$$\frac{d\bar{\nu}_{P,R}}{dp} = B' + B'' + 2(B' - B'')p = 0$$

oder

$$p = -\frac{B' + B''}{2(B' - B'')} \quad \text{für den Bandenkopf} \tag{6.23}$$

Somit erscheint der Bandenkopf im Fall $B' < B''$ (oberer Zustand hat einen größeren Gleichgewichts-Bindungsabstand) bei *positiven* p-Werten (d.h., im R-Zweig) und die Linie maximaler Wellenzahl wird durch das nächste ganzzahlige p bestimmt. Ist andererseits $B' > B''$, dann erscheint der Bandenkopf im Bereich mit negativem p, also im P-Zweig. Eine einfache Rechnung zeigt, dass bei einem Unterschied von 10 Prozent zwischen B' und B'' der Bandenkopf bei $p \approx 10$ liegt.

6.1.7 Prädissoziation

Wird an einem Molekül eine große Anzahl von Schwingungsübergängen beobachtet, dann kann es manchmal vorkommen, dass die Schwingungs- und Rotationsstruktur für Linienserien bei kleinen und bei großen Änderungen der Schwingungsquantenzahl sehr ausgeprägt ist, dass aber bei Änderungen im mittleren Bereich entweder die Rotationsstruktur verwaschen ist oder aber ein völliges Kontinuum beobachtet wird. Bild 6.8 zeigt schematisch, wie es zu so einem Band kommt. Ein Kontinuum bei hohen Wellenzahlen würde einer normalen Dissoziation entsprechen (vgl. Abschnitt 6.1.4), aber ein Kontinuum in der Mitte, das bei Energien deutlich unter der Dissoziationsgrenze auftritt, bezeichnet man als *Prädissoziation*.

Prädissoziation kann auftreten, wenn sich bei einem Molekül die Morse-Potentialkurven von zwei verschiedenen angeregten Zuständen kreuzen; einer der möglichen Fälle ist in Bild 6.9 gezeigt. Einer der beiden angeregten Zustände ist stabil, da dessen Funktion ein Minimum aufweist, der andere entspricht einem Kontinuum. Gezeigt sind

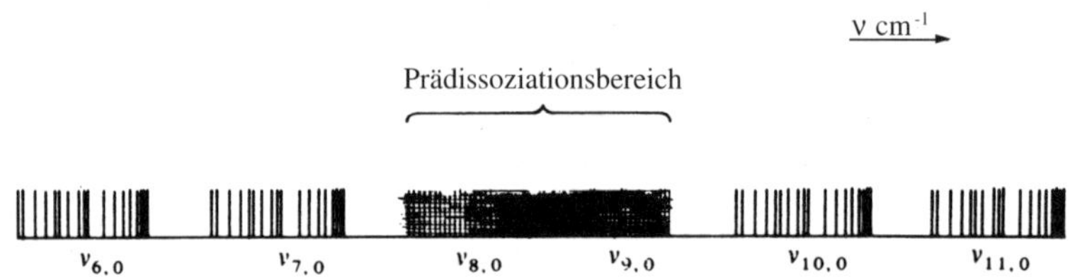

Bild 6.8: Schematische Darstellung einer Prädissoziation. Die Rotationsfeinstruktur ist sowohl bei Schwingungsübergängen oberhalb als auch unterhalb des Prädissoziationsbereichs gut erkennbar, aber innerhalb dieses Bereichs wird die Feinstruktur verwaschen und verschwindet.

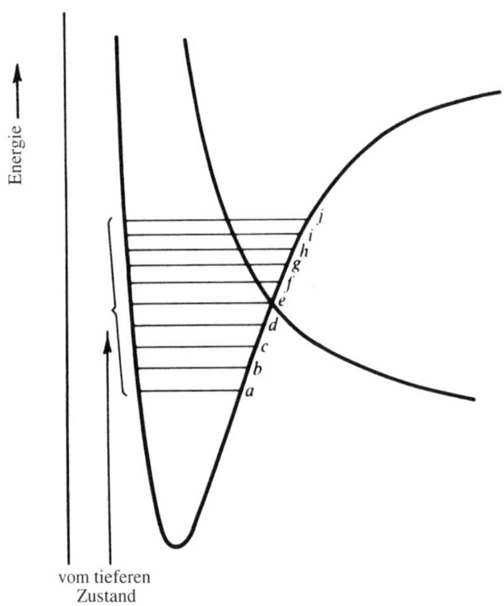

Bild 6.9: Auftreten einer Prädissoziation bei Übergängen in einen höheren Zustand, der von einem Kontinuumszustand geschnitten wird.

auch einige der Schwingungsniveaus; nehmen wir an, ein Übergang führe von irgend einem tieferen Zustand in die Schwingungsniveaus, die links durch die Klammer gekennzeichnet sind. Werden nun die mit a, b, c, d bezeichneten Niveaus erreicht, erhält man ein gewöhnliches vibronisches Spektrum, und zwar vollständig, einschließlich der Rotationsfeinstruktur; zwei solcher Banden scheinen im linken Teil von Bild 6.8 auf. Erfolgen die Übergänge in die Niveaus d, e oder f, dann besteht die Möglichkeit, dass das Molekül zur Kontinuumsfunktion „kreuzt" und somit dissoziiert. Im Allgemeinen verläuft ein Übergang dieser Art von einer Potentialfunktion zu einer anderen (ein sogenannter *strahlungsloser Übergang*, da bei diesem Vorgang weder Energie absorbiert noch emittiert wird) in einer Zeit, die kürzer ist, als das Molekül für eine Rotation ($\sim 10^{-10}$ s) braucht, aber üblicherweise länger ist als die Zeit, die es für eine Schwingung benötigt ($\sim 10^{-13}$ s). Damit erfolgt eine Prädissoziation, bevor das Molekül eine Rotation ausgeführt hat (und deshalb ist die gesamte Rotationsstruktur im Spektrum gelöscht), während die Schwingungsstruktur üblicherweise erhalten bleibt. Ist der Vorgang des Kreuzens schnell im Vergleich zur Schwingungsdauer, dann taucht im Spektrum ein reines Kontinuum auf, wie es im Bild 6.8 wiedergegeben ist.

Dagegen ergeben Übergänge in die Niveaus $g, h, \ldots$ ganz normale vibronische Spektren, die wieder eine Rotationsfeinstruktur enthalten. Wie wir schon früher gesehen haben (Abschnitt 6.1.3), verweilt das Molekül bei großem v für den größten Teil der Zeit an den extremen Positionen seiner Schwingungsbewegung und nur für sehr kurze Zeit im mittleren Bereich der Potentialfunktion. Begibt sich das Molekül in die Schwingungszustände $g, h, \ldots$, dann befindet es sich nur kurze Zeit nahe dem Kreuzungspunkt, so dass nennenswerte Dissoziation nicht stattfinden kann, und man erhält ein normales Spektrum.

6.1.8 Zweiatomige Moleküle: Zusammenfassung

Ist die Rotationsfeinstruktur eines elektronischen Spektrums aufgelöst – wie es für gewöhnlich bei zweiatomigen Molekülen der Fall ist – dann können wir daraus offensichtlich eine beträchtliche Menge an Information gewinnen. Wir können sofort die Rotationskonstante bestimmen und somit das Trägheitsmoment und die Bindungslänge berechnen, und zwar für den elektronischen Grund- und auch für den angeregten Zustand. Isotopomere (d.h. Moleküle mit einem oder mehreren Atomisotopen) besitzen leicht geänderte Rotationskonstanten, so dass diese Isotopen nachgewiesen und ihre Konzentrationen aus der Bandenintensität bestimmt werden können. Desgleichen können die Schwingungsniveaus in den elektronischen Zuständen aus der Lage der Bandenursprünge bestimmt werden; diese führen wiederum auf die Frequenzen der Grundschwingungen, auf die Kraftkonstanten der Bindung und möglicherweise auch auf die Dissoziationsenergien. Diese können jedoch genauer bestimmt werden, wenn am Ende eines Bandenspektrums ein Kontinuum beobachtbar ist.

Wo immer Daten aus diesen Spektren mit Hilfe unabhängiger Methoden überprüft werden können, z.B. durch Mikrowellen- oder Infrarotspektroskopie, durch Röntgen-

oder Neutronenbeugung oder auch mit thermochemischen Verfahren, findet man völlig zufriedenstellende Übereinstimmung. Somit können wir die Methoden der elektronischen Spektroskopie einsetzen im Vertrauen darauf, dass wir Bindungslängen und -stärken auch an solchen Molekülen gut bestimmen können, bei denen die anderen und davon unabhängigen Methoden nicht einsetzbar sind.

Die wahrscheinlich wichtigste Anwendung dieser spektroskopischen Methode bezieht sich auf die Untersuchung angeregter Zustände und instabiler Radikale. Wir haben ja erkannt, dass man die Werte von B sowie die Dissoziationsenergien sowohl für den oberen als auch den unteren elektronischen Zustand bestimmen kann – und die Daten des oberen Zustands kann man mit anderen Verfahren nicht erhalten. Außerdem ist die Beobachtung eines elektronischen Spektrums mit beträchtlichem Energieeinsatz verbunden und größere Moleküle werden dabei häufig fragmentiert, wobei diese Bruchstücke, oder freien Radikale, für gewöhnlich sehr kurzlebig sind. Die Beispiele sind Legion, einige der wichtigeren zweiatomigen so untersuchten Spezies sind CH, NH, C_2, OH, CN usw. Die Spektren dieser Radikale können identifiziert und analysiert werden, was auf eine Bestimmung der Bindungslängen, Kraftkonstanten, Dissoziationsenergien usw. führt. Zusätzlich kann man auch, wenn man die Intensitätsänderung dieser Spektren über kurze Zeitintervalle verfolgt – wie bei der Methode der Blitzlichtphotolyse – Informationen über die Bildungs- und Zerfallsraten dieser Radikale gewinnen. Da der Zeitraum, über den einige Radikale eigenständig existieren, Mikrosekunden oder weniger beträgt, ist es bemerkenswert, dass viele solcher „zweiatomiger Moleküle“ ebensogut charakterisiert werden konnten wie zum Beispiel das wesentlich stabilere H_2 oder das CO.

6.2 Anordnung elektronischer Energieniveaus bei zweiatomigen Molekülen

6.2.1 Molekül-Orbitaltheorie

Es wurden mehrere Theorien vorgeschlagen, um die Bildung von Molekülen aus Atomen zu erklären. Alle scheinen Übereinstimmung zu zeigen mit den beobachteten Daten, wenn man sie bis zu ausreichend hoher Näherung vorantreibt, aber die entsprechenden Rechnungen sind so aufwendig, dass vollständige Übereinstimmung nur selten erreicht wird und dann nur in den einfachsten Fällen. Wir werden uns hier nur mit einer dieser Theorien befassen, mit der *Molekülorbitaltheorie*; wir entscheiden uns für diese, nicht weil sie besser oder einfacher als andere ist (solche Überlegungen hängen vom aktuellen Problem ab und sind auf jeden Fall weitgehend subjektiv), sondern weil sie eine anschauliche Darstellung der Bildung von Molekülen ermöglicht, die besonders gut zur Erklärung elektronischer Übergänge geeignet ist und weil die von ihr benutzten Vorstellungen vollkommen analog sind zu denen der Atomstruktur, die im vorigen Kapitel eingehend diskutiert wurden.

So haben wir gesehen, dass die Elektronen der Atome den Raum nicht nach einer Zufallsverteilung ausfüllen oder beliebige Energiebeträge aufweisen können, sondern dass ihre räumliche Verteilung und ihre Energie von streng definierten Naturgesetzen bestimmt wird. Diese charakteristischen Größen können mit Hilfe der Schrödingergleichung berechnet und in Form einer dreidimensionalen Wellenfunktion oder eines Orbitals, ψ, ausgedrückt werden, die von den Werten dreier Quantenzahlen, n, l und m (oder l_z) abhängt; außerdem trägt auch noch der Spin zur Energie bei; genaue Regeln legen fest, welche Orbitale im Grundzustand besetzt sind und welche Übergänge zwischen den Orbitalen stattfinden können.

Die Molekülorbitaltheorie nimmt an, dass Orbitale sich über *zwei oder mehr Kerne* erstrecken und diese umfassen können, wobei die Form und die Energie dieser Orbitale aus der Schrödingergleichung mit Hilfe dreier Quantenzahlen berechenbar bleibt. Zwangsläufig werden sie nach denselben Regeln aufgefüllt (d.h., zuerst das mit der niedrigsten Energie, maximal zwei (gepaarte) Elektronen pro Orbital, parallele Spins in entarteten Orbitalen) wie die Atomorbitale.

Die Verhältnisse sind relativ einfach bei zweiatomigen Molekülen, bei denen das Molekülorbital nur zwei Kerne umfasst, und wir werden erst diese Moleküle etwas genauer betrachten. Dies auf mehratomige Moleküle auszudehnen wird, in Umrissen, Inhalt von Abschnitt 6.3 sein.

6.2.2 Die Form einiger Molekülorbitale

Analog zur Orbitaltheorie der Atome (vgl. Abschnitt 5.1.2) ist die Form eines Molekülorbitals durch den Raum gegeben, innerhalb dessen sich ein Elektron dieses Orbitals über 95 Prozent (oder einen anderen willkürlich gewählten Anteil) seiner Zeit aufhält. Während eine exakte Berechnung dieser Formen mit Hilfe der Schrödingertheorie extrem schwierig sein kann, kann man eine sehr gute qualitative Vorstellung von dieser Form dadurch gewinnen, dass man sich die Molekülorbitale aus Summen und Differenzen von Atomorbitalen der beteiligten Atome vorstellt – die sogenannte Näherung durch *Linearkombination von Atomorbitalen* (Linear Combination of Atomic Orbitals, LCAO). Damit können wir uns bei einem zweiatomigen Molekül die Bildung von zwei unterschiedlichen Molekülorbitalen vorstellen, deren Wellenfunktionen lauten könnten:

$$\psi_{\text{mo.}} = \psi_1 + \psi_2 \quad \text{oder} \quad \psi_{\text{mo.}} = \psi_1 - \psi_2 \tag{6.24}$$

wobei ψ_1 und ψ_2 die beteiligten Atomorbitale der beiden Atome sind. Beachten Sie, dass die Funktion $\psi_2 - \psi_1$ physikalisch identisch mit $\psi_1 - \psi_2$ ist, da die Wahrscheinlichkeit, das Elektron an einer bestimmten Stelle anzutreffen, durch $|\psi_{\text{mo.}}|^2$ bestimmt wird.

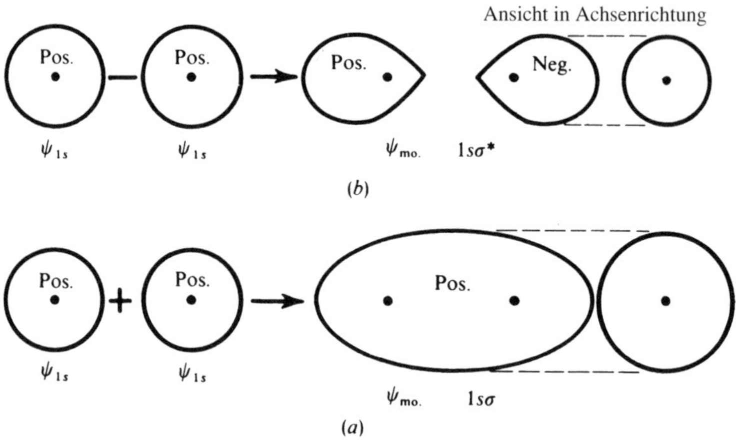

Bild 6.10: Bildung eines bindenden $1s\sigma$ Orbitals (a) und (b) eines antibindenden $1s\sigma^*$ Orbitals aus zwei $1s$ Atomorbitalen.

Nehmen wir als Beispiel das Wasserstoffmolekül, H_2; es ist naheliegend, von jedem Atom das 1s-Orbitale zu verwenden. Bild 6.10 (a) zeigt die folgende Situation:

$$\psi_{H_2} = \psi_{1s} + \psi_{2s} \tag{6.25}$$

Wir wissen vom letzten Kapitel (Gl. 5.2), dass ψ_{1s} überall einen positiven Wert aufweist, so dass überall dort, wo die Atomorbitale überlappen, der Wert von ψ_{H_2} vergrößert wird. Das legt die Vermutung nahe (und eine genaue Rechnung bestätigt dies), dass das Molekülorbital von Gl. (6.25) ein einfaches Ellipsoid ist, von symmetrischer Form. Die Ladungskonzentration zwischen den Kernen wirkt wie eine Art von Kitt, der die Kerne zusammenhält und deshalb ist die Existenz dieses Orbitals gleichbedeutend mit der Ausbildung einer Bindung zwischen den Atomen. Es wird als *bindendes Orbital* bezeichnet und erhält das Symbol $1s\sigma$, da es aus zwei $1s$ Orbitalen entstanden ist (wir werden später sehen, dass σ im Hinblick auf den Bahndrehimpuls des Molekülelektrons eine ähnliche Bedeutung hat wie s für das Atom).

Andererseits zeigt Bild 6.10(b) den Sachverhalt für

$$\psi_{H_2} = \psi_{1s} - \psi_{1s} \tag{6.26}$$

Da ψ_{1s} wiederum überall positiv ist, löschen sich die beiden ψ_{1s} Orbitale überall dort aus, wo sie überlappen. Deshalb ist ψ_{mo} zwischen den Kernen null, während es in der Nähe eines der beiden Kerne positiv ist und nahe dem anderen negativ (denken Sie daran, dass $|\psi|^2$ die Wahrscheinlichkeit bestimmt, und die ist auf jeden Fall positiv). Allerdings zeigt jetzt die Form des Molekülorbitals, dass die elektronische Ladung am stärksten *außerhalb* der Kerne ist, also weit davon entfernt, *zwischen* den Kernen konzentriert zu sein; somit wird die Abstoßung der Kerne verstärkt, und das Orbital wird als *antibindend* bezeichnet. Dies führt auf einen Zustand höherer

Energie als bei zwei getrennten Atomen, was durch den Stern in der Bezeichnung $1s\sigma^*$ gekennzeichnet wird. Bild 6.10 zeigt ganz rechts einen Blick von einem Ende her auf diese Orbitale. Bei beiden kann man eine Zylindersymmetrie um die Bindungsachse erkennen; diese Eigenschaft ist es, weshalb beide als σ Orbitale – in Anlehnung an s bei den Atomen – bezeichnet werden, obwohl sie in anderer Hinsicht ganz unterschiedlich aussehen.

Ein weiteres Charakteristikum der Orbitalsymmetrie soll hier auch noch erwähnt werden. Betrachtet man ein homonukleares Molekül (d.h., aus zwei *identischen* Atomen aufgebaut), dann ist die Mitte der Bindung ein *Symmetriezentrum* – geht man nämlich von einem beliebigen Punkt des Moleküls aus, auf oder außerhalb der Kernverbindungsachse, dann findet man, dass man sich durch exakt dieselbe Umgebung bewegt, wenn man auf einen Punkt zugeht, der genau diagonal gegenüber auf der anderen Seite des Zentrums liegt. So ein Vorgang heißt *Inversion* (Inversion ist eigentlich das Spiegeln aller Koordinaten). Eigenschaften wie Elektronendichte, Kraftfelder usw. werden bei homonuklearen Molekülen durch Inversion nicht geändert. Wir stellen allerdings fest, dass ψ (im Gegensatz zu $|\psi|^2$) durch Inversion sein *Vorzeichen* ändern kann oder auch nicht. Somit bewirkt eine Inversion des $1s\sigma$ Orbitals in Bild 6.10(a) einfach keine Änderung von ψ, da diese Funktion überall positiv ist; dieses Orbital, bei dem ψ vollständig symmetrisch ist, wird als *gerade* bezeichnet und erhält üblicherweise das Symbol g (ebenso in der angelsächsischen Literatur) als Suffix: $1s\sigma_g$. Andererseits ist das $1s\sigma^*$ Orbital in Bild 6.10(b) antisymmetrisch, da eine Inversion das Vorzeichen von ψ umkehrt. Dieses Orbital ist deshalb *ungerade* und erhält den Index u, $1s\sigma_u$ oder $1s\sigma_u^*$. Im Fall von molekularem Wasserstoff ist somit das bindende Orbital gerade, das antibindende ungerade; die Verhältnisse können bei anderen Orbitalen gerade umgekehrt sein, wie wir noch sehen werden.

Ist das Molekül heteronuklear (wie zum Beispiel CO, HCl usw.), dann hat es kein Symmetriezentrum, und es existiert keine Klassifikation der Orbitale nach gerade und ungerade.

Bevor wir uns der Form anderer Molekülorbitale zuwenden, ist es lehrreich, sich vorzustellen, wie sich die Energie der $1s\sigma_g$ und $1s\sigma_u^*$ Orbitale mit dem Kernabstand ändert. Diese Änderung kann mit Hilfe der Schrödingergleichung berechnet werden; das Ergebnis gibt Bild 6.11 wieder. Das $1s\sigma_g$, das bindende Orbital, führt auf die typische Morsefunktion eines zweiatomigen Moleküls, wobei das Minimum im Verlauf der Kurve anzeigt, dass zwischen den beiden Atomen eine Bindung erfolgt. $1s\sigma_u^*$ andererseits erzeugt kein Minimum, sondern eine „Kontinuums-Potential“, wie wir es bereits in Abschnitt 6.1.4 besprochen haben. In diesem Fall sind die Dissoziationslimits beider Funktionen identisch, da auch die Dissoziationsprodukte identisch sind – nämlich zwei Wasserstoffatome. Dass die Orbitale in Bild 6.10 mit dieser Energiefunktion in Zusammenhang stehen, ist dadurch verdeutlicht, dass die Molekülorbitale beim ungefähren Gleichgewichtsabstand überlappen und bei großer Entfernung die Atomorbitale getrennt eingezeichnet sind.

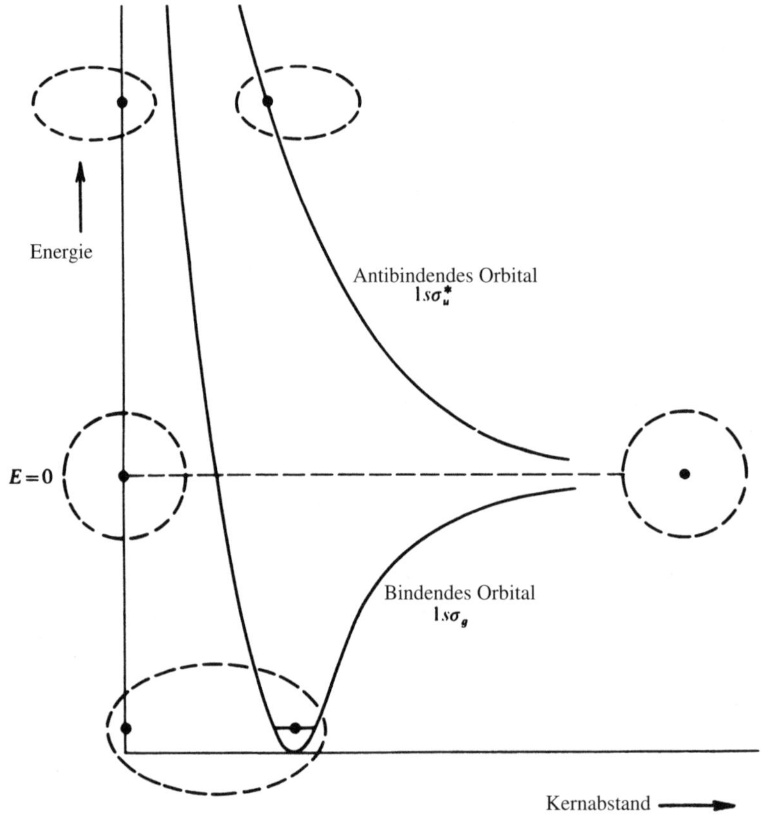

Bild 6.11: Änderung der Energie mit dem Kernabstand für das bindende und das antibindende Orbital, $1s\sigma_g$ und $1s\sigma_u^*$.

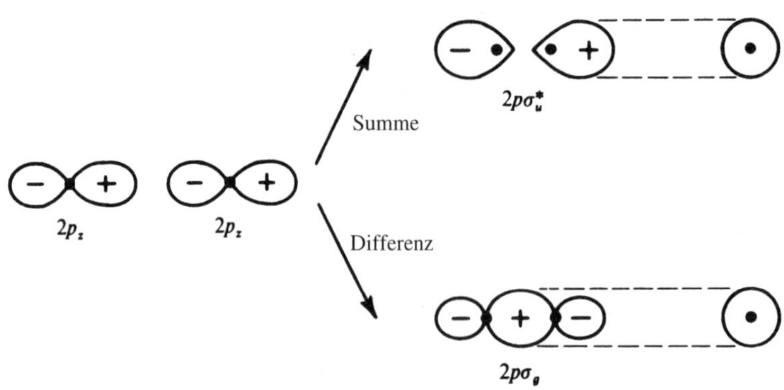

Bild 6.12: Die Bildung eines bindenden ($2p\sigma_g$) und eines antibindenden ($2p\sigma_u^*$) Orbitals aus zwei atomaren $2p_z$ Orbitalen; die z-Achse liegt in Richtung der Kernverbindungsachse.

Zwei $2s$ Atomorbitale können $2s\sigma_g$ und $2s\sigma_u^*$ bindende bzw. antibindende Orbitale bilden, mit gleicher Form wie (aber größer und mit höherer Energie als) die $1s\sigma_g$ und $1s\sigma_g^*$ Orbitale. Die Orbitale vom Typ $2p$ können einander auf unterschiedliche Weise überlagern, je nach ihrer Orientierung zueinander. Bezeichnen wir die Kernverbindungsachse mit z, dann können wir zuerst von jedem Atom das $2p$ Orbital nehmen, das in Richtung dieser Achse liegt, nämlich die $2p_z$ Orbitale. Jetzt hat aber der Ausdruck für die Wellenfunktion eines $2p_z$ Orbitals die Form $\psi_{2pz} = zf(r)$, wobei $f(r)$ eine positive Funktion des Abstands vom Kern ist. Wir erkennen deshalb, dass in der Richtung $+z$ ψ also positiv ist, dagegen in der Richtung $-z$ negativ. Die zwei Keulen eines $2p$ Orbitals zeigen also entgegengesetztes Vorzeichen in ψ (obwohl natürlich $|\psi|^2$ überall positiv ist).

Wir geben diese Orbitale mit ihren Vorzeichen in der linken Hälfte von Bild 6.12 wieder und es ist offensichtlich, dass sich im Molekülorbital

$$\psi_{\text{mo.}} = \psi_{2p_z} + \psi_{2p_z} \tag{6.27}$$

die Elektronendichte zwischen den Kernen auslöscht und das Orbital eine Form wie im Bild rechts oben hat. Nach einer ähnlichen Überlegung steigt in

$$\psi_{\text{mo.}} = \psi_{2p_z} - \psi_{2p_z} \tag{6.28}$$

die Elektronendichte zwischen den Kernen an, die Form ist im Bild rechts unten gezeigt. Das zweite ist offenbar *bindend*, und eine Betrachtung der Symmetrie zeigt, dass es *gerade* (g) ist, während das erste offenbar *antibindenden* und *ungeraden* (u) Charakter hat. Die Ansicht in Richtung der Achse ist allerdings dieselbe und weist eine Symmetrie um die Bindungsachse auf; aus diesem Grund werden beide als σ Orbitale bezeichnet, genauer $2p\sigma_g$ bzw. $2p\sigma_u^*$, so dass auch ihre Herkunft angedeutet ist.

Die Überlappung von $2p_y$ Orbitalen ist in Bild 6.13 wiedergegeben (für $2p_x$ ergeben sich analoge, jedoch aus der Zeichenebene um 90° herausgedrehte Bilder). Die zusammengesetzten Orbitale, die *bindend* sind, sind rechts unten dargestellt, und wir erkennen, dass das daraus gebildete Molekülorbital aus zwei länglichen Anteilen besteht, einer oberhalb und einer unterhalb der Kerne. Die Ansicht entlang der Molekülachse ist ganz rechts gezeigt; es sieht aus wie ein atomares p Orbital und wird deshalb mit $2p\pi$ bezeichnet. In diesem Fall ist das bindende Orbital offensichtlich *ungerade* und somit haben wir einen $2p\pi_u$ Zustand.

Werden hingegen die Atomorbitale voneinander subtrahiert, dann ergibt sich eine Orbitalform, wie sie in Bild 6.13 rechts oben gezeigt ist. Sie sieht, von einem Ende aus betrachtet, ähnlich wie das $2p\pi_u$ aus, ist *antibindend* und *gerade* und wird deshalb mit $2p\pi_g^*$ bezeichnet.

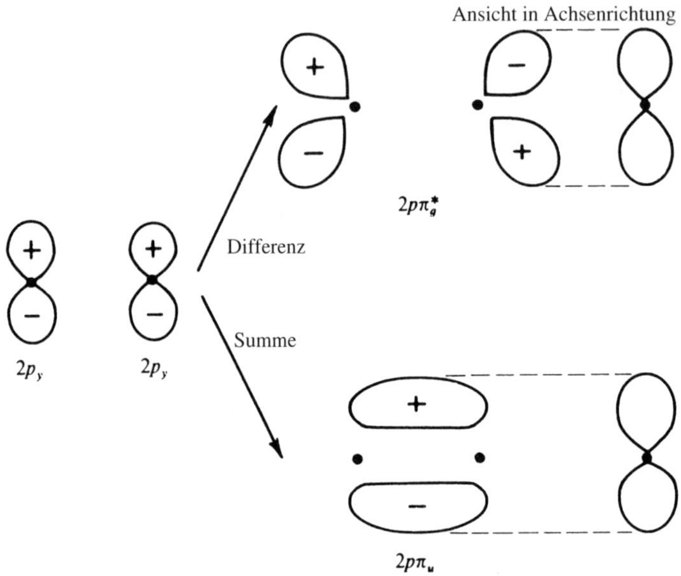

Bild 6.13: Bildung eines bindenden ($2p\pi_u$) und eines antibindenden ($2p\pi_g^*$) Orbitals aus zwei atomaren $2p_y$ Orbitalen mit der z-Achse in Richtung der Kernverbindungsachse. Atomare $2p_x$ Orbitale würden die gleichen Molekülorbitale bilden, außer dass alle Keulen um einen rechten Winkel um die x-Achse gedreht wären.

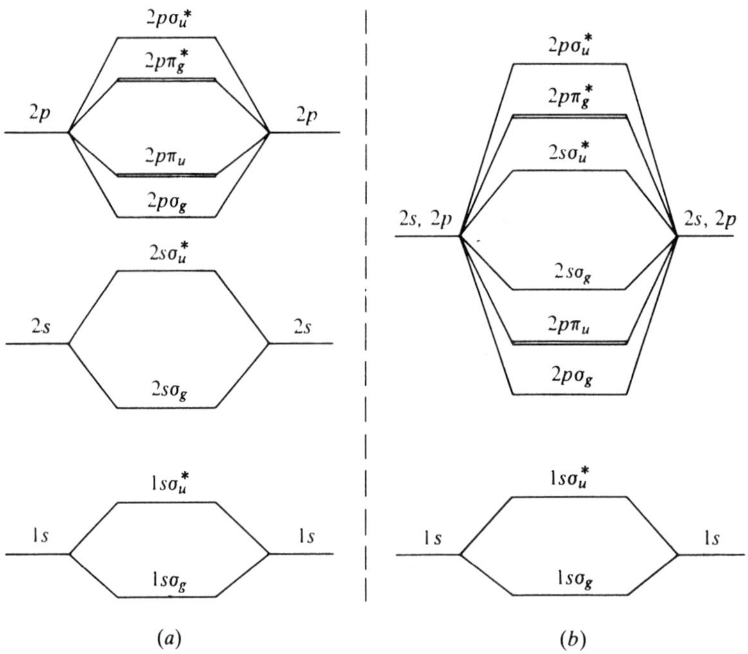

Bild 6.14: Diagramm, das in schematischer Form die Energieniveaus von Molekülorbitalen zeigt; (a) für einfache zweiatomige Moleküle (außer für Wasserstoff) und (b) für das Wasserstoff-Molekül.

Es gibt auch noch kompliziertere Orbitale – δ, φ usw., die durch Wechselwirkung zwischen d, f usw. Atomorbitalen gebildet werden – die können wir aber beiseite lassen; die einfachen Moleküle, mit denen wir es zu tun haben, enthalten nur σ und π Orbitale. Wir müssen allerdings die energetische Reihenfolge der bis jetzt besprochenen Orbitale kennen, damit wir uns den Grundzustand einiger Moleküle überlegen können. Dies sieht man schematisch (allerdings keineswegs maßstabsgerecht) in Bild 6.14(a), wo auf der rechten und linken Seite die Atomorbitale angedeutet sind, die bei der Bildung der einzelnen Molekülzustände zusammentreten. Dieses Diagramm sollte wirklich nur als Schema aufgefasst werden, da einige leichtere zweiatomige Moleküle wie Li_2 eine beträchtlichen Überlappung und auch Wechselwirkung zwischen den $2p\pi_u$, $2p\sigma_g$ und $2s\sigma_u^*$ zeigen; für unsere Zwecke genügt es allerdings. Beim H_2 kommt es nicht zu dieser Überlappung; die Situation ist so wie in Bild 6.14(b) gezeigt. Mit Hilfe dieser Diagramme sowie unter Berücksichtigung des Pauli-Prinzips (nicht mehr als zwei Elektronen pro Orbital) können wir die Elektronenkonfiguration einfacher Moleküle aufbauen. Es folgen nun einige Beispiele:

1. Wasserstoff, H_2. Im Grundzustand dieses Moleküls können die beiden $1s$ Elektronen, eines von jedem Atom, das $1s\sigma_g$ des Moleküls besetzen, vorausgesetzt, ihre Spins sind entgegengesetzt gerichtet. Wie wir aus den Bildern 6.11 und 6.14(b) ersehen können, ist die Energie der beiden Elektronen in diesem Zustand niedriger als die der beiden getrennten Atome; somit ist das Molekül stabil. Wir können diese Konfiguration in der Form $1s\sigma_g^2$ schreiben.
2. Helium, He_2. Wollte man dieses Molekül bilden, müsste man vier Elektronen, zwei aus jedem Atom, in Orbitalen unterbringen. Nur zwei davon finden Platz im $1s\sigma_g$, die andern beiden müssten in das $1s\sigma_u^*$-Orbital. Wir sehen allerdings aus den Bildern 6.11 und 6.14(a), dass von diesen beiden mehr Energie absorbiert würde, als bei den ersten beiden übrigbliebe; somit ist das Molekül im Vergleich zu den Atomen instabil.
3. Stickstoff, N_2. Die beiden Atome haben jeweils die Elektronenkonfiguration $1s^2 2s^2 2p^3$ (vgl. Tabelle 5.2), so dass wir insgesamt 14 Elektronen paarweise auf die Molekülorbitale von Bild 6.14(a) zu verteilen haben; natürlich lautet die Konfiguration $1s\sigma_g^2 1s\sigma_u^2 2s\sigma_g^2 2s\sigma_u^2 2p\sigma_g^2 2p\pi_u^4$ (wobei wir die Sterne weglassen, damit es nicht zu verwirrend aussieht; $2p\pi_u$ bzw. $2p\pi_g^*$ zählen doppelt). Mit ausreichender Näherung können wir annehmen, dass sich die bindenden und antibindenden Beiträge von $1s\sigma_g^2$ und $1s\sigma_u^2$ aufheben, ebenso die von $2s\sigma_g^2$ und $2s\sigma_u^2$. Es verbleiben somit drei Elektronenpaare in bindenden Orbitalen, nämlich im $2p\sigma_g$ und im $2p\pi_u$, so dass wir daraus schließen können, dass das Molekül eine Dreifachbindung aufweist.
4. Sauerstoff, O_2. Jedes Atom hat ein Elektron mehr als das Stickstoffatom (Tabelle 5.2), und offensichtlich ist das tiefste dafür zur Verfügung stehende Orbital in Bild 6.14(a) das *antibindende* $2p\pi_g$. Zwei Elektronen in diesem Orbital heben

praktisch den Bindungsbeitrag eines Paares in $2p\pi_u$ auf, so dass eine restliche Bindung durch vier Elektronen übrigbleibt, also eine Doppelbindung. Ein ungewöhnliches Merkmal der O_2-Struktur sind die zwei Elektronen im antibindenden $2p\pi_g$. Da es sich hier um zwei entartete Orbitale handelt, besetzen die Elektronen aufgrund ihrer Abstoßung jeweils eines davon. Diese werden also ihre Spins entsprechend der Hundschen Regel (Abschnitt 5.4.6), die für Moleküle ebenso wie für Atome gilt, bevorzugt *parallel* ausrichten und nicht als Paar. Deshalb ist O_2 ein Molekül mit ungepaarten Elektronen – ein Strukturmerkmal, das ihm seine äußerst ungewöhnlichen magnetischen Eigenschaften verleiht.

6.2.3 Der elektronische Drehimpuls in zweiatomigen Molekülen; Klassifizierung der Zustände

Aus Abschnitt 5.2 wissen wir, dass die Gesamtenergie eines Elektrons, die im Wesentlichen von seinem mittleren Kernabstand (festgelegt durch die Quantenzahl n) bestimmt wird, auch noch vom Bahn- und vom Eigendrehimpuls abhängt (Quantenzahlen l und s) und auch noch davon, wie diese miteinander gekoppelt sind (Quantenzahl j). Bei mehreren Elektronen im Atom fanden wir, dass ihre Einzelenergien auf unterschiedliche Weise kombiniert werden können, so dass sich eine Vielzahl von Zuständen ergibt; einfache Regeln ermöglichen es, den Grundzustand in jedem einzelnen Fall vorauszusagen.

Vieles von dem bereits Gesagten lässt sich auch auf Moleküle anwenden. So hat ein einzelnes Elektron in einem Molekül eine Quantenzahl n, die die Größe seines Orbitals angibt und wesentlich die Energie bestimmt sowie eine Zahl l, die den Bahndrehimpuls bestimmt. Die Kleinbuchstaben $s, p, d, \ldots$ werden in derselben Weise wie bisher zur Kennzeichnung der l Werte $0, 1, 2, \ldots$ verwendet. Es wird allerdings in Erinnerung geblieben sein, dass wir im Zusammenhang mit den Komponenten von $\mathbf{l}$ eine Bezugsrichtung definieren mussten, die wir die z Richtung genannt haben; im ruhenden zweiatomigen Molekül ist eine Bezugsrichtung offensichtlich bereits festgelegt – es ist die Kernverbindungs- oder Bindungsachse – und es wäre widersinnig (um nicht zu sagen *falsch*), die Komponenten von $\mathbf{l}$ mit irgendeiner anderen Richtung in Zusammenhang zu bringen. Außerdem liegt aufgrund von zwei Kernladungen in dieser Richtung ein elektrisches Feld; aus diesem Grund sind die unterschiedlichen Komponenten von $\mathbf{l}$ nicht entartet, sondern stellen *unterschiedliche Energieniveaus* dar.

Die axiale Komponente des Bahndrehimpulses ist bei linearen Molekülen von größerer Bedeutung als der Drehimpuls selbst, und deshalb wird sie mit dem speziellen Symbol λ bezeichnet. Formal gilt $\lambda = |l_z|$, so dass λ ganzzahlig *positiv* oder null sein kann[1] und wir bezeichnen den mit λ charakterisierten Zustand eines Elektrons im Molekül

[1] Die z-Richtung ist hier die Bindungsachse.

mit kleinen griechischen Buchstaben, die der $s, p, d, \ldots$ Nomenklatur bei Atomen entsprechen. Also schreiben wir für

$$\begin{array}{lrrrr} & l_z = 0, & \pm 1, & \pm 2, & \pm 3, \ldots \\ & \lambda = 0, & 1, & 2, & 3, \ldots \\ \text{und die Symbole dafür lauten:} & \sigma, & \pi, & \delta, & \varphi, \ldots \end{array}$$

Da λ nur positive Werte annimmt, ist jeder λ Zustand mit $\lambda > 0$ *zweifach entartet*, weil er sowohl einem positiven wie auch einem negativen l_z entspricht. $\lambda(h/2\pi)$ hat die Bedeutung der *axialen Komponente des Bahndrehimpulses* eines Elektrons.

Der gesamte Bahndrehimpuls mehrerer Elektronen eines Moleküls kann, ebenso wie beim Atom, mit Hilfe der Quantenzahl $L = \Sigma l$, $\Sigma l - 1$ usw. wiedergegeben werden, wobei $\mathbf{L} = \sqrt{L(L+1)}h/2\pi$; aber wiederum hat die axiale Komponente, die hier mit Λ bezeichnet wird, die größte Bedeutung. Da, per Definition, alle einzelnen λ_i in Richtung der Kernverbindungsachse liegen, ist ihre Summation besonders einfach. Wir haben:

$$\Lambda = |\Sigma \lambda_i| \tag{6.29}$$

und die Zustände werden durch die griechischen Großbuchstaben Σ, Π, Δ usw. für $\Lambda = 0, 1, 2, \ldots$ gekennzeichnet. Bei Gl. (6.29) müssen wir berücksichtigen, dass sämtliche Kombinationen, die ein positives Λ ergeben, in Betracht gezogen werden müssen. Bei einem π und einem δ Elektron ($\lambda_1 = 1$, $\lambda_2 = 2$) können wir für $\Lambda = 1$ oder 3 (aber nicht -1) erhalten, das heißt, einen Π oder einen Φ Zustand.

Andererseits wird der *Eigen*drehimpuls durch das elektrische Feld der beiden Kerne nicht wesentlich beeinflusst – wir drücken das so aus, dass wir die Kopplung des Spins an die Achse als schwach bezeichnen, während die Kopplung des Bahndrehimpulses an die Achse üblicherweise stark ist. Aus diesem Grund verwenden wir für den elektronischen Spin bei Molekülen dieselbe Bezeichnung wie bei Atomen; der gesamte Eigendrehimpuls $\mathbf{S}$ ist $\sqrt{S(S+1)}$, mit der Gesamtspinquantenzahl S:

$$S = \Sigma S_i, \Sigma S_i - 1, \Sigma S_i - 2, \ldots, \tfrac{1}{2} \text{ oder } 0 \tag{6.30}$$

Die Multiplizität der Molekülzustände ist, genauso wie bei Atomen, $2S+1$; sie wird üblicherweise dem Zustandssymbol als Hochzahl vorangestellt. So schreibt man für die Π und Φ Zustände im letzten Absatz $^3\Pi$ oder $^3\Phi$, wenn die Spins der einzelnen π und δ Elektronen parallel zueinander sind ($S = \frac{1}{2} + \frac{1}{2} = 1$, $2S+1 = 3$) oder $^1\Pi$ oder $^1\Phi$, wenn die Spins gepaart sind.

Werden die *axialen* Komponenten des Spins benötigt, dann wird diese bei einem einzelnen Elektron mit einem σ bezeichnet oder mit Σ, wenn es sich um mehrere handelt (entspricht dem s und S beim Atom). Dann lautet die Multiplizität $2\Sigma + 1$.

Zum Schluss betrachten wir noch die axiale Komponente des elektronischen *Gesamtdrehimpulses*, d.h., die Summe der axialen Komponenten von Spin und Bahndrehimpuls. Im Allgemeinen ist der Gesamtdrehimpuls sehr stark an die Achse gekoppelt, und die axiale Komponente ist wichtiger als der Drehimpuls selbst. Schreiben wir für die axiale Komponente Ω, dann erhalten wir:

$$\Omega = |\Lambda + \Sigma| \tag{6.31}$$

wobei wir aber bedenken müssen, dass Λ und Σ bezüglich der Achse in dieselbe oder in die entgegengesetzte Richtung weisen können. Im eben angeführten $^3\Pi$ Zustand ist $\Lambda = 1$ und $\Sigma = 1$; somit ist $\Omega = 2$ oder 0. Im $^1\Pi$ Zustand gilt $\Lambda = 1$, $\Sigma = 0$; deshalb erhalten wir nur $\Omega = 1$. Diese Zustände pflegt man mit Ω als Index anzudeuten: $^3\Pi_2, {}^3\Pi_0, {}^3\Pi_1$.

Tabelle 6.1: Vergleich der Symbole für die Drehimpulse eines Elektrons

	Bahndrehimpuls	Eigendrehimpuls	Gesamtdrehimpuls
Bei Atomen			
Einzelnes Elektron	l (Symbol s, p, d für für $l = 0, 1, 2, ...$)	s	j
Einzelnes Elektron (z Komponente)	l_z	s_z	j_z
Mehrere Elektronen	L (Symbol S, P, D für $L = 0, 1, 2, ...$)	S	J
Mehrere Elektronen (z Komponente)	L_z ($L = 0, 1, 2, ...$)	S_z	J_z
Bei Molekülen			
Einzelnes Elektron	l	s	j_a (wenig gebräuchlich)
Einzelnes Elektron (axiale Komponente)	λ (Symbol σ, π, δ für $\lambda = 0, 1, 2, ...$)	σ	ω
Mehrere Elektronen	L	S	J_a (wenig gebräuchlich)
Mehrere Elektronen (axiale Komponente)	Λ (Symbol Σ, Π, Δ für $\Lambda = 0, 1, 2, ...$)	Σ	Ω

Es mag für die Studierenden hilfreich sein, in einer Tabelle (Tabelle 6.1) die Symbole aufgelistet zu sehen, die zur Kennzeichnung der unterschiedlichen Drehimpulse bei Atomen und Molekülen sowie ihrer axialen Komponenten dienen, sowohl für ein einzelnes Elektron wie auch für mehrere.

6.2.4 Ein Beispiel: Das Spektrum des molekularen Wasserstoffs

Ehe wir uns den mehratomigen Molekülen zuwenden, sollten wir versuchen, diese Vorstellungen auf das einfachste Molekül, das H_2, zu übertragen. Erst werden wir uns den Grundzustand bzw. einige angeregte Zustände des Moleküls etwas genauer ansehen und wie sich diese in das Besetzungsschema für Molekülorbitale in Bild 6.14(b) einfügen; danach werden wir uns die Energien dieser Zustände und schließlich noch die Frage überlegen, welche Übergänge es zwischen ihnen gibt. Die Studierenden werden es als ganz nützlich empfinden, wenn sie entdecken, dass die nun folgenden Überlegungen in einer ganzen Reihe von Punkten mit denen am Helium in Abschnitt 5.4.5 übereinstimmen.

Das Wasserstoffmolekül hat zwei Elektronen, eines von jedem der beiden Atome. Deshalb würde man erst einmal Singulett- und Triplettzustände erwarten, je nachdem, ob die Elektronenspins gepaart oder parallel sind. Im *Grundzustand* besetzen beide Elektronen dasselbe niedrigste Orbital, d.h., $1s\sigma_g$ in Bild 6.14(b), und nach dem Pauliprinzip müssen sie einen Singulettzustand bilden. Beide Elektronen sind σ Elektronen (da sich beide in σ Orbitalen aufhalten); somit gilt $\lambda_1 = \lambda_2 = 0$ und auch $\Lambda = 0$. Es handelt sich also um einen $^1\Sigma$ Zustand. Wir könnten den Betrag von Ω als Index anfügen ($\Omega = \Lambda + \Sigma = 0 + 0 = 0$, da für Singulettzustände $\Sigma = 0$ ist), aber die Angabe der Symmetrie des Orbitals (g oder u) sagt mehr aus. Hier befinden sich beide Elektronen im selben g Orbital; somit lautet der Gesamtzustand $^1\Sigma_g$.

Mit Hilfe eines weiteren Aspekts der Molekülsymmetrie werden die Σ Zustände im Allgemeinen noch weiter unterteilt. In jedem zweiatomigen Molekül (ob homo- oder heteronuklear) ist jede durch beide Kerne gelegte Ebene auch eine *Symmetrieebene*, d.h., Elektronendichte, Form, Kraftfelder usw. bleiben bei einer Reflexion an dieser Ebene völlig unbeeinflusst. Die Wellenfunktion ψ eines Elektrons kann bei einer solchen Spiegelung entweder völlig unverändert bleiben (symmetrisch) oder lediglich das Vorzeichen ändern (antisymmetrisch; in beiden Fällen bleibt natürlich $|\psi|^2$ unverändert). Die erste Art von Zuständen wird durch ein hochgestelltes $+$ gekennzeichnet, die zweite durch ein $-$. Aus mehreren Gründen wird diese Unterscheidung nur bei Σ Zuständen getroffen und in der Praxis sind beinahe alle Zustände $+$. Alle Zustände des Wasserstoffs sind mit Sicherheit symmetrisch.

Damit lautet der Grundzustand von molekularem Wasserstoff:

$$\text{Grundzustand:} \quad (s\sigma_g)^2\,{}^1\Sigma_g^+$$

Es gibt auch eine große Zahl von angeregten Singulettzuständen; betrachten wir einige tieferliegende, bei denen nur ein Elektron aus dem Grundzustand in ein höheres Molekülorbital angeregt wurde, d.h., einfach angeregte Zustände. Wir können eine Anregung in einen der in Bild 6.14(b) mit Stern versehenen Zustände außer Acht lassen, da dies zu einem instabilen Molekül und damit zur Dissoziation führen würde (vgl. Bild 6.11, wo der Einbau von Elektronen in das σ_g- wie auch in das σ_u^*-Niveau zur Dissoziation in zwei H-Atome führen würde). So können wir uns also den drei möglichen angeregten Zustände $(1s\sigma_g 2s\sigma_g)$, $(1s\sigma_g 2p\sigma_g)$ und $(1s\sigma_g 2p\pi_u)$ zuwenden.

Nehmen wir als Erstes $(1s\sigma_g 2s\sigma_g)$: Hier sind beide Elektronen σ Elektronen; damit gilt $\Lambda = \lambda_1 + \lambda_2 = 0$ und, da wir nur Singulettzustände betrachten, auch $S = 0$. Da außerdem die beiden ursprünglichen Orbitale *gerade* und *symmetrisch* sind, ist es auch der Gesamtzustand und wir erhalten $(1s\sigma_g 2s\sigma_g)\,^1\Sigma_g^+$.

Nun zu $(1s\sigma_g 2p\sigma_g)$: Wieder liegt ein $^1\Sigma$ Zustand vor, da es zwei σ Elektronen sind, aber der Gesamtzustand ist *ungerade* (u); das wird verständlich, wenn man sich vorstellt, dass eines der beiden Elektronen von einem Wasserstoffatom in einem *geraden* $1s$ Zustand stammt und das zweite aus einem *ungeraden* $2p$ Zustand, so dass die Kombination eines ungeraden und eines geraden Zustands auf einen ungeraden Gesamtzustand führt. Daher also $(1s\sigma_g 2p\sigma_g)\,^1\Sigma_u^+$.

Als Letztes zu $(1s\sigma_g 2p\pi_u)$: Hier haben wir $\Lambda = \lambda_1 + \lambda_2 = 1$, da sich ein Elektron in einem π Zustand befindet; ferner, da wiederum ein Elektron von einem $2p$ Orbital stammt, ist der kombinierte Zustand u: $^1\Pi_u$.

Die Energien dieser drei Zustände entsprechen nach Bild 6.14(b) in ihrer Reihenfolge den Molekülorbitalen, aus denen sie aufgebaut sind, also:

$$^1\Sigma_u^+ < {}^1\Pi_u < {}^1\Sigma_g^+$$

Ähnliche Zustände erhält man durch Anregung in die $3s$ und $3p$ Zustände, in $4s$ und $4p$ usw. Bei $n = 3, 4, \ldots$ besteht die Möglichkeit einer Anregung in das nd Orbital. Durch ein Vorgehen ähnlich dem eben gezeigten kommt man zum Ergebnis, dass eine Wechselwirkung zwischen $1s$ und nd Elektronen auf die folgenden drei Konfigurationen mit diesen Zustandssymbolen führen können (in dieser energetischen Reihenfolge):

$$(1s\sigma\, nd\sigma)\,^1\Sigma_g^+ < (1s\sigma\, nd\pi)\,^1\Pi_g < (1s\sigma\, nd\delta)\,^1\Delta_g$$

Einige dieser Energieniveaus sind in der linken Hälfte von Bild 6.15 zu sehen. Übergänge zwischen ihnen können nach den folgenden *Auswahlregeln* stattfinden:

1. $\Delta\Lambda = 0, \pm 1$ (6.32)
   Somit sind die Übergänge $\Sigma \leftrightarrow \Sigma$, $\Sigma \leftrightarrow \Pi$, $\Pi \leftrightarrow \Pi$ usw. erlaubt, aber $\Sigma \leftrightarrow \Delta$ z.B. ist es nicht.
2. $\Delta S = 0$ (6.33)
   Wir haben es jetzt nur mit Singulettzuständen zu tun, so dass diese Regel keine Einschränkung bedeutet.
3. $\Delta\Omega = 0, \pm 1$ (6.34)
   Dies folgt unmittelbar aus 1. und 2.

4. Auch eine Änderung der Symmetrie unterliegt Beschränkungen. Σ^+ Zustände können nur wieder in Σ^+ Zustände übergehen (oder natürlich in Π Zustände), Σ^- nur in Σ^- (oder Π). In Symbolen ausgedrückt:

$$\Sigma^+ \leftrightarrow \Sigma^+ \quad \Sigma^- \leftrightarrow \Sigma^- \quad \Sigma^+ \not\leftrightarrow \Sigma^- \tag{6.35}$$

Und schließlich:

$$g \leftrightarrow u \quad g \not\leftrightarrow g \quad u \not\leftrightarrow u \tag{6.36}$$

In Bild 6.15 sind einige der erlaubten Übergänge aus dem Grundzustand und aus den tiefsten angeregten Zuständen heraus wiedergegeben.

Wenden wir uns nun einigen der Triplettzustände am molekularen Wasserstoff zu, d.h., den Zuständen, bei denen die Elektronenspins parallel sind und somit $S = 1$ ist. Da sich, ganz klar, nicht beide Elektronen im selben Orbital aufhalten können, wird der energetisch tiefste Zustand entweder der $(1s\sigma_g 2s\sigma_g)$, der $(1s\sigma_g 2p\sigma_g)$ oder der $(1s\sigma_g 2p\pi_u)$ sein. Die ersten beiden sind offensichtlich $^3\Sigma$ Zustände, der dritte ist $^3\Pi$ und nach den Regeln von vorhin können wir ihre Zustandssymbole und ihre energetische Reihenfolge hinschreiben:

$$(1s\sigma_g 2p\sigma_g)\,^3\Sigma_u^+ < (1s\sigma_g 2p\pi_u)\,^3\Pi_u < (1s\sigma_g 2s\sigma_g)\,^3\Sigma_g^+$$

Diese Energieniveaus sind auf der rechten Seite von Bild 6.15 gezeigt, außerdem

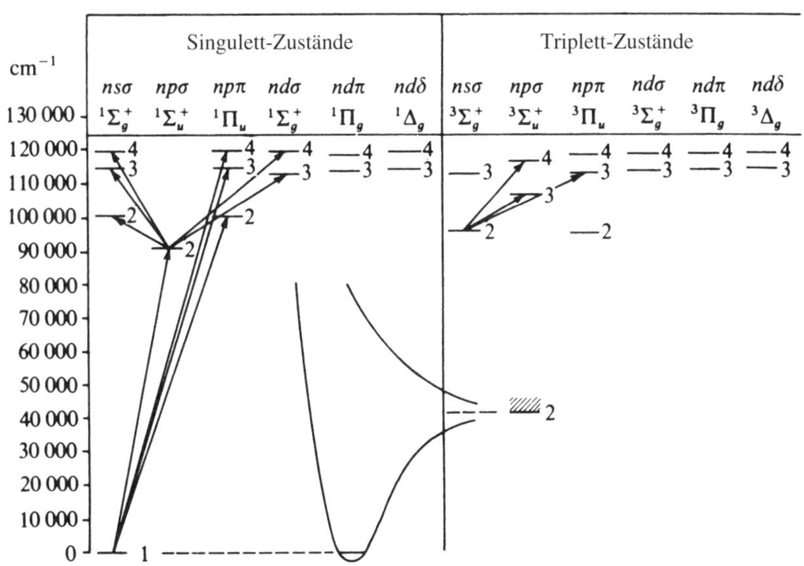

Bild 6.15: Die Singulett- und Triplett-Energieniveaus des Wasserstoffmoleküls. Nur eines der Elektronen wird angeregt, das andere bleibt im $1s\sigma$ Zustand.

noch die mit Hilfe von $3d$ und $4d$ gebildeten Orbitale. (Die sehr kleine Aufspaltung der Niveaus in Zustände mit unterschiedlichem $\Omega = \Lambda + S$ ist im Bild weggelassen.) Einige erlaubte Übergänge vom Zustand $(1s\sigma 2s\sigma)$ aus sind eingezeichnet, es sei aber besonders darauf hingewiesen, dass aufgrund der Auswahlregel $\Delta S = 0$ von Gl. (6.33) Übergänge zwischen Singulett und Triplettzuständen nicht erlaubt sind, also gleichsam zwischen den beiden Hälften von Bild 6.15.

In Bild 6.15 sind keine Übergänge vom niedrigsten $^3\Sigma_u^+$ Zustand aus, dem tiefsten Triplettzustand, eingezeichnet. Nicht, weil er verboten wäre, sondern weil dieser der in der oberen Hälfte von Bild 6.11 gezeigte Kontinuumszustand $1s\sigma_u$ ist. Somit dissoziiert ein Molekül in diesem Zustand sofort in Atome, bevor weiterführende Übergänge möglich sind. Das in Bild 6.15 diesem Zustand zugeordnete Energieniveau ist die untere Grenze, das heißt, die Dissoziationsgrenze, und in Wirklichkeit erstreckt sich der Zustand von diesem Limit aus kontinuierlich bis zum oberen Ende des Diagramms. In Bild 6.15 ist ein Teil von Bild 6.11 noch einmal wiedergegeben, um diesen Zusammenhang zu verdeutlichen.

Obwohl die Schwingungs- und Rotationsstrukturen das Wasserstoffspektrum für jeden der im Bild eingezeichneten Übergänge noch viel komplizierter machen, besteht also seine Gesamtstruktur im Grunde genommen aus Gruppen von Rydberg-ähnlichen Serien, aus denen die Energieniveaus bestimmt werden können.

6.3 Elektronenspektren mehratomiger Moleküle

In Abschnitt 3.7 haben wir gefunden, dass die Schwingungsfrequenzen einer bestimmten Atomgruppe innerhalb eines Moleküls, z.B. von CH_3, C=O, C=C usw., im Normalfall ziemlich unabhängig vom Rest des Moleküls sind. Andere Eigenschaften einer Bindung, wie etwa ihre Länge oder die Dissoziationsenergie, sind ebenfalls weitgehend unabhängig von den Atomen, die sie im Molekül außerdem noch umgeben. Da alle diese Eigenschaften in letzter Konsequenz von der Elektronenstruktur der Bindung abhängen, können wir einfach, zumindest als Näherung, bei einer jeden Bindung die Struktur und somit auch das Spektrum für sich betrachten. Von Bindungen, bei denen diese Näherung zutrifft, sagt man für gewöhnlich, sie haben „lokalisierte" Molekülorbitale, d.h. Orbitale, die nur ein Kernpaar umschließen; Moleküle, bei denen diese Näherung nicht gilt, haben nichtlokalisierte Orbitale und werden oft als „konjugiert" bezeichnet. Wir werden bald einigen Beispielen dieser zweiten Klasse begegnen.

Wenn nun jede Bindung für sich betrachtet werden kann, dann ist das gesamte elektronische Spektrum eines Moleküls offensichtlich die Summe der Spektren aller seiner Bindungen. Das Ergebnis wird natürlich ziemlich komplex sein, aber einen Großteil der Information über das Molekül enthalten. Können wir also eine Bandenstruktur erkennen, die einer bestimmen Bindung entspricht, dann wissen wir sofort die Schwingungsfrequenz dieser Bindung und haben wahrscheinlich auch einen guten Schätzwert für die Dissoziationsenergie. Ist auch noch die Rotationsstruktur aufgelöst, dann erhalten wir das Trägheitsmoment (aus dem Abstand der Linien) und auch Informationen über die Struktur und die Größe des Moleküls.

So detaillierte Informationen sind im Allgemeinen nur bei Molekülen erzielbar, wenn man sie in der Gasphase untersucht: In reinen Flüssigkeiten wie auch in Lösungen ist die Molekülrotation unterdrückt und keine Rotationsstruktur beobachtbar. Die verwaschene Rotationsstruktur überdeckt oft auch die Schwingungsserien, und das elektronische Spektrum einer Flüssigkeit ist im Allgemeinen eher verbreitert und ohne markante Struktur. Und trotzdem kann es, wie wir bald sehen werden, doch noch bezüglich Frequenz und Intensität für eine ganz bestimmte Gruppe charakteristisch sein.

Richten wir unsere Aufmerksamkeit für einen Moment nur auf die Gasphasenspektren; wir haben bereits bemerkt, dass einer der ganz wesentlichen Vorteile der elektronischen Spektroskopie darin besteht, dass Schwingungen, die Rotation, die Dissoziationsenergie und auch die Struktur eines Moleküls in seinem *angeregten* Zustand beobachtet werden können, auch wenn ein Molekül nicht sehr viel länger in so einem Zustand verweilt, als es für ein paar Umdrehungen benötigt. Wir haben hier nicht genug Platz, um dieses Thema im Detail zu behandeln, aber ein Aspekt ist besonders interessant – die Tatsache nämlich, dass eine elektronische Anregung häufig zu einer Änderung der Molekülstruktur führt. Dass dies geschieht, kann man aus einer Untersuchung der Rotationsfeinstruktur der Spektren ersehen; wir behandeln jetzt kurz die theoretischen Voraussetzungen dafür.

6.3.1 Änderung der Struktur durch Anregung

In Bild 6.16 ist das Orbitalbild eines Hydrids, H_2A, gezeigt mit A als einem mehrwertigen Atom, sowohl in einer gewinkelten Konfiguration (a) mit einem Bindungswinkel von 90° als auch in der linearen Form (b) mit dem Bindungswinkel 180°. Aus Abschnitt 5.1 wissen wir, dass die p Orbitale eines Atoms untereinander rechte Winkel bilden, so dass wir uns die Bildung eines rechtwinkeligen Moleküls anschaulich durch eine Wechselwirkung von zweien dieser p Orbitale mit Wasserstoff $1s$ Orbitalen vorstellen können, wobei das dritte p Orbital unbeeinflusst bleibt; dieses wird als „nichtbindendes" Orbital bezeichnet, da es bei der Bindung von A und H keine Rolle spielt; es hat im Allgemeinen eine höhere Energie als die bindenden Orbitale. In Bild 6.16(a) kennzeichnen wir das nichtbindende Orbital (welches aus der Zeichenebene herausragt) mit N_1, die beiden aus den Atomorbitalen p und $1s$ gebildeten bindenden Molekülorbitale mit a_1 und a_2 und das nicht verwendete (und deshalb nichtbindende) Atomorbital s von A einfach als s.

Für die lineare Konfiguration muss ein neues Konzept eingeführt werden – das der Hybridisierung. Dabei nimmt man an, dass das Atom A sein s Orbital mit einem seiner p Orbitale mischt und aus diesen beiden Orbitalen zwei neue Orbitale bildet – Hybride – die, wie die Theorie zeigen kann, in Richtungen weisen, die einen Winkel von 180° bilden. Diese sp Hybride bilden deutlich stärkere Bindungen zu anderen

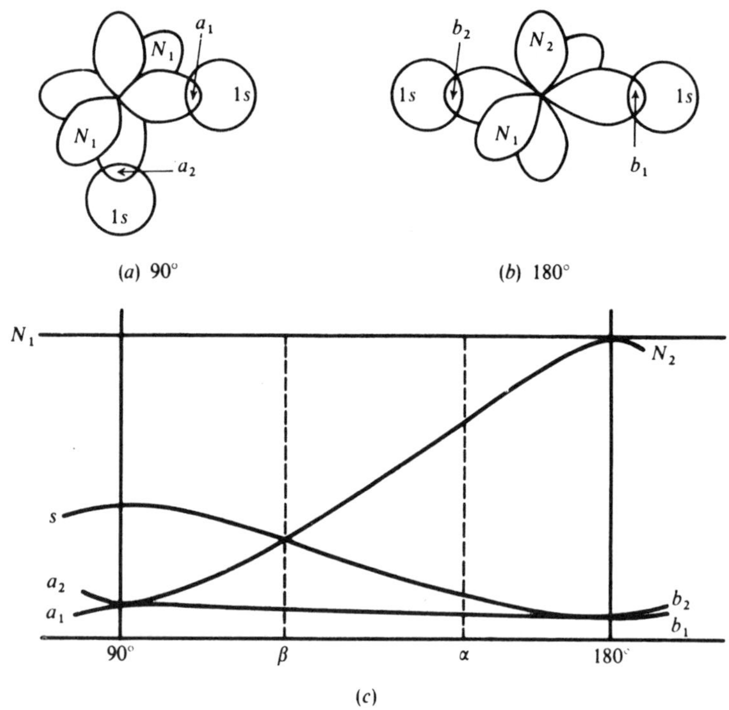

Bild 6.16: Orbitaldarstellungen eines AH_2 Moleküls, bei dem die AH Bindungen einen Winkel von (a) 90° und (b) 180° bilden. In (c) ist qualitativ wiedergegeben, wie sich die Energie der verschiedenen Orbitale mit dem Bindungswinkel zwischen 90 und 180° ändern.(*Aus A.D. Walsh,* J. Chem. Soc., *1953, p. 2262; mit freundlicher Genehmigung des Autors*)

Atomen aus, als es s und p Orbitale für sich allein könnten, und deshalb ist es in bestimmten Fällen für ein Atom energetisch günstiger, im Augenblick der Bindung Hybridorbitale zu „synthetisieren". Bei dieser Konfiguration (Bild 6.16(b)) gibt es also zwei nichtbindende p Orbitale, N_1 und N_2 genannt und zwei bindende Orbitale, die durch Überlappung von sp Hybrid- und Wasserstoff $1s$ Orbitalen gebildet und als b_1 und b_2 bezeichnet werden.

Berücksichtigen wir, dass ein nichtbindendes Orbital energetisch höher liegt als ein bindendes und dass ein bindendes sp Orbital stärker ist (und damit energetisch *tiefer* liegt, da das Molekül stabiler ist) als ein bindendes p Orbital, dann können wir die Änderung der Energie für eine stetige Änderung des Bindungswinkels zwischen 90 und 180° qualitativ auftragen. Dies ist in Bild 6.16 geschehen, wobei in folgender Weise verfahren wurde:

1. Das nichtbindende Orbital N_1 bleibt immer unverändert; somit ist seine Energie konstant.

2. Das bindende Orbital a_1 geht in das stärkere Orbital b_1 über; seine Energie nimmt also ab.
3. Aus dem bindenden Orbital a_2 wird das nichtbindende N_2, wobei die Energie zunimmt; bei 180° haben N_1 und N_2 dieselbe Energie.
4. Die bindenden Orbitale b_1 und b_2 werden durch Einbeziehung von s in a_1 gebildet.
5. Wird der Bindungswinkel über 180° hinaus erhöht (oder unter 90° verringert), tritt das Umgekehrte ein, so dass 180 und 90° offensichtlich Maximum und Minimum der Energiekurve bilden.

Überlegen wir uns, wie sich das auf die Struktur des Moleküls auswirkt. Nehmen wir erst das Molekül BeH_2, das Berylliumhydrid. Wir wissen aus Abschnitt 5.3.1, dass seine elektronische Grundzustandskonfiguration $1s^2 2s^2$ lautet, d.h., es besitzt zwei Außenelektronen, die Bindungen ausbilden, während die beiden $1s$ Elektronen zu fest an den Kern gebunden sind, als dass sie sich an Bindungen beteiligen könnten. Jedes Wasserstoffatom bringt ein weiteres Elektron mit, so dass das BeH_2 Molekül vier Elektronen auf Molekülorbitale verteilen muss, nach Pauli je maximal zwei Elektronen pro Orbital. Der stabilste Zustand ist nach Bild 6.16 der mit je zwei Elektronen in b_1 und b_2, wodurch ein *lineares* Molekül gebildet wird.

Wird das Molekül elektronisch angeregt, dann steht als nächstes Orbital für das angeregte Elektron N_2 (oder N_1) zur Verfügung, jedoch in der Konfiguration $b_1^2 b_2^1 N_2^1$. Aus dem Bild ist klar zu erkennen, dass der stabilste Zustand bei einem Bindungswinkel α irgendwo zwischen 90 und 180° liegen wird, wobei die Energiezunahme von b_1 und b_2 mehr als aufgewogen wird dadurch, dass sie bei N_2 solange abnimmt, bis bei einem Winkel α Gleichgewicht erreicht wird. Daraus sehen wir, dass der angeregte Zustand *gewinkelt* ist. Wird das Elektron bis zur Ionisierungsgrenze angeregt, so dass es ein BeH_2^+ Ion zurücklässt, dann halten sich die verbleibenden drei Elektronen in den Orbitalen b_1 und b_2 auf, und somit ist die stabilste Konfiguration wieder *linear*.

Betrachten wir den Fall beim Wasser, H_2O. Beim Sauerstoffatom lautet die Konfiguration der Außenelektronen $2s^2 2p^4$, und deshalb hat es sechs Elektronen auf Molekülorbitale zu verteilen. Wie vorhin trägt jeder Wasserstoff eines bei, so dass Wasser gebildet wird, indem insgesamt vier Elektronenpaare auf vier Molekülorbitale verteilt werden. Der tiefste Energiezustand, bei dem dies möglich ist, ist im Bild durch den Winkel β gekennzeichnet, der irgendwo zwischen 90 und 180° liegt (und im Experiment zu 104° beobachtet wird). Wasser ist also im Grundzustand gewinkelt, wobei man die Konfiguration in der Form $a_1^2 a_2^2 s^2 N_1^2$ schreiben kann, da der Winkel sich von 90° nicht sehr stark unterscheidet. Während der Anregung führt eines der N_1 Elektronen einen Übergang aus, da diese die höchste Energie aufweisen und am leichtesten losgelöst werden können. Da sich allerdings die Energie von N_1 nicht mit dem Winkel ändert, ändert sich beim Übergang auch nicht der Winkel des jetzt vorhandenen $a_1^2 a_2^2 s^2 N_1^1$ Zustands.

Diese Überlegungen können genauso auf weitere dreiatomige oder größere mehratomige Moleküle übertragen werden, obwohl das dem Bild 6.16(c) entsprechende Energiediagramm dann komplizierter ist, da mehr Energieniveaus beteiligt sind. Das Ergebnis zeigt, was auch im Experiment bestätigt wird, dass lineare Moleküle wie CO_2 und $HC{\equiv}CH$ durch Anregung gewinkelt werden, wobei das zweite Molekül in eine ebene Zick-zack-Konfiguration übergeht.

6.3.2 Elektronenspektroskopie als analytische Methode

Obwohl im flüssigen oder festen Zustand die Rotations- und manchmal auch die Schwingungsfeinstruktur nicht sichtbar ist, sind sowohl die Lage wie auch die Intensität einer relativ breiten Absorption aufgrund eines elektronischen Übergangs sehr typisch für eine bestimmte daran beteiligte Molekülgruppe. In diesem Zweig der Spektroskopie wird die Lage einer Absorptionsbande fast ausschließlich durch die *Wellenlänge* bei der maximalen Absorption, λ_{max}, angegeben, entweder in Angström-Einheiten gemessen ($1\,Å = 10^{-10}$ m) oder in Nanometern ($1\,nm = 10^{-9}$ m), wobei das Zweite mehr verbreitet ist. Ganz besonders sei darauf hingewiesen, dass eine große Energieänderung, die einer großen Wellenzahl entspricht, durch eine kleine Wellenlänge wiedergegeben wird. Aus praktischen Gründen wird das elektronische Spektrum in drei Bereiche eingeteilt: (1) Das sichtbare Gebiet zwischen 400 und 750 nm (4000 – 7500 Å oder 25 000 – 13 300 cm^{-1}), (2) das nahe Ultraviolett zwischen 200 und 400 nm (2000 – 4000 Å oder 50 000 – 25 000 cm^{-1}) und (3) das ferne (oder Vakuum-)Ultraviolett, unter 200 nm (unter 2000 Å oder über 50 000 cm^{-1}). Dieses wird deshalb so bezeichnet, weil in diesem Bereich die Absorption durch den Sauerstoff in der Atmosphäre beträchtlich ist und man Spektren nur mit einem sorgfältig evakuierten Spektrometer aufnehmen kann. Deshalb reichen kommerzielle Spektrometer nur bis zu etwa 185 nm hinunter und Absorptionen unterhalb dieses Bereichs werden kaum in der chemischen Routine verwendet.

Die *Intensität* einer elektronischen Absorptionsbande erhält man aus der einfachen Gleichung:

$$\varepsilon = \frac{1}{cd} \log_{10} \frac{I_0}{I} \quad \mathrm{l\,mol^{-1}cm^{-1}} \tag{6.37}$$

Dabei bedeuten: c und d Konzentration und Absorptionslänge in der Probe (in $mol\,l^{-1}$ bzw. cm), I_0 die Intensität des Lichts mit der Wellenlänge λ_{max}, das auf die Probe fällt, und I ist die von der Probe durchgelassene Intensität. ε ist der molare Absorptionskoeffizient, der von etwa $5 \cdot 10^5$ bei den stärksten Banden bis zu 1 l/(mol·cm) oder darunter bei sehr schwacher Absorption reicht.

Elektronen sind bei der überwiegenden Mehrzahl der Moleküle einer der folgenden drei Klassen zuzuordnen: σ Elektronen, π Elektronen und nichtbindende Elektronen (n Elektronen genannt). Die ersten beiden Klassen wurden in Abschnitt 6.2.2 besprochen und die dritte, die bei der Bindung von Atomen zu Molekülen keine Rolle spielt, wurde kurz in Abschnitt 6.3.1 erwähnt. In der Sprache der Chemie enthält eine Einfachbindung zwischen Atomen, wie in C—C, C—H, O—H usw. nur σ Elektronen, eine Mehrfachbindung, C=C, C≡C, C=N usw. enthält zusätzlich π Elektronen, während Atome rechts von Kohlenstoff im periodischen System, vor allem Stickstoff, Sauerstoff und die Halogene, n Elektronen besitzen. Im allgemeinen sind die σ Elektronen am stärksten an den Kern gebunden und benötigen deshalb für einen Übergang einen hohen Energiebetrag, während die π und n Elektronen weniger Energie brauchen und die n üblicherweise (aber nicht ausschließlich) weniger als die π. Deshalb fällt ein $\sigma \rightarrow \sigma^*$ Übergang (es ist klar, was mit dieser Schreibweise gemeint ist) in das Vakuum-Ultraviolett, $\pi \rightarrow \pi^*$ und $n \rightarrow \sigma^*$ erscheinen knapp an der Grenze zwischen nahem und fernem Ultraviolett und $n \rightarrow \pi^*$ Übergänge liegen schon im nahen Ultraviolett und im Sichtbaren. Diese Verallgemeinerungen sind schematisch in Bild 6.17 angedeutet, in dem auch gezeigt ist, in welcher Beziehung Nanometer zu Wellenzahlen stehen.

Gesättigte Kohlenwasserstoffe, bei denen nur $\sigma \rightarrow \sigma^*$ Übergänge stattfinden, ergeben keine Spektren von analytischer Bedeutung, da diese außerhalb des für gewöhnlich verfügbaren Bereichs liegen; Beispiele dafür sind die $\sigma \rightarrow \sigma^*$ Übergänge bei Methan, CH_4, und Ethan, C_2H_6, die bei 122 bzw. 135 nm liegen.

Das Einfügen einer Gruppe mit n Elektronen, z.B. der NH_2 Gruppe, ermöglicht zusätzlich $n \rightarrow \sigma^*$ Übergänge und hat die Tendenz, die Wellenlänge der $\sigma \rightarrow \sigma^*$ Absorption zu erhöhen; z.B. bei CH_3NH_2: $\sigma \rightarrow \sigma^*$ 170 nm, $n \rightarrow \sigma^*$ 213 nm. Es sind jedenfalls die ungesättigten Moleküle, d.h., Moleküle mit Mehrfachbindungen, an denen man die vielfältigsten und interessantesten Spektren beobachtet. Es ist in diesem Zusammenhang nicht möglich, die große Zahl von Daten im Detail zu besprechen, sondern wir müssen uns damit zufriedengeben, dass wir einige der wichtigsten Verallgemeinerungen aufzeigen. Einzelheiten kann man im Buch von Williams und Fleming nachlesen, das in der Literatur am Ende dieses Kapitels aufgeführt ist.

Betrachten wir als Erstes *isolierte* Mehrfachbindungen im Inneren eines Moleküls; der

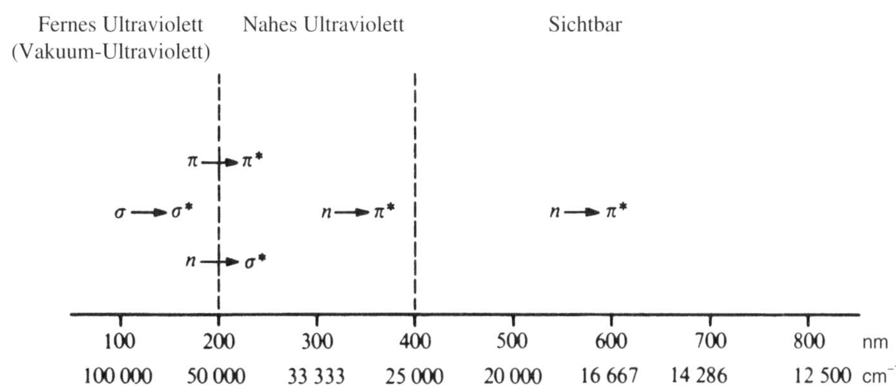

Bild 6.17: Die Bereiche des Elektronenspektrums mit den jeweils vorkommenden Arten von Übergängen.

wichtigste Faktor, der die Lage des Absorptionsmaximums bestimmt, ist natürlich die Atomspezies, die mehrfach gebunden ist. Aus der folgenden Tabelle sieht man, dass die $\pi \rightarrow \pi^*$ Übergänge verhältnismäßig unempfindlich gegenüber der Atomspezies sind, während die $n \rightarrow \pi^*$ Übergänge weit streuen:

	$\pi \rightarrow \pi^*$ (stark) (nm)	$n \rightarrow \pi^*$ (schwach) (nm)
>C=C<	170	—
—C≡C—	170	—
>C=O	166	280
>C=N—	190	300
—N=N—	?	350
>C=S	?	500

Dieses Verhalten ist gut verständlich, da die n Elektronen sich nicht an der Bindung beteiligen und auch unter der Kontrolle ihrer ursprünglichen Atome bleiben (O, N oder S). Die oben aufgelisteten Daten sind nur als ungefähr zu verstehen, da unterschiedliche Substituenten an der A=B Gruppe geringfügige Änderungen in der Wellenlänge des $n \rightarrow \pi^*$ Übergangs bewirken. Beschränken wir uns auf Ketone, dann variiert λ_{max} zwischen 272 nm bei CH_3COCH_3 und 290 nm bei Cyclohexanon und liegt sogar noch darüber, wenn man Halogene als Substituenten mit berücksichtigt. Da bereits sehr viele empirische Daten vorliegen, kann man aus einem elektronischen Spektrum eine beträchtliche Menge an Information bezüglich der Substituenten an

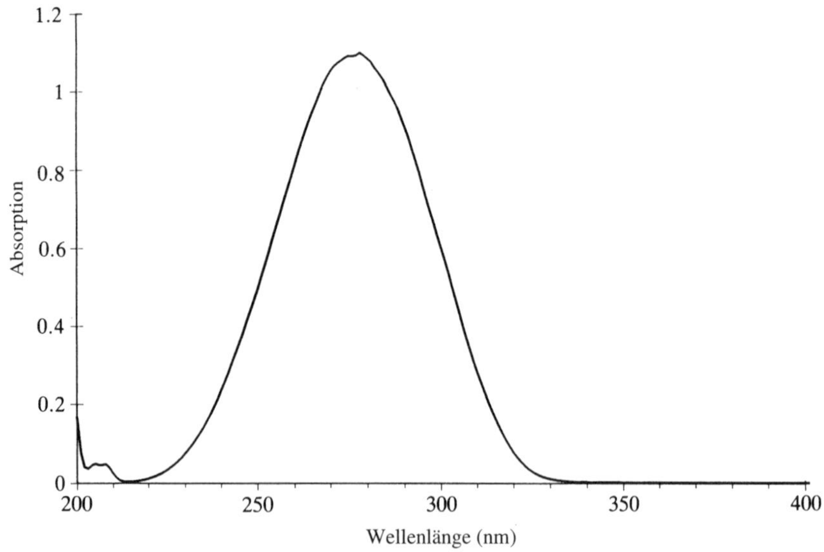

Bild 6.18: Das Ultraviolett-Spektrum von Propanon. (*Wir danken Mr P. Gibbs von der Queen's University, Belfast, für das Spektrum.*)

einer bestimmten Gruppe erhalten. Bild 6.18 zeigt das UV-Spektrum von Propanon. Der $n \rightarrow \pi^*$ Übergang bei 272 nm ist als breite Bande klar erkennbar.

Ausgeprägtere Verschiebungen treten auf, wenn zwei oder mehr Mehrfachbindungen des Moleküls *konjugiert* sind, d.h., bei Strukturen mit abwechselnden Einfach- und Mehrfachbindungen wie —C=C—C=C— oder —C=C—C=O. In diesem Fall nehmen Wellenlänge und Intensität von $\pi \rightarrow \pi^*$ und $n \rightarrow \pi^*$ Übergängen stark zu, wobei der Effekt umso ausgeprägter ist, je mehr Kettenglieder vorhanden sind. Ein einfaches Beispiel sind die ungefähren Daten für $\pi \rightarrow \pi^*$ Übergänge in Kohlenstoff-Kohlenstoff-Bindungen:

	λ_{max} (nm)	ε
—C=C—	170	16 000
—C=C—C=C—	220	21 000
—C=C—C=C—C=C—	260	35 000

Hingegen haben wir bei Sauerstoff enthaltenden Molekülen sowohl $\pi \rightarrow \pi^*$ als auch $n \rightarrow \pi^*$ Übergänge:

	$\pi \rightarrow \pi^*$ (stark) (nm)	$n \rightarrow \pi^*$ (schwach) (nm)
—C=O	166	280
—C=C—C=O	240	320
—C=C—C=C—C=O	270	350
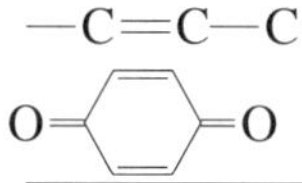	245	435

Daraus sieht man, dass eine Konjugation den sehr starken $\pi \rightarrow \pi^*$ Übergang sehr schnell in den leicht zugänglichen Bereich der UV-Spektrometer verschiebt. Deshalb sind diese Methoden besonders für die Untersuchung von konjugierten und aromatischen Systemen geeignet.

Im letzten Beispiel von vorhin sehen wir, dass sich die $n \rightarrow \pi^*$ Absorption bei 435 nm von *p*-Benzochinon in den blauen Bereich des sichtbaren Spektrums verschoben hat. Für gewöhnlich zeigt die Substanz die Komplementärfarbe – gelb. Bei großen organischen Molekülen liegt der Grund für Farbigkeit ausnahmslos im Vorhandensein einer ausgeprägten Konjugation, die die Wellenlänge von Übergängen in das Sichtbare verschiebt – eine Tatsache, auf der die Farbstoffchemie beruht.

Bild 6.19 gibt einen Teil des UV Spektrums von Benzol wieder, wobei die Bandenserie um 250 nm auf einen schwachen $\pi \rightarrow \pi^*$ Übergang zurückzuführen ist. Im höheren Zustand ist die Bindung ein wenig gelockert und dies bewirkt das Auftreten einer Schwingungsstruktur, deren Entstehung in Bild 6.3(c) veranschaulicht ist.

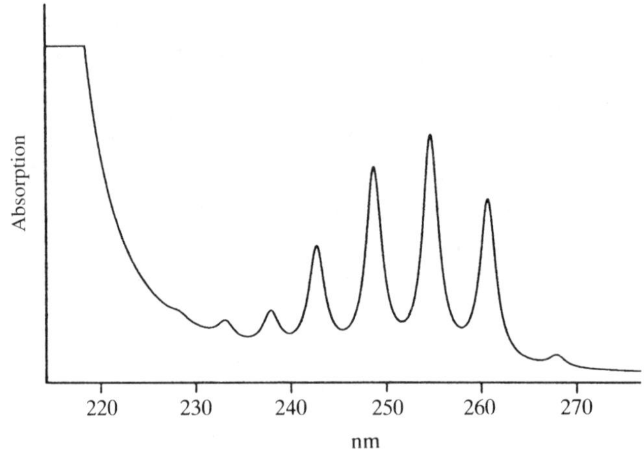

Bild 6.19: Teil des UV-Spektrums von Benzol mit Schwingungsfeinstruktur.

Substituenten an konjugierten Systemen verändern ebenfalls die UV-Übergänge in systematischer Weise; ausgeprägtes empirisches Datenmaterial hat zu Regeln geführt, mit denen diese Effekte vorhergesagt werden können. Diese sind als die Woodward-Regeln bekannt, sie wurden jedoch seit ihrer ersten Formulierung durch Woodward 1941 beträchtlich modifiziert und erweitert. Betrachten wir als einfaches Beispiel Butadien, $CH_2{=}CH.CH{=}CH_2$, das eine starke Absorption bei 217 nm aufgrund des $\pi \rightarrow \pi^*$ Übergangs zeigt. Dieses Molekül kann als „Muttermolekül" einer ganzen Reihe von Molekülen mit transkonjugierten Gruppen ⟍⟋⟍ aufgefasst werden, sei es in Kohlenwasserstoffketten oder in Ringsystemen. Jedem Substituenten und jeder Modifikation an diesem Mutterfragment wurde eine positive oder negative Zahl zugeordnet, die man zur ursprünglichen Absorption bei 217 nm addieren oder davon abziehen muss, um die zu erwartende Absorptionsfrequenz des substituierten Moleküls zu erhalten. So etwa beträgt die Zunahme in der Wellenlänge pro Chloratom 5 nm und für eine $-OCH_3$-Gruppe 6 nm; sind beide Substituenden vorhanden, dann erwartet man bei diesem Molekül eine Absorption bei $217+5+6=228$ nm. Eine sehr gute Zusammenfassung dieser Regeln sowie Tabellen der Werte unterschiedlicher Substituenten usw. kann man im Buch von Williams und Fleming nachschlagen, das in der Literatur aufgeführt ist.

6.3.3 Die Re-Emission von Energie durch ein angeregtes Molekül

Hat ein Molekül einen elektronischen Übergang in einen angeregten Zustand ausgeführt, dann kann es diese Überschussenergie auf mehrere Arten wieder los werden; einige davon behandeln wir hier kurz.

1. *Dissoziation.* Das angeregte Molekül zerfällt in zwei Fragmente. Dies wurde im

Abschnitt 6.1.4 etwas genauer für den speziellen Fall der Dissoziation eines zweiatomigen Moleküls in Atome besprochen. Dabei werden über das anfängliche Absorptionsspektrum hinaus keine weiteren spektroskopischen Phänome beobachtet, außer die Fragmente strahlen Energie mit Hilfe einer der folgenden Prozesse ab.

2. *Resonanzfluoreszens.* Findet ein Absorptionsvorgang statt, wie er schematisch in Bild 6.20(a) wiedergegeben ist, dann ist Resonanzfluoreszenz einfach die Umkehrung davon (Bild 6.20(b)). Die emittierte Frequenz, die man detektieren und als Emissionsspektrum darstellen kann, weist eine mit der absorbierten identische Frequenz auf.

3. *Fluoreszenz.* Wenn, wie in Bild 6.20(a), sich das Molekül nach einer elektronischen Anregung in einem hochangeregten *Schwingungs*zustand befindet, dann kann es überschüssige Schwingungsenergie durch intermolekulare Stöße abgeben; dies ist in Bild 6.20(c) verdeutlicht. Die Schwingungsenergie wird in kinetische Energie umgewandelt und macht sich als Erwärmung der Probe bemerkbar; so eine Energieübertragung zwischen den Niveaus wird als „strahlungslos" bezeichnet. Hat das angeregte Molekül dann einen tieferen Schwingungszustand erreicht (z.B. $v' = 0$), dann kann es Strahlung emittieren und in den Grundzustand zurückkehren; die ausgesandte Strahlung, das *Fluoreszenzspektrum*, weist für gewöhnlich eine tiefere Frequenz auf als die ursprünglich absorbierte, unter bestimmten Bedingungen kann sie jedoch bei höherer Frequenz liegen. Die Zeit zwischen der ursprünglichen Absorption und der Rückkehr in den Grundzustand ist sehr klein, in der Größenordnung von 10^{-8} s.

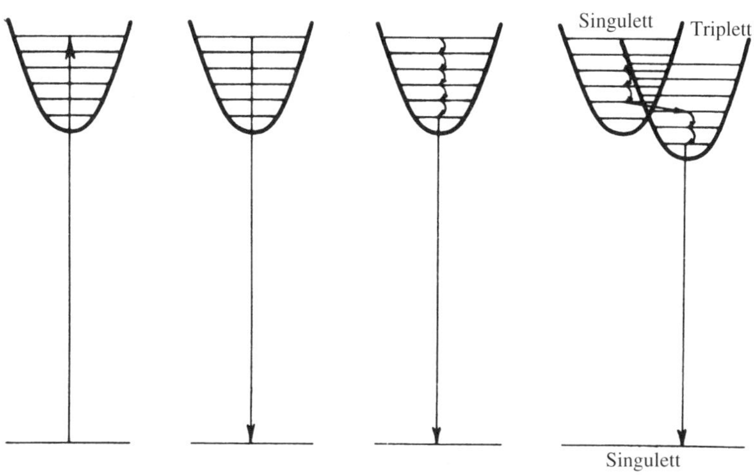

(*a*) Absorption (*b*) Resonanzfluoreszenz (*c*) Fluoreszenz (*d*) Phosphoreszenz

Bild 6.20: Darstellung der verschiedenen Möglichkeiten, durch die elektronisch angeregte Moleküle Energie abgeben können.

4. *Phosphoreszenz.* Dazu kann es kommen, wenn zwei angeregte Zustände mit unterschiedlichem Gesamtspin vergleichbare Energie aufweisen. So können wir z.B. annehmen, dass der Grundzustand in Bild 6.20(d) sowie einer der beiden angeregten Zustände Singuletts sind (also $S = 0$), während der benachbarte angeregte Zustand ein Triplettzustand ist ($S = 1$). Obwohl die $\Delta S = 0$ Auswahlregel *spektroskopische* Übergänge zwischen Singulett- und Triplettzuständen verbietet, gibt es kein Verbot für den Fall, dass die Energieübertragung zwischen den angeregten Zuständen durch stoßinduzierte strahlungslose Übergänge erfolgt. So eine Übertragung, Intersystem-Crossing genannt, kann nur nahe dem Kreuzungspunkt der beiden Potentialkurven stattfinden (vgl. Abschnitt 6.1.7); sobald das Molekül im Triplettzustand angelangt ist und innerhalb dieses Zustands Schwingungsenergie verloren hat, kann es nicht mehr in den Singulettzustand zurückkehren. Es erreicht also möglicherweise das Niveau $v' = 0$ des *Triplett*zustands. Obwohl jetzt ein Übergang von hier aus in den Grundzustand *spektroskopisch* verboten ist, so *kann* er dennoch stattfinden, aber mit viel geringerer Wahrscheinlichkeit („langsamer") als ein erlaubter elektronischer Übergang. Dies ist der Grund, warum eine phosphoreszierende Substanz ständig Strahlung emittiert, über Sekunden, Minuten oder sogar Stunden nach der ursprünglichen Absorption. Es gilt als Regel, dass das Phosphoreszenzspektrum aus Strahlung besteht, die in der Frequenz tiefer liegt als die absorbierte.

Zu erheblichen Verwechslungen kommt es oft zwischen dem Ramaneffekt, der in Kapitel 4 behandelt wurde, und den Phänomenen der Fluoreszenz und Phosphoreszenz. Der Unterschied liegt im Wesentlichen in folgenden Punkten:

(a) Bei Fluoreszenz und Phosphoreszenz muss das Molekül Strahlung absorbieren, und es wird ein angeregter elektronischer Zustand besetzt; bei der Ramanspektroskopie wird lediglich Energie von der Strahlung zum Molekül transferiert (in Form einer Störung in der Elektronendichteverteilung im Grundzustand durch ein elektrisches Feld) oder auch in die umgekehrte Richtung, es wird aber in kein elektronisch angeregter Zustand gebildet.

(b) Für Fluoreszenz oder Phosphoreszenz ist es notwendig, dass die anregende Strahlung gerade der Energiedifferenz zwischen den elektronischen Zuständen entspricht. In der klassischen Ramanspektroskopie kann die Strahlung jede beliebige Frequenz aufweisen, *außer* der, die einen elektronischen Übergang anregen würde; in diesem Fall würde nicht Streuung, sondern Absorption erfolgen. Zur Resonanz-Ramanspektroskopie kommt es, wenn die Verhältnisse gerade dazwischen liegen.

(c) *Stimulierte Emission.* Dieser zusehends an Bedeutung gewinnende Effekt einer Abstrahlung überschüssiger Energie kann, wie in Abschnitt 1.10 besprochen, zur Erzeugung von Laserstrahlung führen. Der Helium-Neon-Laser, der Licht im sichtbaren Bereich des Spektrums emittiert, wurde in Abschnitt 5.4.6 vorgestellt.

6.4 Messmethoden und Messgeräte

Die einfachen Verfahren der elektronischen Spektroskopie sind jedem vertraut, der Physik studiert – ein Glasprisma, eine Art Fernrohr, ein Bunsenbrenner und eine Prise von gewöhnlichem Salz reichen als Apparatur aus, um einen Teil des Emissionsspektrums von Natrium zu beobachten. Tatsächlich wird ein beträchtlicher Teil schnell und genau durchgeführter analytischer Arbeit, sowohl qualitativ wie auch quantitativ, mit Flammenspektrometern durchgeführt, die in ihrer Konstruktion nicht viel aufwendiger sind, außer dass man einen Sekundärelentronenvervielfacher (SEV) oder eine Fotoschicht anstelle des menschlichen Auges verwendet. Allerdings sind die Anforderungen bei hochauflösenden Untersuchungen oder bei Absorptionsmessungen höher.

Ursprünglich lagen die größten Schwierigkeiten in der Wahl der Strahlungsquelle. Die wichtigsten Anforderungen an die Quelle sind, dass sie im interessierenden Bereich *kontinuierlich* strahlen soll (d.h., es darf keine Wellenlängenbereiche geben, die sie nicht emittiert) und außerdem so *gleichmäßig* wie möglich (d.h., es darf keine starken Emissionslinien geben). Im Sichtbaren bis in das nahe Ultraviolett hinein – etwa zwischen 350 und 800 nm – ist eine gewöhnliche Wolframbandlampe recht gut geeignet. Der Glühfaden wirkt als schwarzer Strahler und hat für Messungen in diesem Bereich genügend Intensität. Darunter ist eine Wasserstoff-Entladungslampe das Richtige, und zwar bis etwa 190 nm, während bei noch kürzeren Wellenlängen wiederum andere Entladungslampen eingesetzt werden müssen, die Edelgase, wie z.B. Xenon, enthalten. Wir sehen also, dass im Gegensatz zu den anderen spektroskopischen Methoden der bisherigen Kapitel hier keine der Strahlungsquellen über den gesamten Bereich geeignet ist.

Durchlässige Materialien für Fenster und Probenzellen stellen kein Problem dar, zumindest im Sichtbaren und im nahen Ultraviolett, da Glas oder Quarz hoher Güte bis hinunter zu 200 nm oder noch darunter durchlässig ist. Unterhalb dieses Bereichs müssen Alkali- bzw. Erdalkalifluoride, wie Lithiumfluorid oder Calciumfluorid, verwendet werden; diese sind bis etwa 100 nm transparent. Falls Prismen eingesetzt werden, können sie aus demselben Material gefertigt sein. Heute verwendet man in UV/VIS-Spektrometern meist Reflexionsgitter anstelle von Prismen, da sie eine bessere Dispersion zeigen und deshalb eine schärfere Selektion der Wellenlänge sowie eine präzisere Messung zulassen.

Als Detektoren für Beobachtungen im Sichtbaren und UV dienen Fotoplatten, Sekundärelektronenvervielfacher (SEV), schnelle Detektoren (Diodenarrays) sowie CCD-Kameras. Bei der Beobachtung kurzlebiger Teilchen, wie etwa freier Radikale, sowie bei Langzeitaufnahmen sehr schwacher Spektren kann eine Fotoschicht noch immer gute Dienste leisten. Die Belichtungszeiten können bei einer Aufnahme einer schwachen Emission oder Absorption auf mehrere Stunden oder sogar Tage ausgedehnt werden. Im Routineeinsatz, bei dem das Spektrum einer stabilen Probe innerhalb einiger Minuten aufgenommen werden soll, sind die schnellen elektronischen Nachweismethoden mit nachfolgendem Verstärker und Rechner die vielseitigste Kombination. Am langwelligen Ende des sichtbaren Bereichs kann man auch einen Photoleitfähigkeits-Detektor einsetzen.

6.5 Photoelektronenspektroskopie an Molekülen

Das Prinzip der Photoelektronenspektroskopie (PES) und ihr Einsatz bei Atomen wurde in Abschnitt 5.5 geschildert. In diesem Abschnitt werden wir uns mit ihrer Anwendung auf Moleküle befassen.

In der PES wird ein Elektron als Folge einer Bestrahlung durch UV- oder Röntgenstrahlung aus einem Atom oder einem Molekül herausgeschleudert, wobei es ein einfach geladenes Ion zurücklässt. Die Emission eines Elektrons kann von den Valenzniveaus aus erfolgen (deren Energien der UV-Strahlung entsprechen) oder aus den abgeschlossenen Schalen (was der Röntgenanregung entspricht). Im Fall von Atomen sind sowohl die XPS als auch die UPS Spektren charakteristisch für die einzelnen Elemente und stellen einen „Fingerabdruck" für das jeweilige Element dar. Bei Molekülen trifft das für die Spektren der inneren Niveaus (XPS) ebenfalls zu, während die UPS Spektren ihren Ursprung in den äußeren, den Valenzorbitalen eines Moleküls haben und eher typisch sind für das Gesamtmolekül.

6.5.1 UV-Photoelektronen-Spektroskopie (UPS)

Charakteristische Werte der Bindungsenergie für Elektronen in den Valenzschalen der Atome liegen im Bereich von 5 bis 30 eV. Natürlich ist es möglich, diese Elektronen durch Einsatz von Röntgenstrahlung vom Atom zu trennen, jedoch erzielt man mit UV-Strahlung höhere Auflösung. Einzelne Bindungsenergien zu unterscheiden und sie zuzuordnen, das kann im Allgemeinen durch Vergleich mit chemisch ähnlichen Substanzen erfolgen, zusätzliche Information erhält man jedoch aus der Feinstruktur der Banden, die man bei höherer Auflösung oft beobachtet und die ihre Ursache in Übergängen zu mehr als nur einem Schwingungsniveau des Ions haben.

Ein ionisiertes Molekül ist kurzlebig, aber im Allgemeinen verhältnismäßig stabil und kann, wenn es nicht ein Elektron einfängt, lang genug bestehen, um Schwingungen und Rotationen auszuführen wie jedes andere Molekül auch. Im Allgemeinen gehen die Übergänge vom Zustand $v = 0$ des neutralen Moleküls aus und enden auf einem von mehreren Schwingungszuständen des Ions, wodurch im Spektrum eine Reihe von etwa gleichabständigen Banden erscheint. Die Übergänge folgen dem Franck-Condon-Prinzip (siehe Abschnitt 6.1.3 und vor allem Bild 6.3), wobei die relativen Intensitäten der Linien von der relativen Lage der Potentiale des neutralen und des ionisierten Moleküls abhängen und die Intensitäten dann am höchsten sind, wenn die Bindungslänge des Ions der des neutralen Moleküls am nächsten kommt. Darüber hinaus hängen die Bindungslänge und noch weitere Eigenschaften des Ions davon ab, von welcher Art das Elektron am neutralen Molekül ist, das ionisiert wurde, und zwar nach folgenden Regeln:

1. Wird ein *nichtbindendes* Elektron entfernt, folgt daraus keinerlei Änderung der Bindungsstärke oder -länge, und die Intensität des Übergangs konzentriert sich nach Bild 6.3(a) fast ausschließlich auf die 0,0 Linie.
2. Wird ein *antibindendes* Elektron ionisiert, wird die Bindung stärker und damit auch kürzer; dies hat, wie in Bild 6.3(b) gezeigt wird, Übergänge zu mehreren Schwingungszuständen des Ions und damit ein Spektrum mit Schwingungsfeinstruktur zur Folge. Die Potentialmulde des Ions ist in diesem Fall im Allgemeinen tiefer und enger als beim Molekül, und die Schwingungsfrequenz steigt an; dies ergibt sich aus der Zunahme der Bindungsstärke oder Kraftkonstanten.
3. Das Entfernen eines *bindenden* Elektrons hat eine schwächere, längere Bindung zur Folge (Bild 6.4(c)), wobei das Spektrum sonst dem in Punkt 2 ähnlich ist. Hier jedenfalls hat die Abnahme der Bindungsstärke eine breitere und flachere Potentialmulde zur Folge sowie eine tiefere Schwingungsfrequenz als beim neutralen Molekül.

Wie man in Bild 6.3 sieht, gibt der Abstand der Schwingungsfeinstrukturlinien den Abstand zwischen den Schwingungsniveaus des *Ions* wieder und nicht des neutralen Moleküls. Somit führt die Beobachtung der Feinstruktur direkt auf einen ungefähren Wert für die Schwingungsfrequenz des betreffenden Ions.

Bild 6.21 zeigt das UPS Spektrum von Kohlenmonoxid. Dieses Molekül hat insgesamt zehn Valenzelektronen – vier vom Kohlenstoff und sechs vom Sauerstoff – wobei die äußeren acht die Molekülorbitale $2\sigma^2 2\pi^4 2n^2$ besetzen und n^2 ein Elektronenpaar in einem nichtbindenden Orbital bedeutet. Es sei bemerkt, dass diese Struktur durch das Photoelektronenspektrum umfassend bestätigt wird, was wir noch sehen werden.

Das Spektrum zeigt im Wesentlichen drei Banden, bei 14,0, bei 16,5 und bei 19,7 eV. Die 14 eV Bande weist praktisch keine Feinstruktur auf – es sind nur zwei Signale vorhanden und eines davon ist sehr schwach – und sie rührt offenbar daher, dass ein Elektron aus dem nichtbindenden Orbital entfernt wird. Die Bande bei 16.5 eV mit ihrer Feinstruktur hat ihren Ursprung im bindenden $2p\pi$ Orbital, das energetisch höher liegt (d.h., es ist schwächer gebunden) als das $2s\sigma$; dieses ist der Grund für das 19,7 eV-Signal. Diese Zuordnung kann über den Abstand der Schwingungsniveaus bestätigt werden. Man beobachtet 1549 cm^{-1} am 16,5 eV Band und 1706 cm^{-1} am 19,7 eV Band; beide Werte sind signifikant niedriger als die Grundschwingungsfrequenz des freien Moleküls (2157 cm^{-1}), was zeigt, dass ein Elektron aus einem bindenden Orbital entfernt wurde. Der Abstand der beiden Linien im 14,0 eV Band beträgt etwa 2200 cm^{-1}, ein Wert, der verhältnismäßig nahe an dem des neutralen Moleküls liegt und bestätigt, dass es sich um einen nichtbindenden Fall handelt.

Zwei weitere Effekte sollten erwähnt werden. Erstens kann eine Spin-Bahn-Kopplung

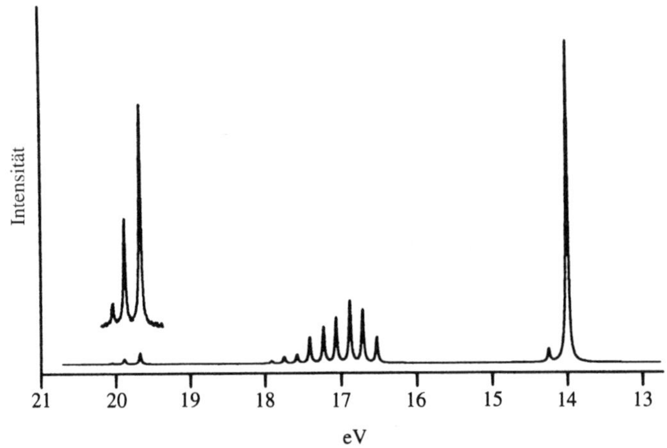

Bild 6.21: Photoelektronen-Spektrum von Kohlenmonoxid.

manchmal ebenso wie bei Atomen zu einer weiteren Aufspaltung von Banden führen. Und zweitens kann ein Ion, das durch das Entfernen eines Elektrons aus einem entarteten Niveau entsteht, sich erst einmal auch in einem entarteten Zustand befinden; eine danach eintretende Strukturänderung des Ions kann zu einer Aufhebung der Entartung führen und damit zu einer Aufspaltung der Energieniveaus, was bei linearen Molekülen als Renner-Teller-Effekt bekannt ist und als Jahn-Teller-Effekt bei nichtlinearen Molekülen. Wird z.B. ein Elektron aus einem der vier äquivalenten Hybridorbitale von Methan, CH_4, entfernt, dann hat das entstehende CH_4^+ Ion nicht mehr die Struktur eines Tetraeders. Die restlichen drei Orbitale sind nicht mehr entartet, und jedes trägt für sich zum Spektrum bei, so dass man drei Maxima erhält. Ihre Abstände sind in diesem Fall klein und werden im Photoelektronenspektrum oft nur als eine Verbreiterung der Linie anstelle einer Aufspaltung beobachtet.

6.5.2 Röntgen-Photoelektronenspektroskopie (XPS)[1]

Mit Hilfe der Röntgen-Photoelektronenspektroskopie werden die Bindungsenergien der Elektronen in den inneren Atomschalen bestimmt. Obwohl diese Elektronen für die chemische Bindung nur eine sehr geringe Rolle spielen, kann eine unterschiedliche chemische Umgebung kleine Änderungen der Bindungsenergien bewirken; und zwar deshalb, weil das Entstehen einer Bindung die Elektronenverteilung im System ändert und somit über eine Veränderung der chemischen Abschirmung auch eine Änderung der effektiven Kernladung an den gebundenen Atomen bewirkt.

Betrachten wir als Beispiel den Kohlenstoff in einer C—F Bindung. Das sehr stark negative Fluor zieht Elektronen an und verringert so die Elektronendichte in der

[1] In der älteren Literatur wurde XPS als „Elektronenspektroskopie zur chemischen Analyse" bezeichnet und mit ESCA abgekürzt („Electron Spectroscopy for Chemical Analysis").

Umgebung des Kohlenstoffkerns; der Kohlenstoff ist dadurch weniger abgeschirmt als im freien Zustand und seine effektive Kernladung erhöht sich.

Damit spüren die Elektronen des Kohlenstoffs eine höhere Anziehungskraft durch den Kern und weisen deshalb eine höhere Bindungsenergie auf. Dieses Phänomen ist als die *chemische Verschiebung* bekannt.

Ein weiteres Beispiel ist das N_2O; in Bild 6.22 ist von diesem Molekül das XPS Spektrum des 1*s* Bereichs von Stickstoff zu sehen. Das Molekül ist linear, mit einer Struktur N—N—O, so dass infolge des elektronegativen Sauerstoffs beim Stickstoff in der Mitte die Elektronendichte stärker abnimmt und auch stärker gebundene innere Elektronen entstehen als bei dem am Ende liegenden. Verständlicherweise ordnet man, wie im Bild gezeigt, das mittlere Atom der Linie bei 412,6 eV zu und das endständige Atom der 408,7 eV Linie.

Es erscheint grundsätzlich möglich, über die chemische Verschiebung die effektive Ladung der einzelnen Atome im Molekül zu bestimmen; in der Praxis stößt dies aber auf Schwierigkeiten, und zwar aus einer ganzen Reihe von experimentellen Gründen, auf die wir hier nicht eingehen.

Noch ein weiterer Punkt sollte erwähnt werden, dass nämlich ebenso wie UPS Beobachtungen auch XPS Spektren die Spin-Bahn-Kopplung zeigen können. Bei XPS ist die Aufspaltung allerdings meist so klein, dass sie nicht aufgelöst werden kann und sich nur in einer leichten Verbreiterung der Banden äußert.

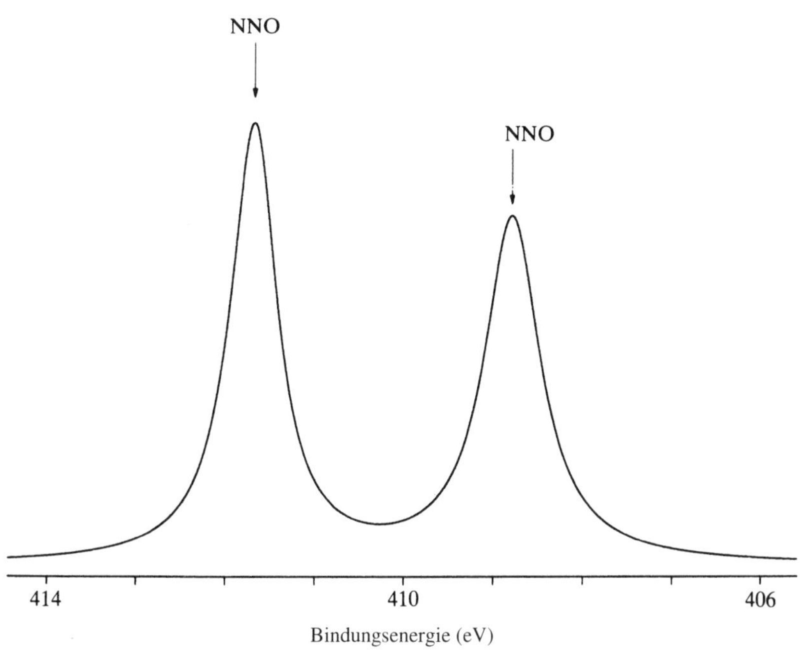

Bild 6.22: Photoelektronenspektrum von N_2O.

Literatur

Ebsworth, E. A. V., Rankin, D. H. W. und Cradock, S.: *Structural Methods in Inorganic Chemistry*, Blackwell Scientific Publications, 2nd edn., 1991.

Herzberg, G.: *Molecular Structure and Molecular Spectra,* vol. 1: *Spectra of Diatomic Molecules*, Van Nostrand, 2nd edn., 1950.

Herzberg, G.: *Molecular Structure and Molecular Spectra,* vol. 3: *Electronic Spectra and Electronic Structure of Polyatomic Molecules*, Van Nostrand, 1967.

Turner, D., Baker, C., Baker, A. D. und Brundle, C. R.: *Molecular Photoelectron Spectroscopy*, Wiley–Interscience, 1970.

Williams, D. H. und Fleming, I.: *Spectroscopic Methods in Organic Chemistry*, McGraw-Hill, 4th edn., 1989.

Übungsaufgaben

(Wichtige Konstante: $1 \text{cm}^{-1} \equiv 11{,}958 \text{ J mol}^{-1}$.)

6.1 Schätzen Sie mit Hilfe der Daten aus Bild 6.5 (und den hier aufgeführten) die Dissoziationsenergie des I_2 Moleküls ab:

v:	0	5	10	30	50	70	75	80
$\Delta\varepsilon$ cm^{-1}:	213,3	207,2	200,7	172,1	134,7	82,3	67,0	52,3

6.2 Das Absorptionsspektrum von O_2 zeigt eine Schwingungsstruktur, die bei 56 876 cm^{-1} in ein Kontinuum übergeht; der angeregte elektronische Zustand dissoziiert in ein Atom im Grundzustand und ein angeregtes Atom (dessen Anregungsenergie aus dem Atomspektrum zu 15 875 cm^{-1} bestimmt wurde). Schätzen Sie die Dissoziationsenergie des Grundzustands von O_2 in kJ mol^{-1} ab.

6.3 Die Werte für $\bar{\omega}_e$ und x_e im Grundzustand ($^3\Pi_u$) und einem der angeregten Zustände ($^3\Pi_g$) von C_2 lauten:

	$\bar{\omega}_e$ (cm^{-1})	x_e
Grundzustand	1641,4	$7{,}11 \cdot 10^{-3}$
Angeregter Zustand	1788,2	$9{,}19 \cdot 10^{-3}$

Bestimmen Sie mit Hilfe von Gl. (6.10) die Anzahl der Schwingungsenergieniveaus bis zur Dissoziationsgrenze und damit auch die Dissoziationsenergie von C_2 dieser beiden Zustände.

6.4 Das Spektrum des Übergangs zwischen den beiden Zuständen von C_2 in Aufgabe 6.3 zeigt die Linie v_{00} bei 19 378 cm^{-1} und eine Konvergenzgrenze bei 39 231 cm^{-1}. Bei der Dissoziation entsteht ein Atom im Grundzustand und ein angeregtes Atom, dessen Anregungsenergie 10 308 cm^{-1} beträgt; berechnen Sie die genauen Dissoziationsenergien der beiden Zustände und vergleichen Sie Ihre Lösungen mit denen von Aufg. 6.3. Erklären Sie etwaige Unterschiede.

6.5 Der Bandenursprung eines Übergangs in C_2 wird bei 19 378 cm^{-1} beobachtet, wobei die Rotationsfeinstruktur zeigt, dass die Rotationskonstanten im angeregten und im Grundzustand $B' = 1{,}7527\ cm^{-1}$ bzw. $B'' = 1{,}6326\ cm^{-1}$ lauten. Schätzen Sie die Lage des Bandenkopfs ab. In welchem der beiden Zustände ist der Kernabstand größer?

6.6 Beschreiben Sie qualitativ, was Sie im Bereich des Kohlenstoffs im XPS Spektrum von Ethyltrifluoracetat vermutlich sehen werden und begründen Sie dies. Die Struktur lautet:

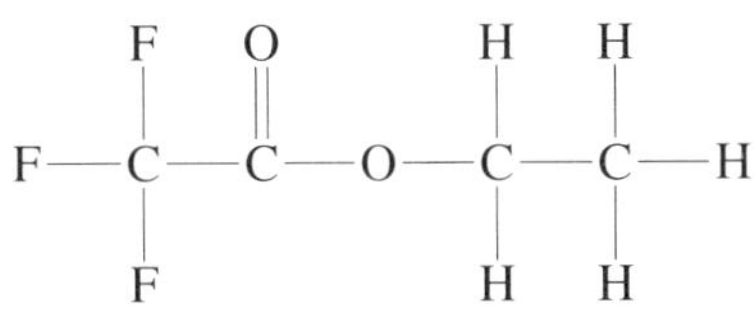

6.7 Ein zweiatomiges Molekül AB weist im UPS Spektrum zwei wesentliche Merkmale auf. Eines besteht in einer einzigen scharfen Linie, während das zweite aus einer Gruppe von Linien im Abstand von 2300 cm^{-1} besteht. Erklären Sie das Spektrum mit Hilfe der Orbitale, die für diese beiden Merkmale des Spektrums verantwortlich sind, wobei vorausgesetzt wird, dass die Schwingungsfrequenz des neutralen Moleküls im Grundzustand 2100 cm^{-1} beträgt.

7 Magnetische Resonanzspektroskopie

Von früheren Kapiteln wissen wir bereits, dass alle Elektronen sowie einige Kerne eine Eigenschaft besitzen, die „Spin" genannt wird. Der Elektronenspin wurde in Kapitel 5 eingeführt, um damit zu erklären, warum sich die Elektronen bei der Bildung des Atoms auf eine ganz bestimmte Art und Weise um den Kern anordnen; wir fanden auch, dass der Spin für einen Teil der Feinstruktur verantwortlich war, wie z.B. für den Dublett-Charakter der Natrium-D-Linie bei den Atomspektren. In Abschnitt 5.7 war es auch notwendig, den Kernspin als Ursache für eine bestimmte Art der Feinstruktur einzuführen, die in den Spektren einiger Atome gefunden wird und Hyperfeinstruktur genannt wird.

Im Verlauf dieses Kapitels werden wir diese Spins noch etwas genauer betrachten und uns mit den Spektren befassen, die man unmittelbar von ihnen erhält und nicht mit den Modifikationen, die sie an anderen Spektren verursachen. Nach einer Einführung über die Wechselwirkung des Spins mit einem äußeren magnetischen Feld werden wir uns mit den Spektren von Teilchen mit einem Spin von $\frac{1}{2}$ befassen (d.h., mit Elektronen und Kernen wie Wasserstoff, Fluor oder Phosphor), darauf folgt dann eine kurze Überlegung zu einigen Kernen mit einem Spin größer als $\frac{1}{2}$ und zum Schluss ein paar Worte zu den experimentellen Verfahren, mit denen Elektronenspin- und Kernresonanzspektren aufgenommen werden.

7.1 Der Spin im äußeren Feld

7.1.1 Teilchen mit Spin

Wir wissen, dass alle Elektronen einen Spin von $\frac{1}{2}$ haben und dass sie einen Drehimpuls von $\sqrt{\frac{1}{2}(\frac{1}{2}+1)}\,(h/2\pi) = \frac{\sqrt{3}}{2}$ Einheiten besitzen. Viele Kerne haben ebenfalls einen Spin, wenn auch der entsprechende Drehimpuls von Kern zu Kern verschieden ist.

Der einfachste Kern ist der des Wassertoffatoms, der nur aus einem einzigen Teilchen, dem *Proton*, besteht. Die Masse des Protons ($1{,}67 \cdot 10^{-27}$ kg) und seine Ladung ($+1{,}60 \cdot 10^{-19}$ C) werden als atomare Massen- bzw. Ladungseinheiten verwendet; die Ladung ist natürlich in der Größe gleich der des Elektrons, aber im Vorzeichen entgegengesetzt. Auch das Proton hat einen Spin von $\frac{1}{2}$.

Ein weiteres Teilchen, Bestandteil aller Kerne (außer des Wasserstoffkerns), ist das *Neutron*; es hat hat die Masse eins (d.h., seine Masse ist gleich der des Protons), keine Ladung und auch einen Spin von $\frac{1}{2}$.

Besteht also ein Kern aus p Protonen und n Neutronen, dann ist seine Gesamtmasse $p+n$ (wenn wir den kleinen Massendefekt im Zusamenhang mit der nuklearen Bindungsenergie vernachlässigen), die Gesamtladung beträgt $+p$ und der Gesamtspin ergibt sich aus einer Vektoraddition von $p+n$ Spins mit jeweils der Größe $\frac{1}{2}$. Die Atommasse wird üblicherweise bei jedem Kern durch eine vorangestellte Hochzahl angegeben; ^{12}C bedeutet z.B., dass der Kern von Kohlenstoff die Massenzahl 12 hat. Da die Atomladung bei diesem Kern sechs ist, wissen wir damit auch gleich, dass der Kern sechs Protonen und sechs Neutronen enthalten muss, damit die Masse 12 ist. Der ^{13}C Kern (ein Kohlenstoff*isotop*) enthält sechs Protonen und sieben Neutronen.

Jedes Kernisotop besteht aus einer unterschiedlichen Anzahl von Protonen und Neutronen und hat seinen eigenen Gesamtspin. Leider sind die Gesetzmäßigkeiten der Vektoraddition für die Spins der Kernteilchen noch nicht bekannt, so dass man im Allgemeinen den Spin eines bestimmten Kerns nicht voraussagen kann. Immerhin kann man beobachtete Spins interpretieren und so wurden auch schon empirische Regeln abgeleitet.

Der Spin des Wasserstoffkerns (^{1}H) ist gleich $\frac{1}{2}$, da dieser aus nur einem Proton besteht; Deuterium, ein Isotop des Wasserstoffs mit einem Proton und einem Neutron (also ^{2}H) könnte einen Spin von 1 oder 0 haben, je nachdem, ob die Spins von Proton und Neutron parallel zueinander oder entgegengesetzt gerichtet sind: Beobachtet wird der Wert 1. Der Heliumkern, der zwei Protonen und zwei Neutronen enthält (^{4}He) hat den Spin null; aus diesen sowie aus anderen Beobachtungen ergeben sich folgende Regeln:

1. Kerne mit geradzahligem p und n (also Ladung *und* Masse geradzahlig) haben den Spin null (zum Beispiel ^{4}He, ^{12}C, ^{16}O usw.).
2. Kerne mit ungeradzahligem p und n (also *ungerader* Ladungszahl, aber geradzahliger Masse $= p+n$) haben ganzzahligen Spin (zum Beispiel ^{2}H, ^{14}N (Spin $= 1$), ^{10}B (Spin $= 3$) usw.).
3. Kerne mit ungerader Massenzahl haben halbzahlige Spins (zum Beispiel ^{1}H, ^{15}N (Spin $= \frac{1}{2}$), ^{17}O (Spin $= \frac{5}{2}$) usw.).

Bezeichnet wird der Kernspin üblicherweise mit I, der Kernspinquantenzahl. Die Quantenmechanik kann zeigen, dass der Drehimpuls eines Kerns gegeben ist durch den Ausdruck:

$$\text{Drehimpuls } \mathbf{I} = \sqrt{I(I+1)}(h/2\pi) = \sqrt{I(I+1)} \text{ Einheiten}^1 \qquad (7.1)$$

[1] Wir sind nur an der Größe dieses Vektors interessiert; deshalb wurde auf eine Richtungsangabe (Einheitsvektor) verzichtet; diese wird stillschweigend vorausgesetzt.

worin I bei einem bestimmten Kern *einen* der Werte $0, \frac{1}{2}, 1, \frac{3}{2}, \ldots$ annehmen kann. Wir können der Einfachheit halber Gl. (7.1) auch auf die Spinquantenzahl und den Drehimpuls eines *Elektrons* anwenden, wenn wir dessen Spinquantenzahl mit I (anstelle von s wie in Kapitel 5) bezeichnen und berücksichtigen, dass beim Elektron die Spinquantenzahl nur $\frac{1}{2}$ sein kann. Damit gibt Gl. (7.1) zugleich den Drehimpuls von Kernen und Elektronen wieder, wenn für I der entsprechende Wert eingesetzt wird.

Wir können an dieser Stelle anmerken, dass viele Bücher eine einfachere Form der Gl. (7.1) angeben, nämlich:

$$\mathbf{I} = I \cdot \frac{h}{2\pi} = I \text{ Einheiten}$$

Im streng quantenmechanischen Sinn ist diese Gleichung allerdings nicht richtig und wir werden im gesamten Kapitel die im strengeren Sinn gültige Gl. (7.1) verwenden.

Der Leser wird jetzt schon mit der Vorstellung vertraut sein, dass der Drehimpulsvektor **I** nicht in jede beliebige Richtung zeigen kann, sondern nur so gerichtet sein kann, dass seine Projektion auf eine Bezugsrichtung entweder ganzzahlig ist (bei ganzzahligem I) oder halbzahlig (wenn I halbzahlig ist). In einer bestimmten Richtung z ergibt das die Komponenten:

$$\begin{aligned} &I_z = I, I-1, \ldots, 0, \ldots, -(I-1), -1 \quad (I \text{ ganzzahlig}) \\ \text{oder} \\ &I_z = I, I-1, \ldots, \tfrac{1}{2}, -\tfrac{1}{2}, \ldots, -I \quad (I \text{ halbzahlig}) \end{aligned} \tag{7.2}$$

mit zusammen jeweils $2I+1$ Komponenten. Diese Komponenten sind normalerweise entartet – d.h. sie haben alle dieselbe Energie – aber diese Entartung kann aufgehoben werden und man erhält $2I+1$ unterschiedliche Energieniveaus, wenn die Bezugsrichtung durch ein äußeres Magnetfeld vorgegeben ist. Wir überlegen uns jetzt, welche Wirkung so ein Feld hat.

7.1.2 Wechselwirkung zwischen Spin und Magnetfeld

Ein geladenes Teilchen, das sich um eine Achse dreht, stellt, ganz allgemein betrachtet, einen elektrischen Kreisstrom dar, der wiederum einen magnetischen Dipol bildet. Anders ausgedrückt, ein rotierendes Teilchen verhält sich wie ein winziger Stabmagnet, der parallel zur Rotationsachse liegt. Man kann zeigen, dass die Größe dieses Dipols (d.h., die Stärke des Magneten) gleich ist:

$$\boldsymbol{\mu} = \frac{q}{2m}\mathbf{I} = \frac{q\sqrt{I(I+1)}}{2m}\frac{h}{2\pi} = \frac{qh}{4\pi m}\sqrt{I(I+1)} \quad \text{A m}^2$$

wobei q und m Ladung und Masse des Teilchens bedeuten. Das magnetische Moment ist hier in den entsprechenden SI Basiseinheiten ausgedrückt, nämlich Ampére mal

Quadratmeter (Am^2); für später ist es aber günstiger, das magnetische Moment über die magnetische Flussdichte auszudrücken (salopp als „magnetische Feldstärke“ bezeichnet), deren SI Einheit das Tesla ist (Einheitenzeichen T, Einheit $kg\,s^{-2}A^{-1}$), wobei $1T \equiv 10000$ Gauss. Die Umrechnung lautet:

$$A\,m^2 \equiv (kg\,s^{-2}T^{-1})m^2 \equiv J\,T^{-1} \qquad \text{(Joule pro Tesla)}$$

Somit gilt:

$$\boldsymbol{\mu} = \frac{qh}{4\pi m}\sqrt{I(I+1)} \quad J\,T^{-1} \tag{7.3}$$

und diesen Ausdruck werden wir im Folgenden verwenden. (Es sollte erwähnt werden, dass die rechte Seite von Gl. (7.3) durch die Lichtgeschwindigkeit c dividiert wird, wenn das magnetische Moment, wie noch in älteren Lehrbüchern, im CGS-System ausgedrückt wird.)

Lassen wir die Annahme weg, Elektronen und Kerne seien *Punkt*ladungen, dann wird Gl. (7.3) um einen Faktor G erweitert:

$$\boldsymbol{\mu} = \frac{Gqh}{4\pi m}\sqrt{I(I+1)} \quad J\,T^{-1} \tag{7.4}$$

Wie wir bereits wissen (vgl. Abschnitt 5.6), ist dieses G bei Elektronen gleich dem g und heißt Landé-Faktor; seine Größe hängt vom Quantenzustand des Elektrons ab und kann aus den Quantenzahlen L, S und J berechnet werden (vgl. Gl. (5.28)). G-Faktoren des Kerns können hingegen im Voraus nicht berechnet werden und sind nur experimentell bestimmbar.

Für Elektronen wird Gl. (7.4) gewöhnlich in der Form geschrieben:

$$\boldsymbol{\mu} = -g\beta\sqrt{I(I+1)} \quad J\,T^{-1} \tag{7.5}$$

wobei wir die Konstanten $qh/4\pi m$ zusammen durch eine (positive) Konstante β, nämlich das *Bohrsche Magneton*, ausgedrückt haben; setzen wir die Ladung ($1{,}60 \cdot 10^{-19}$ C) und die Masse eines Elektrons ($9{,}11 \cdot 10^{-31}$ kg) in diese Gleichung ein, dann können wir $\beta = 9{,}273 \cdot 10^{-24}\ J\,T^{-1}$ berechnen.

Andererseits drückt man *Kern*dipole aus praktischen Gründen über das *Kernmagneton* β_N aus, das über die Masse und die Ladung des *Protons* definiert ist:

$$\beta_N = \frac{eh}{4m_p\pi} = 5{,}050 \cdot 10^{-27} \quad J\,T^{-1}$$

Bei einem Kern mit der Masse M und der Ladung pe (p bedeutet die Anzahl der Protonen) pflegt man es so zu formulieren:

$$\begin{aligned}\boldsymbol{\mu} &= \frac{Gpe}{2M}\sqrt{I(I+1)}\,\frac{h}{2\pi} = \frac{Gm_p p}{M}\,\beta_N\sqrt{I(I+1)} \\ &= g\beta_N\sqrt{I(I+1)} \quad \mathrm{J}\,T^{-1}\end{aligned} \tag{7.6}$$

wobei wir die Parameter $Gm_\mathrm{p}p/M$, mit m_p als Masse des Protons, zu einem Faktor g zusammengefasst haben, der eine spezifische Größe für jeden Kern darstellt. Dieser Faktor kann Werte bis zu sechs annehmen und ist bei fast allen bekannten Kernen positiv (siehe Tabelle 7.1, S. 275).

Somit bestimmen die einander entsprechenden Gleichungen (7.5) und (7.6) die einem jeden rotierenden Teilchen aufgrund seines Spins entsprechenden Dipole. Die Komponenten dieses Dipols in einer vorgegebenen Richtung sind einfach dessen I_z Werte:

$$\left.\begin{aligned}\mu_z &= -g\beta I_z \quad \text{(bei Elektronen)} \\ \mu_z &= g\beta I_z \quad \text{(bei Kernen)}\end{aligned}\right\} \tag{7.7}$$

wobei I_z für ein bestimmtes Teilchen durch Gl. (7.2) gegeben ist; die Wechselwirkung zwischen dem Dipol und einem magnetischen Feld hängt von dessen Stärke ab. Bild 7.1 gibt die Verhältnisse für einen Kern mit $I = 1$ wieder. Der Drehimpuls für dieses Teilchen beträgt (Gl. (7.1)):

$$\mathbf{I} = \sqrt{1\times 2} = \sqrt{2} \quad \text{Einheiten}$$

Stellen wir uns einen Halbkreis mit diesem Radius vor, dann zeigt der Vektorpfeil **I** gerade in die Richtungen, in denen seine z Komponenten die Länge $+1, 0$ oder -1 besitzen (die z-Richtung wird nach oben positiv gerechnet). Bild 7.1(a) soll dies verdeutlichen.

Gleichung (7.7) zeigt, dass μ_z und I_z bei der großen Zahl von Kernen mit positivem g dasselbe Vorzeichen aufweisen (also in dieselbe Richtung zeigen). Die drei entsprechenden Beträge von μ_z sind in Bild 7.1(b) durch Pfeile dargestellt, wobei die Kraftlinien im Inneren eines Magneten, der Konvention entsprechend, durch Pfeile mit Richtung zum Nordpol wiedergegeben sind.

Wenden wir nun dieselbe Konvention auf das Magnetfeld eines Hufeisenmagneten an, dann werden die Kraftlinien *außerhalb* des Magneten als vom N- zum S-Pol verlaufend dargestellt; wollen wir, dass diese in positive z Richtung verlaufen, dann erhalten wir Bild 7.1(b). Man erkennt, dass der Zustand $I_z = -1$ einem Kerndipol entspricht, der dem Magnetfeld entgegengesetzt gerichtet ist (d.h., er hat höhere Energie), während $I_z = +1$ in Feldrichtung liegt und deshalb niedrigere Energie aufweist. Der Zustand $I_z = 0$ weist keinen resultierenden Dipol in Feldrichtung auf

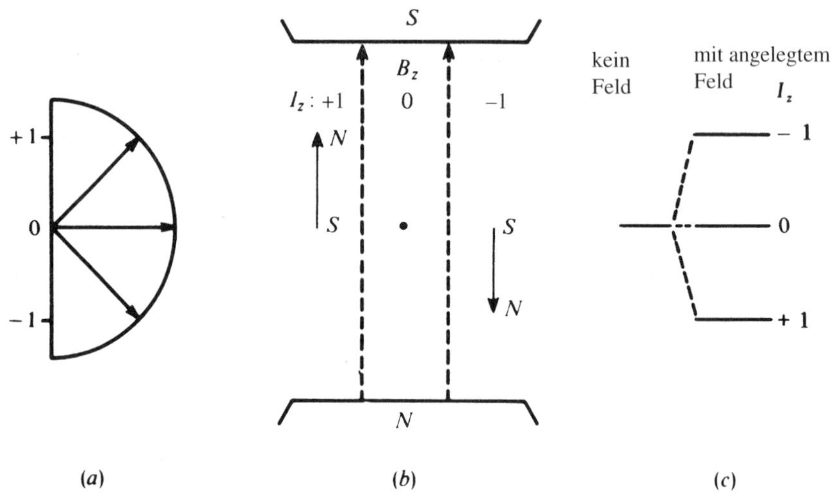

Bild 7.1: (a) Drei Orientierungsmöglichkeiten eines Kernspins mit der Spinquantenzahl $I = 1$; (b) der im äußeren Magnetfeld B_z ausgerichtete resultierende magnetische Dipol μ_z; sowie (c) die drei Energieniveaus, die für den Kern erlaubt sind.

und deshalb wird seine Energie auch nicht verändert, ob nun das Feld an ist oder nicht. Das gibt Bild 7.1(c) schematisch wieder.

Ist der g-Faktor negativ, dann hat μ_z natürlich ein zu I_z entgegengesetztes Vorzeichen und die Reihenfolge der Energieniveaus in Bild 7.1 dreht sich um. In ähnlicher Weise ist dann von den beiden erlaubten Energieniveaus eines Elektrons im Magnetfeld das tiefere das mit $I_z = -\frac{1}{2}$ und das höhere entspricht $I_z = +\frac{1}{2}$.

Die Stärke der Wechselwirkung zwischen einem magnetischen Dipol und einem Feld der Stärke B_z, das in z-Richtung wirkt, ist gleich dem Produkt der beiden:

$$\text{Wechselwirkung} = -\mu_z B_z$$

Somit beträgt der Abstand zweier benachbarter Energieniveaus (bei einem Unterschied von eins in I_z):

$$\begin{aligned} \Delta E &= |E_{I_z} - E_{(I_z-1)}| = |g\beta_N I_z B_z - g\beta_N (I_z - 1) B_z| \\ &= |g\beta_N B_z| \quad \text{Joule} \qquad (\text{wenn } B_z \text{ in Tesla ausgedrückt wird}) \end{aligned} \tag{7.8}$$

Und in Hertz:

$$\frac{\Delta E}{h} = \left| \frac{g\beta_N B_z}{h} \right| \quad \text{Hz} \tag{7.9}$$

wobei das Absolut-Zeichen $|...|$ andeutet, dass nur *positive* Werte berücksichtigt werden sollen. Das ist nun die Grundlage für ein spektroskopisches Verfahren: Ein

Übergang eines Elektronen- oder eines Kernspins zwischen Energieniveaus (salopp als „Änderung des Spins" bezeichnet) kann mit einer Energieemission oder -absorption in Form von Strahlung verbunden sein, die eine durch Gl. (7.9) gegebene Frequenz aufweist. Da außerdem diese Frequenz proportional zum angelegten Feld ist, können wir, zumindest im Prinzip, es so einrichten, dass wir Spektren von Spins in jedem beliebigen Bereich des elektromagnetischen Spektrums beobachten können, allein durch Wahl eines geeigneten Felds. Aus praktischen Gründen liegen die Felder für Kerne im Allgemeinen in der Größenordnung von 1 – 10 Tesla und um 0,3 Tesla für Elektronen. Berechnen wir nun einen ungefähren Wert für die Frequenz, die man unter diesen Bedingungen erwartet.

Bei Kernen: Die Größe $\beta_{\mathrm{N}} = 5{,}05 \cdot 10^{-27}$ J T^{-1} ist uns bereits bekannt; wählen wir jetzt gerade $B_z = 2{,}3487$ T und den g-Faktor von Wasserstoff, $g = 5{,}585$, dann erhalten wir:

$$\frac{\Delta E}{h} = \frac{5{,}585 \cdot 5{,}05 \cdot 10^{-27} \cdot 2{,}3487}{6{,}63 \cdot 10^{-34}} = 100 \cdot 10^{6}\ \mathrm{Hz} \tag{7.10}$$

und wir sehen, dass die den Protonen entsprechende Frequenz von 100 MHz in den kurzwelligen Radiofrequenzbereich fällt; und tatsächlich läuft eine große Zahl von

Tabelle 7.1: Eigenschaften einiger Kerne mit Spin ungleich null

Kern	Spin	Resonanzfrequenz (MHz) in einem Feld von 2,3487 T	g-Faktor
^{1}H	$\frac{1}{2}$	100,00	5,585
^{10}B	3	10,75	0,6002
^{11}B	$\frac{3}{2}$	32,08	1,792
^{13}C	$\frac{1}{2}$	25,14	1,404
^{14}N	1	7,22	0,4036
^{15}N	$\frac{1}{2}$	10,13	−0,5660
^{17}O	$\frac{5}{2}$	13,56	−0,7572
^{19}F	$\frac{1}{2}$	94,07	5,255
^{29}Si	$\frac{1}{2}$	19,87	−1,110
^{31}P	$\frac{1}{2}$	40,48	2,261
^{35}Cl	$\frac{3}{2}$	9,80	0,5472
^{37}Cl	$\frac{3}{2}$	8,16	0,4555
^{107}Ag	$\frac{1}{2}$	4,05	−0,2260
^{119}Sn	$\frac{1}{2}$	37,27	−2,082
^{127}I	$\frac{5}{2}$	20,00	1,118
^{199}Hg	$\frac{1}{2}$	17,83	0,996

Kernresonanzspektrometern bei genau dieser Frequenz, weshalb wir genau diesen Wert für B_z in die Rechnung eingesetzt haben. Alle anderen Kerne (außer Tritium) weisen kleinere g-Faktoren auf und ihre Spektren liegen, bei derselben Feldstärke, zwischen 1 und 100 MHz. In Tabelle 7.1 sind Daten einiger wichtiger Kerne aufgelistet.

Bei Elektronen: In diesem Fall ist $\beta = 9{,}273 \cdot 10^{-24}\,\mathrm{J\,T^{-1}}$ und wir nehmen für $g = 2$ und für $B_z = 0{,}34$ T an. Damit wird:

$$\frac{\Delta E}{h} = \frac{2 \cdot 9{,}273 \cdot 10^{-24} \cdot 0{,}34}{6{,}63 \cdot 10^{-34}} \approx 9500 \cdot 10^{6}\ \mathrm{Hz} \tag{7.11}$$

Der Elektronenspin fällt also in einen Bereich wesentlich höherer Frequenz, die am langwelligen Rand des Mikrowellengebiets liegt. Infolge dieses Unterschieds sind, wie wir später noch sehen werden, die experimentellen Verfahren bei der Elektronenspin- und der Kernresonanz doch recht unterschiedlich, obwohl sie eigentlich auf sehr ähnlichen Effekten beruhen.

Vielleicht sollte man an dieser Stelle festhalten, dass, wer mit Kernresonanzspektroskopie (NMR) praktisch arbeitet, üblicherweise das äußere Magnetfeld mit B_0 anstelle des von uns bis jetzt verwendeten B_z bezeichnet. Aus praktischen Gründen bleiben wir jedoch für den Rest von Abschnitt 7.1 bei der Bezeichnung B_z (und führen später dann B_x und B_y ein), und zwar, um die Wechselwirkung der Spinvektoren I_z mit dem Feld zu betonen. Von Abschnitt 7.2 an werden wir B_0 anstelle von B_z verwenden (sowie B_1 anstelle von B_x).

7.1.3 Die Besetzungsdichte der Energieniveaus

Wird der Student (der zuvor mit Stabmagneten im Erdfeld experimentiert hat) mit Kern- und Elektronenspinresonanz konfrontiert, so stellt er gewöhnlich die Frage: Warum stellen sich die magnetischen Momente des Kerns (oder der Elektronen) nicht sofort genau in Feldrichtung ein, so dass sie sich dann im tiefsten Energieniveau befinden?

Diese Frage umfasst mehrere Aspekte, die Antwort darauf auch. Erstens, falls wir mit „sofort“ einen Zeitraum von einigen Sekunden meinen, dann richten sich die magnetischen Momente *tatsächlich* sofort im Magnetfeld aus, obwohl sie sich *nicht* alle im tiefsten vorhandenen Energiezustand aufhalten. Dies ist einfach eine Folge der thermischen Bewegung und der Boltzmann-Verteilung. Wir wissen bereits, dass die Energieniveaus der Spins im Feld aufgespalten werden und ihr Abstand ΔE Joule beträgt (Gl. (7.8)). Konzentrieren wir uns der Einfachheit halber auf Teilchen mit einem Spin $\frac{1}{2}$ (und somit auf nur zwei Energieniveaus); unsere Feststellungen sind jedenfalls leicht auf den allgemeineren Fall übertragbar. Die klassische Theorie besagt, dass bei einer Temperatur von T K das Verhältnis der Besetzungsdichten zweier solcher Niveaus gegeben ist durch den Ausdruck:

$$\frac{N_{\text{höher}}}{N_{\text{tiefer}}} = \exp\left(-\frac{\Delta E}{kT}\right) \tag{7.12}$$

wobei k die Boltzmann-Konstante ist. Somit ist also das höhere Niveau bei allen Temperaturen über dem absoluten Nullpunkt bis zu einem gewissen Grad besetzt, wenn auch die Besetzungsdichte für große ΔE vernachlässigbar sein kann. Allerdings ist ΔE bei Kern- und Elektronenspins extrem klein:

$$\begin{aligned} \Delta E \text{ Kern} &\approx 7 \cdot 10^{-26}\ \text{J} \quad \text{in einem Feld von } 2{,}3487\ \text{T} \\ \Delta E \text{ Elektronen} &\approx 6 \cdot 10^{-24}\ \text{J} \quad \text{in einem Feld von } 0{,}34\ \text{T} \end{aligned}$$

und da $k = 1{,}38 \cdot 10^{-23}\ \text{J}\,\text{K}^{-1}$ ist, ergibt sich bei Zimmertemperatur ($T = 300$ K):

$$\frac{N_{\text{höher}}}{N_{\text{tiefer}}} \approx \exp\left(-\frac{7 \cdot 10^{-26}}{4{,}2 \cdot 10^{-21}}\right) \approx \exp(-1 \cdot 10^{-5}) \approx 1 - (1 \cdot 10^{-5}) \quad \text{für Kerne}$$

und

$$\frac{N_{\text{höher}}}{N_{\text{tiefer}}} \approx \exp\left(-\frac{6 \cdot 10^{-24}}{4{,}2 \cdot 10^{-21}}\right) \approx \exp(-1 \cdot 10^{-3}) \approx 1 - (1 \cdot 10^{-3}) \quad \text{für Elektronen}$$

In beiden Fällen ist das Verhältnis knapp bei eins und wir sehen, dass die Spins über die beiden (oder, im allgemeinen Fall, über die $2I + 1$) Energieniveaus nahezu gleichmäßig verteilt sind.

Jetzt sollten wir noch die Art der Wechselwirkung zwischen der Strahlung und dem Spin des Teilchens etwas genauer betrachten, die den Übergang zwischen diesen Niveaus bewirkt.

7.1.4 Die Larmor-Präzession

Wir haben gefunden, dass das Dipolmoment eines Kerns mit Spin lautet

$$\mu = g\beta_N \sqrt{I(I+1)} \quad \text{J}\,\text{T}^{-1}$$

und dass nach den Gesetzen der Quantenmechanik der Vektor $\boldsymbol{\mu}$ nur so gerichtet sein kann, dass seine Komponenten in einer Bezugsrichtung nur ganz- oder halbzahlig sind. Das bedeutet auch, dass der Vektorpfeil *niemals* genau in Feldrichtung zeigen kann, da $\sqrt{I(I+1)}$ nicht ebenfalls ganz- oder halbzahlig sein kann, wenn I ganz- oder halbzahlig ist. Bild 7.1(a) zeigt ein Beispiel dafür, ein weiteres, für einen Kern mit Spin $\frac{1}{2}$, Bild 7.2(a). Für so ein Teilchen gilt:

$$\boldsymbol{\mu} = g\beta_N \sqrt{\tfrac{3}{4}} \quad \text{sowie} \quad \mu_z = \pm\tfrac{1}{2} g\beta_N \qquad \text{ausschließlich}$$

Also, in welchen Energiezustand sich ein Kern oder ein Elektron mit Spin auch immer befindet, er wird immer einen bestimmten Winkel mit der Feldrichtung bilden und immer unter dem Einfluss eines Kräftepaars stehen, das ihn in die Feldrichtung zu drehen versucht.

Das Verhalten eines Kern- oder eines elektronischen Spins kann man in Analogie zu dem eines Kreisels sehen, der in reibungsfreier Lagerung läuft. Wir können uns durch ein Experiment davon überzeugen, dass ein paralleles Kräftepaar nicht zur Folge hat, dass seine Achse kippt, sondern lediglich eine *Präzession* der Achse um die Richtung des Kräftepaars bewirkt, die als die Larmor-Präzession bekannt ist; sie ist in Bild 7.2(b) schematisch dargestellt. Die Präzessions- (oder Larmor-Frequenz) ist gegeben durch:

$$\omega = \frac{\text{magnetisches Moment}}{\text{Drehimpuls}} \cdot B_z \quad \text{rad s}^{-1}$$
$$= \frac{\boldsymbol{\mu} B_z}{2\pi \mathbf{I}} \quad \text{Hz}$$

Ersetzen von $\boldsymbol{\mu}$ und $\mathbf{I}$ durch die entsprechenden Ausdrücke aus Gl. (7.6) und (7.1) ergibt:

$$\omega = \frac{g\beta_N \sqrt{I(I+1)}}{\sqrt{I(I+1)}\,(h/2\pi)} \frac{B_z}{2\pi} = \frac{g\beta_N B_z}{h} \quad \text{Hz}$$

Ein Vergleich mit Gl. (7.9) zeigt außerdem, dass die Larmor-Präzessionsfrequenz genau dem Abstand der beiden Energieniveaus entspricht.

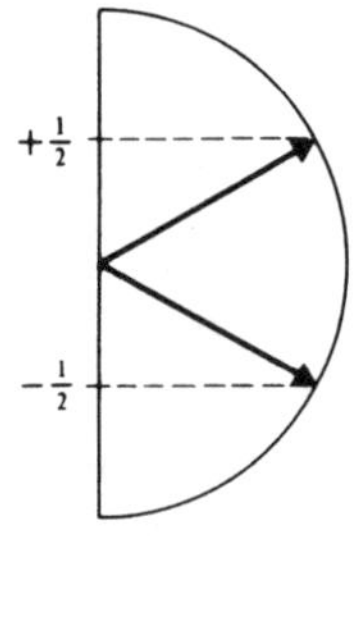

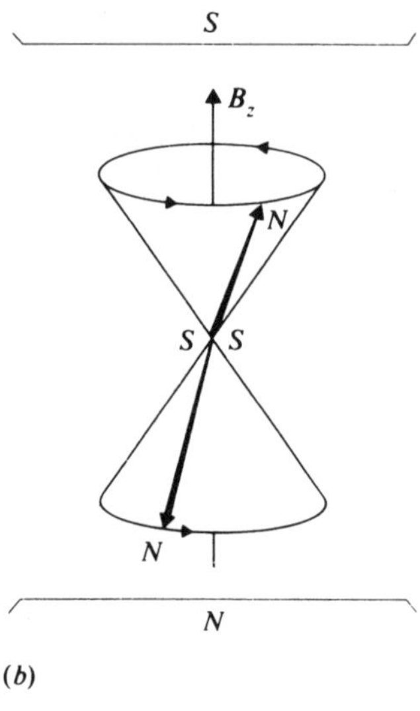

Bild 7.2: (a) Die beiden bei einem Kern mit $I = \frac{1}{2}$ erlaubten Orientierungen des Spins sowie die Larmor-Präzession des Kerns (b).

Damit haben wir also einen Mechanismus, über den die Spins der Teilchen mit elektromagnetischer Strahlung in Wechselwirkung treten können. Hat die Strahlung dieselbe Frequenz wie das präzedierende Teilchen, dann kann die Wechselwirkung mit dem Teilchen kohärent erfolgen und es kann zum Austausch von Energie kommen; hat sie eine andere Frequenz, dann unterbleibt die Wechselwirkung. Es handelt sich also um ein *Resonanz*phänomen. Bei Kernen spricht man von *Kernresonanz* (NMR), bei Elektronen von *Elektronenspinresonanz* (ESR) oder von *elektronischer paramagnetische Resonanz* (EPR).

Was das experimentelle Vorgehen betrifft, haben wir die Wahl zwischen zwei Möglichkeiten. Wir können entweder eine Gruppe von Kernen in ein konstantes Magnetfeld bringen, so dass bei allen die Larmorfrequenz bei, sagen wir, 100 MHz liegt; verändert man nun die Frequenz der Strahlung über einen Bereich, der die 100 MHz einschließt, dann wird genau bei dieser Frequenz Resonanz eintreten. Andererseits können wir die Kerne einer Strahlung mit einer konstanten Frequenz von 100 MHz aussetzen und das Magnetfeld solange verändern, bis Absorption eintritt.

Die Wahrscheinlichkeit eines Übergangs von einem Spinzustand zum anderen ist direkt proportional zur Besetzungsdichte des Zustands, von dem aus der Übergang startet. Wie vom letzten Abschnitt bekannt ist, sind diese Besetzungszahlen nahezu gleich und deshalb kommt es bei Resonanz zu einer nahezu gleichen Zahl von Übergängen von unten nach oben wie auch von oben nach unten. Da aber der untere Zustand stärker besetzt ist als der obere (d.h. bei Gleichgewicht und ohne Strahlungsfeld), überwiegen geringfügig die Übergänge in Richtung nach oben und es kommt zu einer (wenn auch sehr kleinen) Nettoabsoption aus dem Strahlungsfeld. Sobald Gleichbesetzung erreicht ist, gleichen sich Aufwärts- und Abwärtsübergänge aus und es kommt zu keiner weiteren Absorption mehr, man sagt, das System ist *gesättigt*. Die Gleichgewichts-Besetzungsdichten können sich erst dann wieder einstellen, wenn das System die absorbierte Energie wieder abgibt; das kann nicht spontan geschehen, sondern nur als Folge einer Wechselwirkung mit Strahlung oder mit Fluktuationen der magnetischen Felder in seiner Umgebung, die die richtige Frequenz aufweisen. Die emittierte Energie kann detektiert und als Emissionsspektrum dargestellt werden; dieses wird, da die Emission induziert und nicht spontan erfolgt, als *induziertes Kernresonanzspektrum* bezeichnet.

7.1.5 Relaxationszeiten

Wenden wir uns noch einmal der am Beginn von Abschnitt 7.1.3 gestellten Frage zu und überlegen wir uns insbesondere den Begriff „sofort". Würde eine Gruppe von Kernen in einem Stück Materie plötzlich einem äußeren Feld ausgesetzt werden und könnte man diese Kerne als absolut reibungslose Kreisel betrachten, dann könnten sie ihre Orientierung gar nicht so ändern, wie es der von der Statistik geforderten Besetzungsdichte der Energieniveaus entspricht, es sei denn, Strahlung mit der geeigneten Frequenz wäre vorhanden. Ohne diese Strahlung gäbe es gar keinen Mechanismus, durch den die Überschussenergie der Kerne aus dem System entfernt werden könnte (man würde ihm eine hohe „Spintemperatur" zuschreiben). Es ist aber eine Tatsache, dass die Kerne sich selbständig und ohne Gegenwart von Strahlung so orientieren, dass sie sich auf die Zustände verteilen, wie es ihrer Temperatur entspricht. Der Vorgang, bei dem sich überschüssige Spinenergie entweder auf die Umgebung oder auf andere Kerne ausbreitet, wird allgemein als *Relaxation* bezeichnet; die Zeit, nach der die Überschussenergie bis auf den Bruchteil $1/e = 0{,}37$ verteilt ist, heißt die *Relaxationszeit*.

Bei Kernen gibt es zwei unterschiedliche Arten von Relaxation. In der ersten gleicht sich die überschüssige Spinenergie mit der Umgebung (dem *Gitter*) aus, und zwar durch eine Spin-Gitter-Relaxation innerhalb der *Spin-Gitter-Relaxationszeit* (oder der *longitudinalen Relaxationszeit*) T_1. Zu diesen Relaxationsvorgängen kommt es durch Gitterbewegungen (d.h., durch Schwingungen der Atome im Gitter eines Festkörpers oder durch Taumelbewegungen der Moleküle in Flüssigkeiten und Gasen), die in etwa die richtige Frequenz aufweisen, so dass sie kohärent mit den Kernspins in Wechselwirkung treten können. T_1 streut über einen weiten Bereich und beträgt etwa $10^{-2}-10^4$ s bei Festkörpern und $10^{-4}-10$ s bei Flüssigkeiten, wobei die im Allgemeinen kürzeren Zeiten bei Flüssigkeiten auf die größere Bewegungsfreiheit der Moleküle zurückzuführen sind, die zu stärkeren Schwankungen des Magnetfelds in der Umgebung der Kerne Anlass gibt. Wir besprechen die Messung von T_1 in Abschnitt 7.1.8.

Zum Zweiten gibt es noch eine direkte Aufteilung der überschüssigen Spinenergie zwischen den Kernen untereinander, und zwar über die *Spin-Spin* (oder *transversale*) *Relaxation*, deren Zeitdauer durch T_2 angegeben wird. Bei Festkörpern ist T_2 üblicherweise sehr kurz, etwa in der Größenordnung von 10^{-4} s, während bei Flüssigkeiten $T_2 \approx T_1$ gilt. Das Verfahren zur Messung von T_2 wird in Abschnitt 7.1.7 beschrieben.

T_1 und T_2 haben einen ganz wesentlichen Einfluss auf die spektrale Breite der NMR-Linien, da sie die Lebensdauer eines bestimmten Spinzustands beschreiben. So bedeutet eine lange Relaxationszeit (sowohl T_2 als auch T_1 lang), dass ein angeregter Spinzustand relativ langsam in den Grundzustand zurückkehrt (d.h., er hat eine lange Lebensdauer); aufgrund der Heisenbergschen Unschärferelation (Gl. (1.10)) wissen wir, dass dann der angeregte Zustand eine nur sehr kleine Unschärfe besitzt. Nehmen wir also eine Sekunde als typischen Wert für die Relaxationszeit eines Kerns in einer Flüssigkeit an, dann können wir folgendes berechnen:

$$\delta E \approx h/2\pi\delta t \approx 10^{-34}\ \mathrm{J}$$

(eine Unschärfe, die wir mit dem Abstand zwischen zwei benachbarten Energieniveaus von Kernen in einem Feld von 2,3487 T vergleichen können; dieser beträgt, wie in Abschnitt 7.1.3 gezeigt wurde, etwa 10^{-26} J). Die entsprechende Unschärfe der Strahlungsfrequenz wäre bei diesem Übergang:

$$\delta\nu = \delta E/h \approx 0{,}1 \text{ Hz}$$

Im Allgemeinen können NMR-Spektrometer keine Linien auflösen, die weniger als etwa 0,05 Hz voneinander entfernt sind, so dass eine Linienbreite von nur 0,1 Hz einer schmalen Spektrallinie entspricht.

Ist entweder T_1 oder T_2 kurz, dann wird die Unschärfe entsprechend größer; nehmen wir zum Beispiel $\delta t = 10^{-4}$ s, eine bei Festkörpern typische Zeit für T_2, dann ergibt die Rechnung $\delta\nu \approx 1000$ Hz, eine im Vergleich zur Auflösung offensichtlich sehr breite Linie. Deshalb kann man NMR-Experimente in zwei Hauptgruppen unterteilen: In solche, bei denen die Linien breit sind, üblicherweise die von Festkörpern und in solche mit hoher Auflösung, meist von Flüssigkeiten und Gasen. Es gibt jedoch auch Beobachtungsmethoden, die bei einigen Festkörpern zu hochaufgelösten Spektren führen (siehe Kapitel 8, Abschnitt 8.3, einige Einzelheiten betreffend) und es gibt auch Flüssigkeitsspektren, die breite Linien zeigen, wenn nämlich sowohl T_1 als auch T_2 kurz sind; solche Flüssigkeiten sind im Allgemeinen sehr viskos oder enthalten paramagnetische Ionen, die den Relaxationsvorgang beschleunigen.

Die Bestimmung von Relaxationszeiten aus Messungen der Linienbreite ist nicht so ganz befriedigend, und zwar aus unterschiedlichen Gründen: Die eigentlichen Linienbreiten können nicht immer genau gemessen werden, vor allem bei einem Spektrum mit einander überlappenden Linien; andere Störfaktoren, wie Feldinhomogenitäten oder chemische Austauschprozesse beeinflussen die Linienbreite ebenfalls; und eine Linienbreite kann nur eine Abschätzung für die Schnelligkeit des Relaxationsvorgangs ergeben – sie unterscheidet nicht zwischen Spin-Spin und Spin-Gitter – Effekten. Diese Nachteile können weitgehend ausgeschaltet werden, indem man die Fourier-Transformmethode einsetzt, die bei NMR immer darin besteht, dass man einen oder mehrere Anregungsimpulse auf die Probe einstrahlt und das von den Kernen ausgesandte Signal beobachtet. Die nun folgenden Abschnitte sind diesem Messverfahren gewidmet; welche Informationen man aus den Relaxationszeiten erhält, wird dann in Abschnitt 7.3.2 behandelt.

7.1.6 Fourier-Transformspektroskopie bei NMR

Betrachten wir nochmals Bild 7.2(b), das die Präzession eines Kernspins in einem äußeren Feld B_z zeigt, wobei der Spin in oder gegen die Feldrichtung orientiert sein kann. Im Folgenden sollten wir darunter stillschweigend Wasserstoffkerne in einem Feld von 2,5 T verstehen, die mit einer Frequenz von 100 MHz präzedieren[1], also

[1] Wie wir bereits wissen, präzedieren Wasserstoffkerne in einem Feld von 2,3487 T mit 100 MHz; da wir aber in diesem Abschnitt nur genäherte Rechnungen benötigen, nehmen wir den einfacheren Wert von 2,5 T.

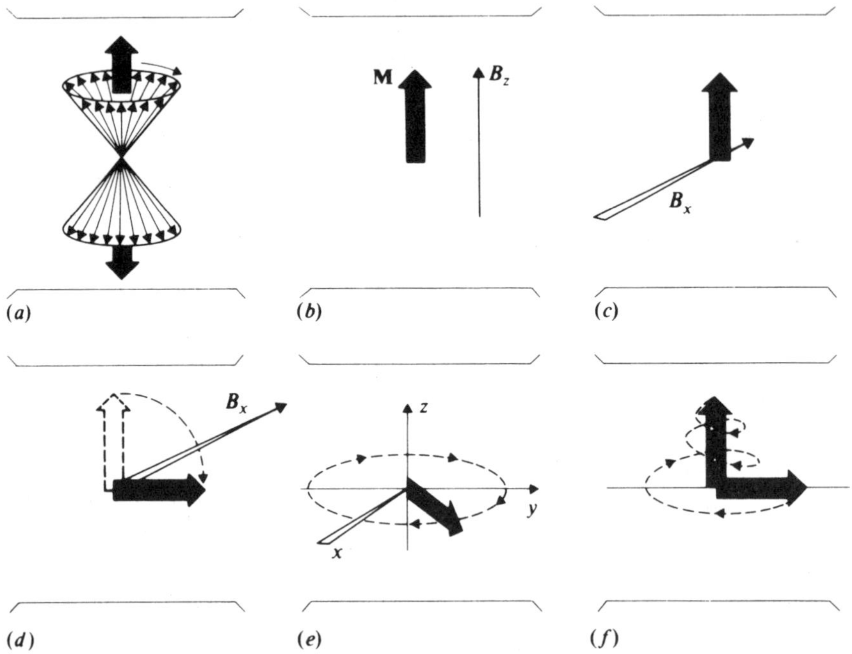

Bild 7.3: (a) Der Präzessions-„Kegel" einer Gruppe von Kernen mit Spin; (b) der resultierende Magnetisierungsvektor **M**; (c) Einstrahlung eines 90°-Impulses in Richtung der x-Achse; (d) Präzession von **M** um 90° um die x-Achse; (e) weitere Präzession von **M** um die Richtung des Hauptfelds; und (f) die Schraubenbewegung von **M** im zeitlichen Verlauf.

in einer Sekunde 10^8 Mal. Beachten wir, dass in der Probe eine wirklich sehr große Zahl von Spins vorhanden ist; deshalb werden sie sich, wie in Bild 7.3(a) dargestellt, sehr gleichmäßig über einen Präzessions-" Kegel" verteilen. Aus diesem Grund hat der resultierende magnetische Gesamteffekt die Richtung der Kegelachse und da es etwas mehr „up" Spins gibt als Spins „down", stellen wir den *resultierenden Vektor der Magnetisierung* aufgrund aller Spins durch einen nach oben gerichteten Pfeil dar, so wie schematisch in Bild 7.3(b) dargestellt. Manchmal ist es von Vorteil, sich die Eigenschaften einer Gruppe von Kernspins mit Hilfe dieser Magnetisierung vorzustellen, die wir mit **M** bezeichnen.

Jetzt haben wir alles beisammen, um uns ein NMR-Fourier-Transformexperiment überlegen zu können. Stellen wir uns vor, wir legen ein magnetisches Feld der Stärke B_x in Richtung der x-Achse an (also senkrecht zur Papierebene), so wie in Bild 7.3(c) gezeigt; im Experiment erreicht man dies dadurch, dass man Radiofrequenz (von 100 MHz, um eine optimale Resonanz zwischen dem Feld und den Kernen zu erzielen) durch eine Spule schickt, deren Achse in x-Richtung zeigt. Dieses Feld versucht nun, die Magnetisierung **M** in die x-Richtung zu drehen. Das **M**, das aus Spin-Magneten besteht, reagiert jedoch wie jeder Kreisel und kann nicht in diese Richtung gekippt werden; stattdessen präzediert es um die Feldrichtung, d.h., um die x-Achse, so wie in Bild 7.4(d) dargestellt. Die Präzessions*frequenz* ist dabei direkt proportional zu Größe von B_x. Nehmen wir der Einfachheit halber B_x mit $2{,}5 \cdot 10^{-4}$ T an, also gerade 10^{-4} Mal das Hauptfeld B_z, dann präzediert **M** 10^{-4}-mal so schnell wie die Präzessionsfrequenz durch das Hauptfeld beträgt, also $10^8 \cdot 10^{-4} = 10^4$ Hz; daraus erkennen wir, dass **M** nur 10^{-4} s braucht (100 Mikrosekunden) um eine ganze Umdrehung auszuführen. Schalten wir B_x nur für kurze Zeit ein, dann kann **M** keine ganze Umdrehung ausführen; wir können B_x z.B. für nur 50 Mikrosekunden einschalten, wodurch **M** nur eine halbe Umdrehung ausführt und dann aufhört zu präzedieren – so etwas bezeichnet man als einen 180°-Impuls der Anregungsstrahlung. Analog ist ein 25 Mikrosekunden-Impuls bei einem Feld von $2{,}5 \cdot 10^{-4}$ T ein 90°-Impuls, dessen Wirkung Bild 7.3(d) anschaulich zeigt. Beachten Sie, dass die tatsächliche Zeitdauer eines 90°-Impulses in Mikrosekunden von der Stärke des Impulsfelds abhängt. Erhöht man B_x um einen Faktor 10, dann steigt die Präzessionsgeschwindigkeit von **M** auf das Zehnfache und ein 90°-Impuls ist dann bei $2{,}5 \cdot 10^{-4}$ T 2,5 Mikrosekunden lang.

In einem NMR-Spektrometer sind Sende- und Empfängerspulen sorgfältig in Richtung ihrer Achsen und senkrecht zueinander ausgerichtet, so dass es nicht zu einer direkten Kopplung zwischen ihnen kommen kann. Es entspricht der Konvention, den Sender als parallel zur x-Achse und den Empfänger zur y-Achse (in der Zeichenebene horizontal) orientiert anzunehmen, wobei das Hauptfeld parallel zur z-Achse liegt. Da jetzt der Summenvektor der magnetischen Spins in Richtung der z-Achse zeigt, tritt keine Fluktuation eines Magnetfelds in Richtung der y-Achse auf und die Empfängerspule registriert somit auch kein Signal. Wird allerdings ein 90°-Impuls eingestrahlt, dann „klappt“ **M** in die xy-Ebene um und dies hat drei Effekte zur Folge: Erstens übt das Haupfeld auf **M** eine Kraft aus, die es in die z-Richtung zurückzudrehen versucht; da es sich aber um einen Kreisel handelt, besteht seine einzige Reaktion in einer Präzession um die Richtung dieser Kraft, so dass **M**, wie in Bild 7.3(e) gezeigt, in der xy-Ebene mit 100 MHz zu präzedieren beginnt. Zweitens *existiert jetzt* infolge dieser Präzession ein fluktuierendes magnetisches Feld in y-Richtung, nämlich das präzedierende **M**, so dass der Detektor ein Signal empfängt, und zwar ebenfalls bei 100 MHz. Und schließlich befindet sich **M** in einem instabilen Zustand – es würde es „vorziehen“, entlang des Hauptfelds ausgerichtet zu sein – und deshalb kommt es zu ganz gewöhnlichen Relaxationsvorgängen, wobei die überschüssige Energie abgegeben wird; **M** kehrt also langsam (d.h., in einem Zeitraum, der von der Relaxationszeit abhängt) in die vertikale Lage zurück. Die Bewegung von **M** insgesamt nach dem 90°-Impuls kann man sich als eine Spiralbewegung wie in Bild 7.4(f) vorstellen, in deren Verlauf der Detektor ein immer schwächer werdendes Signal empfängt bis **M** wieder vertikal steht. (Genau genommen präzediert **M** bei einer Präzessionsfrequenz von 10^8 Hz und einer Relaxationszeit von etwa 10^{-2} Sekunden viele tausend- oder sogar Millionen Mal während eines Abklingvorgangs; Bild 7.3(f) sollte wirklich nur schematisch verstanden werden.) Dieses Signal kann Fourier-transformiert (vgl. Abschnitt 1.8) und als das Frequenzspektrum der Kerne dargestellt werden. Beachten Sie, dass in diesem Fall am Detektor ein abnehmendes Signal auftaucht, da der Impuls in x-Richtung die Kerne in den höheren Zustand anregt, von wo aus sie in den tieferen zurückkehren. Sobald das Gleichgewicht wiederhergestellt ist (**M** zeigt in vertikale Richtung) wird kein Signal mehr emittiert, außer es folgt ein weiterer Impuls, der wieder Energie liefert. Im Wirklichkeit emittieren natürlich *nicht* alle Kerne in der Probe bei exakt 100 MHz – es wird wiederum ein ganzes Frequenzpaket emittiert (vgl. wieder Kapitel 1), das durch Interferenz ebenfalls zum Abklingen des Signals beiträgt.

Es ist ganz wichtig festzuhalten, dass die FT-Spektroskopie bei der NMR einen 90°-Impuls braucht, dass man dann das abklingende Emissionssignal beobachtet (häufig auch als *free induction decay* oder FID bezeichnet) und dass danach die Transformation des Signals zum Zweck der Darstellung erfolgt. Obwohl es von den Relaxationsvorgängen abhängt, wie schnell das Signal abklingt, so ist doch ein Einzelexperiment dieser Art bei der Bestimmung von Relaxationszeiten von nicht wesentlich größerem Nutzen als konventionelle Verfahren in der „Frequenzdomäne"; es krankt an den Nachteilen, die am Ende des vorigen Abschnitts erwähnt wurden. Um Relaxationszeiten messen zu können, müssen wir uns Verfahren mit *Mehrfachimpulsen* zuwenden.

7.1.7 FT mit Mehrfachimpulsen: Spin-Spin-Relaxation

Betrachten wir die Wirkung des eben beschriebenen 90°-Impulses noch etwas genauer. Wenn **M** in die horizontale (xy) Ebene gekippt ist, dann müssen, genau genommen, einzelne Kernmagnete in ihrer gleichmäßigen Verteilung rund um den Präzessionskegel gestört und, so wie in Bild 7.4(a) gezeigt, auf einer Seite gebündelt worden sein. Die Präzessionsbewegung ist natürlich noch immer vorhanden und man stellt sich das so vor, dass das ganze Bündel präzediert und somit auch das **M**, wie bereits gezeigt, in der xy-Ebene präzedieren lässt. Relaxiert jetzt **M** wieder zurück in den Gleichgewichtszustand, dann muss sich die Energie der Spins wieder gleichmäßig verteilen und damit dies geschehen kann, brauchen wir einen Austausch von Energie *zwischen* den Spins. Anders ausgedrückt: Der Relaxationsprozess, der ein horizontales **M** wieder in ein vertikales übergehen lässt, ist eine *Spin-Spin-Relaxation*. Da **M** *quer* zur Richtung des Hauptfelds abklingt, wird dieser Vorgang auch als *transversale* Relaxation bezeichnet.

Um die Spin-Spin-Relaxationszeit (T_2) zu messen, müssen wir diesen Relaxationsvorgang sauber von anderen Vorgängen trennen, die bewirken können, dass Spins mit unterschiedlichen Frequenzen präzedieren (im Wesentlichen sind es Feldinhomogenitäten) und die auch die Bündelung aufheben können. Um diese Vorgehensweise verstehen zu können, stellen wir uns vor, wir blicken von oben in Richtung des Hauptfelds (d.h., in Achsenrichtung des Präzessioskegels). In Bild 7.4(b) ist der Vektor der Gesamtmagnetisierung gezeigt, den man aus diesem Blickwinkel sieht. **M** rotiert in Wirklichkeit aufgrund seiner Präzession mit 100 MHz; um nun die folgenden Bilder etwas zu vereinfachen, stellen wir uns weiter vor, wir haben diese Rotation z.B. durch

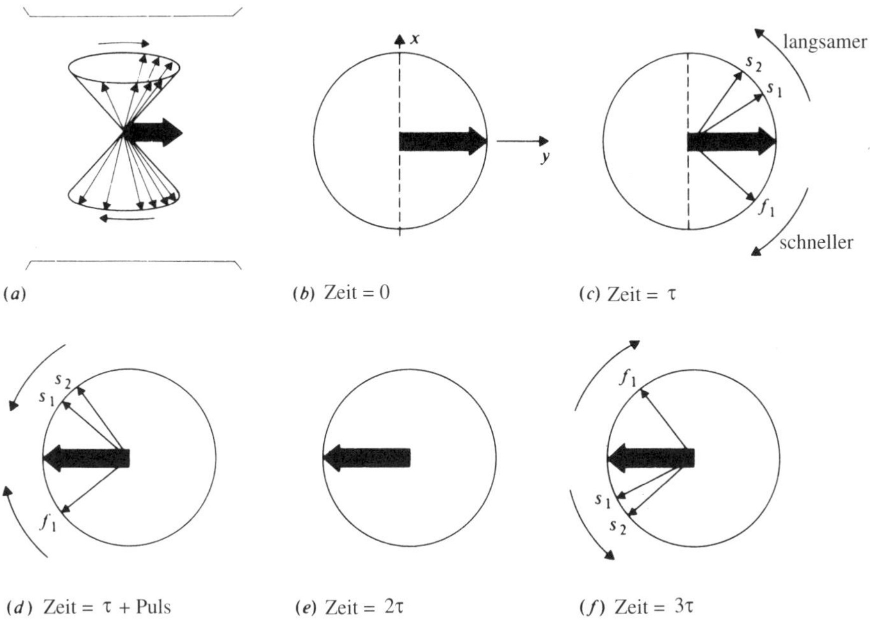

Bild 7.4: Bündelung von Kernspins nach einem 90°-Impuls sowie der Effekt, den ein nachfolgender 180°-Impuls hat.

eine stroboskopische Beleuchtung „ausgeschaltet", die mit 100 MHz blitzt. Deshalb sehen wir in Wirklichkeit **M** während eines jeden Umlaufs einmal an derselben Stelle. Feldinhomogenitäten haben zur Folge, dass einige Kerne etwas schneller präzedieren, andere etwas langsamer als der Durchschnitt. Beobachten wir das System über eine Zeit τ, dann sehen wir, dass die langsameren Kerne etwas hinter den meisten anderen zurückbleiben, die schnelleren sich dagegen vorschieben, so wie in Bild 7.4(c), wo f_1 ein schnellerer Kern ist und s_1 und s_2 langsamer sind.

Jetzt wird ein zweiter Impuls in x-Richtung über die Sendespule eingestrahlt, dieses Mal aber ein 180°-Impuls. Das hat zur Folge, dass alle Spins um 180° um die x-Achse gedreht werden (*nicht* um den Kreismittelpunkt); das Ergebnis ist in Bild 7.4(d) zu sehen: wenn wir genau darauf achten, wo jetzt die langsameren und wo die schnelleren Kerne liegen, dann erkennen wir, dass die schnelleren Kerne die übrigen einholen, da wir ja nichts an ihrer Präzessionsgeschwindigkeit geändert haben, während die langsameren zurückbleiben und ihnen allmählich näherkommen. Da das Bündel eine Zeit τ gebraucht hat, um so wie in Bild 7.4(c) aufzufächern, wird es dieselbe Zeit τ brauchen (also insgesamt 2τ), um dieses Auffächern wieder rückgängig zu machen. Am Detektor erhält man dann folgendes: Unmittelbar nach dem ursprünglichen 90°-Impuls registriert der Detektor ein Signalmaximum, das durch das Auffächern der Kernspins aufgrund der Feldinhomogenitäten abfällt. Zum Zeitpunkt τ bewirkt der 180°-Impuls, dass die Auffächerung wieder zurückgeht und das Signal wird wieder

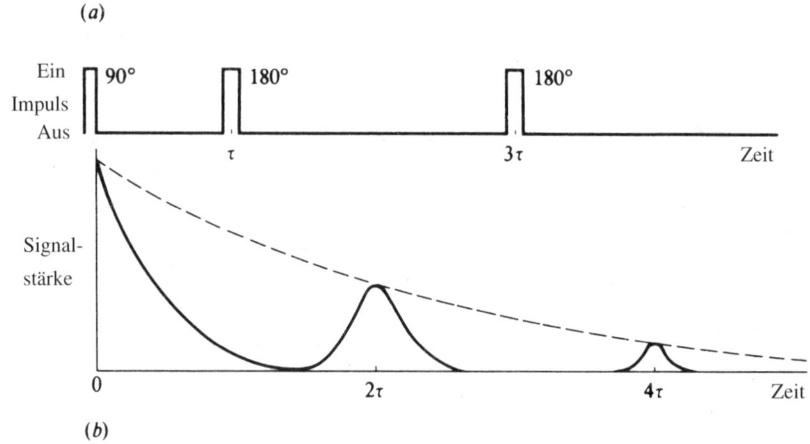

Bild 7.5: (a) Die Impulsfolge $90°-\tau-180°$ mit den resultierenden Spinechos (b).

stärker, bis das Signal bei 2τ wieder ein Maxiumum erreicht, sobald die Spins wieder gebündelt sind. Das setzt sich so fort – bei 3τ sieht der Fächer wie in Bild 7.4(f) aus und ein weiterer 180°-Impuls hat dann bei 4τ ein nochmaliges Bündeln der Spins zur Folge. Dies alles ist in Bild 7.5 zusammengestellt, wobei (a) die Impulsfolge und (b) das Detektorsignal wiedergibt. Es verwundert nicht, dass dieses Verfahren oft als „Spin-Echo" oder als die $90°-\tau-180°$ Impulsfolge bezeichnet wird.

Obwohl die 180°-Impulse *äußere* Effekte wirksam unterdrücken, wie z.B. Feldinhomogenitäten, die unterschiedliche Präzessionsfrequenzen hervorrufen, so können sie doch nicht das interne Abklingen von **M** aufgrund von Spin-Spin-Wechselwirkungen verhindern, die ebenfalls zu einer gleichmäßigen Verteilung der Spins um den Präzessionskegel führen. Deshalb wird jedes folgende Spin-Echo-Maximum proportional zu **M** kleiner. Das in Bild 7.5(b) wiedergegebene Abklingen der Maxima kann somit zu einer Bestimmung von T_2 verwendet werden. Beachten Sie, dass es sich hier um ein Abklingen von „Rohdaten" des Detektorsignals handelt – das Signal muss nicht zur Darstellung eines Frequenzspektrums Fourier-transformiert werden, da wir nur an einer Änderung seiner Gesamtintensität interessiert sind.

In Wirklichkeit ist die eben geschildete Messung von T_2 keineswegs einfach durchzuführen – eine sehr genaue Synchronisation der Mikrosekunden-Impulse ist erforderlich oder das Spinsystem gerät hoffnungslos in Unordnung; außerdem überdeckt die Anwesenheit von Kernen mit unterschiedlichen Präzessionsfrequenzen in der Probe (siehe die noch kommende chemische Verschiebung) den Verlauf des Echos. Aus diesem Grund sind T_2-Messungen, wie schon bei der Strukturbestimmung, von geringem praktischem Wert. Aber das Beobachtungsprinzip versteht man leicht, und dies ist von Nutzen, wenn wir uns jetzt mit der Spin-Gitter-Relaxation befassen, aus der man das zunehmend an Bedeutung gewinnende T_1 erhält.

7.1.8 FT mit Mehrfachimpulsen: Die Spin-Gitter-Relaxation

Wir betrachten jetzt den Fall, dass wir bei unserem Spinsystem nicht mit einem 90°- sondern mit einem 180°-Impuls beginnen. Bild 7.6(a) und (b) zeigt, dass dadurch die Richtung von **M** *umgedreht* und das Spinsystem in einen instabilen Zustand versetzt wird, da mehr Spins gegen das Feld orientiert sind als in Feldrichtung.

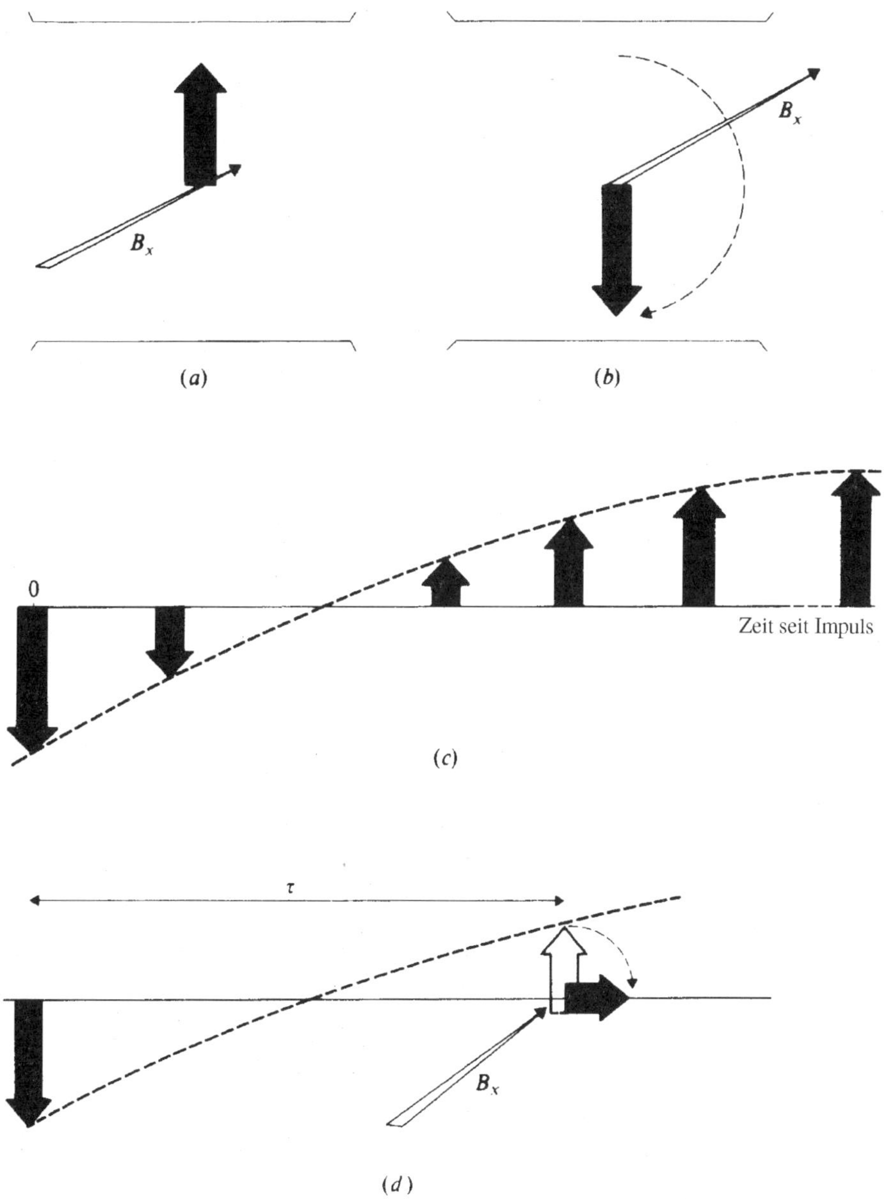

Bild 7.6: Eine 180°$-\tau-$90°-Impulsfolge sowie ihr Effekt bezüglich **M**.

Sobald nun angeregte Kerne Energie abgeben (d.h., relaxieren), wird **M** kleiner, geht durch null und nimmt dann zu, bis es wieder seinen Gleichgewichtsbetrag erreicht hat – ein in Bild 7.6(c) dargestellter Exponentialverlauf. Wenn wir berücksichtigen, dass die Relaxationszeit diejenige ist, die verstreichen muss, damit die ursprüngliche Anregungsenergie auf $1/e = 0{,}37$ abgeklungen ist, dann können wir diese Zeit an der Kurve ablesen.

Zwei Punkte sind hier wichtig. Erstens wird die überschüssige Energie der Spins von den Kernen an die Umgebung abgegeben und damit ist die dafür benötigte Zeit die Spin-*Gitter*-Relaxationszeit; es ist verständlich, dass die ebenfalls übliche Bezeichnung *longitudinale* Relaxationszeit daher kommt, dass **M** *entlang*, also in Richtung der Achse des Hauptfelds relaxiert. Zweitens spielen sich alle Änderungen von **M** auf der z-Achse ab und aus diesem Grund bewirken sie kein Signal in der in y-Richtung orienterten Empfängerspule.

Wir wissen bereits, dass wir die Emission eines Signals durch einen nachfolgenden und um die Zeit τ verzögerten 90°-Impuls hervorrufen können; Bild 7.6(d) zeigt, dass wir damit wieder bei der bereits in Bild 7.3(c) bis (f) geschilderten Situation sind. **M** sendet ein abklingendes Signal aus, während es sich in einer Schraubenlinie nach oben auf den Gleichgewichtszustand hinbewegt, aber die *Anfangs*intensität des Signals unmittelbar nach dem 90°-Impuls ist direkt proportional zur Größe von **M** zum Zeitpunkt des Impulses. Verlängern wir τ, dann ist **M** weiter angewachsen, bevor es in die xy-Ebene gekippt wird und wir erhalten ein stärkeres Signal. Verkürzt man τ ein wenig, dann ist das Signal kleiner, da **M** noch nicht so stark gewachsen ist. Und wählt man τ noch viel kürzer, so dass **M** noch in die „falsche" Richtung zeigt, wenn es in die xy-Richtung gedreht wird, dann ist das Signal *negativ*, d.h., es ist ein Signal in Gegenphase, das nach einer Fourier-Transformation eine negative und keine positive Linie ergibt. Um nun die Spin-Gitter-Relaxation zu messen, müssen wir mehrere $180°-\tau-90°$-Experimente mit unterschiedlicher Verzögerungszeit τ durchführen und sodann die unmittelbar nach dem 90°-Impuls beobachtete Intensität gegen τ auftragen. Ein durchschnittlicher Wert für τ liegt bei einigen Sekunden.

Die Relaxation von **M** in seine endgültige Gleichgewichtslage und -größe geht natürlich weiter, nachdem wir das erste Signal beobachtet haben. Das interessiert uns zwar nicht weiter, aber wie wir in vorigen Abschnitt gesehen haben, wird der weitere Relaxationsvorgang ebenfalls durch Feldinhomogenitäten und Spin-Spin-Relaxation beeinflusst. Am besten ist, man stellt sich vor, dass der 90°-Impuls den aktuellen Stand der Spin-Gitter Relaxation von **M** zu verschiedenen Zeitpunkten nach dessen Umkehr „einfriert", so dass wir messen können, wie weit die Relaxation jedesmal fortgeschritten ist.

Natürlich wird ein am Spektrometer angeschlossener Computer zur Steuerung des gesamten Messvorangs benutzt. Er löst die 180°-Startimpulse aus, erhöht sukzessive das τ, steuert die 90°-Impulse und speichert und misst die Signalintensität. Mit Hilfe dieser Daten kann er gleich einen Wert für T_1 berechnen und sofort ausgeben und

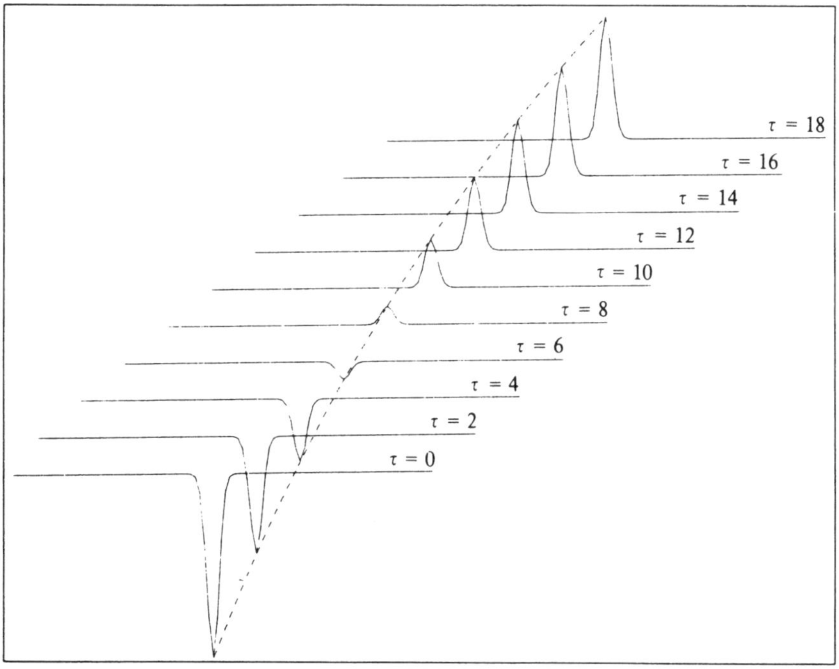

Bild 7.7: Eine Serie von Spektren, aufgenommen mit $180° - \tau - 90°$-Impulsfolgen und unterschiedlichen Verzögerungszeiten τ.

noch immer gibt es absolut keinen Grund für eine Fourier-Transformation des Signals und Frequenzspektren. Es ist aber üblich, diesen letzten Schritt anzuschließen und die erhaltenen Spektren in einer besonderen graphischen Darstellung zu präsentieren, die einen quasidreidimensionalen Eindruck vermitteln und die Linienfrequenzen und den Zusammenhang zwischen ihren Intensitäten und der Verzögerunszeit τ aufzeigen. Üblicherweise zeichnet der Computer eine Reihe hintereinandergestaffelter Spektren in der Art von Bild 7.7, wobei jedes der Spektren proportional zur entsprechenden Verzögerungszeit nach oben und nach rechts versetzt ist. Diese Darstellung zeigt sehr schön das zu Beginn negative Liniensignal, seinen Nulldurchgang und schließlich sein Anwachsen bis zum Maximum. Im Bild haben wir die Signalmaxima mit einer punktierten Linie verbunden, um die exponentielle Änderung der Signalintensität zu zeigen. Blickt man von der Seite auf die Darstellung und vergleicht mit Bild 7.6(c), dann erkennt man die gute Übereinstimmung zwischen der Größe und Richtung von **M** und seinem NMR-Signal. Aus dieser Darstellung erhält man sehr einfach einen Näherungswert für die Spin-Gitter-Relaxationszeit T_1- diese ist nämlich etwa $1\frac{1}{2}$ Mal die Zeit, die die Linie braucht, um die Intensität null zu erreichen. In diesem (hypothetischen) Beispiel ist das Signal nach etwa 7 Sekunden null und somit die Relaxationszeit $1{,}5 \cdot 7$ oder etwa 10 Sekunden.

Zusammenfassend kann gesagt werden, dass T_1-Messungen verhältnismäßig einfach sind und im Allgemeinen auch ziemlich schnell durchgeführt werden können. Etwa ein halbes Dutzend $180^\circ-\tau-90^\circ$-Messungen, von denen jede einige Sekunden oder eine Minute dauert, bestimmt T_1 mit ausreichender Genauigkeit. Kleine Fehler in der Impulssynchronisation fallen nicht sehr ins Gewicht, ebensowenig Ungenauigkeiten im Magnetfeld. Komplexe Spektren, die mehrere Resonanzen aufweisen, bereiten keine größeren Schwierigkeiten als einfache. Kein Wunder, dass T_1-Messungen als Hilfsmittel bei spektroskopischen Zuordnungen und Strukturbestimmungen mit Hilfe der NMR herangezogen werden. Wir kommen in Abschnitt 7.3.2 noch kurz darauf zurück.

7.2 Kernresonanzspektroskopie: Wasserstoffkerne

Wir wissen bereits, dass ein Kern eines bestimmten chemischen Elements, der einem Magnetfeld ausgesetzt ist, die Energie eines Strahlungsfelds resonant absorbiert, wobei diese Resonanzfrequenz vom Kern und von der Stärke des Felds abhängt (einige Daten enthält bereits die Tabelle 7.1). Deshalb können NMR-Verfahren zum Nachweis bestimmter Kerne in einer Verbindung eingesetzt werden sowie auch zur quantitativen Abschätzung, da für einen bestimmten Kern die Intensität des NMR-Signals proportional zur Anzahl der Kerne ist, die zur Resonanz beitragen. Allerdings ist ein NMR-Spektrometer auch ein teures Gerät und es gibt viele einfachere und billigere Methoden um festzustellen, ob ein bestimmtes Atom in einem Molekül vorhanden ist oder nicht. Es gibt aber noch zwei weitere Charakteristika der NMR-Spektren, die bis jetzt nicht erwähnt wurden, die aber dieses Verfahren zu einer noch viel effizienteren und nützlicheren Messmethode machen; es handelt sich dabei um die *chemische Verschiebung* und um *die Kopplungskonstante*, mit denen wir uns in den folgenden Abschnitten befassen werden.

Die weitaus überwiegende Mehrzahl an Substanzen, die den Chemiker interessieren, enthalten Wasserstoffatome und da dieser Kern eine der stärksten Resonanzen aufweist, ist es nicht erstaunlich, dass die NMR die meiste Anwendung bei diesen Substanzen gefunden hat. Bei der Behandlung der chemischen Verschiebung und der Kopplung von Kernen beschränkt man sich aus praktischen Gründen auf einen ganz bestimmten Kern als Beispiel, obwohl alle Kerne mit Spin diesen Effekt zeigen; im Folgenden werden wir uns lediglich mit den Spektren befassen, die Wasserstoff enthalten und heben uns die anderen Kerne für den Abschnitt 7.3 auf.

7.2.1 Die Chemische Verschiebung

Bis jetzt haben wir uns mit dem Verhalten eines einzelnen Kerns im äußeren Feld befasst. Dieser Fall ist praktisch natürlich nicht realisierbar, da alle Kerne von Elektronen der Atome und Moleküle umgeben sind. Bringt man die sie umgebende Elektronenwolke in ein magnetisches Feld, dann neigt sie dazu, in einer Richtung zu rotieren, so dass das erzeugte Feld dem äußeren *entgegengesetzt* gerichtet ist (sogenannter diama-

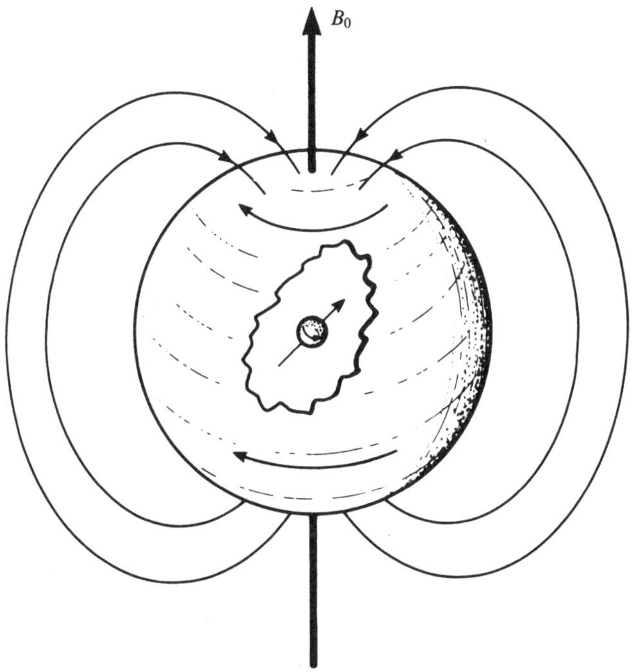

Bild 7.8: Schematische Darstellung des Felds, das durch den diamagnetischen Kreisstrom der Elektronenwolke um einen Kern hervorgerufen wird und dem äußeren Feld B_0 entgegen gerichtet ist.

gnetischer Kreisstrom) wie dies in Bild 7.8 für ein einzelnes Atom dargestellt ist. Das gesamte Feld am Ort des Kerns ist:

$$B_{\text{effektiv}} = B_{\text{außen}} - B_{\text{induziert}}$$

und da das induzierte Feld proportional zum äußeren ist, gilt

$$B_{\text{effektiv}} = \boldsymbol{\sigma} B_{\text{außen}}$$

wobei $\boldsymbol{\sigma}$ eine Konstante darstellt; man erhält:

$$B_{\text{effektiv}} = B_0(1 - \boldsymbol{\sigma}) \tag{7.13}$$

mit B_0 als äußerem Magnetfeld. (Beachten Sie, dass wir jetzt für das äußere Feld das bei Spektroskopikern übliche Formelzeichen B_0 und nicht mehr wie früher B_z verwenden, da wir es von nun an nicht mehr mit den Einzelheiten der Wechselwirkung von Spinvektoren mit dem Feld zu tun haben werden.) Man kann das so ausdrücken, dass der Kern durch den diamagnetischen elektronischen Kreisstrom vom äußeren Feld *abgeschirmt* wird. Das Ausmaß dieser Abschirmung ist für ein bestimmtes einzelnes

Atom eine Konstante, aber es ändert sich im Molekül mit der Elektronendichte in der Umgebung eines Atoms; somit können wir Gl. (7.13) verallgemeinern und schreiben:

$$B_i = B_0(1 - \boldsymbol{\sigma}_i) \tag{7.14}$$

wobei B_i das Feld ist, das ein bestimmter Kern i verspürt, dessen Abschirmkonstante $\boldsymbol{\sigma}_i$ ist. Zum Beispiel wissen wir, dass Sauerstoff ein wesentlich besserer Elektronenakzeptor als Kohlenstoff ist (da Sauerstoff eine größere Elektronegativität aufweist); deshalb sollte die Elektronendichte bei C—H Bindungen deutlich höher sein als bei O—H Bindungen. Entsprechend erwarten wir, dass $\boldsymbol{\sigma}_{\mathrm{CH}} > \boldsymbol{\sigma}_{\mathrm{OH}}$ und somit

$$B_{\mathrm{CH}} = B_0(1 - \boldsymbol{\sigma}_{\mathrm{CH}}) < B_{\mathrm{OH}} = B_0(1 - \boldsymbol{\sigma}_{\mathrm{OH}})$$

Somit ist also das Feld, dem der Wasserstoffkern in einer O—H Bindung ausgesetzt ist, größer als das für denselben Kern in einer C—H Bindung; bei gleichem äußerem Feld präzediert der CH-Wasserstoffkern mit kleinerer Larmorfrequenz als der in der OH-Gruppe. Umgekehrt ausgedrückt: Um mit Strahlung einer bestimmten Frequenz in Resonanz zu kommen (zum Beispiel 100 MHz), benötigt ein CH Wasserstoff ein größeres äußeres Feld als der in OH.

Bild 7.9 zeigt die Wirkung eines gleichmäßig ansteigenden Felds auf die Energieniveaus der CH_3 und OH-Wasserstoffe in CH_3OH. Der OH-Wasserstoffkern hat eine kleinere Abschirmkonstante und ist einem stärkeren Feld ausgesetzt; damit sind seine Energieniveaus auch stärker aufgespalten als die der stärker abgeschirmten Kerne in CH_3 bei einem bestimmten äußeren Feld. Wird auf das System nun ein Feld von, sagen wir, 100 MHz eingestrahlt, während gleichzeitig das äußere Feld von null an hochgefahren wird, dann wird der OH-Kern als Erster in Resonanz kommen und Energie des Strahlungsfelds absorbieren und die CH_3-Kerne absorbieren dann bei höherem Feld. Dies ist im Bild ganz unten für das Spektrum von Methanol, CH_3OH, gezeigt. Die Tatsache, dass das Verhältnis der Absorptionsintensitäten (genauer, das Verhältnis der Flächen unter den Linien) 1 : 3 beträgt, ermöglicht es uns sofort, die kleinere Linie als die des einzelnen Wasserstoffkerns in der OH-Gruppe zu identifizieren und die größere als die der CH_3-Gruppe. Da weder Kohlenstoff(^{12}C)- noch Sauerstoff(^{16}O)-Kerne einen Spin haben, tragen sie nicht zum Spektrum bei.

Bild 7.9 zeigt zwei sehr wichtige Aspekte der NMR-Spektroskopie: (1) Gleiche Kerne (also die H-Kerne) in unterschiedlichen *chemischen Umgebungen* haben unterschiedliche *Positionen* auf (aus diesem Grund wird der Abstand zwischen Absorptionslinien üblicherweise als ihre (relative) *chemische Verschiebung* bezeichnet) und (2) ist die *Fläche* unter einer Absorptionslinie proportional zur Anzahl *äquivalenter* Kerne (d.h. der Kerne, deren Signal *gleich weit verschoben* ist), die zu dieser Absorption beitragen. Hier erkennt man die Grundlage für eine qualitative und eine quantitative analytische Methode.

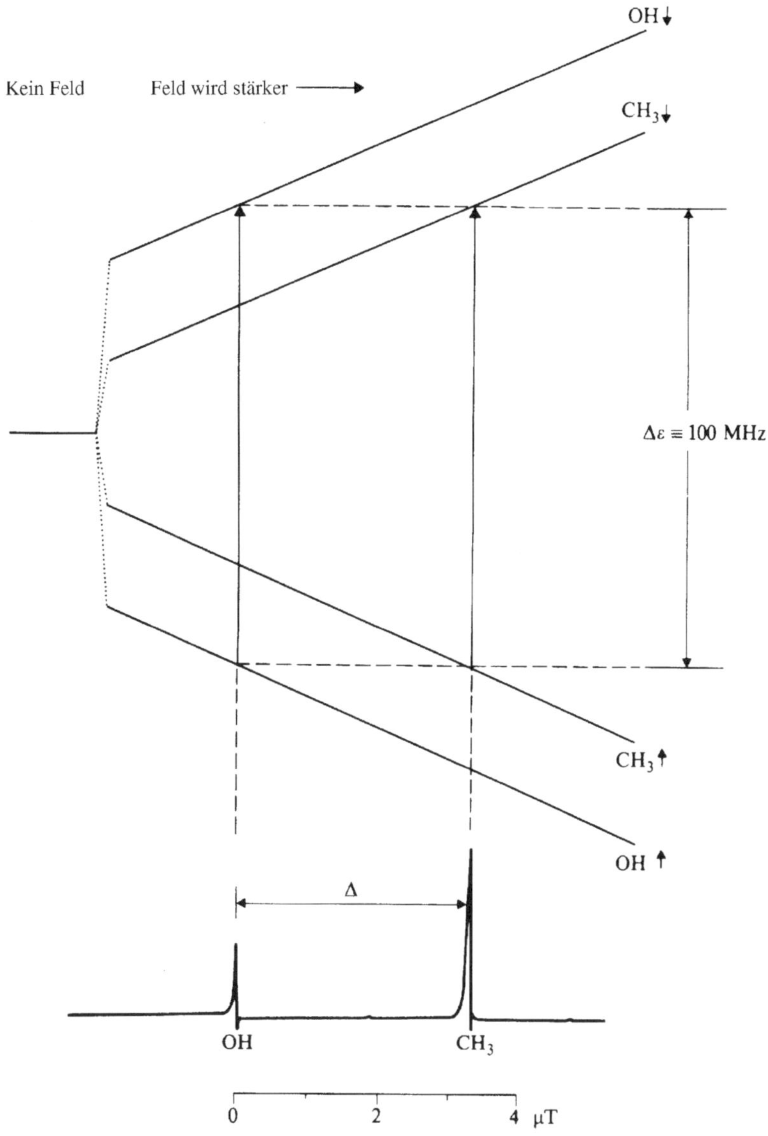

Bild 7.9: Einfluss eines äußeren Magnetfelds auf die Energieniveaus der Methyl- und der Hydroxylkerne von Methanol, CH_3OH. Das Feld wird anfangs sehr schnell bis nahe an die Resonanz bei 2,3487 T hochgefahren (punktierter Bereich), danach erfolgt die Erhöhung viel langsamer. Das NMR-Spektrum von Methanol ist am unteren Rand des Bilds gezeigt.

Es sei darauf hingewiesen, dass die Elektronendichte nicht der einzige Faktor ist, der den Betrag der Abschirmkonstante bestimmt. Ein weiterer, von Fall zu Fall wichtiger Beitrag zur Abschirmung kommt aus dem durch das Feld induzierten elektronischen Kreisstrom in benachbarten Bereichen innerhalb des Moleküls, der ein kleines magnetisches Feld erzeugt, das dem äußeren Feld entgegenwirkt. Bild 7.10 zeigt zwei von den vielen Möglichkeiten. In Bild 7.10(a) ist gezeigt, wie die Kreisbewegung einer zylindrischen Ladungswolke um eine Acetylen-Dreifachbindung die Wirkung des äußeren Felds auf einen Wasserstoffkern an der Achse der rotierenden Ladung *verringert.* Der Kern ist auf diese Weise abgeschirmt und zeigt Resonanz bei höherem äußeren Feld. In Bild 7.10(b) ist hingegen die Kreisbewegung der ringförmigen Wolke von Elektronen im π-Orbital um einen Benzolring gezeigt (um das Bild zu vereinfachen, ist nur der obere Ring gezeigt, aber der identische Ring unterhalb rotiert in derselben Richtung). Das induzierte Feld hat hier *dieselbe Richtung* wie das äußere Feld in der Umgebung der Wasserstoffkerne, an diesen Kernen ist daher die Abschirmung reduziert und sie zeigen bei einem niedrigeren äußeren Feld Resonanz. Offenkundig werden beide Bewegungen aufgrund von Taumelbewegungen der Moleküle etwas reduziert, aber sie mitteln sich nicht weg.

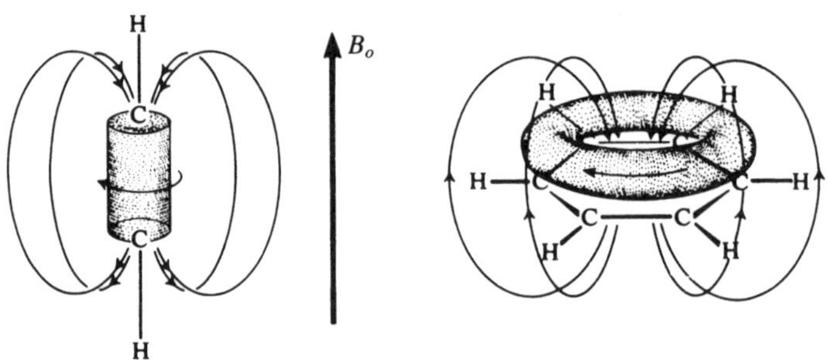

(*a*) (*b*)

Bild 7.10: Feldinduzierter Elektronen-Kreisstrom bei (a) Ethin und (b) Benzol; Abschirmeffekt bzw. Verringerung der Abschirmung bei benachbarten Wasserstoffkernen.

Somit kann also ein induzierter elektronischer Kreisstrom sowohl eine Verstärkung als auch eine Verringerung der Abschirmung bewirken und alle diese Effekte, zusammen mit den Beiträgen der Elektronendichte, sind in der Abschirmkonstante $\boldsymbol{\sigma}$ zusammengefasst.

Der Unterschied in der chemischen Verschiebung Δ zwischen den OH und CH_3-Signalen in Bild 7.9 kann auf verschiedene Arten ausgedrückt werden. Ersten könnten wir, da wir uns vorgestellt haben, das Spektrum sei über eine Änderung des äußeren Felds aufgenommen worden, einen Tesla-Maßstab (oder eher einen Mikrotesla-(μT-)Maßstab, da der Abstand sehr klein ist) an das Spektrum anlegen und feststellen, dass $\Delta = 3{,}26\ \mu T$ ist. Oder, wir ziehen in Betracht, dass das Spektrum ebensogut über eine Änderung der Frequenz bei konstantem Feld hätte aufgenommen werden können und geben die Differenz in der chemischen Verschiebung wie folgt in Hertz an:

$$2{,}3487\ T \equiv 100\ MHz$$

Also:

$$3{,}26\ \mu T \equiv 139\ Hz = \Delta$$

Für die Praxis ist keine der eben genannten Einheiten der chemischen Verschiebung zufriedenstellend, obwohl beide noch in der älteren Literatur zu finden sind. Die Problematik sieht man aus Folgendem: Wir schreiben Gl. (7.9) so, dass die Abschirmung am Kern *i* berücksichtigt wird und kombinieren mit Gl. (7.14):

$$\frac{\Delta E_i}{h} = \frac{g\beta_N B_i}{h} = \frac{g\beta_N B_0(1-\sigma_i)}{h} \quad \text{Hz}$$

Wir erhalten, in der Einheit Hertz:

$$\Delta = \frac{g\beta_N B_0}{h} \cdot (\sigma_{CH} - \sigma_{OH}) \quad \text{Hz} \qquad (7.15)$$

Die Abschrirmkonstante σ_i ist unabhängig vom äußeren Feld und von der Frequenz und somit ist der in Hertz oder Mikrotesla gemessene Unterschied in der chemischen Verschiebung direkt proportional zum äußeren Feld B_0: Es ist zumindest unbequem, eine Größe zu bestimmen, die sich mit den Betriebsparametern des Messgeräts ändert, vor allem deshalb, weil die bei den verschiedenen Messgeräten eingesetzten Felder zwischen 0,6 und 15 Tesla liegen können.

Man kann dieses Problem dadurch lösen, dass man die chemische Verschiebung als *Bruchteil* des äußeren Felds oder der Frequenz angibt. So ist bei Methanol ein $\Delta = 139$ Hz bei 100,0 MHz einem $\Delta = 1{,}39 \cdot 10^{-6}$ oder 1,39 ppm (Millionstel) der Frequenz des Geräts äquivalent; ebenso ist ein $\Delta = 3{,}26$ μT bei 2,3487 T auch 1,39 ppm des äußeren Felds. Würden wir jetzt Feld und Frequenz verdoppeln, dann würde sich der Abstand in Mikrotesla oder Hertz nach Gl. (7.15) auch verdoppeln, aber er würde noch immer bei 1,39 ppm liegen.

Messungen der chemischen Verschiebung werden natürlich formal auf die Resonanzposition des nackten Wasserstoffkerns (des Protons) als Primärstandard bezogen; bei diesem tritt keine Abschirmung auf und somit gilt $\sigma = 0$. Da es sich dabei um einen nicht sehr praktikablen Standard handelt ist es erforderlich, eine Referenzsubstanz als sekundären Standard zu wählen und relativ dazu die Resonanzpositionen anderer Wasserstoffkerne in Millionstel-Einheiten zu bestimmen; die Substanz, auf die man sich bei Wasserstoffresonanzen fast überall festgelegt hat, ist Tetramethylsilan, $Si(CH_3)_4$, für gewöhnlich abgekürzt TMS. Da TMS mit Wasser nicht mischbar ist, wird in wässrigen Lösungen das Salz $(CH_3)_3SiCH_2CH_2CH_2SO_3Na$ verwendet; dessen Methylprotonen haben ihre Resonanz an genau derselben Position wie die von TMS. Beide sind außerdem sehr gute Referenzsubstanzen für ^{13}C-Spektren.

Tetramethylsilan hat mehrere Vorteile gegenüber anderen bisher als Standard verwendeten Substanzen:

1. Seine Resonanz ist scharf und stark, da alle 12 Wasserstoffkerne äquivalent sind (d.h., sie haben dieselbe chemische Umgebung) und absorbieren somit an genau derselben Stelle.
2. Seine Resonanzfrequenz liegt im Vergleich zu fast allen anderen Wasserstoffresonanzen organischer Moleküle in Richtung höherer Feldstärke (σ_{TMS} ist also groß) und kann deshalb leicht identifiziert werden.
3. Es handelt sich um eine Flüssigkeit mit niedrigem Siedepunkt (Siedepkt. 27 °C) und kann nach seiner Verwendung aus den meisten Substanzen leicht wieder entfernt werden.

So wird einer Probe eine geringe Menge ($< 1\,\%$) TMS zugesetzt und dann das gesamte Spektrum aufgenommen; die scharfe TMS-Resonanz bei hohem Feld ist leicht erkennbar und kann als Standard benutzt werden, mit dessen Hilfe man das Spektrum eichen und die chemischen Verschiebungen anderer Molekülgruppen messen kann. Üblicherweise stellt man NMR-Spektren so dar, dass das Feld von der linken Seite her zunimmt, so dass die TMS-Resonanz ganz rechts liegt. Es gab zwei Maßstäbe für die chemische Verschiebung, beide in Millionstel-Einheiten. Ein älterer Maßstab, die τ-Skala, setzte die TMS-Resonanz willkürlich auf 10 ppm fest, wobei die Zahlen an diesem Maßstab nach links abnahmen. Dieser wird nicht mehr verwendet und wurde nach internationaler Vereinbarung durch die sogenannte δ-Skala ersetzt, die die TMS-Resonanz sowohl für ^{1}H- wie auch für ^{13}C-Spektren auf 0,0 ppm festlegt. Da die TMS-Resonanz ganz rechts liegt, nimmt die δ-Skala von rechts nach links zu, d.h., in Richtung geringerer Abschirmung. Muss man zwischen den beiden Skalen umrechnen, z. B., wenn man Spektren aus der älteren Literatur vor sich hat, dann lautet die Beziehung einfach $\delta = 10 - \tau$.

Bild 7.11 zeigt schematisch die ungefähren Positionen einiger Moleküle bzw. Gruppen auf der δ-Skala. Beim Betrachten dieses Bilds muss man beachten, dass die gezeigten Resonanzen nur auf den *Wasserstoff*kern des Moleküls oder der entsprechenden Gruppe zurückzuführen sind.

Die Lage der Resonanzfrequenz hängt erwartungsgemäß vom Atom ab, an das der Wasserstoff unmittelbar gebunden ist – die oberste Zeile im Bild zeigt dies für die Reihe CH_4, NH_3, PH_3, SiH_4 und H_2 zwischen $\delta = 0$ und $\delta = 4{,}2$. Wesentlich wichtiger ist jedoch die Tatsache, dass für den Fall, dass der Wasserstoff direkt an ein bestimmtes Atom gebunden ist, z.B. an Kohlenstoff, seine Resonanzfrequenz sehr stark von *weiteren* Substituenten am betreffenden Atom abhängt. Die meisten der weiteren Daten in diesem Bild beziehen sich auf eine CH-Gruppe mit unterschiedlichen Substituenten; es fällt auf, dass die zunehmende Elektronegativität des Substituenten in der Reihe CH—C (um 1 ppm), CH—N (2 – 4 ppm) und CH—O (3 – 5 ppm) zunehmend Elektronen aus der Umgebung des Wasserstoffs abzieht, somit die Abschirmung des Kerns verringert und Resonanz bei niedrigerem Feld (und größerem δ) bewirkt. Ein doppelt oder dreifach gebundener Substituent wirkt sich in ähnlicher Weise, wenn auch weni-

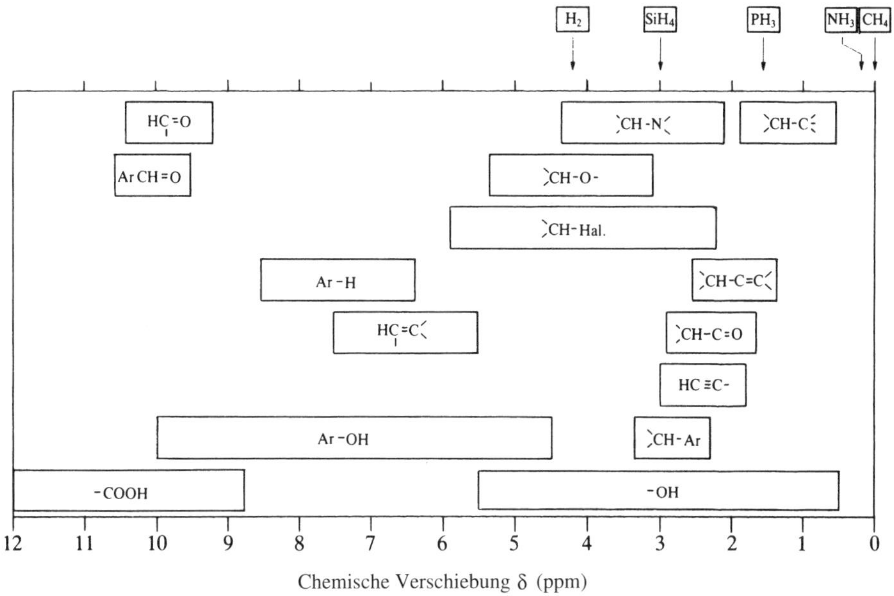

Bild 7.11: δ-Skala für die chemische Verschiebung sowie ungefähre Werte der chemischen Verschiebung von Protonen einiger einfacher Moleküle bzw. Gruppen.

ger stark aus. Wir haben bereits den starken negativen Abschirmungseffekt erwähnt, den der Kreisstrom der Elektronen in einem aromatischen Ring hervorruft und sehen jetzt, dass die Resonanzfrequenz eines Ringprotons bei 7 – 8 ppm liegt. Der sehr große Bereich der bei OH und COOH beobachteten Resonanzen erklärt sich daraus, dass die Abschirmung der Protonen in diesen Gruppen sehr stark durch Wasserstoffbindungen beeinflusst wird, so dass ein anderes Lösungsmittel oder eine Konzentrations- und sogar eine Temperaturänderung eine beträchtliche Änderung der δ-Werte bewirken kann.

Bild 7.11 gibt nur einen sehr kleinen Teil aus der riesigen Menge vorhandener NMR-Daten wieder – viel mehr noch findet man in genaueren Tabellen und Aufstellungen in der Fachliteratur, wie zum Beispiel in dem am Ende dieses Kapitels im Literaturverzeichnis aufgeführten Buch von Williams und Fleming. Lassen wir es bei der Feststellung bewenden, dass die NMR, kombiniert man genaue Messungen der chemischen Verschiebungen mit der Tatsache, dass die Fläche unter einer jeden Resonanzlinie des Spektrums proportional zur Anzahl der beteiligten Wasserstoffatome ist, eine hervorragende Methode sowohl in der quantitativen wie auch qualitativen Analyse von Gruppen in der organischen Chemie darstellt. Nach den folgenden Abschnitten, die dem Phänomen des Energieaustauschs zwischen den Kernen gewidmet sind, werden wir sehen, dass die Vorteile der NMR noch weiter reichen, und zwar bis hin zur molekularen Strukturaufklärung und zur Bestimmung der Konfiguration.

7.2.2 Die Kopplungskonstante

Nehmen wir an, zwei Wasserstoffkerne seien in unterschiedlichen Bereichen eines Festkörpers, z.B. eines Kristalls, räumlich einander genügend nahe, um einen nennenswerten magnetischen Einfluss aufeinander auszuüben – auf die NMR bezogen heißt „nennenswert" 0,01 μT oder darüber. So ein Fall ist in Bild 7.12 für zwei Kerne, A und X, gezeigt. Wir vernachlässigen jetzt die Richtung des Spins von X, da diese im Augenblick unerheblich ist, zeigen aber die beiden Möglichkeiten für die Richtung der z-Komponente des Spins von A, einmal in Feldrichtung (vereinbarungsgemäß „nach oben") oder in die entgegengesetzte Richtung („nach unten"). Die von A ausgehenden Kraftlinien, wir stellen uns das wie bei einem Stabmagneten vor, sind am Ort von X dem äußeren Feld offensichtlich *entgegen* gerichtet wenn A nach oben zeigt und wirken verstärkend, wenn A nach unten gerichtet ist. Wenn wir uns daran erinnern (Abschnitt 7.1.3), dass die beiden Richtungen von A praktisch gleich wahrscheinlich sind, dann ersehen wir daraus, dass der Kern X sich mit gleicher Wahrscheinlichkeit im äußeren Feld $B_0 + B_A$ wie auch im Feld $B_0 - B_A$ befinden kann, wobei B_A das Feld aufgrund des Kerns A am Ort von X bedeutet. Dies hat einfach zur Folge, dass der Kern X einer Probe im Spektrum zwei Resonanzfrequenzen aufweist – die Linie von X bildet ein *Dublett* – aufgespalten, auf der Tesla-Skala, um den Betrag $2B_A$. Beziehen wir jetzt den Spin von X mit in die Überlegung ein, dann ist klar, dass der Einfluss von X auf A genau derselbe ist wie der von A auf X, so dass das Signal von A in genau das gleiche Dublett aufgespalten ist.

Das Ausmaß dieser direkten Spin-Spin-Wechselwirkung oder *Kopplung* ist bei Wasserstoffkernen beträchtlich, nämlich in der Größenordnung von 10^{-4} T, falls die Kerne einen Abstand von 0,1 nm haben; der praktische Vorteil liegt bei Festkörper-NMR-Spektren darin, dass die interatomaren Abstände von Verbindungen einigermaßen genau gemessen werden können.

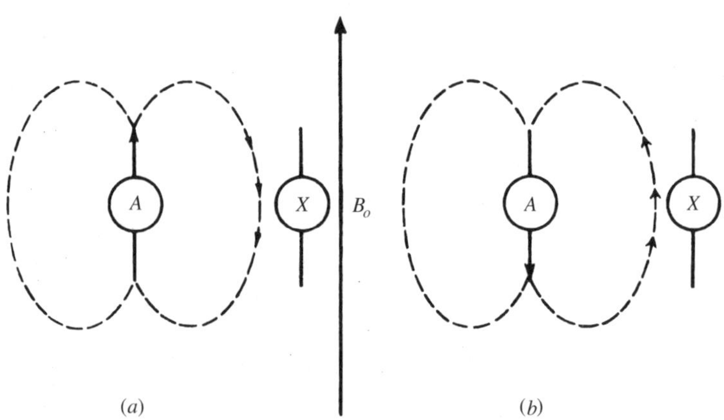

Bild 7.12: Direkte Kopplung von Kernspins. Bei (a) schwächt der Spin von A das resultierende magnetische Feld an der Stelle von X während in (b) das Feld bei X verstärkt wird.

Bei flüssigen oder gasförmigen Proben hingegen findet man diesen direkten Spin-Kopplungsmechanismus nicht, da zufallsbedingte Molekülbewegungen in der Probe (molekulare Taumelbewegungen) die Lage der Moleküle im Feld fortwährend ändern. Stellen wir uns vor, das Molekül *AX* in Bild 7.12(a) werde in der Zeichenebene um 90° gedreht (denken Sie daran, dass sich die Kernspins *nicht* mit dem Molekül mitdrehen, da sie in Feldrichtung fixiert sind); dann befindet sich *X* senkrecht ober- oder unterhalb von *A* und somit in einer Lage, in der das Feld von *A* das äußere Feld B_0 *verstärkt* – und das ist gerade das Gegenteil von eben vorhin. Integriert man den Effekt, den *A* auf *X* ausübt, über alle möglichen Orientierungen, dann erhält man das Ergebnis, dass eine ununterbrochene Rotation des Moleküls die Kopplung genau wegmittelt – alle Orientierungen, bei denen Kern *A* das Feld an der Stelle von *X* verstärkt, werden gerade kompensiert durch diejenigen Positionen, in denen er das Feld schwächt.

Trotzdem, die NMR-Spektren von Flüssigkeiten zeigen auch Kopplungseffekte, die aber sehr viel schwächer sind (um einen Faktor $10^2 - 10^4$ im Vergleich zu denen, die aufgrund direkter Kopplung in Festkörpern beobachtet werden); offensichtlich handelt es sich um einen anderen Mechanismus. Betrachten wir erst Bild 7.13(a), das zwei Wasserstoffkerne zeigt, die, so wie im Wasserstoffmolekül, durch ein Paar von bindenden Elektronen aneinandergefügt sind. In erster Näherung können wir annehmen, dass jedes Elektron zu einem bestimmten Kern „gehört"; wir ordnen das Elektron (a) dem Kern *A* zu und das Elektron (x) dem Kern *X*. Der stabilste Energiezustand ist einfach der, bei dem der magnetische Dipol des Elektrons dem seines Kerns entgegengesetzt ist, aber die Theorie der chemischen Bindung sagt uns auch, dass Elektronen im selben Orbital ihre Spins einander entgegengerichtet

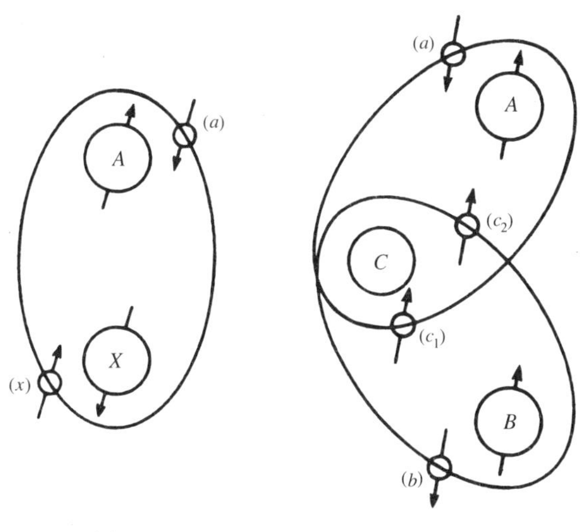

Bild 7.13: Die Kopplung von Kernspins durch bindende Elektronen (a) bei unmittelbar aneinander gebundenen Atomen und (b) bei Atomen, die über ein drittes Atom ohne Spin gebunden sind.

anordnen und daraus schließen wir, dass der stabilste Zustand derjenige ist, bei dem die Kern-Elektron-Elektron-Kern-Spins in der im Bild gezeigten Weise abwechseln. Als Folge davon sind die Spins von *A* und *X* vorzugsweise gepaart. Dies ist ein ähnlicher Fall wie man ihn beim „across space“ Effekt findet, nur um mehrere Größenordnungen kleiner; immerhin, es ist eine Kopplung zwischen den Kernen vorhanden.

Achten Sie streng darauf, dass die eben gegebene Begründung nicht so gemeint ist, dass sie unumstößlich gültig sei; wir behaupten nicht etwa, die Spins von *A* und *X* seien unverrückbar in einem gepaarten Zustand fixiert sondern nur, dass die Paarkonfigurationen ↑↓ und ↓↑ energetisch etwas tiefer liegen als die parallelen Konfigurationen ↑↑ und ↓↓. Der Energieunterschied ist so winzig (etwa 10^{-32} J), dass beide Konfigurationen gleich wahrscheinlich sind. Welchen Einfluss dies auf das Spektrum hat, zeigt Bild 7.14. In Bild 7.14(a) sieht man die vier Energieniveaus des Systems *AX*, von denen jedes einer der vier möglichen Spin-Kombinationen ↑↓, ↑↑, ↓↓ und ↓↑ entspricht; im Diagramm ist außerdem eine praktische Kennzeichnung für diese Spinzustände verwendet, wobei jeder Spin „nach oben“ mit α und jeder Spin „nach unten“ mit β bezeichnet ist. Für diesen Teil des Diagramms setzen wir voraus, dass keine Kopplung zwischen *A* und *X* existiert; somit ist der Abstand zwischen den Niveaus $\alpha\alpha$ und $\alpha\beta$, der einer Änderung des Spins von *X* allein entspricht, gleich

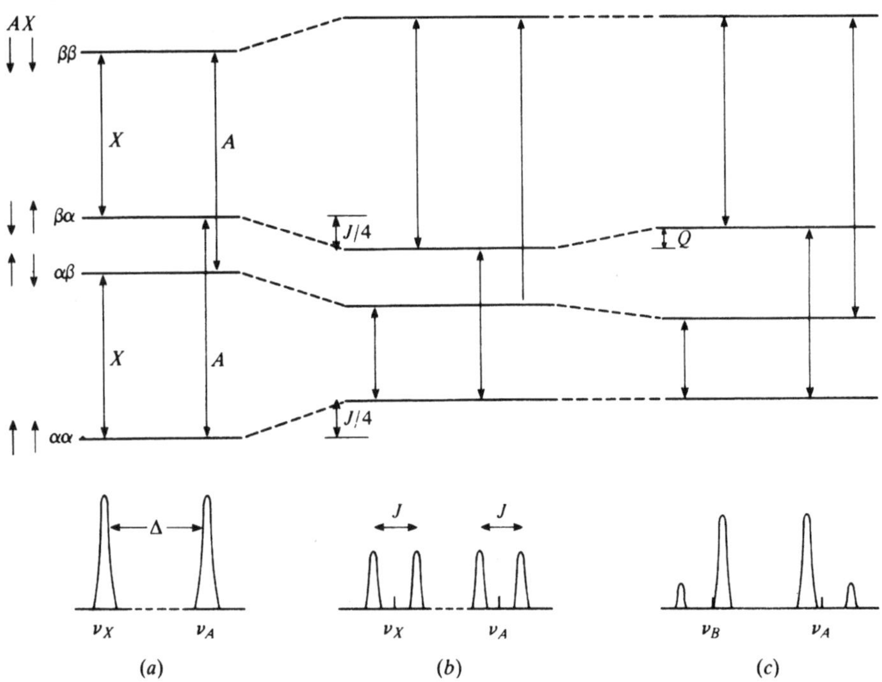

Bild 7.14: Kopplungseffekt zwischen zwei Kernen. Bei (a) ist die Kopplung vernachlässigt, bei (b) wird die Kopplung als klein im Vergleich zu chemischen Verschiebung angenommen und in (c) ist die Kopplung groß verglichen mit der chemischen Verschiebung.

der Resonanzenergie von X und diese ist offensichtlich identisch mit dem Abstand zwischen den Niveaus $\beta\alpha$ und $\beta\beta$. Entsprechend sind auch die Abstände $\alpha\alpha - \beta\alpha$ sowie $\alpha\beta - \beta\beta$ identisch und ergeben die Resonanzenergie von A. Übergänge zwischen den unterschiedlichen Energieniveaus sind der Anlass für zwei Spektrallinien, jeweils eine bei der chemischen Verschiebung für die Resonanz von A bzw. von X, die mit ν_A und ν_X gekennzeichnet sind.

Für den Fall einer Kopplung wissen wir, dass die Niveaus $\alpha\alpha$ und $\beta\beta$ destabilisiert und dass $\alpha\beta$ und $\beta\alpha$ stabilisiert werden[1]; das zeigt Bild 7.14(b), wobei der Betrag der Energieverschiebung mit $J/4$ angegeben ist – es wird sich bald herausstellen, welchen Vorteil dies bietet. Jetzt entsprechen die beiden unterschiedlichen X-Übergänge unterschiedlichen Energien; der Übergang $\alpha\alpha \leftrightarrow \alpha\beta$ ist um $\frac{1}{2}J$ kleiner ist als in Bild 7.14(a) und der Übergang $\beta\alpha \leftrightarrow \beta\beta$ um $\frac{1}{2}J$ höher; somit taucht eine Spektrallinie $\frac{1}{2}J$ oberhalb von ν_X auf und eine zweite $\frac{1}{2}J$ tiefer, wobei der Abstand zwischen diesen beiden Linien gerade J beträgt (deshalb ist es von Vorteil, die Stabilisierungs- bzw. die Destabilisierungsenergie wie eben mit $J/4$ zu bezeichnen). In analoger Weise spalten die A-Übergänge ebenso in ein Dublett auf. Die Komponenten des Dubletts haben dieselbe Intensität, da (1) alle Spinzustände praktisch gleich besetzt sind und (2) eine genaue Rechnung zeigt, dass die Wahrscheinlichkeit für Übergänge zwischen allen Niveaus gleich ist. Das Ergebnis ist also folgendes AX-Spektrum: Ein Paar von 1 : 1 Dubletts, wobei jedes Paar um die Kopplungskonstante J aufgespalten ist und die Mittelpunkte der Dubletts einen Abstand voneinander haben, der dem Unterschied Δ der chemischen Verschiebungen entspricht. Da beobachtet wurde, dass J eine Größe ist, die nicht vom Feld abhängt, ist es praktisch, sie in Hertz auszudrücken und nicht in Millionstel wie δ.

An dieser Stelle soll betont werden, dass Bild 7.14 in keiner Weise maßstabsgerecht gezeichnet ist. Wenn A und X zwei Wasserstoffkerne sind, dann stellt in Bild 7.14(a) der mit X bezeichnete Übergang die Resonanzenergie eines der Kerne bei einem Feld von, sagen wir, 2,5 T dar, das sind etwa 100 MHz. Andererseits ist der Abstand zwischen $\alpha\beta$ und $\beta\alpha$ der Unterschied in der chemischen Verschiebung Δ zwischen ν_A und ν_X und das sind vielleicht ein paar hundert Hertz. Wäre also das Diagramm maßstabsgerecht, dann wäre der Abstand zwischen $\alpha\alpha$ und $\alpha\beta$ etwa eine Million Mal größer als der zwischen $\alpha\beta$ und $\beta\alpha$. In Bild 7.14(b) beträgt die Größe $J/4$ nur ein paar Hertz und die Verschiebungen der einzelnen Energieniveaus wurde stark übertrieben.

Bis jetzt haben wir den Unterschied in der chemischen Verschiebung zwischen A und X (etwa 100 Hz) als groß angenommen im Vergleich zur Kopplungskonstante J (ein paar Hertz). In Bild 7.14(c) zeigen wir, was geschieht, wenn der Unterschied in der chemischen Verschiebung abnimmt, wenn also die Niveaus $\alpha\beta$ und $\beta\alpha$ näher beisammen sind als im Bild 7.14 dargestellt. Aus der Quantenmechanik ist bekannt, dass Energieniveaus mit derselben Symmetrie, was bei $\alpha\beta$ und $\beta\alpha$ zutrifft, einander

[1] Für den Fall einer positiven Kopplung; für negatives J ist es umgekehrt.

bei Annäherung abstoßen, während diejenigen mit unterschiedlicher Symmetrie, wie $\alpha\alpha$ und $\beta\beta$, davon nicht beeinflusst werden. Werden, wie im Bild, sowohl $\alpha\beta$ und $\beta\alpha$ um denselben Betrag Q voneinander abgestoßen, dann nehmen beide X-Übergänge um den Energiebetrag Q ab, während beide A-Übergänge um denselben Betrag größer werden. Im Ergebnis kommt es zu einer Vergrößerung des Abstands der Spektrallinien, so dass die chemischen Verschiebungen ν_A und ν_X nicht mehr die Mittelpunkte ihrer jeweiligen Dubletts bilden. Außerdem haben wir jetzt im Bild die Kerne A und B und nicht mehr A und X genannt: Diese Bezeichnung entspricht der Konvention in der NMR-Spektroskopie, in der alphabetisch nahe beisammen liegende Buchstaben verwendet werden, um Kerne mit sehr kleinem Unterschied in der chemischen Verschiebung zu kennzeichnen und umgekehrt.

Bild 7.14(c) zeigt noch einen weiteren Effekt, der sich aus einem sehr kleinen Unterschied in der chemischen Verschiebung ergibt; dieser besteht darin, dass sich, obwohl die Besetzungsdichten der Niveaus durch die Störung Q nicht geändert werden, die Übergangswahrscheinlichkeiten sehr stark ändern und genauere Rechnungen zeigen, dass die mittleren Linien des AB-Spektrums an Intensität gewinnen auf Kosten der äußeren. Für den Grenzfall einer chemischen Verschiebung null (ein A_2-System anstelle von AB, da A und B identisch werden), fallen die mittleren Linien in eine zusammen und die äußeren beiden haben verschwindende Intensität. Damit ist, obwohl eine Kopplung zwischen den A_2-Kernen mit Sicherheit existiert, der entsprechende Effekt im Spektrum nicht mehr beobachtbar. Ein normales AB-Spektrum ist in Bild 7.15 zu sehen, an dem leicht ablesbar ist, dass Δ (in Hertz gemessen) etwa zehnmal so groß wie J ist.

Kehren wir jetzt zu Bild 7.13(b) zurück. Es zeigt die Kopplung von Wasserstoffkernen, die beide an einen weiteren Kern ohne Spin, wie z.B. Kohlenstoff, gebunden sind; ein Beispiel dafür ist das Methylenfragment $>CH_2$. Die Argumentationskette verläuft nun folgendermaßen: Die Spins von A und (a) sind gepaart, ebenso die von (a) und (c_1), da sich diese beiden im selben Orbital aufhalten; (c_1) und (c_2) haben parallele Spins, da sie entartete Orbitale im selben Atom besetzen (vgl. die Hundsche Regel, Abschnitt 5.3.1); schließlich sind auch (b) und (c_2) gepaart und Kern B paart seinen Spin mit Elektron (b). Aus der Existenz dieser Elektronenkette ziehen wir den Schluss, dass der tiefste Energiezustand der mit *parallelen* Spins von A und B ist und nicht der mit gepaarten Spins. Für diesen Fall ist die Kopplungskonstante J_{AB} als negativ definiert, während sie für den Fall in Bild 7.13(a) als positiv definiert ist.

Ähnliche Argumente wie eben zeigen, dass J bei Kopplung über drei Bindungen wiederum positiv ist (zum Beipiel H—C—C—H) und negativ bei vieren usw., vorausgesetzt, diese Form einer Elektronenkette leistet den dominierenden Beitrag zur Kopplung; in einigen Systemen, besonders in ungesättigten (d.h., bei solchen, die Mehrfachbindungen enthalten), können andere Elektronenketten wichtig werden. Die Stärke der Kopplung nimmt jedenfalls mit zunehmender Zahl an Bindungen stark ab; so beträgt die Kopplungskonstante bei H_2 (indirekt aus dem HD-Spektrum be-

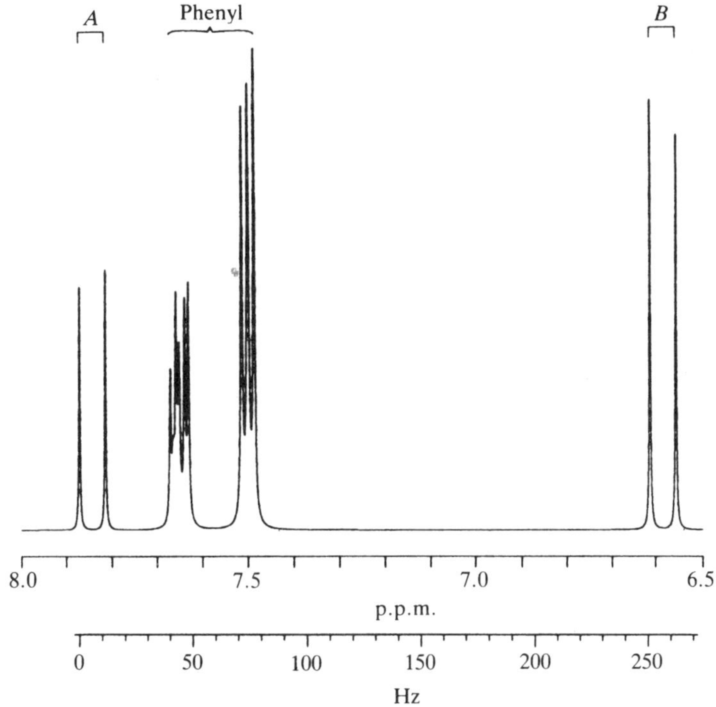

Bild 7.15: Teil des NMR-Spektrums von Zimtsäureethylester, $C_6H_5CH{=}CH.COOC_2H_5$, mit dem typischen Muster olefinischer Wasserstoffe. Die Resonanzen in der Mitte stammen von der Phenylgruppe; die Ethylresonanz liegt rechts außerhalb des Skalenbereichs. (*Wir danken Mr A. Taylor von der University of York für dieses Spektrum.*)

stimmt) etwa 240 Hz, beim H—C—H Fragment (z.B. in Methan) liegt sie etwa bei 12 Hz, bei H—C—C—H (z.B. bei Ethanol, CH_3CH_2OH) beträgt sie 7 Hz und bei H—C—C—C—H liegt sie um 0,5 Hz oder noch darunter. In ungesättigten Verbindungen, in denen die Elektronen Orbitale besetzen, die sich über mehr als zwei Kerne erstrecken und deshalb beweglicher sind, sind die Kopplungen jedenfalls etwas stärker und wurden über mehr als vier Bindungen beobachtet.

Es ist im Allgemeinen nicht einfach, das Vorzeichen einer Kopplungskonstante experimentell zu bestimmen, wo aber solche Daten vorhanden sind, stimmen sie gut mit der eben geschilderten Theorie der abwechselnden Orientierungen überein. Außerdem können Rechnungen durchgeführt werden, in denen man mit quantenmechanischen Verfahren an das sehr schematische Modell von Bild 7.13 herangeht und die Voraussagen über die Größe bestimmter Kopplungen ergeben; diese stimmen im Allgemeinen ebenfalls gut mit experimentellen Werten überein.

7.2.3 Kopplung zwischen mehreren Kernen

Bis jetzt haben wir nur den Kopplungseffekt zwischen zwei Wasserstoffkernen behandelt; in Molekülen kommen Wasserstoffe jedoch oft in Gruppen vor, besonders als CH_3- und CH_2-Gruppen. Wir wenden uns jetzt der Kopplung zwischen Gruppen zu und nehmen als Beispiel das Ethyl-Fragment, CH_3CH_2.

Im Ethyl-Fragment zeigen die drei Wasserstoffe der Methyl(CH_3)-Gruppe dieselbe chemische Verschiebung, da alle seine CH-Bindungen identisch sind und die Abschirmung an jedem der Kerne dieselbe ist. Solche Kerne werden als *chemisch äquivalent* bezeichnet. Im selben Sinn sind die beiden Kerne der Methylen(—CH_2—)-Gruppe chemisch äquivalent, aber ihre chemische Verschiebung unterscheidet sich natürlich von der der Methylkerne. Außerdem hat die Methylgruppe in diesem Fragment so etwas wie einen Rotationsfreiheitsgrad und damit wird die Wechselwirkung zwischen den Methyl- und den Methylen-Kernen auf denselben Wert hin ausgemittelt – die Kopplung zwischen jedem Methyl- und jedem beliebigen Methylenwasserstoff ist dieselbe. Man bezeichnet die Kerne in der Methylgruppe (oder der Methylengruppe) sowohl als *magnetisch äquivalent* wie auch als chemisch äquivalent. Diese Eigenschaft bewirkt eine beträchtliche Vereinfachung des gesamten Spektrums, da die *Kopplungen innerhalb einer Gruppe magnetisch und chemisch äquivalenter Kerne das Spektrum nicht beeinflusst* und damit wie im vorhin behandelten Fall von A_2 vernachlässigt werden kann. Für das aktuelle Beispiel bedeutet das, dass wir die Kopplung der Methylwasserstoffe untereinander vernachlässigen können, ebenso die zwischen den beiden Methylenwasserstoffen und nur die Kopplung zwischen einem Methyl- und einem Methylenkern berücksichtigen müssen. Da, wie eben geschildert, diese Kopplungen alle gleich sind, muss bei diesem System nur *ein* Wert von J berücksichtigt werden. Ist die chemische Verschiebung zwischen Methyl- und Methylengruppe groß, dann haben wir ein A_3X_2-System vorliegen (in dem A einen CH_3-Wasserstoffkern und X einen CH_2-Kern bedeutet) mit einer Kopplungskonstante J_{AX}.

Haben wir ein Spektrum eines A_3X_2-Systems vor uns, dann ist es recht gut möglich, ein Energieniveaudiagramm ähnlich wie in Bild 7.14 für den Fall AX zu konstruieren. So ein Diagramm ist auf jeden Fall sehr komplex; es ist viel einfacher, sich dem Problem auf andere Weise zu nähern, die man die „Stammbaummethode“ nennen kann; dabei wird die Kopplung der Kerne in den Gruppen stufenweise betrachtet.

Wir beginnen also in Bild 7.16(a), indem wir uns vorstellen, die Gruppen A_3 und X_2 seien nicht gekoppelt und ergeben deshalb je eine Linie mit den Intensitäten von 3 bzw. 2 Einheiten. Koppeln wir die A_3-Gruppe nur an *eines* aus dem X_2-Paar, dann spaltet die A_3-Linie in ein Dublett auf mit dem Abstand J_{AX}, wobei jede Linie eine Intensität von $1\frac{1}{2}$ Einheiten aufweist. Falls man nun jede dieser beiden Komponenten mit dem zweiten X-Kern koppelt, spaltet jede wieder in ein Dublett auf mit dem Abstand J_{AX} und der Intensität von $\frac{3}{4}$ Einheiten. Die beiden mittleren Linien der beiden Dubletts werden allerdings überlappen, da die Kopplung in beiden Fällen dieselbe ist und deshalb erscheint das Gesamtspektrum als ein *Triplett* mit den

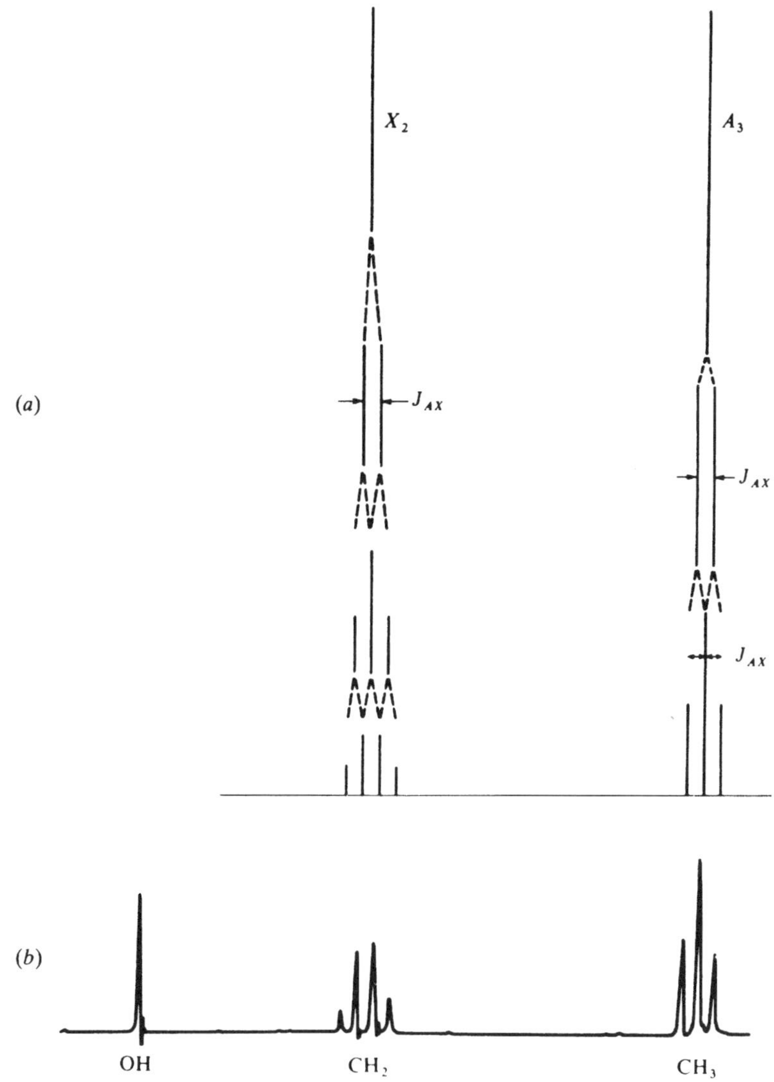

Bild 7.16: (a)Theoretisches A_3X_2-Spektrum und (b) das beobachtete Spektrum von Ethanol, CH_3CH_2OH.

Intensitäten der einzelnen Linien von $\frac{3}{4}$, $1\frac{1}{2}$, $\frac{3}{4}$ (d.h., ein 1 : 2 : 1 Triplett) und einer Kopplungskonstanten J_{AX}, die zweimal im Spektrum auftaucht.

Die Aufspaltung von X_2 durch die Kopplung mit A_3 verläuft ähnlich. Die Kopplung an ein A hat ein 1 : 1 Dublett zur Folge, an das zweite ein $\frac{1}{2}$: 1 : $\frac{1}{2}$ Triplett und das dritte ein $\frac{1}{4}$: $\frac{3}{4}$: $\frac{3}{4}$: $\frac{1}{4}$ Quartett (d.h., ein 1 : 3 : 3 : 1 Quartett), wobei die Kopplungskonstante J_{AX} im Spektrum dreimal vorhanden ist.

Diesen Gedankengang kann man leicht verallgemeinern: Eine Gruppe von p äquivalenten Kernen spaltet eine Nachbargruppe in p+1 Linien auf, wobei die Intensitäten durch das Pascalsche Dreieck gegeben sind:

$p=1$				1		1			
$p=2$			1		2		1		
$p=3$		1		3		3		1	
$p=4$	1		4		6		4		1

Jede neue Zahl erhält man durch Addition der beiden Zahlen rechts und links darüber. So spalten die beiden Kerne der X_2-Gruppe die A_3-Resonanz in $2+1=3$ Linien auf, während die X_2-Resonanz selbst durch die A_3-Kerne in $3+1=4$ Linien aufgespalten wird.

Die Stammbaummethode sagt für das Spektrum von $—CH_2CH_3$ die Struktur eines Quartetts und eines Tripletts voraus, mit einer Gesamtintensität von zwei bzw.von drei Einheiten. Ein Vergleich mit dem Spektrum von CH_3CH_2OH in Bild 7.16 unten zeigt, dass die Voraussage weitgehend zutrifft. Es muss jedoch betont werden, dass die Stammbaummethode dann eine zunehmend schlechtere Näherung im Vergleich zum beobachteten Spektrums darstellt, wenn die Differenz der chemischen Verschiebungen abnimmt (so dass sich ein A_3B_2-System bildet), etwa durch ein niedrigeres Magnetfeld am Gerät oder dadurch, dass die Substituenten an der CH_3CH_2-Gruppe ausgetauscht werden. Bereits am A_3X_2-Spektrum von Bild 7.16 erkennt man, dass die mittleren Linien eine leicht erhöhte Intensität im Vergleich zu den äußeren aufweisen (vgl. das AB-Muster in Bild 7.14), obwohl der Unterschied in der chemischen Verschiebung etwa 20mal so groß ist wie die Kopplungskonstante. Bei kleineren Verschiebungen verstärkt sich nicht nur das Ungleichgewicht der Intensitäten, sondern es tauchen auch zusätzliche Linien auf, die mit der Stammbaummethode nicht erklärbar sind.

Unter diesen Verhältnissen ist eine genaue Übereinstimmung zwischen Theorie und Experiment nur durch exakte Berechnung der Energieniveaus und der Übergangswahrscheinlichkeiten des Systems möglich.

Ein weiteres typisches Kopplungsmuster ist in Bild 7.17 gezeigt. In Bild 7.17(a) sehen wir ein A_2X_2-Spektrum der Substanz β-Hydroxypropannitril, $CNCH_2CH_2OH$. Die Methylengruppen weisen unterschiedliche chemische Verschiebungen auf und somit kann man erwarten, dass die Kopplung zwischen ihnen jede Resonanz in ein 1 : 2 : 1 Triplett aufspaltet; dies beobachtet man auch wirklich im Spektrum. Weitere chemische Strukturen, die ähnliche spektrale Muster zeigen, sind 1,2-disubstituierte Benzole oder fünfgliedrige ungesättigte Systeme wie Furan, obwohl bei solchen Molekülen die Spektren aufgrund von Kopplungen zwischen den Kernen komplizierter sind. In Bild 7.17(b) zeigen wir ein A_6X-Spektrum einer Isopropylgruppe, $(CH_3)_2CH—$. In dieser sind alle sechs Methyl-Wasserstoffe gleichwertig und spalten deshalb den einzelnen Methylenwasserstoff in ein Septett auf, während sie selbst durch den einzelnen Kern in ein Dublett aufgespalten werden. So ein Muster ist leicht erkennbar und sehr typisch,

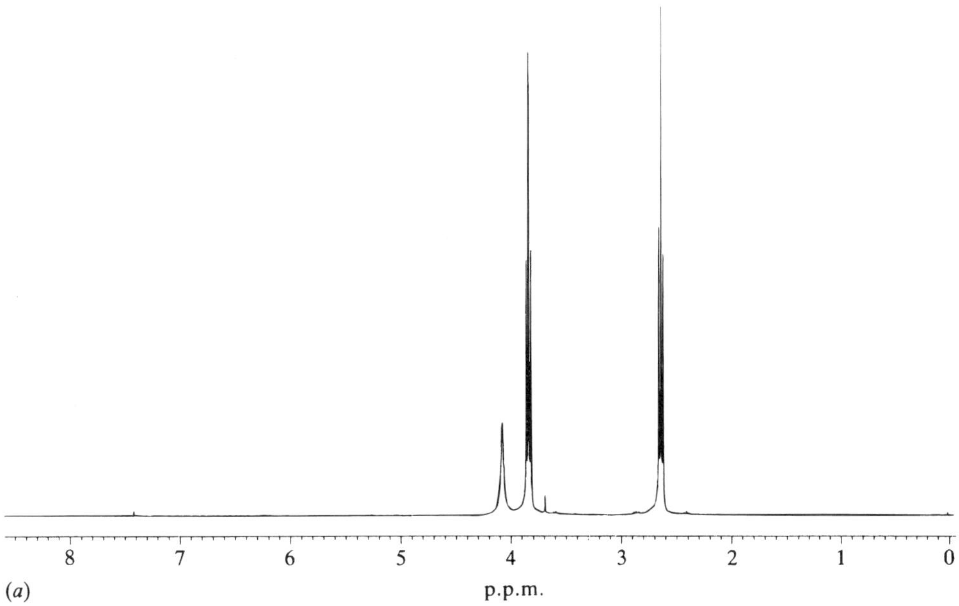

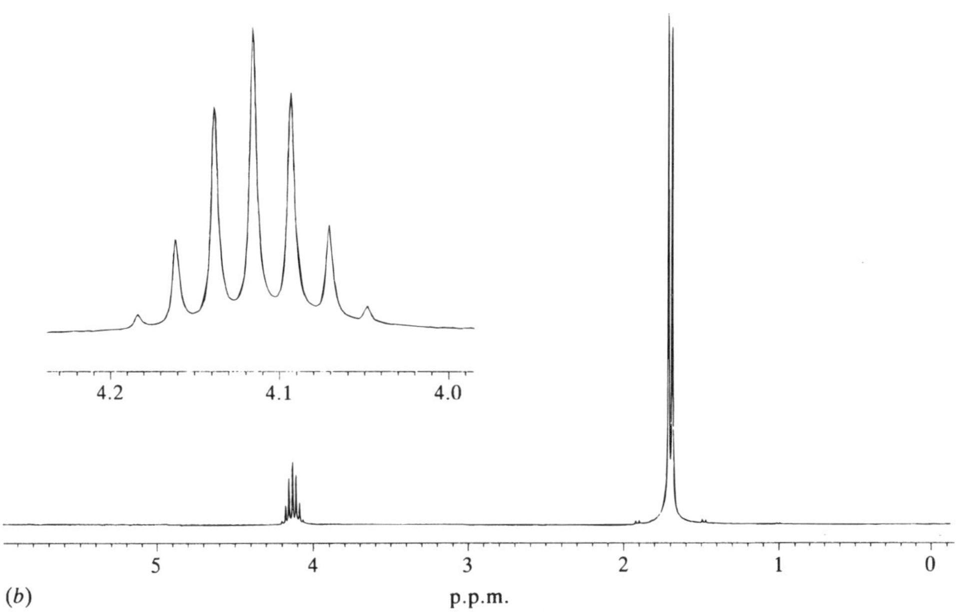

Bild 7.17: Das NMR Spektrum von (a) β-Hydroxypropannitril, $CN.CH_2CH_2OH$; (b) 2-Iod-Propan, $(CH_3)_2CHI$

selbst wenn die beiden äußeren Linien des Septetts für eine Beobachtung zu schwach sein sollten.

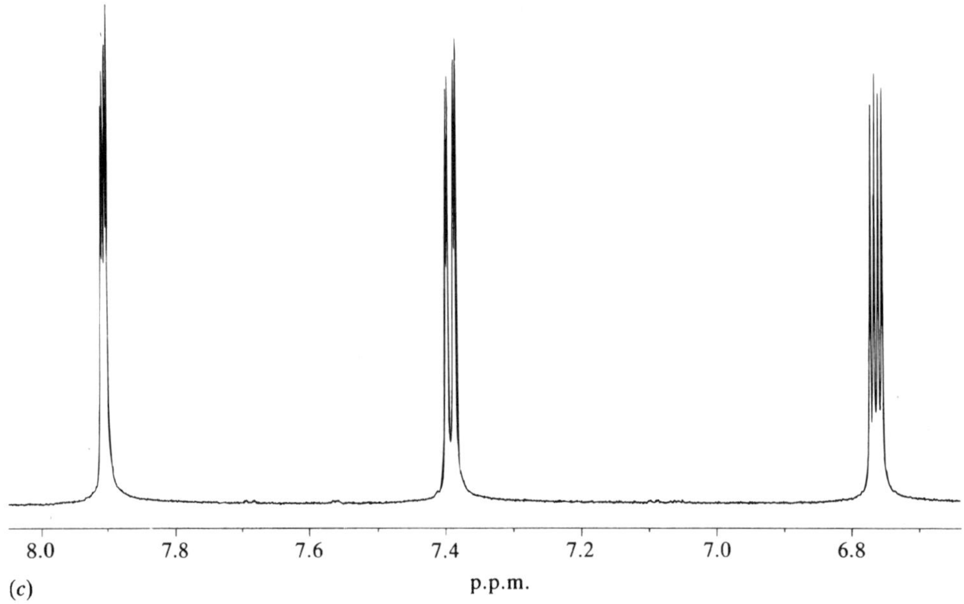

Bild 7.17: (c) Teil des NMR-Spektrums von 2-Furansäure, OCH$=$ CH.CH$=$C.COOH. Es sind nur die Resonanzen der Ringwasserstoffe gezeigt, die Resonanz von COOH ist links außerhalb der Skala. (*Wir danken Mr A. Taylor von der University of York für dieses Spektrum.*)

Und schließlich sieht man noch in Bild 7.17(c) das Spektrum, das man erhält, wenn drei unterschiedliche Kerne koppeln – ein AMX-System, falls alle chemischen Verschiebungen groß sind. Innerhalb dieses Systems gibt es drei unterschiedliche Kopplungskonstanten: J_{AM}, J_{AX} und J_{MX}, so dass zum Beispiel die A-Resonanz in ein Dublett mit dem Abstand J_{AM} und dann jede Linie des Dubletts weiter in ein J_{AX}-Dublett aufgespalten wird. Somit erhält man für jede Resonanz ein asymmetrisches $1:1:1:1$ Quartett, wie es in diesem Bild wiedergegeben ist. Dieses Muster kann von den drei Wasserstoffen am Ring eines monosubstituierten Furans kommen oder von einem ähnlichen Molekül (in diesem Beispiel zeigen wir das Spektrum eines α-Furans) oder von einer Vinylgruppe $CH_2{=}CH$—, wobei wiederum alle drei Wasserstoffkerne unterschiedliche chemische Verschiebungen zeigen.

Diese Kopplungsmuster, wie etwa das des CH_3CH_2— Fragments, werden noch erheblich komplizierter, wenn die chemische Verschiebung zwischen den Kernen klein ist. Immerhin verhindern die auftauchende zusätzliche Feinstruktur und die Störungen in der Intensität nicht die Identifizierung des Gesamtmusters, vor allem, wenn man schon einige Erfahrung mit echten Spektren gesammelt hat. Der unschätzbare analytische Wert solcher Muster ist offenkundig, da ihre Identifizierung direkte Informationen über die chemischen Gruppen im untersuchten Molekül liefert. Wir besprechen diesen Aspekt der NMR-Spektren noch ausführlicher im nächsten Abschnitt.

7.2.4 NMR-Verfahren in der chemischen Analyse

In den bisherigen Abschnitten haben wir einiges an Vorstellungen aufgebaut bezüglich NMR-Messungen, die die Zusammensetzung und die Struktur betreffen. So deutet die Messung des $\tau(\delta)$-Werts der Linien in einem Spektrum mit nur geringer Unsicherheit darauf hin, um welche Gruppen mit Wasserstoffkernen es sich bei dem betreffenden Molekül handelt, während die relativen Intensitäten der Linien unmittelbar die relativen Größen dieser Gruppen angeben.

Außerdem gibt die Multiplettstruktur einer jeden Gruppe im Spektrum Auskunft über die Anzahl der Wasserstoffkerne, die mit dieser Gruppe gekoppelt sind und zeigt auf diese Weise auch, welche Gruppen innerhalb des Moleküls nahe benachbart sind. Somit können Gruppen wie CH_3CH_2, $—CH_2CH_2—$, $(CH_3)_2CH—$ usw. sofort im NMR-Spektrum identifiziert werden.

Als Beispiel für den praktischen Einsatz sowie für die Grenzen der NMR-Spektroskopie in der chemischen Analyse betrachten wir das in Bild 7.18 gezeigte Spektrum. Resonanzen tauchen bei $\delta = 8{,}1$, 7,5, 4,4 und bei 1,3 auf, wobei die Lage der ersten zwei und das Kopplungsmuster der letzten beiden darauf hindeuten, dass sie von einer Phenylgruppe stammen ($C_6H_5—$) bzw. von einer Ethylgruppe ($C_2H_5—$). Das integrierte Spektrum zeigt, dass diese Resonanzen relative Intensitäten von 5 : 2 : 3 aufweisen (wobei die beiden Phenylresonanzen zusammengezählt wurden), so dass wir wissen, dass Phenyl und Ethyl im Verhältnis von 1 : 1 vorhanden ist. Mit der Kenntnis der Summenformel, $C_9H_{10}O_2$, können wir daraus unmittelbar den Schluss

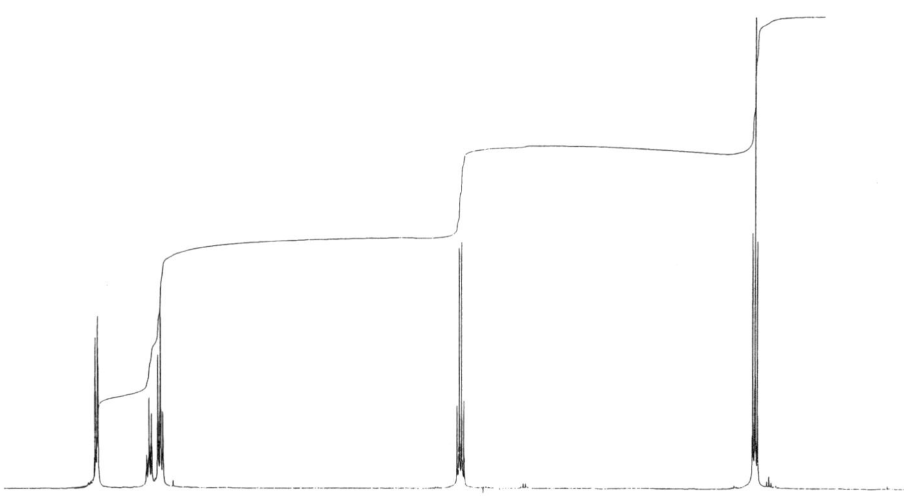

Bild 7.18: NMR-Spektrum von Ethylbenzoat, $C_6H_5CO.OCH_2CH_3$, an dem der Einsatz der NMR als analytische Methode anschaulich gezeigt werden kann. (*Wir danken Mr. A. Taylor von der University of York für dieses Spektrum.*)

ziehen, dass die Resonanzen bei $\delta = 8{,}1$ und 7,5 Wasserstoffkerne in ortho bzw. meta/para-Stellung zur Carbonylgruppe sind, während die Resonanz bei 4,4 und 1,3 mit der Gruppe $CH_3CH_2.O.CO$— vereinbar sind. Es handelt sich bei dem Molekül also um Ethylbenzoat, $C_6H_5CO.O.CH_2CH_3$.

Halten Sie fest, dass man zwar aus dem NMR-Spektrum unmittelbar auf die Gegenwart von Phenyl- und Ethylgruppen schließen kann, dass es aber nichts aussagt über das *Vorhandensein* von Gruppen, die keine magnetischen Kerne enthalten, in diesem Fall O und CO. Immerhin zeigt das NMR-Spektrum, sobald man von diesen Gruppen durch Bestimmung der Summenformel oder aus Infrarotbeobachtungen weiß, ihre *Position* innerhalb des Moleküls an. So zeigt das Kopplungsmuster ganz klar, dass die CH_3 und die CH_2 Gruppen direkt aneinander gebunden sind und nicht zum Beispiel über O oder CO ($CH_3.O.CH_2$— oder $CH_3.CO.CH_2$—), da bei diesen Konfigurationen die Kopplungskonstanten unmessbar klein würden.

Dieses sehr einfache Beispiel soll zeigen, in welcher Weise man an das Problem herangeht, wenn man NMR in der Analyse einsetzt. Mit mehrdimensionalen Verfahren können auch recht komplexe Moleküle, wie z.B. einige Peptide, in ihrer Struktur aufgeklärt werden. Wird die NMR aber zusammen mit anderen Methoden eingesetzt, vor allem mit Massenspektrometrie und mit Infrarotspektroskopie, dann kann man eine ganze Menge nützlicher Information über die Struktur eines sehr komplexen, unbekannten Moleküls erhalten.

7.2.5 Austauschphänomene

Ein Detail mag den Studierenden bei den Alkoholspektren in den Bildern 7.9, 7.16 und 7.17 verwundert haben: In diesen drei Spektren erscheint die Resonanz des —OH Wasserstoffs als eine einzelne Linie, während wir jetzt doch vermuten würden, dass er mit den benachbarten CH_3-, CH_2- oder CH-Kernen koppeln würde und eine Multiplettstruktur – Quartett, Triplett bzw. Dublett – aufweisen würde. Der Grund, warum er nicht auf diese Weise koppelt, wird der Tatsache zugeschrieben, dass er ziemlich schnell mit anderen Wasserstoffkernen oder -Ionen in seiner Umgebung ausgetauscht wird; sowie dies geschehen ist, muss der Ersatzwasserstoff nicht unbedingt dieselbe Richtung des Spins aufweisen wie der ersetzte und falls der Austausch genügend rasch erfolgt, ist der benachbarte CH-Kern einem „Kopplungsfeld" ausgesetzt, das sich zu null mittelt. Deshalb resultiert zwischen dem OH und den benachbarten Gruppen keine Kopplung.

Wenn dieser Austausch durch absolutes Trocknen der Alkoholprobe verhindert wird, dann taucht eine kohärente Kopplung auf und die OH-Resonanz hat die erwartete Multiplett-Struktur. Es kann auf theoretischem Weg gezeigt werden, dass bei einer Kopplungskonstante von J Hz der angekoppelte Kern schneller als $J/2\pi$ Mal pro Sekunde ausgetauscht werden muss, damit ein Multiplett in ein Singulett kollabiert. Bei den eben betrachteten Alkoholen ist $J \approx 6$ Hz und somit reicht eine Austauschrate von einem Mal pro Sekunde aus, um die kohärente Kopplung zu unterbinden. Natürlich ist der Übergang vom Kopplungsfall zu dem des Nichtkoppelns nicht abrupt; bei Austauschraten deutlich unter $J/2\pi$ beginnen die Linien des OH-Multipletts zu verbreitern, bei $J/2\pi$ sind sie so breit, dass schon jede Spur einer Aufspaltung verwischt ist und bei höheren Austauschraten wird die Linie schärfer bis dann die in den Spektren gezeigte einzelne scharfe Resonanz zu sehen ist.

Eine naheliegende Anwendung besteht darin, die Kinetik des Wasserstoffaustauschs zu untersuchen; Austauschraten ändern sich sehr oft mit der Temperatur oder der Konzentration und diese Änderungen kann sehr genau durch Beobachtung der Linienformänderungen an NMR-Signalen verfolgt werden.

Austauschvorgänge können nicht nur die Kopplung zwischen Kernen unterbinden, sondern auch die beobachtete chemische Verschiebungen oder die Breite von Resonanzen beeinflussen. Stellen Sie sich ein System mit chemischem Austausch vor, bei dem wir jedoch experimentell die Austauschrate verändern können – die naheliegendsten Möglichkeiten einer systematischen Untersuchung bestehen darin, einen Katalysator zuzugeben oder die Temperatur zu variieren. Für die erste haben wir bereits ein Beispiel kennengelernt – den Austausch des Hydroxyl-Protons von Methanol bei der Zugabe von H^+. Ein einfaches Beispiel für die zweite Möglichkeit findet man am Molekül Dimethylnitrosamin:

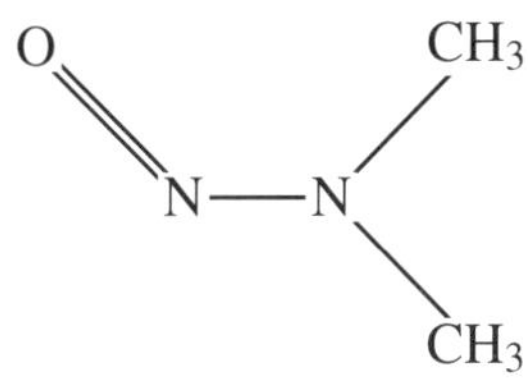

Bei Zimmertemperatur ist dieses Molekül eben, so dass sich die beiden Methylgruppen in unterschiedlicher chemischer Umgebung befinden – die eine in *cis* (oder *syn*) und die zweite in *trans* (oder *anti*)-Stellung zum Sauerstoff – und unterschiedliche chemische Verschiebungen aufweisen. Bei einer Temperatur von über 200 °C allerdings kommt es zu einer ziemlich freien Rotation um die N—N Bindung und die Methylgruppen tauschen häufig ihre Positionenen; wird die Temperatur verringert, dann wird die Rotation zunehmend gehindert und damit langsamer, bis das Molekül bei Zimmertemperatur in der planaren Struktur eingefroren ist.

Nehmen wir jetzt an, wir haben ein System dieser Art mit zwei unterschiedlichen Wasserstoffgruppen *A* und *B* vor uns, die, je nach den herrschenden Bedingungen, mit unterschiedlichen Raten austauschen. Aus praktischen Gründen betrachtet man ihre NMR-Resonanzen über ihr Verhältnis *R*, das so definiert ist:

$$R = \frac{\text{Unterschied in der chemischen Verschiebung zwischen } A \text{ und } B \text{ ohne Austausch}}{\text{Austauschrate}} = \frac{\Delta}{k}$$

wobei wir mit Δ den Unterschied in der chemischen Verschiebung bezeichnen und mit k die Geschwindigkeitskonstante der Austausch-“ Reaktion“. Messen wir Δ in Hertz, dann ist das Verhältnis *R* dimensionslos, da k ebenfalls die Dimension s^{-1} hat.

In Bild 7.19 sind Spektren für unterschiedliche Werte von R gezeigt. Ist die Austauschfrequenz klein oder null, dann wird R groß und das Spektrum ist, wie erwartet – zwei getrennte Resonanzen, die eine bei der chemischen Verschiebung von A, die andere bei B – und die chemische Verschiebung ist für jede der Linien exakt messbar. Dies ist in Bild 7.19(a) gezeigt, wo wir die chemische Verschiebung sechsmal so groß wie die Austauschfrequenz gewählt haben ($R = 6$). Erfolgt der Austausch sehr schnell (kleines R), dann entspricht das erwartungsgemäß dem Fall einer einzigen Resonananzlinie; praktisch heißt das, dass A und B nicht mehr unterscheidbar sind – jedes verbringt 50 Prozent seiner Zeit in jeder der beiden Positionen und die durchschnittliche chemische Verschiebung wird das genaue Mittel von ν_A und ν_B. Diesen Fall zeigt Bild 7.19(f) für $R = 0{,}1$.

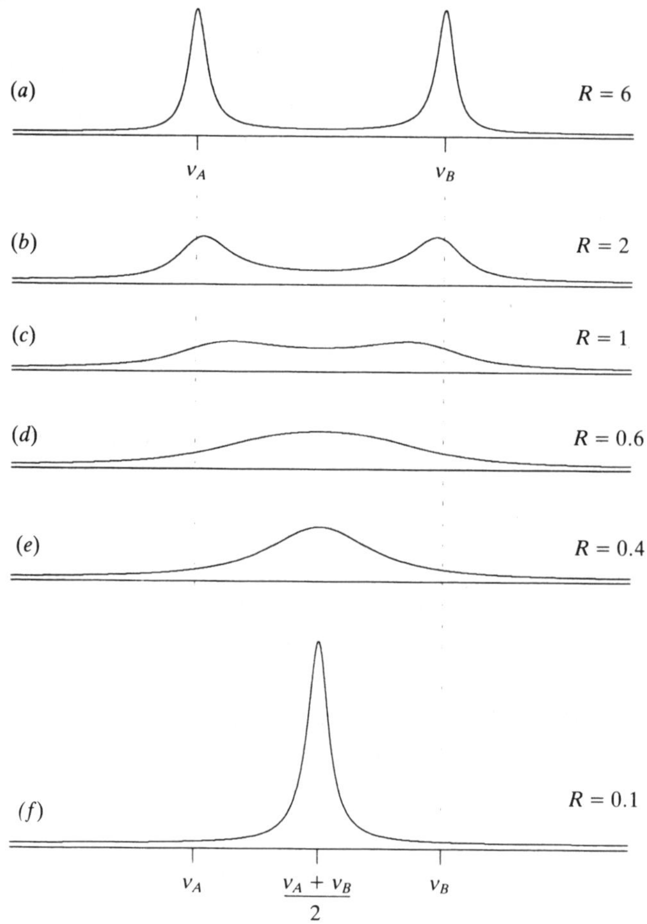

Bild 7.19: Berechnete Spektren für zwei Gruppen A und B, die untereinander austauschen; (a) bis (f) sind Spektren mit zunehmender Ausstauschfrequenz.

Bei einer mittleren Austauschfrequenz geschehen zwei Dinge. Erstens nimmt der Abstand zwischen den Resonanzlinien der beiden Gruppen ab; und zwar wiederum deshalb, weil sich jede der beiden Gruppen einen Teil der Zeit – allerdings weniger als 50 Prozent – in der Position der anderen befindet und somit deren wesentliche Merkmale übernimmt. Nimmt die Austauschfrequenz zu – Bilder 7.19(b) bis (e) – rücken die Resonanzen näher aneinander, bis sie schließlich bei hoher Austauschfrequenz (Bild 7.19(f)) zusammenfallen.

Die zweite Veränderung besteht darin, dass die NMR-Resonanzen breiter werden. Das kann über die Heisenbergrelation erklärt werden (Kapitel 1, Gl. (1.10)). Erinnern Sie sich daran, dass diese die Breite einer Spektrallinie zur Lebensdauer des betrachteten Zustands in Beziehung setzt:

$$\delta\nu \approx 1/2\pi\delta t$$

In der Realität heißt das, dass bei kleiner Austauschfrequenz A und B lange in „ihren" Positionen verweilen, so dass δt groß und $\delta\nu$ klein ist und die Linie scharf wird; nimmt die Austauschfrequenz zu, dann wird umgekehrt die effektive Lebensdauer innerhalb eines jeden Zustand kürzer, $\delta\nu$ nimmt zu und die Linien werden breiter. Dies ist in den Bildern 7.19(b) bis (e) deutlich zu sehen. Nimmt die Austauschfrequenz noch weiter zu bis an einen Punkt, an dem A und B nicht mehr unterscheidbar sind, dann erhalten wir, wie in Bild 7.19(f) gezeigt, nur mehr eine einzelne scharfe Resonanz beim Mittelwert ihrer chemischen Verschiebungen.

Alle vergleichbaren einfachen Austauschsysteme verhalten sich ähnlich und ihre NMR -Spektren hängen nur vom Parameter R ab. Damit erhält man auch aus einem Vergleich der Spektren mit berechneten Aufspaltungsmustern wie dem in Bild 7.19 – innerhalb bestimmter Grenzen – einen Wert für das R des untersuchten Systems. Wenn nun der Unterschied Δ in der chemischen Verschiebung für den Fall ohne Austausch getrennt gemessen werden kann (z.B. durch Verringerung der Temperatur bis zum Einfrieren des Austauschvorgangs oder durch Entfernen das Katalysators), dann kann die Austauschfrequenz aus der Beziehung $k = \Delta/R$ bestimmt werden. Die Grenze ist allerdings ziemlich scharf. Bei einem R deutlich höher als 10 ändern sich die Spektren sehr wenig – weil nämlich die „Austauschlinienbreite" kleiner als die natürliche Linienbreite der Resonanz ist, die durch die üblichen Relaxationsvorgänge bestimmt wird; ebenso ändert sich wenig, wenn R kleiner als 0,1 ist. Aus diesem Grund können nur R-Werte zwischen 10 und 0,1 genau bestimmt werden. Die Grenzen für Δ liegen bei Protonen etwa bei 1000 Hz bis hinunter zu etwa 1 Hz. Somit kann in der Praxis ein maximaler k-Wert von $1000/0{,}1$ und ein minimaler von $1/10$ gemessen werden, wodurch die Austauschrate auf einen Bereich zwischen 10^4 und 0,1 s^{-1} begrenzt ist.

Diese „Reaktionen" sind nach chemischen Begriffen langsam, was aber bei gehinderten Rotationen um Bindungen oder für Deformations- und Torsionsschwingungen großer Polymermoleküle durchaus normal ist. Aus diesem Grund erhielt man aus

Untersuchungen dieser Konformationsänderungen mit Hilfe der Bandenkonturen von NMR-Spektren wichtige Informationen. Ebenso zählen häufig Austauscheffekte aufgrund einer Protonenübertragung, wie Wasserstoffbrücken und Tautomerie, zu diesem Bereich und wurden mit Hilfe der NMR eingehend untersucht.

7.2.6 Vereinfachung komplexer Spektren

Bei praktisch allen Molekülen, nur die einfachsten ausgenommen, besteht das NMR-Spektrum aus einem Gewirr von einander überlappenden Linien; oft sind es z.B. Gruppen, die Aufspaltungen durch zwei oder mehr Kopplungen zeigen und deren Multipletts auch noch durch eine kleine chemische Verschiebungen gestört sind. Es gibt jetzt eine Reihe von Vefahren, mit denen solche Spektren vereinfacht und in eine Form gebracht werden können, in der die Aufspaltungsmuster besser erkennbar sind und analysiert werden können.

Erstens wissen wir, dass sich die Differenz der chemischen Verschiebungen mit der Stärke des äußeren Felds ändert, nicht aber die Kopplungskonstanten. Ist man also mit einem Spektrum konfrontiert, das mit einem Feld von 2,35 T aufgenommen wurde (ein 100 MHz-Spektrum) und ein verzerrtes Aufspaltungsmuster aufweist, weil der Unterschied in der chemischen Verschiebung ähnlich groß ist wie die Kopplungskonstante, dann ist es verhältnismäßig einfach, die Probe noch einmal auf einem Gerät mit höherer Feldstärke zu messen. Felder von 9,4 T (400 MHz) sind bereits üblich und einige Geräte arbeiten mit Feldern bis zu 20 T (850 MHz), wobei diese sehr leistungsfähige „supraleitende“ Magnete besitzen. Mit 400 MHz-Spektren erzielt man chemische Verschiebungen, die viermal so groß sind wie bei 100 MHz. Im Normalfall sind die Spektren auch viel einfacher zu interpretieren.

Eine weitere Methode, mit deren Hilfe die Aufspaltung infolge der chemischen Verschiebung verbessert werden kann, besteht in der Zugabe verschiedener Substanzen zur Probenlösung. Seit langem ist bekannt, dass ein anderes Lösungsmittel oder eine Änderung der Konzentration einen kleinen Einfluss auf die Größe der chemischen Verschiebung haben kann, wobei der Effekt von der Stärke der Wechselwirkung zwischen dem gelöstem Stoff und dem Lösungsmittel abhängt, jedoch im Allgemeinen nicht mehr als 1 ppm beträgt. Allerdings wurde gefunden, dass einige Komplexe seltener Erden, vor allem von Europium und Praseodym, einen ganz besonders ausgeprägten Effekt haben. So zeigt Bild 7.20 als Beispiel das 100 MHz-Spektrum von 4-*epi*-Trichodermol, einmal in Lösung (Bild 7.20(a)) und sodann mit einer Zugabe von 5 bzw. 10 mg eines Europiumkomplexes (Bild 7.20(b) bzw. (c)); gestrichelte Linien verbinden einige Resonanzen in der Höhe der Grundlinie, um deren Wandern aufgrund des „chemischen Verschiebungs-Reagenz“ zu verdeutlichen.

Das in diesem Fall eingesetzte Reagenz ist das (1,1,1,2,2,3,3-Heptafluor-7,7-dimethyl-4,6-octandion)Europium III (oder kurz $Eu(fod)_3$); es handelt sich, passend zu seinem eindrucksvollen Namen, auch um ein großes Molekül und wenn es an die OH-Gruppe von 4-*epi*-Trichodermol angehängt wird, stört es nicht nur die Resonanz

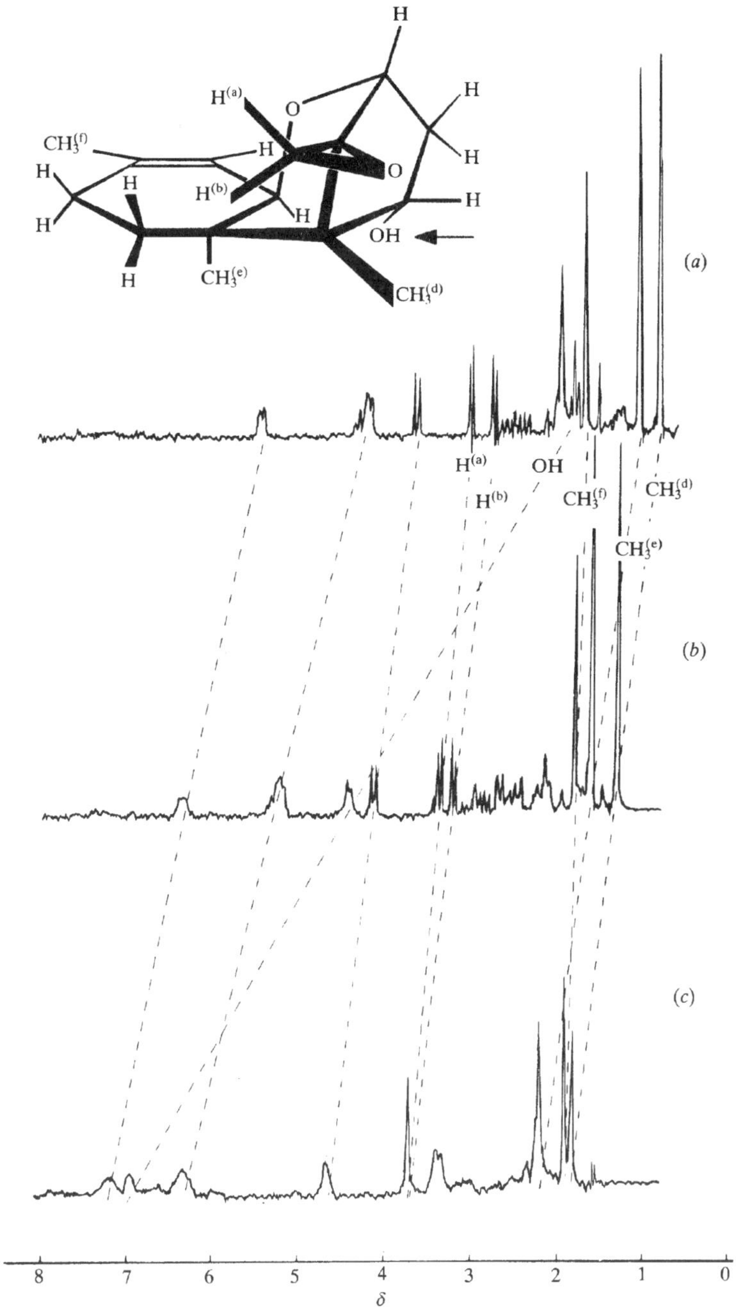

Bild 7.20: 100 MHz-Spektrum von 4-*epi*-Trichodermol: (a) Lösung der reinen Substanz; (b) Lösung mit 5 mg $Eu(fod)_3$; (c) Lösung plus 10 mg $Eu(fod)_3$. Der Pfeil an der Strukturformel bezeichnet die Stelle, an der $Eu(fod)_3$ ankoppelt. (*Wir danken Dr J.R. Hanson und Mr P. Dew von der University of Sussex für ihre Unterstützung bei der Aufnahme des Spektrums.*)

der OH-Gruppe, sondern es beinflusst das gesamte Molekül, mit abnehmender Tendens bei zunehmender Entfernung – je weiter weg ein bestimmter Wasserstoffkern vom $Eu(fod)_3$ ist, desto weniger wird er verschoben. Deshalb bewegt sich die OH-Resonanz am schnellsten und von den beiden Wasserstoffen, die in der Strukturskizze des Moleküls mit (a) und (b) bezeichnet sind, bewegt sich (b), weil näher zum Verschiebungsreagenz, schneller als (a); dies sieht man im Spektrum daran, dass ihre Kopplungsdubletts in eine Linie münden, sobald die chemischen Verschiebungen von (a) und (b) zusammenfallen – das AB-System wird zu A_2. Ebenso zeigen unter den drei CH_3-Gruppen (d), (e) und (f) im Strukturbild des Moleküls (d) und (e) eine deutlich stärkere Verschiebung als (f).

In diesem speziellen Beispiel sind die einzelnen Resonanzen im Spektrum der reinen Verbindung gut aufgelöst und voneinander getrennt, der Einsatz des Verschiebungs-Reagenz hilft jedoch, bestimmte Resonanzen einzelnen Kernen zuzuordnen. In anderen Fällen, in denen das ursprüngliche Spektrum starke Überlappungen aufweist, kann ein Verschiebungs-Reagenz jedoch beträchtliche Vereinfachungen bewirken. Es soll in diesem Zusammenhang noch erwähnt werden, dass im Gegensatz zu Europium-Reagenzien, die die Resonanzen wie hier zu niedrigerem Feld (zu hohem δ) hin verschieben, Präseodym-Reagenzien im Allgemeinen eine Verschiebung in die entgegengesetzte Richtung bewirken.

Ein dritte Möglichkeit einer Vereinfachung setzt an der Kopplungskonstante an. Kann nämlich die Kopplung zwischen den Kernen unterbunden werden, dann ergibt sich daraus offensichtlich eine Vereinfachung; so besteht in den bereits besprochenen Spektren der Alkohole das OH-Signal aufgrund des kinetischen Austauschs des Wasserstoffkerns aus einer einzigen Linie und nicht aus einem Multiplett und entsprechend ist auch die benachbarte Protonengruppe von der OH-Gruppe entkoppelt und zeigt ein einfaches Spektrum.

Diese Entkopplung kann in anderen Fällen absichtlich durch einen schnellen Wechsel der *Spinorientierung* anstelle eines Kernaustauschs herbeigeführt werden. Betrachten wir zwei gekoppelte Kerne, A und X, die das charakteristische AX-Spektrum von Bild 7.14(b) zeigen; setzt man die Probe einer Strahlung mit der Frequenz ν_A aus, dann kann das Spektrum des Kerns A beobachtet werden; es ist aber leicht möglich, *gleichzeitig* ein starkes Radiofrequenzfeld mit der Frequenz ν_X einzustrahlen. Dies bewirkt am Kern X rasch aufeinanderfolgende Übergänge zwischen seinen beiden Spinzuständen und obwohl diese Zustandsänderungen am Spektrometer nicht direkt beobachtbar sind (da es auf die Frequenz ν_A eingestellt ist), haben diese Umklappvorgänge eine Entkopplung des Spins X von A zur Folge; aus diesem Grund fällt das ursprüngliche Dublett bei ν_A in eine einzige Linie zusammen. Da zwei unterschiedliche Radiofrequenzen auf die Probe eingestrahlt werden, wird dieses Verfahren als „Doppelresonanz“ bezeichnet.

Die Doppelresonanz setzt man auch noch aus anderen Gründen ein als nur zur Vereinfachung von Spektren. Man kann damit zum Beispiel auch eine bestimmte

Resonanz aufspüren. Bewirkt etwa die chemische Verschiebung des Kerns X, dass seine Resonanz überlappt ist und von anderen Linien verdeckt wird, dann kann man sie durch zusätzliche Einstrahlung auf einen an X gekoppelten Kern sichtbar machen; die Entkopplung bewirkt, dass die Resonanz von X von einem Multiplett in eine scharfe Linie übergeht, was verhältnismäßig leicht beobachtbar ist. Und außerdem kann bei einer schwachen Probe, bei der einige Resonanzen im Untergrundrauschen verschwinden, eine Entkopplung aus einem Multiplett eine einzige Linie machen, die deutlich aus dem Rauschen herausragt. Mit dieser Anwendung werden wir uns näher im engeren Zusammenhang mit den ^{13}C-Spektren in Abschnitt 7.3.2 befassen. Und schließlich besteht noch eine weitere Einsatzmöglichkeit der Doppelresonanz darin, dass man zusätzlich nicht so ein starkes Feld wie zur Entkopplung, sondern ein *schwaches* Feld einstrahlt. Dabei kann es zu einer nur teilweisen Entkopplung und in manchen Fällen zu einer *zusätzlichen* Multiplettaufspaltung kommen. Solche Experimente, anschaulich als „Spin tickling"-Experimente bezeichnet (to tickle = kitzeln), führen zu einer Bestimmung von Basisgrößen in der NMR, insbesondere zur Bestimmung des relativen Vorzeichens von Kopplungskonstanten.

7.3 Kernresonanzspektroskopie: Nicht-Wasserstoffkerne

7.3.1 Kerne mit Spin $\frac{1}{2}$

Im Allgemeinen erhält man von jedem Kern mit Spin $\frac{1}{2}$ Kernresonanzsignale, vorausgesetzt, man bringt ihn in ein entsprechendes Magnetfeld und strahlt Radiofrequenz ein. Es gibt viele Kerne dieser Art, unter denen wahrscheinlich ^{13}C für den Chemiker im Allgemeinen am wichtigsten ist; früher einmal war dieser Kern schwierig zu messen, da er extrem schwache Resonanzen hat und zufriedenstellende Spektren selbst nach einer Konzentration wesentlich über das natürliche Vorkommen von 1 Prozent nicht leicht zu erhalten waren. Hingegen hat die in den letzten Jahren erfolgte Einführung der Fourier-Transformmethode einen beträchtlichen Aufschwung in der Messung dieses Kerns bewirkt. Zu Spin $\frac{1}{2}$ Kernen, die in der Vergangenheit häufig gemessen wurden, zählen ^{19}F und ^{31}P, beide die einzigen Vertreter dieser Elemente, ^{29}Si (4,7 Prozent) und einige Metalle wie ^{117}Sn, ^{119}Sn, ^{195}Pt, ^{205}Tl oder ^{207}Pb.

Bei allen genannten Kernen werden chemische Verschiebung und Spin-Spin-Kopplung in den Spektren beobachtet und beide Phänomene sind wesentlich ausgeprägter als die entsprechenden Effekte bei Wasserstoff. So liegen praktisch alle bekannten chemischen Verschiebungen bei Wasserstoff in einem Bereich von etwa 15 ppm, während die Werte von Phosphorverbindungen etwa 400 ppm umfassen, die Fluorverbindungen etwa 600 ppm und einige Metalle, besonders ^{205}Tl und ^{207}Pb sich über mehr als 14 000 ppm und weiter erstrecken. Man kann dieses Verhalten auf die große Anzahl und die Beweglichkeit der Außenelektronen zurückführen, was zu einer größeren Variationsbreite in der diamagnetischen Abschirmung führt.

Die Zunahme der Spin-Spin-Kopplungskonstanten hat vermutlich denselben Grund, obwohl deren Anstieg nicht so auffallend ist wie bei der chemischen Verschiebung. So beträgt die Kopplung zwischen zwei benachbarten Phosphorkernen etwa 600 Hz und kann bei an Fluor gebundenen Phosphor bis zu 1400 Hz ansteigen. Diese Werte sind nur um das etwa Dreifache höher als die entsprechende direkte H—H Kopplung von 240 Hz. Ein weiterer Punkt von allgemeiner Bedeutung liegt darin, dass die Kopplungen im Gegensatz zu Wasserstoff weniger stark mit der Anzahl der zwischen den gekoppelten Kernen liegenden Bindungen abnehmen.

Aus den großen chemischen Verschiebungen dieser Kerne ergeben sich zwei für die Praxis wichtige Vorteile. Erstens nimmt die Toleranzbreite bei der Bestimmung der chemischen Verschiebung entsprechend zu. Zum Zweiten sind die Spektren insofern einfacher zu analysieren, als es weniger Schwierigkeiten von der Art gibt, die auftauchen, wenn die chemische Verschiebung mit der Kopplungskonstante vergleichbar wird. Die Spektren sind mehr vom Typ $A_aM_mX_x\ldots$ und nicht sosehr in der Art $A_aB_bC_c\ldots$.

Im folgenden Abschnitt schildern wir kurz die ^{13}C-NMR, wobei wir uns auf Gebiete konzentrieren, die sich von der Protonenspektroskopie unterscheiden und in Abschnitt 8.3.3 findet sich ein noch kürzerer Überblick zu neueren Messungen im Zusammenhang mit der ^{31}P-Spektroskopie. Falls der Leser an Einzelheiten der NMR an diesen und weiteren Kernen interessiert ist, sei er auf die Bücher im Literaturverzeichnis verwiesen.

7.3.2 ^{13}C NMR-Spektroskopie

Im Wesentlichen ist die ^{13}C NMR weitgehend ähnlich der Spektroskopie von ^{1}H, obwohl, wie schon erwähnt, der beobachtete Verschiebungs- und Kopplungsbereich größer ist. Chemische Verschiebungen bei Messungen an ^{13}C werden einfach auf Tetramethylsilan (TMS) bezogen (in ppm), so dass dieselbe Probe für Messungen an beiden Kernen verwendet werden kann; man verwendet dieselbe δ-Skala, auf der TMS willkürlich der Wert $\delta = 0{,}0$ zugeordnet wird. Auf dieser Skala bewegt sich ^{13}C zwischen 0 und etwa 250 ppm; Bild 7.21 gibt in etwa die Spektralbereiche wieder, in denen man die Resonanzen von Kohlenstoffkernen bei unterschiedlicher chemischer Umgebung findet. Auch hier hängt, ebenso wie bei den Protonenspektren, die genaue chemische Verschiebung eines Kerns vom daran gebundenen Atom bzw. den Atomen ab und es bestehen Korrelationen zur Elektronegativität der Substituenten. Weniger erfolgreich waren bei ^{13}C Zuordnungen der beobachteten Resonanzen zu bestimmten Atomen innerhalb des Moleküls, wenn man im Fall mehrerer Subtituenten die Additionsregeln auf die Gesamtverschiebung anwandte.

Da sich bei ^{13}C Spektren die chemische Verschiebung über einen größeren Bereich

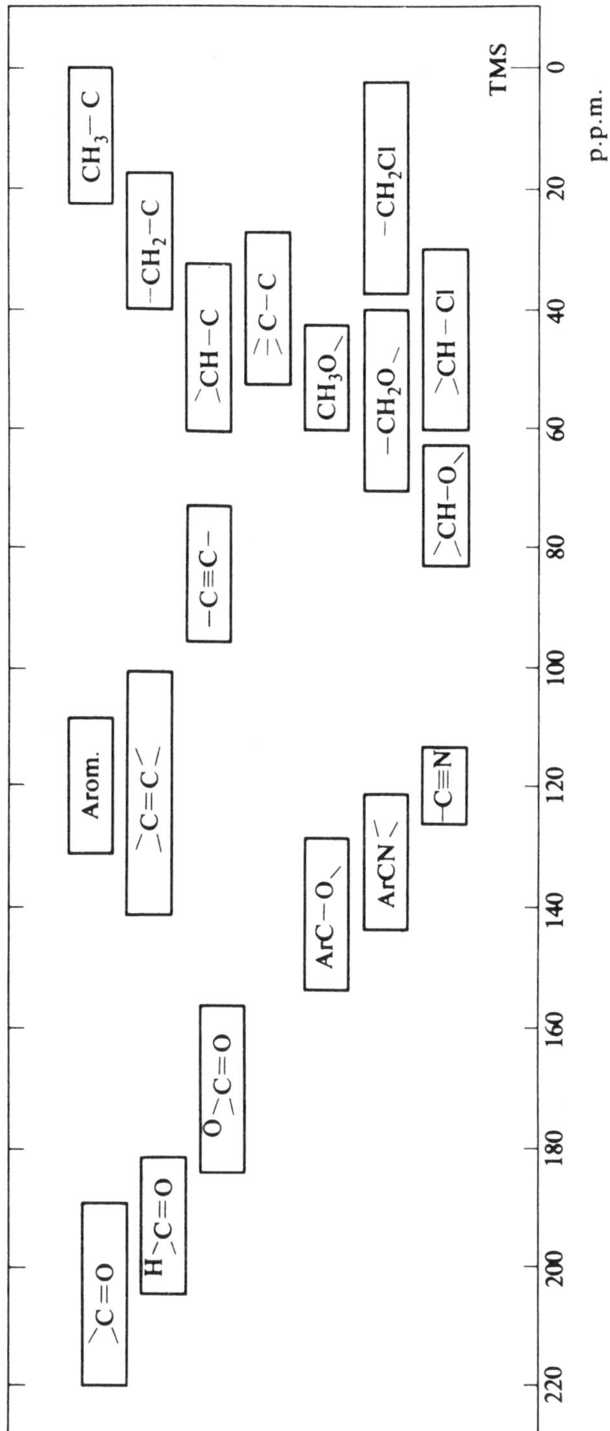

Bild 7.21: Ungefähre Bereiche der chemischen Verschiebungen einiger ^{13}C-Resonanzen.

erstreckt, findet sich nahezu jeder chemisch verschobene Kern eines Moleküls bei einer anderen Resonanz. Dies vereinfacht natürlich die Struktur-Spektrum-Beziehung, wir werden aber später noch sehen, dass die *Intensitäten* der ^{13}C-Resonanzen im Allgemeinen nicht einfach der Anzahl der an einer Resonanz beteiligten Atome entsprechen.

Eine zusätzliche Vereinfachung ergibt sich bei ^{13}C-Spektren offensichtlich im Hinblick auf die Spin-Spin-Kopplung – bei gewöhnlichen Proben kann man die direkte Kopplung zwischen benachbarten ^{13}C-Kernen völlig außer Acht lassen. Das heißt nicht, dass diese Kopplung nicht existiert- aller Wahrscheinlichkeit nach ist sie vorhanden und zwei im Molekül benachbarte oder durch zwei oder drei Bindungen getrennte ^{13}C-Kerne ergeben auch ein Spektrum vom Typ *AX*, so wie in Abschnitt 7.2.2 bei den ^{1}H-Spektren erwähnt. Überlegt man aber, dass ^{13}C in einer gewöhnlichen, nicht angereicherten Probe nur zu etwa einem Prozent natürlicher Häufigkeit vorhanden ist, dann versteht man, dass die Wahrscheinlichkeit, zwei solche Kerne im Abstand von nur wenigen Bindungen voneinander anzutreffen, extrem gering ist. Hat man nämlich weniger als 100 Kohlenstoffatome in jedem Molekül einer Probe, dann gibt das im Mittel nur einen ^{13}C-Kern pro *Molekül*.

Hingegen zeigt sich eine Kopplung zwischen ^{13}C und benachbarten *Protonen* in ^{13}C NMR-Spektren sehr deutlich, wobei dies sowohl Hilfe wie Hindernis sein kann. Bei der Zuordnung von Resonanzen zu bestimmten Kernen eines Moleküls ist dies hilfreich. So zeigt zum Beispiel eine $\geqslant$C—H Gruppe eines Moleküls im ^{13}C-Spektrum ein Dublett, wobei die J_{CH}-Kopplungskonstante etwa 125 Hz beträgt; ein doppelt gebundener Kohlenstoff, wie in $>$C=C—H, hat eine Kopplungskonstante von etwa 170 Hz und ein dreifach gebundender, C≡C—H, eine von etwa 250 Hz. Diese Werte sind groß und können im Spektrum leicht erkannt und von anderen unterschieden werden. Substituenten können diese Werte manchmal stark verändern, es gibt aber auch da brauchbare empirische Beziehungen; außerdem ist die Kopplung über größere Entfernungen, wie über zwei oder drei Bindungen, gut charakterisiert. Und, genauso wie bei ^{1}H-Spektren, hat auch das Kopplungs*muster* hohe Aussagekraft. So zeigt sich im ^{13}C-Spektrum ein C—H Fragment durch ein Dublett, CH_2 ergibt ein Triplett und CH_3 ein Quartett. Bild 7.22 gibt genau so ein Spektrum von CH_3C^*OOH wieder; dabei wurde der Kohlenstoff mit dem Stern gemessen; seine Kopplung von etwa 10 Hz an die drei umliegenden Protonen ergibt ein deutliches Quartett.

^{13}C kann auch insofern Probleme aufwerfen, als es die Intensität einer ohnehin schon schwachen Resonanz „verteilt" und so die Beobachtung erschwert. Dies kann auf sehr elegante Weise durch eine Modifikation des in Abschnitt 7.2.6 erwähnten Verfahrens vermieden werden. Dort haben wir erfahren, dass ein Strahlungsfeld, das einer Resonanz bei einer bestimmten chemischen Verschiebung im ^{1}H-Spektrum entspricht, eine Kopplung an die Nachbarkerne verhindert und die Spektren vereinfacht. Bei ^{13}C-Untersuchungen ist es üblich, *alle* Protonen eines Moleküls von den Kohlenstoffen zu entkoppeln. Dazu muss die Probe einem Strahlungsfeld bei der ^{1}H-Frequenz ausge-

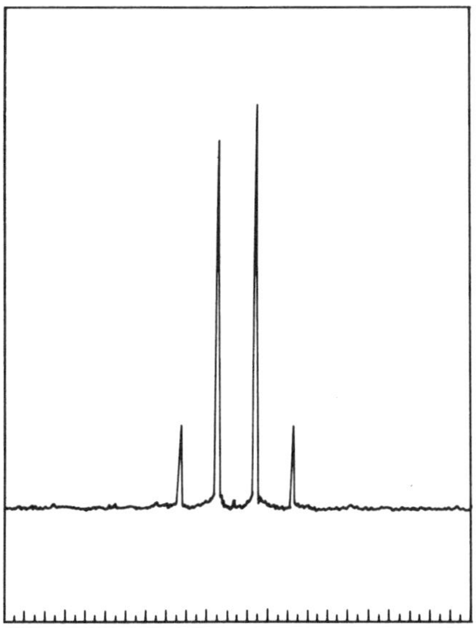

Bild 7.22: ^{13}C NMR-Spektrum von Essigsäure, $CH_3{}^*COOH$, die am Carbonylkohlenstoff angereichert wurde. (*Wir danken Mr A. Taylor an der University of York für dieses Spektrum.*)

setzt werden (z.B. 100 MHz), während gleichzeitig das Spektrum bei der ^{13}C-Frequenz registriert wird (beim selben äußeren Feld 25,4 MHz). Ist die 100 MHz Strahlung stark und genügend „breitbandig", so dass sie alle Protonen in der Probe erfasst – d.h., etwa 10 ppm oder 1000 Hz breit – dann klappen die Protonen ihre Spins häufig genug um, so dass sie gut von den Kohlenstoffen entkoppelt sind. Dieses Verfahren, häufig als *Breitband-Entkopplung* bezeichnet, vereinfacht und verstärkt das ^{13}C-Spektrum dadurch, dass die Spin-Multipletts in einzelne Linien zusammenfallen.[1] Das hat zwar zur Folge, dass der im vorigen Abschnitt erwähnte Vorteil der Mustererkennung wegfällt, aber ein Vergleich des Breitband-entkoppelten Spektrums mit dem nicht entkoppelten liefert häufig wichtige Informationen darüber, wieviele Wasserstoffe an jedes ^{13}C gebunden sind.

Breitband-Entkopplung führt auch zu einer Intensitätssteigerung aufgrund eines Phänomens, das als Kern-Overhauser-Effekt oder NOE bekannt ist. Kurz gesagt hängt, wie wir bereits wissen, die Stärke eines NMR-Signals direkt vom (kleinen) Unterschied in der Besetzungsdichte zwischen dem angeregten und dem Spin-Grundzustand ab und sobald genügend Kerne angeregt sind, kann keine zusätzliche Energie mehr aus der Anregungsstrahlung absorbiert werden, und zwar solange, bis Relaxationseffekte das Gleichgewicht zumindest wieder teilweise hergestellt haben. Es stellt sich heraus, dass unter dem Einfluss der Entkopplungsstrahlung weitere Relaxationsprozesse induziert werden, die selbst keine Strahlung absorbieren oder emittieren, was aber zur Folge hat, dass sich das Gleichgewicht schneller einstellt. Dieser Effekt, der bei ^{13}C-Spektren die Signalintensität in etwa verdoppelt oder sogar verdreifachen kann, wird auch als *Spin-Pumpen* bezeichnet.

[1] Häufig wird das sog. CPD-Verfahren (composite pulse decoupling) eingesetzt.

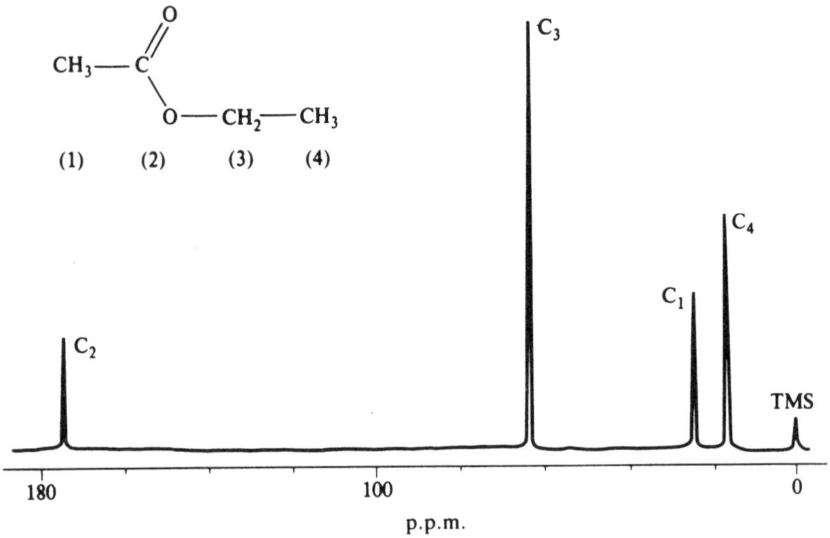

Bild 7.23: ^{13}C-Spektrum von Ethylacetat.

Bei relativen Intensitätsmessungen von ^{13}C-Signalen erhält man häufig Ergebnisse, die offensichtlich ungewöhnlich sind. Als Beispiel geben wir in Bild 7.23 schematisch das ^{13}C-Spektrum von Ethylacetat wieder. Die Zuordnung der vier Kohlenstoffkerne im Molekül ist Routine; die Resonanz bei $\delta = 175$ ist offensichtlich im Bereich von C=O (vgl. Bild 7.21) und die weiteren gehören zu den gesättigten CH-Gruppen. Im Allgemeinen tauchen die Resonanzen von CH_2-Gruppen an elektronegativen Atomen (wie Sauerstoff) zwischen $\delta = 40$ und $\delta = 70$ auf, so dass damit C_3 zugeordnet ist; und schließlich wird die Resonanz von C_1 durch die Nähe der Carboxylgruppe (O.C=O) zu einem im Vergleich zu C_4 höheren δ hin verschoben. Allerdings sind sämtliche Intensitäten „falsch", da wir vier Resonanzen mit gleicher Intensität erwarten würden. Der Grund liegt in den unterschiedlichen Relaxationszeiten der vier ^{13}C-Kerne, womit wir uns gleich befassen werden.[1]

Bei der Beobachtung von NMR-Spektren niedriger Intensität wie bei ^{13}C mit der Fourier-Transformmethode wird stets das Signalmittelungsverfahren eingesetzt (s. Abschnitt 1.9). Dies erfordert eine wiederholte Beobachtung sowie eine Addition der Spektren, wobei die echten Signale bei der Addition addiert werden, die Rauschkomponenten jedoch einander im Prinzip zum Teil auslöschen und relativ zum Signal immer schwächer werden. Allerdings kann dieses Verfahren nur voll wirksam sein, wenn man zwischen den Anregungsimpulsen genügend Zeit verstreichen lässt, so dass sich bei der Probe wieder das Gleichgewicht einstellen kann; andernfalls kann aus den Impulsen nicht die maximal mögliche Energie absorbiert werden. Genau genommen müsste man eine unendlich lange Zeit verstreichen lassen, tatsächlich genügt aber ein Zeitraum entsprechend etwa vier- oder fünfmal der Relaxationszeit für eine ausrei-

[1] Auch unterschiedlicher NOE spielt eine Rolle.

chende Gleichgewichtseinstellung. Wenn nun, wie das häufig bei ^{13}C-Spektren der Fall ist, die Relaxationszeiten der Kerne in unterschiedlicher Umgebung wesentlich voneinander verschieden sind, dann sollte man das Vier- oder Fünffache der *längsten* Relaxationszeit abwarten. Bei Protonen ist die Relaxationszeit üblicherweise relativ kurz und ein Abstand von zwei oder drei Sekunden zwischen den Impulsen ist ausreichend. Bei ^{13}C-Kernen jedoch sind die Relaxationszeiten im Allgemeinen deutlich länger, oft sogar viel länger (1 – 100 Sekunden ist normal) und damit würde eine Wartezeit von vier- oder fünfmal 100 Sekunden zwischen den Impulsen die Datenaufnahme ziemlich in die Länge ziehen. Für gewöhnlich wählt man einen Abstand von etwa 1 – 10 Sekunden, was für ein Abklingen der Anregung bei Kernen mit kurzer Relaxationszeit ausreicht, so dass sie im Spektrum mit „richtiger" Intensität erscheinen, aber diejenigen mit langer Relaxationszeit werden etwas schwächer erscheinen als sie sollten und die mit ganz langer Relaxationkonstante sind dann ganz schwach. Eine ganz grobe Regel besagt, dass die Intensität eines bestimmten Signals umgekehrt proportional zur Relaxationszeit des betreffenden Kerns ist.

Um nun diese Unterschiede in den Relaxationszeiten erklären zu können, müssen wir etwas über den Relaxationsvorgang selbst wissen. Damit die angeregten Kerne Energie an ihre Umgebung abgeben können, brauchen sie ein magnetisches (oder ein elektrisches) Feld, das in etwa mit einer ihrer Präzession entsprechenden Frequenz fluktuiert – auf diese Weise kommt es zu einer resonanten Wechselwirkung mit der Umgebung. Die häufigste Ursache lokaler und fluktuierender magnetischer Felder sind andere Kerne mit Spin und da ^{13}C-Kerne ziemlich weit voneinander entfernt sind, bleiben als Ursache für den Relaxationsmechanismus nur die Wasserstoffkerne, die entweder direkt an den ^{13}C-Kern gebunden sind oder vielleicht auch zwei oder drei Bindungen entfernt sind. Diese ^{1}H-Kerne bewirken ein fluktuierendes Magnetfeld infolge des Brownschen Molekularbewegung und da wir Bewegungen mit einer Frequenz von $10^7 - 10^8$ Hz benötigen (für eine Resonanz mit ^{13}C), sind wir auf eine ziemlich schnelle Taumelbewegung des Moleküls in der Lösung angewiesen. Molekülrotations- sowie Schwingungsbewegungen sind zu schnell ($10^{10} - 10^{13}$ Hz etwa) und tragen deshalb nicht bei.[1]

Damit können wir die „Anomalien" bei der Intensität in Bild 7.23 folgendermaßen erklären. An den Kohlenstoff C_2 ist kein Wasserstoff gebunden und deshalb hat er eine ziemlich lange Relaxationszeit (üblicherweise etwa 30 Sekunden), so dass man eine schwache Linie erhält. CH_2 hat natürlich zwei Wasserstoffe und kann somit verhältnismäßig leicht relaxieren (durchschnittliche Relaxationszeit etwa 2 – 4 Sekunden) und zeigt eine starke Linie. Die beiden CH_3 Gruppen besitzen zwar drei Wasserstoffatome, rotieren aber um die C—CH_3 Bindung; diese Bewegung ist schnell genug, um eine Resonanzrelaxation zu verhindern. Die Relaxationszeit bei „freien" CH_3 Gruppen liegen im Allgemeinen bei 10 – 20 Sekunden (wenn auch jede sterische Hinderung der Drehbewegung diese Zeit verringert) und die daraus folgende niedrige

[1] Diese Rotationsbewegung ist nicht mit der Rotation des freien Moleküls in der Gasphase vergleichbar.

Intensität ihrer ^{13}C Resonanzen wird oft zur Unterscheidung von CH oder CH_2 Gruppen im Spektrum herangezogen.

Diese Intensitätsanomalie kann man entweder dadurch vermeiden, dass man ein Spektrum über eine *sehr* viel längere Zeit aufnimmt oder durch Zugabe einer Lösung einer paramagnetischen Substanz wie Chrom- oder Europiumkomplexe. Die „freien" Elektronen dieser Ionen können die Relaxation sehr wirkungsvoll beschleunigen und so zeigt ein ^{13}C Spektrum nach Zugabe solcher Reagenzien eine fast normale Intensitätsverteilung. Manchmal jedoch und vor allem dann, wenn das Reagenz mit dem betreffenden Molekül einen Komplex bildet, wird die Relaxation an manchen Stellen zu stark und das NMR-Signal wird für eine Beobachtung zu breit.

Eine Beobachtung der Spin-Gitter Relaxationszeit kann somit manchmal bei der Zuordnung komplexer Spektren hilfreich sein – zum Beispiel, was die geringe Intensität von Spektren der CH_3 Gruppen betrifft und bei Kohlenstoffatomen ohne Wasserstoffe. Zunehmend gewinnt man aus den Werten für T_1 auch Einsichten über ganz unterschiedliche Formen molekularer Bewegungen wie bei der gehinderten Rotation oder bei der Beweglichkeit von Teilen großer Moleküle, z.B. von Seitenketten in Polymeren. Obwohl wir in diesem Abschnitt die Beispiele im Hinblick auf ^{13}C Spektren gebracht haben, wird das Relaxationsphänomen bei allen Kernen mit Spin beobachtet, so dass Relaxationszeiten bei anderen Kernen denselben Stellenwert besitzen.

7.3.3 Kerne mit Spin größer als $\frac{1}{2}$

Wie wir am Beginn dieses Kapitels gesehen haben, stellt sich in einem äußeren Feld der Spinvektor eines jeden Kerns mit Spin I in eine der $2I + 1$ möglichen Richtungen ein, wobei jede Richtung eine etwas andere Energie aufweist. Dies zeigt Bild 7.1 für einen Kern mit Spin 1, zum Beispiel ^{14}N. Da bei einem vorgegebenen Feld die Abstände zwischen den Energieniveaus eines bestimmten Kerns alle gleich sind, führen alle zwischen benachbarten Niveaus induzierten Übergänge zur Emission oder Absorption von Energie bei genau der gleichen Frequenz. Somit erhält man von jedem Kern nur eine Linie.

Eigentlich erhält man von *jedem einzelnen* Kern mit Spin eine eigene Resonanzlinie, sofern Feld und Frequenz stimmen; die Lage der Resonanz eines bestimmten Kerns ändert sich mit der chemischen Umgebung und wird durch Wechselwirkung mit anderen Kernen mit Spin in ein Multiplett aufgespalten – mit anderen Worten, man beobachtet die Effekte der chemischen Verschiebung und der Spin-Spin-Kopplung. In der Praxis dagegen sind die Spektren von Kernen mit Spin größer als $\frac{1}{2}$ üblicherweise prinzipiell schwach und nicht leicht zu beobachten und werden, für sich allein genommen, nur selten in der Analytik oder zur Strukturbestimmung herangezogen. Allerdings sind Elemente wie ^{14}N (Spin $I = 1$) und die Halogene Chlor, Brom (beide mit Spin $= \frac{3}{2}$) und Iod (Spin $\frac{5}{2}$) in der Chemie sehr verbreitet und wir sollten uns überlegen, welche Effekte die Gegenwart dieser Kerne infolge einer Spin-Spin-Kopplung auf das NMR-Spektrum von benachbarten *Wasserstoff*kernen haben könnte.

Nehmen wir als Beispiel die ^{14}N—H Gruppe: Da die Kerne unmittelbar aneinander gebunden sind, würden wir hier eine verhältnismäßig starke Kopplung erwarten (es wird bei dieser Gruppe tatsächlich ein J von etwa 50 Hz beobachtet). Der Spin vom Betrag eins des Stickstoffkerns kann im äußeren Feld eine von drei Richtungen einnehmen (vgl. Bild 7.1), die wir mit ↑, → und ↓ kennzeichnen. Aus einem Vergleich mit Bild 7.12 sehen wir, dass die Spinrichtung ↑ das Feld am Wasserstoffkern verringert, ↓ verstärkt es im selben Ausmaß und → lässt es gleich. Deshalb erwarten wir, dass die Wasserstoffresonanz in ein *Triplett* aufgespalten wird und da alle drei Richtungen des Stickstoffspins gleich wahrscheinlich sind, zeigt jede Linie des Tripletts dieselbe Intensität. Die Bildung dieses 1 : 1 : 1 Tripletts ist in Bild 7.24(a) schematisch dargestellt. In Bild 7.24(b) geben wir das Spektrum von angesäuertem Methylamin, CH_3NH_2, wieder, um die Triplettstruktur der Wasserstoffresonanz zu zeigen. Die Lösung wurde nur deshalb angesäuert, um den sonst sehr schnellen Austausch der Wasserstoffe am Stickstoff zu verhindern, ein Austausch, der die N—H Kopplung unterdrücken würde. Ein Ergebnis besteht darin, dass das Molekül in das Methylammonium-*Ion*, $CH_3NH_3^+$, umgewandelt wird und deshalb die Methylresonanz durch Spinkopplung mit den Wasserstoffkernen von $—NH_3^+$ in ein 1 : 3 : 3 : 1 Quartett umgewandelt wird; die Tatsache, dass dieses Quartett scharf erscheint bedeutet, dass die Austauschfrequenz niedrig ist. Trotzdem sehen wir, dass das NH Triplett aus sehr breiten Resonanzlinien besteht; die Verbreiterung ist auf eine Quadrupolrelaxation zurückzuführen, mit der wir uns kurz befassen werden.

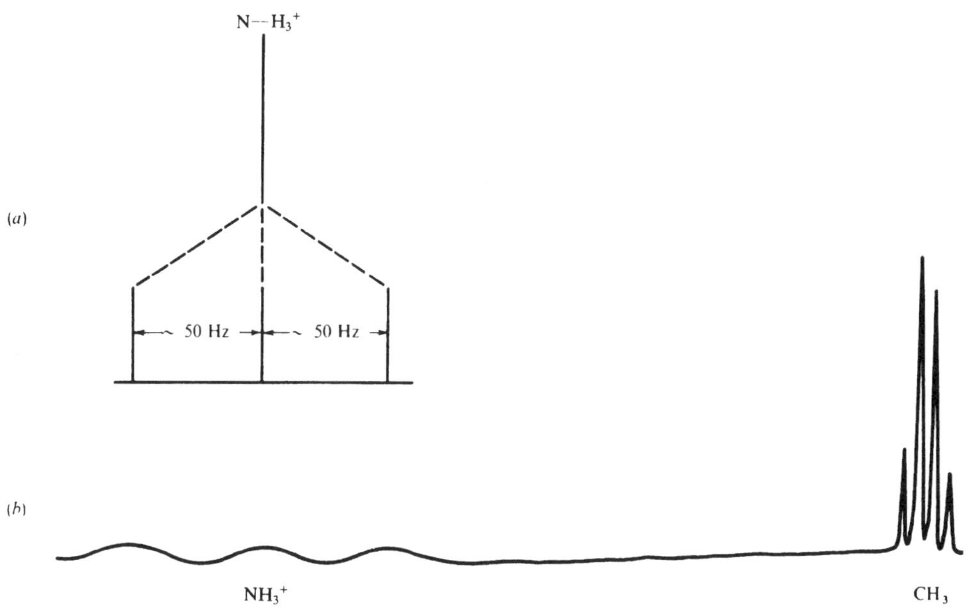

Bild 7.24: (a) Bildung einer Triplett-Resonanz durch Spin-Spin-Kopplung eines Wasserstoffkerns und eines benachbarten ^{14}N Kerns; (b) Spektrum von angesäuertem Methylamin, CH_3NH_2.

Wir können das eben Gesagte leicht auf andere Kerne übertragen. Ein Kern mit dem Spin I kann im äußeren Feld $2I+1$ Spin-Orientierungen einnehmen; unter diesen verstärken einige das am Nachbarkern wirksame Feld, andere schwächen es, so dass die Resonanz in ein Multiplett mit $2I+1$ Linien gleicher Intensität aufgespalten wird. So versucht ein Chlorkern (Spin $\frac{3}{2}$), bei seinen Nachbarn eine Quartettstruktur hervorzurufen, während ein einzelner Iodkern ($I=\frac{5}{2}$) Sextette bewirken würde. In der Praxis werden diese Aufspaltungen allerdings infolge der Quadrupolrelaxation, die sehr schnelle Übergänge zwischen den Spinzuständen bewirkt, nicht beobachtet.

7.3.4 Quadrupoleffekte

Zusätzlich zum magnetischen Moment, von dem bisher im ganzen Kapitel die Rede war, besitzen alle Kerne mit einem Spin $\geqslant 1$ auch ein *elektrisches Quadrupolmoment*, das seine Ursache in der nicht kugelförmigen Gestalt der Kerne hat. Solche Kerne sind entweder wie ein symmetrisches Ei geformt oder wie eine Mandarine (entweder länglich an den Polen oder abgeflacht). Auch wenn die Ladung im Kern gleichmäßig verteilt ist, bewirkt die verzerrte Form eine nichtsphärische Ladungsverteilung; das elektrische Quadrupolmoment ist ein Maß für die Abweichung von der Kugelform und ist bei eiförmigen Kernen positiv und für mandarinenförmige negativ. Bei kugelförmigen Kernen (d.h. mit Spin $\frac{1}{2}$ oder 0) ist das elektrische Quadrupolmoment null.

Das elektrische Moment zeigt starke Wechselwirkung mit einem angelegten elektrischen Feld und falls dieses Feld einen starken Gradienten an der Stelle des Kerns hat, tendiert das Moment dazu, sich nach dem Feld auszurichten; ändert der Gradient auch noch seine Richtung, dann folgt das Moment des Kerns dieser Änderung. Betrachten wir jetzt das pyramidenförmige Molekül Ammoniak, NH_3. Seine drei Wasserstoffkerne befinden sich an den Ecken einer Pyramidengrundfläche, der Stickstoffkern liegt darüber und hat von allen denselben Abstand. Die Anwesenheit von drei positiv geladenen Kernen auf einer Seite des Stickstoffkerns verursacht an diesem Kern einen starken elektrischen Feldgradienten, der versucht, die Achse des Quadrupolmoments senkrecht zur Ebene der Wasserstoffkerne einzustellen. Wenn jetzt infolge von Taumelbewegungen das Molekül sich als Ganzes dreht, dann pflegt der Stickstoffkern dieser Drehung zu folgen. Diese Kopplung zwischen dem elektrischen Moment des Kerns und dem Feldgradienten ist so stark, dass sie ausreicht, um die parallele Ausrichtung des *magnetischen* Moments des Kerns im äußeren Magnetfeld zu verhindern – mit anderen Worten, das elektrische Quadrupolmoment hat einen Mechanismus zur Folge, durch den die Ausrichtung eines Spins aufgehoben werden kann. Damit haben wir einen weiteren – üblicherweise sehr wirkungsvollen – Relaxationsmechanismus (vgl. Abschnitt 7.1.5), die *Quadrupolrelaxation*.

Wenn wir andererseits das Ammoniumion, NH_4^+, betrachten, das aus einem Stickstoffkern im Zentrum eines regulären Tetraeders aus Wasserstoffkernen besteht, dann finden wir hier an der Stelle des Stickstoffkerns keinen Feldgradienten. Deshalb kann sein Spin durch ein angelegtes Magnetfeld unabhängig von der Lage der Wasserstoffkerne ausgerichtet werden – die Quadrupolrelaxation ist in diesem Fall extrem schwach. Wir sehen daraus, dass die Wirksamkeit der Quadrupolrelaxation von der Symmetrie der Umgebung abhängt. Einwertige Atome wie etwa Halogene befinden sich immer in einem Feldgradienten mit starker Relaxation; die Relaxation bei mehrwertigen Atomen wie Stickstoff ist von Molekül zu Molekül unterschiedlich.

Die Quadrupolrelaxation ist für zwei Effekte in der NMR-Spektroskopie verantwortlich. Der erste der beiden, die Verbreiterung des NMR-Signals eines Kerns mit Quadrupolmoment, ist der Verbreiterung durch schnelle Relaxation (vgl. Abschnitt 7.1.5) sehr ähnlich. Liegt Quadrupolrelaxation vor, dann kann die Lebensdauer eines bestimmten Spinzustands 10^{-4} s oder noch weniger betragen. Dies ist, wie wir aus Abschnitt 7.1.5 wissen, mit der Relaxationszeit von Kernen in Festkörpern vergleichbar, bei denen wir eine Linienbreite von etwa 1000 Hz errechnet haben. So eine „Linie" wäre so breit, dass es unmöglich wäre, sie mit einem gewöhnlichen hochauflösenden NMR-Spektrometer zu beobachten, da man sie nicht von einem sich langsam ändernden Untergrundrauschen unterscheiden könnte.

Für den zweiten Effekt im Zusammenhang mit der Quadrupolrelaxation erinnern wir uns an die Überlegungen zur Doppelresonanz von Abschnitt 7.2.6, in dem ein Verfahren beschrieben wurde, mit dem Spins „umgerührt" und dadurch von anderen entkoppelt wurden. Bei der Quadrupolrelaxation haben wir eine andere Methode zur Verfügung, mit der wir die kohärente Kopplung zwischen den Kernen aufheben können. Ist die Kopplung so stark wie zum Beispiel bei Wasserstoffkernen, dann geschieht das „Umrühren" so rasch, dass die Kopplung vollständig unterbleibt und die Resonanzen von benachbarten Kernen scharf bleiben; bei nicht so starker Relaxation, wie bei vielen stickstoffhaltigen Molekülen, wird die Kopplung nur zum Teil außer Kraft gesetzt und man erhält ein Multiplett infolge der Nachbarkerne, aber verbreitert. Ein Beispiel ist das bereits gezeigte sehr stark verbreiterte Triplett der $—NH_3^+$ Gruppe des Methylammonium-Ions in Bild 7.24. In der Routine-NMR-Spektroskopie ist der ^{14}N Kern praktisch der einzige häufig vorkommende Quadrupolkern, der sich auf die Spektren merklich auswirkt: Üblicherweise besteht der Effekt darin, dass er die Resonanzen benachbarter Kerne verbreitert, wobei manchmal eine Multiplett-Struktur zu sehen ist. Manchmal ist die Verbreiterung so stark, dass die Wasserstoffresonanzen vollständig im Untergrundrauschen verschwinden.

Ein Einkristall eines Festkörpers hat, abgesehen von Gitterfehlstellen, eine sehr geordnete und regelmäßige Struktur und jeder Quadrupolkern in einem Kristall befindet sich in exakt derselben Umgebung wie die gleichen Kerne in anderen Kristallbereichen. Aus diesem Grund sind die Quadrupolmomente alle gleich ausgerichtet, soweit es mit der Boltzmann-Verteilung vereinbar ist. Diese Kerne sind in der Lage, Energie kohärent aus einer Strahlung mit geeigneter Frequenz zu absorbieren, auch wenn kein äußeres Magnetfeld angelegt wird. Diese Absorption, die im Bereich von 1 – 1000 MHz liegt, ist unter der Bezeichnung *Kernquadrupolresonanz*-Spektrum (NQR) bekannt oder manchmal auch als *reines Quadrupolspektrum*, wodurch die Tatsache betont wird, dass kein äußeres Feld angelegt wird. Die NQR-Spektroskopie benutzt im Prinzip den Quadrupolkern als Detektor, um den elektrischen Feldgradienten im Innern eines Kristalls nachzuweisen und in seiner Größe abzuschätzen und die so erhaltenen Daten sind von unschätzbarem Wert im Zusammenhang mit Anwendungen der Kristallfeldtheorie. Es ist nicht leicht, die Spektren zu interpretieren und wir haben das jedenfalls hier nicht vor; der interessierte Leser sei auf das im Literaturverzeichnis aufgeführte Buch von Lucken verwiesen.

7.4 Experimentelle Verfahren und Messgeräte

Im Grunde genommen sind für ein NMR-Spektrometer Komponenten erforderlich, die ihrer Funktion nach sehr ähnlich denen sind, wie sie bereits für andere spektroskopische Verfahren beschrieben wurden. (Radiofrequenzquelle, Probenhalter, Radiofrequenzdetektor, Schreiber usw.), wobei allerdings ein starker Magnet hinzukommt. Wir wissen bereits, dass ein Auflösungsvermögen von 0,5 Hz erfordert, dass das Magnetfeld auf 10^8 oder besser stabilisiert ist und außerdem muss diese Forderung über den gesamten Probenbereich erfüllt sein. Das sind sehr harte Anforderungen.

Viele unter den ersten Spektrometern hatten Permanentmagnete, die ein sehr genaues und konstantes Feld erzeugten, wenn sie sorgfältig thermostatisiert wurden. Sie hatten allerdings zwei Nachteile. Erstens konnte das Feld nicht verändert werden, so dass für jeden untersuchten Kern ein eigener Quarzoszillator erforderlich war; und zweitens war die Feldstärke auf etwa 2 T (etwa 90 MHz bei Protonen) begrenzt und es ist eben, wie wir wissen, von Vorteil, wenn man höhere Felder einsetzt.

Elektromagnete können Felder von etwas über 2,5 T erzeugen, wenn auch eine sehr ausgeklügelte Elektronik für eine Stabilisierung auf 10^{-8} erforderlich ist. Höhere Felder (der Strom begrenzt sie auf knapp 20 T) brauchen „supraleitende Magnete". Diese bestehen im Prinzip aus einigen Windungen eines dicken, mit Helium gekühlten Drahts; bei so tiefen Temperaturen wird der elektrische Widerstand des Drahts vernachlässigbar klein und deshalb kann starker Strom, sobald er einmal begonnen hat zu fließen, ohne Verlust und ohne dass das Feld sich ändert, weiter aufrechterhalten werden. Der offenkundige Nachteil eines solchen Systems sind die Kosten und die Probleme, die ein Arbeiten bei tiefen Temperaturen mit sich bringt. Die Probe wird natürlich in einem wärmeisolierten Probenraum in das Feld eingebracht und befindet sich nicht auf Heliumtemperatur. Des öfteren ist es aber tatsächlich wünschenswert, NMR-Spektren bei unterschiedlichen Temperaturen aufzunehmen. Dazu lässt man das Probenröhrchen von vorgkühltem oder vorgeheiztem Stickstoff mit der erforderlichen Temperatur umströmen.

Die Feldhomogenität über das Volumen der Probe wird bei einem Elektromagneten durch sehr sorgfältig gefertigte Polschuhe sowie durch „Shim"-Spulen zur Justierung der Feldgradienten gewährleistet. Außerdem lässt man die Probe oft schnell rotieren, um das von den Kernen „gesehene" Feld wirksam auszumitteln.

Im Grunde genommen ist es dasselbe Gerät, das man im Betrieb bei kontinuierlicher Frequenz (Frequenzdomäne) und bei der Fourier-Transformmethode einsetzt. Wir befassen uns jetzt mit dem ersten Verfahren.

7.4.1 CW[1] NMR-Spektroskopie

Bild 7.25 zeigt den üblichen Aufbau der Komponenten für diese Messmethode, wobei festzuhalten ist, dass es sich nicht um eine maßstabsgerechte Zeichnung handelt. Für eine NMR-Messung an Protonen sind etwa 0,5 cm^3 einer flüssigen Probe erforderlich, die in einem an einer Seite verschlossenen Glasröhrchen mit 0,5 cm Außendurchmesser und etwa 15 cm Länge enthalten ist; die Flüssigkeit nimmt die untersten 3 oder 4 cm des Röhrchens ein. Für ^{13}C-Messungen sind etwa 3 cm^3 Flüssigkeit erforderlich und das Probenröhrchen misst etwa 1,2 cm im Durchmesser. Eine Spur einer Referenzsubstanz (wie TMS) wird üblicherweise direkt der Probe zugegeben. Besteht hingegen die Möglichkeit, dass die Referenzsubstanz mit der Probe reagiert, dann kann sie um die Probe herum eingebracht werden. Die Magnetpole haben 20 – 30 cm Durchmesser und ihr Abstand beträgt nur etwa 2 – 3 cm. Wird zur Aufnahme eines Spektrum das Feld durchgestimmt, dann strahlt der Radiofrequenzoszillator (also die Quelle) über eine Spule in einer vertikalen Ebene nahe der Probe eine Frequenz von, sagen wir, 100 MHz auf diese Probe ein. Das Magnetfeld wird auf 2,5 T eingestellt und durch einen Strom in den Hilfsspulen um

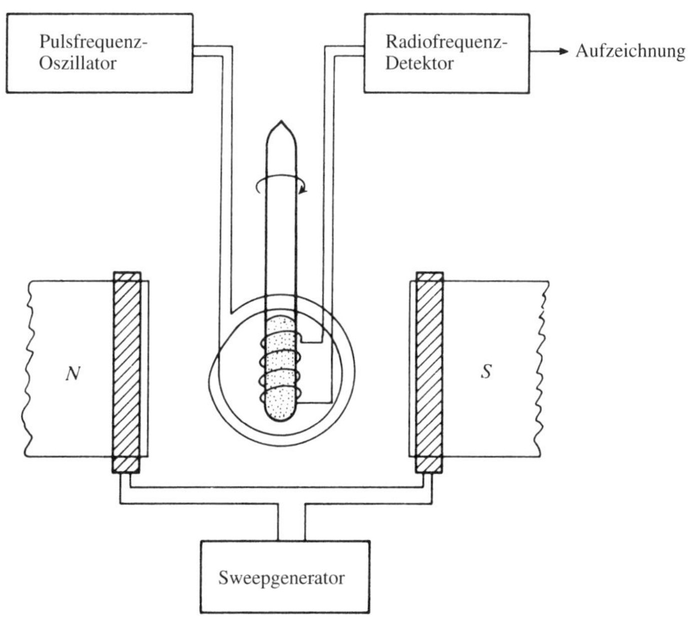

Bild 7.25: Schematische Skizze eines CW NMR-Spektrometers.

[1] Angelsächsisch: Continuous Wave.

die Magnetpole aus dem Sweepgenerator gleichmäßig erhöht (durchgestimmt). Sowie nun die einzelnen Kerne in den Resonanzbereich geraten, absorbieren sie Energie vom Oszillator und sobald sie in den Grundzustand zurückkehren, wird die emittierte Energie in der um die Probe angeordneten Detektorspule aufgefangen, verstärkt und and den Schreiber gegeben.

Dieses Verfahren ist das technisch bei weitem einfachste, da es leicht ist, ein Feld gleichmäßig zu ändern und es auch nicht allzu schwierig ist, mit Hilfe eines sorgfältig thermostatisierten Quarzoszillators eine genaue Frequenz einzuhalten. Die Alternativmethode der Frequenzdurchstimmung, bei der das Magnetfeld konstant gehalten und der Radiofrequenzoszillator über einen Frequenzbereich durchgestimmt wird, ist aufwendiger, hat aber Vorteile, vor allem bei einigen Doppelresonanzexperimenten und sie wird auch manchmal eingesetzt.

Beide Durchstimmverfahren haben sich bei einer entsprechenden Probenmenge, entweder an Wasserstoff-, Fluor- oder Phosphorkernen, als erfolgreich erwiesen. Zum Beispiel erhält man mit etwa 20 mg einer Probe in $\frac{1}{2}$ ml Lösungsmittel in ca. 5 min ein gutes Spektrum; bei einer 10 mg-Probe braucht es länger, etwa 20 min.

7.4.2 Fourier-Transform-NMR-Spektroskopie

Die FT-Methoden werden in der NMR ausschließlich bei Emission angewandt; aus Abschnitt 1.8 wissen wir, dass dies bedeutet, die gesamte von allen Kernen der Probe gleichzeitig emittierte Strahlung als eine Funktion der Zeit zu detektieren, die erhaltene Information in einem Rechner zu speichern und alles zusammen auf mathematischem Weg in ein konventionelles Spektrum in der Frequenzdomäne zu transformieren. Das dafür erforderliche Gerät ist demnach sehr ähnlich einem für die kontinuierliche Durchstimmung verwendeten Messgerät außer, dass die Durchstimmspulen am Magneten nicht benötigt werden und ein Rechner erforderlich ist, um die Impulsgebung zu programmieren und die Fourier-Transformation auszuführen.

Zu Beginn muss die Probe durch einen Strahlungsimpuls mit der entsprechenden mittleren Frequenz (z.B. etwa 100 MHz für Protonen in einem Feld von 2,5 T) angeregt werden, und zwar mit einem ausreichend breiten Frequenzbereich um sicherzustellen, dass *sämtliche* Protonen (oder andere Kerne), deren Spektrum aufgenommen werden soll, einer Strahlung mit der ihnen eigenen Resonanzfrequenz ausgesetzt sind und angeregt werden. Es besteht, genau genommen, ein umgekehrt proportionaler Zusammenhang zwischen der Länge eines Impulses und seiner Frequenzbandbreite – ein kürzerer Impuls umfasst einen größeren Frequenzbereich und umgekehrt – so dass es vom erforderlichen Durchstimmbereich abhängt, wie lang der Impuls maximal sein darf.

Wir wissen bereits (Abschnitt 7.1.6), dass die Länge des Impulses (bei einer bestimmten Leistung) den Winkel bestimmt, um den der Magnetisierungsvektor **M** gedreht wird. Ein 90°-Impuls dreht **M** in die xy-Ebene, so dass man maximale Intensität erhält.

Ehe es nun sinnvoll ist, einen zweiten Impuls einzustrahlen, muss gewartet werden, bis **M** wieder in die z-Richtung zurückgekehrt ist – ein Vorgang, der theoretisch unendlich viel Zeit braucht, in der Praxis jedoch nach etwa vier oder fünf Halbwertszeiten des Relaxationsvorgangs als beendet betrachtet werden kann, d.h., in vier oder fünfmal der Gitterrelaxationszeit T_1. Sinnvollerweise nimmt man das Signal allerdings nicht über die gesamte Wartezeit hin auf, da das Signal durch seinen exponentiellen Abfall zu Beginn sehr rasch an Intensität verliert und bald im Rauschen verschwindet. Die Zeit, in der sinnvollerweise ein Datenaufnahme erfolgt, heißt die acquisition time (Aufnahme-Zeit) T_{acq}.

Die einwandfreie Aufnahme eines NMR-Spektrums erfordert also ein sorgfältiges gegeneinander Abwägen der unterschiedlichen Faktoren wie Impulslänge, Abfallzeit des Signals und der Aufnahmezeit; in der Praxis erhält man im Allgemeinen das beste Signal-Rauschverhältnis mit einer Folge von Impulsen, deren Länge man aus dem Verhältnis von T_{acq} zu T_1 bestimmt und die einem optimalen Impulswinkel von weniger als 90° entsprechen.

7.5 Elektronenspinresonanz-Spektroskopie

7.5.1 Einführung

In Kapitel 6 erfuhren wir, dass die überwiegende Mehrzahl der stabilen Moleküle durch Bindungen zusammengehalten wird, bei denen die Elektronenspins gepaart sind; in diesem Fall hat man keinen resultierenden Elektronenspin, kein resultierendes magnetisches Moment der Elektronen und damit auch keine Wechselwirkung zwischen Elektronenspins und einem äußeren Magnetfeld. Andererseits weisen einige Atome und Moleküle ein oder mehrere Elektronen mit ungepaarten Spins auf, und von diesen Substanzen erwartet man, dass sie für die *Elektronenspinresonanz*-Spektroskopie (ESR) geeignet sind; weil diese Substanzen auch paramagnetisch sind, wird diese Form der Spektroskopie oft auch als *elektronische paramagnetische Resonanz* (EPR) bezeichnet.

Substanzen mit ungepaarten Elektronen kommen entweder in der Natur vor oder man erzeugt sie künstlich. In die erste Klasse fallen, von den einfachen Molekülen, NO, O_2 und NO_2 sowie neben einigen Atomen die Ionen von Übergangsmetallen und ihre Komplexe, zum Beispiel $Fe_3{}^+$, $[Fe(CN)_6]^{3-}$ usw. Diese stabilen Substanzen kann man leicht mit der ESR untersuchen. Instabile paramagnetische Substanzen, im Allgemeinen als *freie Radikale* bzw. *Radikalionen* bezeichnet, können entweder als Zwischenprodukte bei chemischen Reaktionen gebildet werden oder durch Bestrahlung „gewöhnlicher" Moleküle mit UV oder Röntgenstrahlung oder auch durch einen Strahl von Kernteilchen. Solche Radikale können mit ESR untersucht werden, wenn die Lebensdauer etwa 10^{-6} s übersteigt. Ebenso kann man Radikale, die bei Zimmertemperatur sehr kurzlebig sind, entweder im festen Zustand beobachten oder in einer Festkörper-"Matrix" aus einer Wirtssubstanz wie etwa einem Edelgas, die man bei tiefer Temperatur herstellt. Dies wird als *Matrixisolation* bezeichnet und erhöht die Lebensdauer der isolierten Radikale. Obwohl es viele und sehr unterschiedliche Substanzen gibt, bei denen die ESR eingesetzt werden kann, bedeutet die Forderung nach ungepaarten Elektronen, dass dieses Messverfahren nicht so allgemein einsetzbar ist wie die NMR.

Sind ungepaarte Elektronen in einer Substanz vorhanden, dann sind die Orientierungen ihrer Spins zufallsverteilt. Legt man jedoch ein Magnetfeld an, dann bevorzugen sie eine bestimmte Richtung, und da die Spinquantenzahl eines Elektrons $\frac{1}{2}$ beträgt, kann man sich bei jedem einzelnen Spin vorstellen, dass er sich entweder im oder gegen den Uhrzeigersinn um die Feldrichtung dreht[1]. Die ESR-Spektroskopie misst im Prinzip die Energie, die aufgebracht werden muss, um den Spin eines ungepaarten Elektrons umzukehren.

Wir haben praktisch die gesamte Theorie, die wir für die ESR-Spektren brauchen, bereits in den bisherigen Abschnitten dieses Kapitels besprochen; Abschnitt 7.1 ist hier von besonderer Bedeutung, da dort auch Themen wie das magnetische Moment des Elektrons, seine Wechselwirkung mit einem äußeren Magnetfeld (als Ursache für das Auftreten zweier Energieniveaus), die Besetzungsdichte dieser Niveaus, die Larmorpräzession und der Relaxationsprozess behandelt werden. Eigentlich kann, vom Zahlenwert einiger Größen abgesehen, Abschnitt 7.1 zur Gänze für eine Behandlung der ESR-Spektroskopie herangezogen werden. Wie wir noch sehen werden, ist zum Teil hier auch der Abschnitt 7.2 von Bedeutung, was z.B. die Anmerkungen zur Spin-Spin-Kopplung betrifft.

Wie überall in der Spektroskopie, so sind auch hier vier Kenngrößen der Spektrallinien wichtig, nämlich ihre Intensität, ihre Breite, die Lage und ihre Multiplettstruktur. Die ersten zwei brauchen wir nur zu streifen; die andern beiden verdienen eigene Abschnitte.

Die *Intensität* einer ESR-Absorption ist proportional zur Konzentration der freien Radikale oder der vorhandenen paramagnetischen Substanz. Damit haben wir unmittelbar eine Möglichkeit in der Hand, die Anzahl der vorhandenen freien Radikale abzuschätzen; das Verfahren ist außerordentlich empfindlich, in günstigen Fällen können etwa 10^{-13} Mol eines freien Radikals nachgewiesen werden.

Die *Breite* einer ESR Resonanzlinie hängt, wie bei der NMR, von der Relaxationszeit des betreffenden Spinzustands ab. Von den beiden möglichen Relaxationsmechanismen ist die Spin-Spin-Wechselwirkung im Allgemeinen mit einer Relaxationszeit von $10^{-6}-10^{-8}$ s sehr schnell, außer die Probe ist sehr stark verdünnt; die Spin-Gitter-Relaxation ist bei Zimmertemperatur sehr schnell (etwa 10^{-6} s), nimmt aber zu tieferen Temperaturen hin zusehends ab und beträgt bei der Temperatur des flüssi-

[1] Eine äquivalente Betrachtungsweise spricht von einer Orientierung des magnetischen Moments in bzw. gegen die Richtung des äußeren Feldes.

gen Stickstoffs manchmal bereits einige Minuten. Bei den meisten Substanzen können wir somit als durchschnittliche Relaxationszeit 10^{-7} s ansetzen und mit Hilfe der Heisenbergschen Unschärferelation aus Gl. (1.11) errechnen wir daraus eine Frequenzunschärfe (oder Linienbreite) von $(2\pi\delta t)^{-1} \approx 1$ MHz. Ein kürzere Relaxationszeit vergrößert die Breite, so dass 10 MHz nicht ungewöhnlich ist. Dies ist natürlich eine *wesentlich* breitere Spektrallinie als in der NMR, wo wir in Flüssigkeiten normalerweise Linienbreiten von etwa 0,1 Hz gefunden haben.

Diese breiteren ESR-Linien sind ein Vorteil und ein Nachteil zugleich. Als Plus ist zu verbuchen, dass die Homogenität des angelegten Magnetfelds weitaus weniger kritisch ist und wenn bei der NMR für das Feld eine Homogenität von 10^8 erforderlich ist, reicht bei der ESR ein Wert von 10^5 völlig aus; das lässt wesentich größere Fertigungstoleranzen zu. Auf der Haben-Seite verdecken allerdings die breiten ESR-Linien sämtliche mit der chemischen Verschiebung in der NMR vergleichbaren Effekte. Außerdem ist eine breite Linie schwieriger zu beobachten und zu messen als eine scharfe und aus diesem Grund werden die ESR-Spektrometer fast ausschießlich unter Beobachtung der ersten Ableitung betrieben (s. Bild 1.11 und Bild 7.33).

7.5.2 Die Lage der ESR-Resonanzen; der g-Faktor

Aus Abschnitt 7.1.2 wissen wir, dass die Energieniveaus für den elektronischen Spin in einem äußeren Magnetfeld B_0 um folgenden Betrag aufgespalten werden:

$$\frac{\Delta E}{h} = \frac{g\beta B_0}{h} \quad \text{Hz} \tag{7.16}$$

wobei β das Bohrsche Magneton bedeutet ($9{,}273 \cdot 10^{-24}$ J T^{-1}) und g den Landé-(Aufspaltungs-)Faktor. Aus Gl. (7.16) erkennen wir, dass die Absorption sich direkt proportional zum angelegten Feld verschiebt und da unterschiedliche ESR-Spektrometer mit unterschiedlichen Feldstärken arbeiten, ist es weitaus einfacher, die Absorption über den dabei beobacheten Wert von g auszudrücken. Umstellung von Gl. (7.16) ergibt:

$$g = \frac{\Delta E}{\beta B_0} = \frac{h\nu}{\beta B_0} \tag{7.17}$$

Wenn zum Beispiel bei einem Feld von 0,34 T eine Resonanz von 9506,690 MHz beobachtet wird, würde man dies mit einer Resonanz bei einem g von 2,0023 beschreiben. Diese sehr genaue Zahl ist der g-Faktor eines freien Elektrons (anstelle des etwas ungenauen Werts von zwei, den man aus Gl. (5.28) mit $L = 0$ erhält), wobei es aber bemerkenswert ist, dass praktisch alle freien Radikale und einige Ionenkristalle g-Faktoren aufweisen, die in einem Bereich von nur etwa $\pm 0{,}003$ um diesen Wert liegen. Der Grund dafür ist, dass sich das Elektron in freien Radikalen mehr oder weniger frei in einem Orbital bewegen kann, welches sich über das gesamte Molekül erstreckt (wie wir noch im nächsten Abschnitt sehen werden) und nicht auf ein lokalisiertes Orbital zwischen nur zwei Atomen des Moleküls beschränkt ist. In dieser Hinsicht verhält es sich viel eher wie ein Elektron im freien Raum, das ein $L = 0$ aufweist.

Einige Ionenkristalle haben jedoch sehr abweichende g-Faktoren; von Werten zwischen etwa 0,2 und 0,8 wird berichtet. Der Unterschied liegt darin, dass das ungepaarte Elektron von einem bestimmten Atom im Gitter stammt und auch noch zu ihm „gehört", im Allgemeinen ein Übergangsmetall-Ion. Somit ist das Elektron auch in einem bestimmten Orbital am Atom lokalisiert und der Drehimpuls (Betrag von L) koppelt kohärent mit dem Drehimpuls des Spins und man erhält einen g-Faktor entsprechend Gl. (5.28).

Trotzdem zeigen viele Ionenkristalle einen g-Faktor nahe dem Wert des freien Elektrons von 2; das kann zwei Gründe haben:

1. Das Ion, das ein Elektron beisteuert, befindet sich in einem S-Zustand (also $L = 0$). Zum Beispiel hat der Grundzustand von Fe^{3+}, in dem fünf d Elektronen ungepaart sind (also $S = \frac{5}{2}$, $2S + 1 = 6$) den Bahndrehimpuls null. Mit $L = 0$, $J = S + L = S$ lautet das Termsymbol $^6S_{5/2}$ (vgl. Kapitel 5). Da $J = S$ ist $g = 2$ (aus Gl. (5.28)).
2. Das elektrische Feld aller Ionen eines Kristalls kann genügend stark sein, um den Bahndrehimpuls und den Eigendrehimpuls eines Elektrons zu entkoppeln – d.h., die kohärente Russel-Saunders-Kopplung ist nicht mehr vorhanden und nach Anlegen eines magnetischen Felds präzediert der Spinvektor des Elektrons *selbständig* um die Feldrichtung. Dann hat auch der Betrag von L keinen Einfluss mehr und der g-Faktor wird wieder zwei. Ist andererseits das Kristallfeld schwach oder ist das paramagnetische Elektron gegenüber dem Feld gut abgeschirmt (wie z.B. bei den Seltenen Erden, bei denen das entsprechende Elektronenorbital tief unter den äußeren Elektronenschalen verborgen ist), koppeln L und S zu einem resultierenden J, das dann um die äußere Magnetfeldrichtung präzediert und dann erhält man g mit Hilfe von Gl. (5.28). Es gibt auch Übergangssituationen, bei denen L und S nur zum Teil entkoppelt sind und der g-Faktor aufgrund eines restlichen Energieanteils aus dem Orbital nicht leicht theoretisch vorhersagbar ist.

7.5.3 Hyperfeinstruktur des ESR-Spektrums (Elektron-Kern-Kopplung)

Bei ESR-Spektren muss zwischen zwei Arten einer Multiplett-Struktur unterschieden werden; es gibt die *Feinstruktur*, die nur bei Kristallen mit mehr als einem ungepaarten Elektronenspin auftritt und die *Hyperfeinstruktur*, ein schwächerer Effekt, der dann beobachtet wird, wenn ein ungepaartes Elektron einem Kern mit Spin ungleich null relativ nahekommt. Mit diesem befassen wir uns jetzt in diesem Abschnitt und verschieben die Feinstruktur auf den Abschnitt 7.5.5.

Die Hyperfeinstruktur geht auf eine Wechselwirkung des magnetischen Moments des ungepaarten Elektrons mit denen von benachbarten Kernen mit Spin ungleich null zurück. Diese Kopplung ist praktisch genau dieselbe wie die Kopplung zwischen den Kernspins, die bereits in Abschnitt 7.2.2 besprochen wurde – der größte Teil dieser Überlegungen wie auch Bild 7.12 sind direkt auf die Kopplung zwischen Elektron und Kern übertragbar, wenn wir den Kern mit A und das Elektron mit X bezeichnen. Der Einfachheit halber beschränken wir uns hier auf Kerne mit Spin $\frac{1}{2}$, so dass die Resonanzen der Elektronen in Dubletts aufgespalten werden. Können mehrere Kerne mit einem bestimmten Elektron in Wechselwirkung treten, kann das Ergebnis mit Hilfe der „Stammbaummethode“ aus Abschnitt 7.2.3 und von Bild 7.16 vorhergesagt werden.

Die Kopplungskonstanten zwischen Elektron und Kern sind viel größer als die für die Wechselwirkungen zwischen Kernen, einmal, weil ein Elektron viel näher an einen Kern herankommt als ein anderer Kern und zweitens, weil das magnetische Dipolmoment des Elektrons etwa 1000mal größer ist als das des Kerns. So zeigt die Elektronenresonanz beim Wasserstoffatom zwei gleiche Linien im Abstand von ca. 0,05 Tesla. Wir wissen, dass ein Feld von 0,34 T einer Frequenz von etwa 9500 MHz entspricht, so dass 0,05 T ca. 1400 MHz sind, eine geradezu riesige Kopplung im Vergleich zur stärksten Kern-Kern-Kopplung von etwa 2 kHz.

Bei den meisten organischen Molekülen mit ungepaartem Spin liegen die Kopplungskonstanten in der Größenordnung von $10^{-4} - 10^{-3}$ Tesla (2 – 20 MHz); sie sind kleiner als beim Wasserstoffatom, weil ein ungepaartes Elektron in einem Molekül niemals auf nur einen Kern fixiert ist, meist nicht einmal auf eine Bindung, sondern verhältnismäßig leicht über mehrere Bindungen hinweggleiten kann und und nur kurz bei einem Kern bleibt. Man kann sich das auch über die *Elektronendichte* klarmachen. Beim Wasserstoffatom ist die Elektronendichte eines ungepaarten Elektrons 1 – das Elektron ist beim Atom und sonst nirgends. In guter Näherung kann man die Stärke der Kopplung direkt proportional zur Elektronendichte setzen und schreiben:

$$A = R\rho \tag{7.18}$$

wobei A die Kopplungskonstante, ρ die Elektronendichte und R die spezifische Kopplung bei der Elektronendichte 1 ist. Für Wasserstoff ist $\rho = 1$ und A, wie wir wissen, 0,05 T; somit ist $R = 0{,}05$ T. In Bild 7.26 unten ist das ESR-Spektrum des Methylradikals, $\cdot CH_3$ gezeigt. Beachten Sie, dass es sich um die erste Ableitung des Spektrums handelt und bei der Bestimmung der Linienmitte die Stelle mit der Steigung null genommen werden muss, wo also die abwärtsgerichtete Linie die x-Achse schneidet. Allerdings ist die Höhe der Extrema über der x-Achse ein gutes Maß für die Stärke einer gewöhnlichen, also nicht abgeleiteten Spektrallinie und man sieht, dass Bild 7.26 einem 1 : 3 : 3 : 1-Quartett entspricht. Man erwartet schon gefühlsmäßig, dass das Elektron sich gleich lang bei jedem Kern aufhält (dort sollte überall dieselbe Elektronendichte herrschen) und deshalb gleichmäßig an alle drei Kerne koppelt; dies

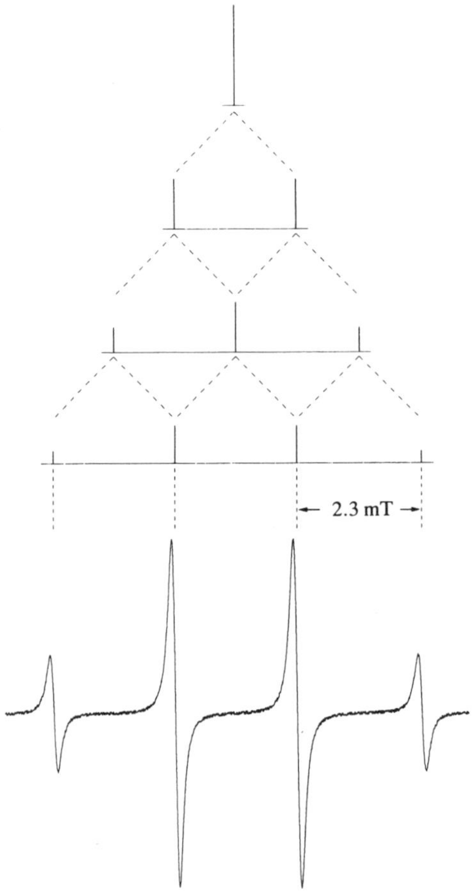

Bild 7.26: Das ESR-Spektrum des Methylradikals $\cdot CH_3$ und der „Stammbaum“ der dabei relevanten Kopplungen.

würde eine Aufspaltung der Elektronenresonanz in ein 1 : 3 : 3 : 1-Quartett zur Folge haben, wie man aus dem Stammbaum im oberen Teil des Bilds entnehmen kann. Offensichtlich entspricht das darunter wiedergegebene Spektrum von $\cdot CH_3$ genau diesem Aufspaltungsmuster. Der Abstand zwischen den Linien – die Kopplung – ergibt sich zu etwa 2,3 Millitesla (mT) und wir können mit Hilfe von Gl. (7.18) $\rho = A/R = 0{,}0023/0{,}05 = 0{,}046$ berechnen. Damit erhalten wir die Elektronendichte an jedem der Wasserstoffatome zu 0,046 oder 4,6 Prozent und wissen, dass sich das Elektron knapp 5 Prozent seiner Zeit bei jedem der Wasserstoffatome aufhält und den Rest von $100 - 3 \cdot 4{,}6 \approx 86$ Prozent am Kohlenstoff.

Bild 7.27 zeigt mit dem ESR-Spektrum des Benzol-Radikal(anion)s $\cdot C_6H_6$ ein Beispiel für einen etwas komplexeren Fall. Wir sehen hier ein Linien-Septett, was auf eine gleichmäßige Kopplung an alle sechs Wasserstoffatomen hindeutet; die Kopplungskonstante beträgt 0,35 mT und aus einer Rechnung erhalten wir $\rho = 0{,}38 \cdot 10^{-3}/0{,}05 \approx 7{,}6 \cdot 10^{-3}$. Es gibt nun sechs Wasserstoffatome mit dieser Elektronendichte, in der

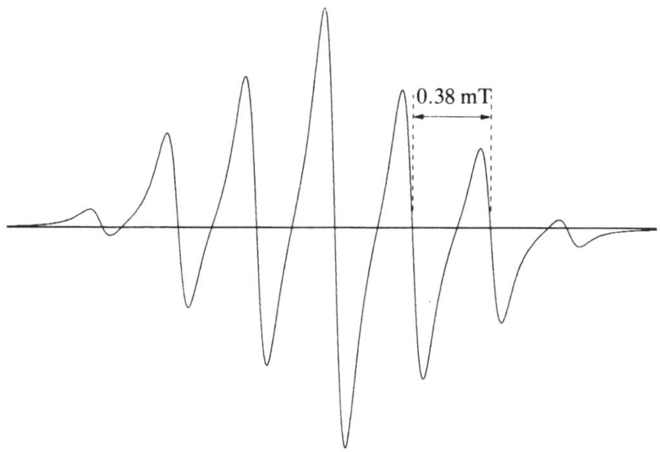

Bild 7.27: ESR-Spektrum des Benzolradiakal(anion)s $\cdot C_6H_6$. (*Wir danken Dr A. Whitwood von der University of York für dieses Spektrum.*)

Summe also $6 \cdot 7{,}6 \cdot 10^{-3} = 0{,}046$ oder fast 5 Prozent insgesamt. Natürlich verbringt das Elektron die restlichen 95 Prozent seiner Zeit zu gleichen Teilen bei den sechs Kohlenstoffatomen, also bei jedem 16 Prozent. Beachten Sie, dass die Bilder 7.26 und 7.27 mit unterschiedlichem Abszissenmaßstab gezeichnet sind.

Kann das Elektron mit mehr als einer Gruppe von Kernen koppeln, wird das Aufspaltungsmuster zwar komplizierter, kann aber wieder mit Hilfe des Stammbaums verstanden werden. Bild 7.28 zeigt das Spektrum des Naphtalinradikals. Dieses

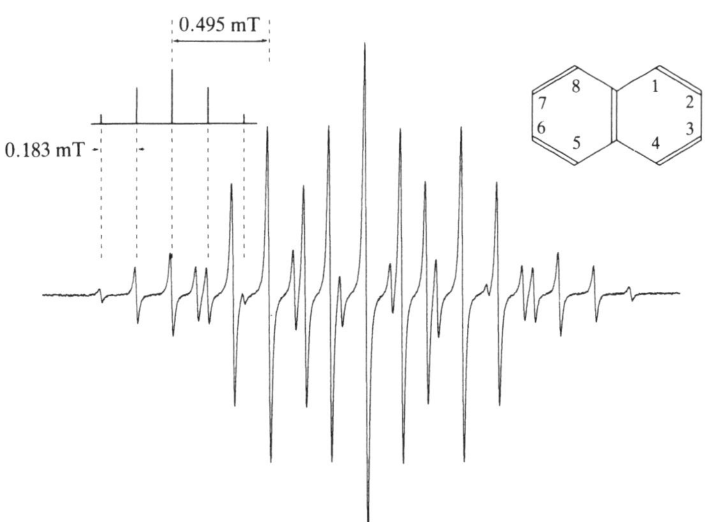

Bild 7.28: Das ESR Spektrum des Naphtalinradiakal(anion)s mit der Zuordnung einiger Linien. (*Wir danken Mr R.D. Farley und Prof. B.C. Gilbert von der University of York für dieses Spektrum.*)

komplexe Spektrum versteht man leicht, wenn man weiß, dass es aufgrund der Molekülsymmetrie nur zwei Arten von Wasserstoff gibt – im Diagramm sind am Molekül die Positionen im üblichen Richtungssinn eingezeichnet. Eine kurze Überlegung zeigt, dass die Wasserstoffatome bei $1,4,5$ und 8 eine untereinander äquivalente Gruppe bilden, ebenso die Wasserstoffatome bei $2,3,6$ und 7. Das Elektron koppelt an die zweite Gruppe mit $A = 1{,}83 \cdot 10^{-4}$ T und da es vier Wasserstoffatome sind, ergibt dies als Aufspaltungsmuster ein 1 : 4 : 6 : 4 : 1 Quintett; eines dieser Quintetts ist auf der linken Seite des Diagramms hervorgehoben. Aufgrund der zweiten Gruppe mit vier Wasserstoffatomen ($A = 4{,}95 \cdot 10^{-4}$ T) kommt es bei diesem Quintett wiederum zu einer Quintett-Aufspaltung im Verhältnis 1 : 4 : 6 : 4 : 1; dies im Spektrum aufzufinden, ist den Studierenden zur Übung überlassen, wobei jedoch die Lage eines anderen Quintetts als kleine Hilfe im Diagramm hervorgehoben wurde. Die Zuordnung der Kopplung von $1{,}83 \cdot 10^{-4}$ T zu den Wasserstoffatomenen $2,3,6$ und 7 wurde selbstverständlich nicht willkürlich getroffen. Sie kann dadurch überprüft werden, dass man einen oder mehrere Wasserstoffe durch Kerne ohne Spin (z.B. durch eine Methylgruppe) oder durch ein Deuteriumatom (das aufgrund seines kleineren magnetischen Moments eine geringere Kopplungskonstante bezüglich des Elektrons aufweist) ersetzt und die Änderung im Spektrum beobachtet.

Dieser Einsatz der ESR ermöglicht es uns, die Elektronenverteilung im Molekül qualitativ zu bestimmen, was zum Beispiel die Aufklärung chemischer Reaktionsmechanismen unterstützen kann – ein positiv geladener Reaktant hat natürlich die Tendenz, an dem Teil des Moleküls mit der größten Elektronendichte anzugreifen und umgekehrt. Die Ergebnisse der Beobachtung stimmen allerdings zahlenmäßig nicht immer gut mit den Voraussagen der Molekülorbitaltheorie überein, besonders dann, wenn die einfache Molekülorbitaltheorie eine Elektronendichte von null an einigen Stellen des Moleküls voraussagt – oft wird eine Ankopplung an Kerne beobachtet, die gerade dort liegen. Zum Beispiel ist das bereits erwähnte Methylradikal ein ebenes Molekül, bei dem der Kohlenstoff und die drei Wasserstoffkerne in derselben Ebene liegen (Bild 7.29(a)); vom ungepaarten Elektron nimmt man an, dass es in einem *p* Orbital mit nach oben und unten über die Ebene hervorstehenden Keulen fixiert ist

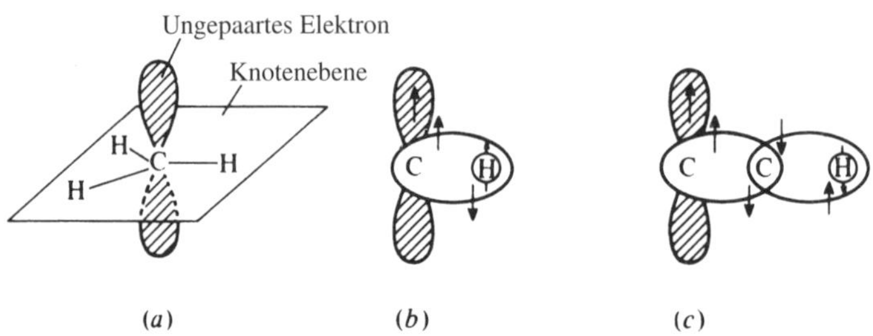

Bild 7.29: (a) Das $\cdot CH_3$ Radikal mit der Knotenebene des *p*-Orbitals, in dem sich das ungepaarte Elektron aufhält; (b) positive und (c) negative Kopplung zwischen dem ungepaarten Elektron und einem benachbarten Kernspin.

und da diese Ebene ein Bereich des Orbitals mit der Elektronendichte null ist, kann der ungepaarte Spin an der Stelle des Wasserstoffkerns auch keine Elektronendichte bewirken. Damit ist $\rho = 0$ und da ein A ungleich null beobachtet wird, scheint es, dass Gl. (7.18) nicht gilt.

Eine bessere Begründung für die beobachtete Kopplung kann in ganz ähnlicher Weise gegeben werden wie in Abschnitt 7.2.2 und Bild 7.13(a) für die indirekte Kern-Kern-Kopplung. Danach nimmt man an, dass das ungepaarte Elektron in Bild 7.29(b), sein Spin sei z.B. nach oben gerichtet, die anderen Elektronen des Kohlenstoffs so polarisiert, dass ihre Spins vorzugsweise ebenfalls nach oben zeigen (Hundsche Regel), so dass die Elektronen in jeder der C—H Bindungen mit ihren Spins nach unten zeigen (Pauli-Prinzip); dies wirkt dann auf die Kernspins so, dass diese sich aufwärts orientieren. Damit sind der ungepaarte Spin und der Kernspin parallel und es kommt zur Kopplung. Wir können trotzdem die Gl. (7.18) anwenden falls wir unter ρ ein Maß für die *Spin*-Dichte des ungepaarten Elektrons (also seinen Einfluss auf einen weiter entfernten Punkt) und nicht sosehr sein Dichte *im engeren Sinn* verstehen.

Mit Hilfe derselben Überlegung kann man sich klarmachen, dass es zu einer negativen Kopplung – einer *negativen Spindichte* – kommen kann. Fügen wir nämlich ein weiteres Kohlenstoffatom in die Kette ein, dann ergeben sich die in Bild 7.29(c) gezeigten Verhältnisse; in diesem Fall versuchen die beiden Elektronen am neuen Kohlenstoff, ihre Spins parallel auszurichten (wiederum Hundsche Regel) und so ergibt sich eine Konfuguration zwischen dem ungepaarten Elektron und dem Kern, die zu der in Bild 7.29(b) entgegengesetzt ist.

Dieser Effekt einer „Konfigurationswechselwirkung“ kann rechnerisch in einer verfeinerten Version der Molekülorbitaltheorie berücksichtigt werden und damit erhält man eine sehr gute Übereinstimmung mit dem Experiment. Jetzt ist der Einsatz der ESR-Spektroskopie zur genauen Bestimmung von Elektronenspindichten an unterschiedlichen Stellen eines Moleküls wohl ausreichend begründet.

7.5.4 Doppelresonanz in der ESR

Das Vorgehen bei der Doppelresonanz in der ESR-Spektroskopie entspricht weitgehend dem bei der NMR – man beobachtet das Spektrum bei einer Frequenz und strahlt gleichzeitig eine zweite ein. Bei der ESR bestehen zwei Möglichkeiten – die zweite Frequenz kann entweder eine Resonanzfrequenz des *Kerns* oder des *Elektrons* sein – und die heißen *Endor* (Elektron-Kern(nuclear)-Doppelresonanz) bzw. *Eldor* (Elektron-Elektron-Doppelresonanz). Wir befassen uns nur mit der ersten; sie ist technisch einfacher und wir mehr eingesetzt als *Eldor*.

Betrachten wir den einfachen Fall eines einzelnen ungepaarten Elektrons in Wechselwirkung mit einem Kern mit Spin $\frac{1}{2}$; ein organisches Radikal, bei dem das Elektron mit einem Wasserstoffkern koppelt, ist ein naheliegendes Beispiel. In einem äußeren Feld werden sowohl das Elektron wie auch der Kern einen von jeweils zwei Energiezuständen (Spin „up“ oder „down“) einnehmen, so dass insgesamt vier Energiezustände zur Verfügung stehen. Wir können das Energiediagramm in der gezeigten Weise konstruieren (Bild 7.30). Das Energieniveau des Elektrons spaltet in zwei Zustände mit großem Abstand auf – bei einem Feld von 0,34 T beträgt die Aufspaltung etwa 9500 MHz – was im Bild ganz links angedeutet ist. Denken Sie daran (und vergleichen Sie mit Abschnitt 7.1.2), dass der „down“-Spin eines Elektrons aufgrund der negativen Elektronenladung stabiler ist als der „up“-Spin. Im selben Feld wird das Energieniveau des Wasserstoffs lediglich um etwa 13 MHz aufgespalten, so dass wir die Energie des Kerns erst einmal einfach addieren oder subtrahieren können, je nachdem, ob der Kernspin nach unten oder nach oben zeigt, so dass wir schließlich die vier im Bild mit ↓↑, ↓↓, ↑↑ und ↑↓ bezeichneten Niveaus vor uns haben. Hier ist als Erstes der Spin des Elektrons eingezeichnet; beachten Sie wieder, dass der Kernspin „up“ im Feld stabil ist; man erhält die Energieniveaus in der gezeigten Reihenfolge.

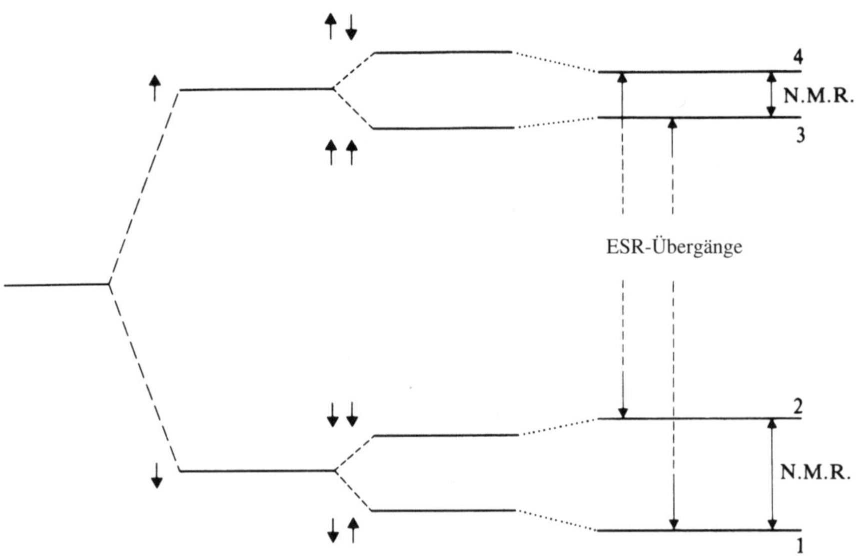

Bild 7.30: Energieniveaudiagramm zur Kopplung zwischen Elektronen und Kernspins.

Bis jetzt wurde allerdings bei allen Überlegungen die Kopplung zwischen Elektron und Kern vernachlässigt – wir haben die Energie des Kerns einfach zu der des Elektrons addiert und haben nichts von einer möglichen Wechselwirkung der Energieniveaus in Betracht gezogen. Wenn wir das tun, dann beachten wir gleichzeitig, dass Zustände mit gepaarten Spins (↓↑ und ↑↓) zu höherer Stabilität neigen oder in der Energie tiefer liegen, während parallele Spins (↑↑ und ↓↓) angehoben werden. Die punktierten Linien in Bild 7.30 deuten die Effekte dieser Wechselwirkung an, die auf die Energiestufen auf der rechten Seite im Bild führt. Der Leser sollte die Ähnlichkeit zwischen diesem Bild und Bild 7.14 beachten, wo die Energieniveaus zweier gekoppelter *Kerne* dargestellt sind. Der einzige Unterschied ist der Maßstab – in Bild 7.14

sind die Frequenzen der Kerne alle von derselben Größenordnung; in diesem Fall unterscheiden sich die Abstände der Energieniveaus von Elektron und Kern um einen Faktor 1000.

Übergänge im ESR-Bereich (bei denen sich lediglich der Spin des Elektrons umkehrt) sind in Bild 7.30 dargestellt und führen erwartungsgemäß auf ein Dublett infolge der Kopplung mit H. Entsprechend zeigen auch die NMR-Übergänge mit dem Wasserstoffspin allein auch nur zwei Resonanzen. Die NMR-Resonanz eines Radikals direkt zu beobachten ist nicht ganz einfach – viele Faktoren stehen dem entgegen, wie etwa, dass die geringe Konzentration eines Radikals ein nur schwaches Signal ergibt; oder Verbreiterung infolge der schnellen Relaxation durch das „freie" Elektron; auch Stabilitätsprobleme des Radikals usw. Immerhin können wir die *Wirkung* von NMR-Strahlung bei Beobachtung des ESR-Spektrums sehen.

Nehmen wir an, die Probe würde einer so starken ESR-Strahlung ausgesetzt, dass z.B. der Übergang $1 \rightarrow 3$ gesättigt wird. Das bedeutet, dass kein ESR-Signal beobachtet würde, da die Besetzungsdichten von 1 und 3 gleich sind. Strahlen wir nun auch noch Radiofrequenz (NMR) auf die Probe ein und beobachteten gleichzeitig auf der ESR-Frequenz, dann können wir in Gedanken die NMR-Strahlungsfrequenz langsam erhöhen. An einem bestimmten Punkt induzieren wir dadurch den Übergang $3 \rightarrow 4$, heben so einige Moleküle auf das Niveau 4 an und verringern gleichzeitig die Besetzung von Niveau 3. In diesem Augenblick wird zusätzliche ESR-Strahlung absorbiert, weil jetzt in Niveau 3 zusätzlich „Platz" geschaffen wurde, so dass der Übergang $1 \rightarrow 3$ stattfinden kann. Auf diese Weise bewirkt ein Durchstimmen durch die NMR-Resonanz, dass im ESR-Spektrum ein Signal auftaucht. Erhöhen wir nun die NMR-Frequenz weiter bis zur Resonanz mit dem Übergang $1 \rightarrow 2$, stören wir erneut die relativen Besetzungsdichten und man beobachtet ein weiteres ESR-Signal.

Auf den ersten Blick erscheint das Endor-Spektrum dieses Niveausystems nicht sonderlich aufregend – zwei Linien im Abstand der Kopplungskonstanten und somit dieselbe Information, wie man sie aus dem ESR-Spektrum allein erhalten kann. Dennoch gibt es zwei Gründe, warum Endor-Verfahren von Vorteil sind.

Elektronenspinresonanzen sind oft stark verbreitert und man kann die Spektren nicht immer so gut auflösen, dass man die Aufspaltung infolge der Kopplung an den Kern sieht. Endor-Spektren hingegen werden von der Breite der *Kern*resonanz bestimmt, weil überhaupt nur dann, wenn man diese durchfährt, ein ESR-Signal beobachtbar ist. Obwohl die Resonanz des Kerns häufig durch Relaxation *über* das freie Elektron stark verbreitert ist, so ist sie trotzdem viel schärfer als die ESR und die Kopplung mit dem Kern viel leichter zu beobachten; die Kopplungskonstanten selbst können aus den schmäleren Endor-Spektrallinien viel genauer bestimmt werden.

Außerdem wird das ESR-Signal auch dann in $I+1$ Linien aufgespalten, wenn in der ESR eine Kopplung an einen Kern mit einem Spin größer $\frac{1}{2}$ erfolgt, etwa an Stickstoff ($I = 1$) bei einem organischen Moleklül oder an ein Metallion in einem Kristall; unaufgelöst erhalten wir ein stark verbreitertes Signal. Das Endor-Spektrum ist viel einfacher; wie groß auch immer der Spin des Kerns ist, an den die Kopplung erfolgt, eine Resonanz wird durch die Wechselwirkung mit dem einzelnen Elektron immer in ein Dublett aufgespalten.

Es sei darauf hingewiesen, dass Endor in der Praxis nicht in der eben geschilderten Weise experimentell durchgeführt wird. Wir haben jetzt feste Energieniveaus angenommen und die eingestrahlten Frequenzen durchgestimmt. Technisch ist es einfacher, die eingestrahlte ESR-Frequenz konstant zu halten und die Energieniveaus durch Änderung des Magnetfelds solange zu verschieben, bis Resonanz eintritt. Jedenfall ist es einfacher, sich den Vorgang so vorzustellen, wie wir es eben getan haben, und das ändert nichts am Prinzip.

7.5.5 Die Feinstruktur in ESR-Spektren (Elektron-Elektron-Kopplung)

Wie wir wissen (Abschnitt 7.5.3), tritt die Hyperfeinstruktur als Folge einer Wechselwirkung zwischen Kernspins und dem ungepaarten Elektron auf. Feinstruktur hingegen tritt nur bei Substanzen mit mehr als einem ungepaarten Elektron auf und zwar infolge einer Elektron-Elektron-Kopplung. Dies kommt normalerweise nur in Kristallen vor und zwar bevorzugt in solchen mit Komplex-Ionen.

Betrachten wir einen Kristall, der Moleküle oder Ionen mit zwei parallelen, also nicht gepaarten Elektronenspins enthält, was einen Gesamtspin von 1 ergibt; dies ist natürlich ein *Triplett*-Zustand, da $S = 1$ und $2S+1 = 3$. Molekulare Triplettzustände sind oft instabil und kehren in den Singulettzustand mit gepaarten Spins zurück. Zum Beispiel werden beim Naphtalin einzelne Moleküle durch Bestrahlung mit UV-Licht in den Triplettzustand angeregt, der sehr rasch in den Grundzustand zerfällt. Hier allerdings kann der Triplettzustand durch Kühlung des Kristalls auf tiefe Temperatur oder durch Verdünnung des Naphtalins in einem reaktionsträgen Festkörpergitter aufrechterhalten und mit ESR beobachtet werden. Andererseits sind Übergangsmetallionen oft in einem ziemlich stabilen Triplettzustand und können leicht bei Zimmertemperatur mit ESR beobachtet werden.

Im Zusammenhang mit ESR können die beiden Elektronen des Moleküls oder des Ions, die den Triplettzustand bilden, als ein Teilchen mit Spin 1 aufgefasst werden. Damit ist der Drehimpulsvektor für $S = 1$ gegeben durch:

$$\mathbf{S} = \sqrt{S(S+1)}\,\frac{h}{2\pi} = \sqrt{2}\text{ Einheiten}$$

und die Vektoren nehmen ohne Feld zufallsverteilte Richtungen ein. Wird ein Magnetfeld angelegt oder hat der Kristall ein inneres Feld, dann zeigen die Vektoren nur in eine von drei Richtungen – und das muss in Feldrichtung, quer dazu oder gegen die Feldrichtung sein, wie in Bild 7.31(a) schematisch gezeigt; die Komponenten in Feldrichtung sind natürlich $S_z = +1$, 0 oder -1. Im Feld wird der Zustand $S_z = +1$

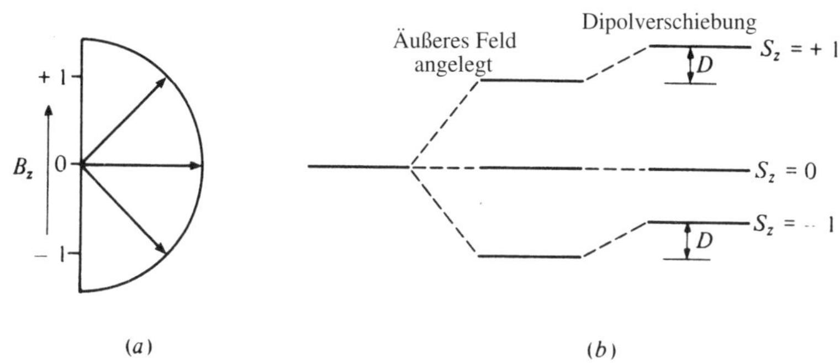

Bild 7.31: (a) Zulässige Orientierungen zweier Elektronenspins in einem Magnetfeld B_z. (b) Aufspaltung der Energie in drei Niveaus sowie Dipol-Verschiebung D, die die S_z-Niveaus anhebt.

energetisch angehoben, der Zustand $S_z = -1$ abgesenkt und $S_z = 0$ bleibt unverändert, wie in der Mitte von Bild 7.31(b) gezeigt ist. (Beachten Sie, dass der Zustand $+1$ energetisch *angehoben* wird, während (vgl. Bild 7.1(c)) bei Kernen mit Spin 1 der Zustand $+1$ abgesenkt wird; dies gibt natürlich die unterschiedliche Ladung von Kern und Elektron wieder.) Aufgrund der Auswahlregel $\Delta S = \pm 1$ (streng) sind zwei Übergänge erlaubt, aber beide hätten dieselbe Frequenz und würden somit nur eine Spektrallinie ergeben. In Wirklichkeit werden aber stets *zwei* Resonanzen mit unterschiedlicher Frequenz beobachtet und wir müssen uns jetzt überlegen, wie es dazu kommt, dass die Energieniveaus unsymmetrisch aufgespalten werden; dafür gibt es mehrere Gründe.

Erstens wissen wir, dass jeder $S = 1$ Zustand in Wirklichkeit von zwei Elektronen mit parallelen Spins gebildet wird und jeder Spin ein kleines magnetisches Feld in der Umgebung seines Partners erzeugt. Dieser Effekt ist identisch mit dem der Spin-Spin-(Dipol-)Kopplung, wie sie im Bild 7.12 für den Fall zweier *Kerne* dargestellt ist, außer, dass diese in umgekehrter Richtung wirkt, da Kerne und Elektronen entgegengesetzte Ladungen tragen – so dass nun ein aufwärts gerichteter Spin das Feld am Nachbarkern verstärkt und ein nach unten gerichteter Spin es schwächt. Was nun unsere beiden Elektronen betrifft verspüren *beide* Spins im $S_z = +1$ Zustand ein angelegtes Feld, das größer ist als das äußere Feld B_z und damit wird die Energie dieses Zustands *erhöht*; im Fall von $S_z = -1$ verspüren beide ein schwächeres Feld, was wiederum ihre Energie *anhebt* (Berücksichtigen Sie, dass eine Erhöhung des effektiven Felds die Energie des Zustands $S_z = +1$ erhöht, die von $S_z = -1$ aber verringert). Im Fall von $S_z = 0$ ist das Dipolfeld quer zum angelegten Feld orientiert, so dass sich keine Änderung ergibt. Somit wird die Energie des Zustands $S_z = 0$ durch eine Dipol-Kopplung nicht verschoben.

Insgesamt besteht bei der Dipol-Wechselwirkung der Effekt darin, dass *sowohl* die $S_z = +1$ *als auch* die $S_z = -1$ Zustände relativ zu $S_z = 0$ angehoben werden, wie es in Bild 7.31(b), rechts, zu sehen ist. In diesem Bild ist die Dipol-Verschiebung D kleiner als die Aufspaltung durch das äußere Feld; bei kleinen Feldern können natürlich sowohl $S_z = +1$ wie auch $S_z = -1$ energetisch über $S_z = 0$ liegen, da die Größe der Dipol-Verschiebung völlig unabhängig vom äußeren Feld ist.

Zweitens kann auch eine Spin-Bahn-Kopplung vorhanden sein, bei der der Bahndrehimpuls und der Spin des Elektrons gekoppelt sind. Da die Gesamtspins $S_z = +1$ und $S_z = -1$ entgegengesetzte Richtungen aufweisen, kann so eine Kopplung ebenfalls die Energieniveaus stören wobei der Zustand $S_z = 0$ nicht beeinflusst wird. Der Spin-Bahn-Effekt kann dasselbe oder das entgegengesetzte Vorzeichen wie die dipolare Wechselwirkung haben.

Schließlich kommt es noch zu weiteren Störungen der Energieniveaus von $S_z = +1$ und $S_z = -1$, jedoch nicht von $S_z = 0$, wenn eine Anisotropie im Kristall vorhanden ist (und das ist immer dann der Fall, wenn der Kristall nicht hochsymmetrisch ist).

Im Allgemeinen werden diese drei Störungen der Energieniveaus unter der Bezeichnung *Nullfeld* (oder *Kristallfeld*)-Effekt zusammengefasst, da sie auch ohne äußeres Feld eine Verschiebung der Energieniveaus der Zustände $S_z = +1$ sowie -1 gegenüber $S_z = 0$ bewirken. Die Verhältnisse sind in Bild 7.32(a) wiedergegeben, wobei die Zustände $S_z = \pm 1$ oberhalb von $S_z = 0$ angenommen sind; es gibt auch die Verschiebung in die entgegengesetzte Richtung, was jedoch nichts an den folgenden Überlegungen zum Spektrum ändert. Erhöht man wie in Bild 7.32(b) gleichmäßig das am Kristall angelegte Feld, dann entfernen sich die $S_z = \pm 1$ Niveaus voneinander und man sieht, dass es bei einer bestimmten Strahlungsfrequenz zu Übergängen bei zwei unterschiedlichen Feldstärken kommen wird; das Spektrum besteht somit aus zwei Feinstrukturlinien.

Im Allgemeinen ist die Nullfeldaufspaltung ein sehr ausgeprägter Effekt; zum Beispiel

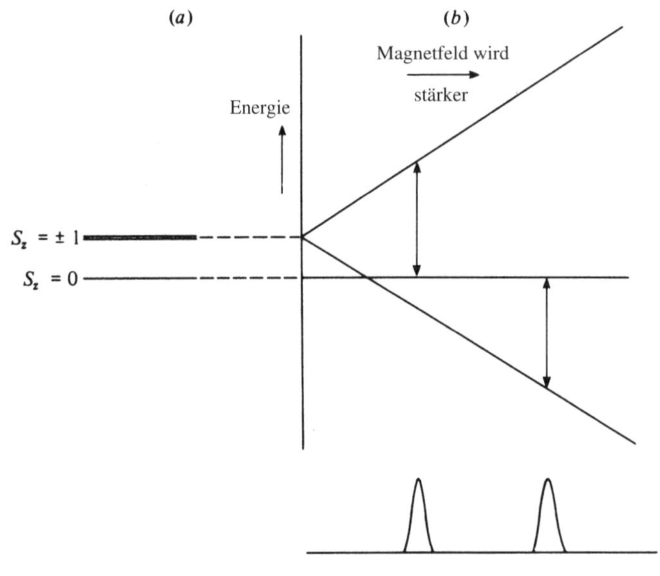

Bild 7.32: (a) Nullfeldaufspaltung eines Triplettzustands. (b) Der Effekt aufgrund eines angelegten Magnetfelds mit den erlaubten Übergängen zwischen den Niveaus.

entspricht der für den Triplettzustand von Naphtalin beobachtete Abstand zwischen den Niveaus $S_z = 0$ und $S_z = \pm 1$ ca. 3000 MHz; im Vergleich dazu führt ein äußeres Feld von 0,3 T zu einer Energieaufspaltung von etwa 8000 MHz. Einige Übergangsmetallionen zeigen viel größere Nullfeldaufspaltungen. So ist die Feinstrukturaufspaltung in einem Spektrum, bei dem das Feld variiert wurde (Bild 7.32(b), unten), recht groß, etwa 0,1 – 0,2 T oder noch größer, wobei die Linienbreite 10^{-3} oder 10^{-4} T beträgt.

Führt man dieses Überlegungen weiter, dann findet man, dass auch bei Kristallen mit Molekülen oder Ionen mit mehr als zwei parallelen Spins eine Feinstrukturaufspaltung in ganz ähnliche Form auftritt. Allgemein gilt, dass bei n parallelen Spins im ESR-Spektrum n Resonanzen im gleichen Abstand voneinander beobachtet werden.

7.5.6 Experimentelle Methoden in der ESR-Spektroskopie

Wir wissen, dass die ESR-Spektroskopie im Allgemeinen im Mikrowellenbereich durchgeführt wird; deshalb gilt die Beschreibung einer Mikrowellenapparatur, wie sie zur Beobachtung der Molekülrotation eingesetzt wird (Kapitel 2, Abschnitt 2.5) auch für die ESR, wobei allerdings ein Magnet zum Erzeugen des notwendigen Felds hinzukommt (die Probe befindet sich in einem Mikrowellenresonator). Viele

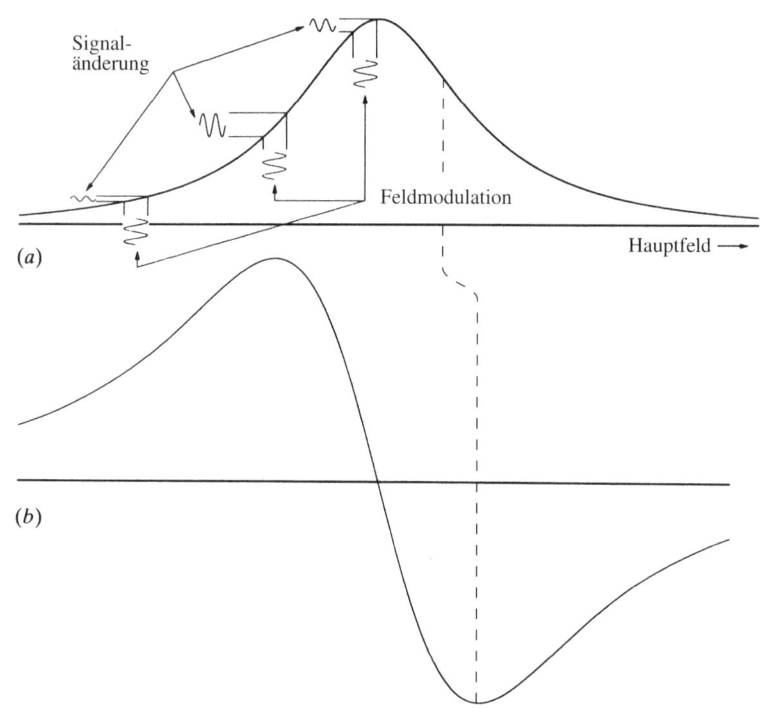

Bild 7.33: (a) Absorptionsspektrum mit konstanter Amplitude des Modulationsfelds sowie die sich daraus ergebende Änderung des Signals, die zur entsprechenden (b) ersten Ableitung des Spektrums führt.

kommerzielle Spektrometer benutzen ein Klystron als Strahlungsquelle mit einer festen Frequenz von 9500 MHz und einen Elektromagneten mit etwa 0,34 T, der mit Hilfsspulen zum Durchstimmen des Felds und zur Aufnahme von Spektren ausgerüstet ist.

Üblicherweise sind zusätzliche Spulen angebracht, die ein magnetisches Wechselfeld in der Stärke von einigen Mikrotesla bei einer Frequenz von etwa hundert Hertz erzeugen; dies hat zwei Gründe. Erstens handelt es sich dabei um eine Modulations- (oder „Chopper")-Frequenz, auf die das Detektor- und Verstärkersystem zur Verbesserung des Signal-Rauschverhältnisses abgestimmt werden kann. Zweitens kann diese Anordnung dazu eingesetzt werden, um das Spektrum als erste Ableitung darzustellen, wie es bei ESR üblich ist. In Bild 7.33(a) ist die (konstante) Amplitude des Modulationsfelds zu sehen, während das äußere Feld über das Absorptionsspektrum hinweg durchgestimmt wird. In Bereichen, in denen sich das Absorptionsspektrum sehr wenig ändert, ist der im Verlauf einer Modulationsperiode registrierte Signalunterschied klein, während er bei starken Änderungen im Spektrum groß wird. Der Signalunterschied ist somit ein Maß für die *Steigung* im Verlauf des Spektrums und dieses kann, wie in Bild 7.33(b), unmittelbar in Form der ersten Ableitung aufgezeichnet werden. Dieses hat im Wesentlichen zwei Vorteile für die ESR-Spektroskopie: (1) Es ist ziemlich schwierig, an einer breiten Absorptionslinie die Stelle maximaler Absorption genau zu bestimmen, sie zeigt sich jedoch an der ersten Ableitung mit viel größerer Genauigkeit, nämlich als der Schnittpunkt zweier Linien; (2) Die Abschätzung der Intensität kann an der ersten Ableitung einer Linie mit größerer Genauigkeit erfolgen als bei der breiten Absorptionslinie.

Literatur

Abraham, R. J., Fischer, J. und Loftus, P.: *Proton and Carbon-13 N.M.R. Spectroscopy: An Integrated Approach.* Heiden & Son, 1978.

Akitt, J. W.: *N.M.R. and Chemistry: An Introduction to N.M.R. Spectroscopy.* Chapman & Hall, 2nd edn., 1983.

Carrington, A. und McLachlan, A. D.: *Introduction to Magnetic Resonance.* Chapman & Hall, 2nd edn., 1979.

Derome, A. E.: *Modern N.M.R. Techniques for Chemical Research.* Pergamon Press, 2nd edn., 1987.

Ebsworth, E. A. V., Rankin, D. W. H. und Cradock, S.: *Structural Methods in Inorganic Chemistry.* Blackwell, 2nd edn., 1991.

Farrar, T. C. und Becker, E. D.: *Puls and Fourier Transform N.M.R.: Introduction to Theory and Methods.* Academic Press, 2nd edn., 1971.

Gerson, F.: *High Resolution E.S.R. Spectroscopy.* John Wiley, 2nd edn., 1971.

Harris, R. K.: *Nuclear Magnetic Resonance, A Physiochemical Review.* Longman, 2nd edn., 1986.

Kalinowski, H.-O., Berger, S. und Braun, S.. *Carbon-13 N.M.R. Spectroskopy.* John Wiley, 2nd edn., 1988.

Kemp, W.: *N.M.R. in Chemistry: A Multinuclear Approach.* Macmillan Press, 2nd edn., 1986.

Kevan, L. und Schwartz, R. N., editors. *Time Domain Electron Spin Resonance.* John Wiley, 2nd edn., 1979.

Lucken, E. A. C. *Nuclear Quadrupole Coupling Constants.* Academic Press, 1969.

Martin, M. L., Martin, G. J. und Delpuech, J. J.: *Practical N.M.R. Spectroscopy.* Heyden & Son, 1986.

Wertz, J. E. und Boulton, J. R.: *Electron Spin Resonance: Elementary Theory and Practical Applications.* Chapman & Hall, 1986.

Williams, D. H. und Fleming, I.: *Spectroscopic Methods in Organic Chemistry.* McGraw-Hill, 4th edn., 1989.

Übungsaufgaben

(Wichtige Konstanten: $h = 6{,}626 \cdot 10^{-34}$ J s; $\beta_N = 5{,}051 \cdot 10^{-27}$ J T^{-1}.)

7.1 (a) Ein bestimmes NMR-Gerät läuft bei 30 256 MHz; welches Magnetfeld ist notwendig, um an ^{1}H und ^{13}C-Kernen bei dieser Frequenz Resonanz zu erzielen?
(b) Berechnen Sie die Resonanzfrequenz des ^{1}H Kerns bei den Feldstärken von 2,5 und 5,25 Tesla. (Verwenden Sie die Daten aus Tabelle 7.1).

7.2 Die vier Linien eines *AX*-Spektrums werden bei $\delta = 5{,}8$; 5,7; 1,1; 1,0 beobachtet (relativ zu TMS mit einem 100 MHz-Gerät gemessen). Wo liegen die chemischen Verschiebungen der Kerne *A* und *X* (in δ) und wie groß ist die Kopplungskonstante zwischen ihnen (in Hertz)?

7.3 Vinylfluorid weist ungefähr die folgenden Kopplungskonstanten auf:

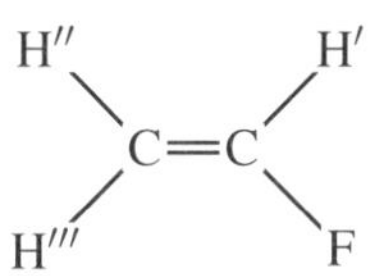

$J_{H'H''} = 5$ Hz $J_{H'F} = 85$ Hz
$J_{H'H'''} = 13$ Hz $J_{H''F} = 50$ Hz
$J_{H''H'''} = -3$ Hz $J_{H'''F} = 20$ Hz

Zeichnen Sie schematisch das NMR-Spektrum des Fluorkerns auf unter der Annahme, dass die Unterschiede in der chemischen Verschiebung zwischen den Wasserstoffkernen alle groß sind im Vergleich zu deren Kopplungskonstanten.

7.4 Ein fiktiver Kern *B* ohne Spin bildet fünfwertige Verbindungen; eine davon ist $H_4B—CH_3$, in der die BH_4-Gruppe eine quadratische Pyramide mit *B* als Scheitel bildet und die Methylgruppe frei um die B—C Bindung rotiert. Zeichnen Sie schematisch das NMR-Spektrum von H unter der Annahme, dass alle chemischen Verschiebungen groß sind gegenüber den Kopplungskonstanten.

7.5 Wie verändern sich NMR-Spektren, wenn es zum Austausch eines Kerns zwischen nichtäquivalenten Positionen im Molekül kommt? Sie sollten drei Fälle beschreiben: (a) einen, bei dem die Austauschfrequenz hoch ist, (b) bei dem der Austausch langsam erfolgt und (c) einen Fall dazwischen. Beschreiben Sie das Aussehen des NMR-Spektrums von Methanol für den Fall, dass es (i) sehr trocken ist und (ii) eine Spur von Wasser enthält. Begründen Sie die Unterschiede.

7.6 (a) Welchen Einfluss hat die Isotopensubstitution Deuterium gegen Wasserstoff auf die Spektren von ^{1}H und ^{13}C?
(b) Deuteriertes Aceton (CD_3COCD_3) wird häufig als Lösungsmittel für Protonen-NMR-Spektren verwendet, da es keine Protonenresonanz zeigen sollte. In der Praxis enthalten die Proben im Allgemeinen Spuren von CD_3COCD_2H; treffen Sie eine Voraussage über das Protonen-NMR-Spektrum dieses Moleküls unter der Annahme, dass keine Kopplung zwischen der CD_3 und der CD_2H Gruppe existiert und berücksichtigen Sie, dass Deuterium den Spin 1 hat.

7.7 Obwohl die Tieftemperatur-NMR-Spektren von Festkörpern im Allgemeinen breite Resonanzen aufweisen, verursacht eine Temperaturerhöhung häufig eine plötzliche Verringerung der Linienbreite, obwohl die Probe noch immer weit unter dem Schmelzpunkt ist. Erklären Sie diese Beobachtung.

Treffen Sie eine Voraussage über die Anzahl der Linien im ESR-Spektrum der folgenden Radikale:

$$\begin{array}{ll} \text{(a)}\ [CF_2H]\cdot & \text{(b)}\ [^{13}CF_2H]\cdot \\ \text{(c)}\ [CF_2D]\cdot & \text{(d)}\ [CClH_2]\cdot \end{array} \qquad (7.19)$$

Der Spin von D ist 1; weitere Spins sind in Tabelle 7.1 aufgeführt.)

7.8 Das ESR-Spektrum des *p*-Benzosemichinon-Radikals:

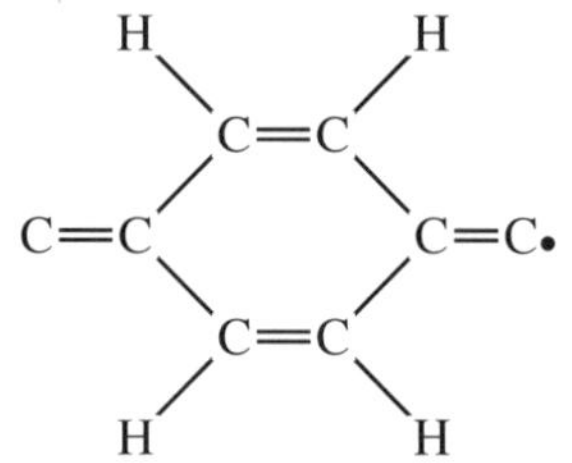

zeigt ein 1 : 4 : 6 : 4 : 1 Quintett mit einem Linienabstand von 0,24 mT. Berechen Sie den Anteil der Zeit, den das ungepaarte Elektron bei jedem Wasserstoff-, Kohlenstoff- und Sauerstoffkern verbringt unter der Annahme, dass die C—H Gruppen sich in diesem Molekül ähnlich verhalten wie in Benzol. Verwenden Sie Gl. (7.18) und einige der Daten von Abschnitt 7.5.3.

7.9 (a) Ordnen Sie die restlichen Linien im ESR-Spektrum von Naphtalin zu (Bild 7.28).
(b) Sagen Sie das ESR-Spektrum für 1-Iod-Naphtalin und 2-Iod-Naphtalin voraus unter der Annahme, dass die Elektronendichten und damit auch die Kopplungskonstanten dieselben sind wie bei Naphtalin.

8 Festkörper- und Oberflächenspektroskopie

Die Bedeutung von Festkörpern und deren Oberflächen im Alltag hat zu einer stürmischen Entwicklung in der Erforschung ihrer Eigenschaften und ihres Verhaltens geführt. Untersuchungen auf diesen Gebieten sind deshalb besonders anspruchsvoll, da Oberflächen sehr komplexe Eigenschaften aufweisen können und die Zahl der Teilchen oft sehr klein ist. Deshalb war die Entwicklung spektroskopischer Verfahren, die man zu ihrer Erforschung einsetzen kann, bis vor kurzem dadurch eingeschränkt, dass sehr hohe Empfindlichkeit erforderlich ist. Der Erfolg beruht auf einer Reihe von technologischen Fortschritten, die innerhalb der letzten Jahre erzielt wurden.

Dieses Kapitel beschreibt in groben Umrissen eine Auswahl aus der großen Anzahl von Verfahren, die sich inzwischen zu Standardmethoden bei der Untersuchung von Oberflächen und des festen Aggregatzustands entwickelt haben.

Im Allgemeinen gibt es bei der Untersuchung von Oberflächen zwei Vorgehensweisen: Die erste besteht in der Untersuchung von Proben mit großer Oberfläche, wie fein verteilte Metallteilchen auf Oxiden (wie z.B. Quarz oder Oxiden seltener Erden); diese untersucht man mit dem Ziel, daran die Wirkungsweise realer Metallkatalysatoren aufzuklären. Die dabei vorhandene große Oberfläche (in der Größenordnung von 10^{19} Atomen pro Quadratzentimeter) ermöglicht die Adsorption einer großen Zahl von Molekülen, so dass eine vergleichsweise geringe Empfindlichkeit erforderlich ist. Der wesentliche Nachteil besteht darin, dass die Oberfläche eines dispergierten Metalls in hohem Maß komplexe Eigenschaften besitzen kann und im Normalfall ganz verschiedene Kristallflächen aufweist, so dass eine Vielzahl von Adsorptionsplätzen mit unterschiedlichen Bindungseigenschaften vorhanden ist. Das führt dazu, dass die Spektren oft einander überlagernde Beiträge von den verschiedenen, in unterschiedlicher Weise gebundenen Spezies zeigen.

Die zweite Vorgehensweise kann dieses Problem weitgehend lösen. Man untersucht die Flächen von sehr regelmäßig gebauten Einkristallen. Diese kann man gut charakterisieren und die Art der vorhandenen Adsorptionsplätze mit Beugungsmethoden bestimmen. Allerdings besteht ein Nachteil bei diesem Verfahren darin, dass die Probenmengen auf Einkristalloberflächen sehr klein sind im Vergleich zu makroskopischen Proben. Im Durchschnitt haben Einkristalloberflächen Durchmesser von

~ 1 cm und weisen größenordnungsmäßig 10^{15} Atome cm^{-2} auf. Das entspricht dem Fall, dass man Proben in Nanogrammmengen untersucht und das erfordert eine hohe Empfindlichkeit. Außerdem wird die Oberfläche bei einem Druck von $\sim 10^{-6}$ mbar von $\sim 10^{14} - 10^{15}$ Molekülen pro cm^2 und Sekunde bombardiert. Enthält das Gas nur Spuren einer reaktiven Verunreinigung, wie etwa Sauerstoff, kann das die Oberfläche sättigen und innerhalb von Sekunden kontaminieren. Um dieses Problem zu vermeiden, müssen Untersuchungen von Einkristallproben unter Ultrahochvakuumbedingungen (UHV) bei Drücken von etwa $10^{-10} - 10^{-11}$ mbar durchgeführt werden (etwa ein Zehntel des Drucks, der im Weltraum innerhalb des Sonnensystems herrscht), so dass genügend Zeit zur Verfügung steht (~ 1 Stunde) um aussagekräftige Messungen vorzunehmen, bevor die Oberfläche kontaminiert ist. Verfahren, mit denen das möglich ist, haben geraume Zeit zu ihrer Entwicklung gebraucht.

8.1 Schwingungsspektroskopie an Oberflächen

Die Beobachtung von Schwingungen adsorbierter Moleküle stellt eine sehr effiziente Methode dar, um ihre Struktur und Zusammensetzung aufzuklären und die Art des eingenommenen Adsorptionsplatzes sowie der Bindung an die Oberfläche zu bestimmen.

8.1.1 Elektronen-Energieverlust-Spektroskopie (**E**lectron **E**nergy **L**oss **S**pectroscopy, **EELS**)

Die erste Methode zur Untersuchung von Schwingungen der Adsorbate sowie der Oberflächenatome selbst war die Energieverlustspektroskopie an Elektronen (EELS). Bei diesem Verfahren wird ein Strahl von Elektronen definierter Energie auf die Probe gerichtet. Der reflektierte Strahl besteht zum größten Teil aus elastisch gestreuten Elektronen (d.h., diese haben weder Energie verloren noch gewonnen) und einigen

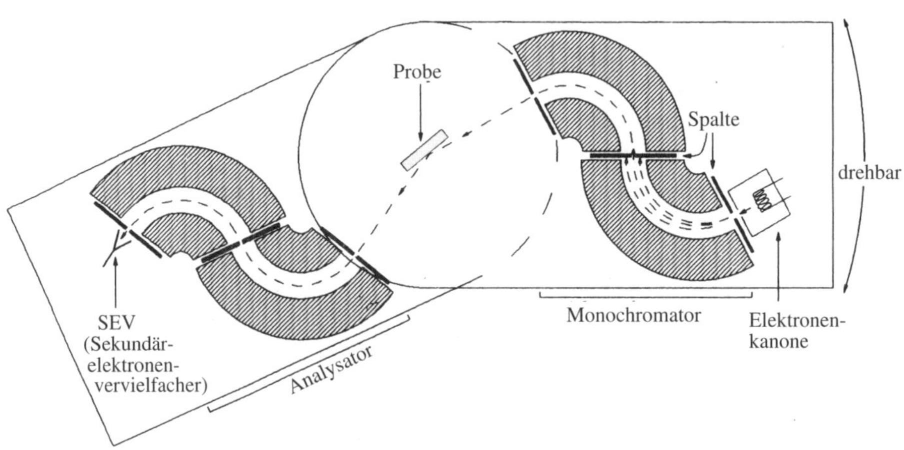

Bild 8.1: Elektronenenergieverlustspektrometer.

unelastisch gestreuten (d.h., sie haben Energie abgegeben oder aufgenommen). Das Ergebnis wird in der Form „Gesamtzahl der Elektronen gegen Streuenergie" aufgetragen.

Bild 8.1 zeigt schematisch ein gängiges EELS-Spektrometer; aus der Elektronenkanone werden von einer weißglühenden Wolframwendel Elektronen emittiert, die einen weiten Energiebereich umfassen; diese werden beschleunigt und gelangen in einen Monochromator. An zwei konzentrisch angeordnete Zylindersegmente wird eine elektrische Spannung angelegt, durch die die Elektronen von ihrer geradlinigen Flugbahn abgelenkt werden. Die Feldstärke sowie die Energie der Elektronen bestimmen den Radius ihrer kreislinienförmigen Flugbahn. Der Monochromator lässt nur Elektronen in einem schmalen Energiebereich durch, wobei der Rest mit den Rändern des Spalts kollidiert und ausgeblendet wird. Dies ist im Bild auf der rechten Seite schematisch dargestellt.[1] Nach der Probe passieren die Elektronen den Analysator, der nach demselben Prinzip wie der Monochromator funktioniert und treffen dann auf einen Sekundärelektronenvervielfacher (SEV), der sie registriert und zählt. Der Monochromator ist um den Punkt drehbar, an dem der Strahl auf die Probe trifft, so dass unterschiedliche Einfallswinkel ausgewählt werden können. Die Energie der auf die Probe einfallenden Elektronen kann ebenfalls variiert werden, indem man die elektrischen Felder im Monochromator ändert.

Die Energie des verwendeten Elektronenstrahls liegt normalerweise im Bereich 1 – 10 eV. Das Auflösungsvermögen ist im Vergleich zu Infrarotmethoden naturgemäß gering. Der beste EELS-Analysator kann gegenwärtig etwa 1 meV an Elektronenenergie auflösen; dies entspricht ca. 8 cm^{-1} und kann sich neben einer gängigen Infrarotauflösung von 1 cm^{-1} oder weniger nur schlecht sehen lassen.

Wie in Bild 8.2 dargestellt, wird der Strahl unter einem bestimmten Einfallswinkel auf

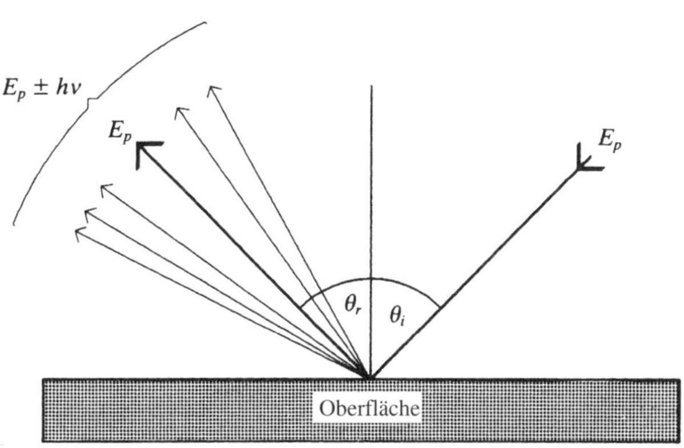

Bild 8.2: Das Prinzip eines EELS-Experiments mit θ_i als Einfallwinkel und θ_r als dem Reflexionswinkel; E_p ist die Energie des einfallenden Strahls (die Primärenergie) und $E_p \pm h\nu$ die Energie der unelastisch gestreuten Elektronen.

[1] Durch Anordnung zweier solcher Zylinderpaare (Doppelmonochromator) lässt sich eine bessere Energieselektivität erzielen.

die Oberfläche gerichtet. Infolge der Ähnlichkeit mit der Reflexion eines Lichtstrahls an einem Spiegel spricht man von spiegelnder Reflexion. Allerdings kommt es nur bei 0,1 Prozent der Elektronen zu einer unelastischen Streuung, wobei diese ein Energiequant verlieren oder aufnehmen und die Oberfläche unter einem beliebigen Winkel, auch unter dem Winkel spiegelnder Reflexion, wieder verlassen können. Auf diese Änderung in der Energie kommt es in dieser Betrachtung hier an, da diese einem *Schwingungs*energiequant entspricht, das vom adsorbierten Molekül aufgenommen oder abgegeben wurde.

Es gibt eine ganze Reihe von Mechanismen, über die der Elektronenstrahl mit adsorbierten Molekülen wechselwirken kann; wir werden uns jedoch nur mit dem wichtigsten befassen, der als Dipolstreuung bekannt ist. Dabei handelt es sich um eine Wechselwirkung großer Reichweite zwischen den elektrischen Feldern der eingestrahlten Elektronen und den schwingenden Dipolen des Adsorbats. Diese Wechselwirkung bewirkt ein geringfügige Änderung im Impuls der Elektronen und führt zu einer Streuung knapp außerhalb des Spiegelwinkels.

Wenn es sich, wie im Normalfall, bei der adsorbierenden Oberfläche um ein Metall handelt, dann können sich die Elektronen dieser Metalloberfläche (im „Leitungsband") frei unterhalb der Oberfläche bewegen. Das hat zur Folge, dass jedes adsorbierte Fragment mit oszillierenden Bindungen, das somit einen schwingenden Dipol darstellt, wiederum einen gleich starken Dipol in der Form eines Spiegelbilds unter der Oberfläche induziert. Dies zeigt Bild 8.3. Ist die Molekülschwingung *parallel* zu Oberfläche gerichtet (Bild 8.3(a)), dann wird sie durch den induzierten Dipol praktisch „ausgelöscht", während sich hingegen bei einer *senkrechten* Schwingung (Bild 8.3(b)) eine Verdopplung der Dipols ergibt – das positiv und das negativ geladene Ende des Dipols sind bei der Metall-Molekül-Kombination doppelt so weit voneinander entfernt wie nur beim Molekül allein. Schwingungen in Richtungen, die dazwischen liegen, zeigen dann entsprechend einen Effekt mittlerer Stärke. Dies ist die Begründung für die Auswahlregel an Metalloberflächen bei der Dipolstreuung – nämlich, dass *nur Schwingungsmoden mit senkrecht zur Oberfläche oszillierenden Dipolen mit dem Strahl in Wechselwirkung treten* (man bezeichnet sie als „erlaubt"). Diese Auswahlregel hat sich bei der Analyse von Adsorbatstrukturen als sehr aufschlußreich erwiesen.

Bild 8.4 gibt das EELS-Spektrum von Ethin auf einer dichtgepackten Cu(111)-

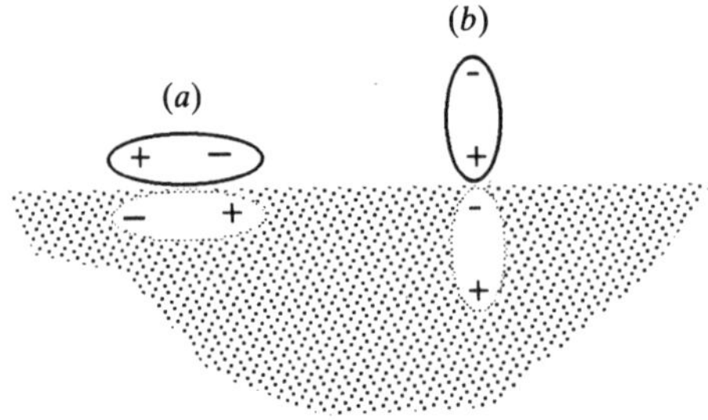

Bild 8.3: (a) Kompensation des Dipolmoments eines Adsorbats, bei dem der Dipol parallel zur Oberfläche orientiert ist. (b) Verstärkung des Dipolmoments um den Faktor 2 bei einem Adsorbat mit dem Dipol senkrecht zur Oberfläche.

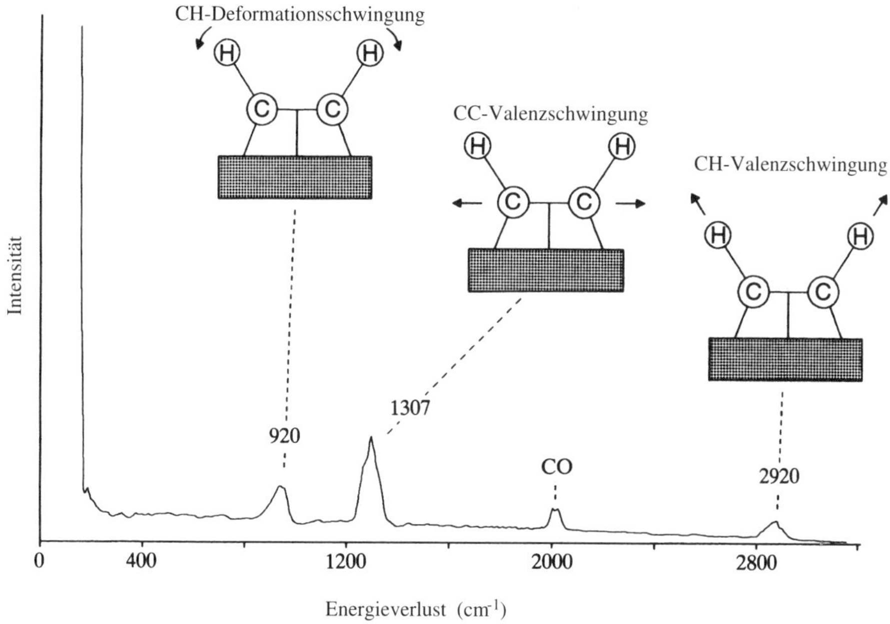

Bild 8.4: Elektronenenergieverlustspektrum von an der Cu (111) Fläche adsorbiertem Ethin. (*Wiedergegeben mit Genehmigung von B.J. Bandy, M.A. Chesters, M.E. Pemble, G.S. MacDougall und N. Sheppard,* Surface Science, **139**, *87, 1984.*)

Oberfläche wieder. Die Anlagerung an die Oberfläche erfolgt über die Ausbildung einer Bindung zwischen der C≡C Bindung und der Metalloberfläche (eine sogenannte π-Bindung) zusätzlich zu Bindungen direkt zwischen den C- und den Cu-Atomen (σ-Bindung). Man kann annehmen, dass das adsorbierte Molekül parallel zur Oberfläche liegt; die Schwingungsmoden, deren Dipole senkrecht zur Oberfläche oszillieren, sind in den kleinen Skizzen im Bild wiedergegeben. Tabelle 8.1 enthält die ungefähren Werte der CC sowie der CH Valenzschwingungen von gasförmigem Ethin, Ethen bzw. Ethan. Aus der gerechtfertigten Annahme, dass die EELS-Banden bei 1307 bzw. 2920 cm^{-1} den CC bzw. CH Valenzschwingungsfrequenzen entsprechen, ergibt sich,

Tabelle 8.1: Frequenzen der symmetrischen Valenzschwingung der C—C sowie der C—H Bindungen in Ethin, Ethen und Ethan

	Symmetrische CC Valenzschwingung (cm^{-1})	Symmetrische CH Valenzschwingung (cm^{-1})
Ethin, HC≡CH	1974	3374
Ethen, $H_2C{=}CH_2$	1620	3020
Ethan, $H_3C{-}CH_3$	990	2870

dass das adsorbierte Molekül eine Bindungsform aufweist, die zwischen der C—C Bindung und der C=C Bindung liegt. Damit ist eine sehr starke Bindung an die Oberfläche gegeben.

Lägen die CH Bindungen parallel zur Oberfläche, dann würde die CH Valenzschwingung eine Dipolmomentänderung ebenfalls parallel zur Oberfläche bewirken und somit wäre dieser Mode im EELS-Spektrum schwierig zu beobachten. Das Auftauchen der Bande bei 2920 cm^{-1} lässt den Schluss zu, dass die CH Bindung wahrscheinlich in der angedeuteten Weise von der Oberfläche absteht.

Auf den ersten Blick erscheint es, dass die CC Valenzschwingung aufgrund der Auswahlregel an Metalloberflächen nicht beobachtbar sei. Nimmt man jedoch an, dass die elektronische Ladungsverteilung die Form eines Fasses hat und dieses Fass bei einer Schwingung der Kohlenstoffatome gestreckt und gestaucht wird wie in Bild 8.5, dann kommt es zu einem zeitlich veränderlichen Elektronentransfer zwischen der CC Bindung und der Oberfläche. Im Ergebnis ist es ein Dipol, dessen Stärke senkrecht zur Oberfläche schwingt, obwohl die Atome sich parallel zu ihr bewegen.

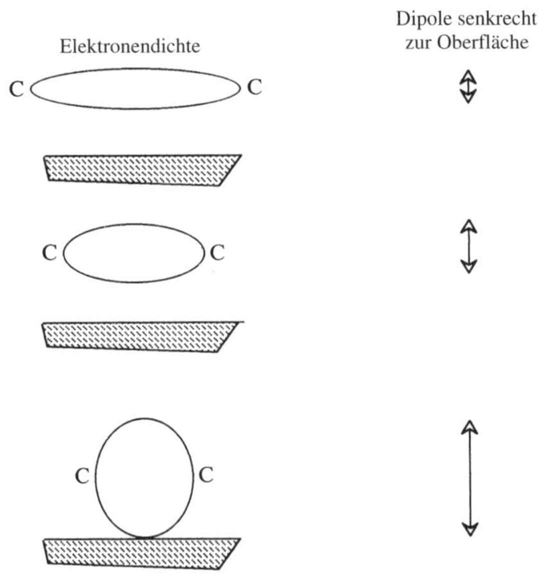

Bild 8.5: Oszillierender Dipol der C≡C Bindung mit der Bindungsachse parallel zur Oberfläche.

Die Frequenzen im Spektrum, die auf die Schwingungen hindeuten, können auch Informationen über die Art des Adsorptionsplatzes liefern. Bindet zum Beispiel CO über den Kohlenstoff an die Oberfläche, dann zeigt die CO Streckfrequenz an, ob das CO mit dem Ende an ein Metallatom gebunden ist (2100 – 2000 cm^{-1}) oder zwei oder mehr Metallatome überbrückt (1900 – 1700 cm^{-1}).

8.1.2 Reflexions-Absorptions IR-Spektroskopie (RAIRS)

Infrarotspektroskopie wird, wie wir aus Kapitel 3 wissen, im Allgemeinen in der Form durchgeführt, dass man die Probe mit Infrarotlicht durchstrahlt und die absorbierten Frequenzen aufzeichnet. Dieses Verfahren wird meist als „Transmissions-“ oder „Absorptionsspektroskopie“ bezeichnet. Ein Verfahren dieser Art ist nicht so einfach auf eine Oberfläche übertragbar (siehe jedoch Abschnitt 8.1.3), da Metall für IR-Strahlung nicht durchlässig ist sondern sie lediglich reflektiert. Die Strahlung muss jedoch, um die Metalloberfläche zu erreichen und von ihr reflektiert zu werden, zweimal die an der Oberfläche adsorbierten Moleküle passieren – einmal am „Hin-“ und einmal am „Rückweg“. Obwohl die „Weglänge“ insgesamt winzig ist, so reicht sie doch für ein Absorptionsspektrum der Probe aus und darauf beruht das RAIRS-Verfahren.

Weist die IR-Strahlung die entsprechende Frequenz auf, dann hat dies eine Wechselwirkung mit den adsorbierten Molekülen zur Folge analog zur gewöhnlichen IR-Spektroskopie. Da diese Wechselwirkung jedoch mit oszillierenden Dipolen erfolgt, die wiederum gleich große, aber im Vorzeichen entgegengesetzte Dipole in der Metalloberfläche erzeugen, gilt die Auswahlregel für Metalloberflächen (siehe Abschnitt 8.1.1). Daraus folgt, dass eine zur Oberfläche *senkrecht* polarisierte IR-Strahlung (p-polarisiert von angelsächsisch *perpendicular*) viel intensiver mit den Molekülschwingungen in Wechselwirkung tritt als eine zur Oberfläche parallel polarisierte (s-polarisiert). Außerdem kommt es bei Strahlung, die unter einem sehr kleinen Winkel auf die Oberfläche trifft (streifender Einfall) zur stärksten Wechselwirkung; einmal, weil die Weglänge durch die adsorbierten Moleküle länger ist, aber vor allem deshalb, weil der p-polarisierte elektrische Feldvektor der Strahlung fast senkrecht auf die Oberfläche steht. Deshalb werden die Experimente üblicherweise mit p-polarisierter IR-Strahlung und streifendem Einfall durchgeführt.

Der größte Teil der Strahlung wird an der Oberfläche reflektiert, und zwar durch Wechselwirkung der einfallenden Strahlung mit den Elektronen im Leitungsband der Oberfläche. Es wird viel mehr Strahlung reflektiert als durch das Adsorbat absorbiert wird, das als Monolage oder in sogar noch geringerer Konzentration vorliegt. Das Messergebnis wird deswegen im Allgemeinen als Differenz zwischen dem Spektrum der reinen Metalloberfläche und der Oberfläche mit dem Adsorbat aufgezeichnet. Reflektiert also die reine Oberfläche bei einer bestimmten IR-Frequenz einen Anteil R der Strahlung und das System $\{\text{Oberfläche} + \text{Adsorbat}\}$ den Anteil $R - \Delta R$ (wenn das adsorbierte Molekül Energie absorbiert hat), dann trägt man gewöhnlich $\Delta R/R$ über der Frequenz auf, obwohl manchmal auch eine logarithmische Auftragung, $\log_{10}(\Delta R/R)$ üblich ist.

Die in der Praxis auftretenden Schwierigkeiten bei der Aufnahme von Spektren, die so hohe Empfindlichkeit erfordern, kann man sich am Beispiel von adsorbiertem Kohlenmonoxid klarmachen. An einer Oberfläche adsorbiertes CO besitzt ein großes dynamisches Dipolmoment und ist einer der stärksten Infrarotabsorber; bei einer RAIRS-Messung hingegen weisen seine Absorptionsbanden, was den Wert von

$(\Delta R/R)$ betrifft, nur eine Intensität von ca. 1 Prozent auf. Zieht man in Betracht, dass ein durchschnittliches Kohlenwasserstoffmolekül Infrarot 10 – 100 Mal weniger stark absorbiert als CO, dann wird klar, dass man hohe Empfindlichkeit benötigt (etwa $1 : 10^5$, auf das Signal-Rauschverhältnis bezogen), besonders weil man auch Spektren von Oberflächen mit weniger als einer Monolage des Adsorbats aufnehmen möchte.

Anfangs wurden RAIRS-Beobachtungen mit Dispersions-IR-Spektrometern durchgeführt, aber erst mit der Entwicklung der FT-IR-Spektrometer war dieses Verfahren wirklich in der Lage, in den Empfindlichkeitsbereich vorzustossen, den Routinemessungen erfordern. Der wesentliche Vorteil gegenüber EELS besteht bei RAIRS in der wesentlich besseren Auflösung. Dies ist besonders bei der Untersuchung einer Adsorption von mehratomigen Molekülen wichtig; so kann zum Beispiel ein Kohlenwasserstoffmolekül wie adsorbiertes But-2-in mehrere erlaubte Schwingungen im Bereich der CH Streckschwingungen aufweisen. Mit der Auflösung von EELS ist es nicht möglich, zwischen einzelnen Schwingungen zu unterscheiden, während RAIRS mit der ihm prinzipiell eigenen hohen Auflösung in der Lage ist, Grund- und Obertöne im selben Oberflächenbereich zu trennen. Dies ermöglicht eine wesentlich sicherere Zuordnung der an die Oberfläche gebundenen Moleküle.

Es sollte an dieser Stelle noch erwähnt werden, dass, wie bei jeder anderen Art von IR-Spektroskopie, als Fenstermaterial NaCl, KBr usw. verwendet werden muss. Im Gegensatz zu EELS, wo das gesamte Spektrometer in Ultrahochvakuum eingeschlossen ist, muss bei RAIRS der Strahl aus dem FT-IR-Spektrometer in das UHV hinein- und zur Detektion wieder herausgelangen. Bild 8.6 zeigt schematisch einen üblichen Aufbau eines RAIRS-Systems. Die IR-Strahlung verlässt das FT-IR-Spektrometer in Form eines parallelen Strahls. Sie wird nach einer Reflexion an einem Planspiegel durch ein UHV-dichtes KBr-Fenster auf die Probe fokussiert. Nach der Reflexion verlässt der Strahl durch ein weiteres KBr-Fenster wieder das UHV und wird schließlich auf einen hochempfindlichen Photoleitfähigkeitsdetektor fokussiert.

Bild 8.7(a) gibt ein normales RAIRS-Spektrum wieder, das von Ethen an einer Pt(111) Oberfläche bei 360 K aufgenommen wurde. Das Spektrum lässt den Schluss zu, dass das Molekül bei der Adsorption zu einem Ethylidin-Fragment, $C{-}CH_3$, umgebaut wird; ein Vergleich mit den Zahlen in Tabelle 8.1 zeigt, dass die RAIRS-Schwingung bei 2884 cm^{-1} sehr nahe bei der symmetrischen Valenzschwingung der Methylgruppe liegt und die Schwingung bei 1118 cm^{-1} zeigt, dass die C—C Bindung beinahe eine Einfachbindung ist. Die Frequenz der symmetrischen Deformationsschwingung von reinem Ethan (die Regenschirmschwingung der Methylgruppe) liegt bei 1380 cm^{-1}, was recht gut der starken RAIRS-Bande bei 1339 cm^{-1} entspricht. Die diesen drei Schwingungsbanden entsprechenden Bewegungsformen des Moleküls sind in Bild 8.7(c) schematisch dargestellt. Bild 8.7(b) wird dann im nächsten Abschnitt besprochen.

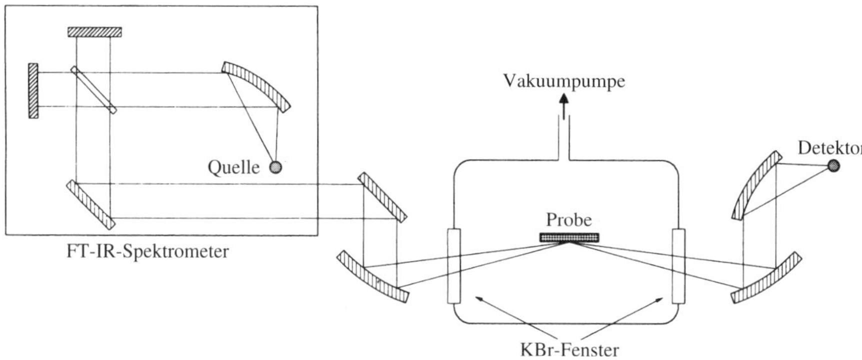

Bild 8.6: Schema eines gebräuchlichen Reflexions-Absorptions-Infrarotspektrometers (RAIRS).

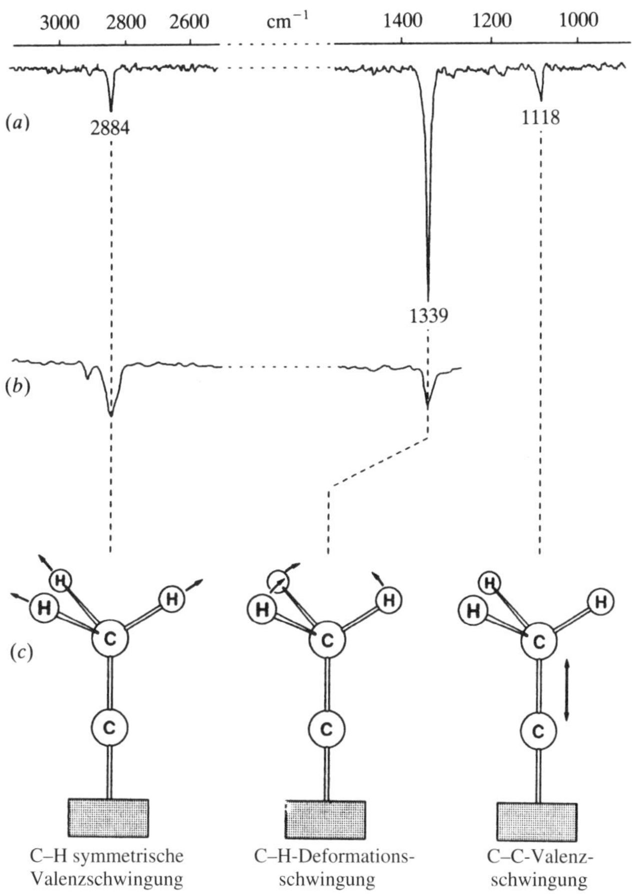

Bild 8.7: Infrarotspektren von Ethen an Pt-Oberflächen: (a) RAIRS von Ethylidin an Pt(111), (b) Transmissions-Infrarotspektrum von Ethen an Platin auf einer Quarzunterlage und (c) die Schwingungen, die bei Ethylidin beobachtet werden. (*Die Wiedergabe von (a) und (b) erfolgt mit Genehmigung durch M.A. Chesters, C. De la Cruz, P. Gardner, E.M. McCash, P. Pudney, G. Shahid und N. Sheppard,* J. Chem. Soc. Faraday Trans. **86** *(15), 2757–2763, 1990.*)

8.1.3 Absorptions-IR-Spektroskopie geträgerter Metalle

Die ersten schwingungsspektroskopischen Messungen an chemisorbierten Adsorbaten bestanden in Absorptions-IR-Beobachtungen von Metallen auf Oxiden. Frühere Untersuchungen konzentrierten sich auf Physisorption an Oxiden leichterer Elemente wie Silizium, Aluminiumoxid und Zeolithen. Man konnte sehr kleine Partikel mit großer Oberfläche herstellen, die dem IR-Verfahren durch die relativ hohe Konzentration des vorhandenen Adsorbats entgegenkamen. Außerdem kam es aufgrund eines Partikeldurchmessers, der unterhalb der Wellenlänge der Strahlung lag, zu einer nur geringen Streuung der einfallenden Strahlung. Die Oxide konnten leicht zu porösen Tabletten verpresst und in eine Zelle mit IR-durchlässigen Fenstern eingebracht werden.

Der Einsatz des FT-IR-Verfahrens ermöglichte Absorptionsmessungen an größeren Teilchen aus Oxiden schwererer Metalle, die einen höheren Brechungsindex aufweisen und deshalb die einfallende Strahlung stärker streuen. Mit besserer Empfindlichkeit der Spektrometer und der Detektoren wurde es möglich, Spektren von oxidgeträgerten Metallen aufzunehmen, wie zum Beispiel an feinverteiltem Platin auf Quarz. Die Oxidunterlage verhindert das Zusammensintern der einzelnen Metallpartikel bei den zur Reinigung der Oberfläche verwendeten hohen Temperaturen und bildet gleichzeitig Fenster zwischen den undurchsichtigen Metallpartikeln.

Der wesentliche Nachteil bei der IR-Untersuchung von Proben auf Oxiden besteht darin, dass es Spektralbereiche gibt, in denen eine starke Absorption durch die Oxide selbst eine Beobachtung unmöglich macht. Zum Beispiel wird bei Quarz die gesamte Durchlässigkeit unterhalb 1300 cm^{-1} durch das Oxid ausgelöscht, während bei Aluminium eine Auslöschung unterhalb 1100 cm^{-1} erfolgt. Immerhin liegen viele wichtige Schwingungen von Adsorbaten bei höheren Wellenzahlbereichen und können somit beobachtet werden.

Bild 8.7(b) gibt das IR-Absorptionsspektrum von Ethen an Platin auf Quarz wieder. Ein Vergleich dieses Spektrums mit dem RAIRS-Spektrum desselben Moleküls in Bild 8.7(a) – dies wurde am Ende des letzten Abschnitt besprochen – zeigt, dass das Absorptionsspektrum weitgehend identische Merkmale, jedoch mit wesentlich höherem Signal-Rauschverhältnis aufweist. Es zeigt außerdem eine weitere Bande bei 2922 cm^{-1} und die Andeutung einer Linie bei 1496 cm^{-1} aufgrund von Ethen, das über eine di-σ-Bindung adsorbiert ist, während die Doppelbindung zugunsten von zwei C—Pt Bindungen geöffnet wurde. Dieses Absorptionsspektrum kann jedoch keine der CC Streckschwingungen zeigen, da die Absorption durch die Quarzunterlage alles unterhalb von etwa 1300 cm^{-1} maskiert.

8.1.4 Ramanspektroskopie

Auf den ersten Blick scheint es, dass der Einsatz der Ramanspektroskopie auf Adsorbate nicht viel bringen würde, da die Ramanstreuung von Natur aus sehr schwach ist und auf der Oberfläche eines Einkristalls die Probe in nur geringer Substanzmenge vorliegt. Allerdings kommt man infolge neuerer technologischer Fortschritte langsam an einen Punkt, an dem es möglich ist, Ramanlinien von Molekülen an Einkristalloberflächen zu beobachten. Das experimentelle Vorgehen ist im Prinzip dasselbe wie das in Kapitel 4 beschriebene – ein Laserstrahl wird auf die Probe gerichtet, die Streustrahlung wird aufgefangen und dann als Funktion des Streuwinkels und der Frequenz aufgezeichnet. Der einzige Unterschied bei Oberflächenuntersuchungen besteht darin, dass sich die Probe – wie stets – im UHV befinden muss, so dass die Strahlung durch Quarz- oder Glasfenster in die evakuierte Probenkammer ein- und wieder austritt.

Von Kapitel 4 ist sicher noch bekannt, dass die Intensität der Ramanstreuung sowohl von der Änderung der *Polarisierbarkeit* einer Bindung (und nicht vom Dipolmoment) als auch von Symmetriemerkmalen der Schwingung relativ zu Richtungseigenschaften des Strahls abhängt. Dies gilt auch für Oberflächenuntersuchungen und es zeigt sich auch hier, dass eine Bewegung des Moleküls *senkrecht* zur Oberfläche die stärkste Streuung zur Folge hat. Andere Schwingungen streuen stets schwächer; eine Beobachtung der relativen Streuintensitäten der einzelnen Schwingungen ermöglicht es, die Bewegungsform zuzuordnen und die Orientierung des Moleküls relativ zur Oberfläche zu ermitteln – lauter wichtige Einzelheiten für die Aufklärung von Oberflächenstrukturen.

Das Ramanspektrum einer Monolage von deuteriertem Benzol, C_6D_6, an Ag(111) ist in Bild 8.8 wiedergegeben. Die verhältnismäßig starke Bande bei 945 cm^{-1} kann der

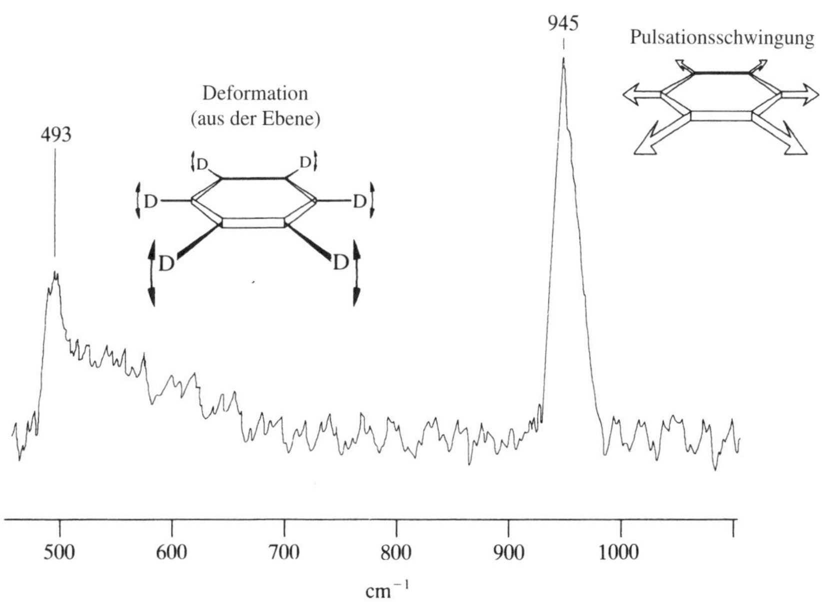

Bild 8.8: Ramanspektren von Benzol-d_6, adsorbiert an der (111)-Fläche eines Silber Einkristalls. (*Wiedergegeben mit Genehmigung von A. Campion, Kapitel 8, in* Schwingungsspektroskopie von Molekülen an Oberflächen, *Hrsg. J.T. Yates Jr. und T.E. Madav, Plenum Press, 1987.*)

symmetrischen C—C Streckschwingung (der sogenannten „Ring-Pulsationsschwingung“) des Moleküls zugeordnet werden, bei der alle sechs C—D Gruppen sich gleichzeitig in der Ringebene aufeinander zu- und wieder wegbewegen. Die Tatsache, dass diese Schwingung bei genau derselben Frequenz wie im Ramanspektrum der reinen Flüssigkeit beobachtet wird, weist darauf hin, dass der Ring höchstwahrscheinlich parallel zur Metalloberfläche angeordnet ist und eine Bindung über die Wechselwirkung der π-Elektronenwolke mit der Oberfläche erfolgt. Jede andere Bindung würde die Symmetrie des Rings stören und wahrscheinlich die Schwingungsform ändern. Die deutlich schwächere Bande bei ca. 493 cm^{-1} wird der symmetrischen Deformationsschwingung der Deuteriumatome aus der Molekülebene heraus zugeordnet – dabei bewegen sich alle Atome gleichzeitig auf und ab; die entsprechende Frequenz in der reinen Flüssigkeit beträgt 503 cm^{-1}.

Man hat Oberflächen-Ramanspektren auch an Substraten mit großer Oberfläche gemessen, wie etwa von Oxiden oder von Metallen auf Trägern. Die Anforderungen an die Empfindlichkeit sind deutlich geringer als bei Ramanbeobachtungen an Einkristallen (vergleichbar mit dem Unterschied zwischen RAIRS und Absorptions-IR), es gibt aber andere Stolpersteine, die bei diesen Proben die Beobachtung erschweren. Pulsverfahren wurden eingesetzt, um des Problem der Fluoreszenz in den Griff zu bekommen, die eine längere Zeitkonstante aufweist als die Ramanstreuung, aber Messungen stark farbiger Proben (wie z.B. von Metallen auf Oberflächen) stoßen auf Schwierigkeiten infolge punktueller Aufheizung durch den Laserstrahl (s. Kapitel 4, Abschnitt 4.6).

Es wird außerdem beobachtet, dass die Schwingungen von Adsorbaten an den rauhen Oberflächen der edleren Metalle Kupfer, Silber und Gold manchmal eine etwa eine Million Mal höhere Intensität zeigen als man aus einem Vergleich mit ihren Ramanspektren in der Gasphase voraussagen würde. Diese überraschende Beobachtung hat zur Entwicklung der Oberflächenverstärkten Ramanspektroskopie (SERS) und zu einer riesigen Datenmenge über Schwingungen von Adsorbaten an gerade diesen wenigen Metallen geführt, insbesondere an Silber. Zum Teil rührt diese starke Intensitätssteigerung von Resonanzen der Elektronen im Leitungsband der Metallpartikel her, die im Sichtbaren angeregt werden und tritt bei anderen Metallen nicht auf.

8.1.5 Unelastische Heliumstreuung

Aus den bisherigen Abschnitten ist bekannt, dass all die vielen Methoden, die zur Untersuchung von Schwingungen der Oberflächenatome und von Adsorbaten eingesetzt werden, meist Spektren liefern, die nur von Schwingungen stammen, die mit Dipolmomenten (sei es permanente oder induzierte) senkrecht zur Oberfläche verknüpft sind. In diesem letzten Abschnitt zum Thema der schwingungsspektroskopischen Methoden an Oberflächen werden wir einen Blick auf ein noch sehr junges spektroskopisches Verfahren werfen, mit dem man im Wesentlichen Schwingungsmoden parallel zur Oberfläche beobachten kann. Es handelt sich um die Streuung von Heliumatomen, die seit vielen Jahren zu Beugungsexperimenten eingesetzt wird. Experimenteller Aufbau und Betrieb sind teuer und somit ist es nicht sehr wahrscheinlich, dass sich dies zur Routinemethode entwickeln wird.

Das Experiment wird so durchgeführt, dass man einen gepulsten Überschallstrahl von Heliumatomen auf die Probe schießt und die Ankunftszeiten der gestreuten Atome aufzeichnet (d.h., es handelt sich um eine Flugzeitmessung mit einem Massenspektrometer als Detektor). Wie die auftreffenden Elektronen bei EELS so können auch die Heliumatome entweder elastisch oder unelastisch gestreut werden. Ist die Energie des einfallenden Strahls bekannt, dann dient der Zeitunterschied zwischen dem Eintreffen der elastisch und der unelastisch gestreuten Atome zur Ermittlung eines Energieverlusts oder -gewinns. Im Fall der Heliumstreuung kann der elastische Streuprozess mit Stößen in der Art von Billardkugeln verglichen werden, da Heliumatome wie auch die Oberflächenatome als harte Kugeln aufgefasst werden können.

Bei einem Bruchteil der Heliumatome kommt es zu unelastischen Stößen, wobei ein Schwingungsquant aufgrund von Schwingungen des Adsorbats oder von Schwingungen der Atome an der Oberfläche selbst (Oberflächen-Phononenschwingungen; es handelt sich dabei um kollektive Schwingungen der Oberflächenatome) abgegeben oder aufgenommen wird. Beobachtbare Phononenmoden weisen große Amplituden an der Oberfläche auf, die aber in der Tiefe schnell abnehmen. Die Adsorbatschwingungen, die man nachweisen kann, sind im Allgemeinen die parallel zur Oberfläche.

Einen Überschall-Heliumstrahl erhält man, wenn man Helium unter hohem Druck (üblicherweise mehrere Atmosphären) durch eine enge Düse ($\sim 10-40$ μm) expandieren lässt. Überschallstrahlen sind in hohem Maß monoenergetisch, da der Abstand zwischen Atomstößen unter den Bedingungen hohen Drucks sehr kurz ist und jedes Atom viele Stöße erfährt, was zu einer „Gleichverteilung" der Energie führt. Die Strahlenergie liegt im Allgemeinen im Bereich $10-100$ meV ($\sim 80-800$ cm^{-1}), was den niederfrequenten Schwingungen des Adsorbats entspricht.

Das Heliumatom-Streuspektrum von an der Pt (111)-Fläche adsorbiertem Kohlenmonoxid ist in Bild 8.9(a) wiedergegeben. Es fallen zwei sehr niederfrequente Schwingungen im Spektrum auf; die eine hat eine Frequenz von 48 cm^{-1} (mit einem Oberton bei genau dem doppelten Wert von 96 cm^{-1}) und die zweite, viel schwächere und nur im 50fach vergrößerten Spektrum erkennbare bei 129 cm^{-1}: Die ganz starke Linie in der Mitte geht auf die elastisch an der Oberfläche gestreuten Heliumatome zurück. Links davon sind die Heliumatome registriert, die *weniger* Energie als der ursprüngliche Strahl haben und rechts die mit höherer Energie. Wie immer im Fall von Schwingungen (s. Kapitel 3, Abschnitt 3.1.3) ist der Grundzustand stärker besetzt und damit besteht für ein Heliumatom eine größere Wahrscheinlichkeit, Energie an ein Molekül abzugeben als von einem bereits angeregten Molekül zu übernehmen, so dass die linke Seite im Spektrum etwas mehr Intensität zeigt.

Die entsprechenden Schwingungsmoden fallen etwas aus dem Rahmen. Im Gaszustand zeigen die CO Moleküle freie Rotation und Translation (d.h., sie können sich im Gas fortbewegen); sind sie an die Metalloberfläche gebunden, ist eine echte Rota-

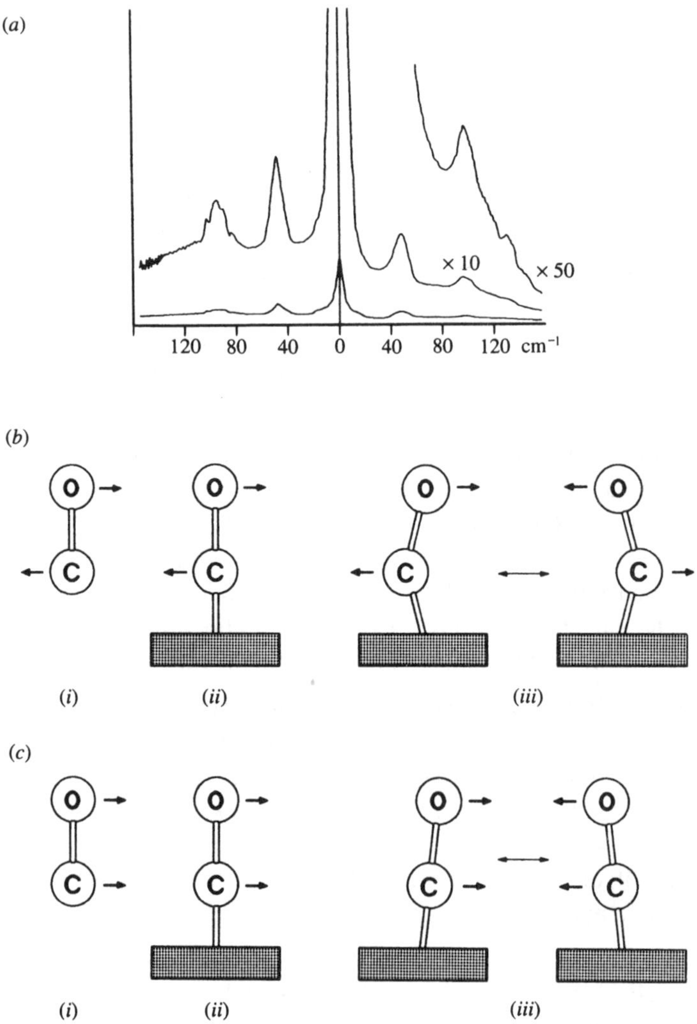

Bild 8.9: (a) Unelastische Heliumstreuung bei CO an Pt(111) bei 300 K. Das bei 129 cm^{-1} sichtbare lokale Maximum geht auf die gehinderte Rotation zurück, die in (b) dargestellt ist, während die Linien bei 48 und 96 cm^{-1} auf die gehinderte Translationsschwingung und ihren Oberton zurückzuführen sind, die in (c) dargestellt ist. (*Die Wiedergabe von (a) erfolgt mit Genehmigung von A. Lahee, P. Toennies und Ch. Wöll,* Surface Science, **177**, *371, 1986.*)

tion und Translation nicht möglich, wird aber in die hier auftretende Bewegungsform umgewandelt – oft als „frustrierte" Rotation (Libration) bzw. als „frustrierte" (gehinderte) Translation bezeichnet. Bild 8.9(b) und (c) gibt schematisch diese frustrierten „Möchtegern"-Bewegungen von CO wieder.

In Bild 8.9(b) sieht man unter (i) das rotierende Molekül und bei (ii) das an die Oberfläche gebundene Molekül, das aber trotzdem noch rotieren möchte – folglich versucht diese Bewegung, das System Metall-C-O in Zickzack-Form zu verbiegen. Die Widerstandskräfte der Bindungen bewirken sodann, dass das System schwingt, wie unter (iii) gezeigt, wobei, stark übertrieben, zwei Extrempositionen der Schwingungen herausgegriffen wurden. In ähnlicher Weise gibt Bild 8.9(c) bei (i) das Molekül bei der Translation wieder und dann bei (ii) und (iii) die gehinderte Translation und die daraus folgende, mit einem Pendel vergleichbare Schwingung des C und des O Atoms am Metall. Diese zweite Bewegung erfolgt mit tieferer Frequenz und wird deshalb der Linie bei 48 cm^{-1} zugeordnet, so dass die Zickzack-Schwingung die bei 129 cm^{-1} ist.

8.2 Elektronenspektroskopie an Oberflächen

Die ersten Verfahren, die mit Erfolg in der Untersuchung von Eigenschaften der Oberflächen und der oberflächennahen Bereiche eingesetzt wurden, waren die, die die elektronischen Eigenschaften beobachteten. Der Einsatz von Methoden der Elektronenspektroskopie an Oberflächen hat eine Fülle wichtiger Information hervorgebracht und ganz wesentlich zur Vertiefung unseres Verständnisses von Oberflächen und Adsorbaten beigetragen.

Der Ausdruck „Eigenschaften oberflächennaher Bereiche" wird hier deshalb verwendet, weil mit elektronenspektroskopischen Methoden nicht nur eine oder mehrere Lagen des Adsorbats, sondern auch die ersten paar Atomlagen der Oberfläche untersucht werden können, im Gegensatz zu den schwingungsspektroskopischen Methoden im letzten Abschnitt, die nur die Adsorbatschwingungen bzw. Oberflächenphononen messen. Der Grund dafür liegt in der Tatsache, dass die als Sonden eingesetzten Elektronen sich innerhalb der Festkörper fortbewegen können. Eine wesentliche Einschränkung bei allen elektronenspektroskopischen Verfahren besteht allerdings darin, dass Elektronen infolge von Wechselwirkungen mit den Festkörperatomen nur über kleine Entfernungen ohne Energieverlust diffundieren können.

Elektronen, deren kinetische Energie im Bereich von 20 – 1000 eV liegt, haben eine Reichweite von etwa 5 – 15 Å, d.h., in Festkörpern über einige Atomlagen hinweg. Das heißt, dass Elektronen, die der Oberfläche eines Festkörpers „entkommen", aus oberflächennahen Bereichen stammen müssen und damit Information über die Oberflächenatome und die Atome in den Lagen unmittelbar darunter mitbringen.

8.2.1 Photoelektronenspektroskopie (PES) – Röntgen (XPS) und UV (UPS)

Wir haben bereits kurz die Photoelektronenspektroskopie besprochen, sowohl in Kapitel 5 (Abschnitt 5.5) als auch in Kapitel 6 (Abschnitt 6.5). Von daher ist bekannt, dass eine Probe, die hochenergetischer Strahlung ausgesetzt ist, Elektronen emittiert, wobei deren Energie von der Zusammensetzung und der Struktur der Probe abhängt.

Dasselbe Verfahren kann zur Untersuchung von Oberflächen eingesetzt werden sowie zur Beobachtung von Molekülen, die an der Oberfläche adsorbiert sind. Nimmt man dazu UV-Strahlung, dann wird dieses Verfahren als UPS (Ultraviolett-Photoelektronenspektroskopie) bezeichnet und es handelt sich bei den emittierten Elektronen um die Valenzelektronen von Atomen an oder nahe der Oberfläche; wird Röntgenstrahlung eingesetzt, heißt das Verfahren XPS; diese hat genügend Energie, so dass Elektronen aus den abgeschlossenen Schalen emittiert werden; und da Röntgenstrahlen tiefer in die Probe eindringen, können die Elektronen auch aus tieferen Schichten der Festkörperprobe stammen als im Fall von UPS.[1]

Von Kapitel 5, Abschnitt 5.5, ist bekannt, dass die Energie eines auftreffenden Photons, $h\nu$, zur kinetischen Energie (E_{KE}) des emittierten Elektrons in folgender Beziehung steht (s. Gl.(5.26)):

$$h\nu = E_{\mathrm{KE}} + \mathrm{BE}$$

wobei BE die Bindungsenergie (das Ionisierungspotential) des Niveaus bedeutet, aus dem das Elektron emittiert wurde.

Sowohl bei XPS wie auch bei UPS wird die kinetische Energie mit Hilfe eines Halbkugel-Analysators gemessen, wie bereits in Bild (5.15) gezeigt wurde. Messungen an Oberflächen werden mit einer ähnlichen Apparatur ausgeführt, es kommen allerdings die UHV-Bedingungen hinzu.

Das XPS-Spektrum von Niob auf einer Siliziumoberfläche ist in Bild 8.10 wiedergegeben. Die Hauptlinien unter 500 eV kann man, wie im Bild gezeigt, alle recht genau den Ionisierungsenergien der Elektronen aus den verschiedenen Orbitalen von Niob oder Silizium zuordnen. Die Linie knapp oberhalb 500 eV stammt vom 1s-Orbital von Sauerstoff, mit dem die Oberfläche kontaminiert war. Die schräg verlaufende Grundlinie hat ihre Ursache in der Emission von Sekundärelektronen innerhalb der Festkörperprobe. Ganz offensichtlich ist dieses Verfahren von unschätzbarem Wert in der qualitativen Analyse – die emittierten Elektronen stammen aus tief liegenden Schalen des betreffenden Atoms, gut abgeschirmt gegenüber allen chemischen Bindungseinflüssen und jede Atomsorte nahe oder an der Oberfläche kann unmittelbar über sein Ionisierungspotential identifiziert werden (allerdings wird XPS auch zur Charakterisierung der chemischen Umgebung benützt). Eine quantitative Analyse ist ebenfalls möglich, indem man die relativen Intensitäten der Elektronenemissionen vergleicht. Die Theorie zu diesen Messungen ist allerdings anspruchsvoll und man greift üblicherweise auf Vergleichsspektren von Proben mit bekannter Zusammensetzung zurück.

UPS-Spektren sehen ähnlich aus, da dieses Verfahren jedoch äußere (Valenz-)

---

[1] Die Eindringtiefe von UV und Röntgenstrahlung ist vergleichbar; da aber die durch Röntgenstrahlung freigesetzten Elektronen höhere Energie aufweisen, können sie aus tieferen Schichten an die Oberfläche gelangen.

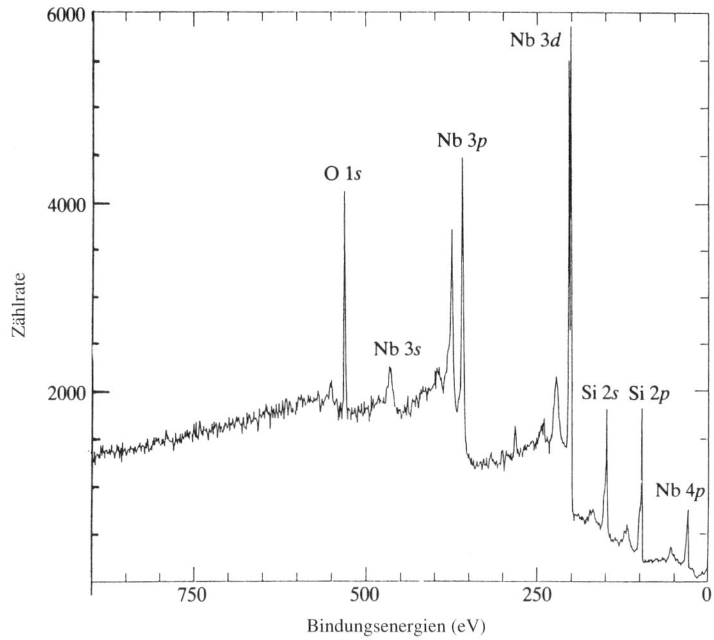

Bild 8.10: Das XPS-Spektrum von Niob auf einer Siliziumoberfläche. (*Wir danken Dr C. Walker von den Universities of Leeds and York für die Aufnahme dieses Spektrums.*)

Elektronen anregt, werden die Emissionsenergien durch chemische Bindungseffekte modifiziert (s. Kapitel 6, Abschnitt 6.5). Diese Information über die chemische Verschiebung kann bei Oberflächenuntersuchungen wichtige Erkenntnisse zur Struktur der adsorbierten Moleküle liefern.

8.2.2 Auger-Elektronenspektroskopie (AES)

Röntgen-Photoelektronenspektroskopie (s. den letzten Abschnitt) und Auger-Elektronenspektroskopie sind nahe verwandt; im ersten Fall registriert man die Elektronen, die unmittelbar aus den inneren Schalen der Oberflächenatome herausgeschleudert werden, während man im zweiten Elektronen untersucht, die im Verlauf eines Sekundärprozesses emittiert werden, und zwar *nach* der Emission des ersten Elektrons. Ein zweiter, kleinerer Unterschied besteht darin, dass bei Auger-Messungen im Allgemeinen ein hochenergetischer Elektronenstrahl ($>$ 1 keV) anstelle von Röntgenstrahlen eingesetzt wird, um das erste Elektron vom Atom zu lösen. Apparativ ist das Nachweis- und Analyseverfahren für die emittierten Elektronen ganz ähnlich wie in der schon behandelten PES-Spektroskopie.

Um die Vorgänge beim Auger-Verfahren verstehen zu können, muss man sich vor Augen halten, dass, wie in Bild 8.11(a) gezeigt ist, ein Elektron einer inneren Schale E_x eines Oberflächenatoms herausgeschleudert wird. Das dadurch gebildete Ion mit einer Leerstelle oder einem „Loch" in der Schale E_x bildet in Bild 8.11(b) den angeregten

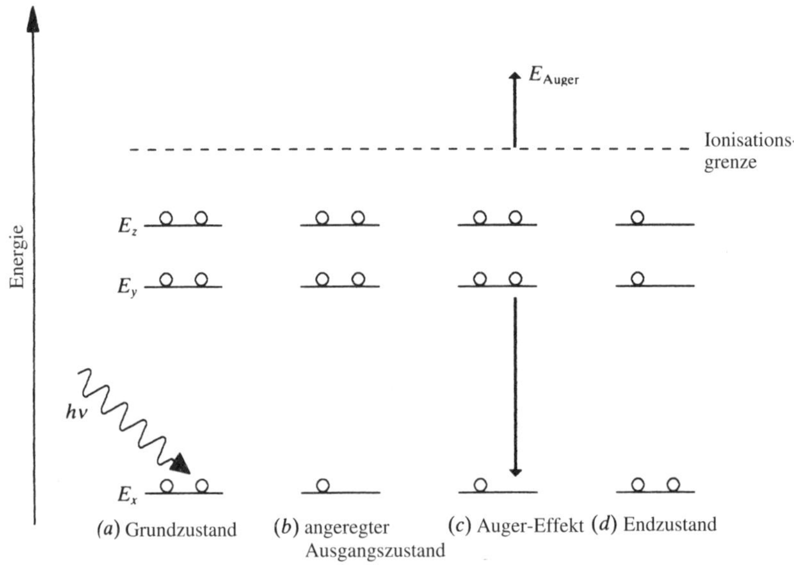

Bild 8.11: Der Auger-Effekt.

Ausgangszustand. Das Loch in E_x kann durch ein Elektron aus einem höheren Niveau E_y aufgefüllt werden. Dies wiederum setzt eine beträchtliche Energiemenge frei $(E_x - E_y)$, die zum Teil durch ein Elektron in einem höheren Orbital E_z aufgenommen werden kann, das dann das Atom mit einer kinetischen Energie verlässt, die dem Energieüberschuss von $E_x - E_y$ gegenüber E_z entspricht. Dies ist die Auger-Energie E_{Auger} in Bild 8.11(c). Bild 8.11(d) zeigt das zurückbleibende Ion mit „Löchern" sowohl in E_y als auch in E_z; man beachte, dass es sich dabei trotz der Bezeichnung Endzustand um einen energetisch höheren als den ursprünglichen Grundzustand handelt und dass in der Folge weitere Umordnungen innerhalb der Elektronen stattfinden, bevor in einem Kaskadenprozess, möglicherweise unter Elektroneneinfang oder auch Emission weiterer niederenergetischer Auger-Elektronen, wieder der Grundzustand erreicht wird.

Da die Gesamtenergie erhalten bleibt, muss natürlich die von Elektron E_y beim Nachrücken freigesetzte Energie $(E_x - E_y)$ gleich der bei der Emission aufgenommenen Energie sein, also gilt, dem Betrag nach:

$$E_{\mathrm{Auger}} + E_z = E_x - E_y$$

oder

$$E_{\mathrm{Auger}} = E_x - E_y - E_z \tag{8.1}$$

Wenn wir, wie eben, mit E_x, E_y und E_z die Energien der Elektonenorbitale im Grundzustand des Atoms bezeichnen, dann ist diese Gleichung nicht ganz exakt – beim Auger-Effekt geht es um Elektronen in ionisierten Zuständen, die eine etwas andere Energie aufweisen. Das soll uns im Moment nicht stören; wichtig ist, dass die beobachtete Auger-Energie unmittelbar von der Bindungsenergie der Elektronen in den Oberflächenatomen abhängt und deshalb ein Maß für sie darstellt. Der Auger-Effekt tritt mit größerer Wahrscheinlichkeit in leichteren Atomen auf, bei denen sich die Elektronen der inneren Schalen energetisch nicht so stark von den Außenelektronen unterscheiden (siehe auch die Röntgenfluoreszenz im nächsten Abschnitt). Die AES wird deshalb auch oft zum Nachweis von Verunreinigungen bei Metallen durch leichtere Elemente eingesetzt.

Jede chemische Bindung an einer Metalloberfläche, wie auch z.B. die eines adsorbierten Moleküls, beeinflusst zwangsläufig die Energieniveaus der Elektronen in den äußeren Orbitalen der Oberflächenatome, was umgekehrt auch heißt, dass man mit Hilfe der Auger-Spektroskopie Informationen über den jeweiligen Bindungstyp erhält. Die Interpretation ist allerdings nicht einfach und wir werden uns an dieser Stelle nicht damit befassen. Ebenso erhält man aus einem Auger-Spektrum auch quantitative Informationen, wobei man diese allerdings, wie bei der bereits behandelten Photoelektronen-Spektroskopie, am besten durch Aufnahme und Vergleich mit einer Probe bekannter Zusammensetzung interpretieren kann.

Bild 8.12 gibt das AES-Spektrum von Silizium wieder. Dieses Spektrum ist, wie die meisten AES-Spektren, als *erste Ableitung* dargestellt (siehe Kapitel 1, Abschnitt 1.4). Das macht man, weil bei einer direkten Auftragung der Anzahl der emittierten Elektronen über der Energie die Kaskadeneffekte, bei denen infolge Relaxation der einzelnen angeregten Atomzustände Elektronen mit sukzessive abnehmender Energie emittiert werden, eine sehr steile Grundlinie verursachen. Da diese Neigung jedoch relativ gleichmäßig verläuft, kann man sie durch Differenzieren eliminieren, so dass die scharfen AES-Linien hervortreten.

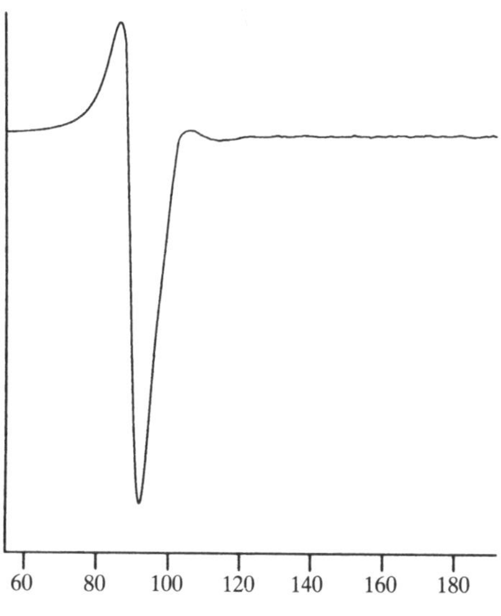

Bild 8.12: Auger-Spektrum von Silizium. (*Wir danken Mr N.J. Curson von der University of Cambridge für dieses Spektrum.*)

8.2.3 Röntgen-Fluoreszenz (XRF)

In schweren Elementen sind die Elektronen der inneren Schalen infolge der hohen Kernladung sehr stark gebunden, während die äußeren Elektronen durch innere Orbitale dem Kern gegenüber abgeschirmt sind und weitgehend dieselben Bindungsenergien aufweisen wie in leichten Atomen. Ist einmal der erste Anregungszustand erreicht (Bild 8.11(b)), dann setzt das Nachrücken des Elektrons bei schweren Atomen viel mehr Energie frei als bei leichten und das wiederum vermindert die Effizienz des Auger-Effekts; statt dass die freigesetzte Energie nämlich einfach auf die Außenelektronen übertragen würde, taucht sie als eine von der Probe emittierte Sekundär-Röntgenstrahlung auf.

Als hochenergetische Strahlung, die man benötigt, um bei schweren Elementen Elektronen aus den inneren Schalen herauszuschleudern, nimmt man gewöhnlich harte Röntgenstrahlung und weil die wieder emittierte Energie ebenfalls als Röntgenstrahlung in Erscheinung tritt, heißt das Ganze Röntgenfluoreszenz. Diese ist völlig komplementär zur Auger-Elektronenspektroskopie, der eine Effekt überwiegt bei leichteren Elementen, der zweite bei den schweren.

Noch zwei weitere Unterschiede zwischen der Auger- und der Röntgen-Fluoreszenzspektroskopie sind wichtig. Erstens kann die harte Röntgenstrahlung, die man bei schweren Atomen zur Anregung von Elektronen der inneren Schalen braucht, gut in das Metall eindringen; damit gewinnt man bei diesem Verfahren Informationen über die Proben*substanz* und nicht nur über die Atome an der Oberfläche wie bei Auger-Messungen. Und zweitens lebt die Auger-Spektroskopie auch von der Energie der Bindungselektronen, während die Röntgenfluoreszenz ausschließlich mit den inneren Schalenelektronen zu tun hat, deren Energie nicht durch Bindungen beeinflusst wird. Damit ist die Röntgenfluoreszenz eine hervorragende Fingerprint-Methode zur Identifizierung von Elementen, da die Emissionsfrequenzen weitgehend unabhängig vom chemischen Bindungszustand der Elemente sind (charakteristische Röntgenstrahlung). Kurz gesagt, die Röntgenfluoreszenz wird deshalb vorwiegend in der Analyse der Volumenzusammensetzung von Metallproben eingesetzt – Verunreinigungen oder auch Legierungselemente können anhand ihrer Emissionsenergien sofort identifiziert werden, wobei auch der jeweilige Anteil proportional zur Intensität der Emission ist.

8.3 Kernresonanz

Bei der Kernresonanz (**N**uclear **M**agnetic **R**esonance, NMR) handelt es sich um ein überaus wichtiges analytisches Verfahren und die Forscher waren intensiv bemüht, sie zu einer Messmethode für Festkörper und Oberflächen weiterzuentwickeln. Allerdings gibt es bei solchen Anwendungen große Schwierigkeiten, in der Hauptsache aufgrund der im Allgemeinen stark verbreiterten Resonanzen und der prinzipiell geringen Empfindlichkeit des Verfahrens.

8.3.1 NMR bei großen Linienbreiten

Die große Linienbreite der Resonanzen bei Festkörper-NMR-Spektren hat eine Reihe von Ursachen. Im Folgenden werden wir uns mit jeder einzelnen kurz befassen und Hinweise geben, wie man diesen Schwierigkeiten begegnet.

Dipol-Kopplung Jedes magnetische Moment eines Kernspins in einer Probe erzeugt ein eigenes lokales Feld, welches seine Nachbarn mehr oder weniger stark „spüren“; dies ist die Dipolkopplung. Bild 8.13(a) zeigt einen einzelnen Kern mit einem magnetischen Moment $\boldsymbol{\mu}$ in einem äußeren Feld B_0 in Richtung der z-Achse; wie wir wissen (vgl. Kapitel 7, Abschnitt 7.1.4) bewirkt das Feld eine Präzession des Kernspins mit einer gleichmäßigen Frequenz, der Larmor-Frequenz. Man kann das magnetische Moment des Kerns in zwei Komponenten aufspalten, wobei eine in Richtung der z-Achse zeigt und die zweite in der xy-Ebene liegt; im Bild sind diese mit μ_z und μ_{xy} gekennzeichnet. Offensichtlich ändert sich die z-Komponente während der Präzession nach Betrag und Richtung nicht, während μ_{xy} in der xy-Ebene rotiert, wenn auch ihr Betrag konstant bleibt. Wie wir noch sehen werden, können beide magnetischen Felder – das statische und das rotierende – mit Nachbarkernen in Wechselwirkung treten, wir behandeln aber im jetzt Folgenden nur das statische Feld.

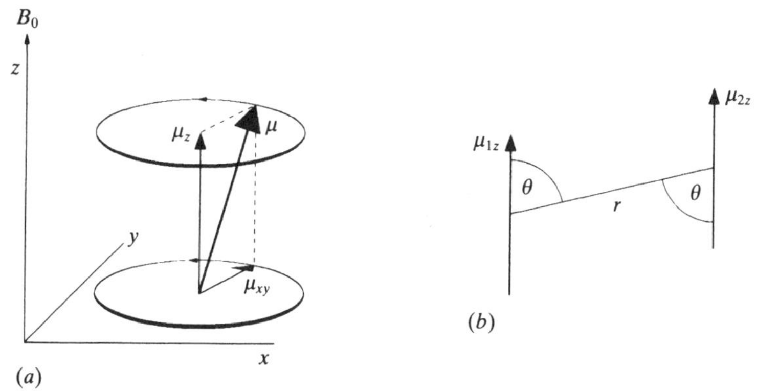

Bild 8.13: (a) Ursache für die Dipolkopplung. (b) Dipolkopplung in Festkörpern.

Wie stark ein magnetischer Kern einen anderen beeinflusst, hängt sehr wesentlich von deren Entfernung und ihrer Orientierung zueinander ab. Dies soll Bild 8.13(b) deutlich machen, in dem die raumfesten z-Komponenten der beiden Kerne dargestellt und mit μ_{1z} und μ_{2z} bezeichnet sind. Es kann gezeigt werden, dass das Feld, welches Kern 1 an der Stelle von Kern 2 erzeugt, proportional zu $1/r^3$ ist, mit r als Abstand zwischen den Kernen, sowie zu $(3\cos^2\vartheta - 1)$, wobei ϑ der Winkel ist, den die Kernverbindungslinie mit der Richtung des Magneten 1, also der z-Richtung, bildet. Natürlich ist Kern 1 genau dem gleichen Feld durch Kern 2 ausgesetzt.

Eine gewöhnliche NMR-Probe besitzt eine große Anzahl von Kernspins und die Wirkung der Dipolkopplung auf jeden der Kerne besteht in der Summe der Wirkungen aller umliegenden Kerne. In der Praxis brauchen wir aufgrund des Terms $1/r^3$ nur die nächsten Nachbarn zu berücksichtigen. Man muss berücksichtigen, dass (bei Kernen mit Spin $\frac{1}{2}$) jeder Kern entweder *in Richtung* des angelegten Hauptfelds oder dazu *entgegengesetzt* orientiert ist, so dass sein Einfluss auf die Nachbarkerne das Feld, dem diese ausgesetzt sind, entweder verstärkt oder schwächt.

In Gasen und in der flüssigen Phase kann man die Dipolkopplung vernachlässigen, da die Molekülbewegung sicherstellt, dass ϑ sich sehr schnell ändert; einfache Arithmetik zeigt, dass der Mittelwert von $(3\cos^2\vartheta - 1)$ null ist, so dass also keine Dipolkopplung existiert. Im Festkörper gibt es jedoch solche Bewegungen nicht. Wir wissen (siehe Kapitel 7, Abschnitt 7.1.3), dass in einem angelegten Feld im Mittel natürlich fast gleich viele Kernspins nach oben wie nach unten zeigen und man könnte meinen, dass sich die Dipolkopplung dadurch ebenfalls wegmitteln würde. Dazu wäre es allerdings erforderlich, dass in *jedem* noch so kleinen Bereich der Probe eine gleich große Anzahl von Spins nach oben und nach unten zeigt. Das ist offensichtlich nicht realistisch: An einigen Stellen werden Spins, die nach oben zeigen, nur von Spins umgeben sein, die nach unten gerichtet sind, woanders von solchen, die ebenfalls nach oben zeigen und an wiederum anderen Stellen sowohl von der einen wie von der anderen Sorte (was wahrscheinlicher ist), wobei deren Verhältnis sich von Stelle zu Stelle ändert. Einige Kerne sind also einem starken Feld ihrer Nachbarn in einer bestimmten Richtung ausgesetzt, andere einem starken Feld in der entgegengesetzten Richtung, andere einem schwächeren Feld oder gar keinem. Da die Resonanzfrequenz eines jeden Kerns vom vorhandenen Gesamtfeld abhängt, ist leicht einzusehen, dass die Dipolkopplung zu einer breiten Resonanzlinie infolge all der unterschiedlichen Resonanzen der einzelnen Kerne führt. Aufgrund der statistischen Verteilung der Kernspins hat die Einhüllenden einer jeden verbreiterten Resonanzlinie Gaußform.

Dies ist das Hauptproblem in der Festkörper-NMR, und zwar aus mindestens zwei Gründen: Erstens ist es bei breiten Resonanzen an sich schon schwierig, sie zu beobachten und ihre Lage zu bestimmen. Sie gehen im Untergrundrauschen eines Spektrums leicht unter. Und zweitens beträgt die mittlere Kopplungskonstante zwischen zwei Protonen etwa 0,2 mT und das heißt, dass die auftretende Linienbreite eine direkte Beobachtung der chemischen Verschiebung und die Messung von Kopplungskonstanten verhindert, da diese nämlich um einen Faktor 10 – 100 kleiner sind. Im Allgemeinen ist es möglich, eine beobachtete Resonanz als eine Anzahl überlappender Gaußkurven zu betrachten, die häufig auf mathematischem Weg in ihre Komponenten zerlegt werden kann, was man heute dem Rechner überlässt.

Obwohl nun die Molekülbewegung nicht ausreicht, den Term $(3\cos^2\vartheta - 1)$ wegzumitteln, so ist es dennoch bei einigen Proben möglich, diesen Term durch ein mechanisches Verfahren zum Verschwinden zu bringen. Damit ein Ausdruck wie $(3\cos^2\vartheta - 1)$ zu null wird, muss $\cos\vartheta = 1/\sqrt{3}$ sein oder $\vartheta = 54{,}7^\circ$. Es stellt sich heraus, dass man die Molekülbewegung dadurch ausreichend gut simulieren und die Dipolkopplung unterdrücken kann, dass man die Probe sehr schnell unter einem

Winkel von 54,710° zur Richtung des äußeren Felds rotieren lässt; 54,710° wird üblicherweise als *magischer Winkel* bezeichnet und das Verfahren als Drehung (MAS) oder Rotation (MAR) unter dem magischen Winkel. Ungünstigerweise hängt die erforderliche Drehzahl von der Breite der Resonanzlinie ab und damit von der Dipolkopplung; es ist bis jetzt noch nicht möglich, Proben mit mehr als 10 kHz rotieren zu lassen und Dipolverbreiterungen liegen selten darunter. Drehung unter dem magischen Winkel hat im Allgemeinen mehr den Effekt, dass die Folgen einer Anisotropie in der chemischen Verschiebung beseitigt werden (siehe nächster Abschnitt).

Anisotropie der chemischen Verschiebung Wie wir von Kapitel 7, Abschnitt 7.2.1 wissen, geht die chemische Verschiebung auf einen Kreisstrom der Elektronen zurück, der durch das angelegte Feld im Molekül induziert wird. Dieser Kreisstrom baut sein eigenes kleines Magnetfeld auf, das die Resonanz der benachbarten Kerne verschiebt. In Gasen und Flüssigkeiten bewirken die molekularen Bewegungen, dass jedes Molekül innerhalb kurzer Zeit von allen Seiten dem angelegten Feld ausgesetzt ist; der effektive Kreisstrom stellt sich dann als Mittel über alle momentanen Situationen ein. Deshalb ist die chemische Verschiebung *isotrop* und ihr Betrag gilt für das Molekülfragment als Ganzes.

In Festkörpern hat jedes Molekül seine feste Richtung im Feld und der Kreisstrom der Elektronen kann in hohem Maß von dieser Orientierung abhängen. Ein sehr einfaches Beispiel ist ein Molekül mit einem aromatischen Ring wie in Bild 8.14. Liegt die Ringebene, wie im Bild links gezeigt, senkrecht zum angelegten Feld, wird der am Ring der π-Elektronen induzierte Kreistrom sehr viel stärker sein als wenn er parallel zum Feld liegt (rechte Seite) oder irgendwie anders orientiert ist. Diese *Anisotropie der chemischen Verschiebung* führt wiederum zu einer Verbreiterung der Resonanz – Moleküle in unterschiedlicher Lage werden verschieden stark abgeschirmt und zeigen deshalb unterschiedliche Resonanzfrequenzen. Mit Hilfe der Theorie kann man zeigen, dass auch hier der Term $(3\cos^2\vartheta - 1)$ Bedeutung besitzt. Zum Glück ist

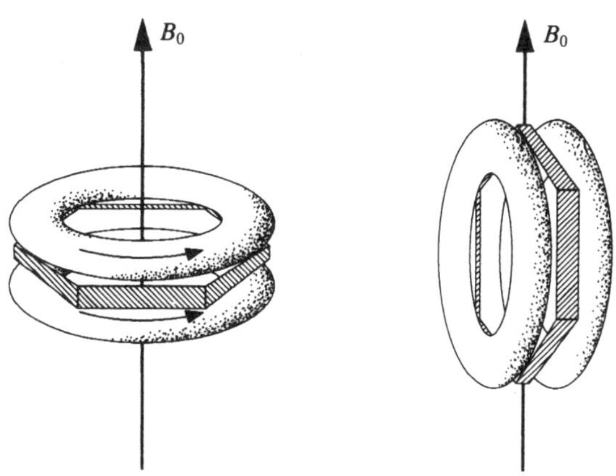

Bild 8.14: Einfluss der Feldrichtung auf einen aromatischen Ring.

die entsprechende Verbreiterung nicht so groß wie bei der Dipolkopplung und eine Rotation unter dem magischen Winkel mit 5 – 7 kHz kann oft die Resonanzbreiten verringern.

Spin-Spin-Kopplung Im Allgemeinen ist die Stärke der Spin-Spin-Kopplung zwischen den Kernen unabhängig vom Aggregatzustand der Probe. Bei festen Proben hingegen ist für gewöhnlich eine Aufspaltung durch diese Kopplung wegen der Breite der Linien nicht aufgelöst, sondern sie bewirkt einfach eine zusätzliche Verbreiterung. Aus diesem Grund ist es gängige Praxis, die Effekte einer Spin-Spin-Kopplung durch Doppelresonanzverfahren zu beseitigen, um schmälere Linien zu erhalten (siehe Kapitel 7, Abschnitt 7.2.6).

Relaxationszeiten Von Kapitel 7, Abschnitt 7.1.5, wissen wir, dass die Breite einer Resonanz sehr stark von der Relaxationszeit der angeregten Spins bestimmt wird, die wiederum von der Stärke ihrer Wechselwirkung untereinander (Spin-Spin oder transversale Relaxation) oder zwischen ihnen und der Umgebung (Spin-Gitter oder longitudinale Relaxation) abhängt. Langsame Relaxation bedeutet lange Lebensdauer in einem bestimmten Zustand und damit nach dem Heisenbergschen Unbestimmtheitsprinzip scharfe Linien. Sehr wirksame Relaxationsmechanismen bedeuten kurze Relaxationszeiten und verbreiterte Linien.

Im festen Aggregatzustand können Relaxationsvorgänge unter bestimmten Umständen sehr effizient ablaufen, und zwar über einen Spin-Spin-Mechanismus, zusammen mit der *rotierenden* Komponente des magnetischen Moments, die vorhin in Bild 8.13 eingeführt wurde. Sind zwei Wasserstoffkerne benachbart und ihre Präzessionsfrequenzen sehr ähnlich (d.h., dass sie sich in der chemischen Verschiebung nicht zu sehr unterscheiden), dann rotieren ihre magnetischen Komponenten auch mit ähnlicher Frequenz; daraus folgt, dass es leicht zu kohärenter Wechselwirkung kommt und sie sehr rasch ihre Spinenergien untereinander austauschen können. Dieser Mechanismus ist als die Dipolrelaxation bekannt und gerade in einem Festkörper, in dem viele dieser Kerne in fester Lage zueinander sind, erfolgt der Energieaustausch sehr schnell und bewirkt eine rasche Relaxation und damit auch breite Spektrallinien.

Dieser Mechanismus lässt in seiner Wirkung offenbar in dem Maß nach, wie der Abstand der Kerne voneinander zunimmt. Bei Kernen wie ^{13}C, die mit einer Häufigkeit von nur 1 Prozent innerhalb einer Probe kaum jemals direkt benachbart sind, heißt das, dass die Dipolrelaxation keinen Anteil an der Linienverbreiterung ausmacht. Benachbarte *Wasserstoffkerne* können natürlich nicht zur Dipolrelaxation der ^{13}C Kerne beitragen, da sie eine ganz andere Präzessionsfrequenz aufweisen und eine kohärente Wechselwirkung zwischen den rotierenden magnetischen Dipolen von ^{1}H und ^{13}C nicht stattfindet.

Die lange Relaxationszeit von ^{13}C in Festkörpern hat jedoch einen Nachteil. Aus Kapitel 7, Abschnitt 7.3.2, und von Bild 7.22 in diesem Abschnitt ist bekannt, dass das Mehrfachimpuls-Verfahren, das meist bei der Messung von ^{13}C-Spektren eingesetzt wird, nur dann eine hohe Signalintensität liefert, wenn die Zeit zwischen den Impulsen lang ist im Vergleich zur Relaxationszeit; eine zu kurze Wartezeit hat zur Folge, dass die ^{13}C-Spins nicht genug Zeit haben, um für eine erneute Anregung in den Grundzustand zurückzukehren. Die sehr langen Relaxationszeiten in Festkörpern bewirken, dass man eine unannehmbar lange Zeit zwischen den Impulsen verstreichen lassen muss um ausreichende Linienintensitäten zu erhalten.

Um diesen Nachteil zu beheben, wurde ein elegantes Verfahren mit dem Namen *Cross-Polarisation* (Polarisations- oder Magnetisierungstransfer) vorgeschlagen, das im Prinzip die reichlich vorhandenen Protonen als „Senke" für die überschüssige Energie der ^{13}C nutzt. Es beruht auf der Tatsache, dass die Präzessionsfrequenz eines Kerns um eine vorgegebene Achse proportional zum angelegten Feld ist. Im selben Feld präzedieren Protonen nahezu viermal so schnell wie die ^{13}C-Kerne; wenn es uns also gelingt, an die ^{13}C-Kerne das vierfache Feld anzulegen, dann präzedieren sie mit derselben Frequenz wie die Protonen und können mit ihnen Energie austauschen. Dies geschieht mit einer Folge von 90°-Impulsen. Der erste Impuls erfolgt mit der Pro-

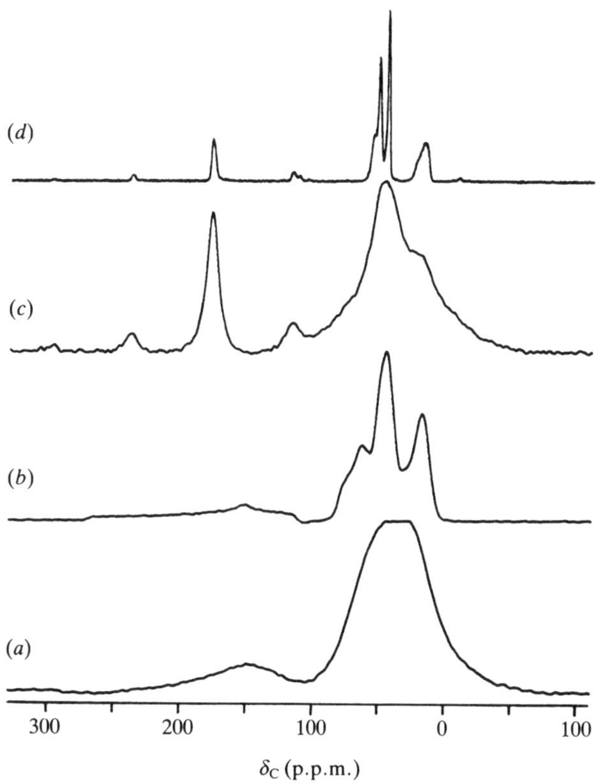

Bild 8.15: Festkörper-NMR-Spektren von Polymethylmethacrylat: (a) Nicht rotierende Probe, ohne Entkopplung, (b) nicht rotierend, mit Entkopplung, (c) Rotation unter dem magischen Winkel und keine Entkopplung und (d) sowohl mit Rotation unter magischem Winkel als auch Entkopplung. (*Wir danken Prof. R.K. Harris an der University of Durham für die Erlaubnis, dieses Spektrum zu veröffentlichen.*)

tonenfrequenz und auf ihn folgt unmittelbar ein Impuls mit der ^{13}C-Frequenz, aber mit der vierfachen Amplitude im Vergleich zum ersten; eine experimentelle Methode, Spin-locking (Spin-Synchronisation) genannt, führt also dazu, dass beide Kerne mit derselben Frequenz um ihre jeweiligen Feldrichtungen präzedieren. Die übereinstimmenden Frequenzen der rotierenden Komponenten gewährleisten eine wirkungsvolle Relaxation der ^{13}C, deren NMR-Signal beobachtet wird. Da die ^{13}C-Relaxation sehr rasch erfolgt, können weitere Impulse mit der ^{13}C-Frequenz eingestrahlt und das Spektrum integriert werden. Natürlich relaxieren auch die Protonen, aber da sie gegenüber den ^{13}C in großer Überzahl vorhanden sind, können viele Impulse bei der ^{13}C-Frequenz aufaddiert werden, bevor ein weiterer Impuls bei der Protonenfrequenz erforderlich ist.

Bild 8.15 zeigt Beispiele für den Effekt, den die verschiedenen, eben beschriebenen Verfahren auf das 75 MHz Spektrum von ^{13}C in Polymethylmethacrylat, ($[-CH_2.C(CH_3),CO(CH_3)O-]_n$ haben, das als Ausgangssubstanz für viele Kunststoffe dient, so z.B. Perspex). Alle dargestellten Spektren wurden mit „Cross polarisation" aufgenommen. Bild 8.15(a) gibt das verbreiterte Spektrum wieder, das man bei nicht rotierender Probe und ohne Protonen-Entkopplung erhält – es zeigt fast überhaupt keine Struktur. Schaltet man die Protonen-Entkopplung ein, erhält man (b), wo sich die Größe der chemischen Verschiebung schon andeutet. Was eine Rotation unter dem magischen Winkel bewirken kann, zeigt das Spektrum (c), welches man mit (a) vergleichen sollte, da (c) ebenfalls *ohne* Protonen-Entkopplung aufgenommen wurde. Schließlich zeigt Bild 8.15(d) noch das Ergebnis, wenn sowohl Rotation unter dem magischen Winkel als auch Protonen-Entkopplung eingesetzt wurde, mit der resultierenden deutlich höheren Auflösung. Allerdings sollte man nicht vergessen, dass das Spektrum (d) noch immer ein Spektrum mit sehr breiten Linien ist – bei der Frequenz, bei der die Spektren aufgenommen wurden (75 MHz), entspricht 1 ppm 75 Hz und die schärfste Linie im Spektrum (d) ist 2 ppm oder 150 Hz breit; dies ist zu vergleichen mit Flüssigkeitsspektren mit einer durchschnittlichen Linienbreite von 1 Hz oder noch darunter.

8.3.2 NMR an Oberflächen

Beim Einsatz der Kernresonanzspektroskopie zu Messungen an Oberflächen wird man mit all den eben erwähnten Schwierigkeiten konfrontiert, die mit breiten Linien zusammenhängen. Außerdem ist die NMR vom Prinzip her unempfindlich und benötigt im Allgemeinen große Substanzmengen, damit man brauchbare Spektren erhält. Und schließlich müssen die Experimente auch noch an einer Probe im Hochvakuum ausgeführt werden. Ungeachtet dieser Schwierigkeiten wurden beim Einsatz der NMR bei Oberflächenuntersuchungen Fortschritte erzielt und man hat bereits mit Substanzen, die an Zeolithen bzw. an Metallen auf Oxidträgern adsorbiert wurden, Pilotexperimente durchgeführt.

8.3.3 Die NMR in der Medizin

Wir können das Kapitel der Festkörper-NMR nicht abschließen, ohne einige der Anwendungen in der Medizin erwähnt zu haben, die sich gerade zu Routineverfahren entwickeln. Lebendes Gewebe enthält natürliche viele Protonen – in den Fetten, den Proteinen und auch im Wasser, das einen Großteil der Zellen ausmacht – und es enthält auch viel Phosphor; NMR-Beobachtungen beider Kerne haben in der Medizin ihre Anwendung gefunden. Man kann ganze Pflanzen, kleine Tiere und Körperteile größerer Tiere – z.B. einen menschlicher Arm, ein Bein oder den Kopf, noch am lebenden Organismus („Spender") – zwischen die Pole eines entsprechend gebauten supraleitenden Magneten bringen und sodann mit Hilfe von angelegten Spulen zum Einstrahlen der Radiofrequenz an die interessierende Stelle Spektren verhältnismäßig kleiner Bereiche aufnehmen. Mit angepassten Shimspulen kann im untersuchten Bereich ein homogenes Feld erzielt werden, während man das Feld außerhalb mit zunehmender Entfernung rasch abfallen lässt; damit erreicht man, dass die Resonanzen außen stark verbreitert sind und im Untergrundrauschen verschwinden.

^{31}P, ein Kern mit Spin $\frac{1}{2}$ und 100 Prozent natürlicher Häufigkeit, ist schon lange sehr wichtig für NMR-Beobachtungen. Von Vorteil ist, dass sich die chemischen Verschiebungen über einen weiten Bereich erstrecken und die Aufspaltungsmuster im Zusammenhang mit benachbarten Wasserstoffen aufschlussreiche Strukturinformationen liefern. In der Medizin gehen einige Störungen im Körper einher mit Veränderungen im Typus oder der Konzentration von phosphorhaltigen Verbindungen und bei der Diagnose haben sich NMR-Untersuchungen als nützlich erwiesen. Auch einige ^{13}C-Messungen wurden durchgeführt, obwohl in diesem Fall die Begrenzung der Möglichkeiten durch die natürliche Häufigkeit von 1 Prozent gravierend ist. Immerhin kann NMR eingesetzt werden, um, ausgehend von ^{13}C-angereicherten Proben, die Diffusion der Atome zu verfolgen.

Der Einsatz von Wasserstoff-NMR-Spektren in der Medizin hat sich ganz anders entwickelt. Das Ziel ist dabei nicht sosehr, ein *Spektrum* von lebenden Zellen zu erhalten, sondern die Protonen im Gewebe nach ihrer *Dichte* darzustellen, sie gleichsam *abzubilden*. Das erhaltene Bild ist einer Röntgenaufnahme sehr ähnlich, nur dass es sich dabei um weiches Gewebe und nicht um harte Knochen handelt und dass man den Körper nicht den gefährlichen Röntgenstrahlen aussetzen muss. Dieses Verfahren ist als Kernspintomographie bekannt oder als MRI (= *magnetic resonance imaging*). Die vielleicht größte Bedeutung liegt darin, dass dieses NMR-Bild den Unterschied zwischen gesunden Zellen und Krebszellen erkennen lässt.

Würde man den zu untersuchenden Körper in ein homogenes Feld bringen, wäre das Ergebnis lediglich eine verbreiterte Resonanz von allen Protonen zusammen; stattdessen bringt man den Körper in ein Feld, dessen Gradient sich in definierter Weise ändert und man misst die Intensität des Protonensignals als Funktion der Entfernung entlang der Feldkoordinate; außerdem misst man auch an jeder Stelle die Relaxationszeit der Resonanz, da man weiß, dass sich diese bei gesunden und malignen Zellen signifikant

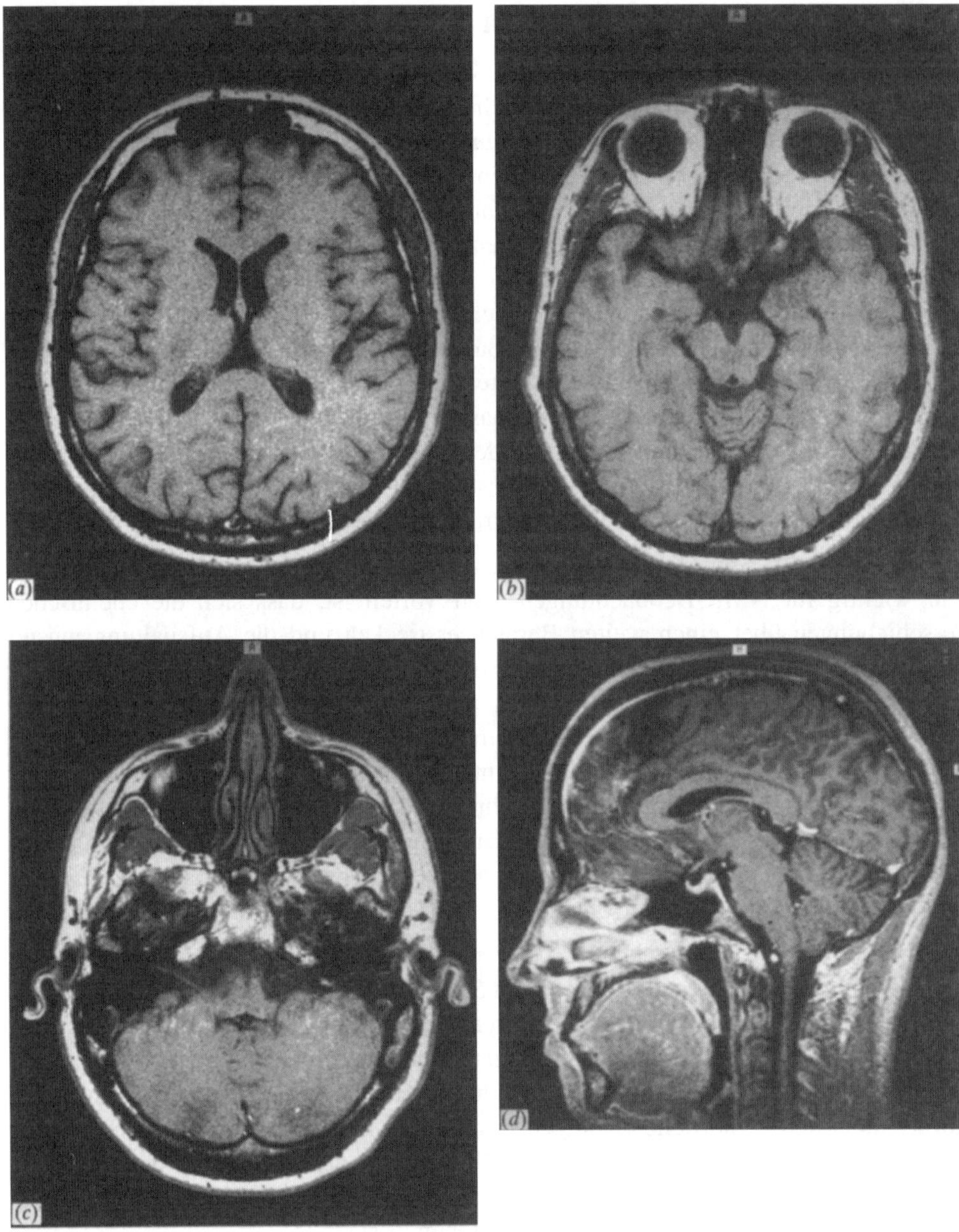

Bild 8.16: MRI-Aufnahmen des menschlichen Gehirns: (a), (b) und (c) von oben und (d) im Profil. (*Wir danken Dr D. Kean am Royal Hallamshire Hospital, Sheffield, und an der University of Sheffield für diese Aufnahmen.*).

unterscheidet. Das Gesamtbild erhält man dadurch, dass man Gradientenaufnahmen in unterschiedlichen Raumrichtungen macht und die Resonanzen mit Hilfe eines Rechners zu einer Art Landkarte zusammensetzt, auf der die Dichte wiedergegeben ist.

Bild 8.16 zeigt eine Serie von MRI-Aufnahmen eines menschlichen Gehirns in verschiedenen Ebenen. Die Aufnahmen (a), (b) und (c) erfolgten von oben und zeigen horizontale „Schnitte" in drei verschiedenen Ebenen; (d) wurde von der Seite aufgenommen. Augen, Nase und zum Teil sogar die Ohren des Probanden sind erkennbar.

Die Aufnahmen in Bild 8.16 wurden dadurch verstärkt, dass man dem Patienten vor der Aufnahme ein kleine (und hoffentlich verhältnismäßig harmlose) Menge eines Gadoliniumkomplexes injizierte. Die Liganden dieses Komplexes ermöglichen es dem Gadolinium, sich an Wasser anzulagern, wodurch deren Relaxationszeit verringert wird, so dass sie bei der Aufnahme stärkere Resonanzen zeigen.

8.4 Verfahren zur Strukturbestimmung: EXAFS und SEXAFS[1]

Informationen über die genaue Struktur von Festkörpern und Bereichen nahe der Oberfläche in Form von Bindungslängen und -winkeln erhält man über eine Erweiterung des Röntgenabsorptions- und des Auger-Verfahrens. Bei einer Messung der Röntgenabsorption erhält man im Wesentlichen Informationen über den gesamten Festkörper, während Auger-Elektronen Aussagen über die Oberfläche und die oberflächennahen Bereiche ermöglichen. Diese beiden Verfahren heißen EXAFS (**E**xtended **X**-ray **A**bsorption **F**ine **S**tructure; erweiterte Röntgenabsorptions-Feinstruktur) bzw. SEXAFS (**S**urface **E**xtended **X**-ray **A**bsorption **F**ine **S**tructure).

8.4.1 Extended X-ray Absorption Fine Structure (EXAFS)

Um das Prinzip dieses Verfahrens verstehen zu können, muss man sich die Elektronen mit ihren Wellen- anstelle ihrer Teilcheneigenschaften vorstellen. Wird nach der Absorption eines Röntgen-Photons ein Elektron der inneren Schalen emittiert, dann kann man sich das austretende Photoelektron wie in Bild 8.17(a) als Kugelwelle vorstellen. Gezeigt ist hier der Augenblick, in dem ein Röntgenphoton ein Elektron aus den inneren Niveaus des Zentralatoms herausschlägt (im Bild schraffiert); das emittierte Elektron verhält sich wie eine sich ausbreitende Welle, die beim Erreichen eines Nachbaratoms zum Teil reflektiert oder „rückgestreut" wird (Bild 8.17(b)). Die gestreute Welle interferiert mit der ursprünglichen Elektronenwelle; ist sie mit der ursprünglichen Welle in Phase, kommt es zu konstruktiver Interferenz und damit zu einer Verstärkung der Röntgenabsorption, ist sie gegenphasig, sind destruktive

[1] In der deutschsprachigen Literatur finden sich keine allgemein gebräuchlichen Übersetzungen für EXAFS und SEXAFS.

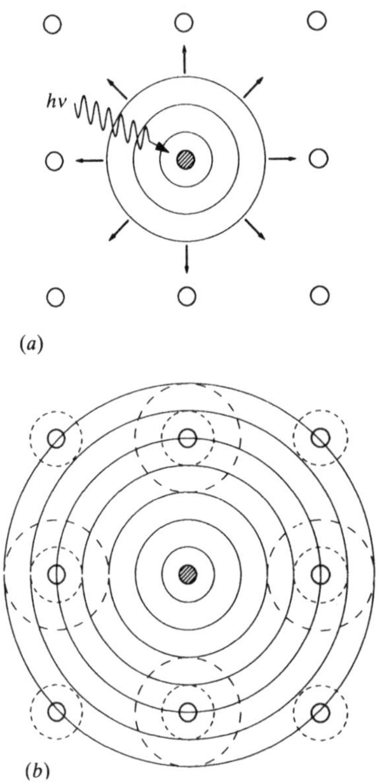

(a)

(b)

Bild 8.17: Das Messprinzip bei EXAFS: (a) Ein Photon schleudert ein Elektron heraus, das sich wie eine Welle ausbreitet; (b) die Welle wird an den Atomen in der Umgebung reflektiert und bewirkt Interferenzen.

Interferenz und eine Verringerung der Röntgenabsorption die Folge. Im Endergebnis „sieht" der Detektor in der Nähe eines Übergangs (an der sog. „Absorptionskante") eine Schwankung in der Röntgenabsorption. Offensichtlich hängt diese Schwankung oder Oszillation des Signals von der Anzahl, der Sorte und auch vom Abstand der Atome ab, an denen Rückstreuung erfolgt.

Bild 8.18(a) zeigt die Oszillationen der Röntgenabsorption als Folge eines Beschusses einer Palladium-Folie mit Röntgenstrahlen. Die Gesamtabsorption ist bei EXAFS nicht wichtig; alle wichtige Information kann man aus der Größe der Signalschwankungen und ihrer Position auf der Energieskala entnehmen. Den Absorptionsuntergrund kann man deshalb wie in Bild 8.18(b) von einem Rechner subtrahieren lassen. Die Oszillationen bei dieser Aufnahme werden durch die Überlagerung von Elektronenwellen verursacht, die an Atomen in unterschiedlicher Entfernung vom ersten emittierenden Atom reflektiert wurden; die Phase der Elektronenwelle wird durch den Abstand des Streuatoms vom ersten Atom bestimmt, während die Anzahl der Atome in jeweils gleichem Abstand die Amplitude bestimmt. Eine Fourier-Transformation der Aufnahme von Bild 8.18(b) schlüsselt diese Parameter auf und man erhält das in Bild 8.18(c) dargestellte Ergebnis. Die interatomaren Abstände können den Abständen zwischen den Linien entnommen werden. Die nächsten Nachbarn sind 2,75 Å vom Palladium entfernt und die übernächsten, wie man sieht, 3,89 Å.

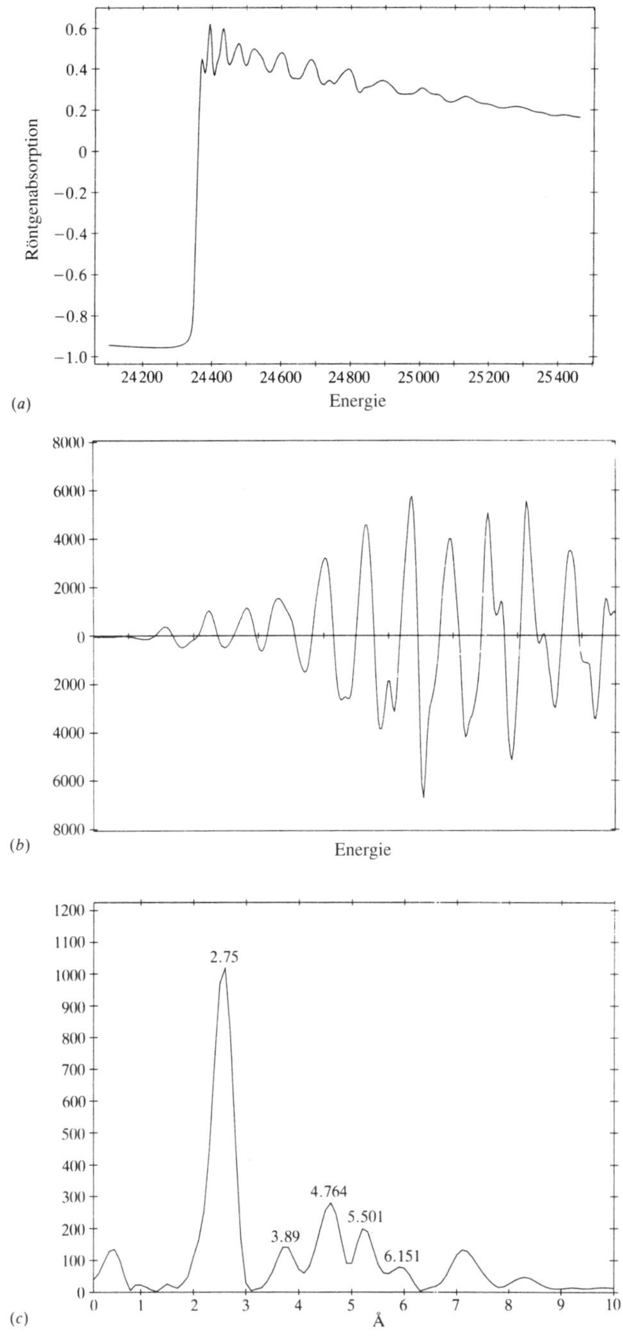

Bild 8.18: EXAFS an einer Palladium-Folie: (a) Oszillationen des Signals nahe der Absorptionskante, (b) die Aufnahme nach Subtraktion des Untergrunds und (c) die Fouriertransformierte mit den Linien, aus denen die Abstände zwischen den Atomen bestimmt werden können. (*Wir danken Dr B. Cowie am SERC Daresbury Laboratory für diese Aufnahmen.*)

Obwohl sich EXAFS als außerordentlich empfindliches Verfahren zur Strukturbestimmung erwiesen hat, braucht man dazu eine sehr leistungsstarke, durchstimmbare Röntgenquelle, wie etwa ein Synchrotron. Man kann es deshalb nicht als Routinemethode für das Labor bezeichnen, aber man hat damit bereits viele Strukturdaten einfacher Moleküle und Salze bestimmt und ist gerade dabei, es bei komplexeren Systemen einzusetzen.

8.4.2 Erweiterte Röntgenabsorptions-Feinstruktur an Oberflächen (SEXAFS)

Wenn anstelle der Röntgenabsorption einer Festkörperprobe die Energie der Auger-Elektronen beobachtet wird, dann vermitteln die gebeugten Wellen Informationen über die Oberfläche und die oberflächennahen Bereiche und nicht sosehr über die gesamte Probe. Dies hat, wie wir bereits wissen, seinen Grund darin, dass die Elektronen nicht sehr weit ohne unelastische Stöße durch den Festkörper diffundieren können und man sie nur dann detektieren kann, wenn sie die Oberfläche und die oberflächennahen Bereiche verlassen haben. Dieses Verfahren ist EXAFS jedenfalls sehr ähnlich und hat auch denselben Nachteil, nämlich den, dass man eine Synchrotron-Quelle braucht.

Literatur

Clark, R. J. H. und R. E. Hester (eds.): *Spectroscopy of Surfaces, Advances in Spectroscopy*, vol. 16, John Wiley, 1988.

Ibach, H. und D. L. Mills: *Electron Energy Loss Spectroscopy and Surface Vibrations*, Academic Press, 1982.

Prutton, M.: *Surface Physics*, Oxford Physics Series, Oxford University Press, 3rd edn., 1993.

Thompson, T., M. D. Baker, A. Christie, und J. F. Tyson: *Auger Electron Spectroscopy*, John Wiley, 1985.

Woodruff, D. P. und T. A. Delchar: *Modern Techniques of Surface Sciences*, Cambridge University Press, 1988.

Yates, J. T. und T. E. Madey (eds.): *Vibrational Spectroscopy of Molecules on Surfaces*, Plenum Publishing Corporation, 1987.

Zangwill, A.: *Physics of Surfaces*, Cambridge University Press, 1988.

Übungsaufgaben

8.1 Es ist bekannt, dass Wasser, wie hier gezeigt, über den Sauerstoff an die Oberfläche einer Reihe von Übergangsmetallen bindet:

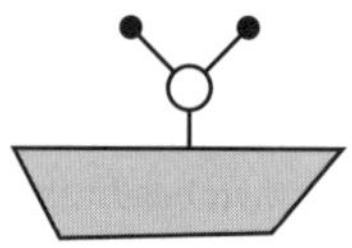

(a) Zeichnen Sie, indem Sie von den Schwingungen des freien Moleküls ausgehen (Bild 3.9), schematisch die zu erwartenden Schwingungen des adsorbierten Moleküls. Welche Schwingungen kann man Ihrer Meinung nach mit EELS beobachten?
(b) Das „freie“ Molekül kann um drei Achsen rotieren. Es wird angenommen, dass diese parallel und senkrecht zur Metalloberfläche orientiert sind. Zeichnen Sie die entsprechenden Schwingungen des adsorbierten Moleküls sowie die jeweiligen Rotationsachsen.
(c) Welche der in diesem Kapitel beschriebenen Verfahren würden Sie zum Nachweis dieser Schwingungen einsetzen?

8.2 Wieviele Linien erwarten Sie in einem AES-Spektrum der folgenden Elemente:
(a) Wasserstoff (b) Kohlenstoff (c) Natrium

8.3 Im RAIRS-Spektrum des an Cu(111) adsorbierten Ethins werden drei Schwingungen beobachtet: bei 2920, 1307 und bei 920 cm^{-1}. Diese Schwingungen wurden in diesem Kapitel zugeordnet. Welche Experimente könnten Sie durchführen um nachzuweisen, welche Linien C—C Schwingungen und welche C—H Schwingungen zuzuordnen sind? Geben Sie eine Begründung dafür.

8.4 Sauerstoff kann als Molekül an eine Reihe von Einkristalloberflächen binden.
(a) Zeichnen Sie schematisch die Schwingungen, die mit Hilfe von RAIRS und EELS beobachtbar sind unter der Voraussetzung, dass die Moleküle mit der Achse (i) parallel zur Oberfläche oder (ii) senkrecht zur Oberfläche adsorbiert sind.
(b) Wie könnte man mit Hilfe einer Isotopensubstitution eines der Sauerstoffatome durch ^{18}O zwischen diesen beiden unterschiedlichen Oberflächenspezies unterscheiden?
(c) Welche Auswirkung würde eine Substitution beider ^{16}O Atome durch ^{18}O auf die Spektren haben?

8.5 Wird Methanol an einer oxidierten Kupferoberfläche adsorbiert, dann wird es deprotoniert zu einer Methoxy (CH_3—O) Gruppe. EELS-Untersuchungen haben gezeigt, dass dieses Molekül über das Sauerstoffatom bindet, man war aber aufgrund der geringen Auflösung nicht in der Lage zu bestimmen, ob die CO-Bindung senkrecht zur Oberfläche (vgl. Ethylidin, in Bild 8.7(c) dargestellt) oder gekippt war. Was würden Sie, wenn Sie die Auswahlregel für Metalloberflächen auf die C—H Valenzschwingung anwenden, bezüglich dieser beiden Möglichkeiten erwarten? Wie könnte das RAIRS-Verfahren (mit seiner hohen Auflösung) den Nachweis erbringen, dass die Methoxy-Spezies mit der CO-Bindung senkrecht auf der Oberfläche sitzt?

8.6 Welches Verfahren zur Messung der elektronischen Eigenschaften würden Sie einsetzen, um die Oxidationsstufe eines adsorbierten Moleküls zu bestimmen? Welche Art von Information würden Sie ermutlich erhalten?

9 Mößbauerspektroskopie

Die Mößbauerspektroskopie, nach ihrem Entdecker benannt, der dafür 1961 den Nobelpreis erhielt, hat mit Übergängen zwischen den Energieniveaus von Atomkernen zu tun. Bei etwa einem Drittel den bekannten radioaktiven Zerfälle nicht stabiler Isotope befinden sich die entstehenden Kerne in einem angeregten Zustand. Mit einer Verzögerung in der Größenordnung von Mikrosekunden gehen die Kerne in ihren Grundzustand über und senden dabei hochenergetische Photonen (meist im Bereich der γ-Strahlung) aus. Es ist die Emission von γ-Strahlung sowie die nachfolgende Re-Absorption, die das Wesen der Mößbauer- oder γ-Spektroskopie ausmacht.

9.1 Grundlagen der Mößbauerspektroskopie

In diesem Abschnitt skizzieren wir die wichtigsten Elemente der γ-Spektroskopie am Beispiel des Eisenkerns – einer der in diesem Zusammenhang am besten untersuchten Kerne. Das ^{57}Fe Isotop stellt man einfach durch einen radioaktiven Zerfall von ^{57}Co her, welches eine relativ lange Halbwertszeit von etwa 270 Tagen hat. Bild 9.1 gibt schematisch ein vereinfachtes Energieniveau-Schema wieder, in dem der Cobalt-Kern (^{57}Co) nach einem Elektroneneinfang das ^{57}Fe in einem angeregten Energiezustand

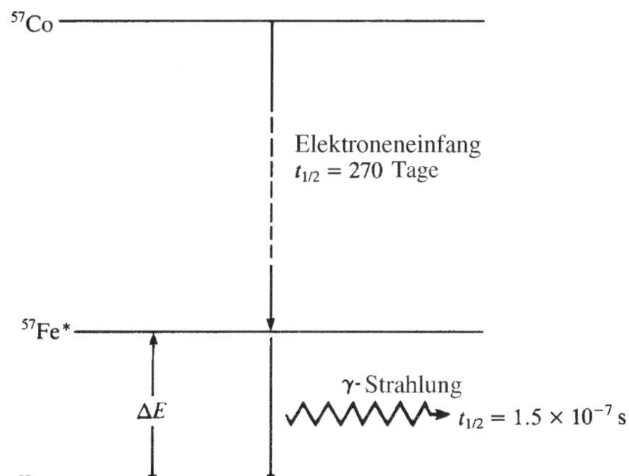

Bild 9.1: Vereinfachtes Energieniveaudiagramm, das den Zerfall von radioaktivem ^{57}Co zum angeregten (*) und danach in den Grundzustand von ^{57}Fe zeigt.

bildet, das mit $^{57}Fe^*$ bezeichnet wird; $^{57}Fe^*$ geht sehr schnell in den Grundzustand ^{57}Fe über, wobei die entsprechende Energiedifferenz $\Delta E = 2{,}30 \cdot 10^{-15}$ J (pro Kern) beträgt. Die Frequenz der ausgesandten γ-Strahlung beträgt somit $\nu = \delta E/h = 3{,}5 \cdot 10^{18}$ Hz. Wenn jetzt ein zweiter ^{57}Fe Kern, der sich anfangs im Grundzustand befindet, dieser emittierten Strahlung ausgesetzt wird, dann erwartet man, dass er Energie aus der Strahlung absorbiert und in den Zustand $^{57}Fe^*$ angeregt wird. Ein γ-Detektor (ein Szintillations- oder ein Geiger-Zähler) im Strahl hinter dem Absorber würde eine reduzierte Intensität, also weniger γ-Quanten pro Sekunde anzeigen. Tatsächlich fand man jedoch, dass es nur dann möglich war, γ-Absorption zu beobachten, wenn die Quelle relativ zur Probe bewegt wurde; die beiden wichtigsten Ursachen dafür sind von grundlegender Bedeutung, so dass wir sie jetzt behandeln:

Erst betrachten wir einmal die Breite der γ-Emission; die Halbwertszeit des angeregten Zustands $^{57}Fe^*$ beträgt etwa $1{,}5 \cdot 10^{-7}$ s und wir erhalten aus der Heisenbergschen Unschärferelation durch Einsetzen in die Gln. (1.10) und (1.11) eine Energieunschärfe von $\delta E \approx \cdot 10^{-34}$ Js$/\delta t \approx \cdot 10^{-27}$ J und eine Frequenzunschärfe von $\delta\nu \approx 10^6$ Hz. Diese Unschärfen sind sehr klein, verglichen mit der Übergangsenergie von 10^{-15} J und der entsprechenden Frequenz von $3{,}5 \cdot 10^{18}$ Hz; der angeregte Energiezustand ist sehr scharf. Tatsächlich ist die relative Linienbreite von $\delta\nu/\nu \approx 10^{-12}$ wesentlich kleiner als man sie bei irgendeinem anderen spektroskopischen Verfahren findet. Zum Beispiel sind wir bei der NMR einer Linienbreite von 0,1 Hz bei 100 MHz begegnet, was einem $\delta\nu/\nu \approx 10^{-8}$ entspricht; im Infraroten ist $\delta\nu/\nu$ etwa 10^{-5}, bei Gasen und bei Flüssigkeiten eher größer.

Der zweite Punkt ist der, dass bei einer so scharfen Emissionsfrequenz jeder Effekt, der eine Änderung der Kernenergieniveaus oder der Strahlungsfrequenz selbst bewirkt, eine Resonanzabsorption verhindert. Ein sehr wichtiger Effekt ist die Bewegung des emittierenden Kerns. Ein Photon mit einer Frequenz von 10^{18} Hz besitzt einen verhältnismäßig großen Impuls (von der Größe h/λ, entsprechend der deBroglie-Beziehung, wobei λ die Wellenlänge ist); wird es vom Kern emittiert, dann erfährt der Kern aus Gründen der Impulserhaltung einen beträchtlichen Rückstoß. Eine einfache Rechnung ergibt, dass die Rückstoßgeschwindigkeit des Kerns in der Größenordnung von 10^2 m s^{-1} liegt. Sendet ein bewegter Körper Strahlung (oder Schall) aus, dann sieht (oder hört) ein ruhender Beobachter eine veränderte Frequenz; dies ist natürlich der Dopplereffekt. Die genaue Frequenzverschiebung beträgt:

$$\Delta\nu = \nu \frac{v}{c} \quad \text{Hz} \tag{9.1}$$

wobei ν und c die Frequenz bzw. die Ausbreitungsgeschwindigkeit der ausgesandten Strahlung und v die Relativgeschwindigkeit zwischen Quelle und Beobachter sind.

Emittiert unser $^{57}Fe^*$ Kern Strahlung bei $3{,}5 \cdot 10^{18}$ Hz, so gilt bei einer Rückstoßgeschwindigkeit von 10^2 m s^{-1}:

$$\Delta\nu = \frac{3{,}5 \cdot 10^{18} \cdot 10^2}{3 \cdot 10^8} \approx 10^{12} \quad \text{Hz}$$

Diese Verschiebung ist zwar klein im Verhältnis zur Emissionsfrequenz von 10^{18} Hz, aber sehr groß im Vergleich zur Linienbreite von 10^6 Hz.

Darin – nämlich im Rückstoß des Kerns, der die Emissionsfrequenz um einige Millionen Linienbreiten von der Absorptionsfrequenz wegschiebt – liegt auch der Grund dafür, dass γ-Spektroskopie nicht eher möglich war. Die wesentlichen Beiträge Mößbauers – im Rückblick elegant einfach – bestanden erstens darin, Gitter von Festkörperkristallen als Emissionsquelle zu benutzen und außerdem in einer Kühlung von Quelle und Probe auf tiefe Temperaturen, so dass die thermische Bewegung der Gitteratome auf ein Minimum reduziert wird.

Es sind die Gitterschwingungen, die infolge Anregung durch den Rückstoß dem Quant Energie entziehen können; Mößbauers Entdeckung bestand darin, dass zwar viele Quanten auf diese Weise Energie verlieren, aber eben nicht alle. Der Rest wird „rückstoßfrei" emittiert. Eine klassische mechanische Deutung ist wohl kaum möglich. Z.B. würde ein klassisches Pendel auf eine schwache Anregung mit einer kleinen Amplitude reagieren, in der Quantenmechanik kann etwas jedoch nur „ganz oder gar nicht" schwingen; dafür gibt es aber das Phänomen der Übergangswahrscheinlichkeit. Dies ist ein Maß für die Bereitwilligkeit, mit der ein Molekül, ein Atom oder ein Kristall (mit seinen Gitterschwingungen) auf einen Anregungsversuch (Photon, Rückstoß) reagiert. Ist diese Wechselwirkung sehr schwach, dann erfolgt die Anregung mit „geringer Wahrscheinlichkeit", es kommt nur zu sehr wenigen Anregungen und der größte Teil der Quanten wird dann sozusagen nicht verbraucht. Während man bei der Absorptionsspektroskopie (UV, IR) die nicht verbrauchten Photonen ignoriert, interessieren beim Mößbauereffekt gerade die nicht zustandegekommenen Anregungsvorgänge und die bei der Emission durch den Kern in ihrer Frequenz nicht veränderten Quanten.

Der Rückstoß stellt einen Anregungsversuch für eine Gitterschwingung (Phonon) dar; die größte Chance angeregt zu werden haben diejenigen Gitterschwingungen, die mit ihrer Energie $h\nu$ der *Rückstoß*energie der γ-Quanten am nächsten kommen (aber nicht ewa der γ-Quantenenergie selbst). Es herrscht jedoch keine 100%ige Anregungswahrscheinlichkeit, die Rückstoßenergie ist auch mit keiner dieser Frequenzen wirklich resonant, obwohl die Gitterfrequenzen sehr dicht liegen; so kommt es bei ^{57}Fe unter tausend γ-Emissionen zu wenigen hundert Anregungen und die anderen bewegen am Kristall überhaupt nichts. Diese Quanten behalten, eben weil sie nichts angeregt haben, ihre volle Energie. Und das sind auch die Quanten, die alle fast exakt dasselbe ν aufweisen und mit denen die so extrem scharfen Mößbauer-Absorptionslinien beobachtet werden können, denn bei der Absorption verläuft es genauso.

Niedrige Temperaturen begünstigen den Effekt, da dann viele Phononen-Energieniveaus nicht besetzt sind und damit als Startrampe für eine mögliche Anregung ausfallen. Bei der γ-Emission kann es außerdem noch vorkommen, dass das Gitter aus seinem Energievorrat dem Quant noch zusätzlich Energie mitgibt (vgl. Ramaneffekt). Aber auch diese Quanten sind für den Mößbauereffekt nicht von Bedeutung, gleichsam nicht brauchbar.

Jetzt konnte man z.B. zeigen, dass die γ-Emission einer radioaktiven Probe (also die Strahlung der $^{57}Fe^*$ Kerne in einem Metallgitter) von metallischem Eisen absorbiert wurde.[1] Hingegen fand man, dass bei Eisen in einem anderen chemischen Bindungszustand die unterschiedlichen chemischen Umgebungsverhältnisse einen ausreichend starken Einfluss auf die Energieniveaus ausüben, so dass keine Absorption mehr stattfindet. Zu unserem spektroskopischen Verfahren brauchen wir jetzt noch zusätzlich zu Quelle, Probe und Detektor ein Durchstimmverfahren, mit dem wir die exakte Absorptionsfrequenz einer bestimmten Probe suchen können. Jetzt ist der Dopplereffekt von Nutzen und nicht mehr ein Nachteil.

Wir wissen bereits, dass eine Geschwindigkeit von 10^2 m s^{-1} eine sehr große Dopplerverschiebung bewirkt; auf dieselbe Weise berechnet man mit Hilfe von Gl. (9.1), dass eine Geschwindigkeit von 1 cm s^{-1} (10^{-2} m s^{-1}) eine Verschiebung von 10^8 Hz zur Folge hat – was mit etwa 100 Linienbreiten einen ausreichend großen Durchstimmbereich für ein Spektrum darstellt. Experimentell kann man also wie in Bild 9.2(a) vorgehen. Die ^{57}Co-Quelle ist auf einem Schraubengewinde befestigt, durch dessen Drehung die Quelle einen Vorschub mit konstanter Geschwindigkeit erhält. Hinter der Probe steht ein Szintillationszähler (ein mit Thallium dotierter Natriumiodid-Kristall), der beim Auftreffen von γ-Quanten Lichtblitze abgibt, die mit einem SEV (Photomultiplier) gezählt werden. Sobald die Probe beginnt, die von der Quelle emittierte γ-Strahlung zu absorbieren, beobachtet man ein plötzliches Absinken der Zählrate. Da nun bei jeder Geschwindigkeit der Quelle die Dopplerverschiebung einen konstanten Betrag aufweist, muss das gesamte Spektrum Punkt für Punkt aufgenommen werden, indem man vielleicht hundert oder tausend verschiedene Relativgeschwindigkeiten zwischen Quelle und Probe einstellt, die von $+1$ cm s^{-1} über 0 bis -1 cm s^{-1} reichen, damit ein nennenswerter Frequenzbereich überstrichen wird.[2]

Ein wesentlich günstigerer Aufbau ist in Bild 9.2(b) dargestellt, bei dem die Quelle auf einer Lautsprecherspule montiert ist. Ein Wechselstrom von einigen Hertz wird durch die Spule geschickt, so dass die Quelle vor- und zurückschwingt. An den Umkehrpunkten der Bewegung hat sie relativ zur Probe die Geschwindigkeit null, in der Mitte jedoch ihre maximale Geschwindigkeit, entweder in Richtung auf die Probe zu oder von ihr weg. Der Zähler muss jetzt an einen Vielkanalanalysator (eine Karte im

---

[1] Bei der Quelle handelt es sich um radioaktives ^{57}Co, das auf einer Fläche von etwa 6 mm Durchmesser auf eine Rhodium- oder Palladiummatrix aufgebracht ist. Dies ehat die Form einer Folie von etwa doppelten Durchmesser und 12 μm Dicke.

[2] Die Geschwindigkeiten reichen bei speziellen Mößbauer-Antrieben bis zu 100 cm s^{-1}.

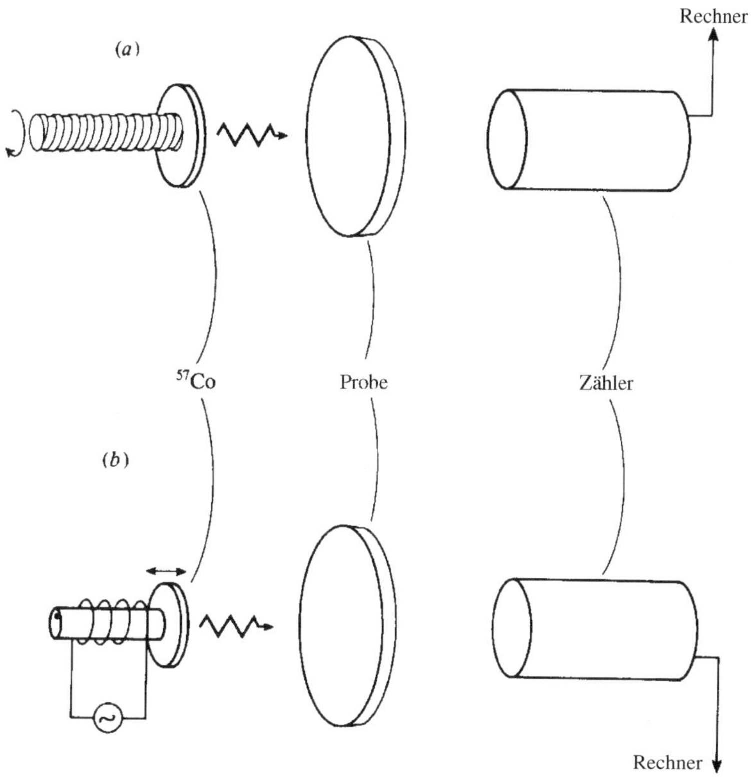

Bild 9.2: Zwei experimentelle Anordnungen in der Mößbauerspektroskopie: (a) zeigt einen Gewindevorschub und (b) eine Schwingungsanordnung für die ^{57}Co Quelle.

Rechner) angeschlossen werden, der die Zählergebnisse an den einzelnen Positionen der bewegten Strahlungsquelle registriert und über die einzelnen Bewegungszyklen summiert. Im Allgemeinen reichen einige Minuten bis Stunden zur Aufnahme eines zufriedenstellenden Spektrums aus. Das endgültige Spektrum wird in der Form „Impulse pro Sekunde" über „Zentimeter pro Sekunde" dargestellt, wobei dann ein Absinken der Zählrate auf eine γ-Absorption durch die Probe hindeutet.

Im Prinzip ist die Mößbauerspektroskopie also ziemlich einfach. Man muss von irgendwoher angeregte Kerne bekommen, die einigermaßen stabil sein sollten (d.h., Halbwertszeiten von mindestens einigen Wochen aufweisen), so dass kein häufiger Austausch erforderlich ist und damit auch die Intensität der γ-Emission über die Zeitdauer des Experiments, also einige Stunden, in etwa gleichbleibt. Die angeregten Kerne müssen schnell in den Grundzustand zerfallen und γ-Strahlung im Bereich von $10^{17} - 10^{20}$ Hz aussenden. Eine Vorrichtung für die Dopplerverschiebung, ein Geigerzähler und ein kleiner Rechner vervollständigen den Aufbau. Man muss jedoch daran denken, dass, im Gegensatz zu der einfachen Anordnung, eine bestimmte Relativgeschwindigkeit zwischen Quelle und Probe *sehr* genau eingehalten werden muss (ein Fehler von 0,01 $\mathrm{cm\,s^{-1}}$ in der Geschwindigkeit verschiebt die Frequenz um mehr als eine Linienbreite und kann leicht die Beobachtung einer Absorption verhindern) und dass Quelle und Probe eigentlich auf der Temperatur von flüssigem Helium gehalten werden sollten. Andererseits erfüllen, wie schon bemerkt, viele Kerne die notwendigen Voraussetzungen und wurden mit γ-Methoden untersucht. Nun ein paar Beispiele.

9.2 Anwendungen der Mößbauerspektroskopie

9.2.1 Die Chemische Verschiebung

Wie schon erwähnt, absorbiert ein Kern in einer chemischen Umgebung, die sich von der der Quelle unterscheidet, nicht bei derselben Frequenz; dies wird als chemische Verschiebung bezeichnet, manchmal auch als Isomerie-Verschiebung, wobei die beobachtete Verschiebung im Bereich $\mathrm{cm\,s^{-1}}$ liegt und eine Umrechnung in Hertz oder Megahertz einfach, aber überflüssig ist. In Bild 9.3(a) ist so eine chemische Verschiebung im Mößbauerspektrum des Hexacyanoferrat(II)-Ions, $[Fe(CN)_6]^{4-}$, wiedergegeben, wobei man sieht, dass die einzelne scharfe Absorptionslinie bei einer Geschwindigkeit von $-\frac{1}{2}$ $\mathrm{mm\,s^{-1}}$ relativ zur $^{57}Fe^*$-Quelle in ^{57}Co als Nullpunkt auftritt.

Die wichtigste Ursache für das Ausmaß der chemischen Verschiebung ist die Elektronendichte am betreffenden Kern und da die p, d usw. Orbitale an ihren Kernen die Dichte null aufweisen können wir genau sagen, dass die Dichte der s Orbitale ausschlaggebend ist. Somit ermöglicht eine Messung der Verschiebungen die Bestimmung der relativen s-Elektronendichte, die wiederum eine Abschätzung des Bindungscharakters der Atome oder Ionen zulässt, die an den Mößbauerkern chemisch gebunden sind. So werden z.B. an einer Reihe von Zinnverbindungen mit Hilfe der ^{119}Sn Mößbauerspektroskopie die in Tabelle 9.1 wiedergegebenen chemischen Ver-

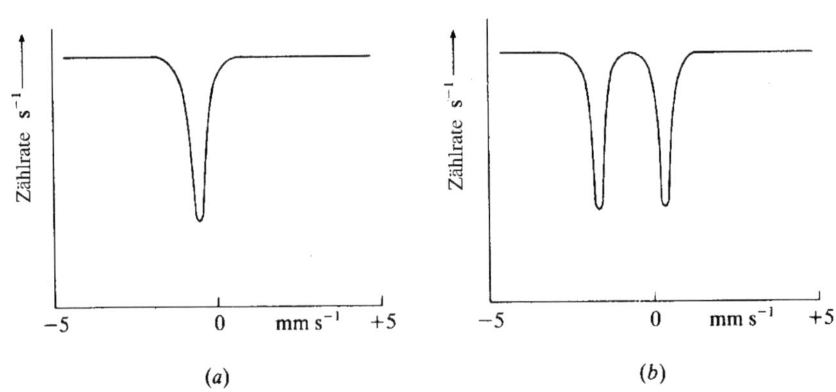

Bild 9.3: Das Mößbauerspektrum (a) des $[Fe(CN)_6]^{4-}$ Ions und (b) des $[Fe(CN)_5NO]^{2-}$ Ions mit Quadrupolaufspaltung.

Tabelle 9.1: Chemische Verschiebung von ^{119}Sn Verbindungen

Wertigkeit	Elektronen-konfiguration	Chemische Verschiebung ($mm\,s^{-1}$)
Sn^{4+}	$5s^0 5p^0$	0
Sn (4-wertig) *	$5(sp^3)$	2,1
Sn^{2+}	$4s^2 5p^0$	3,7

* kovalent

schiebungen beobachtet; die Konfiguration der Außenelektronen des Zinnatoms lautet $5s^2 5p^2$, so dass Zinn im 4+ Zustand keine äußeren s-Elektronen hat, wogegen man beim 2+ Zustand annimmt, dass die (energetisch höheren) $5p^2$ Elektronen fehlen und nur noch die zwei s Elektronen vorhanden sind. Im vierbindigen kovalenten Zustand, in dem die Verbindungen Tetraederform haben und die Konfiguration $5(sp^3)$ lautet, gibt es natürlich nur ein s-Elektron. Die chemischen Verschiebungen geben diese Strukturen nahezu proportional wieder. Deshalb ist es eine relativ einfache Sache, die Wertigkeit bei einer unbekannten Zinnverbindung aus dem Mößbauerspektrum zu ermitteln.

Noch ein weiterer Effekt beeinflusst die chemischen Verschiebungen; in angeregten Zuständen haben Kerne im Allgemeinen einen anderen Radius als im Grundzustand – sie können kleiner oder größer sein. Mit Hilfe der Theorie kann gezeigt werden, dass die chemische Verschiebung durch folgenden Ausdruck gegeben ist:

$$\text{Chemische Verschiebung} = \text{const}(\rho^2_{\text{ex.}} - \rho^2_{\text{gd.}}) \left(\frac{R_{\text{ex.}} - R_{\text{gd.}}}{R_{\text{gd.}}} \right) \tag{9.2}$$

wobei ρ^2 die Elektronendichte der s-Orbitale an der Stelle des Kerns im angeregten bzw. im Grundzustand bedeutet und R der Radius des jeweiligen Kerns ist; die Konstante ist einfach ein allgemeiner Proportionalitätsfaktor. Bei einem bestimmten Kern ist $(R_{\text{ex.}} - R_{\text{gd.}})/R_{\text{gd}}$ natürlich eine Konstante und somit können, wie schon erwähnt, die relativen Elektronendichten bestimmt werden. Hingegen hängt das *Vorzeichen* der chemischen Verschiebung davon ab, ob $R_{\text{ex.}}$ größer oder kleiner als $R_{\text{gd.}}$ ist. Eine Möglichkeit, herauszufinden, welcher der größere ist besteht darin, die Probe unter hohem Druck zu untersuchen; unter der Annahme, dass die Kompression die Elektronendichte in der Nähe der Kerne der Probe erhöht und damit $(\rho^2_{\text{ex.}} - \rho^2_{\text{gd.}})$ abnimmt, erhält man aus dem Vorzeichen der beobachteten chemischen Verschiebung das Vorzeichen von $(R_{\text{ex.}} - R_{\text{gd.}})$.

Die Bestimmung der Größenänderung von Kernen aufgrund einer Anregung hat erhebliche Bedeutung für die Theorien zur Kernstruktur. So hat man z.B. beobachtet (kann es aber vorläufig noch nicht erklären), dass im Fall von ^{129}I der angeregte Kern größer ist, im Fall von ^{127}I jedoch der Kern im Grundzustand den größeren Radius aufweist; es überrascht, dass ein Hinzufügen von zwei Neutronen so einen grundlegenden Einfluss auf die Kernstruktur haben sollte. Die beiden Kerne werden im angeregten Zustand beim Zerfall der radioaktiven Tellurkerne ^{129}Te und ^{127}Te gebildet.

9.2.2 Quadrupoleffekte

Zufälligerweise hat der grösste Teil der Mößbauerkerne einen Spin ungleich null und außerdem noch einen halbzahligen Spin und nicht einen ganzzahligen. Der Spin ist im angeregten Zustand immer verschieden von dem des Grundzustands (es gibt tatsächlich eine Auswahlregel , die besagt, dass dies so sein muss) und daraus folgt, dass entweder einer der Kernzustände oder beide einen Kernspin größer $\frac{1}{2}$ aufweisen müssen, d.h., einer oder beide haben ein Quadrupolmoment (vgl. Abschnitt 7.3.4) und dieses tritt dann in Wechselwirkung mit dem elektrischen Feldgradienten in seiner Umgebung.

Sehr oft hat der angeregte Kern ein $I = \frac{3}{2}$ (und damit auch ein Quadrupolmoment) und der Grundzustand $I = \frac{1}{2}$; dies findet man z.B. bei ^{57}Fe, ^{119}Sn und bei ^{129}Xe. Bild 9.4(a) zeigt die in diesem Fall möglichen vier (also $2I + 1$) Orientierungen des angeregten Kerns in einem elektrischen Feld in vertikaler (z) Richtung. Da der Winkel, den der zigarrenförmige Kern (unter der Annahme, der Kern habe ein *positives* Quadrupolmoment) mit dem Feldgradienten einschließt, für die Zustände $I_z = +\frac{1}{2}$ und $I_z = -\frac{1}{2}$ derselbe ist, haben diese beiden Zustände im Feld dieselbe Energie. Ebenso haben die Zustände $I_z = \pm\frac{3}{2}$ dieselbe Energie, auch wenn diese sich offenbar von der der Zustände $\pm\frac{1}{2}$ unterscheidet. Somit spaltet der in Bild 9.4(b) gezeigte angeregte Zustand des Kerns infolge eines Feldgradienten am Ort des Kerns in

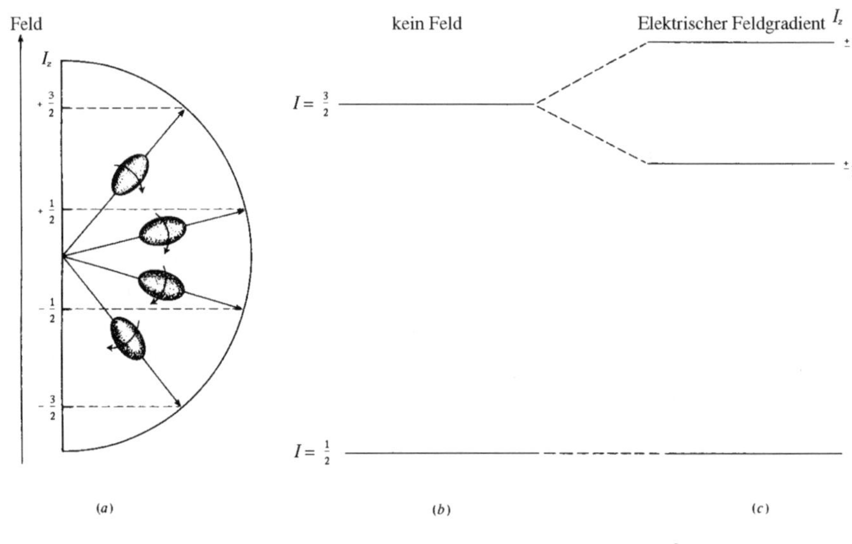

Bild 9.4: (a) Die vier erlaubten Orientierungen eines Kernspins mit $I = \frac{3}{2}$. (b) Die Energieniveaus des angeregten und des Grundzustands ohne elektrisches Feld. (c) Die Energieniveaus im elektrischen Feldgradienten.

zwei Niveaus auf (Bild 9.4(c)). Bei einem positiven Quadrupolmoment werden die Zustände $\pm\frac{3}{2}$ energetisch angehoben und die Zustände $\pm\frac{1}{2}$ gesenkt, während bei einem negativen Quadrupolmoment (mandarinenförmiger Kern) das Umgekehrte der Fall ist. Bei gewöhnlichen elektrischen Feldern ist die Aufspaltung klein, führt aber, wie das Spektrum des Nitrosylprussiat-Ions, $[Fe(CN)_5NO]^{2-}$ in Bild 9.3(b) zeigt, zu einem durchaus beobachtbaren Effekt. Es sei darauf hingewiesen, dass das elektrische Feld, das die Aufspaltung bewirkt, in diesem Fall *nicht* von außen angelegt wird, sondern in der Ionenstruktur vorhanden ist. Vergleichen wir also Bild 9.3(a) mit (b), dann erkennen wir, dass das $[Fe(CN)_6]^{4-}$ Ion genügend Symmetrie besitzt, so dass kein resultierender Feldgradient an der Stelle des Eisenkerns auftritt, während ein Ersetzen einer CN Gruppe durch NO ein internes Feld zur Folge hat.

Während zwar aus solchen Spektren wichtige Daten zur Größe eines inneren Kristallfelds gewonnen werden können, sollte man doch darauf hinweisen, dass, zumindest bis jetzt, nicht für alle Spektren eine einfache Erklärung gefunden wurde. So zeigen einige Verbindungen, bei denen man ein internes Feld erwarten könnte, keine Aufspaltung und andere, bei denen man ein Spektrum mit einer einzelnen Linie erwartet, zeigen eine nicht erwartete Multiplettstruktur.

Sind andere Spinquantenzahlen beteiligt oder haben sowohl Grund- wie auch angeregter Zustand ein Quadrupolmoment, dann kommen neue Gesetzmäßigkeiten ins Spiel und eine Extrapolation der Überlegungen von vorhin führen auf eine durchaus überzeugende Erklärung der beobachteten Struktur der Spektren.

9.2.3 Der Einfluss eines Magnetfelds

Ein Spin ungleich null, der, wie wir jetzt wissen, entweder im Grund- oder im angeregten Zustand – und meist in beiden – vorhanden ist, zeigt eine Wechselwirkung mit einem Magnetfeld in der bereits in Kapitel 7 beschriebenen Art und Weise. Jeder Energiezustand spaltet in $2I+1$ getrennte Energieniveaus auf mit einem Abstand von jeweils $\Delta E = g\beta_N B_z/h$, wobei B_z das Magnetfeld am Ort des Kerns ist. Im allgemeinen sind die g-Faktoren im angeregten und im Grundzustand verschieden, so dass die Aufspaltung in jedem der Zustände unterschiedlich ist; außerdem können die g-Faktoren verschiedene Vorzeichen aufweisen (so wie im Fall von ^{57}Fe, bei dem der g-Faktor im angeregten Zustand negativ ist).

Bild 9.5(a) und (b) gibt die Verhältnisse für diesen Kern wieder; in (a) sind die Energieniveaus ohne Magnetfeld schematisch dargestellt, während in (b) gezeigt ist, wie das Feld den Grundzustand ($I = \frac{1}{2}$, g positiv) in zwei Unterniveaus und den angeregten Zustand ($I = \frac{3}{2}$, g negativ) in vier aufspaltet. Entsprechend der Konvention von Abschnitt 7.1.2 geben wir das Unterniveau mit $I_z = +\frac{1}{2}$ im Grundzustand mit niedrigerer Energie wieder im Vergleich zu $I_z = -\frac{1}{2}$, während die Unterniveaus des angeregten Zustands in der Energie in der Reihenfolge $I_z = -\frac{3}{2}, -\frac{1}{2}, +\frac{1}{2}, +\frac{3}{2}$ zunehmen.

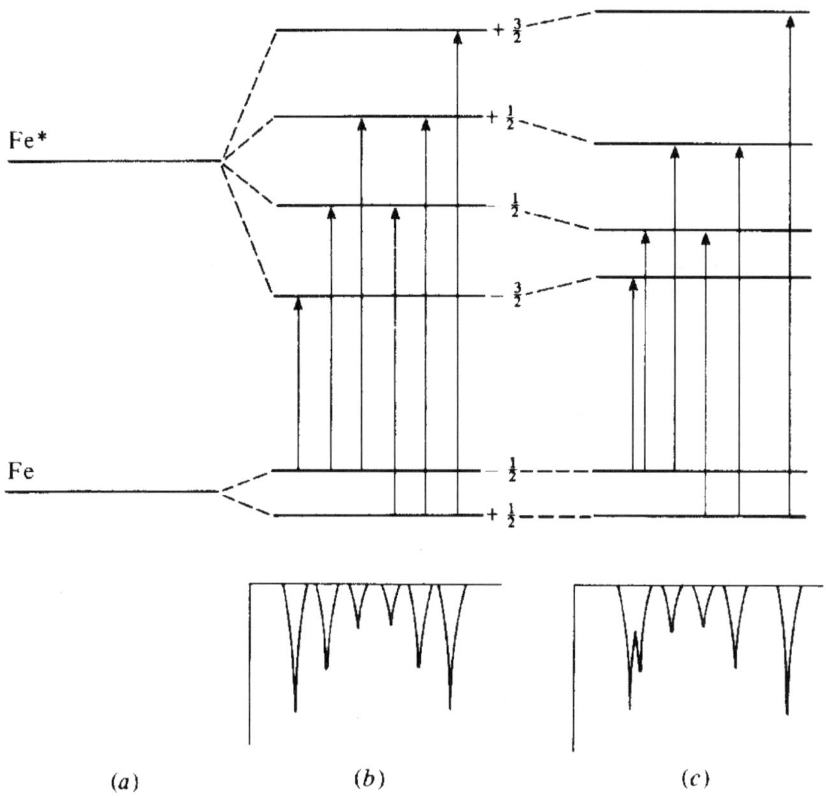

Bild 9.5: (a) Die Energieniveaus im angeregten und im Grundzustand von ^{57}Fe sowie (b) die Aufspaltung in einem magnetischen Feld. (c) gibt den Effekt wieder, den ein gleichzeitig angelegtes magnetisches und elektrisches Feld zur Folge hat.

Die Auswahlregeln der Mößbauerspektroskopie sind kompliziert; im Grunde genommen sind alle Übergänge mit $\Delta I_z = 0$ oder ± 1, wie im Diagramm eingezeichnet, erlaubt, aber man beobachtet, dass die relativen Übergangswahrscheinlichkeiten je nach den beteiligten Zuständen unterschiedlich sind. Betrachten wir also die sechs Übergänge paarweise und schreiben den Zustand Fe* zuerst, dann ergibt sich (1) $\frac{3}{2} \leftrightarrow \frac{1}{2}$, $-\frac{3}{2} \leftrightarrow -\frac{1}{2}$; (2) $\frac{1}{2} \leftrightarrow \frac{1}{2}$, $-\frac{1}{2} \leftrightarrow -\frac{1}{2}$; (3) $-\frac{1}{2} \leftrightarrow +\frac{1}{2}$, $+\frac{1}{2} \leftrightarrow -\frac{1}{2}$. Eine genaue Rechnung zeigt, dass zwar beide Komponenten eines Paars dieselbe Intensität aufweisen, die relativen Wahrscheinlichkeiten für die drei Paare (1) : (2) : (3) aber 3 : 2 : 1 lauten. Das gesamte Spektrum sieht also aus wie in Bild 9.5(b), unten, gezeigt und ist damit genau dieser Typ von Spektrum, wie er z.B. im Fall des metallischen Eisens beobachtet wird.

Wir sollten beachten, dass das zur Energieaufspaltung erforderliche Magnetfeld von außen angelegt werden kann, dass allerdings auch oft *innere* Effekte in der Probe ein genügend starkes Feld erzeugen, so dass eine beobachtbare Aufspaltung zu Stande kommt. Unter Einsatz eines äußeren Felds zur Eichung des Spektrums ist es durchaus möglich, die Größe innerer Felder abzuschätzen und auf diese Weise wurden bei verschiedenen Verbindungen von ^{57}Fe Felder von 20 – 50 Tesla nachgewiesen. Solche Felder sind groß im Vergleich mit den Feldern von 5 – 15 Tesla, die supraleitende Magnete erzeugen, aber man darf nicht annehmen, dass diese inneren Felder sich gleichmäßig über die ganze Festkörperprobe erstrecken – das Feld wird nämlich durch Wechselwirkung des Kerns mit den ihn umgebenden Elektronen erzeugt und das ist vermutlich ein räumlich eng begrenzter Effekt.

Liegt ein *elektrisches* Feld innerhalb der Probe und auch noch ein inneres oder äußeres magnetisches Feld vor, dann ist die Quadrupolverschiebung der magnetischen Aufspaltung überlagert. In Bild 9.4 konnten wir erkennen, dass im Fall eines positiven Quadrupolmoments die $\pm\frac{3}{2}$ Zustände energetisch angehoben werden, während die $\pm\frac{1}{2}$ Zustände nach unten verschoben werden. Dieser Effekt ist in Bild 9.5(c) wiedergegeben und man erkennt, dass aufgrund der weiterhin gültigen Auswahlregeln und Übergangswahrscheinlichkeiten ein Spektrum mit sechs Linien auftaucht, dass aber die Linien nicht mehr gleichabständig sind. Diese Art von Spektrum beobachtet man bei Eisendifluorid, FeF_2 .

Literatur

Goldanskii, V. I. und Herber, R. H.: *Chemical Applications of Mössbauer Spectroscopy*, Academic Press, 1968.

Greenwood, N. N.: *The Mössbauer Spectra of Chemical Compounds*, *Chemistry in Britain*, **56**, 1967, 3.

Greenwood, N. N. und Gibb, T. C.: *Mössbauer Spectroscopy*, Chapman & Hall, 1971.

Wertheim, G. K.: *The Mössbauer Effect*, Academic Press, 1964.

Übungsaufgaben

(Wichtige Konstanten: $h = 6{,}626 \cdot 10^{-34}$ J s; $c = 2{,}998 \cdot 10^{8}$ m s^{-1}.)

9.1 Einem Photon der Wellenlänge λ entspricht ein Impuls der Größe h/λ. Berechnen Sie die Rückstoßgeschwindigkeit eines freien Mößbauerkerns mit der Masse $1{,}67 \cdot 10^{-25}$ kg (das entspricht einem Atomgewicht 100) aufgrund der Emission eines γ-Quants mit einer Wellenlänge von 0,1 nm. Wie groß ist die Dopplerverschiebung der Frequenz der γ-Strahlung für einen äußeren Beobachter?

9.2 Ein bestimmter Mößbauerkern hat im angeregten bzw. im Grundzustand den Spin $\frac{5}{2}$ und $\frac{3}{2}$. In wie viele Linien spaltet das γ-Spektrum auf, wenn: (a) der Kern einem inneren elektrischen Feldgradienten ausgesetzt ist, jedoch kein magnetisches Feld angelegt wird; (b) kein elektrischer Feldgradient am Ort des Kerns vorhanden ist, aber ein äußeres Magnetfeld angelegt wird; (c) sowohl ein innerer elektrischer Feldgradient als auch ein äußeres Magnetfeld vorhanden sind?

Allgemeine Literatur

Brand, J. C. D. und Speakman, J. C.: *Molecular Structure: The Physical Approach*, Edward Arnold, 2nd edn., 1975.

Brittain, E. F., George, W. O. und Wells, C. H.: *Introduction to Molecular Spectroscopy, Theory and Experiment*, Academic Press, 1970.

Chang, R.: *Basic Principles of Spectroscopy*, Krieger, 1978.

Crooks, J. E.: *The Spectrum in Chemistry*, Academic Press, 1978.

Ebsworth, E. A. V., Rankin, D. W. H. und Cradock, S.: *Structural Methods in Inorganic Chemistry*, Blackwell Scientific Publications, 2nd edn., 1991.

Harris, D. C. und Bertolucci, M. D.: *Symmetry and Spectroscopy*, Dover Publications, 1989 (originally Oxford University Press, 1978).

Richard, W. G. und Scott, P. R.: *Structure and Spectra of Molecules*, John Wiley, 1985.

Steinfeld, J. I.: *Molecules and Radiation: An Introduction to Modern Molecular Spectroscopy*, Harper & Row, 1974.

Straughan, B. P. und Walker, S.: *Spectroscopy*, vol. 1–3, Chapman & Hall, 1976.

Svanberg, S.: *Atomic and Molecular Spectroscopy*, Springer-Verlag, 2nd edn., 1992.

Wheatley, P. J.: *The Chemical Consequences of Nuclear Spin*, North-Holland, 1970.

Williams, D. H. und Fleming, I.: *Spectroscopic Methods in Organic Chemistry*, McGraw-Hill, 4th edn., 1989.

Lösungen zu den Übungsaufgaben

Kapitel 1

1.1

$2000\ \text{cm}^{-1}$	$= 5\ \mu\text{m}$	Infrarot: Schwingungsübergang
0,15 nm	$= 2 \cdot 10^{18}$ Hz	Röntgenstrahlung: Kernumwandlung
500 nm	$= 20\,000\ \text{cm}^{-1}$	UV/Sichtbares: Elektronischer Übergang
9 GHz	$= 0{,}3\ \text{cm}^{-1}$	ESR: Elektronischer Spinübergang (Orientierung des Spins)

1.2 $10\ \mu\text{m} = 2{,}998 \cdot 10^{13}\ \text{Hz} = 1000\ \text{cm}^{-1}$

$$\Delta\varepsilon = h\nu = 1{,}986 \cdot 10^{-20}\ \text{Joule/Molekül} = 11{,}96\ \text{KJ mol}^{-1}$$

Ändert sich die Energie um das Doppelte, beträgt die Wellenlänge 5 µm.

1.3 Br_2: Weder infrarot- noch mikrowellenaktiv.
HBr: Sowohl infrarot- als auch mikrowellenaktiv.
CS_2: Infrarot-, aber nicht mikrowellenaktiv.

1.4 Breitere Spalte würden die Auflösung herabsetzen, die Empfindlichkeit jedoch erhöhen.

1.5 Siehe Abschnitt 1.7.2

(a) Transmission $= I/I_0 = 0{,}01$,
damit Absorbanz $= \log_{10}(1/T) = 2$

(b) Absorbanz $= 2 = \epsilon c l = \epsilon \cdot 10^{-3} \cdot 1\ \text{mol}\,\text{l}^{-1}\,\text{cm}$
somit $\epsilon = 2 \cdot 10^3\ \text{l}\,\text{mol}^{-1}\text{cm}^{-1} = 2 \cdot 10^5\ \text{l}\,\text{mol}^{-1}\,\text{m}^{-1}$

1.6 (a) $\delta E \approx 10^{-35}$ J; $\delta\nu \approx 0{,}016$ Hz
(b) $\delta E \approx 10^{-33}$ J; $\delta\nu \approx 1{,}6$ Hz

1.7 Energieunterschied $4{,}005 \cdot 10^{-22}\ \text{J Molekül}^{-1}$:

T (K)	29	290	2900
$N_{\text{höher}}$	368	905	990

Energieunterschied $4{,}005 \cdot 10^{-21}$ J Molekül^{-1}:

T (K)	29	290	2900
$N_{\text{höher}}$	0	368	905

1.8 Eine einzelne scharfe Linie bei der Frequenz der Sinuswelle/Schwingung.

Kapitel 2

2.1 Nur HCl, CH_3Cl, CH_2Cl_2 und H_2O.

2.2 $B = 0{,}35717\ \text{cm}^{-1}$; $I = 7{,}837 \cdot 10^{-46}\ \text{kg m}^2$; $r = 1{,}756 \cdot 10^{-10}$ m (= 175,6 ppm); der Übergang $J = 9 \rightarrow J = 10$ liegt bei $7{,}1434\ \text{cm}^{-1}$; Intensitätsmaximum bei $J = 17$.

(a) 0 Rotationen s^{-1}
(b) $1{,}90 \cdot 10^{11}\ \text{rad s}^{-1} = 3{,}03 \cdot 10^{10}$ Rotationen s^{-1}.
(c) $1{,}41 \cdot 10^{12}\ \text{rad s}^{-1} = 2{,}25 \cdot 10^{11}$ Rotationen s^{-1}.

2.3 $H^{37}Cl$: $B = 10{,}575\ \text{cm}^{-1}$; $D^{35}Cl$; $B = 5{,}447\ \text{cm}^{-1}$

2.4 Bei HI: $B = 6{,}4275\ \text{cm}^{-1}$; $I = 4{,}355 \cdot 10^{-47}$; $r = 1{,}619 \cdot 10^{-10}$ m; Übergang: $J = 4 \rightarrow J = 5$.
Bei DI: $B = 3{,}2535\ \text{cm}^{-1}$; $I = 8{,}604 \cdot 10^{-47}$; $r = 1{,}617 \cdot 10^{-10}$ m; Übergang: $J = 9 \rightarrow J = 10$.
Innerhalb des Messfehlers sind die Bindungslängen gleich.

2.5 Das Maximum der Besetzungsdichte liegt bei $J = 10$. Einige andere Linien zeigen in etwa die folgenden Intensitäten:

J	0	2	4	6	8	10	12	14	16	18	20
Relative Intensität	1	4,9	8,2	10.7	12,2	12,8	12,4	11,3	9,7	8,0	6,2

2.6 Mit den Atommassen $^{12}C = 19{,}93 \cdot 10^{-27}$ kg, $^{13}C = 21{,}59 \cdot 10^{-27}$ kg und $^{16}O = 26{,}56 \cdot 10^{-27}$ kg liegen die ersten drei Linien in den Spektren von ^{12}CO und ^{13}CO bei:

^{12}CO: $3{,}8642\ \text{cm}^{-1}$ $7{,}7285\ \text{cm}^{-1}$ $11{,}593\ \text{cm}^{-1}$
^{13}CO: $3{,}6945\ \text{cm}^{-1}$ $7{,}3890\ \text{cm}^{-1}$ $11{,}083\ \text{cm}^{-1}$

so dass es erforderlich wäre, Linien im Abstand von $0{,}17\ \text{cm}^{-1}$ aufzulösen (das entspricht dem Abstand der ersten Linien in den beiden Spektren). Die Temperatur der Saturnatmosphäre könnte man aus dem Intensitätsverhältnis dieser drei Linien abschätzen.

2.7 $\omega = (4B^3/D)^{1/2} = 2995\ \text{cm}^{-1}$. Kraftkonstante $= 517{,}6\ \text{N m}^{-1}$.

(a) Der Rechnung liegt die harmonische Bewegung zugrunde, die in Wirklichkeit nur eine Näherung ist.
(b) D ist klein und ist deshalb nicht sehr genau bekannt; die Division der großen Zahl B^3 durch das kleine D führt zu Ungenauigkeiten.

Kapitel 3

3.1 $\omega_e = 1903{,}98\ \text{cm}^{-1}$; $\omega_e x_e = 13{,}96\ \text{cm}^{-1}$ (oder $x_e = 7{,}332 \cdot 10^{-3}$); Nullpunktsenergie $= 948{,}5\ \text{cm}^{-1}$; Kraftkonstante $k = 1595{,}0\ \text{N m}^{-1}$; Dissoziationsenergie $= 776{,}2\ \text{kJ mol}^{-1}$ (ungenauer Wert, da Terme der dritten und vierten Potenz in $(v + \frac{1}{2})$ weggelassen wurden und diese aber bei großen v wichtig werden – siehe Abschnitt 6.1.4).

3.2 Nullpunktsenergie von (HCl + D_2) $= 2937{,}5\ \text{cm}^{-1}$, jedoch bei (DCl + HD) $= 2808{,}5\ \text{cm}^{-1}$. Somit wird bei dieser Reaktion eine Energie entsprechend $129\ \text{cm}^{-1}$ (oder $1{,}542\ \text{kJ mol}^{-1}$) abgegeben.

3.3 Die Intensität der heißen Bande entspricht etwa dem 0,36fachen der Grundschwingung.

3.4 $18\,795\ \text{cm}^{-1}$

3.5

Molekül	HBr	O_2	OCS	SO_2	BCl_3	HC≡CH	CH_4	CH_3I	C_6H_6
Freiheitsgrade	1	1	4	3	6	7	9	9	30

3.6 $\nu_{CD} = 2422\ \text{cm}^{-1}$ (wenn ν_{CH} zu $3300\ \text{cm}^{-1}$ angenommen wird);
$\nu_{OD} = 2619\ \text{cm}^{-1}$ (wenn ν_{OH} zu $3600\ \text{cm}^{-1}$ angenommen wird);
$\nu_{CS} = 975\ \text{cm}^{-1}$ (wenn ν_{CO} zu $1100\ \text{cm}^{-1}$ angenommen wird);

3.7

Molekül	$^1H^{37}Cl$	$^2H^{35}Cl$	$^2H^{37}Cl$
Geschätzte Frequenz (cm^{-1})	2988	2144	2141

3.8 Von $v = 0$ auf $v = 1$ nimmt die Bindungslänge um etwa 2 Prozent zu; dies führt bei hohen J-Werten dazu, dass die R-Zweig-Linien näher zusammenrücken und die P-Zweig-Linien sich weiter voneinander entfernen.

3.9 (a) Frequenz der Grundschwingung $= 2991{,}3\ \text{cm}^{-1}$;
Nullpunktsenergie $= 1495{,}7\ \text{cm}^{-1}$.

(b) Rotationskonstante $= 10{,}59\ \text{cm}^{-1}$.

(c) $P_{(3)} = 2927{,}8 \quad P_{(2)} = 2948{,}9 \quad P_{(1)} = 2970{,}1\ \text{cm}^{-1}$;
$R_{(0)} = 3012{,}5 \quad R_{(1)} = 3033{,}7 \quad R_{(2)} = 3054{,}8\ \text{cm}^{-1}$.

(d) Ihre Skizze sollte so aussehen wie das Spektrum in Bild 3.6, unten.

(e) (i) Infolge der Verletzung der Born-Oppenheimer-Näherung rücken an den Flanken des Spektrums die R-Zweig-Linien immer näher aneinander und die P-Zweig-Linien entfernen sich immer weiter voneinander.

(ii) Da HCl zwei Isotopomere – $H^{35}Cl$ und $H^{37}Cl$ – in großer natürlicher Häufigkeit besitzt, besteht das beobachtete Spektrum aus zwei Serien von P- und R-Zweig-Linien im ungefähren Intensitätsverhältnis von 3 : 1, wobei sich Bandenlücke und Bandenzentrum geringfügig voneinander unterscheiden.

3.10 Bei einer Alkengruppe C═C tragen die Kohlenstoffatome fast die gleiche Ladung (*exakt* gleich sind sie dann, wenn an beiden die gleichen Substituenten vorliegen); aus diesem Grund hat eine Schwingung nur eine sehr kleine (oder überhaupt keine) Änderung des Dipolmoments zur Folge. Deshalb ist die Infrarotabsorption sehr schwach (oder null). Die wesentlich polarere C═O Gruppe erfährt im Verlauf einer Schwingung eine wesentlich stärkere Änderung des Dipolmoments und zeigt eine starke Wechselwirkung mit Infrarotstrahlung.

Kapitel 4

4.1 (a) Ein Maß dafür, wie leicht die Verteilung der elektronischen Ladungsdichte in einem Molekül oder Atom durch das Anlegen eines elektrischen Felds gestört werden kann.

(b) Die Polarisierbarkeit des Moleküls muss sich im Verlauf der Molekülbewegung ändern.
Bei Rotations-Raman: $\Delta J = \pm 2$
Bei Schwingungs-Raman: $\Delta v = \pm 1;\ \Delta J = \pm 2$

(c) Die Erfindung des Lasers.

4.2 Mit der Ramanspektroskopie; $B = 60{,}83\ \text{cm}^{-1}$, somit beträgt der Linienabstand $243{,}3\ \text{cm}^{-1}$.

4.3 Nein, denn der Kernspin ändert nur die Intensitäten und hat hier abwechselnd starke und schwache Linien zur Folge.

4.4 $^{14}N—^{15}N$: Raman
HC≡CH : Raman
C═O : Infrarot
Re—Re : Raman

4.5 Die Schwingungsfrequenz ist proportional zur (Kraftkonstanten)$^{1/2}$ und damit ist das Verhältnis der Kraftkonstanten gegeben durch $(275/122)^2 = 5{,}08$. Re ist sechswertig und ist im Komplex einfach gebunden, bildet im Ion jedoch eine Vierfachbindung (acht Elektronen tragen zur Bindung bei). Allerdings beeinflussen auch noch andere Faktoren die Kraftkonstante, so dass ein Verhältnis von 5 realistisch erscheint.

4.6 Das Molekül ist linear (eine Bande hat eine *PR*-Kontur) und hat ein Symmetriezentrum; damit ist die Struktur A—B—B—A. Die Wellenzahlen 3374 cm^{-1} und 3287 cm^{-1} liegen nahe an der Frequenz der ≡CH Valenzschwingung (in Tabelle 3.4 mit 3300 cm^{-1} angegeben), so dass es sich bei dem Molekül um Acetylen, HC≡CH, handelt. Die Zuordnungen lauten:

3374 cm^{-1}:	Symmetrische CH Valenzschwingung
3287 cm^{-1}:	Antisymmetrische CH Valenzschwingung
1973 cm^{-1}:	C≡C Valenzschwingung
729 und 612 cm^{-1}	Deformationschwingungen

4.7 Nichtlinear und kein Symmetriezentrum; somit: 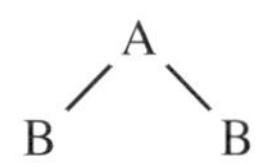

3756 cm^{-1} und 3652 cm^{-1} liegen im Bereich der OH Valenzschwingungsfrequenz, also handelt es sich bei diesem Molekül um H_2O. Zuordnungen:

3756 cm^{-1}:	Antisymmetrische Valenzschwingung
3652 cm^{-1}:	Symmetrische Valenzschwingung
1595 cm^{-1}:	Deformationsschwingung

4.8 Keines der beiden Moleküle hat ein Symmetriezentrum. N_2O ist linear (*PR*-Banden); also N—N—O. NO_2 ist nichtlinear; also entweder

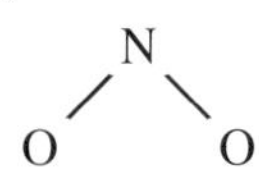 oder 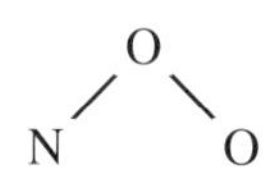

Kapitel 5

5.1 5331,55 cm^{-1}, 7799,29 cm^{-1} und 9139,80 cm^{-1}. Die Ionisierungsenergie beträgt 12 186,40 cm^{-1} ($\equiv$ 1,511 eV).

5.2 $L = 2$; $S = \frac{3}{2}$, $J = \frac{5}{2}$. Mindestanzahl der Elektronen = 3; mögliche Elektronenkonfigurationen sind zum Beispiel: *spp*, *ppp*, *ppd* usw. (alle Elektronen nichtäquivalent).

5.3 (a) $^1S_0$, $^3S_1$; (b) $^1D_2$, $^1P_1$, $^1S_0$, $^3D_{3,2,1}$, $^3P_{2,1,0}$ $^3S_1$; (c) $^1D_2$, $^3D_{3,2,1}$; (d) $^1F_3$, $^1D_2$, $^1P_1$, $^3F_{4,3,2}$, $^3D_{3,2,1}$ $^3P_{2,1,0}$.

5.4 (a) $^1S_0$; (b) $^1D_2$, $^1S_0$, $^3P_{2,1,0}$; (c) $^1G_4$, $^1D_2$, $^1S_0$, $^3F_{4,3,2}$, $^3P_{2,1,0}$.

5.5 $^4S_1$: Der Gesamtspin ist $\frac{3}{2}$; deswegen muss J halbzahlig sein; $^2D_{7/2}$: $S = \frac{1}{2}$, $L = 2$; somit kann J nicht größer als $\frac{5}{2}$ sein; $^0P_1$: $2S + 1$ kann nicht null sein.

5.6 $^2P_{3/2} \to {}^2D_{3/2}$: 10 Linien; $^2P_{3/2} \to {}^2D_{5/2}$: 12 Linien; $^2P_{1/2} \to {}^2D_{3/2}$: 6 Linien.

5.7 Die Terme lauten (nach zunehmender Energie geordnet): $^4S < {}^2D < {}^2P$.

5.8 Ru: $^5F_5$; La: $^2D_{3/2}$; Nb: $^6D_{1/2}$; Ca: $^1S_0$; Eu: $^8S_{7/2}$; Gd: $^9D_2$; Ag: $^2S_{1/2}$; W: $^5D_0$; Pt: $^3D_3$.

5.9 Der Grundzustand von Tl^+ lautet $6s^2$ mit dem Termsymbol $^1S_0$ und bildet das Niveau mit der Energie null. Der erste angeregte Zustand ist der $6s^1 6p^1$, dessen Terme, nach ihrer Energie geordnet, lauten: $^3P_0 < {}^3P_1 < {}^3P_2 < {}^1P_1$; von diesen werden die drei Triplettzustände den Energien (b) bis (d) zugeordnet. Somit sollte der Abstand $(b)-(c)$ *doppelt* so groß sein wie der Abstand $(a)-(b)$, da der erste im oberen Zustand ein $J = 2$ aufweist, der zweite aber ein $J = 1$. Die beobachteten Abstände weisen aber ein Verhältnis von 3 : 1 auf, was zeigt, dass in diesem Fall die Russel-Saunders-Kopplung keine gute Näherung darstellt.

Kapitel 6

6.1 Durch Auftragen der angegebenen Daten und Extrapolation erhält man aus der Fläche unter der Kurve eine Dissoziationsenergie von ca. 12 100 cm^{-1} oder 144,7 kJ mol^{-1}.

6.2 490,3 kJ mol^{-1} (oder 41 000 cm^{-1}).

6.3

Grundzustand:	$v_{max} = 69$	$D''_e = 690{,}0$ kJ mol^{-1}
		$D''_0 = 680{,}2$ kJ mol^{-1}
Angeregter Zustand:	$v_{max} = 53$	$D'_e = 581{,}5$ kJ mol^{-1}
		$D'_0 = 570{,}7$ kJmol^{-1}

6.4 Grundzustand: $D''_0 = 345{,}8$ kJ mol^{-1}
Angeregter Zustand: $D'_0 = 237{,}4$ kJ mol^{-1}

Die Lösungen zu Aufgabe 6.3 sind ungenau (in diesem Fall sogar sehr ungenau), da Gl. (6.10) nur Terme bis $(v+\frac{1}{2})^2$ berücksichtigt; eine genauere Rechnung würde Terme in $(v+\frac{1}{2})^3$ und $(v+\frac{1}{2})^4$ mit einschließen.

6.5 Der Bandenkopf liegt im P-Zweig bei $p = 14$ (Gl. (6.23)); er liegt bei 19 354 cm^{-1}. Der Grundzustand hat den größeren Kernabstand.

6.6 Vier Linien gleicher Intensität.

6.7 Die einzelne scharfe Linie kommt daher, dass ein Elektron aus einem nichtbindenden Orbital entfernt wird. Der Liniencluster entspricht dem Fall, dass entweder ein bindendes oder ein antibindendes Elektron entfernt wird. Da jedoch die Schwingungsfrequenz des entstehenden Ions *größer* ist als die des neutralen Moleküls, muss auch bindendes oder ein antibindendes Elektron entfernt wird. Da jedoch die Schwingungsfrequenz des entstehenden Ions *größer* ist als die des neutralen Moleküls, muss auch die Kraftkonstante beim Ion größer sein und das Elektron aus einem antibindenden Orbital stammen.

Kapitel 7

7.1 (a) Bei H: 0,7107 T; bei ^{13}C: 2,8266 T.
(b) Bei 2,5 T: 106,44 MHz; bei 5,25 T: 223,53 MHz.

7.2 Die chemischen Verschiebungen liegen bei $5{,}75\delta$ und $1{,}05\delta$; $J_{AX} = 10$ Hz.

7.3 Acht gleich starke Linien, symmetrisch um die Mitte angeordnet; nimmt man diesen Mittelpunkt mit 0,0 Hz an, dann liegen die Linien bei: $-77{,}5$; $-57{,}5$; $-27{,}5$; $-7{,}5$; $+7{,}5$; $+27{,}5$; $+57{,}5$ und $+77{,}5$ Hz. (*Beachten Sie*: Die angegebenen J_{HH} Werte haben für das ^{19}F Spektrum keine Bedeutung, da die chemischen Verschiebungen groß sind.)

7.4 Die BH_4 Gruppe zeigt ein 1 : 3 : 3 : 1 Quartett aufgrund der Kopplung mit der CH_3 Gruppe; umgekehrt zeigt die CH_3 Gruppe ein 1 : 4 : 6 : 4 : 1 Quintett mit demselben Linienabstand, wie er im Quartett auftritt.

7.5 (a) Rascher Austausch führt auf eine einzelne, scharfe Linie, die bei der mittleren chemischen Verschiebung liegt.

(b) Langsamer Austausch ergibt zwei scharfe Linien, die bei den jeweiligen chemischen Verschiebungen liegen.

(c) Eine mittlere Austauschfrequenz führt zu zwei verbreiterten, einander überlappenden Resonanzen, die näher beisammen liegen als es den einzelnen chemischen Verschiebungen entspricht.

(i) Sehr trockenes Methanol zeigt kohärente Kopplung zwischen den OH und CH_3 Protonen; das Signal der ersten Gruppe ist ein 1 : 3 : 3 : 1 Quartett und das zweite ein 1 : 1 Dublett mit der dreifachen Intensität des OH Signals.

(ii) Eine Spur Wasser erleichtert den OH Austausch und beseitigt die Kopplung. Das Spektrum zeigt eine einzelne OH Linie (mehr oder weniger verbreitert, je nachdem, wieviel Wasser zugegeben wurde) und eine einzelne CH_3 Linie mit der dreifachen Intensität.

7.6 (a) Da D den Spin 1 hat, spaltet es die Resonanzen benachbarter ^{13}C und H Kerne in drei Linien gleicher Intensität auf.

(b) Die Protonenresonanz von CH_2D ist ein 1 : 2 : 3 : 2 : 1 Quintett.

7.7 Kleine Gruppen, wie z.B. CH_3 oder C_6H_5, können manchmal bei Temperaturen, die nicht sehr weit unter dem makroskopischen Schmelzpunkt der Substanz liegen, interne Rotationsbewegungen ausführen. Dies verlängert die Relaxationszeit der Kerne und macht damit auch die Resonanz schärfer.

7.8 (a) 6; (b) 12; (c) 9; (d) 12.

7.9 An jedem der Wasserstoffe: 0,5 % (= 2 % insgesamt)
An jedem der Kohlenstoffe: 10,0 % (= 60 % insgesamt)
An jedem der Sauerstoffe: 19,0 % (= 38 % insgesamt)

7.10 (a) Die Zuordnung des 25-Linien-Spektrums zu fünf Quintetts mit jeweils einem Intensitätsverhältnis von 1 : 4 : 6 : 4 : 1 ist im Folgenden dargestellt:

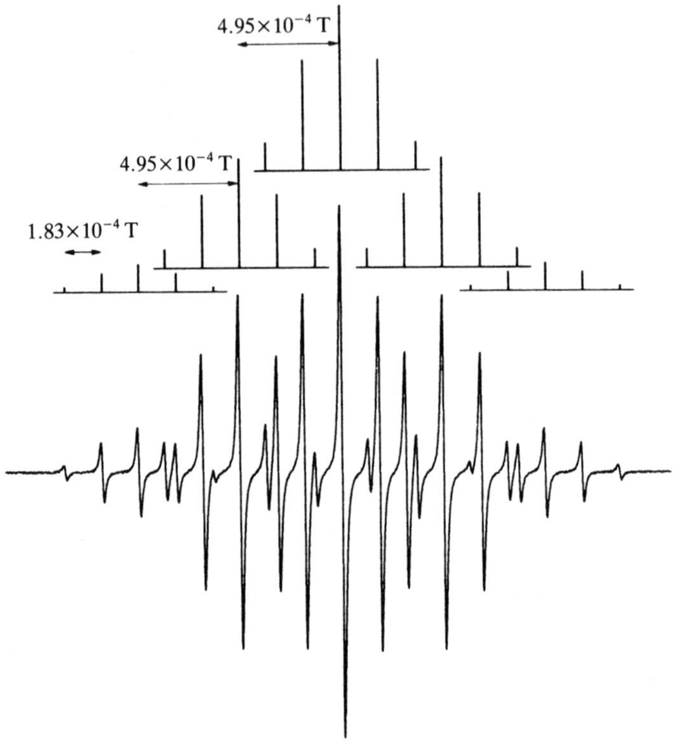

(b) Bei 1-Iod-Naphtalin koppeln nur noch drei Protonen an das Elektron mit $A = 1{,}83 \cdot 10^{-4}$ T. Jedes einzelne von diesen im Bild gezeigten Quintetts wird zu einem 1 : 3 : 3 : 1 Quartett reduziert und das Spektrum besteht insgesamt nur noch aus 20 Linien. Ebenso weisen bei 2-Iod-Naphtalin nur drei Protonen eine Kopplung $4{,}95 \cdot 10^{-4}$ auf, so dass nur 4 Quintetts im Spektrum verbleiben, die wiederum 20 Linien ergeben.

Kapitel 8

8.1 (a) Man erwartet folgende Schwingungen:

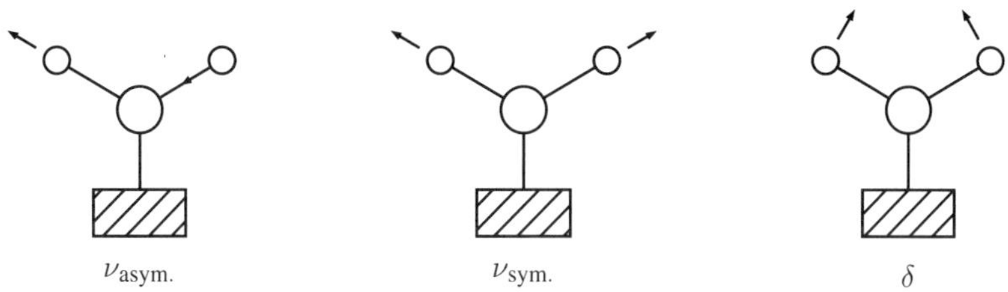

Von diesen sollte man die symmetrische und die Deformationsschwingung (δ) mit EELS beobachten können.

(b) Es gibt folgende gehinderte Bewegungen:

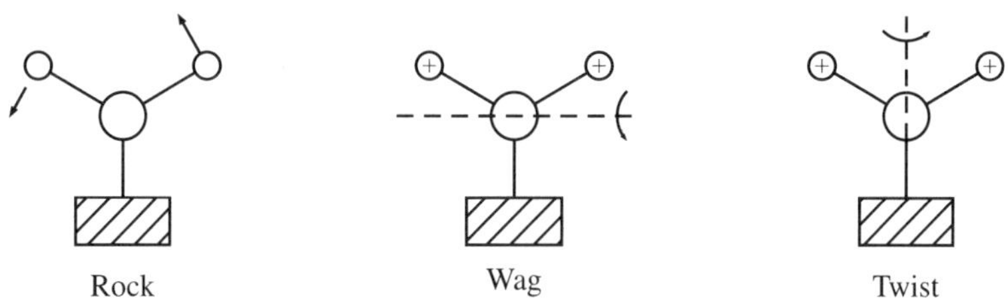

Bei der Drehschwingung geht die Achse durch den Sauerstoff und liegt senkrecht zur Zeichenebene.

8.2 (a) Keine; (b) eine; (c) zwei.

8.3 Man beobachtet das RAIRS Spektrum von $C_2\,D_2$. Schwingungen, an denen die C—D Bindung beteiligt ist, werden energetisch etwa um den Faktor $\sqrt{2}$ verringert, während die C═C Schwingung kaum beeinflusst wird.

8.4 Es handelt sich um folgende Schwingungen:

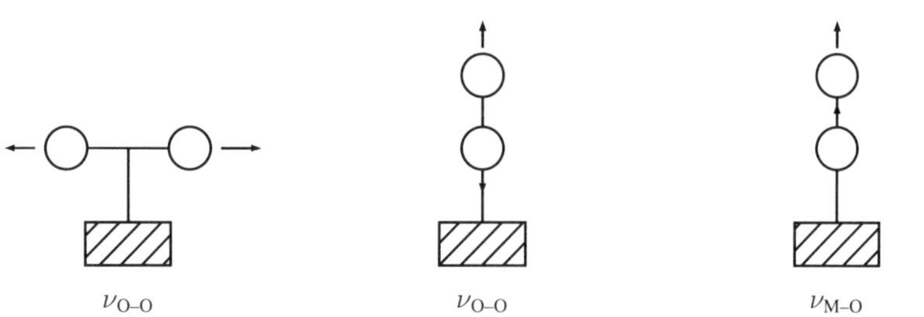

Werden *beide* Sauerstoffatome durch Isotope substituiert, dann ändert sich das Spektrum nicht mit Ausnahme einer geringfügigen Verringerung der Frequenz aufgrund der zusätzlichen Masse. Wird nur *ein* Atom substituiert, dann zeigt sich beim parallel gebundenen Molekül eine leichte Frequenzverschiebung, während das senkrecht gebundene Molekül *zwei* leicht unterschiedliche Frequenzen zeigen würde, eine vom Molekül, bei dem das ^{18}O direkt an der Oberfläche sitzt und die zweite vom Molekül, bei dem es dem über das ^{16}O gebunden ist.

8.5 Liegt die C—O Bindung des Moleküls senkrecht zur Oberfläche, ändert die symmetrische Valenzschwingung der C—H Bindungen das Dipolmoment senkrecht zur Oberfläche, während die antisymmetrische Valenzschwingung eine Dipolmomentänderung parallel zur Oberfläche bewirkt, so dass nur die erste beobachtbar ist. Liegt die Bindung nicht senkrecht, dann bewirken beide Schwingungen eine Änderung des Dipolmoments unter einem Winkel zur Oberfläche, wobei man dann wahrscheinlich beide Schwingungen beobachten kann.

8.6 UPS: Information über die chemische Verschiebung und charakteristische Röntgenstrahlung; AES: Fingerprint-Information.

Kapitel 9

9.1 Rückstoßgeschwindigkeit $= 39{,}7\ \mathrm{m\,s^{-1}}$; Dopplerverschiebung $= 3{,}97 \cdot 10^{11}$ Hz.

9.2 (a) 5 Linien; (b) 12 Linien; (c) 12 Linien.

Index